KB090561

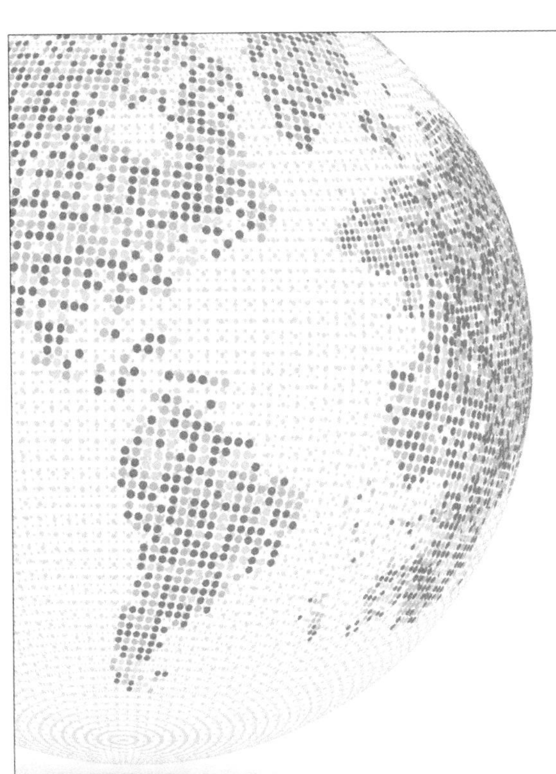

61인이 참여한 『**문화와 함께하는 관광학 이해**』

관광사업론

사단법인 **한국관광학회**

TOURISM BUSINESS

발간인의 글

『문화와 함께하는 관광학 이해』의 발간을 기념하며…

여행과 관광이 현대인의 삶에 있어 매우 중요한 일이 된 것은 이미 익숙해진 현상이다. 연휴가 조금만 이어져도 공항이나 고속도로에는 휴가를 즐기려는 사람들로 붐비고, 서점의 여행 관련 서적들은 베스트셀러 순위의 앞자리를 차지하고 있다. 그야말로 우리는 여행과 관광의 시대에 살고 있다고 해도 과언이 아니다. 알랭드 보통이 '여행의 기술'이라는 책에서 설파한 "행복을 찾는 것이 인생에서 가장 중요한 일이라면 그 일은 단연코 여행이다."라는 말은 여행을 사랑하는 많은 이들의 심금을 울렸다. 이 말을 되뇌어보면서, 어쩌면 실제 여행을 하는 것보다 여행을 공부하는 것이 인생에서 가장 중요한 일이 되어버린 우리 관광학자들은 곱절로 인생을 행복하게 살고 있는 것인지도 모르겠다는 생각을 해본다.

무엇보다 본서 『문화와 함께하는 관광학 이해』의 기획에 진심으로 공감해 주시고 흔쾌히 집필에 동참해 주신 시인 고은 선생님을 비롯한 문화계 명사분들에게 진심으로 감사드리며, 이 자리를 빌려 120인의 집필진들에게 그동안의 노고와 성원에 기쁨을 함께하고 싶다. 이 책이 세상의 빛을 보기까지 많은 분들의 논의와 숙고의 과정들이 있었다. 본서를 구상하게 된 시작은 2009년으로 거슬러 올라가 학회에서 발간한 『관광학총론』이 세상에 나온 직후라고 할 수 있다. 당시 『관광학총론』은 관광학사전의 발간을 위한 선도 사업으로 논의되기 시작하여, 사전 출판에 필요한 index 확보 차원에서 출판되었다. 당시 책의 출판을 주도하면서 많은 고민과 우려도 없지 않았지만 『관광학총론』이 출판된 이후 대한민국학술원의 '우수학술도서'로 선정되는 등 큰 호평을 받으면서 이와 같은 관광학의 총체적인 정리가 시대적인 요구였다는 것을 깊이 깨닫게 되었다. 그러나 관광학 공부의 길에 막 들어선 학부 신입생의 수준에서는 총론의 분량과 내용이 대학교재로써 다소 부담스럽다는 반응과 함께 이러한 요구를 수용할 수 있는 관광학원론과 관광사업론에 대한 기대와 요구가 있어 왔다. 이러한 학회 내외부의 요구와 시대적인 필요성이 본서의 탄생을 이끈 중요한 계기였다고 할 수 있다.

오늘날 한국의 관광학 연구는 다른 학문분야들과 비교해 보아도 규모와 질적인 면에서 결코 뒤지지 않을 만큼 큰 성장을 하여왔다. 과거 1960년대 관광에 대한 학문적인 접근이 첫 발을 내디딘 후, 2017년 현재에는 전국의 300여 개 대학에서 정규교과로서 관광학에 대한 교육이 이루어지고 있고, 수십 종의 관련 학술지가 발간되고 있다. 그러나 이러한 외형적인 성장에도 불구하고 아직까지 우리의 관광학 교육은 지역의 실정에 부합되는 교육과정과 내용구성에 대한 합의와 표준화된 기준을 내놓지 못하고 있는 것이 사실이다. 이러한 근본적인 문제가 상존하는 상태에서 지금 이 순간에도 끊임없이 관련 전공분야의 세분화가 이루어지고 있고, 불균형한 발전이 계속되고 있는 실정이다. 학회 간부진들을 중심으로 개최된 수차례의 관련 출판회의에서는 결국 이러한 구조적인 문제의 해결을 위하여 관광학회의 장기적인 과제로 인식하였다. 이러한 목표를 달성하기 위한 기본적인 시발점이 학부교육의 개선이라는 것에 의견이 모아졌다.

본서를 기획하는 과정에서 가장 고심했던 부분은 오늘날 한국사회가 안고 있는 시대적인 요구와 당면과제들이 총체적으로 반영된 합리적인 내용구성이 이루어져야 한다는 점이었다. 수차례의 의견수렴 과정을 통해서 마침내 문화의 관점이 투영된 관광학 개론서가 필요하다는 결론을 얻게 되었다. 따라서 본서는 단편적인 학문적 시각에서 벗어나 이론적인 깊이를 가지고 있으면서도 실용적이고 현장성이 반영된 내용으로 구성하기로 기본 방향이 구체화될 수 있었다.

또한 관련분야의 전문성을 가진 집필진들이 다양한 의견을 반영할 수 있도록 각 세부주제별로 두 명의 집필진이 편성되어 최대한 객관적이고 다양성이 살아 있는 책이 될 수 있도록 하였다. 더욱이 개론서답게 독자의 흥미를 유발할 수 있도록 각 주제의 시작 부분은 문화계 명사들이 주제와 관련한 관광이야기를 들려주며 자연스럽게 독자가 해당주제에 몰입할 수 있도록 하였다. 이를 통해 무엇보다 학문적인 재미와 깊이가 공존하는 개론서가 될 수 있도록 최선의 노력을 다하였다. 전문분야 저자의 선정은 학회 회원들이 '관광학연구'에 투고한 연구논문들을 분석하여 분야별로 엄선하였고, 수차례의 학회간부회의를 통해 최종 결정이 이루어졌다. 문화계 저자들의 선정은 광범위한 문화분야 저명인사들의 추천과정을 거쳐 최종 인선이 이루어졌다. 특히 이를 통해 젊은이들의 지명도가 높은 문화계 명사들이 저자로 선정되어 본서의 가치와 의미가 더욱 배가되었다는 점을 강조하고 싶다. 아울러 본서는 현재의 내용으로서 완성된 것이 아니라 앞으로도 지속적인 보완과 발전을 거듭할 것이라는 점을 약속드린다.

본서는 관광학 개론서로서의 역할에 충실하도록 구성과 내용에 심혈을 기울였다. 무엇보다도 관광에 대한 학문적인 체계를 처음 대하는 젊은 관광학도들에게 개괄적이면서도 각 분야 전문가들의 견해가 총망라된 내용들이 될 수 있도록 하였다. 본서는 두 권의 책으로 구성되어 있는데

제1편인 '관광학원론'에서는 관광의 기본적인 개념들을 비롯한 다양한 학제적 접근에서의 관광학의 이해를 다루었고, 제2편인 '관광사업론'에서는 관광분야의 다양한 사업들을 체계적으로 다루고 있다. 그동안 관광학원론과 관광사업론의 분류준거가 명확하지 않아 본서에서는 원론과 사업론의 성격에 맞는 내용들을 학회 차원에서 최대한 표준화된 지침을 제시하고자 하였다. 따라서 대학 현장에서 전자는 '관광학원론'이나 '관광학개론' 교과목 교재로 매우 유용하게 쓰일 것으로 판단되며, 후자는 '관광사업론' 등의 교과목 교재로써 활용될 수 있을 것이다.

오랜 기간 많은 공을 들인 한 권의 책이 세상에 나오는 것에 만감이 교차하는 것은 당연한 일일 것이다. 특히 그동안 본서의 발간을 위해 격려와 조언을 아끼지 않으시고 옥고를 기꺼이 주신 안종윤 교수님을 비롯한 시니어 선배교수님들과 기쁨을 함께하고 싶다. 또한 궂은일을 마다하지 않고 마지막까지 최선을 다해 준 편집위원회와 출판위원회 여러분들에게도 고마운 마음을 전하고자 한다. 또한 책이 발간될 때까지 헌신적으로 책 집필에 심혈을 기울여주신 전체 주저자, 공저자 한 분 한 분들의 노고에도 진정으로 고마움을 표하고 싶다. 어려운 여건 속에서 본서의 출판을 허락해주고 아낌없는 지원을 해주신 백산출판사의 진욱상 사장님에게 수년간의 우정과 신뢰에 대한 고마움도 아울러 전하면서 여러분 모두의 행복을 기원한다.

본서가 나오기까지의 수많은 사람들의 노력과 땀은 관광학을 공부하고자 새롭게 입문하여 이 책을 처음 만나게 될 젊은이들의 희망찬 눈빛에서 모두 보상될 것임을 믿어 의심치 않는다.

감사합니다.

2017년 8월

(사)한국관광학회 회장

경주대학교 교수 변 우 희

목차

01편 문화명사 담론

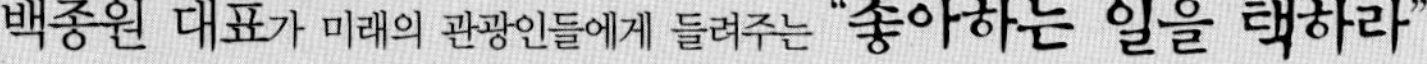

백종원 대표가 미래의 관광인들에게 들려주는 "좋아하는 일을 택하라"

02편 문화명사 담론

김현겸 회장이 미래의 관광인들에게 들려주는 "크루즈의 바다에 빠져라"

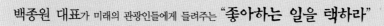

제3편 신 성장 관광사업의 이해

04편 문화명사 담론

노소영 관장이 미래의 관광인들에게 들려주는 "관광을 위한 열린 사고, 디자인"

제4편 문화관광이벤트사업의 이해

05편 문화명사 담론

조현재 석좌교수가 미래의 관광인들에게 들려주는 "한국관광, 성공의 도미노를 만들어라"

제5편 관광사업의 새로운 접근

06편 문화명사 담론

안옥모 소장이 미래의 관광인들에게 들려주는 "문화관광콘텐츠와 인문학의 융합"

제6편 문화진흥사업의 이해

07편 문화명사 담론

박형준 대표가 미래의 관광인들에게 들려주는 "문화관광에서의 미디어의 역할"

제7편 미디어관광의 이해

08편 문화명사 담론

이정자 명예교수가 미래의 관광인들에게 들려주는 "한국 관광경쟁력 강화전략"

제8편 지속가능 · 푸드관광사업의 이해

09편 문화명사 담론

황인경 작가가 미래의 관광인들에게 들려주는 "미래의 관광대국 주역들에게 전하는 전언"

제9편 문학과 해양관광의 이해

문화와 함께하는

관광학 이해

01편 문화명사 담론

백종원 대표가 미래의 관광인들에게 들려주는
좋아하는 일을 택하라

백종원

- '93.05월 더본코리아 설립
- '05.03월 The BORN CHINA 생산법인 설립(青岛得本食品有限公司)
- '07.10월 The BORN CHINA 영업법인 설립(青岛得本餐饮管理有限公司)
- '08.03월 The BORN USA Inc. 설립
- '10.01월 Noodle J-1 Inc. 설립(미국 프랜차이즈 관리회사)
- '12.09월 The BORN JAPAN 설립
- '14.07월 PAIK's F&B Inc. 설립(미국 LA 지사)
- '14.12월 The BORN INDONESIA 설립

'17.04월 기준 새마을식당, 홍콩반점0410, 한신포차, 빽다방, 본가 등 36개 브랜드 1,370여개 매장(국내 1,300여개, 해외 70여개) 운영 중

백종원 대표가 미래의 관광인들에게 들려주는

좋아하는 일을 택하라

짧은 기간 실천할 수 있는 목표를 세워라

누군가 저에게 “이미 꿈을 이루지 않았나요?”, “지금까지 번 돈으로 그냥 편하게 지낼 수 있지 않나요?” 라는 질문을 한다면, 주저하지 않고 “아니다” 라고 대답을 할 것입니다. 물론 본업인 외식사업 운영과 미디어를 통해 대중들 앞에 설 수 있는 기회를 얻게 되어 생각지 못한 많은 관심을 받고 있지만, 저에게는 지금의 제 모습이 제 꿈의 종점이라고 생각하지 않기 때문입니다.

제가 외식에 대한 관심을 갖게 된 것은 어린 시절 아버지께서 사주셨던 식은 햄버거를 좀더 맛있게 먹고 싶어 하는 단순한 마음에서 시작되었습니다.

단지 ‘맛있게 먹고 싶다.’ 라는 단순한 마음, 또는 ‘어떠한 사연’을 통해 외식업에 관심을 갖게 되면서부터 자신의 목표를 세워 나아가는 것은 누구나 같을 것이라 생각합니다.

사람마다 저마다 다양한 목표를 갖고 이를 이루고자 하지만, 때에 따라 어떤 목표들은 막막하고 불투명해 도중에 지치기도 합니다. ‘나는 글로벌 외식 기업을 만드는게 꿈이야!’, ‘나는 TV에 나오는 유명 셰프가 되는게 꿈이야!’ 라는 원대한 꿈보다는, 짧은 기간 안에 실천할 수 있는 단순한 목표를 세워 보는 것은 어떨까요?

당장 이룰 수 없는 너무 먼 훗날의 꿈보다는, 지금 바로 실천할 수 있는 단순하고 명확한 목표를 세우고 이를 달성하면서 성취감과 자신감을 쌓아 둔다면, 분명 처음과 다른 자신의 모습을 발견할 수 있을 것이기 때문입니다.

저는 ‘어떻게 해야 더 저렴한 가격에 많은 사람이 맛있는 음식을 즐길 수 있을까?’ 라는 질문을 제 자신에게 던지고 당장 실천할 수 있는 눈앞의 목표를 세워 실천에 옮겼습니다. 그리고 목표를 이루기 위해 노력하고, 이를 이룬 후의 성취감과 자신감으로 좀더 나은 목표를 설정해 나아가며 꿈을 키워 왔습니다. 그렇게 크고 작은 실패와 성공의 경험들이 꾸준히 모여 지금의 제 자신을 만들었다 생각합니다.

좋아하는 일을 택하라

‘요리사’라는 직업이 최근 방송을 통해 대중의 관심을 받으면서, 많은 사람이 요리사에 대한 꿈을 갖기 시작했습니다. 요리사를 희망하는 사람이 늘어나는 것은 국내 외식 문화 발전을 기대할 수 있는 큰 계기라고 생각합니다. 다만 방송에서 보이는 요리사의 화려하게 포장된 모습과 현업에서의 그 모습은 많이 다릅니다. 큰 꿈을 갖고 시작했지만, 큰 기대만큼 실망감도 커 중도 이탈하거나 꿈을 접는 경우도 빈번하게 발생합니다. 저 역시 외식사업을 하며 모든 도전이 성공적이었던 것은 아닙니다. 고객에게 인정받지 못해 실패한 메뉴와 브랜드도 적지 않습니다. 그럼에도 포기하지 않았던 이유는 단순합니다. 저는 이 일이 좋았기 때문입니다.

그래서 저는 항상 '잘할 수 있는 일보다는, 좋아하는 일을 하라'고 이야기합니다. 자신이 하는 일을 좋아하고 이를 즐길 수 있다면, 목표를 향해 나아가는 과정 역시 즐거울 수 있습니다. 또한 모든 일에는 시련과 실패가 따르기 마련이지만, 내가 좋아하는 일이었다면 그 실패마저 발전의 기회가 될 수 있습니다.

'좋아하는 일'을 하다 보면 단순한 직무 외에, 상대방의 입장에서도 많은 고민과 생각을 하게 됩니다. 가령 '맛있는 음식을 만들어 누군가에게 제공하는 것'을 좋아하는 일이라 한다면, 역으로 본인이 타인으로부터 음식을 제공받는 상황에서도 자신의 상황과 비교하며 개선점을 찾기도 합니다.

이렇게 상대방의 입장을 경험하며 더 잘할 수 있기를 고민할 수 있는 '좋아하는 일'이라면, 지치지 않고 시련에도 극복의 방법을 찾을 수 있는 기회를 가져다 줄 것이라 생각합니다.

사람을 통해 전달되는 기쁨

4차 산업혁명의 물결에 힘입어 로봇이 피자를 요리하는 실리콘밸리의 피자 회사를 비롯, 로봇의 등장이 외식업에도 큰 영향을 미칠 것이라는 예상이 있습니다. 수많은 레시피와 정량화된 조리법을 통해 사람의 일을 대신할 것이라는 이야기도 나옵니다.

다만 이런 변화 속에서도 우리가 잃지 말아야 할 것은 바로 '사람'을 통해 전달되는 기쁨입니다. 우리가 맛있는 음식을 먹으며 즐거움을 느끼는 만큼, 손수 만든 음식을 맛있게 먹어 주는 것에 대한 즐거움을 느끼는 것 역시 사람만이 느낄 수 있는 감정이기 때문입니다.

우리는 음식에 있어 익히 '한국인의 손맛'이라는 단어를 사용하곤 합니다. 음식이 단순히 허기를 채우기 위한 섭취물이 아닌, 사람 사이를 잇는 매개체가 될 수 있다는 의미이기도 합니다. 편리와 효율이 대두되는 미래의 삶 속에서도, 분명 정성스럽게 준비한 음식을 통해 교감할 수 있는 영역은 사라지지 않을 것입니다. 그러한 소통의 영역을, 앞으로 여러분의 두 손으로 채워나갈 수 있으리라 생각합니다.

'좋아하는 일'을 하며, '내가 만든 음식을 맛있게 먹는 고객의 즐거움'을 여러분도 느껴가며 함께 발전할 수 있기를 소망합니다.☻

제 1 편

관광외식 · 숙박사업의 이해

제 1 장

외식문화의 변천과 미래발전

정 유 경

세종대학교 외식경영학과 교수

연세대학교 식품영양학 학사, 석사
University of Las Vegas Nevada(UNLV), Hospitality Administration 석사
University of Missouri Columbia, Food Systems Management 박사
앰버서더 호텔그룹, Owning Company 차장
University of Houston, Conrad Hilton College of Hotel & Restaurant Management, Fulbright Scholar & Exchange Professor

ykchong@sejong.ac.kr

김 맹 진

백석예술대학교 외식산업학부 교수

세종대학교 대학원 외식경영학 박사
세종대학교 호텔관광대학 겸임교수
두산그룹 OB맥주(주) 외식사업팀장
저서: 외식사업 창업론(2014)

mjkim@bau.ac.kr

제 1 장

외식문화의 변천과 미래발전

정유경 · 김맹진

제1절 음식문화의 변화와 외식업의 발전

최초의 인류는 먹을거리를 자연에서 구했다. 육지와 강, 바다의 자연 속에서 식물의 잎과 열매, 뿌리를 채취하고, 동물과 어패류 등을 잡아먹었을 것이다. 처음에는 날것으로 먹다가 불을 사용할 수 있게 된 후부터 구워먹는 방법을 알게 되었고, 그릇을 사용하게 된 이후로는 삶거나 쪄먹기도 하였을 것이다. 먹을거리를 찾아서 이동하던 인류는 BC 3000년경 비교적 먹을거리가 풍부하고 경작이 가능한 강가에 정착하여 살기 시작하였다. 이때까지만 해도 생존을 위한 음식 섭취의 시대였다. 이때부터 농사를 짓기 시작하여 먹고 남은 곡식을 저장하게 되었으며, 조리법을 터득하게 되었다. 밖에서 농사를 짓거나 가축을 기르고 집에서 밥을 먹는 생활이 보편화되었다. 가족을 위해 음식을 조리하고 저장하는 방법이 다양하게 개발되어 가족을 중심으로 한 식사문화가 발달하였다.

농경사회에 발달한 가족중심의 식사문화는 산업사회로 접어들면서 집밖에서 타인들과 어울려 식사하는 문화로 변화하기 시작했다. 생산현장에서 일하는 사람들의 식사문제를 해결하기 위해 음식을 판매하는 곳이 생기고, 장거리 여행자들을 위한 숙박시설과 음식점이 생겨나기 시작했다. 20세기에는 기술의 접목으로 표준화와 대량생산 시스템을 갖추어 음식의 양산시대가 열렸다. 20세기 후반의 정보시대에 접어들어서는 영양과 기호가 중시되었으며, 개인의 취향에 맞는 음식의 종류와 품질을 선호하기 시작했다. 21세기 창조시대에는 창의성이 깃든 음식과 개인화를 추구하게 되었다. 미래의 외식문화는 생산과 판매에 관련된 고도의 기술이 접목되어 극도의 개인 맞춤형 외식문화가 발전될 것으로 보인다. 그동안 외식업은 업종과 업태의 분화, 경영형태의 발전을 통해 다양한 외식업이 등장했다. 환경의 변화와 소비자의 욕구에 따라 외식업은 지속적

으로 발전해 나갈 것이며, 외식행동 자체가 하나의 문화적 행위로 실천될 것이다.

1. 음식문화의 변화

음식문화를 흔히 식문화라 하여 먹을거리 중심으로만 생각하는 경향이 있으나, 음식은 마시는 것과 먹는 것을 함께 일컫는 말이다. 음식은 특정 문화가 실천되는 장으로서 음식문화라 함은 특정 문화 내의 음식의 생산과 먹는 행위의 스타일을 통하여 실천되는 모든 과정을 말한다. 민족문화의 맥락에서 음식을 논하는 일이 유행하고 있지만, 음식은 초국적(超國的) 교류를 통하여 융합 발전해 오는 것이며, 인류의 보편적 문화의 중요한 영역이다. 그러므로 음식의 다양성은 문화의 역동성이라는 틀에서 이해되어야 한다.[1]

음식은 인간의 생명을 유지하기 위해 섭취하는 물질로서 영양 및 칼로리적 차원의 기능적 의미를 넘어서 음식을 먹는 행위 자체가 개인과 집단의 삶의 양식을 나타내는 문화적 의미를 갖고 있다. 음식의 재료를 구하는 행위로부터 조리하는 방법, 음식을 분배하고 먹는 방법에 이르기까지 음식과 관련된 행동은 과거로부터 계승되고 발전되어온 역사성을 가지고 있으며, 주어진 환경에 따라 변화하는 역동성을 가지고 있다.

(1) 사회적 경계로서의 음식

집단 간 경계짓기가 중시되던 시대와 지역에서는 음식이 그러한 경계, 즉 민족이나 종족 혹은 지역이나 지방사회의 아이덴티티, 사회적 계급, 신분, 성에 따른 차별성의 실천 수단으로서 정의되고, 소비에 대한 규정이 있었다.

사회가 개방적이고 다문화 사회일수록 음식문화의 구조적 성격은 유연해진다. 즉, 음식이 그러한 경계짓기나 구별짓기의 문화적 수단으로서의 중요성이 크지 않다. 왜냐하면 사회적 등급체제가 보다 가변적이기 때문이다. 전통사회에서 신분적 아이덴티티가 중요한데 비하여, 현대사회에서는 대중사회이며, 탈등급 사회이다. 보다 평등해진 사회체제에서는 음식은 다양하게 개방된 시장의 상품이 된다. 이제 요리에 탈계급화가 이루어지고, 그 종류가 다양화되었다. 음식은 누구나 사회적 지위나 신분과 관계없이 경제적 능력만 있으면 즐길 수 있는 상품이 된 것이다.

(2) 문화수용과 음식

개인의 신분적 지위가 제도화되어 있지 않은 현대사회에서 새로이 출현한 중산층 유한계급의 성취, 지위의 확인을 위한 문화적 욕구가 음식소비로 나타나는 것이다. 전 세계적으로 민족적 아이덴티티 대신에 보편적인 과학지식이 식탁을 지배하게 되었다. 이에 따라 낯설었던 외국 요리와 식재료가 국경을 넘어 새로운 시장을 형성하고 유행하였다.

(3) 건강한 몸과 음식

식생활의 급격한 변화로 인해 비만 현상이 심화되고 이로 인해 암이나 동맥경화 같은 새로운 종류의 질병이 발생하였다. 이에 따라 음식을 장수, 건강, 병의 치유, 미용 등의 목적을 위해 선택하기에 이르렀다. 건강에 유익한 음식을 찾아다니는 새로운 형태의 유목민(Nomad) 생활이 고급 취향으로 유행하기 시작하였다.

(4) 미적 대상으로서의 음식

음식은 재료, 모양, 색, 냄새, 맛의 아름다움과 그에 곁들이는 음료와 디저트, 식기와 도구, 장소, 테이블의 차림새, 그리고 함께 식사를 나누는 사람과 시간, 장소에 특별한 의미와 상징이 주어진다. 이러한 맥락에서 음식은 예술로서 취급되며, 미적 감각을 가지고 감상을 해야 한다. 오늘날 환상적인 식탁차림 앞에서 영양학이나 의료학적 지식을 말하는 것은 음식과 그 식사장소의 가치와 품격을 낮추는 행위가 된다. 음식은 꽃처럼 디지털 카메라 혹은 스마트폰 카메라로 찍을 수 있는 아름다운 예술품이다.

(5) 문명비평으로서의 음식

서양의 고급 요리 위주의 음식취향에서 벗어나 전근대성의 상징이었던 비서구, 특히 아시아 음식을 선호하는 탈서구, 탈현대성을 보이고 있다. 동남아시아의 음식이 더 이상 가난한 음식이 아니라, 물질적 풍요에 오염된 현대인의 정신을 정화하는 철학적 치유의 수단으로 인식되고 있다. 새로운 차원의 음식문명과 문화의 다양화가 이루어지고 있다.

2. 우리나라 음식문화

(1) 주식문화

음식문화에 가장 많은 영향을 미치는 요인은 자연환경이다. 우리나라는 산과 평야로 이루어진 육지와 삼면이 바다인 반도국이며, 사계절의 기후가 뚜렷이 달라서 다양한 식재료를 사용할 수 있는 자연환경을 지니고 있다. 또한 대륙과 해양의 이문화(異文化)를 받아들이기 쉬운 지리적

위치에 있어 주변국가의 음식문화를 받아들이고 다른 국가에 이를 전해 주기도 하였다.[2)]

한국인의 주식은 밥이다. 우리나라의 밥상은 주식과 부식으로 구성된다. 즉, 밥과 반찬이 상호 보완적으로 배합되어 한 끼의 식사로서 일체성을 이룬다. 밥은 쌀을 사용한 흰밥 또는 잡곡밥으로 짓고, 반찬은 밥을 먹기에 알맞은 음식으로 다양한 발효식품과 조리법을 이용한 김치, 장, 국, 찌개, 구이, 찜, 전, 조림, 볶음, 나물, 젓갈 등의 음식을 먹는다. 한국음식은 조선시대의 유교사상의 영향을 받아 유교의 의례를 중히 여겨 돌, 혼례, 회갑, 상례, 제례 등의 통과의례(通過儀禮)에 따라 잔치나 제례 음식의 차림새가 달랐다. 계절의 변화에 따른 시식(時食)과 절식(節食)이 있다.

한국인은 밥과 반찬으로 된 주식을 하루 세 끼로 나누어 식사했다. 이러한 식사 패턴에 변화가 오고 있다. 아침식사를 거르는 사람들이 늘고 있다. 최근에 발표된 보건복지부의 국민건강통계에 의하면 우리 국민 중 아침식사를 거르는 비율이 2015년의 경우 남자 27.3%, 여자 24.9%로 나타났다.

(2) 간식문화

농경시대에는 농사업무 중에 새참이라는 간식을 먹었다. 아침과 점심 혹은 점심과 저녁 사이에 휴식을 취하며 허기와 칼로리를 보충하는 음식을 먹었다. 산업시대 이후에도 일과 중에 이것저것 꽤 많은 것들을 먹는다. 커피나 차, 우유, 요거트 같은 음료에서부터 과자, 빵, 케이크, 떡, 치킨, 피자, 과일과 같은 먹을거리에 이르기까지 다양한 음식을 먹는다. 이렇게 먹는 음식과 음식소비행위를 간식, 군입거리, 입가심거리, 주전부리, 새참, 군것질 등의 다양한 이름으로 불러왔다.

생활하는 방식이 점차 다양하고 복잡하게 변하고 있기 때문에 전통적인 세끼 식사시간 이외의 시간에 식사를 하거나, 전형적인 식사장소가 아닌 곳에서 식사를 하는 외식소비자들이 늘고 있다. 시간과 장소에 구애받지 않고 식사하는 소비시장이 커지고 있는 배경이다. 카페에서도 단순히 커피만 마시는 게 아니라 고급 케이크와 과자를 곁들인다. 젊은 소비자들에게는 이러한 음식소비행위가 디저트를 넘어 일종의 한 끼 식사로서 외식의 의미를 갖는다. 이제 간식이나 디저트는 하루 세 번의 끼니 사이에서 공복을 채워주거나 식사에서 섭취하지 못한 영양소와 칼로리를 보충하는 역할에만 머물지 않는다. 주식과 간식의 경계가 모호해지고 있으며, 새로운 라이프스타일을 추구하는 외식소비자들은 음식소비마저도 패션이자 문화적 행위로 받아들인다.

(3) 음료문화

우리나라의 전통음료는 비알코올 음료인 음청류와 알코올 음료인 전통주로 구분할 수 있다.

음청류는 재료의 종류와 제조방법 등에 따라 차, 탕, 장, 숙수, 갈수, 화채, 식혜, 수정과 등으로 세분화할 수 있다. 이 중에서 차류, 화채류, 식혜, 수정과 등은 현재까지 널리 음용되고 있다. 차문화가 발달했던 고려시대에는 국가의식에 차를 많이 사용하게 되어 대궐 안에 차를 다스리는 다방(茶房)이란 관청이 있었다. 고려의 귀족들이 차를 즐긴 반면 서민들은 솥에서 숭늉을 만들어 마셨다. 화채는 오미자 국물 또는 과즙이나 꿀물을 기본으로 제철의 과일을 저며서 띄우거나, 꽃잎과 실백을 띄워 마시는 전형적인 우리 고유의 청량음료이다. 식혜는 엿기름물로 밥을 당화시켜 국물과 밥알을 함께 마시는 음료이다. 수정과는 생강을 얇게 저며 계피와 통후추를 넣고 끓여서 식힌 후 여기에 곶감을 넣어 맛이 우러나도록 만든 음료이다.[3)]

전통주는 제조방법에 따라 발효주, 증류주, 혼성주 등으로 나뉘며 재료에 따라 곡주, 과일주, 혼합주 등으로 구분된다. 전통주는 가양주의 형태로 발전했으나, 일제 강점기 이후 일제의 주세 정책과 민족문화 말살 기도에 따라 맥이 끊기다시피 했다가 1980년대 이후 민족문화 부흥의 흐름에 맞춰 양조방법이 복원되어 한식의 한 축으로 발전하고 있다.

1990년대 이후에는 외래 음료인 와인과 커피의 소비가 뚜렷이 증가되는 현상을 보였다. 와인 선호가 높아진 것은 때맞춰 발달한 외식문화와 깊은 관련이 있다. 패밀리레스토랑의 외국음식과 어울리는(Food Pairing) 음료로서 와인을 선택하여 즐기는 와인문화가 발달하였다. 이와 함께 와인과 맥주를 비롯한 다양한 수입 주류, 칵테일 음료를 즐길 수 있는 전문 바(Bar)가 생겨났다.

커피는 1990년대 이후 인스턴트 커피 대신 원두커피가 붐을 이루었다. 1999년 스타벅스는 에스프레소 커피를 소개하고, 종이컵에 커피를 담아 들고 다니며 마시는 문화와 커피를 마시는 사람들이 담소를 나누고 노트북으로 업무를 보며 리포트를 쓸 수 있는 공간을 제공하였다. 이후 커피하우스는 국내 자생 커피브랜드의 프랜차이즈 확산으로 기존의 커피문화를 새롭게 바꾸어 나갔다. 커피 외에 여러 가지 빵류를 함께 즐길 수 있는 베이커리 카페로 발전했다가 지금은 다양한 커피와 차, 고급 케이크를 함께 즐길 수 있는 디저트 카페로 발전하고 있다.

(4) 외식문화

인간이 살아가는 데 있어서 기본적으로 갖춰야 할 세 가지 기본적인 요소를 의식주(衣食住)라고 한다. 이 중에서 음식은 인간이 생명을 유지하고 건강한 삶을 영위하는 데 없어서는 안 되는 필수적인 요소이다. 음식으로부터 각종 영양분과 칼로리를 섭취함으로써 생명을 유지하고 생활에 필요한 에너지를 얻을 수 있기 때문이다. 나아가 음식은 개인이 추구하는 맛, 기호, 심리적 욕구 등을 만족시키고, 식사를 통해 타인과의 교류를 가능하게 함으로써 보다 행복한 생활을 할 수 있게 한다. 집밖에서 음식을 먹기 위해 메뉴와 음식점을 탐색하고 이에 관한 정보를 구하고,

여러 가지 조건들을 비교 분석하여 취사선택한 후, 혼자 또는 다른 사람들과 어울려 음식을 먹고 즐기는 모든 과정과 행위를 외식과 관련한 문화적 행위라고 볼 수 있다.

① 오락 · 관광으로서의 외식

음식은 오락과 관광의 소재가 되기도 한다. TV 채널마다 넘치는 음식관련 프로그램에서는 얼마 전까지 주로 유명한 음식점을 찾아가서 음식을 맛있게 먹는 모습을 보여주는 '먹방'이 대세였으나, 이제는 출연자들이 실제로 음식을 만들고 맛보는 '쿡방'이 대세이다. 음식의 조리에 대한 지식이나 경험이 전혀 없어 보이는 남성 연예인들이 나름의 창의적인 방식으로 음식을 만드는 과정을 보여주거나, 전문 조리사들에게 식재료 사용과 조리시간에 제한을 두어 누가 음식을 더 맛있게 만드는지 경연하게 함으로써 시청자들에게 재미와 즐거움을 주는 오락적 요소로 활용된다.

음식은 문화권이나 민족, 국가, 지방에 따라 다르게 발전한다. 기후나 토양에 따라 서로 다른 농・수・축・임산물이 생산되고, 이를 식재료로 사용하여 음식을 만드는 방법과 먹는 방법이 독특하게 발전하였다.[4] 향토음식은 그 지방에서만 생산되는 식재료를 사용하여 그 지방 특유의 조리방법으로 만드는 요리로서 오랜 세월 동안 그 지방 사람들이 즐겨 먹는 음식을 말한다. 향토음식은 그 지역 특유의 자연환경, 식재료, 조리법, 식습관 등이 함축되어 있어 강한 지역적 특성을 갖는다. 각 지방자치단체에서는 이러한 향토음식을 발굴하고 개발하여 관광자원으로 활용하고 있다. 더불어 많은 음식관련 축제가 생겨나고 성황을 이루어 지역경제를 활성화시키고 음식문화를 다음 세대에 전수하는 기능도 함께 하고 있다.[5]

〈사진 1〉 함평 나비축제 포스터와 육회비빔밥(자료: 함평군청, 한국관광공사)

② 소셜 다이닝의 가치추구

음식은 허기와 갈증을 충족시켜주는 1차적인 기능을 가지고 있다. 인간의 생리적 기본욕구를 충족시키기 위한 식사(Biological Eating)는 영양과 양이 중요하다. 음식은 이를 넘어서 인간의 정신적, 감정적 문제까지 해결해 주는 2차적 기능을 갖고 있다. 외식소비자는 음식의 푸짐한 양보다는 그 음식을 먹음으로써 느끼게 되는 행복, 쾌락 등의 의미에 더 큰 가치를 부여한다. 이와 함께 음식을 먹는 행위 그 자체에서 느끼는 가치 외에 누구와 함께 먹느냐 하는 이른바 소셜다이닝(Social Dining)의 가치를 추구한다. 1인 가구가 점점 증가하고 있는 가운데 사람들은 더욱 외로움을 느끼고 타인과의 소통과 관계형성에 대한 필요성을 느끼게 되어, 밥 한 끼를 먹더라도 누군가와 즐겁고 행복한 식사를 하고 싶어 하는 내면의 욕구를 외식문화에서 실현하고자 한다.

③ 문화상대주의의 외식

글로벌 시대를 맞아 국내에 거주하는 외국인과 관광객이 많아지고, 내국인 또한 외국 생활과 외국 여행의 경험이 많아지다 보니 자연스럽게 독특한 외국음식을 판매하는 음식점이 늘고 있다. 그동안 우리에게 익숙했던 서양의 선진국 음식에서 벗어나 우리가 쉽게 경험하지 못했던 나라의 음식들이 다양하게 선보이고 있다. 태국이나 베트남, 인도, 몽골 등의 아시아지역 음식뿐 아니라 터키, 아랍 등의 중근동지역, 아프리카와 남미지역의 매우 다양한 에스닉푸드(Ethnic Food)가 국내에 소개되고 있다. 이러한 음식들은 대개 1990년대부터 국내에 소개되기 시작하여 2000년대 이후 서서히 시장을 확장해 나가기 시작했는데, 개발도상국의 음식이 선진국 음식에 비해 평가절하되지 않고 공존할 수 있는 것은 외식소비자의 문화상대주의적 가치평가로 이해할 수 있다. 한편 우리 사회가 그동안의 단일민족 중시의 가치관에서 벗어나 서서히 다문화 사회로 바뀌어가고 있는 상황이어서 더욱 다양한 에스닉푸드의 출현이 예상되고, 이를 즐기는 내국인 소비자도 빠르게 늘어날 것으로 보인다.

④ 기호로서의 음식

인터넷과 SNS 등 뉴미디어에 익숙한 디지털 세대는 음식을 소비해야 할 상품이나 이미지로 간주하는 경향이 있다. 음식을 선택하고 소비하는 행위를 통해 자신을 다른 사람과 구분지우려 한다. 음식의 유용성보다는 음식의 상징성이나 기호의 차원을 더 의미 있게 여긴다. 음식을 영양이나 맛으로 선택하지 않고 음식에 깃들어 있는 스토리와 의미를 먹는다. 무엇을 먹느냐 뿐만 아니라 어떻게 먹느냐가 중요한 관심거리가 된다. 이러한 경향은 디지털 세대에서 더욱 강하게 나타난다. 자신이 먹는 음식을 통해 남과 다른 사람으로 인식되기를 바라고, 색다른 음식을 찾으며 이를 널리 유행시키려 한다. 이들의 음식에 대한 관심은 음식의 상품가치가 기호가치로 변하고 있음을 보여준다.[6)]

제2절 한국 외식산업의 현황과 과제

1. 외식업의 현황

우리나라 외식산업은 1960년대부터 시작된 산업화와 함께 발달하여 1980년대의 대외 개방정책 과정을 거치며 급성장했다. 1990년 약 11조원에 불과했던 외식산업 매출액의 규모는 2000년 이후 연평균 6.4%의 증가추세를 보이며 2006년에는 50조원을 넘어섰고, 2014년 말 현재 매출액 83조원, 사업체수 65만개, 종사자수 190만명의 규모로 성장했다.[7)]

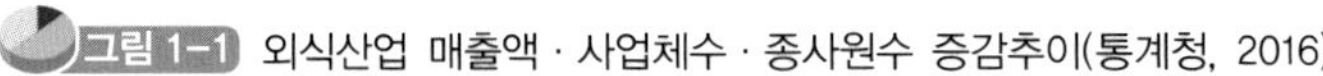

그림 1-1 외식산업 매출액 · 사업체수 · 종사원수 증감추이(통계청, 2016)

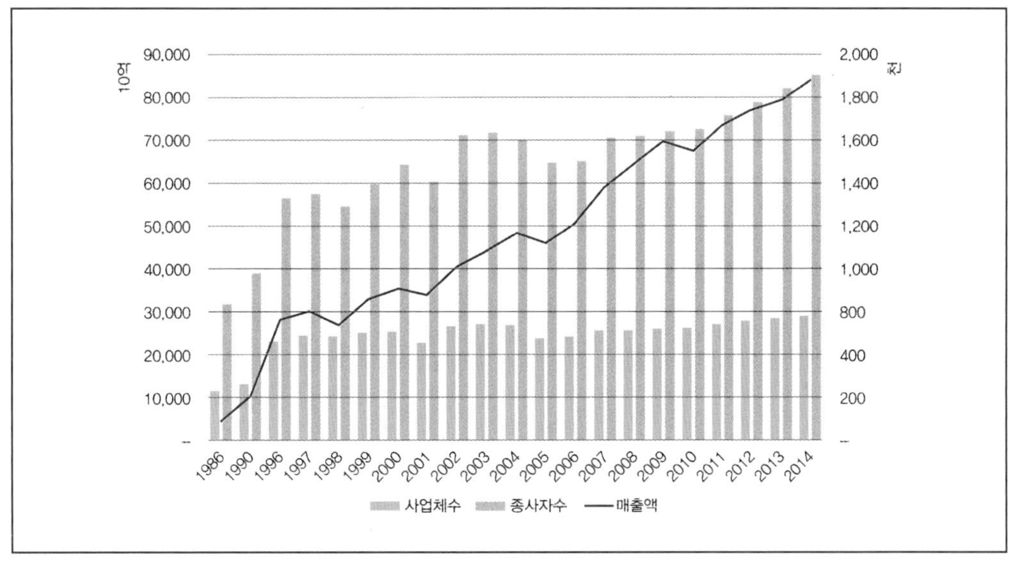

보건복지부의 국민건강통계에 의하면 2015년 우리 국민의 하루 1회 이상 외식을 하는 비율은 남자 42.2%, 여자 23.8%로 나타났다. 이러한 외식비율은 2008년의 경우 남자 32.0%, 여자 16.0%이었던 것에 비해 크게 증가한 것으로 매년 지속적인 증가추세를 보이고 있다[8)]. 외식비율을 성별 · 연령대로 비교해 보았을 때 남자의 경우 30~49세(54.4%)와 12~18세(53.6%)가 높았으며, 여자는 12~18세(46.9%)가 높았다. 집밖에서 생활하는 시간이 많은 사람들, 즉 직장생활을 하는 연령대와 중고등 학생들의 외식비율이 높은 것을 알 수 있다.

2. 외식업의 성장배경

우리나라 외식업이 단기간에 고도의 양적 성장을 이룰 수 있었던 요인은 다음과 같다.

첫째, 우리나라 경제의 압축성장을 들 수 있다. 1950년대 한국전쟁을 거치면서 폐허로 변한 나라에서 1960년대부터 시작된 계획경제를 바탕으로 1970년대는 공업화와 수출 드라이브정책으로 산업화가 급속히 이루어졌으며, 이 때 인구의 도시유입 집중으로 도시가 발달하게 되었다. 1980년대의 개방화를 거치면서 1986년의 아시안게임과 1988년의 올림픽경기를 국내에서 치르는 사이에 1980년대에는 버거킹(1984), KFC(1984), 웬디스(1984)에 이어 맥도날드(1988)와 같은 세계적인 다국적 레스토랑 체인들이 국내에 도입되어 가처분소득이 높아진 소비자의 외식욕구를 자극하며 빠르게 시장을 확대해 나갔다.

둘째, 대기업의 외식사업 참여를 들 수 있다. 외식사업의 급성장과 현금화 가능성에 매력을 느낀 대기업들은 자본력과 조직력을 앞세워 외식사업에 앞다투어 참여하였다. 롯데 · 두산 · 삼성 · 현대 · LG · 한화 · 신세계 · CJ · SPC · 삼양사 · 동양그룹 · 동원 · 매일유업 · 농심 등이 초기에 외식사업에 참여하였거나 지금도 외식기업을 경영하고 있는 대기업들이다. 이들 기업들은 주로 외국의 성공한 외식기업과 합작투자하거나 기술제휴 또는 프랜차이즈 형태로 참여하였다. 외식사업에 참여하는 대기업들에 대해 특별한 노하우 없이 높은 로열티를 지불하며 외화를 낭비한다는 부정적인 여론이 있기도 했으며, 이들 대기업이 도입한 브랜드 중에는 성공하지 못한 사례가 있기도 했다.

셋째, 국내 외식기업들의 자생적 노력을 들 수 있다. 외국의 외식기업들이 검증된 상품 · 서비스와 안정된 시스템으로 국내에서 성공적인 사업을 확대해 나갈 때 토종 외식기업들은 매우 열악하기 짝이 없는 상황이었다. 메뉴의 품질과 다양성, 청결성과 분위기, 매장운영기술, 고객관리기법, 관련정보의 획득, 사업에 대한 비전(Vision) 정립 등의 경영 전반에서 외국에서 도입된 기업에 비교할 수 없을 정도로 낙후되어 있었다. 그러한 한편으로 국내 토종 외식기업들은 외국의 선진외식사업 경영기법을 체계적으로 배우기 시작하였다. QSC & V(Quality, Service, Cleanliness & Value)를 이해하고 제조와 유통, 판매, 마케팅 등의 조직을 구축하였으며, 스스로 브랜드를 육성하여 프랜차이즈화 하는 등 신속하게 대응하였다.

1980년대 QSR(Quick Service Restaurant)의 도입에 이어 1990년대에는 패밀리레스토랑 브랜드들이 본격적으로 도입되었다. TGIF(1992) · 데니스 · 스카이락 · 시즐러(1994), 토니로마스 · 베니건스(1995), 마르쉐(1996) 등의 브랜드들이 연이어 도입되었다. 그러나 1997년에 맞은 외환위기는 국내 외식사업에도 심각한 타격을 주었다. 많은 외식 브랜드들이 폐점을 하거나 계약갱신을 포기하기도 하였다. 외환위기를 경험한 이후에는 스타벅스(1999), 스무디킹(2003), 콜드스톤크리머리(2006)와

같은 음료와 아이스크림 브랜드나 샤보텐(2001), 퀴즈노스서브(2002), 크리스피크림(2004), 코코이찌방야(2008), 시로키야(2010), 모스버거(2012), 와타미(2013)와 같은 돈가스나 샌드위치 · 도넛 · 카레 · 이자카야 · 햄버거 등의 전문 메뉴를 중심으로 한 다양한 브랜드들이 도입되었다.

넷째, 국내소비자들의 라이프스타일 변화에 따른 외식기회의 확대를 들 수 있다. 맞벌이 부부의 증가, 1인가구의 증가, 실버세대의 증가 등은 집에서 음식을 만들어 먹는 기회를 감소시키는 반면 외식의 기회를 증가시키는 요인으로 작용하였다. 또한 주5일 근무제의 정착과 학생들의 주5일 수업도 집에 머무는 시간을 단축시켜 외식의 기회를 증가시키는 데 영향을 미쳤다. 식사의 편의성과 경제성을 추구하며, 새로운 음식에 대한 호기심을 채우려는 욕구와 식사를 통해 타인과 소통하는 기회를 갖고자 하는 소비자들의 욕구는 외식산업의 발전에 크게 기여했다고 볼 수 있다.

마지막으로, 외식기업의 해외진출을 들 수 있다. 2000년대는 외국 외식브랜드의 국내 도입이 소극적이었던 반면, 국내 외식기업의 해외진출이 활발히 모색된 시기였다. 1990년대에 이미 미국 · 일본 등 한국교포가 많이 거주하는 곳을 중심으로 해외진출이 진행되고 있었으나, 2000년대에는 중국 · 베트남 · 태국 · 싱가포르 · 홍콩 · 말레이시아 · 인도네시아 · 캐나다 등의 국가에 이르기까지 아시아를 중심으로 진출 영역을 확대해 나갔다.

외식기업의 해외진출은 국내 외식시장이 성숙기에 도달함에 따라 이를 타개하기 위한 새로운 시장을 개척하려는 전략의 일환으로 파악할 수 있다. 여기에 2002년부터 일본 · 중국 · 베트남 등 아시아에 불기 시작한 한류바람이 아시아인들에게 한국의 음식과 문화에 대한 관심을 증대시킨 점도 외식기업의 해외진출을 부채질하였다. 이에 발맞추어 정부는 한식세계화라는 국정과제를 설정하여 한식을 2017년까지 세계 5대 음식의 하나로 만들겠다는 목표를 제시하고, 국내 외식기업이 해외진출에 필요한 현지 시장정보와 체계적인 지원을 제공하려고 노력하였다.

3. 국내 외식산업의 과제

(1) 전문인력 확보

외식산업은 대표적인 노동집약적 산업으로 인재에 의해 성공이 좌우된다. 최근 들어 환대산업 전공의 전문고등학교와 대학의 관련학과에서 많은 인재가 양성되고 있음에도 불구하고 채용하는 기업의 기대와 취업을 희망하는 학생들의 요구수준이 서로 일치하지 않는 문제가 발생되고 있다. 기업의 입장에서는 당장 성과를 낼만한 인재가 필요할지 모르지만, 학생들이 외식산업 경영에 관련된 기본적인 이론과 실기를 익혔다 하더라도 외식기업의 현장에 맞는 지식과 실무를 연마하는 기간이 주어져야 해당 기업에 기여할 수 있는 능력을 갖추게 된다. 장기적인 안목으로 인재를 선발하여 그들의 경력을 개발·육성하는 프로그램을 운영해야 한다. 학생들 또한 외식사업 운영에 대한 노하우가 단시일 내에 축적되는 것이 아님을 알고 외식기업 경영의 전문인으로 성장하기 위한 지속적인 노력이 필요하다.

(2) 외식업체수의 과다

국내 외식업체수는 인구에 비해 과다한 것으로 나타났다. 2009년의 경우 인구 86명당 외식업체가 1개꼴이다. 이는 미국과 일본에 비해 월등히 많은 숫자이다. 이렇게 외식업체가 많다 보니 경쟁이 과열되고, 적정한 이윤을 확보할 수 없어 폐업률이 높아지게 되는 원인이 되기도 한다.

〈표 1-1〉 주요 국가별 식당수 대비 인구수(2009년 기준)

국가	인구(천명)	외식업체	외식업체 개당 인구수
한국	49,773	576,990	86명
미국	303,825	945,000	322명
일본	127,288	749,874	170명
중국	1,334,740	4,000,000	334명

자료: 식품의약품안전처, 2012.

(3) 원가상승으로 인한 경영악화

세계경제의 불안, 내수경기의 침체 등은 외식의 수요감소 현상을 초래하여 외식사업 경영을 어렵게 만들고, 식재료비, 인건비, 임차료, 제 경비 등의 상승은 외식사업의 수익성을 악화시키는 요인으로 작용한다. 지속적인 수요개발과 비용절감 대책 마련이 필요하다.

(4) 소비자의 욕구와 가치 대응

외식소비자의 욕구와 가치는 끊임없이 변화하고 발전한다. 건강지향적인 소비자들은 이제 음식의 맛이나 가격보다 건강에 얼마나 이로운지, 다이어트나 미용에 얼마나 유익한지를 우선적으로 고려한다. 1인 소비자들이 증가하고 있는 점을 고려하여 그들의 니즈에 적합한 용기와 포장, 편의성을 제공할 필요가 있으며, 나아가 음식의 개인별 기호성과 사회생활의 매개체 역할에 대한 중요성이 높아지는 현상에도 관심을 가져야 한다. 위생과 안전은 외식사업 경영의 기본으로 인식하고 철저히 관리해야 한다.

(5) 환경변화에 대처

외식업과 관련한 환경이 급변하고 있다. 경제적 환경, 사회 · 문화적 환경, 정치 · 법률적 환경, 기술적 환경, 글로벌 환경 등의 대외적인 환경과, 대내적으로 기술과 설비, 인력과 조직, 마케팅과 판매, 회계와 재무, 사업운영 등의 환경에 어떠한 변화가 발생하고 있는지 민감하게 관찰하여 이에 대처하는 전략과 계획을 수립하여 실천해야 한다.

(6) 장기적인 외식관련 정책 필요

외식산업은 농업 이외에도 식품, 유통, 숙박, 관광, 부동산, 건설, 주방, 정보통신기술 등의 다양한 산업과 유기적 관계를 유지하며 발전하고 있다. 외식산업의 발전은 이들 산업의 발전을 이끌 수 있다. 뿐만 아니라 많은 일자리를 창출하고 있는 사업이기도 하다. 따라서 장기적인 안목으로 부가가치세 제도, 의제매입세 제도, 외국인근로자의 고용 및 고용보험, 상가임대차보호법, 대기업과 중소기업의 공생문제 등에 대한 개선이 요구된다.

제3절 외식업 경영형태의 변화

1. 소유직영

소유직영(Ownership Management)은 개인이 직접 투자하여 매장을 개설하고 경영하는 형태를 말한다. 대부분 개인 외식업체가 소유직영 형태로서 개인의 경험, 능력, 지식, 창의성, 취향 등을 충분히 사업에 반영할 수 있다는 장점이 있다. 그러나 자본력이 부족하고 필요한 인력을 구하기 어려우며 효율성이 낮다는 단점이 있다.

2. 프랜차이즈경영

프랜차이즈 경영(Franchise Management)이란 상호, 상표, 기술을 가진 자가 계약을 통해 타인에게 상호의 사용권, 제품의 판매권, 기술 등을 제공하고 그 대가로 가맹비, 보증금, 로열티(Royalty) 등을 받는 경영형태를 말한다. 프랜차이즈는 본사에 해당하는 프랜차이저(Franchisor)와 가맹점에 해당하는 프랜차이지(Franchisee)의 두 파트너로 구성된다.

우리나라는 가맹사업에 관해 관련 법률로 규정하고 있는데, '가맹사업'이라 함은 가맹본부가 가맹점사업자로 하여금 자기의 상표 · 서비스표 · 상호 · 간판, 그 밖의 영업표지를 사용하여 일정한 품질기준이나 영업방식에 따라 상품(원재료 및 부재료 포함) 또는 용역을 판매하도록 함과 아울러 이에 따른 경영 및 영업활동 등에 대한 지원 · 교육과 통제를 하며, 가맹점사업자는 영업표지의 사용과 경영 및 영업활동 등에 대한 지원 · 교육의 대가로 가맹본부에 가맹금을 지급하는 계속적인 거래관계를 말한다(가맹사업거래의 공정화에 관한 법률 제2조 제1항).

3. 위탁경영

위탁경영(Management Contract)이란 기업의 소유주가 경영노하우를 가지고 있는 제3자에게 회사경영에 관한 일부 또는 전부를 계약기간 동안 양도하여 경영하게 하는 방식을 말한다. 이 방식은 건물이나 시설 등을 가지고 있으나 외식사업 경영능력이 뛰어난 개인이나 기업에 경영을 위탁하는 형태이다. 이는 소유와 경영이 분리되는 경영형태로서 소유주는 외식사업에 필요한 토지 · 건물 · 시설 · 집기 · 운영자금 등을 제공하고, 경영자는 경험과 노하우를 활용하여 계약에 따라 위임받은 외식기업 경영을 수행한다.

위탁경영자는 직접적인 투자 없이 높은 수익을 얻을 수 있으며, 모든 업무 영역에서 경영권을 행사할 수 있다. 그러나 경영상 실책이 있을 때 소유주와 분쟁이 발생할 수 있으며, 경영자금을 소유주에게 의존해야 하기 때문에 적극적인 경영에 애로사항이 있을 수 있다. 반면에, 소유주는 유능한 위탁경영자로부터 경영 노하우를 쉽게 얻을 수 있으며, 유능한 인재들을 경영에 참여시켜 경영 성과를 높일 수 있다. 그러나 계약만료 이전에는 경영에 직접 참여할 수 없고, 손해가 발생하더라도 계약에 따른 일정 비율의 위탁경영비 지출을 감수해야 한다.

제4절 외식사업의 진화와 미래과제

1. 업종과 업태의 진화

업종(Type of Business)이란 영업의 종류를 말하는 것으로, 음식의 종류에 따라 한식, 양식, 일식, 중식 등으로 구분한다. 단순하게 소비자는 무엇을 먹을 것인가, 경영자는 무엇을 판매할 것인가를 구분하는 것처럼 보이지만, 날이 갈수록 다양한 에스닉푸드(Ethnic Food)가 선보이고 있

으며, 각각의 업종 내에서도 새로운 타입의 메뉴들이 속속 개발되고 있다.

업태(Type of Service)란 제공되는 서비스의 형태를 말하는 것으로 퀵서비스 레스토랑, 패밀리 레스토랑, 캐주얼다이닝 레스토랑, 파인다이닝 레스토랑 등으로 구분한다. 이는 소비자의 외식행동이 동기와 목적에 따라 다양하게 나타나는 결과에 의해 세분화된 형태이다. 소비자는 무엇을 먹을 것인가 하는 차원을 떠나 어떻게 먹을 것인가 하는 방향으로 관심의 범위가 확대되고, 마찬가지로 레스토랑은 어떻게 판매할 것인가 하는 차원을 고려하게 된 것이다. 사회생활이 복잡하게 발전하고 개인의 욕구가 다양해짐에 따라 이를 수용하는 새로운 업태가 등장할 것이다.

2. 모바일 푸드(Mobile Food)문화의 확대

소비자들의 편의성과 경제성을 추구하는 현상이 뚜렷해지는 가운데 여성의 사회진출 증대, 라이프스타일의 변화 등은 중식시장의 확대를 이끄는 주요 요인이 되고 있다. 집이나 사무실에서 가까운 레스토랑의 테이크아웃, 딜리버리 상품을 구매하는 사람들이 늘고 있다.[9)]

(1) 테이크아웃(Take out)

테이크아웃 서비스는 레스토랑의 음식을 밖에서 먹을 수 있도록 포장해 주는 서비스를 말한다. 주로 햄버거 · 치킨 · 피자 등 패스트푸드상품에서 테이크아웃 서비스가 시작되었으나, 최근에는 김밥 · 도시락 · 죽 · 삼계탕 · 스시 · 비빔밥 등의 음식과 아이스크림 · 커피 · 생과일주스 등의 음료상품에 이르기까지 다양한 음식영역으로 확대되고 있다.

1999년 스타벅스는 커피의 테이크아웃 문화를 국내에 도입한 브랜드이다. 특히 젊은 여성들은 커피를 들고 다니는 것을 자랑으로 여길 정도가 되었으며, 이러한 현상은 이후 다양한 컵푸드(Cup Food)의 발전에 기폭제 역할을 했다고 볼 수 있다. 감자튀김 · 떡볶이 · 밥 · 오니기리 · 누들 등의 다양한 음식이 컵에 담겨져 이른바 컵푸드로 상품화되고 있다.

테이크아웃시장이 확대되는 것은 시간을 절약하고, 간편하며 저렴하게 식음료상품을 이용하려는 소비자의 욕구가 반영된 것이기도 하며, 매장면적과 서비스인력을 줄여 원가를 절감하려는 기업전략이 맞아떨어진 결과로 볼 수 있다.

(2) 딜리버리(Delivery)

딜리버리 서비스는 레스토랑의 음식을 소비자가 주문한 장소까지 배달해 주는 서비스를 말한다. 국내 외식업계의 딜리버리 서비스는 짜장면이 가장 오랜 역사를 가지고 있다. 이후 피자 · 치킨 등으로 확대되었으며, 햄버거는 2007년 맥도날드의 시작으로 2011년에는 롯데리아까지 딜리버리 서비스에 동참하였다.

전국에 걸쳐 체인망을 갖춘 피자 · 햄버거 · 치킨 등의 프랜차이즈들은 단일 전화번호의 콜센터를 운영하거나 인터넷주문 시스템을 갖추고 있다. 특히 맥도날드는 획기적으로 24시간 딜리버리 서비스를 제공하여 야간이나 새벽 등 소비자가 레스토랑을 이용하기 어려운 시간에도 소비자를 찾아간다.

딜리버리 서비스는 외식소비자에게 이용 시간과 장소의 제약을 넘어설 수 있게 해 주는 서비스로서, 집에서 간식을 즐기려는 청소년, 근무 중인 직장인, 싱글족 및 실버 소비자들의 욕구를 만족시켜 주는 서비스이다. 외식기업들은 테이크아웃과 딜리버리 서비스만을 전문으로 하는 별도의 매장을 확산시켜 소비자를 찾아나서는 적극적인 마케팅활동을 벌여 매출액 증대를 꾀하고 있다. 한편 이러한 딜리버리 서비스를 제공하기 위해서는 딜리버리 서비스 전문인력과 시스템이 필요한데, 딜리버리 서비스시장이 커지면서 딜리버리 서비스를 대행해 주는 전문기업이 생겨나고 있다.

(3) 푸드트럭

생활하는 방식이 점차 다양하고 복잡하게 변하고 있기 때문에 전통적인 세끼 식사시간 이외의 시간에 식사를 하거나 전형적인 식사 장소가 아닌 곳에서 식사를 하는 외식소비자들이 늘고 있다. 이들은 테이크아웃과 딜리버리, 24시간 영업하는 매장의 상품을 적극 이용한다. 뿐만 아니라 이러한 소비자가 있는 곳에 찾아가 음식을 만들어 주는 푸드트럭 외식업이 성행하고 있다. 푸드트럭의 메뉴도 점차 전문화, 고급화되고 있으며 쉽게 들고 먹을 수 있는 포장용기를 사용한다. 손에 들고 다니며 먹을 수 있는 간편식(grab and go) 상품들이 더욱 다양하게 개발되어 판매될 것으로 보인다. 시간과 장소를 초월하여 식사하는 외식문화가 확대되고 있는 것이다.

〈사진 2〉 2016년 여름 예술의전당 야외광장에 설치된 푸드트럭

3. 가정식 대용식품(HMR)시장의 확대

가정식 대용식품(HMR: Home Meal Replacement)은 가정의 식사를 대체하는 음식이라는 개념이다. 원래 가정에서 만들어 먹던 음식을 편의점이나 슈퍼마켓, 할인점, 백화점 식품매장 등에서 구매하여 간단한 조리과정을 거쳐 식사대용으로 먹을 수 있는 상품을 말한다.

HMR에 대한 관심은 외식에 식상한 직장인이나 싱글족들에게 가정식사의 고품질 음식을 제공한다는 취지로 미국에서부터 일어나기 시작하였다. 1991년 미국의 보스턴 치킨사가 관련상품을 선보인 이후 급속히 시장이 커지고 있는 상황이다. 국내 HMR시장은 주로 식품기업과 유통기업을 중심으로 발전하는 모습을 보이고 있다. 식품산업의 발전된 기술을 이용하여 다양한 레토르트(Retort)식품이나 냉동식품을 상품화시키고 있다. 레토르트식품으로는 밥 · 스튜 · 죽 · 카레라이스 · 볶음밥 · 된장국 · 설렁탕 · 갈비탕 · 육개장 · 삼계탕 등의 상품을 볼 수 있고, 냉동식품으로는 피자 · 만두 등의 상품이 유통되고 있다. 그 외에 즉석에서 먹을 수 있는 편의식품으로 김밥 · 샌드위치 · 샐러드 · 도시락 · 떡 등의 식품이 다양하게 선보이고 있다.

특히 HMR은 바쁜 현대인들에게 시간절약과 간편성을 제공하고 비용을 절감할 수 있는 경제성을 제공하고 있어서 갈수록 그 규모가 커지고 있다. 몇 년 전부터 늘어나기 시작한 편의점 도시락 매출이 2016년 들어 급증하고 있다. 주요 편의점들의 도시락 매출은 전년 대비 3배 이상의 매출액을 달성할 정도로 도시락의 인기가 높다. 편의점에서 판매하는 음식은 도시락 외에도 김밥, 주먹밥, 샌드위치, 죽, 면류 등 식사를 대용할 수 있는 상품이 다양하다. 더구나 편의점은 전국에 약 3만3천개가 퍼져 있어 소비자들이 접근하기가 편리하고, 업주 입장에서도 단일 메뉴의 판매량이 많다 보니 규모의 경제를 실현할 수 있다. 편의점업계는 이른바 '편의점의 푸드점화'를 내세우며 편의점의 간편식 매출을 전체 매출액의 20%까지 확대시킨다는 방침을 가지고 있어서 외식업계의 강력한 경쟁자로 대두되고 있다.

4. 지속가능한 경영

우리나라 산업사회의 역사는 매우 짧아서 대기업이나 중소기업을 막론하고 일부 사례를 제외하곤 대개 1950년대 이후에 창업하여 잘 해야 60년 남짓 되는 역사를 가지고 있을 뿐이다. 오래된 기업은 창업자가 80대 이상의 고령으로 후계자에게 사업을 인계할 때가 지났다. 창업자가 일궈놓은 가족기업이 대를 이어 2세대까지 생존하는 비율은 30% 수준이며, 3세대까지 생존하는 경우는 14%에 불과하다고 한다. 가족기업이 대를 이어 지속적으로 생존하는데 실패하는 이유는 사업 환경의 변화, 세금과 같은 외부요인과 가족문제, 승계문제와 같은 내부요인으로 요약된다. 최소한 10년 정도의 장기적인 후계승계 프로그램을 마련하여 소유권과 경영권이 차질 없이 인계되도록 할 필요가 있다.

기업은 창업주의 성공으로만 끝나지 않고 지속적으로 번영해야 한다. 무엇보다도 기업의 성장과 발전을 위해 헌신한 종업원들의 안전한 직장으로 남아 있어야 한다. 자본을 투자한 주주들의 이익을 보장해줘야 하며, 그동안 지지해준 고객과 지역사회의 신뢰에도 보답해야 한다.

5. 정보통신기술과 SNS

외식업에 스마트폰, 인터넷과 정보통신기술이 접목되어 기업의 입장이나 소비자의 입장에서 많은 변화가 일어나고 있다. 음식 배달시장이 활성화되는 데는 배달전문 기업이 음식점의 주문접수부터 시작하여 배달대행, 신용카드 결제, 매장홍보, 고객관리까지 하나의 플랫폼에서 운영할 수 있는 솔루션이 있기 때문에 가능하다. 음식배달뿐 아니라 O2O산업 성장추세에 따라 마트와 편의점, SOHO매장의 배송대행까지지도 가능하게 되었다. 푸드테크는 푸드(Food)와 테크놀로지(Technology)의 합성어이다. 기존의 외식업 배달 앱 서비스부터 맛집 추천 및 검색, 예약, 레시피 공유 등 관련 서비스업을 빅데이터와 비콘(근거리 무선통신장비) 등 최신 기술을 활용해 더욱 정교하게 이용자의 욕구를 파악하고 맞춤형 서비스를 제공하면서 활성화되고 있다. 소비자의 입장에서도 스마트폰으로 앱과 SNS를 통해 정보의 검색, 주문, 결제를 할 수 있고 음식 정보를 교환하는 활동이 매우 편리하다.10)

〈사진 3〉 맥도날드의 CEO Steve Easterbrook이 뉴욕의 맥도날드 매장에서 키오스크(Kiosk) 주문을 시범 보이고 있다(연합뉴스, 2016.12.15.).

외식사업은 관련 산업의 기술발전에 크게 영향을 받게 된다. 식품산업, 물류유통산업, 전자기계산업, 정보통신산업 등의 기술변화를 수용하고 이를 통해 비약적인 발전을 이루어 왔다. 특히 정보통신산업은 외식기업의 구매관리, 재고관리, 자원관리, 생산관리, 매출관리 등의 내부 경영관리업무 외에도 고객을 위한 정보제공, 고객관리, 음식배달 등의 업무에 큰 기여와 변화를 가져

올 수 있을 것이다.

6. 지속가능한 외식문화

현대의 외식소비자가 추구하는 핵심적인 가치는 건강한 음식의 지속가능한 소비이다. 가까운 곳에서 생산된 농산물을 활용하여 소비자에게 신선하고 안전한 식재료를 공급하고 장거리운송에 따른 환경오염을 예방하며, 지역경제를 활성화시키고 생산자의 경쟁력을 확보하기 위해 시작된 운동이다. 최근 외식기업들이 인근의 생산자와 연계하여 신선한 식재료를 구매하는 로컬푸드 시스템(Local Food System)을 적용하면서 건강하고 안전한 음식의 이미지를 부각시키는 것은 지역의 지속가능한 발전에도 기여하는 활동이라고 볼 수 있다. 식육의 생산방식에 있어서도 윤리적 육식이 강조되고 있으며 생태계 보호를 고려한 수산물의 획득, 공정무역, 물과 에너지와 같은 자원의 절약 등 범지구적 차원의 지속가능성에 대한 관심이 지속가능한 외식문화 트렌드를 이끌어 가고 있다. 건강한 삶을 추구하는 개인 소비자의 욕구에 의해 외식소비문화의 트렌드는 보다 다양하게 변화될 것이다.

(1) 슬로푸드(Slow Food)

① 슬로푸드 운동

1986년 이탈리아의 미식가 카를로 페트리니(Carlo Petrini)는 로마의 역사적 명소인 스페인광장(Piazza di Spagna)에 맥도날드 매장이 개점되자 이에 반항하면서 슬로푸드 운동을 제창하였다. Slow Food라는 개념은 Fast Food에 대비되는 개념이다. 미국식 패스트푸드가 유럽전통 음식문화의 본 고장이라고 할 수 있는 이탈리아에 유입되는 것에 대한 강한 저항으로 탄생된 개념이다.[11] 슬로푸드는 인간에게 좋은 여러 가지 이점을 가지고 있다. 그 첫째가 건강에 이롭다는 것이다. 자연의 리듬에 따라 생산된 식재료로 만들었기 때문에 유기체인 사람의 몸에 더 잘 맞는다. 또한 만드는 사람이 누구인지 알고, 믿고 먹을 수 있는 음식이다. 이 경우에 생산자는 소비자의 건강과 안전을 고려한 식재료를 선택한다. 또한 음식을 운반하는 과정에서 방부제를 사용할 필요가 없다. 전통적으로 음식의 품질은 표준화된 기준이 없어 통상 신선도, 안전도, 개인의 주관적인 맛 그리고 가격의 높낮이에 의해 결정된다. 그러나 패스트푸드는 음식의 맛과 품질의 표준화에 의한 즉석서비스를 실시하고, 프랜차이즈 및 체인스토어 방식의 도입을 통해 외식산업 혁명을 이끌며 인류의 라이프스타일을 주도해왔다.

슬로푸드 식생활의 주된 가치는 '우수하고, 청결하며 공정한(Good, Clean and Fair)' 품질을 갖춘 식품을 소비하는 데 있다. 보다 구체적으로 보면, 먼저 품질의 우수성(Good)에 대해서는 식품의 향미는 자연이 우리에게 내려준 귀중한 자원과 인간의 생산기술이 결합된 결실이므로 그 자연상태가 변화되지 않아야 맛과 신선도가 유지된다. 품질의 청결성(Clean)에 대해서는 지속가능한 농업, 가축사육, 가공, 마케팅 및 소비의 지속가능성이 보장될 수 있도록 생태계의 보존, 생물다양성 그리고 생산자와 소비자의 건강 보호와 같은 환경 측면이 고려되어야 한다. 끝으로, 공정성(Fair)에 대해서는 세계경제의 균형화, 사회적 공감과 결속의 추구, 문화의 다양성과 전통 보존을 통해 인간의 노동가치의 중요성을 인식하여 농식품 종사자에 대한 적정보수를 보장하는 사회정의를 실현한다. 우리가 식품을 일용할 수 있는 기쁨에 감사하고 또한 이를 이해할 수 있도록 우리의 감각을 훈련하고 교육함으로써 우리는 새로운 세계를 열 수 있다고 슬로푸드의 이러한 3가지 철학은 말하고 있다.

슬로푸드 운동이 지향하는 목표는 식도락에 관한 권리를 보장하기 위해서는 생활의 리듬을 소중히 여기고, 또한 자연과의 조화로운 관계를 소중히 여기는 것이다. 식도락을 강조하면서 향토의 문화적 그리고 생물학적 다양성을 유지하기 위해서는 식탁에서 식도락을 즐기는 것이 최선의 방책이라는 전제이다. 이러한 목표를 실현하기 위한 수단으로 미각교육을 촉진하고 멸종위기에 처한 농산물과 전통적 영농관행을 보전하면, 우량식품을 생산하는 생산자와 소비자를 연계하고자 한다.[12] 슬로푸드 운동은 초창기에는 지역에서의 '식품의 품질'에 관한 쟁점에서 출발하여 이제는 범세계적인 '삶의 질'에 관한 영역까지(From local to global, from quality of food to quality of life) 그 활동을 포괄하는 슬로우사회 운동(Slow Society Movement)으로 발전하고 있다.

〈사진 4〉 코엑스 푸드위크 2016 슬로푸드 포스터[13]

② 한국의 슬로푸드

슬로푸드(Slow Food)의 진정한 의미는 '제대로 된 식사'에 더 가깝다. 대량소비를 목표로 한 대량생산의 구조는 기계화에 의해 간단하게 실현될 수 있다. 그러나 전통적으로 계승해 온 것은 한 번 끊어져 버리면 그 부활이 어려워진다. 슬로푸드는 일명 정크푸드(Junk Food: 쓰레기 음식)라고 불리는 패스트푸드의 반대 개념으로 천천히 조리되는 음식이란 언어적 의미와 건강에 도움이 되는 음식이라는 다른 뜻도 가지고 있다. 특정한 종류의 음식이라기보다는 먹을거리를 생산하고 가공하는 방식과 관련이 있다. 사실 패스트푸드가 등장하기 전 인류의 먹을거리는 슬로푸드였다.

슬로푸드는 미리 가공된 재료가 아니라 원재료를 가지고 요리하는 사람의 정성이 깃든 음식이다. 달리 말하면, 만드는 사람의 손맛이 들어간 것이다. 또 슬로푸드는 인공적인 가공이 아니라 자연적인 숙성이나 발효과정을 거친 것이다. 우리 전통 · 토종 식품인 된장, 간장, 고추장, 김치, 젓갈 등 발효 식품뿐만 아니라 순두부, 떡, 묵, 버섯 등 전통적인 방법으로 생육된 농산물을 재료로 하여 만든 음식을 전형적이고 대표적인 슬로푸드라고 할 수 있다. 오랜 기간 삭혀서 먹는 젓갈, 익혀서 먹는 김치, 오랜 시간 달여 먹는 엿, 발효과정을 거치는 술 등이 그 사례이다. 이러한 슬로푸드는 식사방식과 관련이 있다. 요기를 위해 단숨에 음식을 먹는 것은 아무리 그 자체가 슬로푸드라 해도 진정한 식사로 볼 수 없다. 음식의 효과에 대해 생각하고, 음식을 만든 사람에게 감사하며 음미하는 것이 슬로푸드이다.

(2) 로컬푸드(Local Food)

로컬푸드 운동은 지역에서 생산된 농산물을 지역에서 소비함으로써 환경과 건강을 지키고 농촌과 도시를 함께 살리자는 일련의 활동을 말한다. 지역에서 생산자와 소비자의 만남(사회적 관계 형성), 생산방식의 안정성, 도농상생의 개념을 포함한다.[14]

로컬푸드를 소비함으로써 얻게 되는 이점은 다음과 같다.

① 식품안전 확보

신선하고, 안전하고, 영양가 높은 농산물 공급이 가능하고, 유통기간이 짧아 농약이나 방부제 등의 잔류가능성이 매우 낮음.

② 지속가능한 환경에 기여

생산자와 소비자의 대면거래 형성으로 생산자는 저농약 또는 무농약 농산물을 생산하고, 글로벌 푸드를 감소시키며, 생산지와 소비지 간 이동거리가 짧아 이산화탄소 방출에 의한 지구온난화를 막을 수 있음.

③ 지역사회의 활성화

- 가족영세농의 지속과 농촌 보호: 가족영세농의 생산기반을 보호하여 지역생산 일자리를 증대시키고, 농촌을 유지하도록 함으로써 농촌의 전통과 문화를 계승
- 사회적 자본의 증대: 로컬푸드는 생산자와 소비자의 공동영역이므로 생산자는 책임감으로 소비자에게 보답하고, 소비자는 먹을거리를 신뢰 → 신뢰관계 확대 → 공공문제에 대한 관심으로 확대
- 지역경제의 활성화에 기여: 소비자가 지불한 돈이 지역 내에서 순환됨으로써 생산자의 소득 증대는 물론 지역경제에 긍정적으로 작용. 기존의 대형마트가 아닌 소상인이나 소규모 가게를 통한 로컬푸드의 유통과 판매는 지역에 고용을 창출하고 외부로 자본유출을 억제하여 지역경제를 활성화시킴.

(3) 푸드 마일리지(Food Mileage)

푸드 마일리지(Food Mileage)는 우리 식탁에 오르는 식재료가 농부나 재배자로부터 생산과정과 유통을 거쳐 소비자의 식탁에 이르기까지 소비되는 과정에 소요되는 수송거리를 계산한 것으로서 해외에서는 통상적으로 푸드 마일스(Food Miles)라고 표기한다. 푸드 마일리지는 식품이 생산된 곳에서 소비되는 장소에 이르는 거리를 수량적으로 계산함으로써 환경에 주는 영향을 측정하는 지표로 사용된다.[15] 즉 푸드 마일리지가 낮은 식품은 생산지와 소비지까지의 거리가 가깝기 때문에 환경에 악영향을 주는 탄소배출량을 적게 배출할 뿐 아니라 더 안전한 먹을거리라는 것을 의미한다. 식품은 공산품과 달리 상품에 대한 정보를 쉽게 구분할 수 없으며 기후변화에 영향을 주는 정도를 파악할 수 없기 때문에 푸드 마일리지를 통해 소비자들에게 정보를 제공해 주는 지표가 된다. 즉, 푸드 마일리지는 비가시적으로 체감할 수 없는 것을 가시적이고 체감할 수 있도록 만들어 주는 효과가 있다.

푸드 마일리지 개념은 1991년 영국의 소비자 운동가이며 런던시티대학(City University in London) 교수인 팀 랭(Tim Lang)에 의해 창안된 이후, 미국, 영국, 프랑스, 독일 등 서구와 일본 및 우리나라에도 확산되게 되었다.[16] 푸드 마일리지의 목적은 크게 나누어 환경, 건강, 사회적 문제로 구분할 수 있다. 푸드 마일리지는 우선 환경에 관련하여 식품의 생산에서 소비 및 폐기에 이르는 전 과정에서 발생하는 탄소배출량이 환경에 미치는 영향력을 줄이는 것을 목적으로

하며, 건강 측면에서는 식품이 소비자의 식탁에까지 도달하는 동안 소요되는 시간에 의한 영양의 손실과 부패 및 방부제 등 유해물질 등을 감소시켜 먹을거리의 안전을 확보하는 것을 목적으로 한다. 마지막으로 사회적 측면에서, 식품이 사회적으로 적절한 환경에서 생산되고 소비되도록 보호할 수 있는 사회적 책임(Social Responsibility)이 있는 활동이 되도록 하는 것을 목적으로 한다.

푸드 마일리지 개념에 따르면 수입식자재의 경우, 수송거리가 길기 때문에 마일리지가 매우 높을 수밖에 없다. 반면에, 자국에서 생산하는 식자재의 경우엔 푸드 마일리지 수치가 더욱 낮아져 에너지를 절약할 수 있고 이산화탄소 배출량도 저감시킬 수 있게 된다. 이처럼 푸드 마일리지는 식생활 문화와 이산화탄소 배출 개념을 접목시켜 생활 속에서 온실가스 저감을 실천할 수 있도록 하는 하나의 수단으로 각광받고 있다.

푸드 마일리지와 함께 사용되는 용어로 탄소발자국(Carbon Footprint)이 있다. 탄소발자국은 2006년 영국의회 과학기술처에서 처음 사용하였는데, 이는 식품을 포함한 공산품 등 모든 상품의 전 과정에서 직·간접적인 모든 배출원에서 배출한 이산화탄소량으로 정의된다. 탄소발자국은 사람이 걸으면서 남기게 되는 발자국처럼 농산물이나 식품이 생산, 제조, 유통, 소비 등의 과정에서 발자국처럼 남기는 이산화탄소(CO_2)의 총량을 의미하며, 개인, 조직, 또는 제품에 의해 배출된 온실가스량으로 정의된다.[17)]

탄소라벨링은 우리나라에서는 '탄소성적표시제'로 불리고 있으며, 최종 소비자들에게 환경을 고려하고 탄소배출량을 줄이기 위해 노력하는 기업의 제품을 많이 소비하도록 녹색구매활동을 촉진하여 기업의 탄소감축활동을 유도하고 있다. 우리나라에서는 탄소라벨링이 2001년 환경기술개발 및 지원에 관한 법률 제18조 '환경성적표지 인증'에 법적 근거를 두고 있다.

(4) 로하스(LOHAS)

로하스(Lifestyles of Health and Sustainability)는 미국의 사회학자인 폴 레이가 1998년 15만명의 미국 소비자들을 대상으로 약 12년을 넘게 그들의 가치관과 라이프스타일을 조사한 결과를 바탕으로 새로운 가치관, 즉 건강지향적인 라이프스타일을 추구하는 집단에서 발견되었다.[18)]

로하스의 사전적 의미는 '건강과 지속적인 성장을 추구하는 생활방식 또는 이를 실천하려는 사람'이다. 개인주의적 가치인 건강(Health)과 공동체적인 가치인 지속가능성(Sustainability)의 조화로운 추구가 로하스라는 트렌드를 만들어 냈으며, 기존의 제품에 비해 발전된 기술력을 바탕으로 건강과 환경을 모두 고려하는 제품과 서비스, 그리고 이를 이용하는 소비자를 로하스의 범주에 포함한다. 로하스는 자신의 건강뿐만 아니라 후대에 물려줄 지속가능한 소비기반을 생각하는 소비패턴으로 사회, 경제, 환경적 토대를 위태롭게 하지 않는 범위에서 소비함으로써 다음 세대가 건강하고 풍요로운 삶을 누릴 수 있도록 배려하는 현명한 소비자들의 라이프스타일로 정의된다.[19)]

로하스는 웰빙의 개념에 환경과 지속가능성의 개념을 추가한 한 차원 높은 의식수준으로 이해되지만, 웰빙과는 약간의 거리가 있다. 간단히 비교하면 웰빙은 이기적인 소비 니즈인데 반해, 로하스는 이타적인 성격이 두드러진다. 로하스를 구성하는 단어 가운데 Health보다는 Sustainability에 강조를 두며, 시장에서 제품 하나를 구입하더라도 당장 나 혼자만 생각할 것이 아니라 후손까지 생각하자는 것이다. 일회용품 사용을 자제하고 재생이 가능한 제품을 적극적으로 구매해 지속가능한 지구환경을 보존하자는 개념이 나 혼자만의 건강보다 우선한다는 점에서 웰빙과 분명하게 차별화된다. 로하스 개념의 본원적 생성원천은 현재 우리나라에서 로하스 소비자가 대두되는 배경과는 다소 차이가 있다. 미국에서의 로하스의 시작은 곧 웰빙의 시작 그 자체라고 할 수 있지만, 우리나라의 경우는 이미 소개된 웰빙의 발전된 형태로서 로하스가 논의되었기 때문에 현재 우리나라 로하스 소비자의 대다수는 실질적으로 친환경주의자와 비슷하다고 할 수 있다.

로하스 소비자는 로하스를 실천하는 사람들로서 개인의 정신적, 육체적 건강뿐만 아니라 환경까지 생각하는 친환경적 소비행태를 보이며, 자신의 건강 이외에도 후대에 물려줄 미래의 소비기반의 지속가능성까지 고려한다. 미국 자연마케팅 연구소(Natural Marketing Institute)는 소비자 유형을 자기중심주의자(Centrists: 주요 이슈에 대해 중립적인 입장을 취하는 사람으로 전혀 로하스적이지 않은 사람들) 27%, 방황주의자(Nomadics: 주요 이슈에 대해 생각이 자주 변하는 사람으로 일부 로하스적인 사람들) 38%, 무관심주의자(Indifferents: 하루하루 생활하기에 급급한 사람들로 로하스에 신경 쓰지 않는 사람들) 12%, 그리고 로하스족(LOHAS: 자신과 가족의 건강, 지구의 지속가능성, 자기개발, 사회의 미래를 걱정하는 사람) 23%로 분류하였다.[20)]

로하스 소비자의 가장 큰 특징은 가격이 조금 비싸더라도 자신의 가치에 부합되는 제품에 대해서는 지불할 준비가 되어 있고, 제품 하나를 선택하더라도 친환경적인 방식으로 재배되었는지 등 로하스 소비자의 가치를 공유하는 기업이 생산했는지와 같은 지속가능성의 여부를 파악하는 데 있다. 또한 이들은 자신이 추구하는 가치에 대치되는 제품은 구매하지 않을 뿐만 아니라 다른 사람이 구매하지 못하도록 안티 캠페인을 벌이는 적극성을 겸비하고 있다.

참고문헌

1) 김광억(2015). 음식: 문화융합의 장. 동아시아식생활학회 학술발표대회논문집, 5-15.

2) 윤서석(1986). 한국 식생활문화의 고찰. 『한국영양학회지』, 19(2), 107-114.

3) 손경희(1995). 한국 전통 음청류의 역사적 고찰, 인제식품과학 FORUM 논총, 4, 7-23.

4) Lucy, M. Long(2004). *Culinary tourism*. The University Press of Kentucky, Lexington.

5) 정유경 · 김맹진 · 송현주 · 이명은(2009). 농가맛집의 현황과 지역사회발전을 위한 활성화방안, 한국식생활문화학회지, 24(6), 692-701.

6) 김수진(2004). 한국 디지털세대의 음식문화, 『사회조사연구』, 19, 55-77.

7) 김맹진(2014). 『외식사업창업론』, 대왕사.

8) 보건복지부(2016). 국민건강영양조사.

9) 마정아 · 손미희 · 조현영 · 김종근(2012). 메가트렌드 분석을 통해 예측한 외식상품의 미래, 『상품학연구』, 30(3), 51-62.

10) 박현길(2016). 푸드테크(Foodtech)?, 『마케팅』, 50(1), 42-50.

11) 양병우(2009). 슬로푸드 식생활의 전개와 과제, 한국식품영양과학회 산업심포지움발표집, 11, 73-76.

12) 김종덕(2009). 현대 먹을거리의 문제점과 슬로푸드 운동, 역사문화학회 학술대회보.

13) 국제슬로푸드한국협회: http://slowfoodkorea.tistory.com/

14) 권용덕(2011). 로컬푸드의 현실과 정책, 경남정책 Brief, 2011-17, 1-8.

15) 서구원(2012). 국내 주요 농산물의 푸드마일리지와 이산화탄소 배출량 분석, 『한국대기환경학회지』, 28(6), 706-713.

16) Wynen, E. and D. Vanzetti(2008). No through road: The limitations of food miles. ADB Institute Working Paper, 118.

17) Hogan, L. and S. Thorpe(2009). Issues in food miles and carbon labelling, Australian Bureau of Agricultural and Resource Economic Research Report, 9(18), Canberra.

18) Steve. F. and Gwynne. R.(2005). LOHAS Market Research Review: Marketplace Opportunities Abound. The Natural Marketing Institute(NMI), 25-45.

19) 최유리 · 김태희(2013). 로하스 소비성향에 따른 외식행동 차이에 관한 연구, 『외식경영연구』, 16(3), 27-48.

20) White, N.(2005). The Natural Marketing Institute, NMI Release 2005 LOHAS Consumer Trends Database.

제 2 장

호텔경영

박 대 환

영산대학교 교수/호텔관광대학 학장

세종대학교 경영대학원 호텔경영학과 졸업(경영학석사)
경남대학교 대학원 경영학과 졸업(경영학박사)
부산 웨스틴조선호텔 부총지배인
한국호텔관광학회 회장 역임
현) 영산대학교 호텔관광대학장
『호텔경영관리론』 등 다수의 저서와 "호텔기업의 서비스지향성 연구" 등 다수의 논문이 있음.

dhpark@ysu.ac.kr

원 철 식

영산대학교 교수/호텔관광학부장

세종대학교 대학원 호텔관광경영학과 졸업(경영학박사)
한국관광협회중앙회 근무
한국관광서비스학회 회장 역임
한국호텔리조트학회 회장 역임
현) 한국관광레저학회 편집위원장
현) 영산대학교 교수/호텔관광학부장
『관광법규와 사례분석』 등 다수의 저서와 "호텔기업의 전략적 원가관리 기법이 정보만족도 및 경영성과에 미치는 영향" 등 다수의 논문이 있음.

woncs@ysu.ac.kr

제 2 장 호텔경영

박 대 환 · 원 철 식

제1절 호텔경영의 이해

1. 호텔경영의 정의와 의의

(1) 호텔경영의 사전적 정의

오늘날 우리가 의미하는 호텔의 개념은 우리들이 일상적으로 생활하는 범주의 기본단위인 가정(home)을 확대한 것으로 생각하면 쉽사리 이해될 수 있다. 즉, "가정을 떠난 가정(a home away from home)"의 뜻으로 사랑하는 가족이 있는 집처럼 안락하고 편안한 가정의 분위기를 포함하는 숙박시설인 것이다. 호텔의 사전적 의미를 「Webster's Dictionary」에서는 "A place of shelter and rest for travelers"로 기술하여 병원의 기능과 호텔의 기능이 합해진 숙소의 역할을 하는 공간으로 'Hospitale'에서 유래되었다. 이는 여행자의 숙소 또는 휴식의 장소이며, 병자나 부상자를 치료하고 간호하는 시설로 설명되어진다. 'Hospitale'는 Hostel(여인숙), Inn(여관) 또는 현대의 Hotel(호텔) 등 숙박시설로 발전하였으며, 한편으로 Hospital(병원)로 각각 발전하였다. 뿐만 아니라 「Webster's Dictionary」에서 현대적 호텔을 정의한 것을 보면 "A building or an institution providing lodging, meals, and service for the public"이라고 기술하고 있다. 이를 좀 더 확대하여 해석하면 "호텔이란 일반대중에게 호텔이 가진 최상의 인적 · 물적 · 시스템적 서비스를 동원하여 고객에게 숙박과 식음료, 각종 연회행사 및 국제행사, 부대시설을 활용한 제반 이벤트 등을 수시로 제공하고 영리를 추구하는 서비스기업"임을 알 수 있다.

(2) 호텔경영의 법적 정의

우리나라는 1961년 제정 공포된 관광사업진흥법에 "관광호텔업이라 함은 외국인 숙박에 적합한 구조 및 설비를 갖춘 시설에서 관광호텔 또는 이와 유사한 명칭을 사용하여 사람을 숙박시키고 음식을 제공하는 업"으로 규정하여 일정한 지급능력이 있는 사람에게 객실과 식음료를 제공할 수 있는 시설을 갖추고, 예의 바른 종사원이 조직적으로 서비스용역을 제공하여 그 대금을 받는 사업체임을 설명하고 있다. 오늘날 세계 각국은 그들 국가의 법령으로 관광호텔의 등록기준을 일정한 시설과 인적 서비스 요건으로 규정하고 있다. 따라서 우리나라도 관광진흥법 제3조 제1항 2호에서 관광숙박업을 정의하고 있다.

(3) 호텔경영의 의의

현대 호텔경영은 호텔이라는 서비스기업을 대상으로 경영활동을 전개하는 것이다. 따라서 호텔경영은 경영학이라는 학문적 기반 위에 호텔이라는 특수한 서비스기업의 경영노하우와 현장경험을 바탕으로 기업을 경영하는 것이다. 호텔경영의 이론적 배경이 되는 경영학은 조직체를 효과적이고 효율적으로 운영하는 지식을 습득하는 학문이며, 이를 구체화 하면 호텔경영학은 호텔이라는 서비스 조직체에서 제공되는 하드웨어, 시스템 및 소프트웨어를 인사조직, 마케팅, 재무관리, 회계학, 생산관리, 정보시스템, 국제경영 등의 경영학적 체계를 통해 조직적으로 운영하여 훌륭한 산출물인 호텔의 이미지 제고와 재무적 성과를 극대화시키는 경영활동이다.

헨리 포드는 자동차 생산공정관리를 컨베이어벨트시스템을 이용하여 간소화, 표준화, 전문화하므로 비용절감과 대량 생산에 획기적인 계기를 마련하게 되었다. 이에 따라 생산 판매된 자동차(Model T)는 튼튼하고 값싸게 대량 생산되어 박리다매로 대중화에 성공함으로써 과학적 관리가 경영이론으로 확고하게 자리 잡는데 기여하게 되었다. 이렇게 탄생된 포디즘(Fordism)을 호텔산업에 과감히 도입한 사람은 엘즈워드 밀튼 스타틀러(E. M. Statler)로서 그는 호텔이란 고급스럽고 값이 비싸기 때문에 특정인들만 출입한다는 고정관념을 과감히 탈피하여 일반대중에게 적절한 가격에 우수한 서비스상품을 제공하여 큰 성공을 거둔 최고의 호텔경영인이었다. 그의 경영기법은 현대 호텔경영에 큰 영향을 미치게 되었다.

호텔경영관리는 호텔이라는 특수한 개별기업의 중장기 발전에 따른 투자, 재무관리, 회계, 인사관리, 마케팅 및 정보시스템에 대한 구조를 고객지향적인 방법으로 운영하는데 필요한 경영관리기법을 연구하고, 습득하여, 실행하는 서비스기업의 경영관리활동이라고 할 수 있다.

2. 호텔의 분류

호텔을 경영하고자 할 때 그 호텔이 처해져 있는 환경이 매우 중요한 요인으로 작용하게 된다. 일반적으로 호텔을 분류할 때 법적 분류, 위치에 따른 분류, 이용목적에 따른 분류, 시설수준에 따른 분류, 규모에 따른 분류, 고객의 체재기간에 따른 분류, 이용료의 지불방법에 따른 분류, 불려지는 명칭에 따른 분류, 경영 및 자본형태에 따른 분류 등으로 구분하게 된다.

법적 분류에는 나라별 법과 규정에 의해 정해진 시설과 서비스를 갖추는 것으로서 세계 대다수 나라들은 별 또는 다이아몬드 표식을 부착하여 고객에게 서비스수준을 공표하는 것으로써 5성급, 4성급, 3성급, 2성급, 1성급 등이 있다. 위치에 따른 분류는 도심호텔, 교외호텔, 휴양지호텔, 에어포트호텔, 시포트호텔, 스테이션호텔, 하이웨이모텔 등으로 구분한다. 이용목적에 따른 분류는 상용호텔, 컨벤션호텔, 리조트호텔, 카지노호텔 등으로 구분하고 있으며, 시설수준에 따른 분류는 전관 특실호텔, 고급호텔, 중가호텔, 중저가호텔 등으로 구분하게 된다. 규모에 따른 분류는 초대규모호텔, 대규모호텔, 중규모호텔, 소규모호텔 등으로 구분하며, 고객의 체재기간에 따른 분류에는 장기체재호텔, 단기체재호텔 등으로 구분하고 보편적으로 15일 이상 투숙하면 장기체재객으로 분류하여 다양한 혜택을 부여하기도 한다. 이용료의 지불방법에 따른 분류로는 아메리칸 플랜, 유로피안 플랜, 컨티넨탈 플랜 등으로 구분하며, 지불방법은 고객이 원하는 방법을 선택할 수 있도록 하는 것이 시대적 추세이기도 하다. 불려지는 명칭에 따른 분류로써 호텔, 모텔과 모터호텔, 인, 유스호스텔, 보텔, 펜션, 롯징, 캡슐호텔 등이 있으며, 경영 및 자본형태에 따른 분류에는 독립경영호텔과 체인경영호텔로 구분하고, 체인경영호텔에는 위탁경영호텔, 프랜차이즈와 리퍼럴 그룹 경영 등으로 구분한다.

그림 2-1

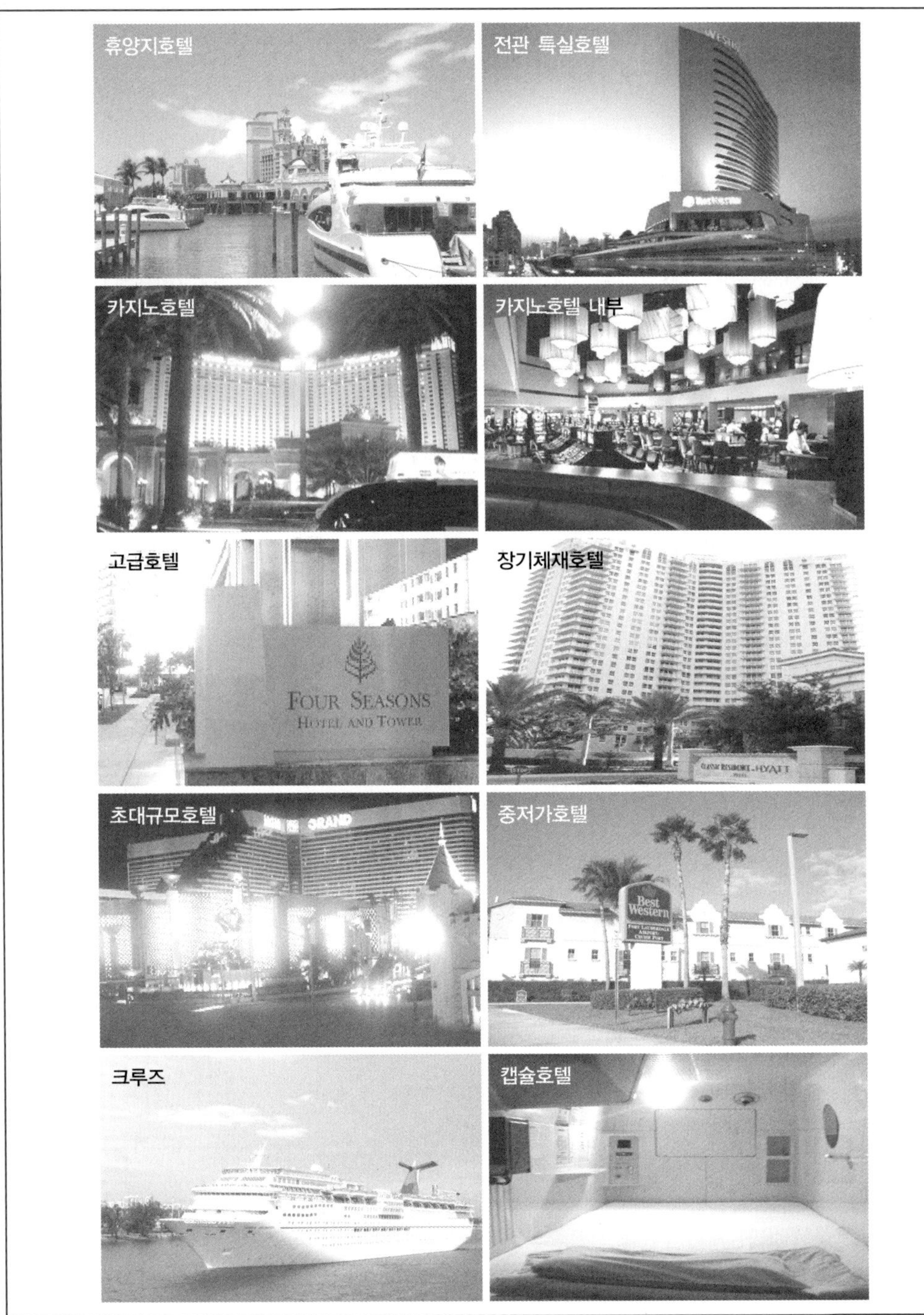
휴양지호텔
전관 특실호텔
카지노호텔
카지노호텔 내부
고급호텔
FOUR SEASONS
HOTEL AND TOWER
장기체재호텔
초대규모호텔
GRAND
중저가호텔
Best Western
크루즈
캡슐호텔

3. 호텔기업의 특성

현대 호텔의 창시자로 불리는 스타틀러는 '인생은 서비스이다' 라는 슬로건으로 현대 호텔경영은 서비스지향성을 바탕으로 이뤄져야 함을 주장하고, 고객의 욕구와 요구에 부응함으로써 호텔기업의 발전을 도모하여야 함을 역설하였다. 호텔은 유형상품인 호화로운 시설상품과 무형상품인 인적 서비스, 그리고 앞서가는 경영조직이 개발한 시스템으로 운영된다. 이는 고객에게 제공되는 고객감동서비스와 객실, 식음료, 부대시설 등이 결합됨으로써 고객의 가치를 창출하게 된다. 호텔기업의 특성으로는 인적자원의 특성, 물적 시설의 특성, 시스템적 경영의 특성으로 나누어 설명할 수 있다. 첫째, 인적자원의 특성으로는 인적 서비스에 대한 의존성, 훌륭한 근무 환경, 연중무휴의 영업, 서비스 창출을 위한 부서 간의 협동 등이 있다. 둘째, 물적 서비스의 특성은 최초투자의 고율성, 시설의 빠른 진부화, 공공장소적 기능 등이 있다. 셋째, 시스템적 경영의 특성으로는 경영자의 경영철학과 비전에 의해 호텔 이미지 결정, 기계화의 한계성, 비전매성 상품, 상품공급의 비탄력성, 성장의 저하성, 고정경비의 과대지출, 환경영향의 민감성, 특이한 경영조직 등을 들 수 있다. 이와 같은 특성은 곧 특정호텔의 위치와 접근성, 부대시설의 다양성 및 고급성, 서비스의 차별성, 독특한 이미지, 이용 고객의 구성에 따라 호텔의 수준이 달라지게 되며, 이는 호텔의 등급결정과 재무구조에 큰 영향을 미치게 된다.

4. 호텔기업의 체인화 방향

호텔의 체인경영계약은 소유자와 호텔의 브랜드를 보유한 체인본부 사이에 맺어지는 상호협력관계를 문서화한 것으로서 전략적 경영의 일환으로 추진되고 있다. 주로 협의되는 대상으로는 상호의 사용, 경영노하우의 전수, 운영시스템 활용, 예약망 활용, 공동마케팅 활동 참여, 각종 자재의 공동구매 및 개발, 전문 인력의 지원 등이며, 이에 따른 가입비와 사용료 지급, 계약기간, 법적 지위 등을 포함하게 된다. 호텔의 경영형태를 분류할 때 일반적으로 투자와 경영이 단독으로 이뤄지는 단독경영호텔과 두 개 이상의 호텔이 모여 체인을 구성하고 함께 경영하는 체인경영호텔로 구분하게 된다. 체인경영호텔은 본사직영호텔, 임차경영호텔, 프랜차이즈경영호텔, 위탁경영호텔, 조인트벤처, 레퍼럴 그룹으로 나눠지고 각자가 경영에 관여하는 방법과 경영관리비를 책정하는 범위는 다를 수 있다. 현대에 와서 가장 활성화되는 체인경영은 프랜차이즈이며, 호텔소유주와 체인본부가 상호 큰 부담 없이 체인화에 동의하고 운영하며, 결별할 수 있는 제도이다. 프랜차이즈방식은 프랜차이즈 계약에 의해 운영되는 호텔로서 가맹점이 가맹본부에게 가맹점 가입료(initial fee)와 수수료(royalty)를 지급하는 형태로써 호텔 체인화의 대부분을 프랜차이즈가 차지한다고 하여도 과언이 아니다. 반면에, 위탁경영호텔은 경영관리기술을 제공하는 방식으로 일명 힐튼 경영(Hilton Management)방식이라고도 한다. 이는 경영 지식과 방법(Know-how)을 보유한 호텔체인본부가 계약에 의해 다른 호텔을 경영하는 형식으로써 가맹본부로부터 여러 가지 지원을 받는 것은 물론 가맹본부로부터 호텔의 총지배인을 비롯한 주요 전문가를 파견받아 이들이 직접 경영하는 방식으로 위탁경영에 따른 경영수수료(management fee)를 지불하는 것을 말한다. 위탁경영호텔은 프렌차이즈경영호텔과 여러 가지 점에서 유사하지만 위탁경영호텔에서는 호텔의 총지배인을 포함하여 중요 직원들을 본부에서 파견하여 직접 경영을 담당하게 하는 반면, 프랜차이즈호텔에서는 총지배인을 포함하여 인력을 파견하는 경우는 없는 것이 차이점이다. 위탁경영호텔은 체인본부에서 우수한 전문가의 파견, 공동마케팅 활동, 공동 구매와 배분, 체인호텔의 예약망 활용, 공동투자, 창업 준비 등을 지원받을 수 있다. 이러한 경영방식의 대상 호텔은 대규모이거나 고급호텔들이 주류를 이루고 있다. 또한 리퍼럴 그룹(Referral Group)은 프랜차이즈나 경영계약에 의한 체인호텔이 사세를 확장함에 따라 단독경영호텔(independent hotel)들은 경쟁시장에서 위협을 느껴서 다른 독립 경영호텔들과 상호협력 하에 공동홍보, 판매전략 및 예약 서비스 등의 획일화를 위한 조직, 즉 동업자 결합에 의한 경영방식으로 체인화를 확대해 가고 있다.

5. 호텔의 조직구조와 역할

(1) 호텔의 조직구조

호텔의 조직은 호텔기업의 목표 또는 각 조직단위의 목표를 능률적으로 달성함으로써 호텔기업의 성장과 발전을 촉진하는데 그 목적이 있다. 호텔조직을 결정하는 요소로서는 호텔의 입지조건, 시설규모, 호텔의 건물 및 건축구조, 경영진의 구성, 지배인의 체인본부와의 관계, 소유형태, 경영협력방식 등에 의해 이루어진다. 호텔의 경영조직은 확고한 서비스마인드를 가진 현장경험이 풍부한 전문경영인인 총지배인을 중심으로 주로 마케팅부서(marketing division), 객실부서(rooms division), 식음료부서(food and beverage division), 관리부서(administration and general division)로 업무를 구분한다. 규모와 역할에 따라 인사부문, 시설관리, 안전관리 등은 별도의 부서로 구분되어 총지배인이나 부총지배인이 관장하는 경우도 흔히 있다. 초대규모나 대규모 호텔 등 규모가 큰 호텔은 부서책임자를 임원으로 보직하며, 가끔 대규모나 중규모 호텔은 부서책임자를 부장이나 차장, 과장 등으로 보직하기도 하며, 소규모호텔은 총지배인 하에 과장, 계장, 주임 등으로 보직하는 경우가 있다.

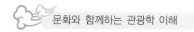

(2) 호텔조직의 역할

호텔의 조직은 고객접점분야에 종사하는 종업원이 대부분인 마케팅부서, 객실부서와 식음료부서를 영업부문(front of the house), 총지배인의 참모역할을 하며 각 부서의 업무를 지원하는 인력관리부서와 관리부서를 업무지원부문(back of the house)으로 구분하며, 그 역할도 부문에

그림 2-2 초대규모호텔의 조직구조

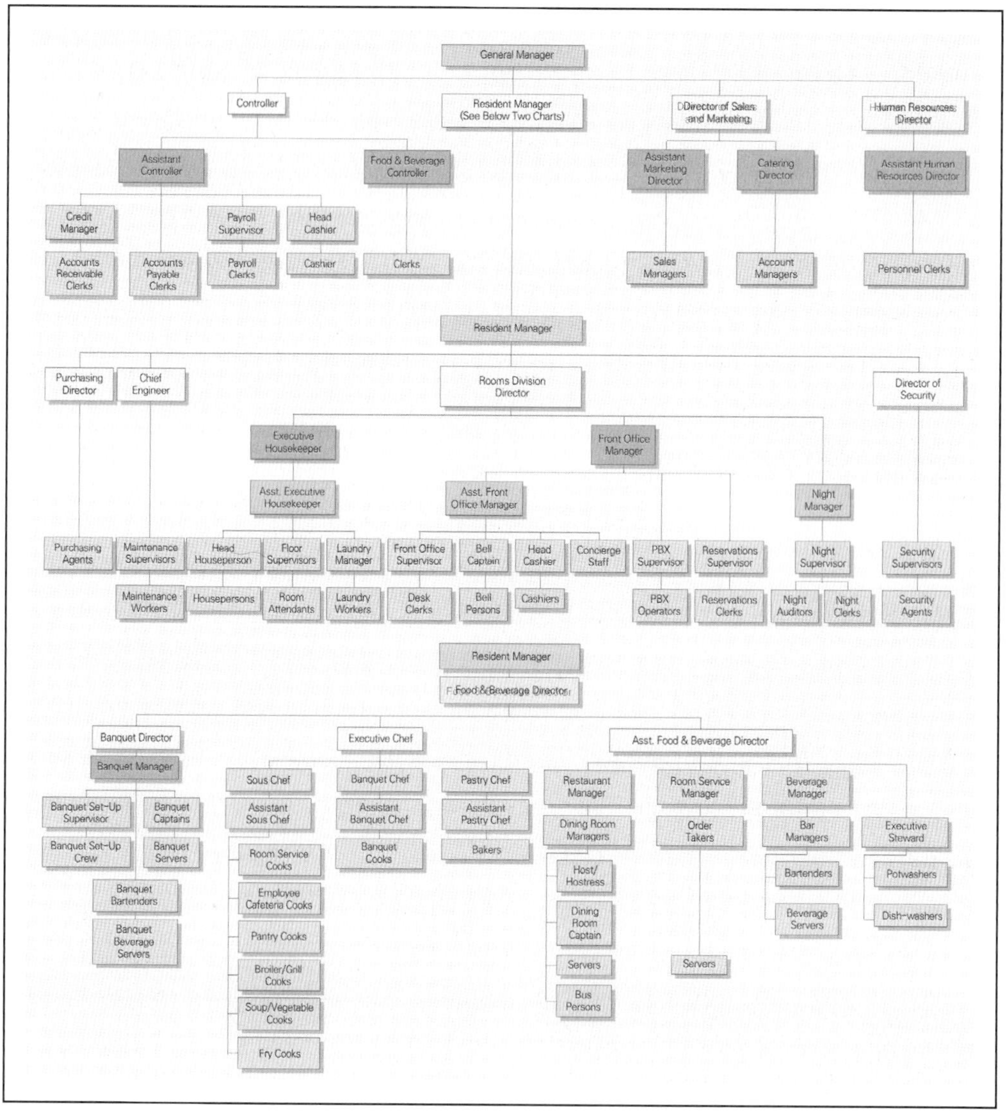

General Manager
Controller
Resident Manager (See Below Two Charts)
Director of Sales and Marketing
Human Resources Director
Assistant Controller
Food & Beverage Controller
Assistant Marketing Director
Catering Director
Assistant Human Resources Director
Credit Manager
Payroll Supervisor
Head Cashier
Accounts Receivable Clerks
Accounts Payable Clerks
Payroll Clerks
Cashier
Clerks
Sales Managers
Account Managers
Personnel Clerks

Resident Manager
Purchasing Director
Chief Engineer
Rooms Division Director
Director of Security
Executive Housekeeper
Front Office Manager
Asst. Executive Housekeeper
Asst. Front Office Manager
Night Manager
Purchasing Agents
Maintenance Supervisors
Head Houseperson
Floor Supervisors
Laundry Manager
Front Office Supervisor
Bell Captain
Head Cashier
Concierge Staff
PBX Supervisor
Reservations Supervisor
Night Supervisor
Security Supervisors
Maintenance Workers
Housepersons
Room Attendants
Laundry Workers
Desk Clerks
Bell Persons
Cashiers
PBX Operators
Reservations Clerks
Night Auditors
Night Clerks
Security Agents

Resident Manager
Food & Beverage Director
Banquet Director
Executive Chef
Asst. Food & Beverage Director
Banquet Manager
Banquet Set-Up Supervisor
Banquet Captains
Banquet Set-Up Crew
Banquet Servers
Banquet Bartenders
Banquet Beverage Servers
Sous Chef
Banquet Chef
Pastry Chef
Assistant Sous Chef
Assistant Banquet Chef
Assistant Pastry Chef
Banquet Cooks
Bakers
Room Service Cooks
Employee Cafeteria Cooks
Pantry Cooks
Broiler/Grill Cooks
Soup/Vegetable Cooks
Fry Cooks
Restaurant Manager
Room Service Manager
Beverage Manager
Dining Room Managers
Order Takers
Bar Managers
Executive Steward
Host/Hostress
Dining Room Captain
Servers
Bus Persons
Servers
Bartenders
Beverage Servers
Potwashers
Dish-washers

따라 다르게 수행하게 된다. 대규모 또는 초대규모 호텔은 부서별 기능을 라인과 스텝으로 분류하여 각 부서별 고유 업무영역을 갖게 된다. 또한 수익부문과 비용부문으로 구분하여 각자의 업무영역을 정하고, 상호 협조하여 호텔기업의 목적과 목표를 달성하게 된다. 호텔의 수익부문(revenue centers)에 속하는 객실영업부서는 고객에게 객실을 판매함으로써 매출을 올리게 되고, 식음영업부서는 조리부서에서 생산한 음식과 외부에서 구입된 음료를 각종 식당, 라운지, 룸서비스, 연회장, 부대시설영업장 등에서 판매함으로써 매출을 올리게 된다. 이와 반대로, 호텔은 직접적으로 매출을 올리지는 않지만 수익부문을 도와 호텔의 이익을 창출할 수 있도록 지원하는 비용부문(cost center)이 있다. 이러한 부서로는 마케팅과 판촉, 시설관리, 재무 및 회계, 총무, 인력관리, 구매관리, 안전관리 등이 여기에 속하게 된다.

6. 호텔경영의 미래

세계적 호텔산업은 경제성장, 사회변화, 정보기술 발전에 따라 많은 변화를 예상하게 된다. 또한 우리나라 호텔산업은 우리 경제성장의 속도에 맞춰 고도의 발전을 할 것으로 예상된다. 다만 세계적인 체인호텔들이 속속 한국에 진출하고, 국내 호텔들도 자체 브랜드의 가치를 높이기 위해 결속을 다져 나가는 것을 보면서 호텔기업도 점점 대형화, 체인화, 다양화되가고 있음을 알 수 있다. 최근에 두드러진 양극화 현상이 더 심화되면서 브랜드를 앞세운 고급스런 대규모 체인호텔과 중저가, 객실 중심의 영업을 하는 개별호텔로 이원화될 것임을 예측할 수 있다. 뿐만 아니라 우리나라 호텔의 체인 브랜드가 외국시장에서 세계적 호텔체인과 치열한 경쟁을 벌일 날도 그리 멀지는 않은 것으로 본다. 호텔경영관리의 미래를 예측해 보면, 호텔서비스 수요자의 획기적인 증가, 호텔기업의 세계적 체인화의 가속, 중저가호텔의 사업영역 확장과 숙박시설의 다양화, 복합형 호텔건물의 확대, 소프트웨어 중심의 테크놀로지 확대, 친환경호텔경영 모색, 개별고객관리시스템 확대, 호텔의 서비스 인력부족 시대가 다가올 것으로 보여진다.

제2절 호텔영업부문의 경영관리

1. 호텔의 마케팅과 세일즈

마케팅은 상품, 서비스, 기타 재화 등을 공급자로부터 최종 수요자에게 전달되는 과정에서 일어나는 제반 활동을 경영학적 측면에서 체계화한 것이다. 마케팅의 개념은 1900년대 초 경영학에서 처음으로 주목 받는 학문분야로 발전하게 되었으며, 산업사회가 발달하면서 시장 내에서 공급이 수요를 초월하자 판매 증대의 목적으로 소비자에게 가까이 가기 위해 행한 다양한 활동들을 체계화한 것이다.

호텔마케팅도 일정한 발전과정을 거쳐 왔는데, 1800년대 말 초기의 숙박산업이 수적으로 급성장하던 시기를 생산지향시대, 1900년대 초 스타틀러에 의해 넓은 객실공간과 객실의 다양한 편의시설 확충으로 고객에게 다가간 시대를 제품지향시대, 1930년대 미국이 대공항을 겪으면서 저가격 정책에 의한 판매활동을 강화하게 되는 시기를 판매지향시대, 1960년대부터 불기 시작한 소비자운동으로 인한 호텔서비스의 차별성을 모색한 시기를 마케팅지향시대, 1980년대에 접어들면서 각 호텔들이 추구하는 표적시장을 대상으로 고객의 이익과 사회복리를 함께 추구하면서 호텔기업이 성장하는 고객지향적 마케팅시대, 1990년대 후반부터 다양한 고객에게 개별고객의 취향에 맞춰 서비스를 진행하는 서비스지향적 마케팅시대, 2010년대에 접어들면서 고객과 지역사회와 관계 향상 및 협력을 도모하고, 세계화를 지향하는 마케팅3.0시대로 변천해 왔다. 현대호텔마케팅은 관광산업의 중추적인 역할을 하는 호텔기업이 고객에게 편의와 서비스를 제공하기 위한 제반 활동을 수행하는 과정에서 일어나는 다양한 경영관리업무에 대해 기획하고, 촉진하고, 홍보하는 과정을 체계화한 것이다. 호텔의 판매촉진활동은 호텔기업이 얻고자 하는 고객의 기대치를 넘어서는 가치를 창출하고, 이를 위한 표적시장을 선택하며, 이러한 표적시장에 알맞은 서비스상품, 가격, 유통경로, 촉진활동 등의 마케팅 믹스를 개발하여 이행하는 것에서 의의를 찾을 수 있다. 호텔마케팅에 영향을 주는 주요 요인으로 호텔의 위치, 호텔의 외관과 시설, 호텔이 제공하는 서비스의 질적 수준, 호텔의 이미지 등이 있으며, 호텔이 제공하는 상품과 서비스, 이미지 등에 따라 가격이 결정되게 된다. 따라서 호텔은 좋은 위치, 좋은 시설, 좋은 서비스, 좋은 이미지, 적절한 가격을 전략화 할 때 경쟁우위에 있을 수 있게 된다.

호텔마케팅의 업무흐름은 호텔의 이미지 향상과 재무적 성과를 위해 호텔경영관리를 책임지고 있는 총지배인과 마케팅을 담당하는 마케팅임원의 업무 스타일에 따라 달라지지만, 대부분 체인호텔들은 체인본부의 경영방침에 의해 마케팅부서가 함께 보조를 맞춰 업무를 추진하게 된다.

호텔마케팅부서의 주된 업무는 다음과 같다.

① 마케팅 계획서 작성 및 계획에 의한 영업 결과 분석 보고

② 관광시장조사

③ 가격전략 수립

④ 마케팅 비용관리

⑤ 판매촉진전략 수립 및 집행
⑥ 광고전략 수립 및 집행
⑦ 다양한 패키지 디자인 및 판매
⑧ 지역사회와 교류 및 홍보 활동

2. 호텔객실영업부서의 업무

호텔영업의 대표적인 판매대상은 객실상품으로 객실판매는 호텔의 전반적인 영업에 영향을 미치게 되고 식음료 영업장과 부대시설 수익의 원천을 제공하는 호텔경영의 핵심 서비스상품이다. 또한 객실상품은 보관할 수 없는 특성이 있기 때문에 호텔의 이윤 극대화를 위해 매일매일 객실점유율을 높일 수 있는 강력한 판매활동이 요구된다. 한편, 시대의 변천에 따라 호텔의 상품도 객실 위주에서 식음료, 연회, 컨벤션 및 세미나, 문화행사, 예술공연, 레저 · 스포츠, 쇼핑, 사교 · 오락, 휴식공간 등 여러 가지 서비스상품으로 다변화되고 있지만 호텔의 규모나 등급은 대체적으로 객실의 시설내용이나 객실 수에 따라 정해지게 되며, 객실은 최초의 투자가 높다고 하더라도 수입의 75~80%가 영업이익이 되기 때문에 호텔의 이익을 대표하는 상품임에는 틀림이 없다. 따라서 호텔경영관리는 객실점유율(room occupancy rate)과 일일평균객실요금(daily average room rate)의 극대화를 위해 다양한 영업활동을 펼치게 된다.

프런트 오피스는 고객서비스의 중심부분으로 고객의 호감을 창조하는 전략적 요지일 뿐만 아니라 재방문고객(repeat guest) 창출의 선도적 역할을 담당하는 곳이기도 하다. 프런트 오피스의 주요 업무로는 객실예약, 고객등록 및 객실배정, 투숙객의 편의서비스, 각종 안내 및 정보제공업무, 메시지관리업무, 고객영접서비스, 고객환송서비스, 비즈니스센터업무, 귀빈층(Executive Floor)에 관련된 제반 업무 등이 있다.

객실영업부문의 주요 직책으로는 객실영업부서장(Front Office Manager), 예약과장(Reservations Manager), 객실영업과장(Front Desk Manager), 고객서비스과장(Guest Service Manager), 당직지배인(Duty Assistant manager), 비즈니스센터장(Business Center Manager), 서비스익스프레스센터장(Service Express Center Manager), 고객관리담당(Guest Relations officer), 컨시어지(Concierge), 벨캡틴(Bell Captain), 프런트 데스크 에이전트(Front Desk Agent)와 나이트 오디터(Senior Front Desk Agent & Night Auditor), 벨어텐던트(Bell Attendant), 도어어텐던트(Door Attendant), 귀빈층 서비스 책임자(Executive Club Concierge), 서비스익스프레스 에이전트(Service Express Agent) 등으로 구성되어 있다.

3. 호텔객실관리부서의 업무

사업여행이나 관광여행을 떠나는 사람이 여행 중 가장 중요하게 생각하는 것은 가정과 같은 안락감과 청결한 휴식공간이다. 현대적 객실관리의 중요성은 호텔건물의 주된 시설인 객실정비는 물론이고, 식음료 영업장, 연회장, 대 · 소회의실, 유흥장, 사우나 및 헬스, 공공장소, 서비스지원 공간, 정원, 주변진입로, 건물의 외벽 등 호텔 내외부의 모든 시설과 설치물, 조경을 최상의 상태로 유지관리하여 고객만족을 이루며, 고급스런 호텔서비스상품의 이미지를 제고하는 역할이 매우 중요하다. 객실관리부서는 이러한 정비 업무를 담당하여 호텔의 서비스상품을 최상의 상태로 유지하는 임무를 띠고 있다. 또한 많은 인원과 장비를 운영하므로 비용관리에도 세심한 계획이 필요하며, 모든 고객을 중심으로 타 부서와 업무상 밀접한 연계를 맺고 있으므로 내부 의사소통 채널을 활성화하여 업무효율을 높이는 것도 중요하다.

객실관리부서가 수행하는 기본업무는 첫째, 객실정비이며, 객실 내부에 있는 객실설비, 욕실설비, 가구, 비품, 장식의 정비 및 관리를 꼼꼼히 수행해야 하고, 둘째, 호텔의 리넨을 관리한다. 리넨관리는 객실용 리넨, 식음료 및 부대시설에 사용되는 리넨류를 관리하며, 객실에 필요한 소모품류의 구입과 배치를 책임진다. 셋째, 공공장소의 정비이다. 주야를 가리지 않고 공공구역 정비 및 유지에 힘쓰며, 넷째, 대고객서비스업무도 담당하고 있다. 고객이 두고 간 휴대품의 분실과 습득물 관리(lost & found service)와 어린이를 대동하고 여행하는 고객의 어린이 돌봄 서비스(baby sitting service)를 제공하며, 다섯째, 세탁실도 운영하여 고객에게 서비스를 제공함과 동시에 호텔의 매출에도 기여하고 있다. 그 외 정원관리와 꽃가게 운영 등 실로 다양한 업무를 일일 24시간 이행하게 된다. 이렇게 복잡하고, 다양한 업무를 책임지는 객실관리부서의 장은 부지런하고, 세심한 관찰력이 있고, 너그러운 성격을 가진 간부가 적합하며, 그는 깨끗한 정비업무를 위해 다양한 인력관리에 많은 시간을 할애하게 된다.

객실관리부서는 시설관리부서와 함께 호텔의 영업이 원활히 진행되도록 건물 및 시설물을 쾌적하고 안전하게 유지관리하는 데 만전을 기한다. 업무 성격상 많은 인력과 장비를 동원하므로 이에 따르는 예산의 씀씀이도 크다. 객실관리부서는 호텔의 이익관리에도 중요한 역할을 담당하므로 목표관리가 명확해야 한다. 객실관리부서 운영에는 첫째, 고객만족을 업무의 중심에 두어야 하고, 둘째, 내부고객인 종업원 만족에 힘써야 하고, 셋째, 비용절감으로 호텔기업에 기여하여야 한다. 이와 같은 목표관리를 위해서는 인력, 시간, 자재 등을 효율적으로 관리하고, 각종 설비를 기능적이고 위생적으로 최상의 상태를 유지하며, 건축, 위생, 방재 등에 세심한 배려와 안전에 유의하여 방문하는 고객에게 "가정을 떠난 가정(a home away from home)"의 편안함을

실제로 제공할 수 있는 역할을 충분히 발휘할 수 있도록 경영관리에 만전을 기해야 한다.

4. 호텔식음료부서의 업무

호텔의 식음료부서는 객실영업부서와 함께 호텔에 큰 규모의 매출과 이익을 가져다주는 부서이다. 호텔의 레스토랑이 외부의 전문식당과 다른 점은 특별한 고객서비스와 전문성이 갖춰진 메뉴를 고객에게 제공한다는 것이다. 호텔의 레스토랑은 다양성과 전문성을 갖추고 있어서 고객이 이용하기에 편리하면서 격식에 맞게 고객을 접대할 수 있어 많은 돈을 지불하고 호텔의 레스토랑을 찾게 된다. 외부의 전통식당은 하루에 한 번 또는 두 번에 걸쳐 제한된 메뉴를 서비스하지만 호텔 내 레스토랑은 조식, 중식, 석식과 연회장 또는 룸서비스를 통해 다양한 메뉴로 연중무휴로 고객의 요구와 욕구를 충족시켜 주게 된다. 호텔은 건물 내에 커피숍에서부터 가장 고급스런 식사를 제공하는 프렌치 레스토랑까지 운영하고 있다. 흔히 말하기를 호텔의 식당은 넓은 공간, 많은 노동력, 비싼 식자재 구입비에 비해 적은 이익을 내는 부서로 인식되어 있다. 그러나 사회적 양극화 현상이 두드러지게 나타나는 현실로 볼 때 호텔의 고급식당은 보다 많은 매출과 이익을 내고 있으며, 컨벤션과 이벤트를 겸한 식음영업의 매출은 객실의 매출을 앞서고 있다. 뿐만 아니라 객실영업과 식음영업은 상호보완적이라서 어느 한쪽이 고객으로부터 선택을 받게 되면 나머지 부분도 매출의 증가를 기할 수 있으며, 이는 호텔의 이익을 견인하고 호텔의 이미지를 상승시키는데 쌍벽을 이루고 있다.

호텔의 경영관리조직에는 최고경영자인 총지배인과 부총지배인 아래 식음료담당임원이 있으며, 식음료임원(Director of Food & Beverage)을 중심으로 식음료영업을 관장하는 식음료부장(Assistant Director of Food and Beverage), 조리부서를 관장하는 총주방장(Executive Chef)이 경영관리를 맡게 된다. 식음료영업부서장은 식음료담당임원을 보좌하여 식음료영업업무를 총괄하고 인원배치, 예산수립, 정보교환, 각종 서비스 프로그램 등을 개발하여 고객만족과 호텔 발전에 일익을 담당하게 된다. 주요업무는 다음과 같다.

① 일일 영업업무에 적절한 인원확보
② 식음료영업업무에 필요한 장비확보
③ 고객서비스 프로그램 개발 및 실천
④ 식음료 판매전략 수립 및 집행
⑤ 각종 이벤트 개발 및 이행
⑥ 이익목표 설정 및 결과 분석

⑦ 정확한 고객정보 확보로 마케팅 및 판촉부서 지원
⑧ 타 부서와 협조하여 고객에게 최고의 서비스 제공
⑨ 소속원의 직무와 서비스에 대한 교육 및 모니터링
⑩ 내외부 고객만족을 위한 프로그램 개발 및 추진
⑪ 총주방장과 함께 메뉴의 개발과 메뉴판 디자인
⑫ 식음료 코스트에 대한 자료 검토 및 관리
⑬ 기물파손(breakage)을 줄이기 위한 교육 및 대책수립

5. 호텔의 컨벤션과 연회업무

오늘날과 같이 국제화, 세계화를 앞세워 국제간에 많은 교류와 협력이 이뤄진 적은 없었을 것이다. 국제교역, 교육, 정치, 문화, 예술, 경제, 외교, 과학, 사회적인 측면에서 다국 간의 교류가 해마다 그 횟수를 더해 가고 있다. 이러한 교류는 컨벤션이라는 회합을 통해 서로 만나서 얼굴을 맞대고 전문분야에서 각자의 입장을 밝히고, 토론하고, 상호 이해하고 협조하여 공동의 발전을 모색하는 장이 된다. 컨벤션이 개최되면 함께 따르는 것이 연회, 워크숍, 현지문화와 관광에 대한 답사 프로그램 등이다.

많은 사람들이 컨벤션은 부담 없이 놀러가는 행사로 오해하는 것도 이러한 것을 표면적으로만 보는 경향에서 비롯된 것이며, 기본적으로 회합은 각자의 관점을 밝히고, 공동관심사항을 논의하는 시간으로 짜게 되며, 각종 놀이와 관광은 하나의 부수적인 행사가 되고, 상호 이해의 폭을 넓히기 위한 참여의 장이 되는 것이다. 가끔 컨벤션은 전시와 함께 이뤄지며, 참가자들은 새로운 장비와 부품들을 전문가의 입장에서 살펴보고, 주최자와 얼굴을 마주보며 대화할 수 있는 기회를 가지므로 각자의 업무영역에 적용할 수 있는 아이디어를 얻어 보다 생산적이고 효율적인 업무를 이행하게 된다. 이러한 컨벤션은 호텔의 영업활동에 중요한 대상이 되며, 대부분 초대형 호텔들은 컨벤션 시설을 갖추고, 이를 성공적으로 진행할 수 있는 인적, 물적 자원을 확보하고 있다.

국제회의에는 연회가 따르게 되는데, 연회는 흔히 잔치라는 말로 좋은 일에 흥을 표출하는 자리라고 할 수 있으며, 사전적 의미로는 “축하, 위로, 환영, 환송 등을 위하여 여러 사람이 모여 베푸는 잔치”로 이해할 수 있다. 호텔에서 연회의 의미는 잔치라는 의미 외에 각종 회의, 전시회, 세미나, 패션쇼, 디너쇼 등 다목적의 의미도 포함된다. 호텔의 연회장은 작게는 5~6명에서부터 많게는 수천 명의 인원을 수용할 수 있으며, 각종 행사 시 공간을 대여하거나 식음료를 판매하는

식음료영업부문의 대규모 영업장이다. 호텔의 영업부서는 객실부문과 식음료부문으로 크게 대별되지만 최근에는 식음료영업부문 중에서도 연회부문의 비중이 높아 객실, 식음료, 연회, 부대시설부문으로 구분할 만큼 중요성이 높아지고 있다. 연회부문은 단 한 번의 행사로 인하여 많은 매출을 올릴 수 있으며, 객실매출이나 커피숍 등의 타 업장에 영향을 미치고 홍보 및 판촉효과도 좋아 호텔 전반에 공헌도가 높다고 할 수 있다. 따라서 각 호텔에서는 연회고객을 위하여 별도의 연회판촉 요원 및 부서를 두어 전문적으로 판촉활동을 하고 컨벤션을 위한 연회장의 시설보완에 많은 투자를 하고 있다.

호텔에 컨벤션을 유치하게 되면 그 효과로 첫째, 이 행사에 참가하는 대표자들은 객실을 비롯하여 식음료, 부대시설, 세탁, 쇼핑, 각종 입장료 수입 등에 기여한다. 둘째, 대형 행사의 유치는 높은 객실점유율과 체류기간을 늘릴 수 있고, 이로 인해 고정경비인 인건비 절약이 가능하다. 셋째, 비수기의 대형 행사 유치는 완만한 영업상황을 상승세로 치켜 올려서 경영관리자와 종업원의 마음을 편안하게 해 준다. 넷째, 행사관련 비즈니스는 단골고객 창출에 큰 도움을 주며, 이러한 행사가 자주 반복되면 호텔의 영업이 크게 활성화된다. 뿐만 아니라 대단위 고객이 구전을 통해 호텔의 홍보요원이 된다. 다섯째, 컨벤션 참가자는 일반적으로 동반자가 있으므로 이들에 의한 부대시설영업과 쇼핑 판매가 높아진다. 여섯째, 전시회가 수반되는 컨벤션은 규모가 크고, 외부인의 호텔이용을 유도한다.

6. 호텔의 부대시설영업

호텔은 객실, 식음료, 연회, 부대시설영업을 중심으로 수입부문이 구성되어 있다. 전통적으로 호텔은 객실과 식음료를 중심으로 영업을 영위해 왔으며, 20세기에 들어 경제가 발달하고, 국제교류가 활발해지면서 호텔의 연회 및 컨벤션이 매출의 큰 몫을 차지하게 되었다. 이어서 호텔의 지역사회 커뮤니케이션센터 기능이 강화되고, 국민의 생활수준이 향상되면서 호텔부대시설영업이 또 다른 소득원으로 부각되었다. 호텔기업은 부대시설영업에 많은 재원을 투자하여 시설을 고급화하고, 서비스를 표준화하여 영업의 활로를 찾아가고 있으며, 이 부문의 학문적 뒷받침과 연구를 필요로 하게 되었다. 우리나라 5성급 호텔들도 부대시설영업의 매출이 전체 매출의 10%를 넘어서고 있으며, 이 부문의 영업이 점점 확대되어가는 추세이다. 부대시설영업은 호텔의 영업다각화는 물론이고, 경제적 여력이 충분한 부유층을 호텔의 멤버십에 의해 단골 고객화하므로 객실, 식음료, 연회영업 등에 긍정적 영향을 미치게 되어 영업의 안정화에 없어서는 안 될 세분시장으로 자리매김을 하고 있다. 각급 호텔들은 마케팅전략 측면에서 부대시설영업을 활성화하고, 수익부문의 동반 상승을 꾀해 가고 있다. 호텔의 위치, 규모, 영업의 형태, 경영방침, 이용하는 주 고객층에 따라 부대시설의 종류와 규모의 차이는 있으나 초대규모, 대규모 호텔들이 보유한 시설은 헬스, 사우나, 수영장, 멤버십클럽 등이며, 어떤 호텔은 컨트리클럽, 카지노, 승마장 등도 갖추고 있고, 그 외에도 영업환경에 따라 다양한 부대시설영업을 추진하고 있거나 구상하고 있다.

7. 호텔조리부서의 업무

식음료영업은 크게 각종 영업장과 조리부서로 구성된다. 조리부서란 각종 조리기구와 저장설비를 갖춘 기능적이고 위생적인 조리작업을 통해 고객에게 제공될 식음료서비스상품을 생산하는 시설을 갖춘 작업공간으로서, 실질적으로 눈에 띄는 부문은 아니지만 조리부서의 기능과 중요성은 업소운영에 있어 매우 중요한 역할을 한다. 조리부서의 중요성은 실질적으로 발생하는 비용 중에서 조리부서운영을 위한 지출비용의 크기와 매출에 대한 이익공헌도를 살펴보면 잘 알 수 있다. 따라서 조리부서관리는 식사를 위한 상품을 생산하는 단순한 관리부문이 아닌 호텔이 자랑할 수 있는 시설과 관리가 요구되는 분야이다.

호텔의 조리부서는 생산과 소비가 동시에 이루어질 수 있는 상황변수가 많은 독특한 특성을 가지고 있는 공간으로 식음료업장의 경영관리 성과와 수익성에 중요한 역할을 하고 있다. 협의의 조리부서관리란 음식을 생산하기 위해 기본적으로 요구되는 조리부서 설계, 조리부서 시설, 조리부서 기기, 조리부서 기물, 조리부서 비품 등을 체계적으로 관리하는 것이며, 광의의 조리부서관리란 협의의 조리부서관리에 조리부서의 조직과 직무, 위생과 안전, 메뉴관리, 원가관리, 식자재에 대한 구매 · 입고 · 검수 · 불출 등의 관리를 포함하게 된다. 주로 초대규모 체인호텔에서 파견되는 총주방장은 광의적 조리부서관리의 업무를 수행하게 되어 호텔 내에서 영향력이 큰 직책을 수행하는 것이 일반화되어 있다. 궁극적으로, 조리부서관리란 조리부서라는 공간을 중심으로 효율적으로 판매에 필요한 상품을 가장 경제적으로 생산하여 최대의 이윤을 창출하는데 쓰이는 인력과 물자, 시설 및 시스템 자원을 관리하는 과정이다.

제3절 호텔업무지원부문의 경영관리

1. 호텔관리부서의 업무

호텔은 총지배인을 중심으로 경영관리를 이행하고, 매출과 이익관리를 하게 된다. 이익관리의 중심에는 예산의 수립과 집행을 주관하는 업무지원부문 즉 관리부서(Back of the House)가 있다. 호텔관리부문의 주요 업무는 매출에 대한 예측, 예산 수립 및 집행, 재무관리, 경영관리보고서의 작성, 내부 통제시스템 개발, 주주총회 관련 보고서 작성 및 유지, 내외부 감사업무, 관공서업무 등이 있으며, 이러한 업무는 기업회계를 바탕으로 이뤄지고 있다. 경영관리는 필요한 정보를 많이 확보하는 사람이 주도권을 갖게 되듯이 관리담당임원이 많은 의사결정에서 주도적 역할을 하는 것은 호텔의 정확한 재정상태와 현금의 흐름에 깊이 관여하기 때문이다. 따라서 호텔의 관리부문은 영업부문과 함께 수레의 두 바퀴처럼 호텔업무의 핵심에 있다고 하겠다. 호텔의 관리부문은 관리담당임원을 중심으로 회계와 경리를 맡은 관리부서, 주주총회와 관공서업무를 담당하는 총무부서, 구매부서 등으로 구분하고 있으며, 인력관리부서, 안전관리부서, 시설관리부서가 관리부문에 편제된 호텔들도 있다.

2. 호텔기업의 인력관리

호텔은 이익을 추구하는 영리기업이다. 영리기업은 기업의 목적과 목표를 달성하기 위해 자본, 물자, 인력을 투입하며, 양질의 인력을 확보하는 것은 자본이나 물자를 확보하는 것보다 더 중요하며 호텔기업의 성공의 열쇠가 된다. 경영학자 요더(Dale Yoder)는 인력관리란 "기업이 종업원들에게 그들의 직장에 최대한 공헌할 수 있게 하고, 최대의 만족을 느낄 수 있게 도와주며, 지도하는 기능 또는 활동이다." 라고 하였다. 호텔의 인력관리는 호텔기업의 서비스생산성 향상과 양질의 서비스문화를 정착시키기 위해 필요로 하는 경영관리이며, 앞선 내부고객관리가 외부고객만족으로 이어지는 과정으로 이해하고 있다. 이러한 측면에서의 인력관리는 기업의 생존과 발전을 위한 전략적 차원에서 그 중요성을 인식하고, 전략적 인력관리(strategic human resources management)에 집중하여야 한다.

흔히 "인사가 만사다." 라고 말한다. 오늘날 인력관리는 경영학에서 말하는 인사관리, 마케팅, 생산관리, 회계학, 재무관리, 정보시스템 등의 한 분야에 국한되지 않고, 우수인력으로 하여금 호텔기업을 경영 · 관리할 수 있도록 하여 호텔기업 성공의 토대를 마련한다는 의미에서 전사적 경영관리기능으로 접근하고 있다. 초대규모호텔과 대규모호텔에서 인력관리부서는 관리부문과 분리되어 대표이사나 총지배인의 참모기능을 수행하며, 이 부서의 주된 업무는 호텔이 필요로 하는 인력의 모집, 채용, 교육, 임금, 노무, 인사고과, 생애관리 등의 업무를 수행할 뿐만 아니라 호텔소속원의 후생복리에 많은 연구와 시간을 할애하게 된다. 인력관리부서가 수행하는 주된 업무와 더불어 호텔기업의 기업주나 체인본부의 경영철학, 경영목적, 경영목표 등에 대한 정신교육을 주도하고, 다양한 직무관리 프로그램에 의해 혁신적인 업무수행으로 자아실현과 성취감을 고취하는 전문 상담자 역할도 수행하게 된다. 나아가서 사내 경력관리와 더불어 퇴직 후의 경력관리에도 많은 연구와 노력을 기울이고 있음을 알게 된다.

호텔기업의 인력관리부서는 호텔기업 전체 구성원에 대한 모집, 채용, 교육, 임금, 노무, 인사고과, 생애관리, 후생복리 등의 업무를 포괄적으로 수행하게 되는 반면, 각 부서장은 부서가 필요로 하는 인력을 인력관리부서를 통해 공급받고, 이를 직무교육을 통해 현장에 투입하고, 지휘하고, 통제하며, 평가하고, 이동(transfer)하는 다양한 인력관리업무를 수행하게 된다. 이를 위해 관련 부서는 필요한 충원계획과 예산계획을 세우게 된다. 각 부서장은 부서를 원활히 운영하고, 고객감동서비스를 제공하며, 이익창출을 위해서는 무엇보다 인력관리에 심혈을 기울여야 한다. 모두가 주지하듯이 호텔산업은 인력에 대한 의존도가 매우 높아 조직구성원 한 명 한 명이 양질의 서비스를 창출할 수 있는 역량에 의해 호텔의 이미지관리가 가능하다. 따라서 능력 있고, 서비스 마인드가 충만한 인력자원을 확보하기 위해 부서장은 자체적 노력이 필요하다. 각 부서에서도 전사적 인력관리의 큰 틀에서 부문적인 사기진작을 위한 대책이 마련되고, 각 부서장의 책임 아래 추진하게 된다. 각 부서장의 책임 하에 진행되는 인력관리업무로는 부문별 인원분석, 충원요청, 채용방법결정, 인터뷰과정, 오리엔테이션, 실무교육, 동기부여, 직무평가 및 승진 · 징계 · 해고 등이 있다.

3. 호텔기업의 회계업무

호텔기업의 운영부문을 나눠보면 크게 수익발생부서(Revenue Center)와 비용발생부서(Cost Center)로 나눌 수 있다. 호텔기업에 있어서 수익발생부서는 객실, 식음료, 연회, 부대시설영업을 들 수 있고, 비용발생부서는 인력관리, 마케팅, 구매, 시설, 총무, 회계 부서 등을 들 수 있다.

호텔기업은 각 영업부서의 성격에 따라 다른 상품들이 판매되어 매출액이 발생하게 되며, 업장별로 판매된 상품의 매출액은 온라인 시스템을 통하여 전송되고 집계되고 있다. 또 하루의

영업 결과에 대해서는 야간회계감사(night auditor)에 의해 거래 내역들에 대해서 감사하고 마감하게 된다. 감사 시 오류 부문에 대해서 수정보완하며, 업장의 영업 결과에 대한 감사활동이 끝나게 되면 영업보고서를 작성하여 하루의 영업활동에 대해서 마감처리하게 된다. 호텔 영업회계의 처리는 일반제조기업과 상이한 성격을 가지고 있고, 영업회계처리의 순환과정 역시 타 제조업과는 다른 시스템을 보여주고 있다. 따라서 호텔영업부문에서 이루어지는 수익회계처리 업무에 관한 회계영역을 호텔영업회계라 할 수 있다.

객실영업부서의 영업회계 중 가장 중요한 업무는 숙박하는 투숙객의 고객원장에 대한 관리업무이다. 객실부문의 영업회계는 프런트 데스크 에이전트(front desk agent)와 야간회계감사에 의해 수행되며, 일부 단독호텔은 객실회계원(front cashier)에 의해 업무가 수행된다. 호텔의 객실을 이용함으로써 발생되는 제반 대금을 단기적인 외상매출금 형태로 고객원장에 기록하고, 각 영업장에서 발행된 모든 계산서를 관리보관하며, 퇴숙 시 이들 금액을 합산하여 고객에게 청구하는 역할을 담당하게 된다. 또 타 영업부서에서 필요한 거스름돈의 교환이나 환율게시, 환전 업무를 이행하게 된다. 고객원장이란 호텔의 투숙객이 호텔에 체재하면서 각 업장에서 발생시킨 모든 요금을 거래발생순서대로 기록해나가는 것을 고객원장(guest ledger)이라 한다. 호텔의 경우 투

그림 2-3 호텔기업의 회계 흐름도

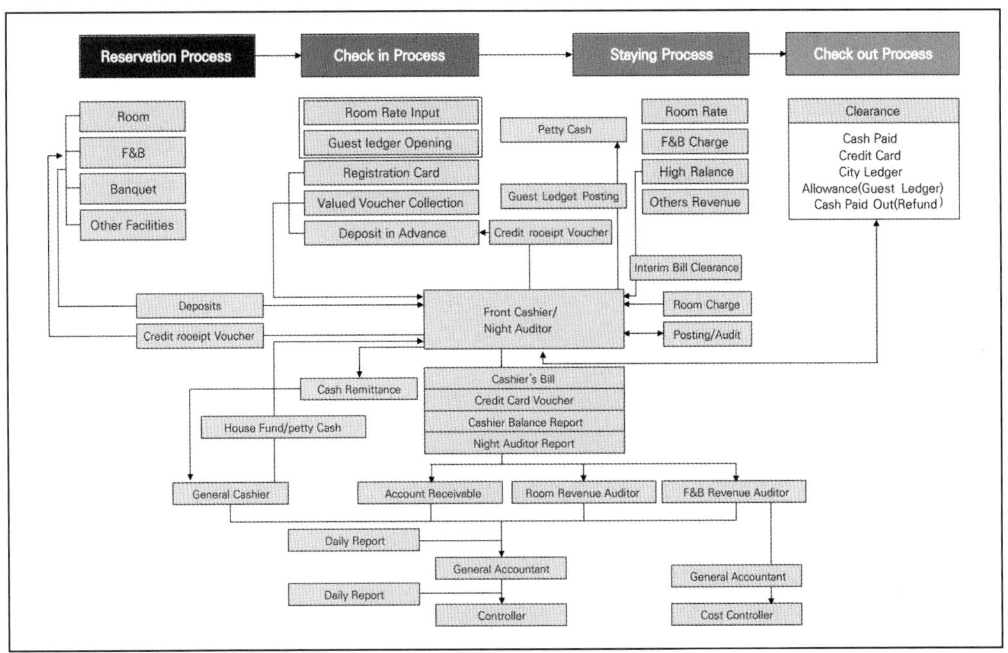

숙객과 투숙객이 아닌 두 가지 형태로 구분할 수 있으며, 투숙객이 아닌 경우 업장에서 발생시킨 계산서로 정산을 하게 되고, 투숙객의 경우 식음료영업장, 부대시설영업장을 이용하고 난 후 투숙객 계정으로 후불처리한 후에 퇴숙 시 일괄적으로 정산하게 된다. 호텔영업회계의 흐름은 다음과 같다.

4. 호텔의 정보시스템

호텔기업은 경영관리의 특성상 인적 서비스의 의존도가 매우 높기 때문에 모든 서비스가 사람에 의해 이루어지는 것으로 알고 있다. 그러나 최근에는 직 · 간접적으로 컴퓨터에 의해 신속하고, 정확한 서비스를 제공하고, 데이터베이스에 의한 개별마케팅(individual marketing), TV 환영인사(welcome message), TV 체크아웃(television check-out), 객실자동화장치(room automation system), 객실안전관리체계(key and lock system) 등 컴퓨터시스템에 의해 이뤄지는 서비스부분이 계속 증가하고 있다. 이는 호텔경영관리의 가장 큰 비용부분인 인건비를 절감하고, 편리한 고객서비스를 할 수 있게 되므로 각 호텔은 정보시스템의 도입과 업그레이드에 많은 투자를 하고 있다. 21세기에 들면서 전 세계를 무대로 사업여행을 하는 고객들은 그들이 필요로 하는 인터넷 접속, 자동전화, 화상회의 등을 호텔 측에 요구하고, 이러한 시설과 설비, 장치의 유무가 호텔의 선택요인으로 작용하고 있다. 호텔의 정보시스템은 경영관리시스템(PMS: property management system)이라고 하며, 고객서비스의 핵심에 있는 객실영업부서를 중심으로 호텔정보시스템(HIS: hotel information system)이 바탕이 되어 백오피스(Back Office)와 상호교류를 통해 필요한 자료를 주고받는다. 일반적으로 호텔의 정보시스템은 크게 4종류로 구분할 수 있다. 첫째, 객실관련업무를 관장하는 프런트 오피스 시스템(front office system), 둘째, 경영정보 · 인력관리 · 구매관리 · 시설관리를 관장하는 백오피스(backoffice system), 셋째, 식음료 영업장 · 조리부서 · 부대시설영업 등의 영업회계(cashiering), 주문(ordering), 조리법(recipe) 등을 관장하는 영업장관리시스템(POS: point of sale system), 넷째, 모든 시스템을 호환시켜 통합하는 인터페이스시스템(interface system)으로 구성되어 있다.

그림 2-4 호텔의 정보전산 시스템

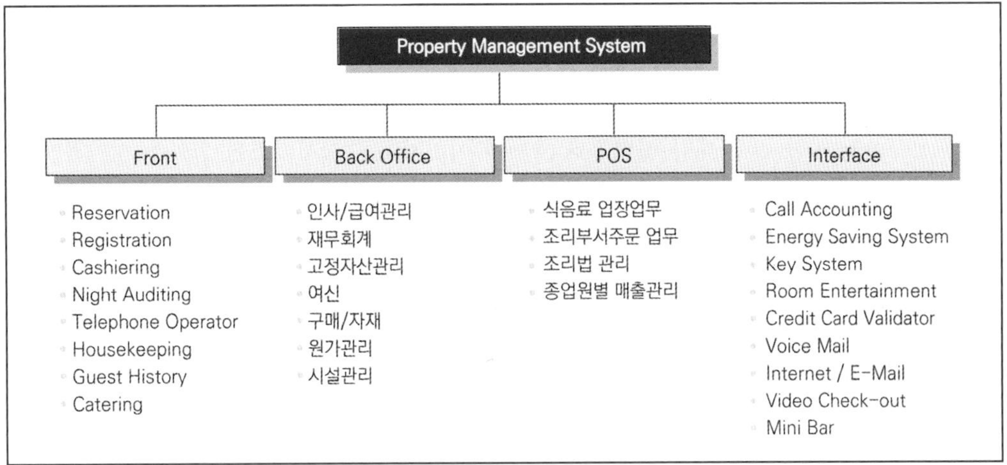

5. 호텔의 시설관리

호텔시설은 고액의 고정자산이다. 호텔의 건물과 시설은 건축할 때부터 많은 물적자원의 투입으로 특정 호텔의 이미지를 형상화한 결정체이므로 전사적 관리에 만전을 기해야 한다. 호텔은 시설 그 자체가 호텔의 규모, 등급, 가격 등을 예상할 수 있는 가장 중요한 서비스상품의 단서이며, 투숙하는 고객에게는 멋진 관광매력물이 된다. 따라서 이를 잘 유지관리하는 것은 호텔상품의 가치를 극대화하는 것이 되며, 고객만족의 주요요인이 된다. 호텔은 각종 시설물의 안전관리에도 만전을 기해 방문하는 고객에게 쾌적하고 안락한 체류가 되도록 하므로 재방문의 동기를 부여하여야 한다. 또한 호텔의 최고경영자는 항상 오래되고 시대감각이 떨어지는 시설물에 대한 문제인식과 과감한 개선의지를 가지고 재투자에 관심을 가져야 하며, 환경여건과 시대변화에 맞는 설비의 도입으로 업무의 효율을 높여야 하리라고 본다.

호텔은 건물 및 시설에 대해 깨끗하고, 안전하게 유지관리하는 것이 필수적이다. 내부와 외부의 벽체, 타일, 창문, 유리 등을 수시로 세척하여 미화하고, 기계, 기구, 비품, 집기 등 유형고정자산의 수명연장을 위해 일상 관리에 힘써야 한다. 또한 전기설비, 난방설비, 에어컨디션 설비, 냉장고, 보일러, 조리부서 설비, 각종 운동기구 등도 계획에 의해 관리하므로 고객서비스에 차질이 없도록 하여야 한다. 호텔시설관리는 고객 측면과 경영자 측면에서 유지관리의 중요성을 찾아볼 수 있다. 첫째, 고객의 입장에서는 고객이 지불한 금액에 대한 정당한 가치를 제공받아야 한다. 고른 전압의 공급과 전등의 밝기, 항상 사용할 수 있는 냉·온수, 계절을 잊고 활용할 수 있는 냉·난방 시설, 언제나 신선하고 쾌적한 공기의 공급, 객실 내부에 비치된 TV, PC, FAX, 냉장고, 모발건조기, 각종 자동화 시스템은 물론이고, 고객이 필요로 하는 기자재를 활용할 수 있는 제반 시설 등은 정확히 작동되어야 한다. 고객의 입장에서 이런 것이 잘 구비되어 있거나 잘 작동될 때는 별다른 반응이 없으나, 이런 것들이 잘 작동되지 않아 불편을 느낄 때는 정당한 가치를 제공받지 못한 것에 대한 불만으로 호텔의 이미지와 고객서비스에 이의를 제기하게 되고, 종국에는 이러한 불평과 불만이 호텔영업에 악영향을 끼치게 된다. 둘째, 경영관리자의 입장에서 보면 높은 매출이익과 함께 매달 지불되는 수도세, 전기세, 가스비 등 각종 사용료(utility expense)가 적절히 관리되고, 건물과 시설, 설비의 보수, 유지를 위한 유지관리비(maintenance expense)가 남용되지 않도록 잘 관리하는 노력이 필요하다.

6. 호텔의 안전관리

호텔기업이 고객의 생명과 재산을 보호하면서 편안한 휴식공간의 기능을 충실히 수행하기 위해서는 안전과 보안이 무엇보다 우선적으로 보장되어야 한다. 호텔안전관리의 대상은 사람, 장비, 환경이며, 이것이 잘 지켜졌을 때 호텔의 재무적 성과를 안정적으로 달성할 수 있게 된다. 사고예방(Accident Prevention)과 손실관리(Loss Control)는 손실방지경영관리(Risk Management)의 실행도구로서 사람, 장비, 환경의 붕괴나 파손을 예방하는 것에서부터 시작된다.

호텔안전관리의 기본은 첫째, 모든 사고는 사전에 방지할 수 있다. 둘째, 사람이 다치게 되는 것은 그 호텔기업의 경영관리의 스타일, 안전 불감의 조직문화, 완벽하지 못한 작업조건과 환경의 결과이다. 셋째, 안전관리는 영업활동처럼 고객접점에서 일상 관리하여야 한다. 넷째, 사고가 날 수 있는 상황은 예측할 수 있고, 이는 관리가 가능하다. 다섯째, 전문가로 구성된 안전관리 조직은 호텔안전 효과를 높이는 핵심요소이며, 여섯째, 안전관리의 책임은 상하를 막론하고 모든 구성원에게 있으며, 일곱째, 안전사고예방은 영업활동만큼 중요하게 다뤄져야 하고, 여덟째, 안전관리는 서비스품질관리 차원에서 취급되어야 한다.

호텔경영관리자나 영업장지배인은 담당분야의 이익을 극대화하기 위해 항상 노력한다. 그러나 영업장의 안전과 보안을 위해서 열정적으로 시간과 노력을 투입하는 지배인은 그다지 많지 않다. 만약 영업장에 화재가 나서 문을 닫게 되면 예상했던 매출을 달성할 수 있을까? 뿐만 아니라 영업부문에서 이루어낸 큰 매출신장도 경영지원 부문에서 예상하지 못했던 손실을 가져온다면 전반적인 이익은 감소될 수밖에 없다. 이는 조직적인 안전관리를 통해 예방적 손실예방경영관리를 잘 이행하므로 이러한 문제에서 멀어질 가능성이 높게 된다. 호텔안전관리는 이 업무를

중요히 여기고 책임감 있게 꾸준히 업무를 추진하는 주체가 있어야 오래도록 지속될 수 있으며, 이것이 호텔기업의 장기적인 이익에 도움을 주게 된다. 호텔은 명성에 걸맞는 안전관리가 필요하고, 고객은 그 호텔의 안전수준을 서비스품질 차원에서 평가하고 투숙을 결정하게 된다. 따라서 호텔경영관리자는 호텔의 안전관리를 경영관리의 일부분으로 인식하고 안전관리에 시간과 노력을 투입하여야 한다.

7. 호텔의 개관프로젝트

호텔기업의 설립목적은 호텔기업의 경영관리방향을 결정하는 주요한 전략적 지표가 되고, 호텔기업의 사업영역과 경영관리의 효율성을 판가름하는 주축이 된다. 따라서 호텔기업의 설립목적은 호텔의 생애과정에 중요한 영향을 미치게 되므로 입지, 규모, 시설내용, 경영형태, 재무구조, 시장, 경영관리주체, 개관시기 등을 면밀히 검토하고 분석하여 최상의 상태를 확보하는 의사결정을 내려야 한다.

호텔은 규모의 대소를 막론하고 다양한 소유형태와 경영형태로 창업되어지고, 관리되어지고 있다. 호텔업에 관심이 많은 투자자는 좋은 입지에 화려한 호텔을 지어서 소유와 경영관리에 참여하고 싶은 욕망을 느낄 것이다. 왜냐하면 호텔은 최초투자가 높은 만큼 가시적인 부동산의 존재를 확인할 수 있고, 국제적인 대규모 컨벤션에서부터 지역사회의 다양한 소규모 행사까지 다양한 계층의 고객이 호텔을 이용하므로 교류의 중심지가 되어가고 있기 때문이다. 타 기업을 경영하는 법인이나 개인은 사업의 다각화에 바람직한 투자대상임을 알고 있기도 하다. 나아가 체인호텔에 가입하면 선진화된 경영관리기법으로 상당한 투자수익을 안정적으로 확보할 수 있는 이점도 부각되고 있다. 투자자들이 호텔사업에 착수할 때는 신축에 의해 개관을 하거나 기준 호텔을 구입하여 영업을 하게 되고, 이는 개관이라는 의식행사를 치루고 영업을 시작하게 된다. 이렇게 개관이라는 의식을 치루고 영업에 착수하기까지는 다양한 절차, 수많은 시간, 수백억원 또는 수천억원의 자금이 투입되며, 이에 따른 의사결정이 따르게 된다. 호텔은 개관 전의 의사결정이 개관 후의 경영성과에 큰 영향을 미치게 되므로 개관 프로젝트에서 향후 호텔의 경영관리에 대한 심도 있는 연구와 검토가 필요하게 된다.

호텔사업은 개관 전의 의사결정이 개관 후의 경영관리에 큰 영향을 미치고, 이는 호텔의 장기적인 이익과 비용의 산출근거가 되므로 다양한 과학적 예측과 타당성을 바탕으로 하나하나 정리해 두어야 한다. 호텔사업은 입지의 선택, 시설의 구성, 최초 이미지의 구축, 이용하는 고객의 구성에 따라 마케팅에 큰 영향을 미치게 되며, 이는 호텔경영관리의 근간을 이루는 가격전략에도 직접적인 영향을 미치게 된다. 호텔기업은 건물과 시설물이 곧 상품이므로 경영관리자인 총지배인이 설계단계에서부터 개입하여야 하고 설계팀은 호텔의 경영관리를 잘 이해하는 사람을 포함하여 구성되어야 호텔경영의 성공을 보장 받을 수 있다. 호텔기업에 투자할 때 중요한 의사결정단계는 첫째, 입지, 규모, 시설내용, 경영형태, 재무구조, 시장, 경영관리주체, 개관시기 등 사업구상에 대해 합리적인 의사결정을 내린다. 둘째, 신축 또는 구입을 위한 개관 전 프로젝트를 보다 효과적으로 관리하기 위해 전문가집단으로 구성된 실행팀을 구성하여 과정을 관리한다. 셋째, 개관 후 효율적인 경영관리를 위해 능력 있는 경영관리팀을 구성하여 시장에 적극적으로 진입한다.

참고문헌

1) 강인호 · 최복수(2015). 『호텔경영론』. 기문사
2) 권태영(2016). 『호텔경영실무』. 기문사.
3) 공기열(2016). 『관광 · 호텔 인적자원관리론』. 기문사.
4) 김근종(1997). 『호텔실무개론』. 기문사.
5) 김기홍 · 서병로(2015). 『MICE산업론』 제2판. 대왕사.
6) 김기홍 · 조인환 · 윤지현(2015). 『관광학개론』. 대왕사.
7) 김동식(2005). 『피델리오시스템』. 백산출판사.
8) 김미경 · 정연국 · 안택균 · 서광열(2008). 『신관광학』. 백산출판사.
9) 김봉규(1995). 『호텔인사관리론』. 백산출판사.
10) 김영재 · 하동현(2016). 『신호텔관광 인적자원관리론』. 대왕사.
11) 김영준 · 민덕기 · 김영화(2011). 『최신호텔현관객실실무론』. 대왕사.
12) 김의근 외(1999). 『호텔경영학개론』. 백산출판사.
13) 김진수(2014). 『호텔 · 외식산업 식음료관리론』. 대왕사.
14) 김천중(1998). 관광정보시스템』. 대왕사.
15) 박대환 · 김철우(2001) 『현대여가와 레저생활』. 학문사.
16) 박대환 · 정연국 · 조보경 · 전우혁(2013). 『호텔객실영업론』. 백산출판사.
17) 박대환 · 정구점 · 조보경 · 전우혁(2014). 『호텔객실관리와 시설관리』. 백산출판사.
18) 박대환 · 박봉규 · 이준혁 · 오흥철 · 박진우(2014). 『호텔경영론』. 백산출판사.
19) 박대환 · 정연국(2014). 『호텔객실업무론』. 백산출판사.
20) 박대환 · 한진수 · 장병주 · 조보경(2013). 『호텔관광서비스 이론과 실제』. 백산출판사.
21) 박대환 · 한진수 · 장병주 · 조보경(2014). 『호텔관광서비스 이론과 실제』. 백산출판사.
22) 박성부(2009). 『호텔경영의 입문』. 백산출판사.
23) 박영기 · 안성근(2016). 『호텔객실관리론』. 기문사.
24) 박영기 · 하채현(2016). 『호텔식음료 경영론』. 한올출판사.
25) 박중환(1998). 『현대호텔마케팅론』. 형설출판사.
26) 서성무(1993). 『경영학원론』. 형설출판사.
27) 서진우 · 장세준(2016). 『국가직무능력표준(NCS)을 기반으로 한 호텔연회관리업무』. 대왕사.
28) 신강현(2016). 『호텔기업경영론』. 기문사.
29) 신형섭(1999). 『호텔객실서비스실무론』. 학문사.
30) 심윤정 · 신재연(2016). 『고객서비스실무』. 한올출판사.
31) 오정환(1997). 『호텔경영학원론』. 기문사.
32) 유정남(1998). 『호텔경영론』. 기문사.
33) 원유석 · 이준재(2016). 『서비스품질경영론』. 대왕사.
34) 원유석(2016). 『객실영영론』. 대왕사.
35) 원유석(2014) 『호텔연회 기획관리』. 대왕사.

36) 원유석(2014). 『호텔기업의 정보시스템』. 대왕사.
37) 원융희(1997). 『호텔실무론』. 백산출판사.
38) 원철식 · 최영준 · 정연국(2014). 『관광법규와 사례분석』. 백산출판사.
39) 이순구 · 박미선(2015). 『호텔경영의 이해』 제2판. 대왕사.
40) 이유재(1994). 『서비스마케팅』. 학현사.
41) 이정학(2015). 『호텔경영의 이해』.
42) 이희천 · 신정화 · 한진수(2004). 『호텔경영론』. 형설출판사.
43) 임경인(1998). 『최신호텔마케팅』. 백산출판사.
44) 정경훈 · 유희경(1998). 『호텔관리회계론』.
45) 정종훈 · 한진수(2003). 『호텔 프런트 · 객실관리론』. 현학사.
46) 조용범 · 강병남(2012). 『호텔외식주방관리론』. 대왕사.
47) 최병호 · 유도재(2008). 『호텔경영의 이해』. 백산출판사.
48) 최수영 · 김분태(2004). 『유비쿼터스 경영기획』. 도서출판 대명.
49) 최영준 · 선종갑 · 구정대(2014). 『호텔관광서비스론』. 대왕사.
50) 최영준 · 선종갑 · 조봉기(2015). 『호스피탈리티산업의 이해』. 대왕사.
51) 하동현 · 황성혜 · 김윤형 · 김효경(2016). 『호텔경영론』 제3판. 한올출판사.
52) 허정봉 · 송대근(2015). 『Hotelier를 위한 호텔경영학의 만남』. 대왕사.
53) Angelo, Rocco M. and Andrew N. Vladimir(1994). *An Introduction to Hospitality Today*. Education Institute of AH&MA.
54) Astroff, Milton T. and James R. Abbey(1998). *Convention Management and Service*. Educational Institute of AH&MA.
55) Astroff, Milton T, and James R. Abbey(1978). *Convention Sales and Services*. Wm. C. Company Publishers.
56) Bardi, James A(1990). *Hotel Front Office Management*. Van Nostrand Reinhold.
57) Bass, B. M.(1985). *Leadership and Performance Beyond Expectations*. New York: The Free Press.
58) Hayes, David K. and Jack D. Ninemeier(2004). *Hotel Operations Management*. Pearson Education, Inc..
59) Howell, J. P. & Costley, D. L.(2006). *Understanding Behaviors for Effective Leadership*(2nd Ed.), N.J.: Pearson Prentice Hall.
60) Kohr, Robert L.(1991). *Accident Prevention for Hotels, Motels, and Restaurants*. Van Nostrand Reinhold.
61) Kotler, Philip, Jojn T. Bowen, James C. Makens(2006). *Marketing for Hospitality and Tourism*. Pearson Education International.
62) Larkin, Enda M.(2009). *How To Run A GREAT HOTEL*. howtbooks.
63) Lockwood, Andrew, Michael Baker and Andrew Ghillyer(1996). *Quality Management In Hospitality*. Cassell.
64) Miller, Jack E., David K. Hayes(1994). *Basic Food and Beverage Cost Control*. John Wiley & Sons, Inc..
65) Ninemeier, Jack D.(2000). *Food & Beverage Management*. AH&LA.

66) Kajarian Edward A.(1983). *Food Service Facilities Planning*, 2nd ed.. Westport Conneticut.

67) Kasavana, Michael L. and Richard M. Brooks(2002). *Managing Front office operations*. Educational Institute, America Hotel and Lodging Association.

68) Milton, T. Astroff, James R. Abbey(1998). *Convention Management and Service*. Education Institute, AH&MA.

69) Phillips, P. A. and L. Moutin Ho(1998). *Strategic Planning Systems in Hospitality and Tourism*. CABI Publishing.

70) Reynolds, William and Michael Roman(1991). *Successful Catering*. John Wiley & Sons, Inc..

71) Stefanelli, John M.(1992). *Purchasing Selection and Procurement for The Hospitality Industry*. John Wiley & Sons, Inc..

72) Vallen, Jerome V.(1977). CHECK IN - CHECK OUT, Brown Company Publishers.

73) Hotel Intercontinental(2016). Rooms Division Service Manual.

74) Westin Hotels & Resorts(2016). Front Office Service Manual.

제 3 장

리조트의 이해

오 상 훈

제주대학교 관광경영학과 교수

한양대학교 관광학과에서 박사학위를 취득했다. (사)한국관광레저학회 회장, 사)제주관광학회 회장, 제주대학교 경상대학장, 전경련 관광산업특위 자문위원 등을 역임하고, 현재 언론중재위원회 위원, 제주국제자유도시개발센터 자문위원, 제주관광포럼 대표 등으로 활동하고 있으며, 저서 『관광객』(역서), 『관광과 문화의 이해』, 『현대여가론』(공저), 『북한관광의 이해』 등과 논문 "섬관광목적지 매력성 비교연구: 제주와 오끼나와", "제주지역 관광업계의 관광위기 인식과 대응전략 연구", "관광지기상, 관광활동, 관광만족간의 관계연구" 등 80여 편의 연구활동과 후진 양성은 물론 지역사회의 관광발전을 위하여 힘쓰고 있다.

✉ shoh323@jejunu.ac.kr

박 운 정

제주대학교 관광경영학과 부교수

Purdue University에서 박사학위를 받았으며 다수의 논문과 국내외 학술지 및 회의에서 발표하였다. 주요 강의 분야는 관광마케팅과 관광브랜드경영이며 최근 관광객 행동과 관광정보 메시지 효과 분석에 대한 정서학적인 연구에 관심이 많다.

✉ ounj.park@gmail.com

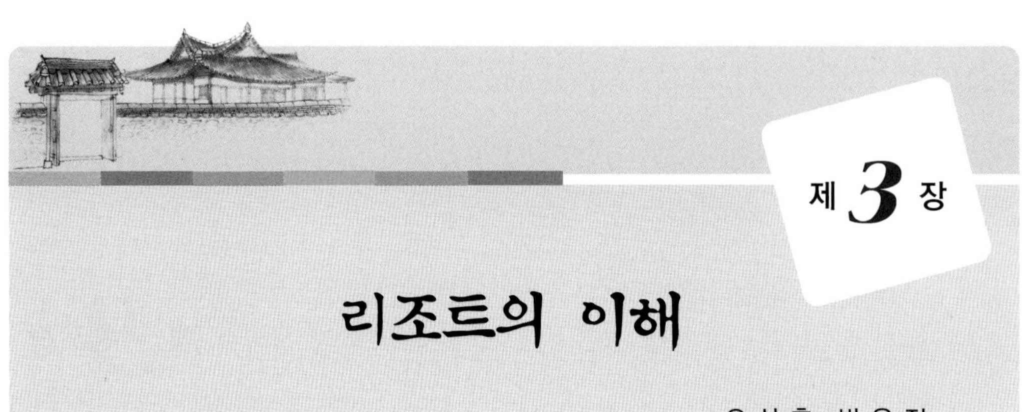

제 3 장

리조트의 이해

오상훈·박운정

제1절 리조트의 개요

1. 리조트의 개념

(1) 리조트의 개념

리조트(resort)라는 단어가 생겨난 근원은 프랑스어인 resortier(re: again, sortier: to go out)에서 파생된 것[1]으로 반복하여 방문한다는 의미를 갖고 있다. 리조트의 의미에 대한 사전적 의미는 일정 기간 동안 쉬거나, 건강을 되찾고 에너지 충전 등을 위해 사람들이 찾아가는 곳으로 풀이하고 reort land, resort town, resort complex를 예로 들고 있다.[2]

국내의 학자들은 리조트를 공급자 측면에서 '현대적 복합시설을 갖추고, 자연경관이 수려한 곳에 입지하며 하나의 마스터플랜에 의해 개발되는 활동중심의 체류형 종합휴양지'라고 정의하고 있으며,[3] 수요자 측면에서는 '일상의 생활권에서 벗어나 여가 또는 그 이외의 여러 동기를 가지고 해당 시설을 이용하는 개인, 가족, 그룹 등의 체류기간 동안 편의를 위해 음식, 숙박, 오락, 문화자원, 관람, 농어촌 휴양시설들을 갖추어 재방문을 유도하는 종합휴양지'[4]라고 개념화시키고 있다.

따라서, 리조트의 개념은 일상을 벗어난 관광객들이 심신의 휴양 및 재충전을 목적으로 사계절 재방문할 수 있도록 일정지역의 부지에 레크리에이션, 스포츠, 쇼핑, 문화, 숙박을 위한 다양한 시설들을 복합적으로 갖추어 놓은 곳이라고 정의할 수 있다.

이와 같은 사전적 학술적 개념들을 종합해 볼 때, 리조트는 다음과 같은 속성들을 포함하고 있음을 알 수 있다.

첫째, [방문자 속성] 일상의 업무가 중지되는 휴일이나 휴가 때 집을 떠나 리조트에 체류하며 시간을 보낼 정도로 여유가 있는 계층의 사람들이 방문한다.

둘째, [시간적 속성] 관광명소처럼 단순히 순회 · 구경 · 경유하는 곳이 아니라 휴일이나 휴가와 같이 수일, 수주일, 수개월 정도 비교적 오래 체류하는 곳이다.

셋째, [추구편익 속성] 체류의 목적은 휴식과 보양, 레크리에이션과 스포츠, 웰빙과 건강, 친목 및 사교 등 개인의 신체적 · 정신적 · 사회적 보상을 추구하는 것으로 비사업적 · 비금전적 보상이라는 특성을 갖고 있다.

넷째, [매력적 속성] 가끔 또는 자주 반복하여 찾을 정도로 자연, 문화, 시설 및 서비스의 품격과 탈일상적 매력이 충분히 갖추어진 곳이다.

다섯째, [유형적 속성] 이상의 속성을 갖춘 리조트는 다양한 유형이 존재할 수 있음을 시사하고 있다.

한국의 관광진흥법에서도 개념적으로 비슷한 용어들을 찾아볼 수 있다. 1975년에 제정된 관광사업진흥법은 시대 변화에 맞추어 여러 차례 개정을 거쳐 현재는 관광진흥법으로 바뀌었다. 우리나라에서 리조트와 유사한 법규적 용어로 관광진흥법 제2조(정의)에 규정하고 있는 '관광지'와 '관광단지', 그리고 제3조(관광사업의 종류)에 규정하고 있는 관광객 이용시설업과 동법 시행령 제2조 제1항 3호(관광객 이용시설업의 종류)의 '전문휴양업'과 '종합휴양업'에서 유사한 개념과 속성을 찾아볼 수 있다.

관광진흥법에서 관광지란 '자연적 또는 문화적 관광자원을 갖추고 관광객을 위한 기본적인 편의시설을 설치하는 지역으로서 이 법에 따라 지정된 곳'을 말하며, 관광단지란 '관광객의 다양한 관광 및 휴양을 위하여 각종 관광시설을 종합적으로 개발하는 관광 거점 지역으로서 이 법에 따라라 지정된 곳'을 말한다. 또한 종합휴양업은 '관광객의 휴양이나 여가 선용을 위하여 숙박시설 또는 음식점시설을 갖추고 전문휴양시설 중 두 종류 이상의 시설을 갖추어 관광객에게 이용하게 하는 업이나 숙박시설 또는 음식점시설을 갖추고 전문휴양시설 중 한 종류 이상의 시설과 종합유원시설업의 시설을 갖추어 관광객에게 이용하게 하는 업을 말한다. 한국의 관광진흥법에서 관광지보다 관광단지가, 그리고 전문휴양업보다 종합휴양업이 포괄적으로 리조트의 개념과 속성에 더 상응하는 것으로 보인다. 이 외에도 기업도시개발 특별법과 마리나항만의 조성 및 관리 등에 관한 법률 등이 관련된 제도로 적용되고 있다(〈표 3-1〉 참조).

〈표 3-1〉 국내 리조트 개발 제도

구분		정의
관광진흥법	관광지	자연적 또는 문화적 관광자원을 갖추고 관광객을 위한 기본적인 편의시설을 설치하는 지역
	관광단지	관광객의 다양한 관광 및 휴양을 위하여 각종 관광시설을 종합적으로 개발하는 관광 거점 지역
	종합휴양업	관광객의 휴양이나 여가 선용을 위하여 숙박시설 또는 음식점시설을 갖추고 전문휴양시설, 종합유원시설업의 시설을 갖추어 관광객에게 이용하게 하는 업
기업도시개발 특별법	관광레저형 기업도시	다양한 관광레저시설을 유기적으로 배치하여 계획적으로 조성된 공간으로서 자족적 생활공간 기능을 포함하고 있는 새로운 신도시
마리나항만의 조성 및 관리 등에 관한 법률	마리나항만	마리나선박의 출입 및 보관, 사람의 승선과 하선 등을 위한 시설과 이를 이용하는 자에게 편의를 제공하기 위한 서비스시설이 갖추어진 곳

자료: 한국문화관광연구원(2012)[5]

리조트의 사상적 뿌리가 시작된 서구의 관점에서는 유토피아, 파라다이스, 정원과 같은 체재활동의 탈일상화를 통한 심신 휴양의 속성을 강조하기 위한 소프트웨어적인 요소에 중점을 두고 있다. 반면에, 일본이나 한국의 리조트 개발 관점은 관광관련 기능과 위락시설에 중점을 둔 하드웨어 개발에 편향되어 있다. 따라서 이러한 리조트의 배경사상에 상응하는 한국적 용어는 '종합휴양지'가 적합하다.

지금까지 살펴본 개념들 이외에 리조트에 대한 기타 정의는 다음의 〈표 3-2〉와 같이 정리할 수 있다.

〈표 3-2〉 리조트의 정의

구분	주요 내용
웹스터 사전	휴가 시 휴식과 레크리에이션을 위해 사람들이 방문하는 곳
Pearce(1987)	관광객들의 여가 및 휴식에서부터 도심지역 내에서 관광관련 여러 활동을 행하는 것까지의 모든 제반행위를 충족시킬 수 있는 하나의 범위이다.
Krippendorf(1987)	자아충족(self-sufficient)의 동기의 관광객들이 일상을 벗어나 휴식과 여가를 즐길 수 있는 은신처이다.
Gee(1996)	숙박, F&B, 레크리에이션, 건강, 휴양 등과 관련된 여러 환경 및 시설들이 구비되어야 하며, 우호적이고 개별적인 수준 높은 서비스가 제공되어야 한다.
Huffadine(1999)	사회적 만남이나 사교적 모임, 건강 증진 등에 도움을 주는 장소이다.
일본 리조트법 (종합보양지역정비법)	적정한 자연환경을 배경으로 하는 상당한 크기의 부지에서 사람들이 여가 등의 목적으로 운동, 레크리에이션, 교양, 문화, 휴양, 모임 등의 다양한 행위를 할 수 있는 복합적인 기능이 갖추어진 시설이 여러 개 존재해야 하며 해당 각 시설들은 유기적으로 연결되어 있는 하나의 지역이다.

자료: 채용식 · 홍창식 · 박재완(2007)[6], 하동현 · 황성혜 · 유승동 · 조태영 역(2012)[7]

(2) 복합리조트의 개념

국내 관광산업에서 최근 복합리조트라는 명칭이 체재형 복합관광지의 의미로 많이 사용되고 있는데 싱가포르의 마리나 베이샌즈와 리조트 월드 센토사 등의 관광지에서부터 '복합리조트(Integrated Resort)'라는 용어가 생겨났으며, 국내에서는 통합적인 리조트라는 의미로 통용되어 사용되고 있다.[8] 법률적으로는 앞서 살펴본 관광진흥법상의 종합휴양업의 개념이 리조트와 공통적으로 적용된다.

기존 리조트의 개념과 비교해 볼 때 국내 학계에서 정의하는 복합리조트의 의미는 〈표 3-3〉과 같이 카지노 시설을 중심으로 두 가지 이상의 숙박 및 관광관련 기능의 복합시설을 갖춘 리조트로 정리되고 있다. 복합리조트란 궁극적으로 카지노 방문 목적의 관광객들을 대상으로 각종 여러 가지의 복합시설의 서비스를 제공하는 종합휴양지로 이해될 수 있다.

〈표 3-3〉 복합 리조트의 정의

구분	정의
이립(2011)	카지노를 중심으로 숙박, 컨벤션, 전시, 공연, 쇼핑, 테마파크, 박물관, 레저 스포츠 등의 관련 시설들이 함께 위치하는 리조트
Tan Khee Giap(2013)	카지노를 포함하고 있는 리조트로서 그 이외에 각종 위락시설을 갖춘 호텔로 경제발전과 지역사회 직업창출, 엔터테인먼트 및 문화산업의 발전에 영향을 미치는 대표적인 모델
대한 국토·도시 계획학회(2012)	게이밍(Gaming) 시설을 중심으로 구성된 휴가 리조트를 의미
류광훈(2013)	기존의 여러 정의에 카지노와 같은 게이밍시설을 내포하는 개념으로 일정한 상당 크기의 부지에 숙박을 비롯한 레저·스포츠시설, MICE, 테마파크, 게이밍 등과 관련된 여러 다양한 편의시설들을 선택적으로 제공하는 관광지형 리조트
장병권(2013)	해당 지역을 방문하는 관광객들의 목적에 초점을 둔 소수의 기능을 갖춘 리조트의 개념을 넘어서 여러 기능을 갖춘 점에서 메가리조트(Mega Resort)의 형태로, 상당한 부지의 규모에 숙박을 비롯한 관광관련 여러 편의시설들을 보유한 공간
문화체육관광부(2014)	관광호텔, 수상관광호텔, 한국전통호텔, 가족호텔, 의료관광호텔 등과 같은 숙박시설, 게이밍시설, 휴양 목적의 콘도, 복합적인 휴양 및 유원시설, 국제회의를 위한 전문회의시설들 중에서 최소한 2개 이상의 시설을 포함하는 복합적인 관광시설

자료: 신문기·김이태·박태준(2015)[9]

(3) 리조트의 차별적 특성

관광지는 자연적 또는 문화적 관광자원이 주요 매력요소로써 이를 위해 방문한 관광객들에게 기본적인 편의 서비스를 제공하기 위해 여러 시설들을 갖추고 있는 반면, 종합휴양지인 리조트는 관광객을 리조트로 유인할 수 있는 레크리에이션 매력물로써 중요하다(Mill 2001).10) 또한 휴가나 즐거움을 목적으로 하는 관광객들을 대상으로 독립적인 형태의 단지 내에서 계절성의 영향을 많이 받는 레크리에이션 활동의 기회를 제공하며 전 직원이 고객과의 우호적인 관계를 형성하고 24시간 끊임없는 서비스를 제공해야 하는 곳이다(Gee 1996).11)

일반적인 관광지는 방문 또는 구경의 목적으로 경유형태의 재방문 의도가 약한 관광객들을 대상으로 하는 명승고적, 자연경관지, 풍부한 관광자원 보유지, 역사 및 문화자원 소재지 등을 일컫는데 숙박시설을 비롯하여 관광객 이용 편의시설이 제한적이며 소규모의 형태로 조성되어 있다. 반면에, 리조트는 일반적인 관광지와 다른 다음과 같은 몇 가지 차별적인 특성을 갖는다.

첫째, 휴양, 숙박, 레저, 위락 등의 복합 다양한 방문 목적의 관광객들을 대상으로 한다.

둘째, 최소 1박 이상의 장기 체재를 목적으로 하는 관광객들을 대상으로 한다.

셋째, 장기체류형의 고객들을 위해 다양한 숙박시설의 형태를 갖추고 있다.

넷째, 입지적으로 대도시 거주민들이 주요 수요층이 되는 거리 내에 주변지역과 격리감을 느낄 수 있는 동시에 주변 다양한 보통 수준의 관광자원과 연계될 수 있는 곳에 위치한다.

다섯째, 야외 레저활동이 가능한 적합한 기후가 고려되는 지역에 위치한다.

여섯째, 휴양과 관련된 다양한 물리적 위락시설 및 운동시설들이 복합 다양하게 조성되어 있다.

일곱째, 소규모가 아닌 대규모로 개발이 이루어지므로 장기적인 종합 계획하에 체계적인 개발의 과정을 거친다.

지금까지 살펴본 차별적인 특성을 바탕으로 리조트는 다음과 같은 요건들을 기본적으로 갖추어야 한다. 개인의 프라이버시와 자유를 보장하는 배타적 커뮤니티(community) 개발, 환상적이고 친환경적 어메니티(amenity)의 공간과 시설 제공, 다양성 · 놀이성 · 휴양성을 겸비한 고품격의 체재활동 제공, 교류와 사교의 기회 제공, 최상의 접근성과 편리성 부여, 그리고 감동적인 서비스와 이를 위한 인적자원 배치 등이 충족되어야 한다([그림 3-1]).

그림 3-1 리조트의 기본구성과 속성

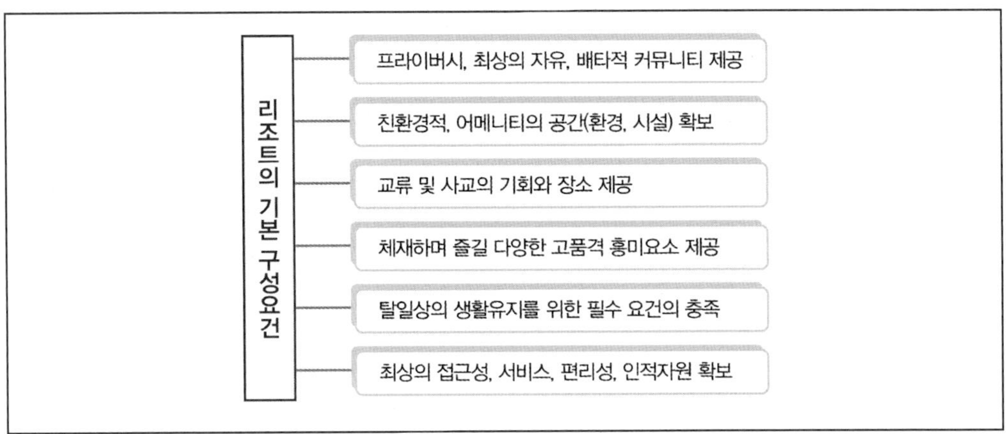

리조트의 기본 구성요건
프라이버시, 최상의 자유, 배타적 커뮤니티 제공
친환경적, 어메니티의 공간(환경, 시설) 확보
교류 및 사교의 기회와 장소 제공
체재하며 즐길 다양한 고품격 흥미요소 제공
탈일상의 생활유지를 위한 필수 요건의 충족
최상의 접근성, 서비스, 편리성, 인적자원 확보

자료: 김인배 · 김원필(2006)[12]에서 필자 수정

2. 리조트 시장의 성장요인

(1) 소득의 증대

관광객들이 리조트 라이프(resort life)를 즐기기 위해서는 일정수준 이상의 경제적 소득수준과 충분한 여가시간이 필요하다. 제2차 세계대전이 종료되고 1950년대부터 세계 경제는 아종 속에 성장을 구가하면서 주요 국가의 국민소득은 크게 향상되고 개인의 가처분소득(disposable income)도 증가하였다. 가처분소득의 증가는 여가와 문화생활에 대한 욕구를 높이고 이를 위한 지출을 확대시키게 되었다.

아프리카, 남미, 아시아의 개발도상국들보다 서유럽, 북미, 일본인들이 리조트 여행을 즐기는 이유는 국민소득이 높고 가처분소득이 넉넉하기 때문이다. 한국을 포함한 주요 국가에서 실시하고 있는 유급휴가제도는 리조트 방문에 필요한 경비와 시간을 동시에 충족시켜주는 요인으로 작용하고 있다. 향후 경제발전 및 생산성의 향상, 유급휴가기간의 증가, 주5일 근무제 등 여가시간이 증가하면서 리조트 라이프 수요는 더욱 증가할 것이다.

(2) 여가시간의 증대

여가란 개인이 자유롭게 사용할 수 있는 시간이나 활동을 의미한다.[13] 고대사회나 중세에 여가는 오로지 특권층과 부유층에 국한된 유한계층(leisure class)의 전유물이었지만,[14] 18세기 산업혁명과 함께 지속된 생산성의 향상, 유급휴가제도의 확대, 근무시간의 단축, 주5일 근무제, 그리고 국민복지정책의 확대 등에 힘입어 중산층의 여가시간은 크게 증가해오고 있다.

교육수준의 향상과 산업의 발달은 전문 직종을 확대시키고 있으며, 높은 수입을 배경으로 한 이들은 일반대중에 비해 상대적으로 배타적이고 상징적인 고급 여가활동을 선호하게 되었다. 특히 후기산업사회는 컴퓨터와 통신의 발달로 인하여 근무지를 벗어난 지역에서도 업무를 처리할 수 있게 되어 여가활용의 융통성을 높여주고 있다.

(3) 교통수단의 발달

인류문명사에서 여행과 관광의 혁신적 발전을 가져오게 한 것은 문자, 화폐, 바퀴의 발명이었다. 그중에서 바퀴는 철도, 자동차, 항공기 등 교통발전에 획기적으로 기여하였다. 19세기 유럽과 북미에서 리조트의 발달은 철도의 확충과 관련이 있으며, 20세기 후반 자동차 보급의 확대는 리조트에 대한 접근성을 더욱 개선시켰다. 특히 제2차 세계대전 이후 제트항공기 운항 네트워크의 확충은 국경을 초월한 리조트의 선택과 접근을 더욱 수월하게 해주고 리조트의 국제화시대를 열었다. 이제 한국인들이 유명한 클럽메드(Club Med)나 월트디즈니월드(Walt Disney World)를 쉽게 방문할 수 있는 것도 항공교통의 발달에 따른 것이다.

이와 더불어 각종 인터넷 기술의 향상으로 평소 관심 있는 리조트의 웹사이트에 바로 접속하거나 다양한 온라인 정보채널과 앱들을 통해 해당 리조트 상품들에 대한 풍부한 정보를 빠른 시간에 찾아 효율적으로 비교 분석하는 일이 가능해졌다. 기존에 여행사나 전화로 이루어지던 예약경로 또한 다양해지고 편리해져 컴퓨터 이외에도 태블릿 PC 또는 스마트폰으로도 간단히 이루어질 수 있는 시대가 되었다.

향후 항공교통시간의 단축과 온라인 서비스의 향상은 이동에 필요한 시간과 정보수집의 비용을 절약하면서 리조트의 국제화·대중화 시대를 더욱 앞당겨줄 것으로 기대된다.

(4) 가치관의 변화

현대사회에서 리조트 시장의 확대를 견인하는 것은 역시 현대인들의 가치관 변화이다. 산업화와 도시화로 인한 인간성의 상실과 소외감은 심신의 해방과 휴식, 자기발견과 자아개발, 동시에 자극과 위락에 대한 욕구를 증폭시키고 있다. 노동과 검약을 미덕으로 하던 가치관은 여가와 소비를 선호하는 쪽으로 변하였다. 여성의 사회진출 증가와 핵가족화는 가족통합의 기회를 더욱 요구하고 있다. 인간수명 연장과 고령인구의 증가는 건강과 웰빙에 대한 수요를 크게 늘리고 있다. 여성과 아동들이 소비주체로 부상하고 현대인들은 소유가 아닌 경험을 구매하는 체험적 소비자(experiential consumer)로 변하고 있다.[15] 일에 지친 일상생활에서 탈피해 자극을 선호하

는 고객들은 카지노와 환상적인 공연 등의 위락을 추구하기도 하며 고정된 틀에서 벗어나, 새롭고 신기한 모험을 즐기고자 하는 욕구도 증가하고 있다.

이처럼 리조트는 현대인의 인간성 상실과 피로한 심신의 회복, 인간과 자연의 동화, 가족통합, 건강한 삶의 영위, 다양한 체험과 관광 등을 위한 기회의 낙원으로서 변화하는 현대인의 가치관을 수용할 수 있는 곳이기 때문에 리조트 산업은 다양한 유형으로 성장해오고 있다.

(5) 개발환경의 변화

그동안 리조트개발관련 법의 발전은 리조트 시장의 확대에 큰 영향을 주고 있었다. 예컨대 1921년 영국의 리조트법(Health and Pleasure Resorts Act), 1987년 일본의 리조트법, 그리고 한국의 관광진흥법(1961년)과 농어촌정비법(1994년)의 제정 등은 관광과 리조트개발을 촉진하는 기반을 마련하게 되었다. 특히 1990년대는 한국의 지방자치제도가 정착되면서 지역경제가 취약한 각 지역에서는 관광과 리조트개발을 통해 지방의 경제적 기반을 강화하려는 움직임이 더욱 활발해졌다. 결국, 리조트개발에 따른 지역 경제적 파급효과에 대한 기대가 리조트개발 여건과 홍보를 촉진시켜 왔다고 볼 수 있다. 고소비 지출을 수반하는 외래 방문객을 지역으로 대량 유치할 수 있는 리조트개발은 대체로 생산유발효과, 소득유발효과, 고용유발효과, 세주증대효과, 지역이미지 개선효과 및 사회간접자본의 정비효과 등 다양한 파급효과를 가져온다. 2000년대에는 이러한 다양한 긍정적인 효과를 기대할 수 있는 리조트개발의 지역 내외적인 불균형을 방지하기 위해 정부의 기금이나 보조금, 법률적 조건, 다양한 유형과 형태의 공공-민간 파트너십이 고려되고 있다.

제2절 리조트의 시설과 유형

1. 리조트의 유형

목욕탕, 온천, 그리고 이들 주변의 호텔을 중심으로 발원하여 유럽, 북미 지역, 아시아 지역에서 각기 다른 자연, 사회문화, 정책적 배경 속에서 수세기에 걸쳐 복잡한 발전과정을 거치는 동안 리조트의 종류는 다양하게 파생되었다. 이로 인하여 리조트의 유형을 분류하는 기준이 획일적으로 분명하지 않고 관련 문헌마다 다르게 나타나고 있는 현상을 볼 수 있다. 그러나 리조트란 인간의 꿈과 유토피아를 지구상에 인위적으로 개발한 것이므로, 리조트의 유형은 개발방법(development type), 입지(location), 이용목적(purposes), 도입시설(facilities), 또는 주제(theme),

그리고 이용계층(user)의 특성 등에 따라 분류하는 것이 가장 일반적이다.

인위적으로 개발하여 조성된 리조트는 개발과 관련된 기준이 가장 먼저 살펴보아야 할 변수이다. 리조트 개발방법은 규모에 따라 대규모, 중규모, 소규모, 개발주체에 따라 공적부문주도형, 사적부문주도형, 제3섹터형, 그리고 이용형태에 따라 회원제형, 부분회원제형, 개방형 등 다양한 유형을 살펴볼 수 있다.

리조트로 개발하기 위하여 선정된 입지는 리조트의 성격과 특성을 사전적으로 규정짓는 가장 중요한 변수이다. 입지적 특성은 다시 지형(topography)과 지역(region)으로 세분할 수 있다. 지형에 따라 산악고원형, 내륙형, 해양형, 도서(섬)형, 온천형, 그리고 지역에 따라 도시형, 교외형, 농·산·어촌형, 더 나아가서 기후대에 따라 피한형, 피서형 등으로 나누어볼 수도 있다. 예컨대 산악리조트, 해변리조트, 전원리조트, 온천리조트 등은 입지에 따라 분류된 것이다.

리조트의 도입시설과 주제는 리조트의 내용을 사후적으로 규정짓게 된다. 주제(예: 스키)와 도입시설(예: 스키시설)은 서로 중복적인 의미를 갖고 있기 때문에 도입시설과 주제 중에서 한 가지 기준에 따라 분류해도 무방하다. 시설이나 주제는 스키, 골프, 비치, 마리나, 온천, 카지노, 생태, 문화예술, 오락연예, 연수, 회의 등 다양하게 도입될 수 있다. 스키리조트, 골프리조트, 마리나 리조트, 휴양촌 등은 이러한 기준에 따라 분류한 것이다. 그러나 최근에는 한 가지 주제보다 다수의 주제나 시설을 복합적으로 동비함으로써 단순한 전용리조트에서 다양한 복합리조트로 변모하는 추세를 보이고 있다. 예컨대 월트디즈니월드 리조트나 클럽메드는 복합화의 대표적 예이다. 특히 클럽메드는 80가지 이상의 다양한 액티비티를 갖추고 있으며 키즈클럽, 여름스포츠, 겨울스포츠, 클럽메드 스파, 크루즈, 외부관광, 부티크 등 7가지로 특성별 맞춤서비스를 제공

그림 3-2 클럽메드 All-Inclusive Activities

자료: www.clubmedsunway.ie/activities

하고 있다. 이 밖에 국내의 대규모 리조트개발도 복합리조트 형태로 추진되는 사례가 많아지고 있다.

또한 리조트는 이용자계층에 따라 구분할 수 있다. 이용자가 없는 리조트란 상상할 수 없기 때문에 이용자의 특성은 리조트개발과 경영에 있어서 매우 중요한 사항이다. 대부분의 리조트는 다수의 계층이 이용하는 추세이지만 어떠한 계층을 수용하기 위하여 개발되었으며 현실적으로 방문자 중에 어떠한 계층이 주류를 이루고 있느냐 하는 점에 주목해야 할 것이다. 이러한 기준에 따라 청소년형, 노인형, 동호인형, 가족형, 대중형 등으로 구분할 수 있다. 최근에는 가족형이 가장 중요한 위치를 점하고 있다.

이용자계층과 더불어 이용목적에 따라 리조트의 유형을 나눌 수 있다. 목적별로 주제형, 주거형, 휴양형, 도시형 리조트로 구분할 수 있다. 주제형 리조트는 문화유산이나 자연환경 등과 같은 특정주제를 중심으로 개발한 유형이다. 주거형 리조트는 요양, 보양, 주거 등 장기체재시설을 중심으로 개발된 형태이다. 휴양형 리조트에는 복합리조트(관광객 위주의 여러 편의시설들에 중점을 둠), 타운리조트(경제적으로 관광상품의 판매위주로 특정한 관광대상을 위주로 이루어짐), 휴양리조트(입지적으로 먼 곳에 위치하여 휴양중심의 욕구 충족을 위해 조성 됨)의 세 가지로 나뉠수 있다. 도시형 리조트는 비즈니스 관광객과 여가 관광객 모두의 욕구를 수용할 수 있는 시설과 서비스가 집적된 형태로 지역주민까지도 이용객 범주에 들어갈 수 있는 유형이다(〈표 3-4〉 참조).[16)]

〈표 3-4〉 이용목적에 따른 리조트 유형

구분		주요 내용
주제형 리조트		- 특정 대상을 학습하고 경험할 수 있도록 특정주제를 중심으로 개발한 곳 - 주로 문화유산, 자연환경 등 전문적인 관심분야에 초점을 둠
주거형 리조트		- 숙박시설 위주 요양, 보양, 주거 등 장기체재시설을 중심으로 개발된 곳 - 온천을 중심으로 하는 온천리조트나 장기체류를 목적으로 하는 노인휴양단지 등이 있음
휴양형 리조트	통합리조트	- 관광객 위주로의 개발을 의미하는 것으로 관광에 필요한 숙박시설, 위락시설, 상업시설, 편의시설 등이 갖추어진 곳
	타운리조트	- 지역사회 활동과 관광활동을 혼합시킨 곳으로 경제적으로 관광상품의 판매에 중점을 두고 온천, 유적지, 산악경관 등의 특정한 관광대상을 위주로 이루어진 곳
	휴양리조트	- 비교적 작은 규모의 섬이나 산 등 멀리 떨어진 곳에 위치하고 있으며 휴양중심의 특별한 욕구를 충족시킬 수 있게 조성된 곳
도시형 리조트		- 관광시설과 서비스 등이 도시 구조의 한 집적된 부분이고 관광시설은 일반 관광여행객과 업무여행객 모두에게 제공되도록 개발된 리조트 - 관광시설은 관광목적 이외의 타 용도로도 사용되며 관광대상물의 개발은 관광객뿐만 아니라 지역주민을 위해서도 개발됨

자료: Inskeep(1991)의 내용을 채용식・홍창식・박재완(2007) 재정리.

이상의 내용을 요약하면 〈표 3-5〉와 같다. 그 외에도 리조트를 주시장 근접성, 환경과 어메니티, 숙박시설형태 등에 따라 유형화하거나 리조트의 조직형태에 따라 폐쇄형과 개방형으로 구분할 수도 있다. 폐쇄형의 경우, 리조트 단지를 떠나지 않고 내부에서 관광객의 욕구를 충족시킬 수 있는 모든 형태의 활동이 가능하도록 계획되어진 시스템이다. 개방형의 경우, 리조트에서 관광객들이 체재를 하지만 개인마다 다양한 프로그램에 대한 욕구와 선호를 고려하여 주변지역의 녹지지대를 이용하여 복수의 레크리에이션 활동이 이루어질 수 있도록 배치된 형태이다.17)

〈표 3-5〉 리조트의 유형적 분류

기준	분류
개발방법(development)	가. 규모: 소규모, 중규모, 대규모 나. 개발주체: 공적부문주도형, 사적부문주도형, 제3섹터형 다. 이용형태: 회원제형, 부분회원제형, 개방형
입지(location)	가. 지형: 산악고원형, 내륙형, 해양형, 도서(섬)형, 온천형 나. 지역: 도시형, 교외형, 농・산・어촌형 다. 기후: 피한형, 피서형
도입시설(factilities)/ 주제(theme)	가. 스포츠형: 스키, 골프, 수상스포츠 등 나. 휴양형: 헬스, 휴양, 온천, 실버시설 등 다. 교육문화형: 역사문화, 교양, 연수, 회의, 위락, 취미 라. 숙박형: 주말형, 정주형, 장기체재형 호텔, 콘도미니엄, 별장 등
이용자계층(user class)	가. 표적시장: 청소년, 노인, 동호인, 가족, 혼합형
이용목적(purposes)	가. 주제형: 문화유산, 자연환경 등의 특정 주제 나. 주거형: 요양형, 보양형, 주거형 등 장기체재목적 다. 휴양형: 통합형, 타운형, 휴양형 라. 도시형: 관광객과 지역주민 모두 대상의 도시집적형

2. 리조트의 기본시설

리조트의 주요 기본시설은 리조트의 입지조건과 유형, 규모, 서비스 수준에 따라 달라진다. 예컨대 골프 리조트에서 매우 중요한 시설과 프로그램이 마리나 리조트에서는 별로 유용하지 않을 수 있기 때문이다. 그러나 리조트로서 갖추어야 할 기본시설은 크게 숙박시설, 레크리에이션・스포츠・휴식시설, 서비스시설 및 프로그램, 기반시설 등으로 나누어 볼 수 있다(〈표 3-6〉 참조).

숙박시설은 고가의 특급호텔에서 콘도미니엄, 펜션, 여관, 코티지, 민박, 캠프장 등 방문객의

숙박과 휴식을 위한 기본시설로 리조트 입지지역의 기후나 고급화 수준에 따라 다양한 양식으로 나타난다. 레크리에이션 및 스포츠 시설은 리조트 체재 중에 일어나는 수동적·능동적·개별적 그룹의 여가활동을 수용하는 시설들이며 리조트의 다기능화·복합화 추세에 따라 관련 시설도 급속하게 다양해지고 있다. 인간 수명의 연장과 건강에 대한 의식이 높아지면서 건강이나 미용 관련 시설과 서비스 프로그램이 광범위하게 확산되는 경향을 보이고 있다.

리조트 이용객들의 높은 서비스 기대수준에 따라 최근 서비스 및 프로그램의 수준도 많이 개선되었다. 프로그램의 경우, 기존의 대중적이고 집단적인 프로그램에서 개별적 맞춤서비스 형태로 인간적인 정서를 느낄 수 있는 친밀한 서비스로 고객만족도를 높이고 있다. 각종 스포츠나 레크리에이션 레슨 및 클리닉센터, 키드 컨셔지 및 아동 프로그램, 애완동물 웰컴센터, 스페셜 이벤트 등 리조트에서 프로그램의 차별화 경쟁은 더욱 정교해지고 있다.

기반시설은 연중 많은 사람들이 이용하는 대규모 시설지구의 유지 및 관리에 필요한 교통, 안전, 오폐수, 리조트조경시설 등이며, 최근에는 리조트 안전사고 예방 및 응급구호를 위한 위기관리시스템을 강화시키고 최상의 리조트 이미지 연출에 필요한 시설과 기법들을 도입하고 있다.

〈표 3-6〉 리조트 기본시설과 프로그램

구분	예시
숙박시설	호텔, 콘도미니엄, 펜션, 여고나, 코티지, 민박, 캠프장
레크리에이션/건강/스포츠시설	휴식시설, 산책/조깅로, 자전거하이킹로, 피크닉장, 야외놀이시설, 실내외 수영장, 스포츠시설, 해수욕장, 실내외 코트, 골프코스, 스키장, 스케이트장, 눈썰매장, 볼링장, 당구장, 이벤트장, 조각원, 식물원, 연못, 승마장, 보트장, 마리나, 건강미용스파, 피트니스센터, 요가, 마사지룸, 스킷사격장, 라켓볼, 박물관, 미술관, 영화관, 도서관, 암벽등반, 비즈니스센터, 디스코장, 카지노, 전망대
서비스시설 및 스페셜 프로그램	레스토랑, 바, 쇼핑센터, 매점, 안내소, 대소집회장, 키드 컨셔지, 탁아소, 진료, 각종 스포츠 및 레크리에이션 레슨 및 클리닉 센터, 아동 프로그램, 애완동물웰컴센터, 패키지 관광, 콘서트, 각종 이브닝이벤트
기반시설	전기, 상하수도, 통신, 공공주차장, 도로, 보행로, 버스터미널, 주유소, 중앙광장, 안전/구호시설, 헬기장, 오폐수처리시설, 조경·조명·음향·방향시설

제3절 리조트의 개발과 경영

1. 리조트 사업의 특징

리조트는 광대한 부지, 다양한 유형의 시설, 독특한 상품과 소비시장을 배경으로 하는 사업으로 복합성, 입지의존성, 공익성, 계절성, 서비스성 등의 특성을 가지고 있다.[18] 개발사업의 관점에서 보면 자본집약적이며 노동집약적으로 대규모 자본조달의 필요성, 투자회수기간의 장기성, 사회간접자본의 취약성 등 민간기업의 참여가 어렵다는 특성도 있다.[19] 따라서 리조트 사업의 특성에 따른 개발과 서비스를 포괄적으로 살펴보면 다음과 같다.

가. 초기투자비의 부담: 개발 규모에 따라 초기투자비용이 달라지지만 기본적으로 부지 매입비용과 더불어 숙박시설, 목적활동시설, 각종 편의시설의 3대 시설 건설비용, 기본 인프라 시설 건설비용 등 막대한 자본이 들어가는 사업이다. 반면에, 투자회수기간은 10~20여 년 이상 걸린다.

나. 시설노후의 가속화: 리조트를 구성하고 있는 다양한 시설과 장비는 외부자연환경에 노출되어 있을 뿐만 아니라 이용객 시장의 트렌드 변화, 경쟁환경의 변화 등에 따라 노후화가 예상보다 빠르게 진행되면서 사업의 시장가치는 상실된다.

다. 고정경비지출의 부담지속: 인건비, 시설관리유지비, 감가상각비, 각종 세금 등 고정경비 지출이 많아 경영에 어려움을 겪게 된다. 특히 노동집약산업으로 인건비 압박이 높은 편이다.

라. 계절성과 비탄력적 한계: 사계절형 리조트를 제외하면 대부분의 리조트들은 현저한 성수기와 비수기가 반복되는 계절성(seasonality)을 벗어나지 못한다. 계절에 따라 수요변화가 심하나 시설, 서비스, 인력 등을 신축적으로 조정하기는 어렵다.

마. 공공성과 사회적 책임: 지역경제의 활성화 및 국가 이미지의 국제화 외에도 지역의 여가문화 인프라로서 기능을 갖게 된다. 즉, 국내외 외부방문객 외에도 지역주민의 여가공간으로서 매우 중요한 역할과 위상을 가지므로 지역사회에 대한 공익적 또는 사회적 부담이 불가피하다.

2. 리조트의 개발절차

리조트 사업의 특성을 고려해볼 때, 리조트 사업에서 성공적인 리조트의 개발과 경영관리는 매우 중요한 과제이다. 개발의 실패는 직접적으로 투자자에게 막대한 손실을 줄 뿐만 아니라 해당 지역사회에도 장기적으로 적지 않은 피해를 주기 때문이다. 일반적으로 리조트개발계획은 복잡한 조건과 여건을 분석하고 대규모 투자가 요구되는 장기사업이기 때문에 계획단계에서 세밀한 검토가 필요하다. 이러한 리조트개발계획의 단계는 크게 전략목표의 책정, 광범위한 조사실시, 계획 전 조건의 설정, 공간계획의 수립 등으로 구성된다.

가. 전략목표: 무엇을, 누구를 위하여, 왜 개발하려는지 목표를 설정하는 단계로 여러 가지 기획 및 아이디어를 중심으로 가능성을 파악하는 초기단계이다.

나. 광범위한 조사: 자연조건에서부터 시장규모까지 필요한 개발관련 정보를 광범위하게 수집 정리하는 단계이다.

다. 계획전 조건의 설정: 앞의 단계에서 검토한 계획 목표를 보다 구체화시키고 다음 단계의 공간계획을 위한 계획조건들을 설정하는 단계이다.

라. 공간계획: 시설, 환경, 교통, 서비스 등 물리적 계획이 구체화되고 개발계획이 완성되는 단계이다.

각 단계에 따라 세부적인 프로세스는 ① 발상 및 아이디어의 정리, ② 계획의 목표 책정, ③ 자연 · 사회 · 시장규모 분석, ④ 적지 선정, ⑤ 개발규모의 검토, ⑥ 개발콘셉트의 설정, ⑦ 기본계획(master plan)의 책정, ⑧ 사업규모의 결정, ⑨ 개발프로그램의 수립, ⑩ 사업투자액 및 수요예측, ⑪ 수지전략, ⑫ 사업화단계계획 설정, ⑬ 공간계획 등을 포함하고 있다.[20]

그림 3-3 리조트개발의 4단계 프로세스

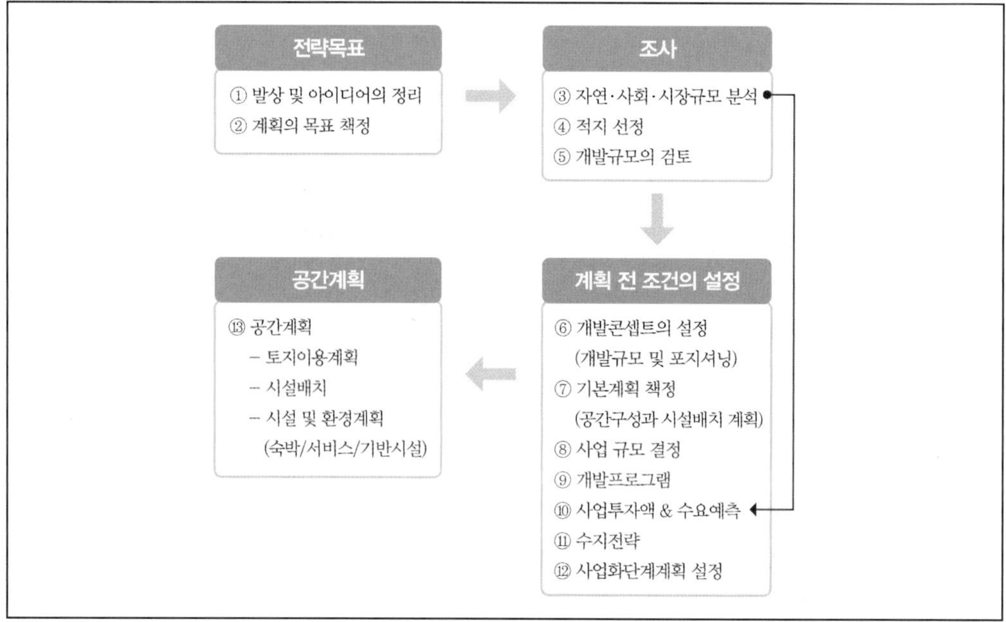

자료: 임화순(2008)

3. 리조트개발의 지역 파급효과

리조트개발이 지역에 미치는 파급효과를 경제적, 사회문화적, 환경적 측면으로 분류하여 지역주민들의 의견과 태도를 바탕으로 향후 개발 방안에 대한 논의가 지속적으로 되어 오고 있다.

가. 경제적 영향: 리조트개발로 인한 지역주민들의 신규 고용창출과 지방정부의 재정수입 증대라는 긍정적인 효과를 보이는 반면, 지역주민들의 소비성향과 물가상승과 관련된 부정적인 효과도 있다.[21]

나. 사회문화적 영향: 지역사회의 특성을 고려한 리조트개발은 지역의 올바른 레저문화를 확립하고 국민의 삶의 질을 높이는데 일조하며 외국인 관광객들을 대상으로 지역의 특색 있는 향토음식과 지역문화재 발굴 및 상품개발에 기여한다. 지역의 애향심과 자부심을 고취시키고 이미지를 개선시키는 긍정적인 효과가 있다. 부정적인 영향으로는 관광객에 비해 지역주민의 상대적인 박탈감과 문화적인 이질감, 유흥과 오락사업으로 인해 미풍양속과 공중도덕의 파괴, 범죄율 증가 등이 포함된다.[22]

다. 환경적 영향: 대표적으로 자연환경과 보존 및 오염에 대한 경각심을 높여 지역사회의 생태계를 보호하고 자연친화적인 리조트개발에 중점을 두는 경향이 두드러지고 있다. 부정적으로는 수질과 토양오염, 쓰레기 등으로 인한 자연화경 파괴 및 무분별하고 비계획적인 개발로 초래되는 자연 경관훼손 등이 가장 큰 이슈가 되고 있다.[23)]

4. 리조트 사업의 마케팅 믹스

리조트의 주요 서비스 상품(product)은 회원권(스키, 골프 등)이며 조성된 시설의 종류에 따라 상품구성이 다양해질 수 있다. 하지만 분양회원권은 장기적인 성격의 상품으로 유연성이 낮지만 가변성이 높은 시즌별 운영상품은 단기적으로 리조트의 상품 차별화를 가져올 수 있다. 즉, 하드웨어적인 투자보다는 소프트웨어적인 시즌별 이벤트 프로그램, 식음료 상품, 이미지 창출 프로그램들에 투자하는 것이 경쟁력과 경제성이 높다.

리조트의 가격(price)책정은 매우 복잡한 구조를 지니고 있다. 회원권의 분양가격은 투자비와 관련성이 높아 비교적 고정적이나 단계적인 분양을 거칠 경우 투자비의 배분도 단계적으로 이루어져야 할 것이다. 또한 선분양된 상품의 시장에 낮은 가격으로 유통될 경우 신분양상품의 상품성이 떨어지게 되어 자금회전이 어려워지기도 한다. 따라서 분양권의 가격책정은 분양의 차수와 시장가격 변동에 능동적으로 대처해야 한다. 반면에, 일반 고객 대상의 객실 및 골프상품 등의 경우 사업의 특성상 계절성(seasonality)을 감안하여 호텔 사업과 마찬가지로 가격차별화 정책을 전략적으로 실시하되, 성·비수기에 따른 가격상승률과 인하율을 과거 가격정책과 현 시장상황 변수들을 고려하여 시스템적으로 접근해야 할 것이다. 이와 동시에 한정된 객실 수량에 대한 성수기 초과예약(overbooking)률의 설정에 있어서도 매년 직관적인 일정비율로 할당하기보다는 여러 확률변수를 감안하여 탄력적으로 대처해야 한다. 이러한 가격차별화와 수용공간의 통제를 통한 전사적인 전략적 매출관리(revenue management)는 향후 리조트 산업의 수익구조 개선에 크게 영향을 미칠 것이다. 리조트의 유통경로(place)의 경우, 분양회원권의 소유권 이전을 비롯하여 일반 객실, 레크리에이션, 식음 및 편의 시설의 상품 거래가 온라인 중개업자(온라인 여행사, 소셜코머스 할인사이트 등)를 통해 빈번하게 이루어지고 있다. 회원권은 고객과 리조트기업 양측 모두에게 자산의 성격을 띠는 상품으로서 상호간의 신뢰를 바탕으로 하는 직접적인 거래가 가장 바람직하다. 중개업자들을 통한 객실 점유율 유지 및 식음 매출의 증가는 단기적으로 매출 확보를 가져올지 모르지만 장기적으로는 리조트의 충성고객들이 중개업자의 충성고객화되는 심각한 부작용이 따라올 수 있다. 따라서, 직거래에 대한 상대적 편익을 고객들에게 제공함으로써 리조트와 고객들 간의 직거래를 장기적인 관점에서 활성화시키고 이를 위해 직접적인 유통경로 개발에 투자를 해야 할 것이다.

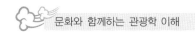

리조트의 프로모션(promotion) 활동 중에서 향후 중점을 두어야 할 부문은 차별화된 이미지전달이다. 과거 리조트의 광고와 판촉의 주요 내용은 입지의 편리성과 가격의 경쟁력, 다양한 시설과 서비스 등의 상품 측면이 주류를 이루었다. 하지만 점차적으로 리조트에 대한 관광객들의 기대치가 높아지고 그에 따라 제공되어지는 리조트 시장의 상품과 서비스 수준은 평준화되고 있어 상품경쟁력에 포커스를 맞춘 프로모션은 더 이상 고객 유인력이 약해지고 있다. 따라서 프로모션의 중점이 리조트의 차별화된 이미지와 개성(personality)이 타깃 관광객들의 라이프사이클과 여가 가치관, 추구하는 상징적인 편익을 강조할 때 메시지전달의 효과가 일어날 것이다. 특히 최근에는 프로모션의 채널의 다각화로 인해 기존의 신문 · 잡지 · 광고에서 탈피하는 경향을 보이고 있다. 마켓별 온라인 SNS 채널을 선별하여 개별적이고 시각화 된 맞춤식 정보를 이벤트 형태의 메시지로 전달하여 큰 효과를 보고 있다.

그림 3-4 한화리조트 SNS 프로모션

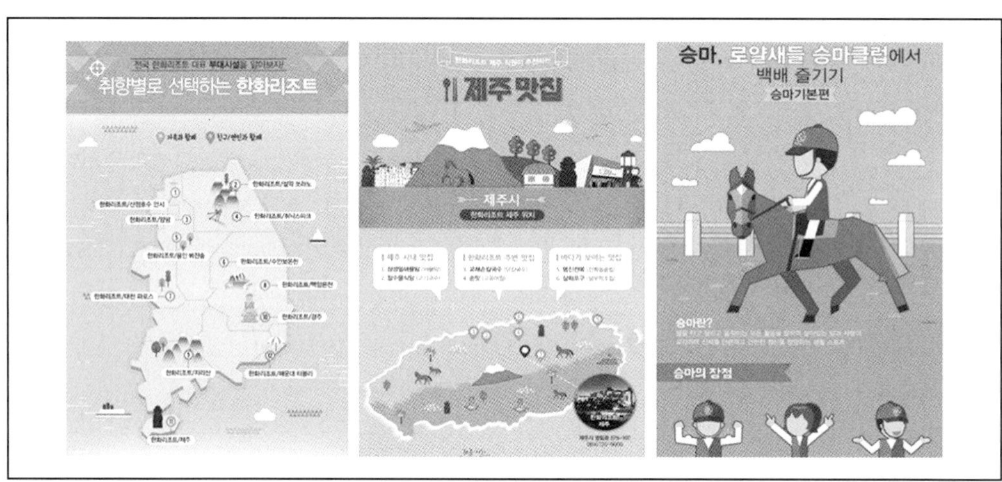

〈내용〉 한화리조트가 고객들과의 소통을 위해 반응형 웹인 블로그와 페이스북을 통해리조트, 아쿠아리움, 골프 등 다양한 사업영역에 대한 정보를 제공하는 허브로 운영 중이다. 관광객의 여행패턴을 분석하여 일정, 동반자, 테마 등의 구체적 분류를 통해 각 키워드에 부합하는 맞춤형 정보를 제공하는 고객지향적 소통을 하고 있다. 특히 감성적인 콘셉트의 에세이를 페이스북에 올려 고객들과 소통하며 유아층을 겨냥해 바다생물을 의인화해 어린이들와 1:1 커뮤니케이션을 하고 있다. 이처럼 한화리조트는 온라인과 소셜채널 운영을 통해 고객소통의 혁신화를 보여주고 있다.

자료: www.socialconchip.com/sns로-소비자와-발맞추는-한화리조트[24)]

5. 리조트 사업의 비수기 전략

대부분의 리조트는 유형에 따라 주말과 주중, 계절 또는 경기불황 등의 요인으로 장, 단기 비수기를 겪으며, 심지어 계절적 비수기에 휴업을 해야 하는 등 비수기 문제는 리조트 사업에서 극복해야 할 과제이다. 최근 복합리조트의 증가추세도 연중사업이 지속될 수 있는 기반을 확보하려는 전략의 일환이기도 하다. 리조트 비수기 극복방안으로 많이 활용하는 전략은 다음과 같다.

가. 가격인하: 성수기를 제외한 준비수기 및 비수기 기간에 가장 많이 채택되는 전략은 가격인하전략이 일반적이다. 그러나 가격인하는 또 다른 경쟁리조트의 가격인하를 피할 수 없고 결국에는 출혈경쟁에 이르게 되어 비수기 문제를 해결할 수 있는 유일한 전략은 될 수 없다.

나. 인력부문: 노동집약적인 리조트 사업은 성수기와 비수기의 소요인력 차이가 매우 크다. 따라서 상용직과 일용직의 비율을 잘 구성하여 인건비 부담을 줄이고 지역의 학생 및 유휴인력을 보조적으로 활용하는 방안을 마련해야 한다.

다. 시장부문: 비즈니스시장 개척, 접근성 개선(시간절약), 가격할인(비용절감), 대체활동개발 및 매력강화(만족배가), 특별이벤트, 비수기저가시장 공략, 마일리지혜택 강화, 지역주민 · 노인 · 청소년 · 장애인 등을 위한 회원제 등 비수기 수요를 추가적으로 유발할 수 있는 방안을 모색한다. 주변의 다른 관광자원, 지역의 다른 산업과 연계방안을 확대하거나 국내외의 대체시장을 개척하는 것도 중요하다.

라. 시설부문: 기존 시설의 복합이용, 유휴시설의 활용, 비수기 토지이용상태 변경, 비수기 타개를 위한 보완시설의 도입 및 프로그램의 개발을 통하여 비수기 시설 가동률을 제고하고 고정비 회수에 도움을 줄 수 있도록 한다.

마. 전략부문: 리조트의 비수기 극복방안에 대해서는 개발과정에서 사전에 충분히 검토하고 전략을 마련해 두어야 한다. 사업운영단계에서도 예상되는 기업의 외부환경 분석과 내부능력분석을 통하여 비수기 기대목표를 설정하고 경영전략, 경영조직, 사람관리 및 기능관리에 적절한 변화를 주어야 한다. 국내 및 해외 선진 리조트의 비수기 전략 및 경영 사례의 조사 · 분석을 통한 벤치마킹전략을 추구하는 것도 도움이 될 것이다.

제4절 고부가가치 창출의 아시아 복합리조트 개발 동향

2010년을 전후로 동북아 관광에서 중국 아웃바운드 시장의 괄목할만한 꾸준한 성장은 세계 리조트 시장 변화에 지대한 영향을 미치고 있다. 중국관광객들은 홍콩, 마카오, 대만, 태국, 싱가포르, 일본 등의 리조트 시장의 판도를 바꿔오고 있으며 싱가포르와 한국 내의 리조트 시장의 성장을 촉진시키고 있다.

싱가포르에는 Marina Bay Sands와 Resort World Sentosa 2개의 대표적인 복합리조트가 있으며 카지노 사업 이외에 호텔, MICE, 쇼핑단지, 공연장, 테마파크의 매출액이 매년 증가추세에 있으며 특히 객실 점유율이 싱가포르 내 타 호텔 대비 매우 높은 비율을 보이고 있어 평균 숙박료가 2010년 243달러에서 2012년 355달러로 상승하였다.[25] 싱가폴의 경우 2000년대 전후로 주춤했던 경제성장을 극복하기 위한 한 방법으로 카지노 허가라는 인센티브를 제공하여 복합리조트 개발을 통한 관광객 유입을 확대시켜 위축되었던 국가 경제성장을 다시 촉진시켰다.[26]

마카오의 경우 2002년 샌즈, 갤럭시, MGM 그랜드 등과 같은 외국계 회사에 카지노 사업을 개방하면서 복합리조트 산업으로 탈바꿈을 한 성공적인 관광도시 사례로 2006년에는 미국 라스베이거스를 넘어서 전 세계 1위의 카지노 도시로 등극했다. 현재 마카오 도시 내에 총 34개 카지노가 운영 중이며 이들 사업체에서 벌어들이는 연간 매출은 약 38조5000억 원으로 세금만 14조원이 넘는 것으로 예상된다. 이렇게 벌어들인 카지노 수입은 마카오 내 종합휴양지 관광개발에 재투자되어 도시의 경제발전의 중추적인 역할을 하고 있다.[27]

필리핀 또한 2008년 리조트월드 마닐라가 개발되어 개인사업자에게 카지노 사업의 허가를 내어준 이후 복합리조트 개발에 박차를 가하고 있다. 현재 마닐라만에 Entertainment City라는 복합카지노 리조트 개발을 위해 민간 사업자를 적극적으로 유치하고 있으며 이로 인한 관광객 유치에 대한 기대가 한층 고조되어 있는 상황이다.

이러한 아시아 내 복합리조트의 개발 동향을 종합해 보면 단독형 카지노에서 목적형 카지노로 전화되고 있으며 테마파크, 문화시설, 숙박 및 쇼핑 시설과 함께 대단위 부지에서 여러 다양한 시장의 관광욕구를 충족시키고 있다. 특히 MICE산업과의 연계를 통해 대규모 국제회의와 전시를 위한 공간적인 경쟁력도 지니고 있다. 또한 카지노 사업의 허가라는 인센티브를 통해 대규모 관광투자 형태로 개발이 되어 지역의 경제성장에 기여하고 있다.

국내에서는 정선지역의 내국인 대상 카지노 사업 허가로 야기되어 왔던 각종 사회문화적인 이슈의 여파로 인해 복합리조트 개발에 대한 민감한 반응을 보이고 있다. 현재 영조도 일대에 대표적인 크리스탈 시티와 에잇시티(8City), 제주특별자치도 대정일대의 신화역사공원 복합리조트와 드림시티 등을 비롯하여 여러 개의 리조트 개발이 국내에서 추진 중에 있지만, 특정지역에 과도한 개발 투자가 몰리고 있어 균형있는 지역개발이 안 되고 있는 실정이다. 또한 중점개발이 카지노 사업으로 몰리고 있어 국내정서상 아직 사행사업이라는 이미지 때문에 복합리조트 개발 단계에서부터 지역주민의 반발을 불러일으키고 있다.

향후 한국형 복합리조트 개발 방안을 제시하는데 있어 카지노 사업의 무분별한 허가를 지양하고 MICE와 테마 관광상품을 중점적으로 개발하며 유럽과 북미지역의 관광객들이 선호하는 관광활동을 중심으로 하는 상품개발을 강조해야 할 것이다. 제도적으로 복합리조트 투자자 모집은 중앙부처인 문화체육관광부에서 주관하고 사업계획의 승인과 등록관련 행정적인 절차는 지방 지자체 관광부처에서 일임할 수 있도록 조정하여야 할 것이다. 카지노의 세수입 비율과 허가관련 제도정비 또한 지역 현실에 부합되는 방향으로 추진해야 할 것이다.[28)]

참고문헌

1) 이종규(2005). 『리조트개발과 경영』. 부연사.
2) Wehmeier, S.(ed)(2002). Oxford Advanced Learner's Dictionary. Oxford University Press.
3) 엄서호(1998). 『레저산업론』. 학문사.
4) 채용식(2006). 『리조트 경영학』. 현학사.
5) 한국문화관광연구원(2012). 한국형 복합리조트 제도화 방안.
6) 채용식 · 홍창식 · 박재완(2007). 『리조트 개발론』. 현학사.
7) 하동현 · 황성혜 · 유승동 · 조태영 역(2012). 『리조트 경영론』. 한올출판사.
8) 박지연(2013). 복합리조트 선택속성과 관광자 만족 연구: Kano model 활용, 경기대학교 대학원 석사학위논문.
9) 신문기 · 김이태 · 박태준(2015). 복합리조트개발 활성화를 위한 전략 연구, 『관광연구』, 30(7), 105-121.
10) Mill, R. C. (2001). Resort: Management and Operation. John Wiley & Sons, Inc.
11) Gee, C. Y. (1996). Resort Development and Management. Educational Institue of the American Hotel & Motel Association.
12) 김인배 · 김원필(2006). 국내 주요 스키리조트 시설의 개발실태 및 배치 특성 사례연구, 『대한건축학회 논문집』. 22(9).
13) 오상훈 · 임화순 · 고미영(2006). 『현대 여가론』. 백산출판사.
14) 토스타인 베블렌 저. 최광렬 역(1983). 『유한계급론』. 양영각.
15) 박영숙 · 제롬 글렌 · 테드 고든(2008). 『유엔미래보고서』. 교보문고.
16) 채용식 · 홍창식 · 박재완(2007). 『리조트 개발론』. 현학사.
17) 안순이(2003). 리조트 마케팅 전략. 여행학연구, 17, 21-50.
18) 정태웅(2005). 리조트기업문화에 대한 집단별 인식차이 분석. 『관광연구저널』, 19(3).
19) 김태형(2007). 리조트개발이 지역사회에 미치는 영향. 『한국사회체육학회지』, 32.
20) 임화순(2008). 리조트개발 강의노트.
21) 김충렬(2002). 민간리조트개발이 지역경제에 미치는 효과 연구. 강원대학교 대학원, 박사논문.
22) 임은미(2006). 리조트의 향수마케팅 도입에 관한 연구: 리조트이 향수적 선호성 모형 개발을 중심으로. 한양대학교 대학원, 박사학위 논문.
23) 이상구 · 강효민 · 한광령(2007). 『스포츠 사회학』. 대경북스.
24) 박영락(2016). http://socialconchip.com/sns로-소비자와-발맞추는-한화리조트.
25) 류광훈(2012), 한국형 복합리조트 제도화 방안, 한국문화관광연구원.
26) 배수현 · 심홍보(2014), 마리나 베이 샌즈 사례를 통한 MICE 복합리조트에 관한 탐색적 연구, 『관광경영연구』, 18(1), pp.101-118.
27) 조선일보(2012). '마카오, 복합리조트로 연 14조원 稅收'.
28) 관광지식정보시스템(2013). 복합리조트 개발과 조성방안.

02편 문화명사 담론

김현겸 회장이 미래의 관광인들에게 들려주는

크루즈의 바다에 빠져라

김현겸

- 1981.02 부산가야고등학교 졸업
- 1986.08 성균관대학교 토목공학과 졸업
- 1999.09 성균관대학교 무역대학원 경영학 석사
- 2006.08 성균관대학교 일반대학원 무역학과 박사과정 수료

- 1990.07 (주)팬스타엔터프라이즈 설립
- 1999.01 (주)팬스타라인닷컴 설립
- 1999.08 (주)산스타라인 일본현지법인 설립
- 2010.01 부산항만공사 3기 항만위원 역임
- 2010.08 한국해운조합 19대, 20대 대의원 역임
- 2012.03 대한민국 해양연맹 수석 부총재
- 2014.04 울산외국어고등학교 운영위원장 역임
- 2017.02 한국해양소년단부산연맹 부연맹장
- 2017.02 아시아퍼시픽 해양문화 연구원 부산센타 공동대표
- 2017.03 대한민국 해양연맹 총재권한대행

- 1999.05 중소기업인상 수상
- 2002.02 무역진흥대상 수상
- 2005.05 바다의날 대통령표창 수상
- 2008.07 한국관광학회장 한국관광기업 경영대상
- 2009.11 무역의 날 2천만불 수출탑 및 기획재정부장관 표창
- 2014.12 한국해운신문 여객선부문 올해의 인물 2관왕 수상
- 2017.05 바다의날 석탑산업훈장수훈
- 2017.07 대한민국 해양연맹 제8대 총재 취임

김현겸 회장이 미래의 관광인들에게 들려주는

크루즈의 바다에 빠져라

2015년 9월 상해크루즈 박람회장에서 로열캐리비언크루즈의 아담 골드스타인 회장은 "동북아시아의 크루즈 시장은 1970년대 크루즈산업의 초기에 마이애미를 중심으로 폭발적으로 성장했던 모습과 흡사하게 빅뱅처럼 성장하고 있다." 라고 발언했고 카니발크루즈의 아놀드 도널드 회장은 "2020년 중국은 연간 크루즈인구 500만명을 넘고 2030년에는 1,000만명을 넘을 것이다" 라고 예상하였다. 전 세계 크루즈인구는 2016년 기준 2,360만명이며(크루즈인더스트리뉴스) 미국이 약 1,100만명으로 세계 1위의 크루즈인구를 자랑하고 있고 독일과 영국이 약 180만명으로 뒤를 잇고 있는 바, 2006년 크루즈가 시작되었고 2011년 약 9만명 수준의 중국 크루즈인구가 2016년 170만명, 2017년에는 200만명을 넘어서서 일약 세계 2위 크루즈인구의 시장으로 발돋움하게 되는 것이다. 중국정부는 크루즈 산업을 국가산업으로 육성하기 위해 카니발크루즈와 이탈리아의 핀칸티에리조선소 그리고 중국국영 코스코라인과 주상은행 등을 포함한 6개 관련주체가 함께 합작법인을 설립하고 5~10척의 크루즈선 조선에 직접 나섰으며 크루즈로 인해 유발되는 선용품공급과 인력양성, 선박 IT산업 등 연관산업을 육성함으로써 중국 국가산업 발전의 기반산업으로 성장시키겠다는 방향을 구체화해 나가고 있다, 이를 위해 매년 1개씩의 크루즈 선사가 생기고 있으며 상해와 천진을 중심항으로 발전시키면서 동시에 대련, 청도, 광저우, 산야, 심천 등 중국전역의 크루즈 터미널을 개발하고 있다.

반면에, 일본은 1989년 일찍이 크루즈 산업에 나섰으며 7개의 크루즈 선사로 출발하여 지금은 4개의 크루즈선을 운영 중이고, 1990년 이후 장기침체 국면 속에서 크루즈 산업에 많은 어려움을 겪으면서도 일본의 국격인 크루즈 산업을 포기할 수 없다는 입장으로 일본의 해운산업을 이끌고 있는 해운기업들이 나서서 크루즈 산업의 명맥을 유지시키고 있다.

중국과 일본 그리고 싱가포르가 아시아지역의 중심역할을 하면서 전 세계 크루즈 시장에서 아시아/태평양지역이 차지하는 비중은 과거 10% 이하 수준이었으나 동북아 크루즈 시장의 급성장을 기반으로 2016년 기준 아시아/태평양 지역의 시장규모는 13.5%에 이를 정도로 급성장 하고 있는 바, 세계적 해양강국인 우리 대한민국의 크루즈 산업의 현주소를 둘러보고 이제는 동북아 시장의 폭발적 증가에 맞는 한국적 크루즈 산업의 체제를 정부와 산업이 협심해서 조직적으로 갖춰나가야 할 상황이다.

물론 한국도 두 번의 크루즈 시도가 있었다. 2008년 대한민국 최초의 크루즈선인 팬스타허니호(15,000톤급)와 2012년 여수엑스포를 맞아 새롭게 도전한 클럽하모니호(28,000톤급)이다. 아쉽게도 한국크루즈 시장의 미성숙과 타깃마케팅의 실패 그리고 법적 · 제도적 환경과 지원의 부족 등으로 인해 성공의 열매를 거두지 못하고 중단하는 사례로 끝나고 말았다. 그러나 지금의 동북아 크루즈 시장의 환경과 정부의 의지 그리고 크루즈 시장 저변의 확대라면 세 번째의 한국형 크루즈 시도는 충분한 가능성을 가지고 있으며, 무엇보다 국적 크루즈 선사의 출범은 한국 해양 산업의 위상의 문제이기도 하지만, 크루즈 산업이 연관 산업과의 연계를 통한 부가가치 창출이란 면에서 더더욱 국적 크루즈 선사의 출범은 간절하다고 볼 수 있다. 크루즈 조선산업, 인력양성, 선용품 공급 및 한국의 모항발전을 통한 부가가치 창출 등의 효과를 노릴 수 있는 길이 바로 국적 크루즈 선사의 출범을 통해 가능하기 때문이다.

세계의 역사에서 해양을 지배한 나라가 늘 세계최강의 입지를 지켰다. 16세기 세계최강의 지위를 누렸던 스페인은 무적함대를 바탕으로 세계의 바다를 지배하며 식민지를 개척했기 때문이며, 그후 영국과의 해전에서 패전이라는 오점과 이후 프랑스와의 오랜 전쟁을 거치며 바다를 내주고 쇠락하게 된다. 이에 반해 영국은 점차 해군력을 키우고 대서양을 장악하고 지배하면서 "해가 지지 않는 제국"으로 세계의 중심이 된다. 이후 유럽은 경쟁적으로 훌륭한 선박을 건조하며 산업혁명의 후속엔진을 장착한 채 해운업의 발전에 앞다투며 나서는데 1884년 근대여객선의 모델인 에트러니아호(8,127톤), 세계해사기구 출범의 계기가 된 1912년 타이타닉호(46,329톤), 1935년 시속 30노트의 초대형 여객선 노르망디호(83,423톤), 1936년 초호화 여객선 퀸메리호(81,237톤), 1940년 퀸엘리자베스호(83,673톤) 등을 탄생시키며 대서양횡단 여객선의 전성시대를 구가한다. 그리고 제2차 세계대전 후 항공산업의 등장으로 여객산업의 쇠퇴기를 접하며 퀸엘리자베스와 같은 초호화 여객선을 카리브지역 크루즈 산업에 투입하게 된다. 크루즈 산업의 태동은 유럽에서의 오랜 해양산업의 역사라는 깊은 내공을 지닌 채 태동하게 되는 것이다. 그후 카리브해를 중심으로 급성장한 크루즈 산업은 이제 전 세계 시장으로 다변화되고 있고 그중에서도 동북아지역의 크루즈 산업 성장은 가장 눈에 띄는 성장세를 보이고 있으며 이를 반증하듯 최근 퀀텀 오브 더 시즈 등 대형 신조 크루즈 선박은 속속들이 동북아시아지역 시장으로 신규 투입되고 있다.

아시다시피 크루즈여행은 최고의 여행이다. 환상과 낭만이 있을 뿐 아니라 출발부터 도착까지 불필요한 이동이나 체크인, 체크아웃이라는 낭비의 시간이 없는 가장 효율적인 여행이다. 아쉽게도, 그동안 바다는 늘 마지막 선택이었던 우리의 자괴적 생각의 저변, 선박을 통한 여행은 싼 여행이라는 그간의 생각을 한번에 바꿔 주는 것이 바로 크루즈다. 크루즈여행은 호화로움과 편리함 그리고 문화의 융합이 있고 나아가 자유로움뿐 아니라 여유로움이라는 미학도 담고 있다. 크루즈는 단순히 떠다니는 호텔이 아니라 떠다니는 럭셔리 리조트이면서 선상에서 대도시의 모든 풍요를 즐길 수 있는 수준으로 발전해 있다. 이런 크루즈 산업의 최고의 핫한 지역이 바로 우리 이웃인 동북아지역이다. 한국을 기항하는 대형 크루즈선이 2016년 연간 900회에 이르고

2017년 한국의 부산항과 속초항을 모항과 준모항으로 하는 항차만 41회에 이르니 이제 크루즈는 저멀리 카리브나 지중해에서의 여행이 아니라 손만 내밀면 가능할 거리로 어느새 우리 주변에 다가와버린 여행산업이 되었다.

크루즈 산업은 한국의 해양관광을 고민하는 지식인과 젊은 학도들에게 새롭게 떠오르는 블루오션의 아이콘이자 이제는 동북아지역 국가 간의 크루즈 경쟁에서 우리 대한민국이 해양입국의 입장에서 세워야할 목표와 타깃이 되어야 할 것이다. 2017년 1/4분기 전 세계 조선업 수주량에서, 늘 1, 2, 3위를 차지했던 한국, 중국과 일본의 조선소들의 각 30척 수준의 수주량을 제치고 단 6척의 크루즈선을 수주한 이탈리아의 핀칸티에리 조선소가 수주총액 1위를 차지한 기사를 최근에 보면, 크루즈 산업의 위상을 새삼 재평가하기에 충분한 사례가 될 것이다. 해양관광과 여행문화 그리고 연관된 경제발전이라는 화두속에 크루즈는 단연 빛나는 단어이다. 이제 우리는 크루즈의 바다에 빠질 때이다.☺

제 2 편

관광교통 · 여행사업의 이해

제 1 장

해양관광과 크루즈

여호근

동의대학교 호텔컨벤션경영학과 교수

동아대학교 대학원 관광경영학과에서 박사학위를 취득했다. 한국컨벤션학회 편집위원장을 맡아서 학회지를 출판하였으며, '우수교원 수상'을 4회 하였다. 공저로는 「관광개발: 이론과 실제」, 「창조관광산업론」, 「글로벌환대상품론」, 「관광사업경영론」, 「환경관광의 이해」, 「해양관광의 이해」, 「관광학의 이해」, 「관광사업경영론」, 「컨벤션산업의 이해」 등이 있으며, 논문은 〈관광태도 결정요인이 지속가능한 관광지 선택에 미치는 영향〉, 〈해양관광자의 심리적 의사결정 과정에 관한 구조적인 관계 검증〉, 〈부산항 크루즈관광 활성화 방안〉 등을 통해 학술적 성과를 발표하고 있다.

hkyeo@deu.ac.kr

정연국

동의과학대학교 호텔관광서비스전공 교수

세종대학교 대학원 경영학과에서 박사학위를 취득했다. 한국호텔리조트학회 사무국장을 맡아 학회 운영을 하였으며, 크루즈 전문 인력 양성사업 책임교수로 '문화체육관광부장관상(2010)'을 수상하였다. 부산광역시 크루즈산업발전위원회 위원, 부산광역시의회 해양관광(크루즈) 분야 의정자문위원, 부산광역시 부산 동구 크루즈 관광객 유치 협의체 위원으로 활동 중이다. 공저로는 「크루즈경영실무론」, 「크루즈요트마리나업무론」, 「해양관광레저업무론」 등이 있으며, 논문은 〈부산지역 해양관광 특성이 해양관광활동에 미치는 영향 연구〉 등을 통해 학술적 성과를 발표하고 있다.

hoteltour@dit.ac.kr

제 1 장

해양관광과 크루즈

여호근·정연국

관광자들의 욕구가 다양화되면서 관심을 갖기 시작한 분야 중의 하나가 해양관광 분야이다. 우리나라는 주변이 바다로 둘러싸여 있으면서 생활권에서 그렇게 멀지 않은 곳에 바다를 접할 수가 있기 때문에 앞으로 해양관광의 성장 잠재력은 무한하다고 할 수 있다. 하지만 이러한 지정학적인 특징과 현상학적인 여건을 고려해 볼 때 해양관광에 관한 연구는 아직도 미진한 실정으로 이에 대한 이론의 생성과 보완이 지속적으로 요구되며, 이를 위하여 해양관광에 관한 개념의 정의와 해양관광 활동 유형에 대한 구분 및 분류 기준에 대한 논의가 필요한 시기이다. 최근 들어 국제크루즈 시장이 성장하면서 국내외적으로 크루즈 승객 유치를 위한 인프라와 시스템을 구축함은 물론 양국이 공동으로 크루즈 상품 코스를 개발하여 크루즈 승객의 역내 유치를 위하여 노력하고 있다.

이에 우리나라도 국제적인 크루즈 승객을 유치하기 위하여 정부차원의 노력은 물론 관련 지자체에서도 크루즈 전용 부두의 설치와 유치 노력을 적극적으로 펼치고 있는 실정이다. 국제 크루즈의 기항지 혹은 모항으로서의 역할을 수행하도록 하기 위하여 정부는 물론 관련 지방자치단체, 그리고 관계기관 등에서 많은 노력을 기울이고 있다.

따라서 본 장에서는 해양관광의 개념, 해양관광 활동 유형, 크루즈의 개념과 크루즈 투어의 유형, 발전 역사, 세계 크루즈 동향과 사례 등을 소개하고자 한다.

제1절 해양관광의 정의

해양관광은 관광산업에서 차지하는 비중이 날로 증가함[1]과 동시에 빠르게 성장하고 있는 분

야로서,[2] UNWTO[3]에 따르면 세계의 관광활동 인구는 향후 연평균 4%가 성장하여 2030년이 되면 2012년 대비 80%가 증가한 18억 명에 이를 것으로 전망하고 있다. 또한 '미래 10대 관광트렌드' 중에 해변, 스포츠, 크루즈' 등의 6개 분야가 해양관광과 관련이 있으며, 향후 해양관광 분야는 꾸준히 성장할 것으로 보고 있다.

특히 국내관광에서 해양관광이 차지하는 비중은 전체의 50% 수준으로 앞으로 2023년에는 국민의 국내여행 이동총량 대비 65%인 5억 명으로 연평균 약 8.6%의 성장률을 기록할 것으로 보고 있다.[4]

해양관광은 관광객이 바다와 해안가를 접하면서 그곳에서 행하게 되는 모든 관광활동을 포함하는 것으로 보고 있다.[5] 즉, 해양관광은 수상스키, 윈드서핑, 수중낚시, 스쿠버 다이빙과 해양공원 구경 등과 같은 레저활동과 크루즈 승선이 포함된 개념으로 받아들여지고 있다. 이외에도 Hall[6]은 "심해 낚시, 크루즈 승선을 포괄하는 모든 관광활동과 해변지역에서 실시하는 관광(coastal tourism)"을 포함하여 정의를 하고 있다.

일찍이 Orams[7]는 해양관광이란 요트와 크루즈 승선, 해안가 산책, 해양 동물(돌고래, 물개)과 생물의 관찰을 비롯한 해안지역에서 일어나는 모든 활동을 포함하는 것으로 보았다.

해양관광은 단순히 순수 관광활동에 한정하지 않고 해양과 해안지역에서 경험하게 되는 레크리에이션, 레저활동 및 스포츠를 포함하는 넓은 의미로 받아들이는 것이 일반적이다. 또한 해양관광에 대한 개념 정의는 학자 마다 다양하며, 해양관광에 대한 영어 표기도「marine tourism, maritime tourism, coastal tourism, marine tourism and recreation, ocean tourism, sea travel」등과 같이 다양하며, 레크리에이션과 레저를 포함하는 활동으로 이해되고 있다.

이상의 내용을 종합하여 해양관광의 개념을 광의적으로 제시하면, 해양관광이란, 해중(해저), 바다(해양, 해상), 도서(섬), 해안(연안), 해변(육역), 어촌, 강하구와 집수지역을 비롯하여 육상시설(해양을 주제로 조성되어 있는 전시관, 체험관, 박물관, 문화관 등), 해양을 주제로 하는 이벤트와 축제는 물론 해양을 주제로 개최되는 전시회 등에 참가하는 관광활동을 의미한다.

〈표 1-1〉 해양관광의 정의

출처	정의
권혁재(1974)	해안선에 인접한 육지와 바다에서 해양 레크리에이션 행위를 하는 활동
이태우(1996)	바다의 조망미(眺望美)와 더불어 해안 스포츠, 레저 활동을 가능하게 하는 해양성 복합자원인 기온, 해풍, 맑은 공기, 바다 색깔, 주위환경, 촌락형태 등을 대상으로 일어나는 활동
정무형 등(1997)[8]	바다, 연안, 강하구 및 육지 집수 지역과 그들의 이용을 모두 포함하는 곳에서 행해지는 활동

출처	정의
송태호(1997)[9]	해양스포츠 활동과 휴식 및 레저 등을 포함하는 관련 활동
한국해양수산개발원(1998)[10]	일상생활에서 벗어난 변화를 추구하기 위한 행위를 위하여 해역과 연안에 접한 단위지역사회에서 일어나는 관광목적의 활동으로서 직·간접적으로 해양공간에 의존하거나 연관된 활동
Orams(1999)	요트와 크루즈 이용, 해변산책, 포유동물(돌고래, 물개) 관찰을 비롯하여 해안가에서 행해지는 활동
Mark(1999)	활동형 해양관광, 자연형 해양관광, 사회·문화형 해양관광, 특별 이벤트형 해양관광의 네가지 활동
Hall(2001)	심해 낚시, 크루징을 포괄하는 모든 관광활동과 해변에서의 관광 활동
Lekakou & Tzannatos(2001)[11]	관광객이 바다를 지속적으로 접촉하는 것으로서 바다와 해안가에서 이루어지는 모든 관광활동
해양수산부(2001)[12]	국민의 건강·휴양 및 정서생활의 향상을 위하여 해양과 연안에서 이루어지는 관광활동 및 해양 레저·스포츠 활동
이상춘·여호근·최나리(2004)[13]	바다, 연안 및 해상, 강하구, 집수(集水)지역 등에서 이루어지는 관광객에 의한 광범위한 형태의 활동
정석중·이미혜(2004)	다양한 관광욕구를 충족하기 위하여 해역과 해안에서 이루어지는 해양 행태적인 관광활동
김성귀(2007)[14]	해양과 도서, 어촌, 해변 등을 포함하는 공간에 부존하는 자원을 활용하여 일어나는 관광목적의 모든 활동
이성호·여호근(2008)[15]	바다를 접한 지역과 바다와 강이 만나는 지역, 바다의 수면과 수중에서 행해지는 관광활동
신동주·손재영(2007)[16]	해안선에 인접한 육역과 해역을 포함한 해안지대에서 부존하는 유·무형의 자원을 이용하여 행하여지는 총체적인 관광활동
여호근(2017)[17]	해중(해저), 바다(해양, 해상), 도서(섬), 해안(연안), 해변(육역), 어촌, 강하구와 집수지역을 비롯하여 육상시설(해양을 주제로 조성되어 있는 전시관, 체험관, 박물관, 문화관 등), 해양 주제의 이벤트·축제와 전시회 개최장소에서 펼쳐지는 관광활동

자료: 여호근(2017)을 재인용함.

제2절 해양관광 활동유형

1. 국외의 활동유형 분류

日本觀光協會(1987)[18]는 스포츠형 활동, 대중 레저형 활동, 해안지역의 관광활동으로 분류하고 있으며, 作田岩穗(1987)는 해양관광, 관련 관광, 관련 활동으로 구분하고 있다.

Mark(1999)는 사회문화형, 자연형, 활동형, 특별 이벤트형으로 구분하고 있는데 해양관광 활동 유형을 체계적으로 분류하는 것은 접근의 기준을 설정한다는 점에서 그 의의가 크다고 할 수 있다.

그림 1-1 해양성 위락활동의 종류

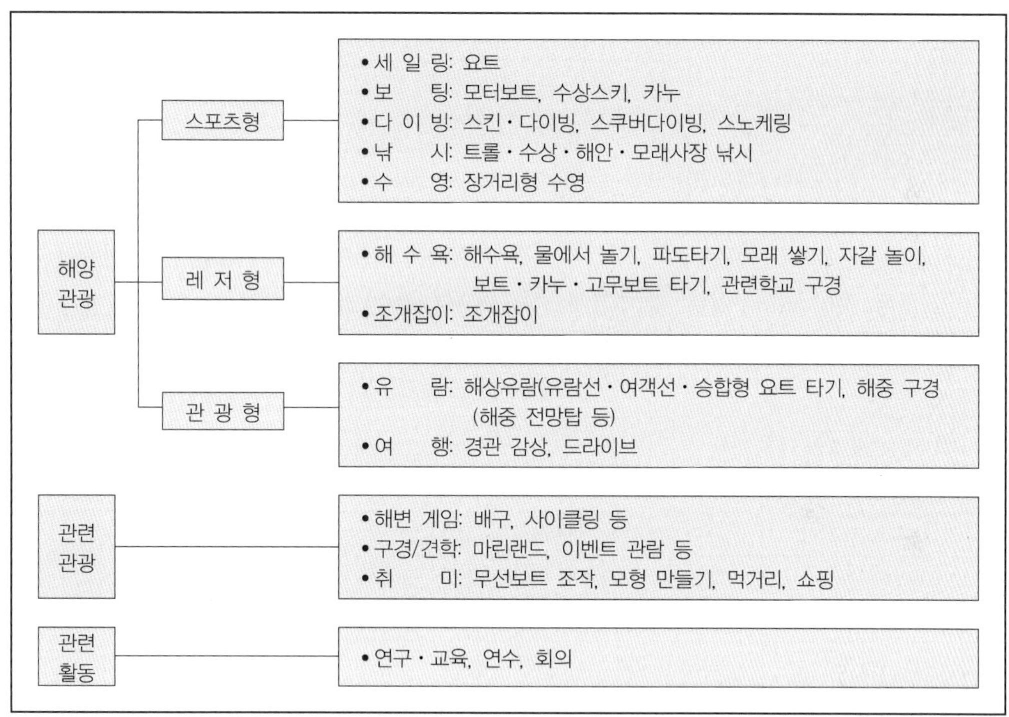

자료: 作田岩穗 (1987). 위의 논문, p.11.

2. 국내의 활동유형 분류

이태우[19]는 스포츠형(요트, 수상스키, 윈드서핑 등), 레저형(해수욕, 해변캠프 등) 및 관광형(해상유람, 해중 유람, 낚시 등) 3가지로 제시하고 있다. 한국해운신문은 해양스포츠형, 전통적 레저형, 외항 크루즈로 구분하고 있고, 최도석[20]은 스포츠형, 해양관람 및 유람형으로, 이종훈은 스포츠형, 휴양형, 유람형으로 분류하고 있다.

〈표 1-2〉 해양관광 활동 유형

구분	해양관광 활동 유형
이태우(1996), 해양수산부(2001), 이광원(2004)	스포츠형, 레저형, 관광형
한국해운신문(1998)	해양스포츠형, 전통적 레저형, 외항 크루즈
최도석(1998), 이종훈(1999)	스포츠형, 해양관람 및 유람형
이상춘 · 여호근(2001)	경관감상형, 수상스포츠형, 해양축제 구경형, 맛 추구형, 지식추구형, 승선 · 유람형, 친수놀이형, 해변기구 놀이형, 해변 스포츠형
이상춘 · 여호근 · 최나리(2004)	해양관광형(스포츠형, 레저형, 관광형), 관련 관광형(해변활동, 구경 · 견학, 먹거리 · 쇼핑), 관련 활동형(연구 · 교육, 연수, 회의)

자료: 여호근(2009). 해양관광과 크루즈, 관광학총론, 한국관광학회 편저, 339-358.

이에 비해 해양수산부[21]는 스포츠형, 레저형, 관광형으로, 이상춘 · 여호근[22]은 경관감상형, 수상스포츠형, 해양축제 구경형, 맛 추구형, 지식추구형, 승선 · 유람형, 친수놀이형, 해변기구 놀이형, 해변 스포츠형으로 구분하고 있다.

〈표 1-3〉 해양관광 활동 유형 분류

활동 유형	구 성 항 목
경관감상형	해양경관 감상, 해안에서 드라이브, 해안 산책하기
미식추구형	해안에서 식사하기, 바다가 보이는 곳에서 식사하기, 해산물 먹기
지식추구형	해양관련 세미나 · 교육 · 회의 참석
승선 · 유람형	유람선 · 여객선 · 승합형 요트 타기
친수놀이형	모래 쌓기, 자갈을 이용한 놀이하기, 조개(패류) · 물고기 손으로 잡기
수상스포츠형	요트타기, 모터보터, 수상스키, 카누타기, 다이빙(스킨, 스쿠버)하기
해변 스포츠형	해변에서 배구하기, 해변에서 비치볼 놀이하기
해양축제 구경형	해양 관련 축제, 해양 이벤트 구경, 해양관련 전망탑에서 구경
해변기구 놀이형	모형보트 무선조작, 모형비행기 무선조작

자료: 이상춘 · 여호근(2001), 해양성 레크리에이션 활동유형별 선호도에 관한 연구, 『관광·레저연구』, 13(1), 43-57.

김남형 · 이한석[23]은 해양성 레크리에이션 측면으로 접근하기 위하여 참가자들의 욕구를 다섯 가지로 소개하고 있다.

① 도시 생활에 의한 자연의 고갈이나 스트레스로부터 자연 속에서 자기를 개방하고 싶다는 욕구에 의해 해양의 자연환경 속에서 긴장완화나 재충전을 얻고자 하는 "자연성"에 대한 욕구를 채우는 것.

② 해수욕이나 낚시 등 비교적 주변에서 저렴한 위락 활동을 즐기고 싶어 하는 "친근성"에 대한 욕구를 채우는 것.

③ 스포츠나 위락을 하는 것에 추가하여 세련된 의상이나 상품으로 몸을 감싸고 활동하려는 패션지향을 가진 "패션성"에 대한 욕구를 충족시키는 것.

④ 바다의 여러 가지 환경조건을 다양한 활동 방법으로 즐기고 싶어 하는 "다양성"에 대한 욕구를 채우는 것.

⑤ 해변에서 일광욕이나 해수, 해풍에 잠기는 해양요법 등을 만끽하고 싶다는 "건강성"에 대한 욕구를 채우는 것 등으로 제시하고 있다.

해양성 위락활동 형태는 약동형, 교환형, 보양형, 휴식형으로 구분할 수 있는데 이를 구체적으로 살펴보면 다음과 같다.

① 약동형은 해양스포츠로 불리어지는 것이 많으며 그 종목에 따라서는 기량이나 경험이 요구되는 것도 있고, 활동하는 것에 의해 묘미가 느껴지는 속도감이 넘치는 듯 한 활동을 주체로 한 위락활동이다.

② 교환형은 해변에서 부담 없이 안전하게 놀면서 서로 마음을 터놓고 즐기는 것을 주체로 한 위락활동이다.

③ 보양형은 신체적, 육체적으로 활발한 활동은 하지 않고 경치나 익숙지 않은 해중 모습을 바라보는 등 정서적 · 감정적인 취향에 기초하여 정신을 쉬게 하고 즐기는 것을 주체로 한 위락활동을 말한다.

④ 휴식형은 해변에서 손쉬운 운동이나 그 분위기를 즐기는 것으로 긴장을 완화시키면서 휴식을 취하는 것을 의미한다.

최근 들어 위락활동이 대중화, 다양화, 개성화, 복잡화되고 있으며, 활동 형태도 세분화되는 경향을 띠고 있다.

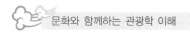

그림 1-2 해양관광 · 위락활동의 종류

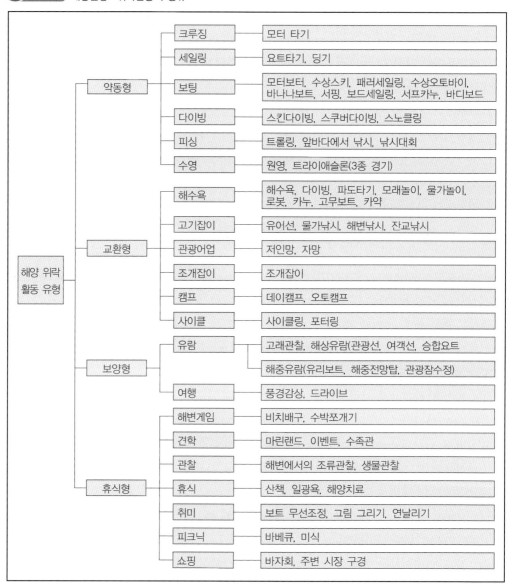

해양 위락 활동 유형	구분	활동
약동형	크루징	모터 타기
	세일링	요트타기, 딩기
	보팅	모터보터, 수상스키, 패러세일링, 수상오토바이, 바나나보트, 서핑, 보드세일링, 서프카누, 바디보드
	다이빙	스킨다이빙, 스쿠버다이빙, 스노클링
	피싱	트롤링, 앞바다에서 낚시, 낚시대회
	수영	원영, 트라이애슬론(3종 경기)
교환형	해수욕	해수욕, 다이빙, 파도타기, 모래놀이, 물가놀이, 로봇, 카누, 고무보트, 카약
	고기잡이	유어선, 물가낚시, 해변낚시, 잔교낚시
	관광어업	저인망, 자망
	조개잡이	조개잡이
	캠프	데이캠프, 오토캠프
	사이클	사이클링, 포터링
보양형	유람	고래관찰, 해상유람(관광선, 여객선, 승합요트
		해중유람(유리보트, 해중전망탑, 관광잠수정)
	여행	풍경감상, 드라이브
휴식형	해변게임	비치배구, 수박쪼개기
	견학	마린랜드, 이벤트, 수족관
	관찰	해변에서의 조류관찰, 생물관찰
	휴식	산책, 일광욕, 해양치료
	취미	보트 무선조정, 그림 그리기, 연날리기
	피크닉	바베큐, 미식
	쇼핑	바자회, 주변 시장 구경

자료: 김남형 · 이한석 역(1999). 해양성 레크리에이션 시설, 서울: 도서출판 과학기술, p.30.

3. 해양관광의 공간적 범위와 활동유형

해양관광은 관광자에게 해양공간에서 환대를 제공하는 관광, 레크리에이션, 레저 활동을 포함하는 것[24]으로, 오늘날에 와서는 해중(해저)에 설치한 구조물과 육상시설의 내부를 활용한 입체형(AR, VR) 관람 · 전시관을 포함하는 공간적 범위를 확장할 필요가 있는 것으로 보고 해양관광의 공간적 범위를 확장한 연구[25]도 있다.

〈표 1-4〉 해양관광의 공간적 범위

구 분	해중 (해저)	바다 (해양, 해상)	도서 (섬)	해안 (연안)	해변 (육역)	어촌	강 하구	집수 지역	육상 시설
김병문(187)		○		○					
이태우(1996)		○		○					
정무형(1997)		○					○	○	
송태호(1997)									
김남형 · 이한석(1999)		○		○	○				
Orams(1999), 이응규(2014)	○	○	○	○		○			
해양수산부(2001)		○		○					
Hall(2001)		○			○				
성기만(2003)	○	○							
이상춘 · 여호근 · 최나리(2004)		○			○		○		
양희재(2004)		○							
정석중 · 이미혜(2004)		○		○					
Wolch & Zhang(2004)					○				
장병권(2002)		○	○		○	○			
이재곤(2005)		○	○		○	○			
김성귀(2007)		○	○		○	○			
신동주 · 손재영(2007)				○	○				
박상규(2008)	○	○	○						
진영재(2008)		○		○		○			
이성호 · 여호근(2008)	○	○		○			○		
고호석(2009)	○	○		○					
김혜영 · 안형순(2009)	○	○		○	○				
여호근(2009)	○	○		○	○		○	○	
최도석 등(2011)	○	○	○	○	○	○			
김성혁 · 김용일 · 오재경(2012)				○	○				
제주발전연구원(2012)	○	○		○	○				
UNWTO(2001); 박수진 · 홍장원(2012)		○	○	○					
여호근(2017)	○	○	○	○	○	○	○	○	○

자료: 여호근(2017). 위의 논문을 재인용함.[26]

다음으로 해양관광의 활동유형을 관련 선행연구에 근거하여 정리해보면, 연구자에 따라서 해양관광의 활동을 다양한 관점으로 연구가 되고 있음을 알 수가 있다. 즉, 해양관광의 정의를 개념화하는 것 못지않게 해양관광 활동을 어떻게 정립할 것인가의 문제도 중요한 논점이 될 수가 있다고 본다.

〈표 1-5〉 해양관광의 주요 활동

구 분	해양관광	해양스포츠	레저	위락	유람선	축제관람	먹거리	숙박, 수상펜션	연계관광(감상)	연계활동	크루즈	휴양	연수교육연구	체험, 견학	쇼핑	산책일광욕	해수욕낚시
김병문(1987)	○																
일본관광협회(1987)	○	○	○	○	○	○	○		○	○			○		○		○
作田岩穗(1987)	○	○	○	○	○	○	○		○	○			○		○		○
이태우(1996)	○	○	○														
정무형(1997)		○	○														
최도석(1997)		○			○					○							
한국해운신문(1998)		○			○	○	○	○									
김남형 등(1999)		○	○	○	○	○	○	○	○	○	○	○	○	○	○	○	○
이종훈(1999)		○			○							○					
여호근 등(2000), 여호근 등(2001), 여호근(2009)	○	○	○	○	○	○	○	○	○	○	○	○	○	○	○	○	○
해수부(2001)	○	○	○														
Hall(2001)	○		○	○													○
장병권(2002)	○																
성기만(2003)	○		○	○													○
Wild(2003)	○	○		○													○
양희재(2004)	○	○	○	○	○	○	○										○
이재곤(2005)	○																
김성귀(2007)	○																
박상규(2008)	○	○	○														
이성호 등(2008)	○																
양위주 등(2008)						○											
전재균(2008)	○			○						○							○
고호석(2009)				○					○			○	○	○			○
이승길(2010)		○	○				○	○		○				○			
최도석 등(2011)	○	○	○	○	○	○	○	○	○	○	○	○	○	○	○		○
김성혁 등(2012)				○								○					○
지삼업(2012)	○	○	○														
이원갑 등(2010), 채동렬(2014)										○							

자료: 여호근(2017). 위의 논문을 재인용함.

다음으로 해양관광공간별로 활동유형을 소개하자면, 앞에 제시하고 있는 것처럼 해양관광이 행해지는 공간은 '해중(해저), 해상(도서 · 섬), 해안, 해변(육지), 강하구(집수지역), 해안가의 육상 실내'가 해당될 수가 있다. 이러한 공간과 장소에서 관광, 레저, 스포츠, 연계관광, 연계활동 등이 이루어지는 것으로 주장이 되고 있다.

〈표 1-6〉 공간별 해양관광 활동유형의 분류

구분		활동유형				
		관광	레저	스포츠	연계관광	연계활동
공간	건물내	• 가상체험여행	• 시뮬레이션		• 마린랜드 • 먹거리 • 쇼핑 • 치유(명상) • 생물 관찰	• 부두, 마리나 • 등대, 해양유적 • 해양 박물 · 전시 · 기념관 등 • 치료센터 • 해양연구기관 • 해양문화예술품 감상
	강하구 (집수지)	• 주변 산책	• 조개잡기 등 • 어류식생 관찰 • 패류식생 관찰	• 수상스키 • 수영 • 잔교낚시		
	해변 (육지)	• 경관감상 • 드라이버 • 자전거 타기 • 산책	• 학교 구경 • 바비큐 • 바자회 • 시장 구경	• 서핑 • 카이트보딩 • 패러글라이딩 • 패러세일링 • 해변낚시	• 비치볼, 캠핑(카) • 선탠(일광욕) • 이벤트(축제) • 모래 쌓기, 연날리기 • 드론 조작 등 • 자갈 놀이 • 그림 그리기	• 연구 · 연구 • 교육 · 회의 • 해녀체험 교육 • 일출(몰) 감상 • 경관(조망 · 전망)
	해안	• 유람선 • 승합요트 • 케이블카	• 해수욕 • 파도 · 보트 · 카누타기 • 다이빙	• 모터보트 • 수상스키 • 해안 낚시		
	해상 (도서·섬)	• 크루즈 • 고래 관찰	• 선상체험	• 세일링요트 • 모터보트, 제트스키 • 카누, 패러글라이딩 • 장거리 수영 • 선상 낚시		
	해중	• 잠수정 • 해중파크	• 수중동굴탐사 • 해녀체험	• 스킨스쿠버 • 스쿠버다이빙 • 스노클링		

자료: 여호근(2017). 앞의 논문을 재인용함.

김남형 · 이한석(1999)은 해양관광 활동별로 관련 시설을 제시를 하고 있는데, 크루징을 하기 위해서는 마리나, 크루즈, 유람선이 필요하며, 세일링 활동을 위해서는 요트항구와 계류장이 필요하게 된다.

〈표 1-7〉 해양관광 활동별 관련 시설 예시

활동	시설	활동	시설
크루징	마리나, 크루즈, 유람선	해중유람	해중 전망탑
세일링	요트항구, 계류장	여행	별장
보팅	잔교	풍경감상	전망대, 케이블카
보팅	클럽하우스	견학	마린랜드, 수족관, 박물관
다이빙	다이빙 스포츠, 선착장	산책	도보 산책로
해수욕	해수욕장, 인공비치	피크닉	바비큐장, 잔디광장
유어낚시	유어선, 잔교, 안벽	쇼핑	어촌마을, 관련 시설
조개잡이	조개잡이	등대체험	등대
캠프	캠핑장, 오토캠핑장	AR, VR체험	가상현실, 애니메이션
사이클	사이클링, 도로	해녀체험	아카데미·실제 체험
유람	선착장	이벤트(축제)	축제 등 체험

자료: 김남형 · 이한석 공역(1999)을 참조하여 여호근(2017)이 재구성함.

제3절 크루즈 산업의 이해

1. 크루즈의 개념

일반적으로 산업화된 국가에서 여가와 레크리에이션 활동에 대한 수요는 노동시간의 단축과 휴가의 일반화로 인하여 그 참가인원이 증가함과 동시에 활동성향도 다양하게 나타나게 된다. 이러한 측면에서 Wanhill(1982)은 국제적으로 크루즈에 대한 인기가 증가하게 되어 1970년대 이전의 모든 선박들은 미국 항내에서 출발하여 고정적인 항구를 오가는 여객운송의 형태로 운항되어 왔으나, 오늘날은 미국의 마이애미 등이 주요 크루즈 항구로서 그 명성을 더해가고 있다. 현재 크루즈 여행이 활발하게 펼쳐지고 있는 지역은 카리브해역이 가장 으뜸이며, 지중해, 남태평양, 하와이, 멕시코, 노르웨이의 피요르드, 알래스카 등을 들 수 있는데, 크루즈는 이제 관광산업의 중요한 부분이 되고 있다.

일반적으로 크루즈는 크루즈 투어를 포함하는 관점으로 널리 통용되고 있는데, 이에 대해서 서태양(1989)은 "크루즈를 이용한 독특한 관광여행으로 정기노선의 객선이 아닌 여행업자 또는 선박회사가 포괄요금으로 관광객을 모집하여 운항하는 것으로 위락추구 여행자에게 다수의 매력적인 항구를 방문하게 하는 해안 항해여행"이라고 정의하였다. 한편 사전적으로는 "voyage for pleasure rather than for transport, usually departing and returning to the same port"로 정의하고 있다. 이는 단순한 수송목적보다는 위락을 목적으로 하는 여행객을 승선시켜서 주유하고 출발한 항구로 기항하는 여행의 형태이다. 따라서 한국관광공사(1987)에서는 크루즈선에 대해서 정의하기를 "숙박시설, 식음시설, 위락시설을 갖추고 수준 높은 서비스를 제공하면서 순수 관광유람을 목적으로 빼어난 관광지를 안전하게 순항하는 선박"으로 정의하고 있다. 결국 크루즈 관광이란 숙박, 식음료, 위락시설 등을 갖추어서 관광객에게 수준 높은 서비스를 제공하면서 기항지에서 다양한 관광자원을 구경 및 감상하고 접하면서 관광지를 기항, 운항하는 선박관광이다. 즉, '크루즈 투어'는 단순한 운송이라기보다는 '위락'을 위한 선박여행으로 숙박, 식사, 음주, 오락시설 등 관광객을 위한 각종 편의시설을 갖춰 놓고 수준 높은 서비스를 제공하면서 승객들을 안전하게 원하는 관광지까지 운송하는 여행이다.

2. 크루즈의 유형과 발전과정

(1) 크루즈의 유형

운항하는 장소에 따라 내륙의 호수, 하천을 이용하는 내륙 크루즈와 바다를 이용하여 관광지 해안을 순항하는 해양 크루즈로 나누고 활동범위에 따라 국내 영해만을 운항하는 국내크루즈와 국내와 국외를 순회 유람하는 국제 크루즈로 구분하며, 대양관광 크루즈(ocean cruise), 여가관광 크루즈(leisure cruise), 하천관광 크루즈(river cruise), 전세관광 크루즈(charter cruise)로 구분할 수 있다.

크루즈의 운항 유형에 따라 항만 크루즈, 도서순항 크루즈, 파티 크루즈, 레스토랑 크루즈, 장거리 크루즈, 외항 크루즈로 구분할 수 있다.

〈표 1-8〉 크루즈의 유형

구분		내용
장소	내륙 크루즈	• 내륙의 호수와 대규모 하천을 운항하는 유람선
	해양 크루즈	• 바다를 운항하면서 관광목적지를 순항하는 유람선
범위	국내 크루즈	• 해양법상 국내영해만을 운항하는 유람선
	국제 크루즈	• 자국내 또는 외국의 항구를 순회 유람하는 유람선

구분		내용
형태	항만 크루즈	• 주요 항구를 중심으로 그 주변에서 행해지는 유람선으로 미국 및 영국, 프랑스, 독일 등에서 가장 성행하는 형태 • 좌석수가 50~100개 정도에 해당하는 소형선박으로 2시간 내외 항해
	도서순항 크루즈	• 정기적인 일정에 의해 운영되므로 이용되는 당일 또는 1박 2일 그 이상의 일정을 자유로이 선택하여 경관이 아름다운 섬들을 순회하며, 섬에 있는 호텔에서 숙식을 하고 주요활동으로는 해변일주, 수상스키, 낚시 등을 즐김
	파티 크루즈	• 일종의 전세선박으로 각 단체의 요구사항에 따라 다양하게 운영하며, 운항코스 및 서비스 내용에 따라 가격이 다름
	레스토랑 크루즈	• 점심 또는 저녁식사를 주로 하는 가족, 친구 등의 만남의 시간을 마련하는 것으로 음악, 영화 등이 곁들여짐. 전세 형식이 아니라 유람선이 계획한 항로, 서비스 등 프로그램에 따라 개인적으로 표를 사서 타게 됨. 실제 운영에 있어서는 파티 유람형과 레스토랑 유람형을 겸용하는 것이 일반적
	여가관광 크루즈	• 대형 선박을 보유한 유람관광회사에서 운영하고 있으며, 선상쇼핑, 각종 파티의 매력 등으로 이용객 증가추세
	대양관광 크루즈	• 대서양과 같은 대양을 건너는 외항 여객선이 오랜 항해기간의 무료함을 달래기 위해 마련한 오락시설과 행사, 이벤트 등이 발전하여 선상활동과 중간 기착지의 풍물관광을 주목적으로 운항하는 관광유람선

자료: 이재곤(2003), 국내 크루즈관광상품 개발방향에 관한 연구, 「관광경영학연구」, 27)

(2) 크루즈의 발전과정

① 크루즈의 여명기(1830~1910년대)

1835년 "*Stland Journal*"의 창간호에 크루즈에 관한 광고가 게재되었는데, "여행객에게"라는 제목으로 스코틀랜드의 스트롬니스를 출발하여 아일랜드와 "Faore"섬을 경유하여 겨울에는 스페인의 태양을 즐기러 떠날 수 있다는 꿈같은 크루즈에 관한 내용을 소개하고 있었다. 그 이후 대서양을 횡단하는 크루즈와 카이로로 향하는 크루즈 등이 운행되었다. 또한 1889년에는 "Orient Liner"의 "Chimborazo"호와 "Garrone"호 등 크루즈형의 다양한 노선이 유럽지역에서 시도되었으며, 1891년 독일의 함부르크-아메리카 라인은 자사의 대서양 횡단 선박인 "Augusta"호의 승객수송이 겨울철에는 비수기인 점을 감안, 이에 대한 해결책으로 크루즈 상품을 출시하여 성공적인 크루즈 항해를 하게 된다.

② 크루즈의 도약기(1920~1940년대)

미국에서는 1920년대 이후부터 증기선을 이용한 크루즈선이 등장하게 되었는데, 이때 미국에서는 주류 제조 · 판매 금지가 1920~1933까지 실시되었다. 하지만 해상에서 알코올 판매가 허용

되면서 크루즈 선박을 보유하고 있는 선사들은 3~4일의 일정으로 연안에서 얼마 떨어지지 않은 해상에서 알코올을 마시면서 연회행사를 즐기는 이른바 파티 크루즈가 운행된 것이다. 이 시기에는 세계일주형 크루즈가 최초로 운행된 시기로서 1922년 "American Express"사의 여행사업부에 의해 용선된 쿠나드라인의 "Laconia"호가 있었는데, 이 크루즈는 약 2,200명의 승객을 수용할 수 있는 규모였다. 그리고 이때 크루즈를 승선하는 것은 부유층의 필수적인 여행상품으로서 상류계층의 즐거움과 여가를 즐기는 수단이 되었다.

③ 크루즈의 중흥기(1950~1960년대)

제2차 세계대전 이후 미국에서는 "Furness Withy & Company Ltd."의 "Ocean Monarch"가 건조되었는데, 1951년 5월 3일 뉴욕을 떠나 버뮤다로 그 처녀항해를 시작했다. 1948년에 건조된 쿠나드라인의 "Caronia"호는 여름철에 몇 개월 동안 대서양을 횡단하게 되었는데, "녹색의 여신" 또는 "백만장자의 배"라 일컬어졌다.

제2차 세계대전 후 레이더 장비의 등장은 항해 선박의 도착시간을 좀 더 정확하게 예측하도록 하였으며, 운항 선사들로 하여금 보다 신뢰할 수 있는 운항계획을 세울 수 있도록 하였다. 1950년대 중반에는 거의 모든 선박에 안전장치가 구비되어 있어서 운항에 편리함을 안겨주게 된다. 1958년 6월에 최초로 상업목적의 제트항공기가 대서양을 비행하게 되면서 항공기 이용자들이 증가하여 선박 이용을 능가하게 되었다. 1960년대 초에는 100여개가 넘는 선사 중에서 30여척 이상의 선박이 대서양 횡단을 목적으로 하였으며, 1970년대 초에는 크루즈를 이용하는 대서양 횡단요금이 항공기보다 저렴하였으나 항공산업과 관련한 기술 혁신으로 이러한 요금체계가 무너지면서 많은 선사들은 항로를 바꾸거나 다른 사업으로 전환하는 국면을 맞이하게 된다.

④ 현대의 크루즈(1970년대 이후)

1970년대를 접어들면서 크루즈는 과거에 얽매이지 않고 눈부신 변화를 겪으면서 형식적인 것을 탈피하여 전혀 새로운 승선 분위기를 창출하고 있었다. 그동안 선실을 엄격하게 구분해 오던 것을 다소 탈피하여 선실의 구분을 완화함으로써 생긴 공간을 활용하여 스포츠나 오락 등을 위한 공간으로 확충, 보완, 개선하게 되면서 기존에 내려오던 크루즈선 공간배치에 변화를 초래하게 된다. 오늘날 아시아권에서는 일찍이 일본, 싱가포르, 홍콩 등이 크루즈 선박을 보유하고 있는 선사들이 있는데, 1970년대 후반으로 접어들면서 크루즈 산업은 괄목할만한 성장을 거듭하게 된다. 특히 1970년대는 종전의 여객선 사업을 쇠퇴시킨 원인이 되었지만 항공 산업과 연계하여 플라이-크루즈(Fly-Cruise)를 패키지로 엮어서 판매하는 새로운 상품이 탄생하게 된다. 그리고 세계 최대 규모를 자랑하는 로열 캐리비언 크루즈라인 "Sovereign of the Seas"호는 전례 없이 세계의 이목을 집중시킨 바 있다.

오늘날 세계적인 환경보호 추세에 부응하여 크루즈에 대한 관심이 전 세계적으로 확산되면서 크루즈는 더 이상 일부지역에 국한되지 않고 전 세계적으로 다양한 연령층이 선호하는 상품으로 성장하고 있다.

(3) 기반시설

크루즈 관련 주요 시설은 기반시설과 선상시설로 구분하여 살펴볼 수가 있다.

〈표 1-9〉 크루즈 관련 주요 시설

구분	중분류	세부 시설
기반시설	항만시설	전용터미널, 하역시설, 승・하선 시설, 해난구조 체재 시설, 편의시설, 주차시설 등
	비항만시설	공항・교통시설과 관광객 수용 숙박・관광・관광안내, 편의 서비스 시설
선상시설	실외	수영장, 골프장, 테니스코트
	실내	피트니스센터, 라운지, 무도장 및 가라오케, 유흥 공간, 카지노, 야외식당, 수영장, 회의장, 식당

(4) 크루즈 승선 만족

크루즈 승선 경험이 있는 사람들을 대상으로 설문조사를 실시한 결과, 크루즈를 승선할 경우 다음과 같은 이점이 있기 때문인 것으로 응답되고 있다.

이는 크루즈 경험자들의 약 85%가 또다시 승선하기를 원하는 것으로 조사되고 있는데, 그 이유는 크루즈를 승선하고 난 이후에 좋은 느낌을 지니고 있기 때문인 것으로 여겨진다.

〈표 1-10〉 크루즈 승선의 이점

응답결과	응답결과
• 한가롭고 여유가 있음 • 스트레스로부터 벗어남 • 아름답고 환상적인 바다를 접함 • 재미있는 동반자 프로그램이 있음 • 혼자 여행하는 사람에게도 편리함 • 다양한 야간 여흥거리가 있음 • 어린이들이 좋아함 • 이용자 집단에 적합한 활동이 완비되어 있음	• 여행에 대한 실망이 없음 • 백만장자처럼 느끼도록 함 • 공유할 수 있는 모험심을 느끼게 함 • 돈을 지불한 대가가 확실함 • 매순간 뭔가를 즐길 수 있음 • 새로운 친구를 사귈 수 있음 • 신혼여행객: 그들만의 시간을 가짐 • 분위기가 좋음

3. 크루즈 수요변화와 전망

(1) 세계 크루즈 산업 동향

세계 크루즈 이용자수는 북미와 유럽을 중심으로 성장하여 2007년에는 1,600만명에 이르는 등 1990년부터 2007년 기간 동안 연평균 8.1%씩 성장을 거듭하였다. 전체 시장에서 북미는 68.1%, 유럽 20.9%, 아시아 4.8%, 기타 6.2%를 차지하고 있다.

세계 크루즈 시장은 관광산업 중에서 가장 빠르게 성장하였으며, 선사 간의 경쟁이 심화되는 등 단기 크루즈가 증가하고, 선박이 대형화(10만톤급 이상)로 변화되고 있으며, 아시아 시장에서 크루즈는 스타 크루즈가 싱가포르와 홍콩을 거점으로 운영하여 성공을 거두고 있으며, 특히 동남아시아에서 싱가포르는 2010년에 200만명의 크루즈를 유치할 것으로 전망하고 있다.

세계 관광산업의 연평균 성장률이 연평균 4.8%(1980~2005)로 성장한 것과 비교하여 크루즈 산업 성장률은 연평균 7.4%(1990~2007) 성장한 것으로 나타나고 있다. 크루즈 경험자의 추이를 살펴보면 1980년 대비 1997년도에는 약 39%가 성장하였으며, 1998년 대비 2002년에는 약 24%가 성장하였고, 2003년 대비 2007년에는 약 37%가 성장한 것으로 확인된다(Cruise Market Overview, 2008). 크루즈 산업의 동향에 대해서 보다 자세하게 살펴보면, 크루즈 산업이 대중화, 단기화로 변화하고 있는데 크루즈 수요의 대중화 현상은 30~59세 연령층으로 확대되고 있다.

40~49세 27%, 50~59세 24%, 30~39세 21%, 60~74세 19%, 25~29세 6%, 75세 이상이 4%를 차지하였다(국제크루즈선주협회, 2008).

크루즈 평균 이용일수를 1980년 대비 2007년을 비교하면, 2~5일간의 단기 크루즈 이용객이 1980년보다도 2007년이 6.4% 증가하였으며, 6~8일 동안의 크루즈 참가 인원은 오히려 감소하는 양상을 보이고 있다(이경모, 2009).

〈표 1-11〉 1980년 대비 2007년 크루즈 이용일수 비교

구 분	2~5일	6~8일	9~17일	18일 이상
1980년	24.30	59.10	15.40	1.20
2007년	30.70	51.20	17.30	0.80
증감	6.4	-7.9	1.9	-0.6

자료: 국제크루즈선주협회(CLIA), 단위는 %를 의미함.

다음으로 어느 기항지 매력도를 조사한 결과, 카리브해가 46.58%로 가장 높았으며, 중남미

12.74%, 유럽 10.89%, 지중해 10.22%, 알래스카 7.95%, 하와이 · 남태평양 4.30%, 미국연안 · 캐나다 2.38%, 기타지역 2.26%, 극동아시아 0.57%, 동남아시아 0.54% 등으로 나타나고 있다.

(2) 세계 크루즈 시장 수요

크루즈 시장의 매력도 평가는 상업 측면, 물류운송 측면, 표적시장 선호도 등을 고려하게 된다. 상업 측면에서는 시장수요와 수익성, 항구 이용 시 경제적 효용성, 해당 지역 판매 네트워크 가용성 등이 해당되며, 물류운송 측면은 항만 기반시설 조건과 항만 서비스, 기항지 인근의 관광 및 레저시설, 다른 교통과의 접근성 등이 해당된다.

한편 표적시장 선호도는 탑승객의 선호도 및 인지도, 관광 매력물에 대한 육상관광 선호도 등으로 구성된다. 다음으로 세계 크루즈 공급과 수요에 대한 변화추이를 10년(2006~2015년)까지 비교해보면, 2006년부터 2015년까지 공급은 5.9%가 성장하고 있으며, 수요는 연평균 5.6%씩 성장하고 있는 것으로 예측되고 있다(Preisley Ltd/Seatrade)[28].

〈표 1-12〉 세계 크루즈 산업의 공급 및 수요 변화와 전망

연도별	공급수(Berth)	증가율(%)	수요(승객)	증가율(%)
2006년	350,000	5.4	15,110,000	5.0
2007년	376,000	7.4	16,168,000	7.0
2008년	395,000	5.1	16,960,000	4.9
2009년	419,000	6.1	17,944,000	5.8
2010년	440,000	5.0	18,841,000	5.0
2011년	470,000	6.8	20,088,000	6.5
2012년	500,000	6.4	21,507,000	5.9
2013년	530,000	6.0	22,507,000	5.8
2014년	559,000	5.3	23,760,000	5.0
2015년	588,000	5.2	24,924,000	4.9
연평균	462,700	5.9	19,780,900	5.6

다음으로 2009년도 기준으로 세계 크루즈 시장의 선사별 공급현황을 살펴보면 카니발과 로열 캐리비언 크루즈 선사가 북미지역에서는 약 82.7%의 공급능력을 보유하고 있으며, 기타지역에서는 약 97.3%의 공급능력을 지니고 있는 것으로 확인되고 있다. 이는 이들 양대 선사가 전 세계 크루즈 시장에서 차지하고 있는 공급비중이 매우 높음을 알 수 있다.

〈표 1-13〉 2009년 카니발 및 로열 캐리비언 크루즈 선사의 공급능력

구분	북미지역		기타지역		합 계	
	공급석	척	공급석	척	공급석	척
Carnival	120,867	62	69,604	33	190,471	95
Royal Caribbean	80,931	34	9,550	6	90,481	40
Others	43,148	49	58,993	63	102,141	112
총 계	244,946	96	79,154	39	280,952	135

자료: www.google.com, Cruise Industry.

4. 크루즈 운영 사례

(1) 카니발 크루즈(Carnival Cruises)

1972년에 설립된 카니발사는 처음은 저렴한 단기 크루즈의 개척자였다. 선박은 라스베이가스 스타일로 장식과 엔터테인먼트로 잘 알려져 있다. 트레이드마크는 고래의 꼬리모양으로 생긴 빨간색과 하얀색, 파란색의 깔때기모양 연돌이다. 카니발 선사는 이 배를 "Fun ship"이라고 부르고, 주로 젊은 사람들의 마음을 사로잡기 위해 다양한 선상 이벤트들이 마련되어 있다. 카니발 크루즈는 세계에서 가장 부유한 선사이며, 세계 크루즈 선사 1위의 자리를 지키고 있는 회사로 홀랜드 아메리카, 코스타 크루즈, 씨본 라인, 쿠나드 라인, 윈드스타 크루즈, P&O 프린세스 크루즈를 소유하고 있지만, 각 선사들의 운영은 별도의 브랜드로서 독립적으로 운영하고 있다.

(2) 로열 캐리비언 인터내셔널(Royal Caribbean International)

세계 2위 선사인 로열 캐리비언 인터내셔널의 주요 크루즈를 살펴보면 다음과 같다. 등급은 오아시스 클래스, 프리덤 클래스, 보이저 클래스, 레디앙스 클래스, 비전 클래스, 서버린 클래스 등이 해당된다.

〈표 1-14〉 로열 캐리비언 인터내셔널의 크루즈 현황

구 분	규모(톤)	총탑승객수(명)	총승무원수(명)	비고
오아시스 클래스	220,000	5,400	2,115	세계 최대
프리덤 클래스	160,000	3,634	1,360	프리덤호, 리버티호, 인디펜던스호
보이저 클래스	140,000	3,114	1,181	어드벤처호, 익스플로호, 보이저호, 네비게이트호
레디앙스 클래스	90,090	2,501	859	레디앙스호, 세레나데호, 브릴리앙스호, 주웰호
비전 클래스	78,491	2,435	765	레전드호-아시아 크루즈
서버린 클래스	73,192	2,852	825	바하마 운항

(3) 스타 크루즈(Star Cruises)

스타 크루즈는 아시아 크루즈 시장의 대표 크루즈 선사로서 세계 3위의 위치를 차지하고 있는 세계적인 크루즈 선사이다. 현재 아시아에서 가장 큰 크루즈 운영사로 아시아 크루즈를 대표하고 있다. 2000년대에 스타 크루즈는 Norwegian Cruise Line & Orient Cruise Lines를 인수함으로써 북미와 유럽의 수익성과 시장을 활용할 수 있게 되어 세계적인 크루즈 선사로서의 입지를 구축하고 있다.

(4) 프린세스 크루즈(Princess Cruises)

대표적인 선박으로는 퀸메리호를 들 수 있는데, 총 90,400톤, 총탑승객수는 2,092명, 크루즈선의 층수는 12층이다.

(5) 셀러브리티 크루즈(Celebrity Cruises)

셀러브리티 크루즈는 승객 대 승무원의 비율을 2:1 미만으로 유지하여 최고급의 고품격 서비스를 실천하는 것이 특징이다. 이 크루즈는 세계 최고의 일류 요리사들이 고품격의 식사를 제공하며, 서구식의 공연, 세계적인 서커스, 세련된 선상시설과 다양한 프로그램을 갖추고 있고, 숙련된 승무원들이 정중한 서비스를 제공하고 있다.

〈표 1-15〉 셀러브리티 크루즈 현황

구 분	규모(톤)	총탑승객수(명)	총승무원수(명)	비고
산스티스 클래스	122,000	2,850	1,255	살스티스호, 이쿼녹스호, 이클립스호
밀레니엄 클래스	91,000	1,950	999	컨스텔레이션호, 인피니티호, 밀레니엄호, 서미트호
센추리 클래스	77,713	1,870	935	센추리호, 갤러시호, 머큐리호
엑스퍼디션 클래스	2,842	92	46	

5. 크루즈 조직

크루즈의 조직은 크게 운항부문과 호텔서비스부문으로 구분할 수 있는데, 운항부문은 선장과 부선장 그리고 기관장, 항해사, 통신사, 일반선원, 보안담당, 안전요원 등으로 구성되고, 호텔서비스부문은 객실, 식음료, 조리, 하우스키핑, 크루즈 스탭 및 엔터테인먼트 등으로 구성되어 있다. 일반적으로 호텔서비스부문의 종사원이 크루즈 종사원 중 가장 많은 수를 차지하고 있다. 호텔서비스부문 종사원에는 선사 종사원과 선상에서 일하기 위해 고용된 상점 종사원, 미용사, 피트니스 강사, 헤어스타일리스트, 포토그래퍼, 엔터테이너 등의 인원도 포함된다.

크루즈에서의 선장을 중심으로 한 전형적인 구조를 보여주는 조직도와 각 부서를 맡고 있는 임원은 다음 [그림 1-3]과 같다.

그림 1-3 크루즈 기본 조직도

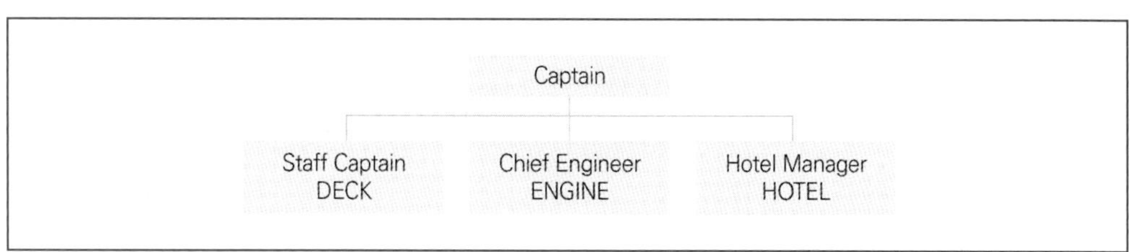

기관장은 선장에게 보고하고 엔진, 전기 그리고 냉난방시설, 배관, 일반 유지보수를 포함한 선상의 모든 기술적인 부분에 책임이 있다. 기관장에게 책임이 있는 부서와 조직도는 다음 [그림 1-4]와 같다.

그림 1-4 크루즈 기관장 중심 조직도

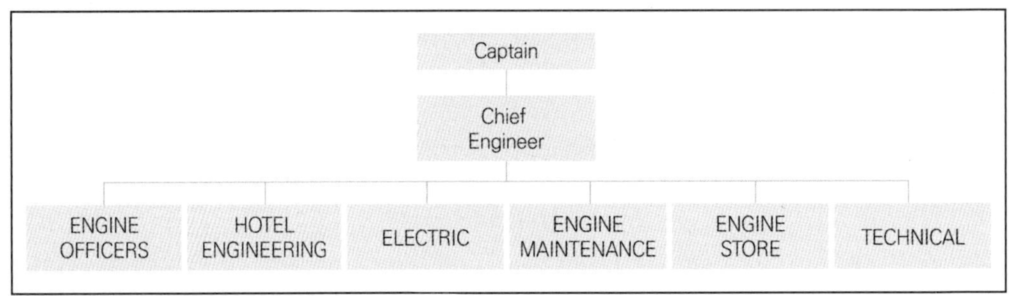

호텔 매니저는 선장에게 보고하고 선상에서 제공되는 모든 호텔서비스에 대한 책임이 있다. 호텔 매니저에게 책임이 있는 부서와 조직도는 다음 [그림 1-5]와 같다.

그림 1-5 크루즈 호텔 매니저 중심 조직도

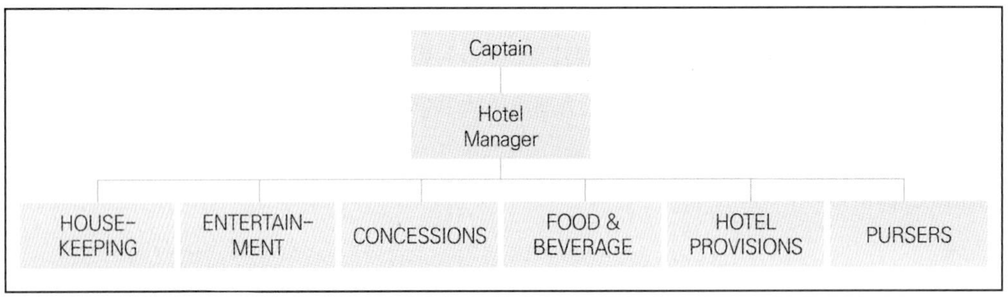

제4절 크루즈 인력 양성

하인수 · 민혜성(2009)은 교과과정 영역별 순위 분석을 통하여 기초 및 일반경영 과목, 해양 · 크루즈 과목, 관광 · 호텔경영 과목, 외국어 과목, 기타 과목 등으로 실증조사 결과를 소개하고 있다. 먼저 기초 및 일반경영 과목에서는 경영학의 일반적인 내용과 외식에 관한 기초적인 내용을 과목에 반영하고 있다. 다음으로 해양 · 크루즈 과목에서는 해양정책과 법규, 항만물류경영론, 해상보험계약론 등을 통하여 해양에 관한 기초지식 습득에 필요한 교과목을 고려하고 있다.

〈표 1-16〉 크루즈 경영학과의 교과과정(안)

구분	1학기	2학기
기초 및 일반경영 과목	원가 · 관리회계, 경영학원론, 식당국제경영전략, 다국적 문화의 이해, 조직관리론, 촉진전략론, 비즈니스 커뮤니케이션과 리더십	마케팅관리론, 경영분석 인간관계론, 재무관리론
해양 · 크루즈 과목	크루즈와 해사경영론, 크루즈선의 안전 · 보안, 화재관리, 크루즈관광 프로젝트 해상보험계약론	관광상품론, 크루즈선의 디자인 기술 해양정책 및 법규 항만물류경영론
관광 · 호텔경영 과목	서비스관리론, 프런트 오피스업무론 환대경영론, 부대시설경영론 컨벤션경영, 목적지 브랜드 투어경영	환대산업테크놀러지, 환대산업과 식품안전, 이벤트론, 엔터테인먼트 관리론, 관광소비자행동론
외국어 과목	제1외국어(Ⅰ~Ⅲ), 제2외국어(Ⅰ~Ⅲ)	제3외국어(Ⅰ~Ⅲ), 아카데믹 영어
기타	인턴십, 진로지도 및 경력개발(Ⅰ~Ⅳ)	컴퓨터(Ⅰ, Ⅱ)

자료: 하인수 · 민혜성(2009). 루즈경영(학) 교과과정에 관한 기초연구. 「호텔경영학연구」, 18(1), 275~294.[29)]

또한 관광 · 호텔경영 과목을 추가하여 고객에 대한 질적인 서비스 제공을 위한 관련 지식과 승객에게 기쁨을 안겨줄 수 있도록 엔터테인먼트와 관련된 교과목을 배정하고 있다. 그리고 외국어 교과목과 컴퓨터 관련 교과목을 학습시켜서 크루즈 시장의 요청에 부응할 수 있는 전문인력 양성 교과목을 제시하고 있다.

크루즈 전문인력 양성을 위한 NCS 기반 교육 프로그램은 다음과 같다.

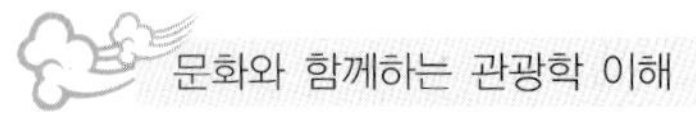

〈표 1-17〉 크루즈 전문인력 양성 교육프로그램(NCS)

교과목명	능력단위명	능력단위요소명	
크루즈 운영관리	크루즈 프런트 관리	•자금 관리하기 •크루즈 여행정보 관리하기	•승객 지원 서비스 관리하기
	크루즈 캐빈 관리	•캐빈 정비 관리하기 •승객 지원 관리하기	•캐빈 시설 관리하기
	크루즈 식음료 관리	•다이닝 서비스 관리하기 •식음료 업장 관리하기	•음료 서비스 관리하기 •식음료 부서 관리하기
	크루즈 조리 관리	•메뉴 구성하기 •식재료 관리하기	•조리 지원하기 •갤리 관리하기
	크루즈 기항지관광 관리	•기항지관광 예약 관리하기 •기항지관광 절차 관리하기	•기항지관광 서비스 지원하기
	크루즈 카지노 관리	•딜링 지원하기 •딜러 관리하기 •보안 관리하기	•칩 관리하기 •업장 관리하기
	크루즈 위락시설 관리	•공연팀 관리하기 •건강시설 관리하기	•인터넷 라운지 관리하기 •숍 관리하기
	크루즈 마케팅 관리	•상품개발 관리하기 •승객 관리하기 •용선 업무 관리하기	•판매촉진 관리하기 •에이전트 관리하기
	크루즈 지상 지원 관리	•인사 관리하기 •회계 관리하기	•자재 관리하기 •폐기물 관리하기
	크루즈 선상 지원 관리	•공용 장소 관리하기 •선상 안전 관리하기 •의료 서비스 관리하기	•선상 승무원 인사 관리하기 •승하선 안전 관리하기

자료: NCS 크루즈 운영관리.

참고문헌

1) Hall, M.(2001). Trends in ocean and coastal tourism: The end of the last frontier?. *Ocean and Coastal Management*, 44(9-10), 601-648.

2) Webe, S. & Mikacic, V.(1994). The importance of market research in planning the development of nautical tourism in Croatia. Turizam, 42(5/6), 71-74.; Pollard, J.(1995). Tourism and the environment. In: P. Breathnach (Ed.), Irish Tourism Development(pp.61-77). Maynooth: Geographical Society of Ireland.; Kim, S., & kim, Y.(1996). Overview of coastal and marine tourism in Korea. Journal of Tourism Studies, 7(2), 46-53.; Orams, M.(1999). *Marine Tourism: Development, Impacts and Management*. London: Routledge.

3) http://www.unwto.org

4) 해양수산부(2014). 「제2차 해양관광진흥기본계획」, 해양정책실.

5) Lekakou, M., & Tzannatos, E.(2001). *Cruising and Sailing: A new Tourist Product for the Ionian Sea(in Greek)*. Volume in Honor of Emeritus Professor M. Rafael(475-496). Pireaus: University of Piraeus.

6) Hall, M.(2001). Trends in ocean and coastal tourism: The end of the last frontier?. *Ocean and Coastal Management*, 44(9-10), 601-648.

7) Orams, Mark(1999). *Marine Tourism*, London & New York.

8) 정무형 등(1997). 지속가능한 해양관광 개발. 국제 해양관광·환경학회, 국제해양관광 학술대회 발표문.

9) 송태호(1997). 국제해양관광·환경학회, 국제해양관광학술대회 발표문.

10) 해양수산부(1998). 「해양관광기본계획」.

11) Lekakou, M., & Tzannatos, E.(2001). *Cruising and Sailing: A new Tourist Product for the Ionian Sea*(in Greek). Volume in Honor of Emeritus Professor M. Rafael(pp.475-496). Pireaus: university of Piraeus.

12) 해양수산부(2001). 「해양개발기본계획」, 해양수산부(2001). 「해양관광 활성화방안」.

13) 이상춘·여호근·최나리(2004). 『해양관광의 이해』. 백산출판사.

14) 김성귀(2007). 『해양관광론』. 현학사.

15) 이성호·여호근(2007). 해양관광자의 심리적 의사결정 과정에 관한 구조적인 관계 검증. 『호텔경영학연구』, 16(3), 203-216.

16) 신동주·손재영(2007). 「해양관광산업발전을 위한 여건분석과 정책과제」. 한국해양수산개발원.

17) 여호근(2017). 부산 해양관광의 경쟁력 강화방안. 제48차 한국관광레저학회 춘계 정기 학술대회 발표논문집, 32-44.

18) 作田岩穗(1987). 海洋レクリエーションの 現想と展望, 日本觀光協會, 「月刊 觀光」, 5월호, p.11.

19) 이태우(1996). 부산지역의 해상관광 발전에 관한 연구. 부산광역시의회 사무처, 의정자문위원 현안과제 연구보고서.

20) 최도석(2004).『부산의 해양관광 실태분석 및 발전방안』. 세종문화사.

21) 해양수산부(2001).「해양개발기본계획」.

22) 이상춘 · 여호근 · 최나리(2004).『해양관광의 이해』, 백산출판사.

23) 김남형 · 이한석 역(1999).『해양성 레크리에이션 시설』, 도서출판 과학기술.

24) Diakomihalis, M. N.(2007). Maritime Transport: The Greek Paradigm. *Research in Transportation Economics*, 21, 419-455.

25) 여호근(2017). 앞의 논문, 32-44.

26) 고호석 (2009). 남해안 지역 해양관광객의 참여동기가 만족도와 행동의도에 미치는 영향.『해양관광학연구』, 2(4), 9-25., 성기만 (2003). 국내 해양관광지의 개발방향 연구.『문화관광연구』, 5(2), 189-205., 장병권 (2002). 지속가능한 해양곤광 개발방안: 고군산군도를 중심으로.『문화관광연구』, 4(2), 95., 김혜영 · 안형순 (2009). AHP를 활용한 해양관광지개발지표 중요도 연구.『한국지역지리학회지』, 15(6), 763-773.

27) 이재곤(2003). 국내 크루즈관광상품 개발방향에 관한 연구.『관광경영학연구』, 7(2).

28) 정진수(2009). 크루즈산업 전망 및 유치활성화 방안: 크루즈 관광상품 개발을 위한 관련기관 업체 협력 등. 부산크루즈산업 활성화 방안 포럼 발표문, 9.

29) 하인수 · 민혜성(2009). 크루즈경영(학) 교과과정에 관한 기초연구.『호텔경영학연구』, 18(1), 275-294.

제 2 장

여행업의 이해

박시사

제주대학교 관광경영학과 부교수

한양대학교에서 박사학위를 취득했다. 저자 박시사는 한국관광학회 정회원이며, 저서로 「해외여행과 관광문화」, 「투어에스코트원론」, 「여행업경영론」, 「항공사경영론」 등과 논문 〈한국 여행업의 마케팅 전략에 관한 연구〉, 〈한국 여행업의 창업결정에 관한 연구〉, 〈한 · 중 여행업 비교〉, 〈동계 패키지여행상품 신문광고 분석〉, 〈한국 여행업의 해외여행상품 인터넷 키워드 검색광고 분석〉 등을 통해 활발한 학술적 성과를 발표하고 있으며 후진양성과 학회의 발전에 힘쓰고 있다.

smiletour@cheju.ac.kt

박근영

두두리출판사 대표

세종대학관광경영학과 졸업 후 25년 간 여행업에 몸담은 여행사업가였다. 한국관광학회 정회원이며 언론출판협력이사로 활동중이다. 블로그 '386세대의 아름다운 추억'에서 '기절복통 여행이야기'로 인기를 끈 여행 이야기꾼이기도 하다. 동양고속관광 해외부에서 여행업의 뼈가 굵었고 남태평양 및 인도차이나 지역 전문 여행사인 'SPIN 캡틴쿡 투어'를 창업하여 여행업 지평을 넓히는데 공헌했다. 현재 광고회사 '광고집'과 '두두리 출판사'를 경영하며 국내관광과 스토리텔링의 접목 및 현실화 작업에 몰두하고 있다.

저서: 수필집 '니 꼬치 있나?' 광고기획서 '기파랑1' '기파랑2'

kebinyoung@hanmail.net

제 2 장

여행업의 이해*

박 시 사 · 박 근 영

제1절 여행업 정의와 유형

1. 여행업의 정의

(1) 대한민국 관광진흥법 정의

대한민국 관광진흥법 제3조에 의하면 여행업이란 “여행자 또는 운송시설 · 숙박시설, 그 밖에 여행에 딸리는 시설의 경영자 등을 위하여 그 시설 이용 알선이나 계약 체결의 대리, 여행에 관한 안내, 그 밖의 여행 편의를 제공하는 업”이라 정의내리고 있다.

(2) 일본 여행업법 정의

일본 여행업법 제2조 · 제3조에 의하면 보수(報酬)를 얻기 위해서 다음과 같은 여행업무를 수행하는 사업을 여행업이라 한다(www.jata-net.or.jp).

① 여행업자가 여행자 모집을 위해서 사전에 또는 여행자의 의뢰에 의해서 여행계획을 작성함과 동시에, 여행자에게 제공하는 여행 서비스에 관계된 계약을 운송 등 서비스기관과 체결하는 행위(기획여행)의 기획 · 실시

② 여행자에게 운송 등 관련 서비스를 제공하기 위해 운송 등 관련 서비스기관과 자기계산에 의한 계약을 체결하는 행위

③ 여행자를 위한 운송 등 서비스제공을 받는 것과 관련하여 대리(代理), 매개(媒介), 중개를 하는 행위

---

* 본 장은 한국관광학회(2009). 관광학총론, 269~299페이지 부분을 사용하였음.

④ 운송 등 서비스를 위한 운송 등의 서비스를 제공하는 것과 관련하여 대리 · 매개하는 행위
⑤ 운송 · 숙박을 이용하게 하는 행위
⑥ 여행자를 위한 운송 등 관련 서비스의 제공을 받는 것과 관련하여 대리 · 매개 · 중개하는 행위
⑦ 운송 등 관련 서비스제공자를 위한 운송 등 서비스 이외의 여행 서비스의 제공을 받는 것과 관련하여 대리 · 매개하는 행위
⑧ 제반 수속의 대행 및 여행자 편의상의 서비스를 제공하는 행위
⑨ 여행에 관한 상담에 응하는 행위

중국 여행업관리조례에 의하면 여행사(업)란 "여행자를 위하여 입출국, 여권 및 비자수속, 초청, 여행자의 여행 서비스를 함과 동시에, 여행자를 위해서 숙박 등을 수배(안배)를 하여 대가를 얻는 영업활동을 하는 사업"이다.

(3) 미주여행업협회(ASTA) 정의

미주여행업협회(ASTA)는 여행사는 티켓을 판매하는 것 이외에 다음과 같은 역할을 수행하는 사업단위라 정의하였다.

① 관광교통수단 예약 및 수배(항공 · 해상 · 지상 · 렌터카 등)
② 개별여행자 여행일정개발 및 준비
③ 에스코트 서비스
④ 패키지 투어 개발 및 행사
⑤ 호텔 · 모텔 · 리조트 등 숙박시설 예약 및 수배
⑥ 여행관련 제반 사항 정보제공 및 상담

2. 여행업 유형

(1) 우리나라의 여행업 유형

① 법제적 여행업 유형

대한민국 관광진흥법(시행령 제2조 1항)에 의하면 여행업의 종류는 일반여행업 · 국외여행업 · 국내여행업으로 세분된다. 첫째, 일반여행업은 국내외를 여행하는 내국인 및 외국인을 대상

으로 하는 여행업이다. 둘째, 국외여행업은 국외를 여행하는 내국인을 대상으로 하는 여행업이다. 셋째, 국내여행업은 국내를 여행하는 내국인을 대상으로 하는 여행업이다. 〈표 2-1〉은 3가지 여행업 유형별 제공상품과 서비스대상을 요약·정리한 것이다.

〈표 2-1〉 여행업의 유형과 상품 및 서비스대상

여행업 유형	상품영역	서비스대상	여행사수(2016년 12월 기준)
국내여행업	Intrabound	내국인	6,724개
국외여행업	Outbound	내국인	8,948개
일반여행업	Intrabound+Outbound, +Inbound	내국인+외국인	4,176개

자료: www.koreatravel.or.kr/ 한국관광협회중앙회.

가) 국내여행업

국내여행업은 국내를 여행하는 내국인을 대상으로 하는 여행업이다. 2012년 12월 기준 국내여행사는 6,700여개가 영업을 하고 있다. 국내여행을 전문으로 하는 여행사로 솔항공여행사, 홍익여행사, 비타민여행사, 다음레저, 테마캠프, 여행스케치, 웹투어, 여행천국, 환타지여행사, 우리투어네트웍스, 현대마린개발 등이 있다(www.kitaa.or.kr).*

나) 국외여행업

국외여행업은 국외를 여행하는 내국인을 대상으로 하는 여행업이다. 국외여행업은 사증을 받는 절차를 대행하는 행위를 포함한다.

다) 일반여행업

일반여행업은 국내외를 여행하는 내국인 및 외국인을 대상으로 하는 여행업이다. 사증을 받는 절차를 대행하는 행위를 포함한다.

② 여행업계 여행업 유형

국내 여행업계는 주력상품·영업방식·대상고객에 따라 패키지여행사, 상용여행사(비즈니스여행사), 개별자유여행사로 구분하기도 한다.

* 국내여행사연합회(KITAA)는 국내여행상품을 직접 개발·기획하여 판매하는 여행사로서 화원사 간 다양한 정보를 공유하여 보다 경쟁력있고 품질이 우수한 국내여행상품을 공급하는 여행사들의 연합체이다.

가) 패키지여행사

패키지여행사는 영업형태에 따라 '간판여행사(間販旅行社)'와 '직판여행사(直販旅行社)'* 로 나누기도 한다. 이 중 하나투어와 모두투어는 지역 여행대리점에 패키지상품을 파는 이른바 간판여행사이고, 롯데관광개발과 자유투어는 직영점을 운영하며 소비자에게 상품을 파는 직판여행사이다. 직판여행사의 주요한 모객방법은 신문광고이다.

나) 상용여행사

상용여행사는 기업을 상대로 영업을 하는 여행사이다. 고객이 일반이 아닌 기업이다 보니 상대적으로 휴가여행(관광여행)보다 가격변화에 덜 민감하고 수요도 안정적이다. BT & I, 레드캡투어, 세중투어몰, 인하여행사 등이 대표적이다. BT & I는 외국계 기업을 주고객으로 하는 여행사이며, 레드캡투어는 LG, 세중투어몰은 삼성의 여행 서비스를 대행하고 있다. 상용여행사는 기업전문 여행사라 하기도 한다.

다) 개별자유여행사

개별자유여행사는 단체가 아닌 개별자유여행(FIT)시장을 표적시장으로 하는 여행사이다. FIT 여행상품은 개인이 여행사와 상담을 하면서 일정을 수립하여 여행하는 '맞춤형 여행상품'이다.

③ 인터넷 활용과 여행사 유형

여행업을 정보제공 · 예약방법 · 거래형태에 있어서 인터넷에 전적으로 의존하는 유무(有無)에 따라 On-line 여행사와 Off-line 여행사로 분류하기도 한다.

그림 2-1 인터넷과 여행사 유형

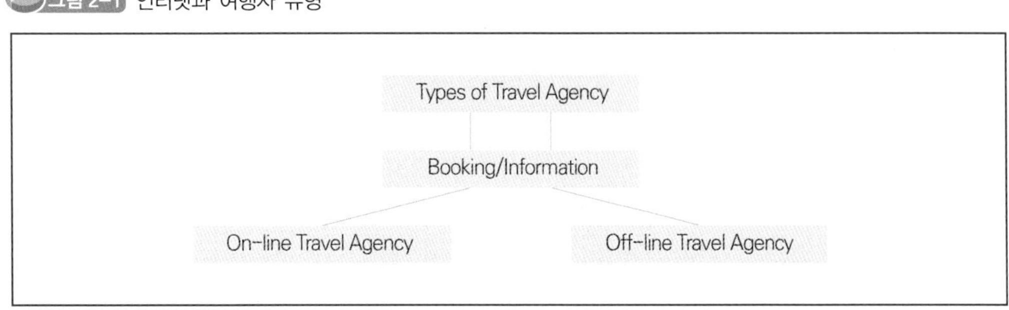

* 직판여행사는 신문광고에 의존하여 모객을 하는 여행사들이다. 소위 조 · 중 · 동 신문에 광고를 하여 여행객을 모객한다. 대표적인 여행사로 자유투어, 롯데관광개발, 노랑풍선, 참좋은 여행, 나이스항공여행 등이 있다.

가) Off-line 여행사

기존의 전통적인 방법을 통해서 고객에게 정보를 제공하고, 고객과 예약·거래를 하는 여행사를 Off-line 여행사라 한다. 여기서 말하는 전통적인 방법이란 전화, 팩스, DM, 인적 판매 등 일련의 마케팅활동을 뜻한다. Off-line 여행사를 'Brick & Mortar' 여행사라 부르기도 한다. 한국을 대표하는 대부분의 여행사는 아직까지 Off-line 여행사*이다.

나) On-line 여행사

On-line이란 컴퓨터 네트워크로 연결되는 것을 의미하며, 통상 인터넷을 통해서 연결하여 정보교환·예약·거래를 하는 것을 총칭(總稱)하여 일컫는다. On-line의 상대적 개념으로 Off-line을 사용한다. On-line 여행사란 주로 인터넷을 이용하여 여행정보 제공, 항공권 예약, 패키지 예약 및 제반 여행관련거래를 하는 여행사이다. 최근에 인터넷환경이 좋아짐에 따라 인터넷을 통해서 정보를 얻고 예약을 하며 구매행위를 하는 관광객들이 늘어나고 있는 추세이다. 이러한 고객을 표적시장으로 한 여행업체들이 등장하였는데, 이들을 On-line 여행사라 한다. 인터넷은 여행객에게 편익을 제공하고, 인터넷 이용의 확대는 여행사에게 기회를 제공하기 때문에 인터넷을 통해서 주로 여행사업을 하는 On-line 여행사는 증대되고 있다. 다음은 국내외에서 인지도가 높은 대표적인 On-line 여행사이다.

① Travelocity.com
② Expedia.com
③ Priceline.com
④ Zuji.com
⑤ Orbitz.com
⑥ 투어익스프레스(www.tourexpress.com)
⑦ 넥스투어(www.nextour.com)
⑧ 온라인투어(www.onlinetour.co.kr)
⑨ 투어캐빈(www.tourcabin.com)

다) On + Off 통합여행사

Off-line 여행사를 e-Commerce에서 'Brick & Mortar: B & M'라고 쓰기도 한다. 이는 일종의 업계 은어(jargon)이다. 오늘날 'Brick & Mortar'의 상대개념으로 'Bricks & Click' 용어가 널리 통용되고 있는데, 'Bricks & Click: B & C'은 Off-line(bricks)과 On-line(clicks)을 통합시킨 사업 모델이다. '클릭 앤 모타르(click & mortar)'는 온라인과 오프라인을 결합시킨 것을 뜻한다. 클릭은 온라인을, 모타르는 오프라인을 일컫는다. 최근 관광산업에서 인터넷의 장점이 부각되어 전통적인

---

* 한국을 대표하는 여행사인 하나투어, 모두투어, 자유투어, 롯데관광개발, 레드캡투어 등은 Off-line여행사이다. 하지만 Off-line 여행사들도 On-line 사업부를 두고 있고, 온라인이 차지하는 매출액이 점차 늘어가고 있는 추세이다. 한국의 주요여행사는 엄격하게 따져 보면 On-line + Off-line을 결합한 'Click & Blick' 여행사라 할 수 있다.

Off-line이 외면되었다. 하지만 On-line만으로 수익 모델이 창출되지 못하기 때문에 기존의 Off-line + On-line을 동시에 활용할 필요성이 대두되고 있다.[1] 국내 여행사는 기존 오프라인 판매방식과 온라인을 병행한 여행상품 판매가 일반화되어 있다.[2]

④ 모객방식에 따른 여행사 유형

여행업은 모객방식에 따라 홀 세일러(wholesaler) 여행사와 리테일러(retailer) 여행사로 나눈다. 이는 시중의 소형 여행사가 개별고객을 일일이 팀으로 만들기 어려운 구조적 문제로 인해 나누어진다. 홀세일러 여행사는 항공좌석을 확보하고 현지 수배를 해 둔 상태에서 리테일러 여행사들이 모아주는 여행객들을 해당 상품에 합류시켜 핸들링한다. 이 경우 홀세일러 여행사는 리테일러 여행사에게 통산 5~9%의 수수료를 지급한다.

홀세일러 여행사와 리테일러 여행사가 구분되는 이유는 여행경비의 절감과 효과적인 여행을 하려는 소비자의 욕구를 반영한 현상이다. 보통 패키지 상품은 최소한 10~15인 이상의 여행객이 모였을 때 항공이나 현지 요금에서 그룹요금을 적용받을 수 있다. 그러나 고객의 주문을 받은 온·오프라인 여행사들이 해당 날짜에 모객에 실패할 경우 유사한 상품을 판매하는 홀세일러 여행사의 여행상품에 고객들을 합류시킴으로써 팀핸들링이 가능해진다.

대표적으로 하나투어와 모두투어가 홀세일러 여행사이고 온·오프라인을 불문하고 전국 대부분의 여행사들이 홀세일러 업체와 유기적인 관계를 유지하며 리테일러 여행사로도 활동하고 있다.

⑤ 현지 여행수배업(Local Land Operator)

이 여행업의 행태는 아직도 관광진흥법상 정식업종으로 분류되고 있지 않다지만 여행업에서는 해외 어느 지역을 막론하고 왕성하게 활동하고 있는 여행업태로 자리잡고 있다. 통칭 업계에서는 '랜드사'로 부르고 있다.

원래 해외여행업자들은 1980년 대 이전까지만 해도 T/C업무 차 해외로 출장 나갈 경우 고객들을 핸들링하면서 현지에서 직접 숙박업소를 핸들링하고 식당이나 관광지까지 수배하면서 다녔다. 그러나 1987년 해외여행자율화 이후 해외 관광객의 증가세가 폭발적으로 늘어나자 외국 현지에서 여행사를 대행하여 현지 수배를 대행해 주는 업체들이 늘어나기 시작했다. 주로 현지 교포들이 중심이 되어 시작된 랜드사는 초기에는 1~2인의 인원들이 국내 여행사들의 현지 연락소 형식으로 여행수배를 해주고 소액의 수수료를 수익으로 챙기는 형태로 운영했다. 그러나 수요가 늘어나면서 현지에서 정식으로 여행업체로 등록하고 거꾸로 국내 여행사들을 상대로 영업을 전개하는 형태로 발전하게 되었다.

현재 랜드사는 정식으로 관광사업자 등록을 하지 않고도 현지 여행사의 한국연락사무소 형식으로 운영되는 경우가 대부분이지만 규모가 큰 랜드사들은 해외여행업이나 일반여행업으로 등록하고 본격적으로 영업하는 경우도 늘어났다.

특히 랜드사들이 해당지역의 로컬 항공사들과 친밀한 관계를 유지하면서 항공과 현지수배가 결합한 새로운 개념의 호텔여행상품이나 패키지여행상품을 출시하여 거꾸로 국내의 여행업체들에게 이를 판매하는 현지 홀세일러로서의 면모를 갖추기까지 하는 등 약진이 두드러지는 지역도 다수다.

(2) 중국의 여행업 유형

중국은 1996년 제정된 '旅行社管理条列(여행사관리조례)'에 의해 여행사를 ① 국제여행사(國際旅行社), ② 국내여행사(國內旅行社)로 나눈다.[3] 중국의 여행사 유형은 영업업무범위에 준해서이다. 국제여행사의 영업범위는 인바운드와 아웃바운드 및 국내여행업무들이며, 국내여행사의 영업범위는 국내여행업무에 한정되어 있다.

① 국제여행사

국제여행사(國際旅行社)의 주요업무는 외국인과 홍콩 · 마카오 · 대만에서 온 관광객 그리고 기타 화교를 중국으로 유치하여 그들에게 교통시설 · 유람 · 숙박 · 음식 · 쇼핑 · 오락 등을 안배(수배)해 주고, 가이드 서비스를 제공한다. 또한 내국인의 국내여행 서비스를 제공한다. 국제여행사는 중국인의 해외여행은 국가여유국(國家旅游局)의 허가를 얻어 기획하고 행사하는 업무를 수행한다. 그 외에 여권 · 비자업무와 국가여유국에서 규정하는 여행업무를 한다.[4]

② 국내여행사

국내여행사(國內旅行社)의 주요업무는 내국인 국내여행의 서비스를 제공하는데, 구체적으로 여행자를 위하여 교통시설 · 유람 · 숙박 · 음식 · 쇼핑 · 오락 · 가이드 서비스를 제공한다. 국내여행자를 위해서 대리업무와 국내 교통관련표를 예약 · 발권업무를 한다. 그 외에 국가여유국에서 규정하는 국내여행관련 업무를 한다.[5]

중국국가여유국(China National Tourism Administration)은 2007년 3월 중국여행사의 현황을 발표하였다. 2007년 3월 현재 중국에는 19,720개 여행사가 등록되어 있으며, 이 중 국제여행사 1,838개, 국내여행사 17,882개이다. 중국의 여행사는 10개 주요지역인 산동성 · 강소성 · 절강성 · 요령성 · 하북성 · 하남성 · 광동성 · 호북성 그리고 북경과 상해에 집중적으로 분포되어 있다. 통계에 의하면 이들 10개 지역에 중국여행사의 56.75%가 등록되어 있다(www.chianhospitalitynew.com).

(3) 일본의 여행업 유형

① 법제적 여행업 유형

여행업법*에 의하면 일본의 여행업은 ① 여행업, ② 여행업자대리업으로 나누어지며, 여행업을 기획하는 상품과 서비스영역에 따라 제1종 여행업, 제2종 여행업, 제3종 여행업으로 세분(細分)된다(일본여행업협회/www.jata-net.or.jp; 일본여행업법 제2조 · 제3조).

가) 여행업

㉠ 제1종 여행업: 해외 · 국내의 기획여행의 기획 및 실시, 해외여행과 국내여행의 수배 및 타사의 모집형 기획여행을 판매대행하는 여행사

ⓐ 해외 · 국내 '모집형 기획여행'의 기획과 실시

ⓑ 해외여행 · 국내여행 수배

ⓒ 타사의 '모집형 기획여행' 판매대행

㉡ 제2종 여행업: 국내 기획여행의 기획 및 실시, 해외 · 국내 수주형 기획여행의 기획 및 실시, 해외여행과 국내여행의 수배 및 타사의 모집형 기획여행을 판매대행하는 여행사

ⓐ 국내 '기획여행'의 기획과 실시

ⓑ 해외 · 국내 수주형 기획여행의 기획 및 실시

ⓒ 해외여행 · 국내여행 수배

ⓓ 타사의 '모집형 기획여행' 판매대행

㉢ 제3종 여행업: 국내 · 해외 수주형 기획여행의 기획 및 실시, 국내 · 해외여행의 수배 및 타사의 모집형 기획여행을 판매대행하는 여행사

ⓐ 국내 · 해외 수주형 기획여행의 기획과 실시

ⓑ 해외여행 · 국내여행 수배

ⓒ 타사의 '모집형 기획여행' 판매대행

일본의 여행업은 관광청(관광청장관)에 등록하며, 제2종 여행업과 제3종 여행업은 관할소재지의 시장 · 지사에게 등록한다. 여행업자대리업도 영업소가 있는 소재지 시장 · 지사에게 등록한다.

나) 여행업자대리업

여행업자대리업이란 "여행업 혹은 여행업자가 위탁(委託)한 범위의 여행업무를 수행한다." 여

* 일본여행업법은 여행업무의 공정한 유지, 여행안전성 확보, 여행자의 편리증진을 목적으로 만들어졌다.

행업자대리업(旅行業者代理業)은 제1종 여행업, 제2종 여행업, 제3종 여행업 중 한 여행업자와 대리계약을 맺고 여행업무를 수행하는 회사이다. 여행업의 범위는 계약을 맺는 여행업자의 업무와 동일하다.6)

여행업자대리업은 보수를 얻을 목적으로 여행업자가 하는 여행업무를 대신하는 사업이다. 여행업자대리업은 기획여행을 실시하지 않으며, 2개 이상의 여행업자와 계약를 맺고 대리업무를 수행하지 않는다. 또한 여행업자대리업의 업무범위는 소속여행업자와 계약한 범위를 벗어나지 않는다(일본여행업법, 제4조).

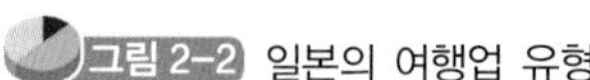
그림 2-2 일본의 여행업 유형

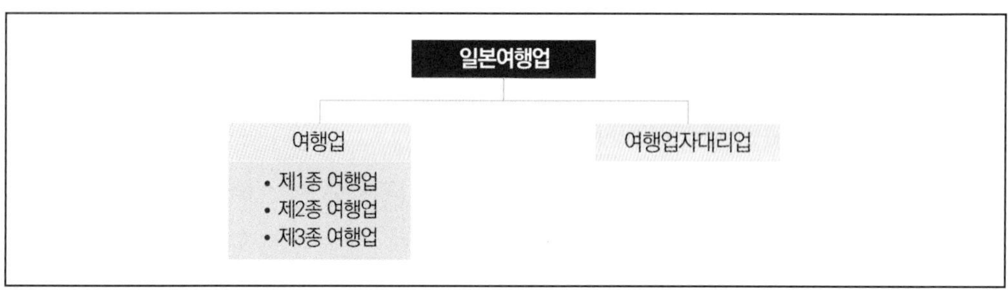

자료: www.jata-net.or.jp과 일본여행업법을 참조해 재구성.

한 · 중 · 일의 여행업을 종합해 보면 [그림 2-3]과 같이 요약될 수 있다.

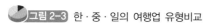

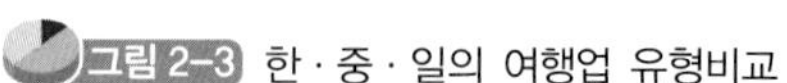
그림 2-3 한 · 중 · 일의 여행업 유형비교

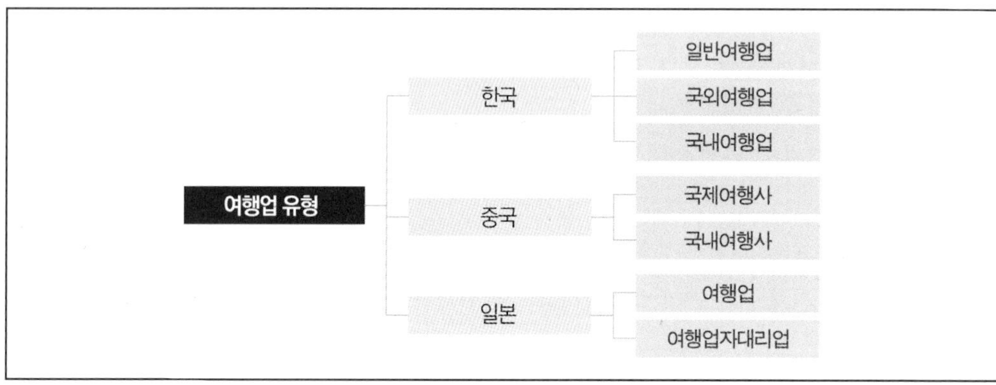

(4) 서구의 여행업 유형

서구의 여행업 유형은 국가(유럽 · 미주)에 따라 약간의 차이를 보이고 있으나 본서는 서비스 영역에 따라 여행업을 크게 5가지 유형으로 나누어 제시하였다.7)

① 종합여행사(full service travel agency)

② 기업전문여행사(commercial travel agency)

③ 기업소속여행사(inplant agency/ in house travel agency)

④ 인센티브여행 전문여행사(incentive travel agency)

⑤ 할인항공권 전문여행사(consolidator)

① 종합여행사(Full Service Travel Agency)

이 유형은 모든 여행상품을 구비하고 이를 취급하는 충분한 인적 자원을 갖춘 여행업(사)이다. 종합여행사는 휴가여행 · 관광여행 · 단체여행 · 비즈니스여행 등 모든 상품을 기획하고 판매한다. 대형 종합여행사는 독립적인 비즈니스여행 · 단체여행 · 호텔예약 · 항공권판매 등의 사업부를 두고 있다. 종합여행사는 우리나라 일반여행업체 중 대형 패키지여행사와 같은 부류의 여행사이다.

다음은 유럽 주요국 종합여행사이다. 영국의 경우 'Multiples'라 칭하며, 우리나라 일반여행업과 유사한 기능을 수행한다. 미국은 'Mega Travel Agency'라 부른다. 가령 'American Express,' 'American Automobile Association' 등이 'Mega Travel Agency'에 속한다.

〈표 2-2〉 유럽의 주요종합여행사

국가	여행사
영국	Thomson Holiday, Thomas Cook, TUI Travel, XL Leisure, Going Places, Lunn Poly, STA Travel, Gulliver Travel
독일	Trans Continental Tours, Jasmin Taylor
스위스	Kuoni Travel Ltd., Globus, Go Ahead Tours
스페인	Ombesa, Versys Travel, Travelider GAV
이탈리아	Saistours, EIS-European Incoming Service, Artviva The Original & Best Tour Italy
체코	INTAS, Interbus Praha, Vega Tours
포르투갈	Frota Azul, Clube Viajar

자료: http://www.etoa.org; 유럽여행업협회(European Tour Operators Association).

② 기업전문여행사(Commercial Travel Agency or Corporate Travel Agency)

이 유형의 여행사는 기업고객(corporate customer)을 대상으로 사업을 영위한다. 대부분의 기업전문여행사(업)는 도심에 위치하고 있으며, 비즈니스여행자를 대상으로 사업을 하기 때문에 'Walk-in' 여행자는 받지 않는 경우도 있다. 기업전문여행사 종사자는 주로 항공예약 및 발권, 렌터카 예약과 판매, 호텔객실의 예약과 판매 등에 전문성을 보인다. 반면에, 휴가목적여행(vacation-oriented travel)에 익숙하지 않거나 전문성이 결여된 경우도 많다. 하지만 기업전문여행사도 기업고객의 임원과 직원들을 위해서 관광여행(pleasure travel)을 기획하고 행사한다.

서구의 기업전문여행사로 American Express, Carlson Wagonlit Travel, Corporate Travel, Business Travel Net, Business Travel Plus, Just Corporate Travel, Capital Travel Agency, Expedia Corporate Travel, All-Travel.com 등이 있다. 한국의 기업전문여행사로 BT & I(Business Travel & Incentive), 인하여행사, K-Travel, kaja 경인항공(주) 등이 있다.

③ 기업소속여행사

미국의 기업은 기업 내에 여행부서를 두기 시작했다. 특히 1970년대 후반 이후 항공규제완화 조치가 시행되면서 기업 내 여행사(in-house agency)는 늘어나게 되었다.[8] 이 유형의 여행업은 특정기업의 고객만을 서비스하기 위해 기업 내에 위치한 여행사이다. 기업소속여행사는 특정기업의 여행 서비스를 독점한다.

한국을 대표하는 In-house Travel Agency로는 (구)세중여행사(삼성), (구)범한여행(LG: 현 Redcap 투어), (구)현대금강여행사, 한주여행사(한국일보), 한화투어몰(한화) 등이 있다.

④ 인센티브여행 전문여행사

인센티브여행 전문여행사이다. 기업은 고객 · 딜러 · 유통업자 · 판매원 · 종사원에게 동기를 부여하는 보상(reward)목적으로 여행을 활용한다. 이를 인센티브여행(incentive travel)이라 부른다. 인센티브 여행수요는 지난 20~30년 동안 급속하게 증가하였다.[9] 인센티브여행사는 틈새시장(niche market)을 겨냥한 여행사이다. 영국의 'Miniples'와 'Independent Travel Agency'가 인센티브여행 전문여행사군에 속한다. 미국의 경우 'Regional'이 인센티브여행 전문여행사 역할을 수행한다.

⑤ 할인항공권 전문여행사

미국의 'Consolidators'는 항공권을 할인된 요금으로 고객에게 판매하는 여행사이다. '할인항공권 전문여행사'는 항공사와 계약을 맺고 특정지역의 항공권을 유통시키는 전문여행사이다. 항공

사는 탑승률(搭乘率, load factor)을 높이기 위해서 'Consolidators'와 협력이 불가피하다. 왜냐하면 판매되지 않은 비행기 좌석은 저장되거나 추후 이용이 불가능하기 때문이다. 할인항공권 전문여행사는 'Wholesaler'와 'Retailer'의 역할을 동시에 수행한다.[10)]

미국과 영국을 비롯한 서구국가들은 한국 · 중국 · 일본처럼 여행업유형이 법제적으로 정해진 것은 아니다. 하지만 미국과 영국은 ASTA와 ABTA(Association of British Travel Agent) 등에서 여행업의 유형을 제시하고 있다. 미국과 영국의 여행업 유형을 종합해 보면 다음과 같다.

㉠ 미국 여행업 유형

ⓐ Mega Travel Agency

ⓑ Regional Travel Agency

ⓒ Consortium Travel Agency

ⓓ Independent Travel Agency

㉡ 영국 여행업 유형

ⓐ Multiples Travel Agent*

ⓑ Miniples Travel Agent**

ⓒ Independent Travel Agent

제2절 여행업의 업무, 역할과 기능 및 산업적 특성

1. 여행업의 업무와 역할 그리고 기능

(1) 여행업의 업무

한국의 관광진흥법과 일본의 여행업법을 종합해 보면 여행업의 주요업무는 ① 상품기획업무,

---

* Multiples Travel Agents

① Private Companies Usually With A High Street Presence In Most Uk Towns And Cities.

② Part Of Large Organizations Which Trade In Other Areas Of Travel And Tourism.

③ Many Customers Attracted By Large Discounts.

** Miniple Travel Agents

① Milniples Are Similar Business To Independents.

② But They Have More Branches And Usually A Head Offices In A Local Area.

③ The Different Branches May Trade Under Different Names.

④ Other Small Independents May Be Bought Up And Added To The Miniple.

② 기획상품 행사실시업무, ③ 계약체결의 대리업무, ④ 여행안내업무, ⑤ 여행상담업무, ⑥ 알선업무*, ⑦ 중개업무**, ⑧ 매개업무, ⑨ 수속*** · 판매대행업무, ⑩ 여행편의 제공업무 등이다.

현대인들은 여행에 수반되는 번거로운 수속이나 절차를 좋아하지 않아서 여행을 준비하고 계획을 하는 데 서비스를 제공하는 대행기관의 필요성이 대두되었다. 특히 외국여행을 하는 사람들은 비행기 좌석확보, 호텔예약, 여권, 비자, 수하물, 보험, 검역, 외국의 풍습 숙지, 환전, 세관 등의 준비를 하는 것은 어려운 일이다. 그래서 여행자들은 의사 · 변호사 · 회계사에 의뢰하는 것처럼 여행전문가와 상담을 하고 각종 수배(arrangement)를 의뢰하게 되었다. 학자에 따라 다르지만 여행업의 주요업무를 수배업무(手配業務), 상품화업무(商品化業務), 판매업무(販賣業務), 상담업무(商談業務)로 구분하기도 한다.

여행업의 기능은 정보제공기능(information), 국가대표기능(representative of nation), 대리점기능(agent), 판매기능(sales), 연결고리기능(liaison), 여행상품개발기능(tour design), 상담기능(counselling) 등으로 구분하기도 한다.

노정철(2005)은 여행업이 수행하는 업무(業務)로 다음과 같이 7가지를 제시하였다.[11] 노정철은 정산업무도 여행업의 업무 중 하나라고 하였으나, 본서는 이를 제외한 7가지만 소개한다.

① 여행상품의 기획 · 개발업무
② 상담업무
③ 수배업무
④ 판매업무
⑤ 수속대행업무
⑥ 발권업무
⑦ 여정관리업무(인솔 및 안내업무)

① 여행상품 기획 · 개발업무

여행상품의 개발은 아이디어단계(tour idea), 여행상품 공급업자와의 협상단계(negotiation),****

* 알선(斡旋)이란 수수료를 받고 매매를 주선하는 행위이며, 남의 일이 잘 되도록 주선하다는 뜻도 있다.

** 문자 그대로 여행사의 주요기능은 '중개인(agent)'이며, 공급업자를 대신하여 여행상품과 서비스를 고객에게 판매하는 중개인역할을 수행한다.

*** 해외여행 수속대행: 여행업자가 여행자로부터 소정의 수속대행요금을 받기로 약정하고, 여행자의 위탁에 따라 다음에 열거하는 업무(이하 수속 대행업무라 함)를 대행하는 것이다(www.tourinfo.or.kr; 한국일반여행업협회 표준약관 제3조 3항).
① 여권, 사증, 재입국 허가 및 각종 증명서 취득에 관한 수속
② 출입국 수속서류 작성 및 기타 관련업무

**** 투어 오퍼레이터(tour operator)는 항공사 · 호텔 · 레스토랑 · 크루즈 등과 같은 여행상품 공급업자와 협상을 할 때 '협상기술(the art of negotiation)'을 발현해야 한다. 성공적인 협상은 위해서 양자 간의 타협(compromise)이 필수적이다. 투어 오퍼레이터 관점에서 보면 다음과 같은 요건이 충족되는 경우 훌륭한 협상이 이루어졌다고 생각한다(박시사, 2003: 179 재인용).
① 최고의 품질획득(the highest possible quality)
② 최저가 획득(the lowest possible rate)
③ 최대의 서비스 확보(the highest amount of service)

비용 및 가격결정단계(cost & pricing), 그리고 촉진단계(promotion)를 거친다.[12] 여행상품의 기획 · 개발업무는 한국의 경우 일반여행업, 일본은 여행업, 중국은 국제여행사, 미국과 유럽은 Tour Operator가 담당하고 있다.

② 상담업무

여행사는 여행에 수반되는 다양한 사항에 대해서 상담(advising)하고 정보제공(providing information)을 한다. 구체적으로 항공 · 기차 · 버스 스케줄에 대한 정보제공, 호텔요금(hotel rates), 수하물처리, 보험 등에 대해서 상담과 정보의 제공업무를 수행한다. 고객을 만족시키면서 자사의 이익을 창출할 수 있는 여행사직원이 되기 위해서는 여행 · 숙박시설 · 목적지 등에 대해서 광범위한 지식과 정보를 확보해야 한다. 여행사직원은 자사가 판매하는 상품에 대한 충분한 지식과 정보가 있어야 전문가적인 상담(professional advice)이 가능하다.[13] 미국은 '공인여행상담사(CTC: Certified Travel Counsellor)'제도를 두고 있다. 여행사는 고객에게 정보를 제공하기 위해서 CRS(Computerized Reservation System)를 활용해 왔다. CRS는 여행사가 고객이 필요한 정보를 제 시간에 효율적으로 전달하는 데 큰 도움을 주었으며, 고객의 만족에 영향을 미쳤다. 또한 CRS는 장기적인 관점에서 여행사의 생존과 경쟁력에 영향을 미치기도 했다.[14] 인터넷은 정보제공자(information providers)로서 여행사의 역할에 변화를 가져 왔다. 인터넷을 통해서 여행정보는 세계 도처에 있는 잠재고객(potential customers)에게 즉각적으로 제공되어지기 때문에 고객은 여행정보 탐색을 하는 데 소극적이지 않은 능동적 역할(active roles)을 하게 된다.[15] 인터넷의 등장은 여행사가 기존에 수행해왔던 정보제공과 상담역할을 축소시켰음을 의미한다.

③ 예약 · 수배업무

예약업무는 여행사의 기본업무이자 중요한 업무 중의 하나이다. 여행사의 예약은 초기에 여행객이 직접 여행사에 찾아와 하는 'Walk-in' 형태였으나, 전화 혹은 팩스를 이용하여 예약하기 시작했다. 이러한 형태를 오늘날 Off-line이라 부른다. 최근 인터넷의 등장으로 인해 예약형태가 Off-line에서 On-line으로 전이(轉移)되고 있다. 여행업자가 여행객을 위해 예약, 확인, 여행경비 지불, 결산 등 모든 여행 중에 필요한 서류화작업(documentation)을 수배(手配)라 한다. 단체여행과 개별여행(foreign independent tour)은 항공수배와 지상수배로 이루어진다. 항공수배는 항공기를 이용한 여행객을 위해 예약 · 발권 등의 서비스를 제공하는 업무이다. 지상수배(地上手配)란 여행객이 목적지에 도착한 후 지상(ground)에서 필요한 것들을 수배하는 것을 일컫는다.

---

④ 단체요금 대폭할인(volume discounts)
⑤ 양호한 지불조건(favourable credit terms)

고객의 관심 · 예산 · 편의성 등을 고려하여 가장 적합한 수배업무를 하는 것은 여행사의 책임이다. 항공수배와 지상수배는 여행이 순조롭게 진행되기 위해서 긴밀하게 협조가 이루어져야 한다.[16)]

가) 항공수배(Air Arrangement)

항공권 예약 · 발권은 단체여행과 FIT여행의 가장 중요한 부분이다. 항공일정에 준해서 여행일정표(itinerary)가 결정된다. 여행사의 항공수배는 출발지 공항수배도 포함된다. 고객이 탑승하는 항공기 혹은 항공사, 좌석등급에 따라 제공되는 서비스와 '어메니티(amenity)'가 상이(相異)하다. 여행사는 고객의 조건에 맞추어 서비스를 제공하여야 한다. 여행사의 수배업무에서 가장 중요한 부분은 가능한 한 편안한 항공수배 서비스를 제공하는 것이다.

나) 지상수배(Ground Arrangement)

대부분의 지상수배는 관광객이 출발하기 전이 이루어지며, 지상수배경비는 사전(in advance)에 지불되는 것이 관례이다. 여행사의 지상수배는 다음과 같은 범주로 구성되어 있다.

① 공항 미팅 서비스(meet and assist service)
② 공항 트랜스퍼(airport transfer)
③ 숙박시설(accommodations)
④ 식사 서비스(meal service)
⑤ 오락과 이벤트(entertainment)
⑥ 현지관광(sightseeing)
⑦ 현지지상교통(ground transportation)
⑧ 그 외의 지상수배(other ground arrangement)

④ 판매업무

오늘날 많은 여행사들은 단지 호울셀러가 기획한 패키지상품 판매자(seller of package tours)라고 생각한다. 많은 여행사들은 단순히 웹사이트를 이용하여 패키지여행상품을 유통시키는 역할만 하고 있다. 이로 인해서 종전의 전문가로서 여행사역할은 축소되고 있다.[17)]

〈표 2-3〉 미국여행사의 판매 포트폴리오(2008년 2월)

구분	2000 % Share	2001 % Share	2002 % Share	2003 % Share	2005 % Share	2006 % Share	2007 % Share	2008 % Share	07/00 % Share
Airline	56.1	54.0	33.6	32.1	29.3	27.3	26.0	23.8	-53.7
Cruise	16.8	16.6	22.1	22.1	23.6	23.8	24.8	27.5	47.6
Tour packages	na	na	27.4	28.5	29.7	29.6	30.8	31.9	12.4
Hotel	14.7	16.0	8.1	8.5	8.7	8.1	9.9	9.2	-32.7
Car rental	8.1	8.8	5.0	4.7	4.7	4.2	4.4	4.2	-45.7
Other	4.3	4.6	3.8	4.1	4.0	7.0	4.0	3.4	-7.0

자료: http://asta.org/publications

〈표 2-3〉에서 보는 바와 같이 미국여행사의 판매 포트폴리오를 보면, 항공권 판매 의존도가 크게 낮아지고 있음을 알 수 있다. 반면에, 유람선 판매는 2000년 16.8%에서 2007년 24.8%로 크게 늘어났다. 패키지 투어 상품판매는 2002년 27.4%에서 2007년 30.8%로 약간 증가하였다. 렌터카(rent-a-car)의 경우 2000년 8.1%를 차지하였으나 2007년에 접어들어 4.2%로 약 50% 정도 감소하였다.

여행업은 여행객과 관광상품 공급업자 혹은 관광사업자 간의 중간에 위치하면서 여행객을 위해서 여행을 하는 데 필요한 제반 시설과 서비스를 예약하거나 수배를 한다. 또한 여행객을 위해서 여권 · 비자 등 수속업무를 함과 동시에, 상담 · 정보제공과 항공권의 예약 · 발권업무를 주로 수행한다. 여행업의 기능(업무)을 여행객 측면에서 보면 다음과 같이 구체적으로 제시할 수 있다.*

① 예약과 수배

② 여행정보 제공

③ 여행객을 위한 상담 서비스

④ 여행상품 개발 및 판매

⑤ 항공권 발권과 제반 숙박시설 예약 및 바우처 발행

⑥ 수속대행(여권 · 비자)

⑦ 여정관리 및 안내 서비스

* 본 내용은 고등학교 교과서 '관광일반' 120~122페이지를 참고하고, 일부 내용을 보완하여 정리한 것임.

(2) 여행업의 기능과 역할

德前玄利(1990)는 소비자인 여행객, 여행상품 공급업자, 그리고 사회적 관점에 따라 여행업이 수행하는 기능에 대해서 제시하였다. 〈표 2-4〉는 德前玄利가 제시한 여행업의 제기능이다.[18]

〈표 2-4〉 여행업의 기능

구분		여행업의 기능
소비자 · 여행객관점	염가성	• 전세기 · 특별기 요금 및 여행상품 • 단체항공권 • 염가의 패키지상품 • 대형 단체 특별할인요금 제공
	안심성	• 사전수배를 통한 쾌적한 여행 • 여행안내사(escort) 동반 서비스
	종합성	• 패키지 투어 • 단체여행의 경우 일괄수배기능 • 여행백화점기능
	편리성	• 일괄구매의 편리성 • 편리한 접근성
	정보성	• 전문가 여행정보
여행상품 공급업자관점		알선기관기능
		수요촉진기능
		계절파동완화기능
사회적 관점		새로운 목적지 개발
		새로운 여행형태 개발
		여행기회의 확대
		비수기 여행 수요촉진
		수요와 공급의 조정 및 완충기능

자료: 德前玄利, 1990: 27.

미래의 여행업자(여행사)는 기존의 예약기능에서 여행기획가와 여행상담자(travel adviser)로 변해야 경쟁력이 있을 것으로 예상된다. 또한 여행업자는 여행객 여행체험의 가치를 증대시키는데 초점을 맞추어야 한다. IT혁명은 미래의 여행업에 기회(opportunities)와 동시에 도전(challenge)을 가져왔다. 특히 인터넷혁명은 여행업자의 핵심업무(core business)인 정보제공과 예약업무에서 탈피하여 여행상담자(travel adviser)의 역할을 하도록 강요하고 있다.[19] 기존여행사의 중요한 역할이었던 예약(reservation)과 발권(ticketing)기능이 축소되고 여행정보 제공기능이 강화된다. 또한 여행사는 호텔과 렌터카 예약, 여행비용관리, 염가의 여행상품을 찾아 고객에게 제시하는 등과 같은 서비스 기능이 확대될 것이다.[20]

여행업의 중요한 역할 중의 하나가 패키지 투어(package tour)를 개발하여 판매하는 것인데, 호울셀러, 투어 오퍼레이터, 인센티브 여행기획업체는 패키지여행상품을 기획한다. 패키지여행상품은 여행사의 수익성에 크게 기여하며, 여행업을 활성화시키고, 다른 관광사업단위와 결합시켜 시너지(synergy)를 유발시키는 역할을 한다. 초기의 여행업의 기능은 철도 · 항공사 · 버스회사 · 유람선 등 관광교통업의 예약을 대리해 주고 그들로부터 수수료(commission)를 받는 대리인(middleman)의 역할이었다. 대중관광(mass tourism)시대가 도래하면서 여행업은 관광객들의 다양한 욕구를 충족시키기 위해 그 기능과 역할이 확대되었다.

2. 여행업의 산업적 특성

(1) 평화산업

여행업(관광산업)은 국제교류를 통해서 세계평화 촉진에 기여하는 평화산업이며,[21] 세계시민 간 이해와 감정교류를 증진시킨다.[22] “Tourism is the passport to peace”는 널리 알려진 문구이다. 혹자는 여행업을 사절산업(使節産業, ambassador industry)*이라 하면서 국가 간 교류를 증진하고 평화를 유지하는 데 기여하는 산업이라 칭하기도 한다. 2004년 여름 이집트 · 이스라엘 · 요르단 · 팔레스타인은 4개국 포럼 ‘Tourism 4 Peace Forum’을 개최하였는데, 여기서 채택된 Agenda 중의 하나인 “Tourism promotes peace and peace promotes tourism. Tourism contributes to economic growth, employment and the quality of life.”를 보면 관광이 평화를 촉진시키고, 평화는 관광발전에 기여하며, 관광발전은 경제성장 · 고용창출뿐만 아니라 삶의 질 향상에도 영향을 미치고 있음을 알 수 있다.

* 사절산업이란 국가를 대표하는 산업이란 뜻이다. 여행업은 경제적 기능 외에 국가를 위해 봉사하거나 국가의 이미지를 고양시키는 데 중요한 공익기능(public role)을 수행하는 산업이다. 따라서 여행업종사자는 자부심과 책임감 그리고 국가관도 있어야 한다(박시사, 2003: 101).

(2) 환경민감성 산업

여행업은 외부환경에 비교적 취약한 업종이다. 여행업의 발전에 영향을 주는 요소는 다양하다. 구체적으로 자연환경, 정치 · 사회환경, 경제환경 등이 여행업의 발전에 영향을 미친다. 2003년 중국에서 발생한 SARS는 전 세계 여행업에 큰 충격을 주었다. SARS의 사례는 여행업이 환경에 취약한 산업임을 증명한 예이다.[23] 전쟁, 테러발생, 허리케인, 관광목적지의 보건환경, 송출지의 경제침체 등은 관광산업에 큰 충격을 준다. 관광산업은 다른 산업에 비해서 외부환경에 영향을 받는 산업으로 널리 알려져 있다. 따라서 여행업을 비롯한 관광사업체는 위기상황에 맞는 상품개발, 가격인하 혹은 악조건 하에서 충격을 최소화하는 대응전략을 마련해야 한다.[24] 1989년 해외여행 자유화조치 이후 급성장해 온 여행업계는 1998년 IMF 금융위기(경제적 환경), 2001년 9 · 11테러(정치적 환경), 2003년 중국의 SARS(보건 · 위생환경), 2008년 미국 월가(경제적 환경)발 금융위기 등의 환경에 크게 영향을 받은 것으로 나타났다.

(3) 계절성 산업

여행업은 계절성(seasonality)이 강한 산업이다. 여행업의 계절성 패턴은 크게 ① 성수기, ② 평수기, ③ 비수기로 나눈다. 수요의 계절성(seasonality of demand)은 연중 시기 혹은 계절별로 상품에 대한 민감성(sensitivity)으로 해석되기도 한다. 혹은 계절성은 특정기간 동안 상품을 구매하거나 구매하지 않은 시장의 성향(tendency of market)으로 표현되기도 한다. 〈표 2-5〉는 성수기 · 평수기 · 비수기별 수요와 공급 및 가격성향을 보여 주고 있다.[25]

〈표 2-5〉 관광산업 계절성 패턴과 수요와 공급 및 가격성향

계절성 패턴	수요(demand)	공급 · 가격(supply & price)
성수기(peak season)	수요(高)	• 공급: 높은 수준 • 가격: 높음
평수기(shoulder season)	수요(平)	• 공급: 보통 수준 • 가격: 중간범위
비수기(low season)	수요(低)	• 공급: 낮은 수준 • 가격: 낮음(수요촉진)

자료: Fay, 1992: 34.

계절성은 관광산업에 영향을 미치는 주요한 문제 중의 하나이다. 계절성은 수요(demand)와

수익(revenues)에 불안정성(instability)을 초래한다. 여행업을 포함한 관광산업의 계절성 특성은 기업에 악영향을 끼칠 뿐만 아니라 잠재종사원(potential employees)들이 관광산업에 갖는 매력을 감소시킨다.[26] 여행상품은 성수기(peak season)와 비수기(low season)에 따라 수요(demand)에 큰 차이를 보인다. 여행사들은 가격차별화전략으로 비수기를 타개하려 한다.[27] 여행업의 계절성은 성수기에 파트타임직원(part-time employee)을 많이 고용하게 한다. 미국 ASTA의 2008년 자료에 의하면 미국 소형 여행사의 53% 정도가 파트타임을 활용하고 있는 것으로 나타났다. 반면에, 직원이 30명 이상인 대형 여행사의 경우 1% 미만의 파트타임직원을 활용하고 있다.[28]

(4) 종합산업

여행업은 식・주・행・유・구・오(食+住+行+遊+購+娛)가 하나로 통합된 경제활동이다. 다시 말해서 Dining+Staying+Transporting+Playing+Shopping+Entertaining이 하나로 결합된 종합산업이란 뜻이다.[29] 패키지 여행상품은 ① 관광교통, ② 숙박, ③ 식사, ④ 관광・가이드 서비스, ⑤ 관광대상・입장료 포함, ⑥ 쇼핑 등의 요소로 구성된다. 미시적 시각에서 보더라도 여행업은 다른 산업과 결합되고, 다른 산업에서 제공하는 상품과 서비스가 있어야만 가능하다. 이는 여행업이 종합산업임을 설명해 준다. 거시적 관점에서 보면 여행업을 비롯한 관광산업은 농업・수산업・임업・공업 등 다른 산업과 상호의존적인 관계를 통해서 성장・발전한다.

(5) 노동집약적 산업

여행업은 다른 서비스산업과 마찬가지로 노동집약적(labour intensive) 산업이다.[30]여행업은 노동집약적 산업이므로 인적 자원의 중요성이 강조된다. 여행업종사자는 비교적 높은 수준의 역량을 필요로 한다.[31] 여행업을 포함한 관광산업은 일반적으로 인적 서비스(personal service)가 높다.[32] 미들톤과 모리슨(Middleton & Morrison)[33]은 관광산업 마케팅 믹스를 구성하는 5번째 요소로 'People'을 포함시켰는데, 이는 관광산업은 인적 서비스가 중시되는 노동집약적 산업임을 나타내 주고 있다.

여행업경영자는 성수기에 한시적으로 고용된 종사원의 생산성을 높이는 문제, 전통적으로 낮은 임금을 받은 종사원의 높은 이직률문제에 직면해 있다. 높은 이직률은 회사에 큰 비용(cost)으로 작용한다. 여행업경영자는 부족한 인원을 충원하기 위해 시간을 투자해야 하며, 이는 종사원의 교육과 훈련에 에너지를 투여할 수 없기 때문에 결국 대고객 서비스의 저하로 이어진다.[34]

(6) 유동자산비중이 높은 산업

여행업은 유동자산(流動資産) 비중이 높은 산업이다.[35] 여행사의 유동자산은 ① 현금 및 현금성 자산, ② 단기투자자산, ③ 매출채권, ④ 재고자산으로 구성되어 있다. 여행사가 소유하고 있는 자산 중 유동자산의 비중이 높으며, 고정자산(固定資産)이 차지하는 비중이 낮은 산업이다.

따라서 여행사의 자산관리중심은 바로 유동자산관리에 초점이 맞추어져야 한다.

〈표 2-6〉 관광산업 상장사 유동자산과 비유동자산 비교표(2008년 6월 기준) (단위: 억원)

사업체명	유동자산(流動資産)		비유동자산(非流動資産)	
하나투어	현금 및 현금성 자산	256	투자자산	225
	단기투자자산	1,095		
	매출채권	249	유형자산	318
	재고자산		무형자산	67
	유동자산 총계: 1,232		비유동자산 총계: 642	
호텔신라	현금 및 현금성 자산	199	투자자산	452
	단기투자자산	6		
	매출채권	340	유형자산	4,562
	재고자산	1,568	무형자산	2
	유동자산 총계: 2,267		비유동자산 총계: 4,562	
강원랜드	현금 및 현금성 자산	623	투자자산	5,294
	단기투자자산	3,599		
	매출채권	18	유형자산	9,901
	재고자산	6	무형자산	2
	유동자산 총계: 5,140		비유동자산 총계: 15,303	

참고: 본 자료는 하나투어 · 호텔신라 · 강원랜드 대차대조표를 참고하여 작성한 것임.

〈표 2-6〉에 의하면 여행업을 대표하는 하나투어는 유동자산은 1,232억원이고, 비유동자산은 642억원으로 유동자산이 비유동자산의 약 2배로 나타났다. 반면에, 호텔신라와 강원랜드는 비유동자산이 유동자산의 2~3배로 나타났다. 한국을 대표하는 관광기업의 대차대조표를 보면, 여행업이 다른 산업에 비해 유동자산이 높은 산업임이 입증된다.

(7) 수요탄력성이 강한 산업

수요탄력성이란 가격이 변하는 정도에 따라 수요의 증가 또는 감소에 영향을 미치는 지수(index)를 의미한다.[36] 여행상품은 가격민감도가 높은 특성을 갖고 있다. 여행상품의 수요는 가

격의 변화에 민감하게 반응한다.[37)]

(8) 정보집약적 산업

관광산업의 정보집약적 특성[38)]으로 인해서 관광상품을 마케팅하는 데 인터넷과 웹기술 역할의 중요성이 강조되고 있다.[39)] 최근 여행업은 종전의 예약·발권의 역할에서 상담·여행기획 등 정보와 전문성을 바탕으로 한 역할과 기능의 중요성이 강조되고 있다. 이러한 변화추세를 잘 반영해 주는 것으로 인터넷기반 여행사, 온라인여행사, Click & Mortar, Travel Portal, CRS 등을 들 수 있다.

(9) 창업이 용이한 산업

우선 소자본으로 창업이 가능하고, 창업을 하는 데 고정자산이 다른 사업(산업)에 비해 많이 필요치 않다.[40)] 여행업은 상대적으로 창업이 용이하며, 쉽게 실패할 수 있는 산업이라 하였다. 그 이유로 제조업처럼 공장을 세우지 않아도 되며, 상대적으로 손익분기점이 낮고, 의사·변호사·회계사 등과 같은 전문직에 비해 자격요건이 까다롭지 않다. 또한 소자본으로 창업이 가능하기도 하다.[41)]

(10) 현금유동성이 높은 산업

여행업은 '현금흐름' 혹은 '현금유동성(cash float)'이 높은 산업이다. 미첼과 콜트만(Michael & Coltman, 1989)은 현금유용성이 여행업의 산업적 특성이라 주장하였다.[42)] 여기서 말하는 현금유동성이란 현금을 오랫동안 보유하고 활용할 수 있음을 뜻한다. 관례적으로 여행객은 여행이 시작되기 전에 여행경비 전액을 여행사에 지불한다. 그러나 여행사는 항공사, 호텔, 현지 지상수배업자(land operator or ground operator)에게 바로 지불하지 않고 보유하면서 활용한다. 여행사는 여행이 종료된 후 여행경비를 해당업체에 지불하거나 혹은 일정기간이 지난 후 지불하기도 한다. 따라서 여행업자는 이 기간 동안 현금을 유용할 수 있다. 이러한 여행경비 지불방식은 여행사에 현금유용성을 높게 해 준다.[43)] 항공사와 여행사 간 결재방식의 하나인 BSP(Bank Settlement Plan), 즉 '항공료 은행결재제도'를 보면 여행업이 현금유용성이 높은 산업임을 알 수 있다. BSP 가입여행사는 고객으로부터 받은 여행경비 중 항공료를 항공사에 직접 지불하지 않고 은행에 지불한다. 통상적으로 2주일이 지난 후 지불하게 된다. 여행사는 이 기간 동안 고객으로부터 받은 여행경비를 운용할 수 있다.

그 외에 여행업은 다른 산업에 비해서 수익률이 상대적으로 낮은 산업으로 알려져 있다. 董茂永[44](2000)은 여행업의 산업적 특성으로 ① 인적 자원의 질이 높은 산업, ② '조합산업(組合産業)', ③ 산업 내 진입이 용이한 산업이라 하기도 하였다.

(11) 상품 복제가 쉬운 사업

여행상품은 특허권이나 지적소유권이 인정되지 않아 새로운 상품이 개발되면 경쟁사들이 금방 복제하여 시장에 출시하는 일이 다반사로 벌어진다. 국내에서는 여행상품 인증제라는 것이 있지만 실제로 법적 규제력이나 구속력이 없어 유명무실하다. 따라서 새로운 상품을 개발하는 업자들은 심혈을 기울여 상품을 만들지만 이를 복제하는 업체들이 호텔이나 식사 등에서 약간의 변형만 가한 후 상품의 가격을 낮추어 출시하는 비양심적 행태가 만연해 있다.

(12) 치열한 경쟁의 사업

상기에서 살펴보았듯이 여행업은 창업이 쉽고 상품 복제에 대한 제재가 없는 만큼 어느 업종보다 치열한 경쟁이 유발되는 곳이기도 하다. 특히 후발주자들은 여행의 질로 승부하려는 의지보다 수익을 낮춘 채 경쟁하는데 익숙하여 '제 살 깎아먹기' 논란에 빠진 지 오래다. 특히 저가 여행상품을 판매하는 여행사들의 경우 지나친 경쟁과 낮은 수익으로 인해 현지수배에 대한 책임감이 떨어져 여행사고가 일어나는 경우도 잦다.

제3절 여행업의 미래전망

1. 여행업의 역할변화

IT혁명은 미래 여행업에 기회를 제공함과 동시에 도전을 가져왔다. 특히 인터넷은 여행업자들로 하여금 핵심업무인 정보제공과 예약업무에서 탈피하여 여행상담자의 역할을 하도록 하고 있다.[45] 여행업자는 정보제공뿐만 아니라 상담능력이 필요하게 되었으며, 여행사가 유통 채널에서 경쟁력을 갖추기 위해서는 '상담제공능력(advice-giving capacity)'이 강화되어야 한다.[46]

2. 여행사의 형태변화

미래의 여행업은 시장지배력(market power)을 활용할 수 있고, 규모의 경제를 누릴 수 있는 세계적 여행기업(global players)과 전문화 여행기업(niche marketers)이 미래 여행업을 지배할 것으로 예측된다.[47] 세계적 여행기업은 다양한 여행상품 포트폴리오를 구비한 대형 여행사이며, 국제적인 브랜드명성과 네트워크를 갖추고 있다. 세계적 여행기업은 경쟁자에 비해 대량구매와 대량거래를 할 수 있기 때문에 가격경쟁력이 있고, 여행상품 공급업자와의 특별한 거래(special deal)를 할 수 있는 위치에 있기 때문에 가격경쟁력이 높다. 이는 여행업의 과점화(寡占化)을 불러일으키고, 업계 전체의 빈익빈 · 부익부현상을 초래하기도 한다. 전문화 여행기업은 작은 규모의 여행사이며, 특정 세분시장의 욕구를 반영한 전문여행상품을 개발 · 판매하는 여행사이다. 전문화 여행기업은 차별화와 집중화를 통해서 고객의 욕구를 충족시키고, 고객의 가치를 창출한다. 다음 표는 한국여행업 전문화 사례이다.

〈표 2-7〉 여행업 전문화 사례

전문화분야	여행사명
상용 · 비즈니스전문	BT & I, 인하여행사, 전시회여행사, 국제박람회여행사
크루즈전문	싼타크루즈, 크루즈인터내셔날, (주)아이존투어, Club Thomas, Inter-Burgo Tour
신혼여행전문	허니문여행사, CJ월디스, 여행일번지/Tour 21(국내신혼여행)
성지순례여행전문	만나성지순례(기독교), 종려나무여행(기독교), (주)로뎀투어(기독교), 평화순례여행사(천주교), 에던항공여행사(천주교), 반야여행사(불교), 혜초여행사(불교), 기독교문화여행사(기독교)
배낭여행전문	내일여행, 블루여행사, 배재항공여행사, 투어야여행사, 신발끈여행사, 서울항공여행사
골프여행전문	비룡항공여행사, 지티에스여행사, 루비항공여행사, 일성여행사, 클럽골프여행사
국내여행전문	솔항공여행사, 홍익여행사, 비타민여행사, 다음레저, 테마캠프, 여행스케치, 웹투어, 여행천국, 환타지여행사, 우리투어네트웍스
지역전문	산수국제여행사(티벳), 로얄인더스여행사(인도 · 네팔 · 티벳), 혜초여행사(실크로드 · 네팔 · 인도), 케이투어(러시아 · 시베리아), 한우여행사(일본)

자료: 저자가 업계지(신문)와 잡지 및 인터넷 자료를 참고하여 정리한 것임.

3. 새로운 e-Mediary 출현

인터넷은 새로운 e-Mediary 출현을 가능하게 한다. e-Mediary는 e-Platform, Internet, Interactive Digital TV, Mobile Phone에 기반을 둔 시스템으로 종전의 CRS, GDS, Videtext와 다르다.

GDS(Global Distribution System)는 점차 인터넷과 통합되고 있다. 항공사 · 호텔 등과 같은 여행상품 공급업자(suppliers)는 온라인으로 여행상품을 판매할 수 있게 되었는데, 여행객은 CRS, 웹기반여행사, 인터넷 포털(internet portal), 경매 사이트에 직접 접속하여 여행상품을 구매하게 된다.[48]

4. 항공사의 수수료 삭감 및 폐지와 여행업 수익성 악화

항공권 발권수수료를 삭감함으로써 항공사는 항공권 분배 채널로서 여행사에 대한 의존도를 낮췄다. 이런 과정은 1995년 미국의 7개 항공사(아메리칸, 델타, US, 트랜스월드, 유나이티드, 노스웨스트, 콘티넨탈항공)가 시작했다. 이들 항공사는 국내선은 50달러, 1998년에 국제선은 100달러로 여행사수수료 상한선을 설정한 데 이어 1999년 10월에는 수수료율을 5%로 줄였으며, 마침내 2002년에는 수수료를 아예 폐지했다.

수수료 폐지의 배경은 크게 ① 저가항공사의 성장에 따른 항공사의 재정적 손실과 부도 증가, ② 1995년 2월 이후 점진적으로 시행한 수수료 인하가 부정적인 결과를 초래하지 않은 점 등을 꼽을 수 있다. 수수료 폐지에 따라 여행사의 수가 급속하게 감소할 것으로 예측된다.

유럽에서는 항공권 수수료를 15년 이상 9%를 유지했지만, 항공운송 및 국내선 항공 서비스자유화에 따라 새로운 항공사와 노선이 등장했으며, 항공요금경쟁과 이에 따른 부도건수도 증가했다. 항공사들의 생산비 절감압력도 커졌다. 그 결과 유럽에서는 1997~1999년 사이에 항공권 수수료율이 9%에서 7%로 인하되었으며, 2001년 이후에도 감소의 움직임이 지속됐다. 2003년 1월 1일부터는 스칸디나비아에서 수수료가 사실상 사라졌다. 이런 수수료 인하 · 폐지과정은 미국보다 유럽에서 더 빠르게 일어났으며, 이로 인해 유럽의 여행사들은 새로운 환경에 적응하는 데 더 큰 어려움을 겪게 되었다.[49]

특히 2010년 이후 우리나라에 진출해 있는 전 세계의 항공사들은 일제히 여행사에 대한 수수료를 폐지하였고 이로써 여행사들은 주수입원을 상실하게 되는 한편, 과도한 수수료 경쟁에 시달리게 되었다. 특히 온라인 티케팅 전문업체들 중 일부는 100만원짜리 티켓을 팔면서 단돈 1천원만 남기는 출혈경쟁에 뛰어들어 여행업을 고사시켰다. 우리나라 해외여행업 종사자의 수익구조가 50% 발권, 50% 여행상품 판매의 구조로 운영되었는데 2010년 이후에는 그 축이 무너지면서 큰 혼란에 빠졌고 실제로 이때 폐업한 여행사도 속출했다.

5. B2B · B2C · M2M의 일반화

여행업은 진입이 용이하고 사업철수 장애요인이 상대적으로 적은 산업이어서 경쟁이 치열한 산업이다. e-Commerce는 규제완화와 더불어 여행업의 경쟁을 가속화시켰으며, 여행사는 운영효율성을 증대시키고 시장점유율을 높이기 위해 B2C · B2B · M2M 등 e-Commerce를 채택하고 있다.50) 인터넷환경이 도래하면서 항공사-여행도매업자, 여행도매업자-여행소매업자간 유통구조가 급속하게 축약(縮約)되었다. 호텔 · 항공사를 비롯한 여행상품공급업자와 여행사(wholesalers)는 직접 인터넷으로 연결이 가능하게 되었으며, 여행도매업자와 소매업자 간 관계는 B2B(Business to Business) 형태로 변하게 되었다. 여행사의 e-Business 도입은 여행사의 운영비용(operation costs)을 절감시켰고, 전자상거래(e-Commerce)는 여행사의 사업운영형태에 영향을 미쳤다. 특히 시장에서 여행사가 여행상품을 유통시키는 방법에 큰 변화를 가져오게 했다.51) [그림 2-4]는 여행업 B2C · B2B · M2M의 전형적인 모형이다.

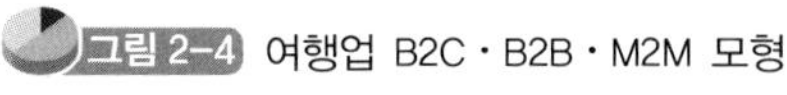
그림 2-4 여행업 B2C · B2B · M2M 모형

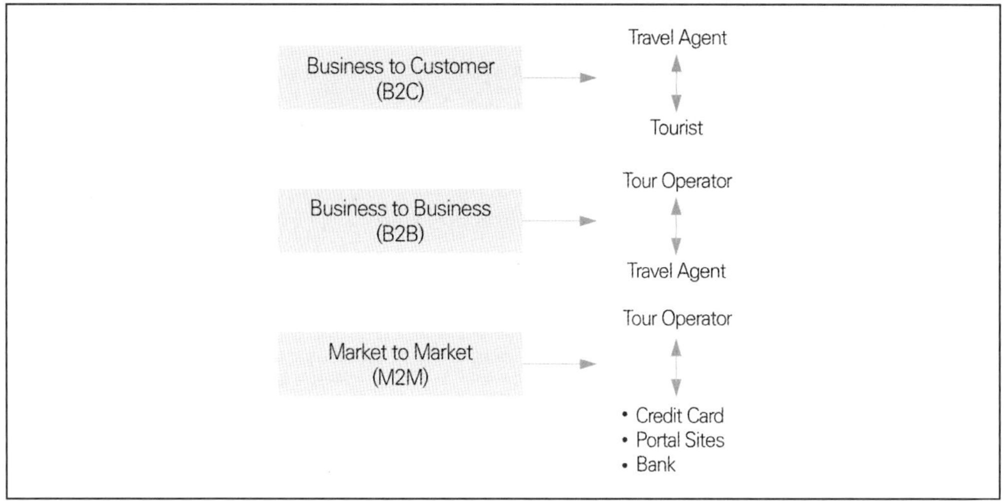

6. M&A를 통한 여행업의 외적 성장

한국의 여행업은 1990년대부터 인수 · 합병(M&A)과정을 겪고 있다. M&A 시장은 해외의 초대형 여행사들이 점차 우리나라 여행업으로 진출하는 움직임이 나타나고, 대규모 기업집단과 대기업 및 중견기업들이 여행업 진출을 검토하는 등 아직은 많은 변화가 예감된다. 또한 중국과 인도의 경제적 비약으로 중국과 인도의 여행수요 증가와 여행업 진출은 우리나라 여행업에 커다란 변화를 가져올 것으로 보인다. 기업은 성장전략을 수립하기 위해서 새로운 성장기회를 모색한다. 대표적인 여행업의 M&A 사례는 다음과 같다.

① 하나투어 → OK 투어

② 세중나모여행 → 한화투어몰

③ 자유투어 → 투어닷코리아

④ BT & I → 투어익스프레스

⑤ 세계투어(구호도투어) → 나스항공

7. 여행업의 다각화

다각화(多角化, diversification)란 기업이 과거에 관여하지 않았던 새로운 활동영역으로 경영범위를 확대하는 것이다. 예컨대, 전혀 새로운 분야의 제품이나 서비스를 도입하거나, 현재의 상품 및 서비스에 새로운 특성을 부여시키는 것을 말한다. 다각화전략은 내부역량은 우수하나 외부환경이 좋지 않을 때 채택하는 전략이다. 상품을 다양화하거나 새로운 서비스를 제공하여 틈새시장을 겨냥하기도 한다. 여행사의 경우 특정지역에 편중된 여행상품을 다양한 지역의 상품을 개발하거나 특정테마의 상품을 개발하여 새로운 고객을 창출하는 전략이다. 이때 다른 관련사업에 진출할 수도 있다.

기업의 다각화란 비관련 업종으로 사업영역을 확대시키는 것을 말한다. 가령 영국의 Thomson Holiday가 Thomson Publishing과 Thomson Oil and Gas로 사업영역을 확대하는 것을 일컫는다. 일본을 대표하는 JTB는 여행회사군, Solution 사업회사군, 출판 · 광고회사군, 상사회사군, 독립회사사업군으로 확대하여 계열화와 다각화를 동시에 추구하고 있다. 하나투어는 '유학사업부'*를 두어 기업의 성장을 도모하고 있다.

8. 이종업체 경쟁자 등장

여행업은 이업종(異業種), 즉 다른 업종으로부터 신규참여가 높아지고 있다.[52] 정보기술과 인

---

* 하나투어는 여행업 인프라를 바탕으로 종전에 산업으로 자리하지 못했던 유학원을 기업화하겠다는 전략이다. 또한 양질의 유학상품을 공급하고 전문적인 고객상담을 운영할 수 있게 될 것으로 기대하고 있으며, 하나투어의 대리점 네트워크를 공유해 보다 신속하고 안정적으로 하나유학을 유학시장에 진입시키겠다는 계획이다. 나아가 해외지사를 활용해 현지 지원 프로그램을 도입시켜 유학업체로서의 전문성 또한 강화한다는 방침이다.

터넷의 출현으로 관광산업은 '대각선통합(diagonal integration)'이 급속하게 진전될 것이며, 대각선통합 · 계열화는 관광산업 내 사업의 경계를 모호하게 만들 수 있다. 다시 말해서 관광사업체의 범주에 속하지 않은 이종업체에서 진입한 경쟁자가 늘어날 것이다. 가령 금융기업이 여행업을 포함한 관광산업을 매력적이고 수익성이 높은 산업이라고 판단하여 진입할 수 있다.53) 2005년 결혼정보회사 'SW'사가 기업의 다각화 차원에서 여행업으로 진입했다. 건설사 H사는 'H글로벌투어'를 설립하여 여행업에 진입하였다.

9. 여행사의 사회적 마케팅 대두

1970년대 초기부터 기업은 수익을 창출하고 고객을 만족시키면서 기업의 사회적 책임(social responsibility)을 인식하기 시작했다. 사회적 마케팅의 접근은 기업으로 하여금 항상 여러 분야에서 사업운영을 하기 이전에 고객 · 환경문제 · 자원고갈 · 사회복지(social welfare)를 고려하게 한다. 사회적 마케팅의 주요한 기능 중의 하나는 바로 소비자 · 종사원을 교육하고 사회구성원의 소비를 정당화하는 것이다. 이를 통해서 기업은 수익을 얻으면서 지속적인 발전을 추구한다.54)

기업은 제품 · 상품 · 서비스를 생산하여 사업활동을 한다. 이를 통해서 기업은 이윤을 얻는다. 기업활동은 사회에 지대한 영향을 미친다.

기업의 사회적 책임(social responsibility)이란 기업의 제반 사업활동이 사회에 영향을 미친다는 것을 인식하고 기업이 이를 의사결정에 반영하는 생각 또는 자세이다.

기업의 책임(responsibility)범주는 다음과 같다.55)

① 고객에 대한 책임(responsibility to customers)

② 종사원에 대한 책임(responsibility to employees)

③ 환경에 대한 책임(responsibility to environment)

④ 투자자에 대한 책임(responsibility)

기업의 사회적 마케팅은 브랜드 아이덴티티의 형성에 도움을 준다. 기업의 공익(public interest)과 대중의 복지 및 웰빙에 기여하는 사회적 마케팅을 수행하면 다음과 같은 편익을 누린다.56)

① 브랜드자산 형성(building brand equity)

② 브랜드인지도 높임(brand awareness)

③ 브랜드식별 도움(evoking brand feelings)

④ 브랜드신뢰도 구축(establishing brand credibility)

⑤ 브랜드 커뮤니티 만듦(creating a sense of brand community)

⑥ 브랜드 구매유도(eliciting brand engagement)

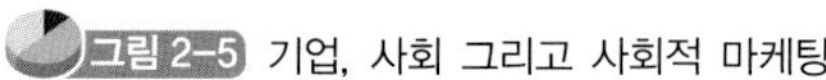
그림 2-5 기업, 사회 그리고 사회적 마케팅

전재산의 20% 이상을 기부하는 Bill Gates 부부와 Warren Buffet, 사회적 마케팅을 적용한 Zuji.com 여행사의 10센트 Beans 상품, 사회적 마케팅을 실천하는 '기부천사' 김장훈 그리고 행복한 관광객의 모습

10. 여행업의 계열화 경향

글로벌경제하의 관광산업은 기업 간 계열화(integration)와 집중화(concentration)가 이루어지게 된다. 관광교통 · 호텔 · 엔터테인먼트 · 식음료 섹터가 관광객의 소비 패턴을 통해서 긴밀하게 계열화되고 있다. 기업의 계열화는 크게 ① 수평적 계열화, ② 수직적 계열화로 나타난다.

여행업의 수평적 계열화(horizontal integration)는 동종업종 간 통합, 다시 말해서 호텔과 호텔 간 통합, 항공사와 항공사 간 계열화를 일컬으며, 수직적 계열화(vertical integration)란 이종업종

간의 결합을 말한다. 가령 호텔과 항공사 간 계열화, 항공사와 여행사 간 계열화, 호텔과 크루즈사 간 계열화 등이 수직적 계열화에 해당한다.[57)]

11. 여행사 제외한 현지 직수배 · 직거래의 경향

이상의 여러 가지 경향, 특히 IT산업의 발달은 여행업 자체의 붕괴를 위협할 만큼 심각한 수준에 이르렀다.

지금까지는 고객들이 온 · 오프라인 여행사를 통해 항공이나 여행상품을 수배하는 형태를 유지해 왔지만 인터넷의 발달은 더 이상 여행사를 필요로 하지 않을 만큼 다양해지고 세밀해지고 있다. 이러한 현상은 여행업 전분야에서 고르게 확산되고 있다.

항공사들은 여행사를 통한 판매에서 점점 자사 홈페이지를 통해 고객과 직접 발권계약을 체결하려는 시도를 하고 있고 호텔들 역시 다양한 여행사가 아닌 인터넷 예약업체를 통해 호텔예약을 받고 있다.

특히 SNS는 여행정보의 공유가 실시간으로 일어나는 대표적 통신수단이 되어 보다 저렴하게 보다 안전하게 해외여행수배를 간편하게 한다. IT환경에 노출되어 이를 보편적 소비수단으로 생각하는 소비자들은 점차 여행사의 도움을 떠나 스스로 낯선 곳을 찾아 직접 수배하고 직접 거래하며 떠나는 습성에 익숙해져 있다. 이는 이미 대세로서 모든 여행업 관계자들이 심각하게 고민하고 진일보한 생존전략을 가동해나가야 할 당위성에 직면했다.

참고문헌

1) 박상현 · 염지환(2008). 롯데닷컴 여행사업부의 영업전략. 『경영교육연구』, 11(2) , 149～167.
2) 임연우 · 윤지환 · 박은정(2007). 인터넷여행사의 전환비용이 고객유치에 미치는 영향. 『관광연구』, 22(2), 173～190.
3) 逶耘 · 传惠 · 李美云(2000). 旅行社人力资源管理, 广东旅游出版社.
4) 박시사(2006). 한 · 중 여행업 비교. 『관광 · 레저연구』, 18(3) , 7～21.
5) 박시사(2006). 한 · 중 여행업 비교. 『관광 · 레저연구』, 18(3) , 7～21.
6) 石野正樹 외 7인(1996). 旅行業法解説, 社團法人 日本旅行業協會.
7) Stevens, L.(1990). *Guide to Starting and Operating a Successful Travel Agency*. Delmar Publishers, Inc..
8) Goeldner, C. R., Ritchie, J. R. B., & McIntosh, R. W.(2000). *Tourism: Principles, Practices, Philosophies*. John Wiley & Sons, Inc..
9) Bowie, D., & Buttle, F.(2004). *Hospitality Marketing*. Elsvier Buttlerworth Heinemann.
10) Goeldner, C. R., Ritchie, J. R., & McIntosh, R. W.(2000). *Tourism: Principles, Practices, Philosophies.* John Wiley & Sons, Inc.
11) 노정철(2005). 『여행사경영론』. 한올출판사.
12) 노정철(2003). 『여행업경영』. 대왕사.
13) Lavery, P., & Doren, C. V.(1990). *Travel and Tourism*. Elm Publications.
14) Poon, A.(1993). *Tourism, Technology and Competitive Strategies*. CAB International.
15) Ozturan, M., & Roney, S. A.(2004). Internet Use among Travel Agencies in Turkey: an Explorary Study. *Tourism Management*, 25(2), 259～266.
16) Poynter, J.(1989). *Foreign Independent Tours: Planning, Pricing, and Processing*. Delmar Publishers, Inc.
17) Cai, L., Card, J. A., & Cole, S. T.(2004). Content Delivery Performance of World Wide Web Sites of US Tour Operators Focusing on Destinations in China. Tourism Management, 25(2), 219～227.
18) 德前玄利(1990). 旅行: Tourism. 日本經濟新聞社.
19) Buhalis, D.(2003). *e-Tourism: Information Technology for Strategic Tourism Management*. Prentice-Hall.
20) Doganis, R.(2006). The Airline Business, Routledge.
21) 秋場良宣(1992). 旅行業の未来戦略. 日本能率協会マネジメントセンター.
22) 王德刚(1995). 旅游学概论. 三东大学出版社.
23) 齐洪利 · 孙文学 · 主审 · 刘正伟(2006). 旅行社经营管理. 大连理工大学出版社.
24) Seaton, A. V., & Bennett, M. M.(1996). *The marketing of tourism products: concepts, issues and cvases*. international thomson business press.
25) Fay, B.(1992). *Essentials of Tour Management*. Prentice-Hall.
26) Krakover, S. (2000). Partitioning Seasonal Employment in the Hospitality Industry. *Tourism Management*, 21(5) , 461～471.
27) 박시사 (2006). 한 · 중 여행업 비교. 『관광 · 레저연구』, 18(3), 7～21.
28) ASTA Agency Profile(2008).

29) 李宝明(2004). 旅行企业管理. 经济科学出版社.
30) Rogers, A. & Slinn, J.(1993). *Tourism: Management of Facilities*. The M&E Handbook Series.
31) 李宝明(2004). 旅行企业管理. 经济科学出版社.
32) Seaton, A. V., & Bennett, M. M.(1996). *The marketing of tourism products: concepts, issues and cvases*. international thomson business press.
33) Morrison, A. M.(2002). *Hospitality and Travel Marketing*. Delmur Publishers.
34) Rogers, A. & Slinn, J.(1993). *Tourism: Management of Facilities*. The M&E Handbook Series.
35) 董茂永(2000). 旅行社业务. 旅游教育出版社.
36) 박시사(2003). 『여행업경영』. 대왕사.
37) Hudman, L. E., & Hawkins, D. E.(1989). *Tourism Contemporary Society*. Prentice-Hall.
38) 李宝明(2004). 旅行企业管理. 经济科学出版社.
39) Lin, Y. S., & Huang, J. Y.(2006). Internet Blogs as a Tourism Marketing Medium: A Case Study. *Journal of Business Research*, 59(10~11), 1201~1205.
40) 董茂永(2000). 旅行社业务. 旅游教育出版社.
41) Lundberg, D. E.(1990). *The Tourist Business*, VNR.
42) Michael, M., & Coltman(1989). *Tourism marketing*. van nostrand reinhold.
43) 박시사(1997). 『한국 여행업의 창업결정에 관한 연구』. 한양대학교 박사학위논문.
44) 董茂永(2000). 旅行社业务. 旅游教育出版社.
45) Buhalis, D.(2003). *e-Tourism: Information Technology for Strategic Tourism Management*, Prentice-Hall.
46) Ozturan, M. & Roney, S. A.(2004) Internet among travel agencies in Turkey: an Exploratory study. *Tourism management*, 25(2), 259~266.
47) 박시사(2008). 『항공사 경영론』. 백산출판사.
48) Buhalis, & Licata.(2002). Tourism Managemen.
49) www.amadeus.com
50) Huang, L.(2008). Building-up a B2B e-commerce strategic alliance model unger an certain environment for taiwan's travel agencies. *Tourism Management*, 22(1), 11~19.
51) Wu, J. J., & Chang, Y. S.(2006). Effect of transaction trust on e-commerce relations between travel agencies. *Tourism management*, 27(6), 1253~1261.
52) 秋場良宣(1993). 旅行業の未来戦略. 日本能率協会マネジメントセンター.
53) Poon, A.(1993). *Tourism, Technology and Competitive Strategies*. CAB International.
54) Tosun, C., Okumus, F., & Fyall, A.(2008). Marketing philosophies evidence from Turkey. *Tourism Management*, 35(1), 127~147.
55) Dumler, M. P., & Skinner, S. J.(2008). *A prime for management*. Thomson south-western.
56) Hoeffer, S., & Keller, K. L.(2002) Building brand equity through corporate societal marketing. *Journal of Public Policy & Marketing*, 21(1), 78~89.
57) Lafferty, G., & Fossen, A. V.(2001). *Tourism Management*, 22(1), 11~19.

제 3 장

항공운송업

전 약 표

수원과학대학교 항공관광과 교수

경기대학교 관광경영대학원 석사, 캐나다 Concordia University에서 Aviation MBA, 경주대학교에서 관광학 박사학위를 받았다. 아시아나 공채 1기로 입사, 아시아나 항공 지점장, 항공영업, 항공운송, 교육팀을 거쳐 8년간 항공사 대표자 협의회 사무총장으로 재직 시 90여개 항공사 대표들과 다양한 교류 및 한국의 항공 산업 발전에 힘써 왔으며, 스타얼라이언스 한국지역 마케팅 회장을 맡아서는 스타 얼라이언스 25개 회원사와 공동으로 세계일주상품 개발, UCC Contest 등 다양한 프로모션을 실시하였음. 현재 수원과학대학교 에서는 국제협력처장 및 국제교육원장으로 있으며, 저서로는 관광학 개론, 항공예약실무, 항공운송론, 항공사 경영론(이하 공저), 항공관광 실무영어(Air Travel English)가 있다. 논문은 국내 저가항공사의 서비스 품질 경쟁력이 경영성과에 미치는 영향연구 외 다수 있음.

yakpyo@naver.com

김 홍 일

전주대학교 관광서비스경영대학원

아시아나항공에서 26년간 근무하며, 항공 영업, 공항서비스 업무를 거쳐 교육훈련팀에서 외국어교육담당 및 승무원 입사 영어면접관, 해외지역 전문가 양성 프로그램 운영, 아시아나항공 국내외 MBA 프로그램 운영, Star Alliance sales board member 및 Coordinaor 등 다양한 이력을 쌓았으며. 국내영업지점장 및 터키 이스탄불지점장을 역임하였음.

lionmba@daum.net

제 3 장

항공운송업

전 약 표 · 김 홍 일

제1절 항공운송업의 개관

1. 항공사의 정의

항공사는 항공기를 이용하여 유상으로 여객과 화물을 실어 나르는 역할을 하는 회사를 말하며, 최근에는 다른 항공사와 제휴나 연합을 통하여 고객들에게 다양한 노선을 제공하고 이를 통하여 서비스의 수준을 높이는 것은 물론 항공사의 이익도 극대화하려는 시도를 하고 있다. 기본적으로 항공사는 정부의 운항허가를 득하는 것으로부터 시작하는 만큼 정부의 정책 변화에 민감한 사업이라고 할 수 있다.

2. 항공운송업의 분류

항공사는 기준에 따라 각각 다르게 분류될 수 있는데, 여기서는 몇 가지 기본적인 분류 방법에 의해 분류해 보겠다.

(1) 노선과 스케줄(운항 형태)에 의한 분류

항공운송사업은 일반적으로 운항의 정기성, 비정기성의 여부로 정기항공운송사업과 비정기운송사업으로 나눌 수 있다. 정기운송사업은 특정 구간(route)을 일정한 일시에 정기적, 지속적으로 운송하는 사업을 말하며 정기항공운송(scheduled airline)은 노선과 일정한 운항 일시를 사전에 공표하고, 그에 따른 공표된 시간표(time table)에 의해 여객, 화물 및 우편물을 운송하는 업이다(항공법 제2조 제31호). 국제민간항공기구(ICAO: International Civil Aviation Organization)

에서는 2개국 이상을 비행하고, 모든 일반 대중에게 개방되어 있으며, 공표된 스케줄에 따라 연결 운항을 할 때 정기국제항공운송으로 규정하고 있다.

부정기항공운송(non-scheduled airline)은 정기항공운송업 이외의 항공운송업으로서 일정한 노선 없이 일시를 정하여 운송 수요에 응하여 운항하는 운송업으로 규정되어 있으며 매 운항 시 편수, 구간, 시간(slot) 및 이용 공항에 대해 관할 항공당국의 운항허가를 득해야 한다.

(2) 운항 지역에 의한 분류

가장 기본적인 분류 방법으로 운항 지역이 국내 노선에 국한하는지 2개국 이상 국제선을 운항할 수 있느냐에 따라 국내항공운송사업과 국제항공운송사업으로 구분할 수 있다. 국내항공운송사업의 경우 자국의 항공법에 의해 규제되며 자국 정부의 면허를 받아야 되지만, 국제항공운송사업의 경우 타국의 공항에 취항을 위해서는, 즉 미국과 같이 영공개방(open sky)이 되지 않은 국가에 취항하기 위해서는 양국 간에 체결된 항공협정에 따른 운수권을 배분받아 운항하여야 한다.

(3) 운송 대상에 의한 분류

항공운송사업을 지칭하면 주로 여객운송을 의미하였으나 대형 화물 전용기(freighter)의 도입과 국제 간 무역의 발달에 따라 화물운송사업도 예전의 여객운송의 부대사업에서 독립하여 독립적인 화물운송사업분야로 분리하였다. 또한 항공우편과 외교 행낭의 운송도 주요한 수입원이 되고 있다. 각각의 특징을 살펴보면 여객운송은 출발 공항에서 목적지 공항까지 운송을 원칙으로 하며, 탑승제한자를 제외한 불특정 다수의 승객을 대상으로 하여 유상 운송한다. 항공화물운송은 여객운송과는 달리 편도 수송, 반복 수송, 운송의 야행성 등을 들 수 있으며 여객운송과 달리 대규모의 지상조업장비 및 시설이 필요하다. 항공기를 이용한 운송의 경우 운임이 타 교통수단에 비해 비교적 고가이기 때문에 부피가 작고 고가이거나, 신선도를 요구하는 상품을 운송 대상으로 한다. 또한 항공화물은 항공사, 혼재화물업자(indirect air carrier/consolidator), 육상운송업자, 공항 보세창고업자 등과의 협조체제하에 이루어지는 종합운송 서비스라고 할 수 있다. 항공우편운송은 우편물의 최우선적 운송, 정시성 확보, 통신비밀의 준수, 우편이용자와 항공사 간의 운송계약상의 의무관계준수 등을 특징으로 할 수 있으며, 외교 행낭의 경우는 정부와 항공사와 특수한 계약을 통해서 이루어진다.

(4) 비용에 의한 분류

기내 서비스를 줄이거나, 공항서비스 인력의 외주화 시도, 보유 항공기의 기종 통일로 인한 정비 비용절감 등의 효율과 비용절감을 통해 저가로 운행하는 항공사를 저가 항공사 혹은 저비용항공사라고 지칭하며, 저비용 항공사를 영문으로 Low Cost Carrier(LCC)로 표기한다. IATA, ICAO 등 항공관련 국제기구에서 주로 이 명칭을 사용하고 있다. 미국에서 처음 저가 항공의 개념이 고안되어 1990년대 초에 유럽지역으로 확산되었고, 전 세계적으로 비행시간 3~4시간 이내의 중, 단거리 노선을 중심으로 운항하고 있다.

– 현재 운항중인 국내 저가 항공사

- 에어서울
- 에어부산
- 제주항공
- 진에어
- 이스타항공
- 티웨이항공

이에 반하여 기존항공사들은 Full Service Carrier(FSC) 혹은 Legacy Carrier로 불리며 통상 3개의 객실 class(Economy, business, first class)를 유지하며 무료 수하물, 식사, 음료, 기내 엔터테인먼트(in-flight entertainment) 등의 서비스를 무료로 제공하고 있다.

(5) 매출 규모에 의한 분류(미국 교통부 분류 자료)

① Major Airlines

연간 10억달러 이상의 매출을 올리는 항공사

Alaska Airlines, American Airlines, American Eagle, ATA Holdings, America West, Continental Air Lines, Delta Air Lines, DHL Airways, FedEx, Northwest Airlines, Southwest Airlines, United, United Parcel Service(UPS), and US Airways 등

② National Airlines

연간 1억~10억달러 사이의 매출을 올리는 항공사. 국내선운항을 주로 함.

AirTran, Frontier Airlines, JetBlue, Midwest express

③ Regional Airlines

연간 1억달러 미만의 매출을 올리는 항공사로서 주로 중, 단거리 지역을 운항하며 30석에서 100석 정도의 소형항공기를 이용함.

American Eagle Airlines, Atlantic Southeast Airlines, Atlantic Coast Airlines, SkyWest Airlines

3. 항공운송업의 특성

(1) 공공성

철도, 버스, 여객선 등 타 교통수단과 마찬가지로 항공운송도 일반 대중을 대상으로 운송서비스를 제공하는 공공재의 성격을 가지고 있으며 운송 조건의 공시, 이용자 차별금지, 영업지속 등의 의무를 가지고 있다.

(2) 안전성

비행기와 엔진의 성능 향상, 운항, 정비기술, 통신기재, 항법시설의 급속한 발달로 인하여 항공운송은 여타 교통수단에 비하여 상대적으로 안전한 운송수단으로 인정받고 있다.

항공안전 네트워크(Aviation Safety Network)에 의하면, 2012년은 1945년 이후 항공사고가 가장 적었던 해였으며, 전 세계적으로 23번의 치명적 사고가 있었고, 총 사망자는 475명이었다. 2000년에 42건의 항공사고가 났으며 1,147명이 사망했던 것과 비교하면 절반 이하 수준이다. 아놀드 바넷 교수(MIT 대학)의 연구에 의하면 2007년부터 2012년까지 5년 동안 미국에서 비행기 탑승객이 사망할 확률은 4,500만 비행 편당 1회의 사고로, 이는 12만 3천년 동안 매일 비행기를 타고 나서야 한 번의 사고가 날 수 있다는 것으로 항공기 여행이 매우 안전하다는 것을 의미한다.

(3) 정시성

항공사는 사전에 계획한 운항스케줄에 따라 실제로 항공기 운항이 정해진 출발시간이나 도착시간에 이루어질 수 있도록 정시성에 우선을 두고 있으며, 항공사 서비스에서 가장 중요한 품질요소이므로 항공사는 정시성 준수에 최선의 노력을 하고 있다. 그럼에도 불구하고 항공기 정비, 기상상태, 비행경로상의 풍속과 같은 기상조건, 출·발착지 혼잡 등의 사유로 인하여 실제 현장에서 항공운송에서의 정시성 확보는 타 교통수단에 비해 매우 어려운 실정이다. 이 역시 최근의 각종 운항보조장치의 발전, 체계적인 정비시스템으로 인하여 정시성은 점점 향상되고 있다.

〈표 3-1〉 항공사별 항공교통서비스평가 결과

대형 항공사 부문

항공사	종합	정시성	안전성	피해구제	이용자만족도
대한항공	매우 우수(A)	매우 우수(A)	매우 우수(A)	우수(B)	우수(B)
아시아나항공	우수(B)	매우 우수(A)	매우 우수(A)	보통(C)	우수(B)

저비용 항공사 부문

항공사	종합	정시성	안전성	피해구제	이용자만족도
제주항공	우수(B)	매우 우수(A)	매우 우수(A)	보통(C)	우수(B)
진에어	매우 우수(A)	매우 우수(A)	매우 우수(A)	보통(C)	보통(C)
에어부산	매우 우수(A)	우수(B)	매우 우수(A)	우수(B)	보통(C)
이스타항공	우수(B)	보통(C)	매우 우수(A)	우수(B)	보통(C)
티웨이항공	우수(B)	보통(C)	매우 우수(A)	매우 우수(A)	보통(C)

자료: 국토교통부 2014~2015 항공교통서비스평가 결과.

(4) 고속성

과학의 발전과 함께 항공기 제작 기술도 비약적인 발전을 거듭해 왔다. 현재 제트여객기는 보통 700~900km/시 정도가 보통 속도이고 프로펠러 여객기들은 400~650km/시 속도를 내고 있다. 이러한 스피드화를 통하여 승객들의 거리 및 시간에 대한 생각을 변화시켜 해외여행의 대중화를 초래하였다.

(5) 쾌적성

항공기의 기내 공간과 이륙 중량의 제한으로 인하여 쾌적한 기내를 꾸미기에는 여러 가지 제약사항이 분명히 존재한다. 그럼에도 불구하고 객실의 시설, 서비스 질의 향상, 최신 기재 도입을 통하여 쾌적성을 확보할 수 있도록 노력해오고 있다. 최근의 항공기는 기압 및 온도 조절장치, 방음장치, 떨림 및 진동을 최소화하는 장치, 기타 기내 엔터테인먼트(In-flight Entertainment) 등은 거의 동일한 수준으로 향상시켰기 때문에 객실승무원의 서비스 태도 및 주류, 음료, 기내식 등이 서비스 분야에서의 품질의 주 요소가 되고 있다.

(6) 경제성

타 교통수단에 비하여 항공요금이 비싸다는 선입견이 있으나 이동하는 거리에 따르는 시간과

비용을 고려해 보면 경제적, 이동에 따른 능률이 타 교통수단에 비하여 월등히 높게 평가되고 있다. 특히 최근의 유가하락, 저가항공사 출현, Early Bird 프로그램, 인터넷 판매 등 다양한 판매 채널의 발달로 인하여 항공운임이 과거에 비하여 상대적으로 저렴하게 책정되고 있다.

(7) 자본 집약성

항공사는 기본적으로 항공기를 운용하여 수입을 발생시키는 업종인 만큼 제조업에서 생산활동을 위한 공장에 비유 할만한 것이 바로 항공기이다 항공기의 대당 가격이 수 백억에서 수천억을 호가하며 도입 후 부품의 공급, 감가상각, 정비에 필요한 시설에 엄청난 자본을 필요로 한다. 더욱이 서비스에 투입하는 인력집중 성이 있는 사업이므로 인건비 또한 경영에 부담이 되고 있다.

(8) 국제성

항공사는 기본적으로 운항 노선을 일정 수준 이상으로 유지해서 노선을 다양화 함으로서 마케팅에서 우위를 점할 수 있다. 이러한 노선의 다양성을 유지하기 위하여 국적항공사끼리 연합(alliance) 및 제휴를 통한 협력을 강화하고 있다.

• 국적항공사란?

영어로는 National Flag Carrier로 번역이 되며 근대국가가 시작되면서 국제해상법에 의거 항행하는 모든 선박이나 항공기들이 등록된 국가의 국기를 게양하고 다녀야 한다는 규정에서 유래되었으며 해외에 항행 시 정부로부터 부여된 특권을 받을 수 있었음. 원래는 거의 모든 선박 회사나 항공사들이 국영이었기 때문이며 대부분의 회사가 민영화된 지금도 나라에 따라서 National Flag Carrier 라는 표현이 국영항공사를 의미하기도 함.

예를 들면 대한항공이나 아시아나 공히 민영 항공사이며 대한민국에 등록된 국적항공사임.

• 국책항공사란?

항공사가 속한 정부에서 그 나라를 상징하는 국기와 국호, 상징 등을 사용할 수 있도록 허가를 받은 항공사를 칭하는 용어이다. 예를 들어, 대한항공과 아시아나항공은 모두 대한민국 국적 항공사 이지만 태극 도안과 대한민국을 나타내는 영문 명칭 'Korea'를 독점적으로 사용하고 있는 대한항공만 국책 항공사로 칭할 수 있다.

제2절 항공운송업 현황

1. 세계 항공운송업의 동향

1950년대 말 제트여객기가 도입된 이후 항공기의 급속한 발달로 인하여 항공운송업은 급격한 발전을 거듭해 왔으나, 항공보안강화, 안전운항 확보를 위한 국제적인 노력, 유가하락과 같은 여러 가지 변수에 의해서 항공사 간 경쟁이 심화되었으며 이를 극복하기 위한 다양한 조치들로 항공사 간의 제휴와 협력을 강화하고 있다.[1)]

(1) 항공사 규제 완화

1978년 미국에서 Airline Deregulation Act(항공운송사업 규제완화법)이 통과된 이후, 그전에 기존항공사들이 신규항공사들을 견제하기 위한 수단이었던 운수권, 항공요금, 항공사 인허가 등에서 규제가 완화되었고 국적항공사(flag carrier)라는 개념도 예전과는 달리 약화되게 되었다. 규제완화 후 기존 항공사들은 규모의 경제를 실현하기 위하여 여러 기종의 항공기를 운영할 수 있고 승객들에게 다양한 노선을 제공할 수 있는 hub-and-spoke 방식으로 급격히 이동하였으며 이에 맞서 Low Cost Carrier(저비용항공사, LCC) 항공사들도 등장하였다. 규제완화의 궁극적인 목적은 진입장벽을 없애서 많은 신규항공사들이 시장에 진입하여 경쟁을 함으로써 궁극적으로 항공요금을 싼값에 공급할 수 있도록 하자는 것이었으며 실제로 규제 완화 이후에 많은 신규 항공사들이 시장에 진입하였고 시장에서의 경쟁도 치열해졌다. 그로 인하여 항공 좌석의 공급도 많아지고 승객도 늘어났지만 경쟁 심화에 따른 항공사들의 도산, 합병, 노선조정, 가격경쟁, 노사갈등과 같은 부작용도 발생되었다.

• **Hub-and-Spoke 방식**
중심 공항(hub)을 지정해 두고 주변의 중소도시를 소형항공기로 연결(spoke)하는 방식으로 예전에는 hub와 spoke 구간을 기존 대형 항공사들이 운항하는 방식이었으나 현재는 hub는 대형항공사들이 운항하고 spoke 구간은 LCC들이 맡아서 하는 방식으로 운영하고 있음.

(2) 기존 항공사 간 연합 추세

미국에서부터 시작된 항공 규제완화 이후 항공사들은 연합(alliance)을 통하여 마케팅, 공항,정비 등 각 분야에서 협력을 통하여 원가절감(항공유 공동구매 등), 편명 공유(codesharing), 상용고객프로그램 운영 등 다양한 분야에서 협력을 강화하고 있다.

〈표 3-2〉 Alliance별 개요

	Star Alliance[1]	Sky Team[2]	One World[3]
창립일	14 May, 1997	June 22, 2000	February 1, 1999
회원사	27	20	14
제휴회원사	40		22
취항공항	1,330	1,062	1,016
취항국	192	177	161
연간 승객(백만명)	641.1	665.4	557.4
항공기 대수	4,657	3,054	3,560
본사	프랑크푸르트, 독일	Haarlemmermeer, 네덜란드	뉴욕, 미국
CEO	Mark Schwab	Perry Cantarutti	Rob Gurney
웹사이트	www.staralliance.com	www.skyteam.com	www.oneworld.com

1) Star Alliance Facts & Figures, 2016년 8월 18일 기준
2) SkyTeam, 2016년 8월 6일 기준
3) OneWorld, 2014년 5월 17일 기준

(3) 저가항공의 발전

베트남 전쟁 후 여행업, 특히 PKG를 전문으로 하는 회사에서 새로운 여행지를 개발하는 과정에서 항공료를 낮추기 위해서 필수서비스만 제공하는 방식으로 전세기(charter flight)를 운용하면서 자연스럽게 시장에 진출하게 되었으며 최초의 저가항공사는 Pacific Southwest Airlines(1971년 창립)이다. 그 후 특히 2000년 이후 항공사들의 수익성이 악화되기 시작하면서 더욱 그 수를 확대해오고 있다.

IATA에서는 저가항공은 다음과 같은 특징을 갖는 것으로 정의한다.

- 주로 한 구간을 왕복(point to point)한다.
- 단거리 노선을 주로 운항하며 지방공항이나 제2공항을 이용한다.
- 전형적으로 모노클래스를 공급하며 고객우대프로그램이 미미하거나 없다.
- 고객에 대한 서비스를 제한한다. 기내식의 경우 추가요금을 받는다.

- 가격경쟁력에 중점을 두기 때문에 평균가격이 싸다.
- 탑승률(성, 비수기)과 항공권 구입 시점에 따른 차별 가격을 제공한다.
- 인터넷이 항공권 판매의 주요 통로이다. 항공기 가동률이 매우 높다. 항공기 도착 시 청소와 정비에 최소한의 시간을 할애하고 바로 출발한다.
- 항공기 기종은 한 개나 두 개로 단순화한다.
- 주로 민영항공사이다. 경영층과 상부 조직이 슬림하며 의사결정구조가 단순하다.

2. 국내 항공사별 현황

(1) 대한항공과 아시아나항공

〈표 3-3〉 항공사 현황(대한항공/아시아나항공)

	대한한공	아시아나항공
IATA code	KE	OZ
ICAO code	KAL	AAR
항공사 콜사인	Korean Air	ASIANA
창립일	1969년 3월 1일	1988년 2월 17일
허브공항	김포국제공항, 인천국제공항	김포국제공항, 인천국제공항
제2허브공항	김해국제공항, 제주국제공항	
거점도시	대구국제공항, 청주국제공항	김해국제공항, 제주국제공항
동맹체	스카이팀	스타얼라이언스
상용고객우대제도	스카이패스	아시아나클럽
VIP라운지	KAL 라운지	아시아나 라운지
보유항공기	179대	85대
취항지수	168	112

(2) 저가항공(여객운송)

〈표 3-4〉 항공사 현황(에어서울/진에어)

	에어서울	진에어
IATA code	RS	LJ
ICAO code	AVS	JNA
항공사 콜사인	Air Seoul	JIN AIR
창립일	2014년	2008년 1월 23일
허브공항	인천국제공항	김포국제공항, 인천국제공항
운항개시일	2016년 7월 11일	2008년 4월 5일
보유항공기	3대	21대
취항지수	11	27

〈표 3-5〉 항공사 현황(에어부산/제주항공)

	에어부산	제주항공
IATA code	BX	7C
ICAO code	ABL	JJA
항공사 콜사인	AIR PUSAN	JEJU AIR
창립일	2007년 8월 31일	2005년 1월 25일
허브공항	김포국제공항, 대구국제공항	인천국제공항, 제주국제공항
운항개시일	2008년 10월 27일	2006년 6월 5일
보유항공기	16대	26대
취항지수	20	20

〈표 3-6〉 항공사 현황(이스타항공/티웨이항공)

	이스타항공	티웨이항공
IATA code	ZE	TW
ICAO code	ESR	TWB
항공사 콜사인	EASAR	TWAYT AIR
창립일	2007년 10월 26일	2010년 8월
허브공항	인천국제공항, 김포국제공항	인천국제공항, 대구국제공항
운항개시일	2009년 1월 7일	2005년 8월
보유항공기	17대	15대
취항지수	24	19

제3절 항공운송업 업무 소개*

1. 일반직

(1) 일반 지원직

경영지원, 구매, 환경, 기획, 법무, HR, 재무, 고객만족, 홍보 및 캐빈서비스, 운항 승무, 정비 등 현장 지원/관리 업무가 일반 지원직의 주된 업무이며 다음과 같이 세분화된다.

- 인적 자원: 인사, 노무, 교육, 감사
- 전략 기획: 경영 기획, 예산 기획, 항공기 구매, 항공유 구매
- 행정: 총무, 시설/환경, 일반 구매
- 고객관리: 서비스품질관리
- 재무관리: 재무회계, 원가회계, 수입 회계, 자금관리, 국제금융
- 전문 지원: 법무/보험, 홍보, 항공보안, 안전 경영
- 기내 서비스: 케이터링 개발, 객실승무원관리, 객실서비스훈련, 운항 평가, 운항 훈련, 운항 기술, 운항승무원관리
- 정비: 정비관리, 기재계획/제고관리

(2) 영업서비스직

여객/화물 영업과 관련된 업무를 수행하는 직종으로, 영업에 필수적으로 요청되는 대리점판촉, 영업 기획/관리, 마케팅 등의 업무와 항공협정, 운수권, 운임과 관련된 업무를 시행하고, 다음과 같이 세분화된다.

- 세일즈: 영업 기획, 영업관리, 예약 및 발권, 노선수익관리, Pricing/Tariff, 판매
- 마케팅: 인터넷마케팅, 로열티마케팅, 여객마케팅, 화물마케팅, 광고, 디자인 등
- 기타 항공정책기획 및 국제 업무

(3) 공항서비스직

공항에서 수행되는 모든 업무를 운영하고 기획하며, 항공기 출발부터 도착까지 책임지는 직종

---

* 아시아나항공 홈페이지 참고

이다. 크게 발권, 탑승수속, 수하물, 라운지 서비스 등의 대 고객 접점 업무와 전체 공항서비스를 기획, 관리하는 업무로 분류한다.

- 공항서비스기획, 여객공항서비스, 화물운송서비스, 공항서비스지원

2. 객실승무직

승무원은 현행 항공법상 "항공기에 탑승하여 비상시 승객을 탈출시키는 등 안전 업무를 수행하는 승무원"으로 그 역할이 규정되어 있으며 국내선 및 국제선 여객기에 탑승하여, 대 고객 서비스 및 기내 안전관리 업무를 담당하는 직종이다. 또한 승객의 편안하고 안전한 여행을 책임지는 업무이므로 고객에게 신뢰와 편안함을 줄 수 있어야 하며, 이를 위해 지속적인 교육 훈련 및 자기관리가 필수이다.

3. 운항승무직

우리가 흔히 알고 있는 항공기 조종사 업무를 말하는 것으로서 승객과 화물을 싣고 운송하는 항공기를 안전하고 편안하게 목적지까지 운송하는 업무로, 운항 중인 항공기의 최고 책임자로서 언제 어디서든 항공기 운항을 위해 관계 당국과 의사소통 할 수 있도록 외국어 능력과 국제적 감각이 필수적이며, 규정과 절차에 대한 정확한 이해와 이를 준수하고자 하는 의지, 그리고 고객의 안전을 책임질 수 있는 정신적, 신체적 강건함이 요구된다.

4. 정비직

항공기 중장기 정비계획의 수립 및 기획, 현장의 정비, 기술 지원이 정비 직종의 주요 업무이며, 항공기 정비의 신뢰성 향상을 위한 정비 계획, 기술 지원, 사고, 지연, 결항의 원인 및 조사, 생산성 관리 업무를 수행한다. 안전 운항 및 항공사 신뢰성의 가장 큰 저해요소가 항공기 정비 결함이므로 매우 강한 책임감과 모든 일에 완벽을 기하는 철저함, 항상 연구하는 자세가 필요하며 중장기 계획 수립 및 생산성 관리를 위한 기획 능력과 현대 기술의 총아인 항공기에 대한 높은 수준의 이해와 기술력이 필요한 직종이다.

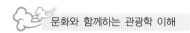

5. 운항관리직

항공기 연료소모량을 고려한 최적의 비행계획 작성 및 항공기 운항 통제가 주 업무이며 구체적으로, 항공기 운항과 관련 있는 항로 정보, 공항 정보, 기상 정보를 수집, 분석하여 항공기가 안전하게 운항할 수 있도록 지원하고 비정상 운항을 예방하는 업무를 수행한다. 항공 운항을 위해 수집한 다양한 정보를 수집/분석하는 능력 및 분석한 결과를 신속, 정확히 전달할 수 있는 의사소통 능력이 필수적이며 항공기, 기상, 공항/항로 등의 항행 시설에 대한 기본 지식과 관심, 정확하고 신속한 의사결정 능력이 요구되는 직종이다.

제4절 항공운송협정과 국제항공기구*

1. 국제 운송체제의 형성과 변화

(1) 국제 항공운송체제의 형성

가) 1944년 11월 시카고 국제민간항공회의(Chicago Conference)에서 국제 항공운송 질서 수립

나) 1946년 2월 영 · 미간 항공운수협정(Bermuda I Agreement)으로 이국 간 합의에 의한 항공운수권 교환체제(Bilateralism)의 확립

(2) 발전 과정

가) 1978년 미국의 항공규제 완화

- Airline Deregulation Act를 통한 국내시장 deregulation
- International Air Transportation Competition Act를 통하여 미 항공사들의 국제항공시장에서의 경쟁기회 확대 추진

나) 1983년 이래 GATT에서 항공문제를 서비스교역 자유화의 일환으로 논의(Uruguay Round 협상)

- Soft Right: 지상조업, 판매, 정비, CRS 등으로 협상의 대상
- Hard Right: 운수권 등으로 협상에서 제외

---

* 아시아나항공 홈페이지 참고

다) 1987년 이래 EC의 항공자유화

- '93년 1월부터 EC 역내 항공자유화 실현

라) 지역 Block화 추세

- NAFTA(North American Free Trade Agreement; 미국, 캐나다, 멕시코)
- Andean Pact(Venezuela, Bolivia, Colombia, Ecuador, Peru)
  Mercosur Agreement(Argentina. Brazil, Paraguay, Uruguay)
- ASEN(Association of Southeast Nations: Thailand, Singapore, Malaysia, Indonesia, The Philippines, Brunei)
- 호주, 뉴질랜드를 주축으로 한 Western Pacific 지역 single Aviation Market 형성 노력

(3) 새로운 질서 모색

'92년 4월 ICAO Colloquium에서 현 쌍무협상(bilateralism)에 대한 논의 및 다자협상 체제(multilateralism)로의 가능성 협의

> **• 쌍무협상**
> 이자 간 항공협정. 두 개 나라가 서로 협상하고 각자 이행하는 협상

2. 항공협정

(1) 항공협정의 내용

가) 본문

- 항공사의 지정, 공급 규제, 운임, 지사 설치, 송금, 관세면제, 협정개정절차 등

나) 부표(Annex)

- 노선구조, 노선운영방식(운항지점 생략 또는 추후 결정 등)
- 운항기종, 운항횟수 등의 내용

다) 부속 협정

- 운수권 행사조건, 운항횟수, 기종 등 공급에 관한 내용
  (부표에 구체사항 명기 안된 경우)
- 합의록(Agreed Minutes) 또는 각서(Notes or Memorandum) 형태로 교환

(2) 운수권 교환의 기준

가) 공급 설정의 기본 원칙

- 수요에 상응하는 공급
- 공정하고 평등한 기회 부여
- 상대 항공사의 공급 수준 고려
- 제 3/4자유 수송에 상응하는 공급 설정을 주목적으로 하고 제 5자유 수송을 위한 공급은 보조적이어야 한다.

나) 제 1-5자유 운수권의 교환

- 제 1자유(영공통과), 제 2자유(기술착륙), 제 3/4자유(양국 간 운송) 운수권은 상호 호혜적으로 교환
- 제 5자유(상대국과 제3국 간의 운송) 운수권은 제한적으로 교환(추후 항공 당국 간 협의 또는 항공당국의 승인 전제하에 항공사 간 합의)

〈표 3-7〉 항공의 자유

	설 명	예 시
1st	영공통과의 자유	New Delhi - Shanghai 인도 항공기가 네팔을 통과하여 상하이 도착
2nd	기술착륙(Technical stop) 허용의 자유	Mumbai - New York 비행 도중 두바이에서 급유를 위한 착륙 허용
3rd	승객이나 화물을 상대국에 내릴 수 있는 자유	Toronto - New Delhi 구간을 캐나다 국적기가 운항
4th	승객이나 화물을 실을 수 있는 자유	Mumbai - Chicago 구간을 미국 국적기가 운항
5th	자국에서 출발을 하거나 자국을 최종목적지로 해서 상대국과 제3국 사이에 승객이나 화물을 운송할 수 있는 자유	Bangalore - London - New York을 인도 국적기가 운항
6th	상대국과 제3국을 운송하는데 있어서 중간에 자국을 들렀다 운송하는 자유	Singapore - New Delhi - Paris 노선을 인도 국적기가 운항
7th	자국을 들르지 아니하고 상대국과 제3국을 운송할 수 있는 자유	Tokyo - New Delhi 노선을 중국 국적기가 운항
8th	상대국의 국내선 노선을 운항 후 자국으로 운송하는 자유	Bangalore - New Delhi - Toronto 노선을 캐나다 국적기가 운항
9th	상대국 국내선만을 운항하며 승객과 화물을 운송하는 자유	Las Vegas - New York 노선을 프랑스 국적기가 운항

다) 운항횟수 및 기종 설정

- 운항횟수 설정 방식
  - 양국 간 구체적인 운항횟수를 결정(일본, 동남아 등)
  - 시장규모에 따라 자유롭게 결정(영공개방)
  - 지정 항공사 간 합의 후 항공당국 승인으로 결정
- 기종 설정 방식
  - 제한 없이 설정하는 방식 또는 기종별 공급 규모에 따라 기종 계수를 설정하는 방식
  - 지정 항공사 간 합의 후 항공당국 승인으로 설정하는 방식

라) 노선구조 설정 방식

- 운항 지점을 개별적으로 열거하는 방식

  예 : SEL-TPE-HKG(서울/타이페이/홍콩)
- 운항 지점을 제한하지 않는 방식

  예 : 한국내제지점 - 중간제지점 - 런던 - 이원제지점
- 운항 지점을 개별적으로 열거하되 선택이 가능하도록 명시하는 방식

  예 : SEL-TPE or HKG and/or BKK-SIN
- 상기 방식의 조합
- 노선구조 설정에 있어 운항 지점은 양측이 상호 호혜주의 원칙에 입각하여 결정

(3) 항공협정 체결(또는 개정) 절차

가) 항공회담 개최

- 회담 필요성에 의거 당사국이 상대국(외무부 또는 교통부)에 전문으로 항공회담 개최를 제의
- 양 정부 당국은 회담 의제, 일자, 장소를 조정하고 합의가 되면 항공회담을 개최한다.

나) 항공회담 사전준비

- 항공회담 개최가 결정되면 정부 당국은 국적 항공사에 동 회담에 대한 의견 문의 및 대책 회의를 실시한다.
- 항공사는 주무부서(국토부 항공정책실)에 의견을 제출한다.

다) 대표단 구성

- 관계부처 및 항공사 대표로 구성(항공사는 observer 자격)

라) 항공협정의 체결(개정)

- 양국 간 합의된 항공협정문에 대하여 회담 시 양 수석대표 간에 가 서명하고, 이후 각국 정부의 정식 서명권자에 의해 정식 서명한다.

마) 협정의 발효

- 국내 절차를 거쳐 양 정부 간 외교각서 교환으로 발효
- 국가에 따라 국내 절차가 다르며 우리나라의 경우 정부조약으로 국무회의의 의결로 종료하나 국회의 비준을 필요로 하는 국가도 있다.

바) 지정 항공사 통보

- 항공협정이 처음 체결될 경우 운항이 개시되기 전에 양 정부 당국은 항공협정에 의거 지정 항공사를 통보한다. (노선배분)

사) 취항(증편, 노선변경)

- 항공협정 또는 양 항공 당국간 합의에 의거하여 스케줄 신청 및 허가 등 필요한 국내 절차를 완료 후 증편, 노선 변경을 실시한다.

3. 국제항공기구

(1) ICAO

International Civil Aviation Organization(ICAO)는 UN 산하 특별기관으로 국제 항공운송에 필요한 기술 및 안전 및 원칙에 대해 연구하고 있다. WHO와 함께 UN에서 가장 권한이 강한 기관 중 하나이며 항공사 직원의 자격(정비, 운항 등), 항공기 상태, 통신, 기상, 항공기 운항, 항공에 관한 규정 등에 대해 국제표준을 만들고 심사한다.[2] 그리고 항공운송에 있어서 적절한 시설 유지를 위해 국가 간의 협력을 강화하고, 저개발국에 기술적 원조를 제공한다. 우리말로는 "국제민간항공기구"라고 한다.

① 발전과정

- ICAO는 원래 International Commission for Air Navigation(ICAN)라는 기구에서 시작했는데 1903년 베를린에서 9개 국가가 참여해서 첫 번째 회의를 열었으나 어떤 합의에 도달하지 못하였다. 두 번째로 1906년에 베를린에서 회의가 열렸으며, 27개국이 참여한 가운데 1912년 런던에서 세 번째 회의가 열렸을 때 항공사에서 관제탑과 교신 시 사용되는 콜사인을 처음으로 제정하였으며 그 후 ICAN은 1945년까지 지속되었다.
- 시카고 협약(Chicago Convention)으로 알려진 국제민간항공협약(Convention on International

Civil Aviation)을 1944년 52개국이 참석하여 비준을 하였으며 이 협약에 의하여 Provisional International Civil Aviation Organization(PICAO)이라는 기관이 창설되어 ICAN을 대체하게 된다. PICAO는 1945년 3월 5일부터 그 활동을 시작하게 되고 마침내 1947년 10월 ICAO가 창설되면서 자연스레 해체된다. 이때부터 ICAO는 United Nations Economic and Social Council (유엔 경제사회이사회)의 산하 단체로 지정된다.

- 2013년 카타르정부에서 ICAO를 유치하고자 거대한 규모의 ICAO본부 건물을 건설하고 모든 이사비용을 지불하겠다고 제의를 하였음. 현재 캐나다 몬트리올에 있는 본부가 유럽과 아시아로부터 너무 먼 거리에 있으며 겨울철 날씨가 너무 춥고, 캐나다 정부가 비자발급에 소극적이어서 제때에 회의 참석이 어렵고 특히 캐나다 정부에서 ICAO에 부과하는 세금이 너무 무겁다는 등의 이유를 열거했었다. The Globe and Mail이라는 캐나다 발행 신문에 의하면 당시의 캐나다 수상이 친 이스라엘 외교정책을 펼쳤던 것도 ICAO 이전을 주장했던 이유 중의 하나였다고 함. 약 한달 후 카타르는 ICAO의 ICAO Triennial Conference만이라도 이전하자고 제안하였으나 관리 이사회(governing council)에서 22 : 14로 부결이 난 후에 모든 제안을 완전히 철회하였다.

② 회원자격

2016년 3월 현재 191개 회원국이 가입해 있으며 유엔 회원국 193개국중에서 도미니카, 리히텐슈타인, 투발루를 제외하고 쿨아일랜드가 가입을 한 상태이다. 리히텐슈타인은 스위스에 조약에 대한 권한을 위임한 바 있다. 타이완은 2013년 38차 회의에 참석하였으나 미국의 지원에도 불구하고 2016년에 중국의 압력에 의해 참가가 거부되었다. 타이완은 IATA에는 Chinese Taipei라는 국명으로 가입되어 있다.

③ 이사회

이사국은 매 3년마다 총회에서 선출하는데 3개의 분야에 36개의 이사국이 선출된다. 현재의 이사회 회원국은 2013년 10월 1일 몬트리올에서 열린 제 38회 총회에서 선출되었다. 3개의 분야는 다음과 같다.

- PART I – 항공운송: 호주, 브라질, 캐나다, 중국, 프랑스, 독일, 이탈리아, 일본, 러시아, 영국, 미국
- PART II – 국제민간운항을 위한 시설 제공: 아르헨티나, 콜롬비아, 이집트, 인도, 아일랜드, 멕시코, 나이지리아, 사우디아라비아, 싱가포르, 남아프리카 공화국, 스페인, 스웨덴
- PART III – 지역별 대표권: 알제리, 카보베르데, 콩고, 쿠바, 에콰도르, 케냐, 말레이시아, 파

나마, 한국, 터키, 아랍에미리트연합, 탄자니아, 우루과이

④ 표준화

- ICAO는 Aeronautical Message Handling System(항법메시지처리시스템; AMHS)와 같은 특수한 기능을 표준화하는데 이러한 업무를 위하여 표준화 기구를 설치하였다. 공중 항법에 필수적인 정보를 집약한 Aeronautical Information Publication(AIP) 매뉴얼을 제작하였으며 모든 회원국은 이 정보에 접근 권한을 가지고 있다. 또한 매 28일마다 한 번씩 매뉴얼을 업데이트하여야 한다. 그렇게 함으로써 각국의 공항에 대한 최신 규정과 정보를 공유할 수 있게 된다.
- 시시각각 일어나는 항공기에 대한 위험 요소들은 정기적으로 NOTAM 시스템에 의해 공지된다.
- Notice to Airmen(NOTAM)은 항공기의 항행상 장애에 관한 사항 또는 항공 시설, 항공 업무, 항공 방식 등 항공기의 조종사에게 신속하게 통보해야 할 사항으로 항공관련 정부기관이나 공항의 운항담당자가 작성 통보한다.
- ICAO는 국제표준대기(International Standard Atmosphere)를 결정하는데 이는 지구의 특정 고도 하에서 대기압, 온도, 밀도, 점도를 결정한다. 이는 측정용 계기의 눈금조정이나 항공기 디자인에 유용하게 쓰인다.
- ICAO는 전 세계 전자여권상에 숫자와 글자로 된 코드 부분을 광학적으로 인식할 수 있도록 표준화한다. 이렇게 함으로써 국경을 관리하는 이민국직원이나 기타 공무원들이 편리하게 정보를 쉽고 빠르게 처리할 수 있도록 한다. 최근에는 생체인식 여권을 표준화하였다.
- ICAO는 중단 없는 글로벌 항공교통관리시스템을 유지하기 위하여 통신, 항행, 감시 기능을 포함한 인프라를 건설하는데 적극적으로 투자하고 있다.

⑤ 국제 표준코드 관리

- IACO와 IATA 두 기관은 공항과 항공사를 위한 Code System을 가지고 있는데 ICAO는 공항을 표시하는데 4자리 숫자로 표시한다. 예를 들어, Charles de Gaulle 공항은 LFPG로 표기하는데 L은 남부유럽을, F는 France를, PG는 Paris de Gaulle를 의미한다.
- 모든 공항마다 ICAO, IATA 코드가 있는 것은 아니며 민항기가 취항하지 않는 공항은 IATA 코드가 필요치 않다.
- ICAO는 모든 항공사에 3자리 숫자의 코드를 부여한다. 대한한공은 KAL이며 아시아나항공은 AAR을 사용한다.

- ICAO는 모든 항공사 파일럿이 사용하는 무선식별부호(콜사인)를 부여한다. 대한항공의 식별부호는 KAL이고 콜사인은 Korean Air이다. 반면에, 아일랜드의 항공사인 Aer Lingus의 식별 부호는 EIN이고 콜사인은 Shamrock이다. 대한항공 111편의 경우 "KAL111"로 쓰고 "Korean Air One One One"이라고 발음하면 된다. 항공사인 Aer Lingus는 "EIN111"으로 쓰고 "Shamrock One One One"으로 발음하여야 한다.
- ICAO는 항공기 등록번호에 대한 표준도 제공한다. 예를 들어, 미국에서 등록한 모든 항공기는 "N"으로 시작하는 등록번호를 갖는다. 한국은 "HL"로 시작한다. 참고로 중국은 "B", 일본은 "JA", 북한은 "P"로 시작한다.
- ICAO는 또한 항공기의 종류에 따른 식별부호도 지정한다. 예를 들어, 보잉사에서 제작하는 항공기에 부여하는 식별부호는 B741, B742, B743 등이다.

(2) IATA

International Air Transport Association(IATA: 국제항공운송협회)는 ICAO와 달리 순수 민간협력단체이다. 즉 ICAO는 각국 정부가 회원으로 가입되어 있는 국제연합(UN) 산하 국제기구로 국제항공의 지속적인 발전 및 안전을 목적으로 하는 기구이나, IATA는 각국 항공사들의 대표들로 구성된 비정부조직이다.[3)]

① 발전과정

- IATA는 항공수송사업을 하는 항공사들의 협력강화를 목적으로 한 단체인 만큼 1919년 네덜란드 헤이그에서 결성되었던 국제항공교통협회(International Air Traffic Association)를 계승하여 1945년 쿠바의 하바나에서 결성되었다. 처음에는 31개국의 57개 항공사가 참여하였으며 초기 IATA의 역할은 주로 기술적인 분야였으며 신설된 ICAO에 자료제공 등으로 협력하는 것이었다. 시카고협약은 운수권에 관한 이슈를 해결하지 못하였기 때문에 수천 개의 항공협정이 오늘까지도 존재하며 이러한 양국 간의 협정을 통해서 운수권을 조정하고 있는 실정이다. 요즘도 우리가 참고하는 최초의 항공회담은 1946년에 체결된 미국과 영국 간의 버뮤다조약이다.
- 처음에는 IATA는 승객도 보호하면서 항공사 간의 치열한 가격인하경쟁을 막기 위한 일관성 있는 항공요금체계를 정부가 관장하면서 정부에 관리비를 지불해야 했었다. 1947년 첫 번째 회의를 리오데자네이로에서 개최하고 약 400개의 결의안을 만장일치로 채택하였다. 그 후 IATA에서 직접 IATA tariff를 발행해오고 있으나 요즘은 각 항공사에서 IATA tariff를 참조

하여 각 항공사의 자체적인 Carrier Fare를 GDS 시스템에 등재하고 있다.

- 1960년대 이후 항공업은 급속한 발전을 이루었으며 IATA의 역할도 확장되었다. 레저관광분야도 수요가 급증함에 따라 가격의 탄력성도 중요성을 띠게 되었고 미국이 1978년의 항공업 규제완화를 이끌게 되었다.
- 최근에 IATA는 항공업에 있어서 중요한 발언권을 가진 단체로서 그 위치를 공고히 하고 있으며 항공업에 있어서 중요한 여러 가지 프로젝트를 추진하고 있다.

② 주요업무

가) 안전분야

IATA는 항공안전을 가장 중요시하고 있으며 안전에 관한 주요사항은 IATA Opera ional Safety Audit(IOSA)에서 관장하고 있으며 국가차원에서 안전규정을 시행하고 있으며 2012년을 항공안전에서 가장 우수했던 해로 선정하였다. 서구에서 제작된 JET기의 100만회 비행당 기체가 전파된(hull-loss) 사고의 횟수로 안전도를 계산하는데 그 당시의 계수가 0.20으로 5백만 번의 비행에 한 번의 사고가 일어나는 수준이었다. 2014년 말레이시아항공의 MH370편이 흔적 없이 사라진 후에 이에 대응하여 IATA에서는 운항 중인 항공기를 실시간으로 추적할 수 있는 방법을 연구하기 위한 특별위원회를 설치하였다.

나) 보안분야

2001년 9·11사태 이후 항공기 보안에 대한 중요성이 크게 대두되었으며 각 나라마다 다른 안전규정을 보완하여 위험을 평가하고 승객을 구별하는 것을 목적으로 하는 새로운 안전규정(Checkpoint of the Future)을 개발하였다.

다) 간소화

2004년 이후 승객들에게 아주 중요한 변화가 발생하기 시작하였는데 전자항공권, 바코드가 새겨진 탑승권 등 새로운 개념이 도입되었다. 그 외에 수하물 셀프 체크인 같은 다양한 변화들이 추진되어 왔다.

라) 기타

IATA는 항공업에서 중요한 여러 가지 분야에 대한 다양한 컨설팅 및 교육을 실시하고 있다. 여행사 인증을 통하여 인증된 여행사는 항공사를 대신하여 발권할 수 있는 제도를 운영하는데 이를 통상 업계에서는 여객의 경우 IATA BSP 대리점이라고 칭하고 있다.

화물의 경우는 IATA CASS(Cargo Account Settlement Systems) 대리점으로 불리운다. 교육부문은 기초예약교육부터 고급관리자과정까지 다양한 교육과정을 제공하고 있다.

제5절 항공운송업의 미래*

1. 수요 창출 요인

(1) 생활수준 향상

IATA 발표에 의하면, 1인당 국민소득이 2만불에 달할 때까지는 지속적으로 항공여행의 수요가 증가한다고 함.

(2) 인구통계학적 요인

항공수요를 예측할 때는 단순한 인구수뿐만 아니라 노년층 부양 비율과 같은 요소도 고려하여야 한다. 일본, 러시아, 우크라이나 등과 같은 나라는 심각한 인구감소가 예상되고 있는 반면, 아프리카의 국가들은 급격한 인구증가를 예측해 볼 수 있다. 전형적으로 인구가 증가하는 나라는 젊은층 인구가 많으며 이러한 생산 연령층이 많을수록 항공여행에 대한 수요가 더 많이 발생한다.

(3) 요금 인하와 노선 증대

1950년 이래 항공운송의 단가는 유가인상으로 인하여 약 4배 인상되었다. 반면에, 항공요금은 거의 바닥에 머물러 있으며 이러한 현상은 향후에도 계속될 것이다. 항공요금은 연간 1~1.5% 정도씩 느리지만 점차적으로 인상될 것이며, 새로운 장거리노선용 중형 항공기가 개발, 도입되면 연결 노선은 늘어날 것이며, 또한 항공시장의 규제 철폐에 더하여 세계 항공수요는 연간 1퍼센트 포인트씩 점차적으로 늘어날 것으로 예상한다.

* 아시아나항공 홈페이지 참고

(4) 스마트 기기를 기반으로 한 여행의 편리성 강화

- 스마트폰 등 기타 디지털기기의 발달로 인하여 집에서 항공기 탑승에 필요한 모든 절차를 마칠 수 있음.
- 수하물도 집에서 픽업하여 도착 목적지까지 배달 가능하며 실시간 운송 과정을 스마트폰으로 확인가능할 수 있을 것임.
- 출입국, 세관, 검역 및 어느 정도의 보안 수속도 미리 이루어질 수 있도록 항공사와 정부 관련 기관들이 정보를 공유할 수 있는 시스템 구축 예상.

2. 성장 요인 분석

(1) 시장 전망

- 2034년까지 가장 빠르게 성장하는 시장은 중국(8억5천6백만명), 미국(5억5천9백만명), 인도(2억6천6백만명), 인도네시아(1억8천3백만명), 브라질(1억7천만명)이다.
- 퍼센티지로 볼 때 가장 빠르게 성장하는 10개 국가 중 8개는 아프리카 지역에 있으며 Central African Republic, Madagascar, Tanzania, Burundi, Kuwait는 상위 5개 국가이다.
- 노선별로 볼 때 경제발전과 인구증가를 반영하는 아시아와 남미를 연결하는 노선이 가장 빠른 성장세를 보이고 있으며 파키스탄 국내선, 쿠웨이트-태국, 아랍에미리트-에디오피아, 콜롬비아-에쿠아도르, 온두라스 국내선 등의 노선은 향후 20년간 평균 9.5%의 성장률을 예상하며 그 중 인도네시아-동티모르 노선은 약 14.9%의 성장을 기대한다.
- 향후 20년 내에 현재의 2배에 달하는 승객이 여행을 할 것이며 이러한 규모로 늘어나는 항공편 스케줄도 수백만 명의 승객들에게 경제적 기회를 줄 수 있을 것이다. 현재 항공업은 5천8백만 개의 일자리를 창출하고 있으며 2.4조 달러 가치의 경제활동에 기여하고 있다.[4)]

(2) 시장여건변화

- 현재는 정치적인 영향으로 인하여 노선 개설이 쉽지 않을 경우가 있으나 생활수준 향상, 인구통계학적 여건 개선으로 인하여 늘어나는 수요에 대응하기 위하여 각 국가에서는 이러한 정치적 장애를 제거하게 될 것이며, 또한 면세, 영공 자유화(open sky) 등과 같은 유인책을 강화하게 될 것이다. 항공수요가 늘면 경기가 활성화되고 또한 경기활성화는 더 많은 항공 수요를 창출하는 선순환 사이클이 이루어질 것이다.

- 환경 영향 평가를 강조하게 될 것이며 이산화탄소배출량을 감소하려는 노력을 강화할 것이다.
- 2009년에 항공업계는 하기의 목표를 결의하였다.
  - 2020년까지 매년 1.5%씩 연료효율을 증가시킨다.
  - 2020년부터 이산화탄소 배출억제를 통하여 이산화탄소 순수배출량의 한도를 정한다.
  - 2050년까지 2005년 대비 순수배출량의 50%를 감소시킨다.

3. 10대 주요 시장 분석

- 미국이 여전히 가장 큰 여객운송시장으로 남게 될 것이나 2030년을 전후로 중국이 가장 큰 항공운송시장으로 부상할 것임.
- 현재 세계 9위의 항공운송시장인 인도는 2034년까지 연간 3억6천만명을 수송할 것이며 현재의 연간 수송량보다 약 2억6천명이 증가하는 셈임. 2031년까지 영국을 제치고 세계 3위의 시장으로 성장할 것임.
- 노령화와 인구감소로 인하여 일본은 항공여행객 수가 연간 1.3% 증가에 그칠 것이며 2014년 세계 4위에서 2033년에는 세계 9위 시장으로 떨어질 것임.
- 독일과 스페인은 2014년 기준 5위와 6위를 차지하였으나 2019년에 각각 세계 8위와 7위로 하락 예상하며 프랑스도 7위에서 10위로, 이탈리아는 상위 10위권에서 탈락이 예상됨.
- 브라질은 2034년까지 연간 수송 약 1억7천만명이 증가하여 총 2억7천2백만명으로 10위에서 5위로 상승 예상됨.
- 인도네시아는 2020년에 상위 10위로 진입하고 2029년에 6위권, 2034년에는 연간 수송 2억7천만명을 기록할 것으로 예상됨.

4. 지역별 주요 시장 분석

- 아시아태평양 노선 – 2034년까지 연간 18억명의 승객이 증가할 것으로 예상되며 전체 시장의 크기는 연간 29억명 예상. 상대적으로 세계 전체 시장의 42%를 차지할 것으로 보이며 연평균 성장률은 4.9%이며 중동지역과 더불어 최고로 높은 성장률을 예상한다.
- 북미노선 – 2034년까지 연간 3.3%의 성장률을 기록할 것이며 연간 14억 승객을 수송할 것이며 지금보다 6억5천명이 느는 숫자이다.
- 유럽노선 – 가장 느린 성장률 2.7%가 예상되는 가운데 연간 5억9천1백만명이 추가되어

2034년 연간 총 14억명을 수송하게 될 것이다.

- 라틴아메리카 – 2034년까지 연간 성장률 4.7%, 총 6억5백만명 수송으로 현재 수송 대비 3억 6천3백만명의 추가를 예상한다.
- 중동지역 – 연간 4.9% 성장, 2034년까지 2억3천7백만명의 승객이 증가할 것으로 예상. 아랍 에미리트, 카타르, 사우디아라비아는 각각 5.5%, 4.8%, 4.6%의 성장률이 예상되며 전체 시장 규모는 3억8천3백만명을 예상한다.
- 아프리카 – 2034년까지 1억7천7백만명이 증가하여 총 2억9천4백만명의 승객을 수송할 것으로 예상한다.

5. 주요 국가 국내선 시장 분석

- 중국 – 가장 빠르게 성장하는 국내선 시장은 중국이며 2034년까지 매년 5.6%의 성장률로 약 10억명의 승객 달성을 예상한다. 현재 국내선 수요에서 약 7억명 증가 예상.
- 미국 – 연간 3.2% 증가 예상이며 2034년까지 8억2천2백만명에 도달하며 2014년 기준 3억8천4백만명 증가 예상.
- 인도와 브라질은 각각 연간 6.9%, 5.4%의 증가를 예상하며, 인도는 2034년까지 약 1억5천9백만명, 브라질은 1억4천7백만명 증가하여 각각 2억1천5백만명, 2억2천6백만명 수송 도달 예상.
- 인도네시아는 세계 5번째의 국내선 시장이며 연간 6.4% 성장률 예상하여 2034년까지 1억3천6백만명의 승객이 늘어나서 총 1억9천1백만명을 수송할 것으로 예상.
- 무섭게 치솟고 있는 국내선 시장은 터키, 필리핀, 멕시코, 콜롬비아, 베트남 등이 있다. 성장률은 각각 5.3%, 5.9%, 4.6%, 6.0%, 6.2%이다.

참고문헌

1) 장순자(2014). 『최신항공업무의 이해』. 백산출판사.
2) ICAO 홈페이지. http://www.icao.int/
3) IATA 홈페이지. http://www.iata.org/
4) Airline Business(2005-2009). Reed Business Publishing.
5) 아시아나항공 홈페이지. www.flyasiana.com

문화와 함께하는

관광학 이해

03편 문화명사 담론

김용이 회장이 미래의 관광인들에게 들려주는

세계 관광잠수함을 선도하는 서귀포 잠수함

김용이

학력

- 경희대학교 문리대학 사학과 졸업
- 연세대학교 경영대학원 최고경영자과정 수료
- 제주대학교 경영대학원 관광경영학 석사학위 취득
- 제주대학교 경영대학원 관광경영학 박사학위 취득

수상

- 한양대(백남학술상) 1990년 관광분야(대통령표창) 2005년

주요 경력

현재 대국해저관광(주) 회장
제주도 관광학회 부회장
제주도 경영자 총연합회 부회장
제주지방검찰청 범죄피해자지원센터 이사

포상

- 2010년 관광의 날 기념 관광진흥유공자 국무총리 표창
- 2015년 관광산업부문 제주도 문화상 수상

김용이 회장이 미래의 관광인들에게 들려주는

세계 관광잠수함을 선도하는 서귀포 잠수함

1. 세계 최고의 잠수함관광 신화를 이룩한 대국해저관광 김용이 회장

(1) 창업동기

김용이 회장은 고등학생시절 무전여행으로 제주도를 여행하면서 스쿠버다이빙을 경험하게 되는데, 이때 제주 바닷속의 아름다움을 알게 되어 어떻게 하면 보다 쉽게 일반인들에게 바닷속의 비경을 보여줄 수 있을까를 고민하던 중 1986년에 우연히 관광잠수함 건조에 대한 소식을 접하게 된다. 똑같이 잠수함관광 사업을 구상하고 있던 사이판의 업체를 알게 되어 함께 잠수함 건조사인 핀란드의 모비마르사를 방문하게 된 것이 계기가 되어 관광잠수함 사업을 본격적으로 시작하게 된다.

(2) 회사소개 - 대국해저관광주식회사

대국해저관광㈜은 1988년에 세계에서 세 번째, 아시아에서 최초로 잠수함관광을 시작하였으며 관광객들에게 서귀포 앞바다의 아름다운 수중생태계 관광을 제공하는 회사이다. 1988년형 48인승 관광잠수함 마리아호와 2003년형 세계 최초 디지털 잠수함 지아호를 포함하여 현재 2척의 관광잠수함과 2척의 승객수송선, 1척의 해상구조선 그리고 해상바지선을 보유하고 있다. 단일 사업장 매출 및 이용객 기준 세계 최대 관광잠수함회사로서 세계 최초 ISO-9001 인증 및 기네스북 등재, 2016년 대한민국 브랜드스타 해양관광지 1위에 선정되는 등 안정성과 기술력 그리고 영업력에서 세계 잠수함관광 시장을 선도하고 있다.

(3) 애로사항

잠수함관광 사업초기의 가장 어려운 점은 입지 선정과 인허가와 관련된 부분이었다. 당시 선박접안을 위한 선석 배정이 불가능한 상태였기에 해운항만청과 오랜 기간의 협의를 통해 비관리청 항만공사 시행허가를 받아내어 서귀포항만개발계획에 따른 새로운 유람선 부두 건설을 시작하게 되었는데, 이는 예상치 못했던 사업비용의 증가로 이어졌다.

인허가와 관련하여 당시 대한민국 법규에는 선박 안전검사 등 관광잠수함 관련 법규가 존재하지 아니하여 선박 운항허가를 받을 수가 없는 상황이었다. 따라서, 해운항만청 및 한국선급과 협의하여 미국 및 노르웨이 등의 유럽 검사규칙을 참조하여 한국형 관광잠수함 검사규칙을 만들게 하였다.

또한, 건조가 완료된 잠수함을 핀란드로부터 수입해야 하는데 통관을 위한 관세분류가 되어 있지 않아 관세청과의 수차례 협의 끝에 겨우 관세분류 기호를 부여받아 진행했던 일이 기억에 남는다고 한다.

(4) 성장 및 도약

대국해저관광의 성장 비결에는 여러 요소들이 있지만 그중에서 가장 중요한 가치는 안전이라 생각하고 있다. 대국해저는 항상 움직이고 있는 바다에서 영업하고 있고 관광객들은 비교적 낯선 환경인 바닷속 탐험을 하게 되어 안전에 매우 민감하게 된다. 따라서, 김용이 회장은 회사 제일의 가치를 안전에 두고 시설 및 직원의 근무환경 등을 최상의 컨디션으로 유지하는데 많은 노력을 기울이고 있다. 이에 따라 지난 28년간 무사고 운항이라는 대 기록을 세울 수가 있었다. 2003년에 건조되어 현재 운항 중인 지아호는 전 세계의 관광잠수함 중 가장 큰 규모로서 최신의 운항장비를 탑재하고 있다. 2015년에는 핀란드 모비마르사와의 지속적인 공동 연구 시스템의 구축으로 지아호의 인버터 및 컨트롤 판넬을 새로 도입하여 안정성을 더하였으며 2013년에 승객수송선을 새로 건조하여 취항시켰다. 잠수함은 단순히 하드웨어만을 최신화한다고 하여 안전사고가 일어나지 않는 것이 아니다. 더 중요한 사항은 바로 직원의 근무 태도와 근무환경에 있다고 생각하여 종사자들에게 지속적인 안전교육 및 최상의 복지 서비스를 제공하고자 노력하고 있다.

영업일수의 증가도 회사 성장에 큰 기여를 하였다. 사업 초창기 연간 영업일수는 약 180여 일로 이틀에 한번꼴로 운영한 것에 반해, 현재는 350일 이상 운항을 하고 있다. 서귀포 앞바다의 문섬이라는 천혜의 자연환경을 발견하여 시작한 사업을 포함하여 기상청, 해양경찰 등 관련 기관과의 협의 그리고 장비의 최신화 등을 통하여 영업일수를 2배로 늘린 것이 회사 성장의 큰 동력이 되었다.

또 다른 회사 성장에 있어서 중요한 요소 중 하나는 시스템의 효율성 증대이다. 영업일수의 증가와 더불어 1일 잠수 횟수의 증가 또한 매출액 증대에 지대한 영향을 미치게 되는데, 이는 시스템의 효율성을 높여서 얻은 결과이다. 세계 최초로 승객수송선 및 해상바지선을 도입하여 관광객들에게 잠수함 관광의 편리성과 안정성을 높이는 동시에 시스템의 효율화로 승선시간을 최소화시켰다. 세계 최대 관광지 중 하나인 하와이 관광잠수함의 1일 잠수 횟수가 약 10여 회인데 반해 서귀포 관광잠수함의 성수기 잠수 횟수가 20회가 넘는다는 사실이 서귀포 관광잠수함의 우수성을 보여주는 단적인 예가 된다. 이러한 기술력과 시스템을 바탕으로 하여 대국해저는 5개국 8개 관광잠수함업체에 운항 및 영업 컨설팅을 제공하고 있다.

관광시장 환경변화에 따른 영업 방향의 빠른 대처 또한 중요한 성장 비결 중 하나라고 한다.

지난 28년간 우리나라가 비약적으로 발전함에 따라서 국민소득이 증가하게 되었고 이에 따라 제주관광의 형태 또한 크게 변화되었다. 사업 초창기에는 패키지관광이 주도하고 있었지만, 관광객 소득의 증가 및 기술의 발달에 따라 인터넷 여행사 혹은 모바일 쿠폰을 이용하는 FIT 관광객이 증가하게 되었는데 이러한 변화에 맞춰서 고객의 욕구를 미리 예측하고 영업방식을 과감히 변경하여 시대의 흐름에 뒤처지지 않도록 만전의 노력을 다하고 있다. 제주라는 브랜드가 국제화됨에 따라 단순히 국내영업에 머물지 않고 중국 및 동남아 그리고 유럽과 미국에까지 영업망을 확대시켰는데, 이는 잠수함 이용객의 다양화로 연결되어 매출구조의 안정화를 이루게 되는 계기가 되고 있다.

(5) 경쟁의 시대 그리고 서귀포 잠수함의 특별함

대국해저관광은 시스템의 효율화 작업 및 영업일수의 증가로 회사의 수익구조가 안정화되자 2000년대에 들어서면서부터 제주도에서도 경쟁업체가 하나둘씩 생겨나기 시작하였다. 2010년대에 들어서면서 제주도에 모두 5개의 관광잠수함 업체가 운영하게 되었다. 전 세계 관광잠수함 업체가 약 30개인 데 비해 제주도에서 5개의 업체가 운영 중이라는 사실만 봐도 동종 업체의 경쟁이 얼마나 치열한지를 보여주는 단적인 예가 된다.

대국해저관광이 과다 경쟁 상황에서 취한 전략은 요금 인하가 아닌 상품차별화였다. 그동안의 오랜 경험을 통해 축적된 기술적 우위와 지리적 이점 등을 살려서 단순한 가격 경쟁보다는 서비스와 콘텐츠의 차별화만이 살아남을 수 있는 길이라고 판단한 것이다.

첫 번째 상품차별화에 대한 시도는 잠수함의 색깔에 변화를 준 것이다. 비틀즈의 "Yellow Submarine"이라는 노래에 영향을 받아서 초창기부터 노란색 잠수함을 운영하였으나 경쟁사들의 등장으로 이에 따른 차별화가 필요하다고 생각하여 과감하게 잠수함의 색깔을 흰색으로 바꾸는 시도를 하였는데, 이는 오랜 시간이 흐른 뒤 서귀포잠수함만의 독특한 이미지를 구축하는 데 큰 도움이 되었다.

1988년

2003년

2016년

두 번째는 지아호의 신규 건조이다. 기존의 48인승 마리아 잠수함(타사 잠수함 대부분이 50인승 이하)과 달리 지아호는 67인승으로 제한된 시간 내에 보다 많은 관광객들을 수용할 수 있게 되었으며 최신 시스템의 탑재로 관광객들에게 안전성과 쾌적한 실내환경 등 더 좋은 서비스를 제공할 수 있게 되었다. 또한, 잠수함의 향상된 성능은 자연환경 변화에도 용이하게 대처할 수 있는 능력을 가져다 주었다. 서귀포항의 방파제 증설과 강정 해군기지공사로 인하여 사업장인 문섬 앞의 조류가 빨라지게 되었는데 지아호의 향상된 추진 능력은 이에 잘 대처할 수 있게 되어 운항 횟수에 영향을 받지 않게 되었다. 앞서 말한 것처럼 지아호는 2015년에 리모델링을 실시하여 더 우수한 추진력과 안정성을 확보하였으며 잠수함 및 기타 장비에 대한 투자를 앞으로도 계속할 것이다.

세 번째는 회사명과 브랜드의 구분이다. 기존에 대국해저관광으로 회사명과 브랜드명을 함께 사용하였는데 관광객들에게 보다 직관적이고 명확한 정보를 주기 위하여 '서귀포잠수함'이라는 브랜드명을 개발함과 동시에 BI(Brand Identity) 디자인을 차별화함으로써 이에 따른 상당한 마케팅 효과를 얻게 되었다. 물론 얼마 지나지 않아 경쟁사들도 BI를 비슷한 형태로 구축하게 되었으나 타사보다 앞선 고객에 대한 포지셔닝으로 고객들의 인지도는 이미 확고해졌다. 2016년에는 마케팅 타깃의 변화와 BI의 고급화를 위하여 새로운 로고를 개발하여 현재 상표등록 진행 중에 있다.

Seogwipo Submarine 서귀포잠수함

네 번째는 코스의 다양화이다. 문섬의 세계 최대의 연산호 군락지이자 세계 7대 다이빙 포인트라는 이점에 더해 피쉬피딩을 포함한 다이버쇼를 기획한 것은 코스 다양화의 일환이었다. 경쟁업체가 이를 따라서 하자 대국해저관광은 해저 약 45m 지점에 난파선을 투입하여 관광객들로 하여금 볼거리를 제공함과 동시에 물고기와 해조류가 서식할 수 있도록 인공어초를 선물하는 등 두 마리 토끼를 동시에 잡게 되었다.

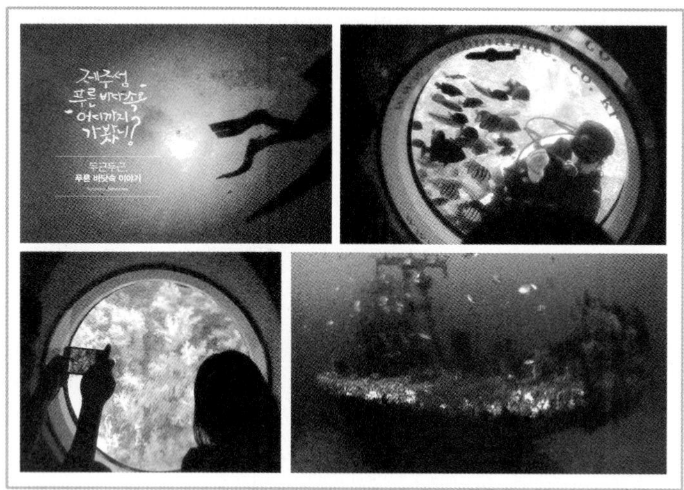

다섯 번째는 영업방식의 차별화이다. 기술과 인터넷과 모바일 환경의 변화로 인하여 관광객들은 실시간으로 다양한 정보를 얻게 됨과 동시에 잘못된 혹은 포장된 정보 또한 얻게 됨을 알게 되었다. 이에 따라서 대국해저관광은 그동안 여행사나 쇼핑몰의 간접 홍보에만 의존했던 영업관리에서 벗어나 SNS 등을 포함한 온·오프라인 홍보를 직접 실시하였고, 이는 타 경쟁업체와의 차별화 전략을 고객들에게 소개하는 계기가 되어서 매출 증대로 이어졌다. 이렇게 하여 얻어진 이익을 사회에 적극적으로 환원시키는 사회적 책임을 다하는 것 또한 회사의 이미지 및 직원들의 자부심 증진에 매우 중요한 역할을 하고 있다.

2010년 오프라인 홍보

2016년 페이스북 홍보

2017년 인스타그램 홍보

여섯 번째는 콘텐츠 다양화에 있다. 고객들로 하여금 단순히 해저관광에 그치는 것이 아닌 보다 많은 서비스를 제공하기 위하여 노력하여 왔는데, 그중 하나가 대합실의 리모델링 작업이다. 대합실 내부를 갤러리화하여 관광객들로 하여금 잠수함과 관련된 다양한 예술작품과 정보를 얻게 하였고, 클래식 음악을 틀어주어 운항 시간 전까지 지루함을 달래는 동시에 잠수함 관광에 대한 막연한 두려움을 진정시켜 주고 있다. 이와 더불어 모든 선내 방송을 영상화하여 더욱 정확하고 재미있는 정보를 전달함과 동시에 자막서비스를 제공함으로써 외국인 관광객들도 내국인과 똑같은 서비스를 제공받을 수 있도록 하고 있다.

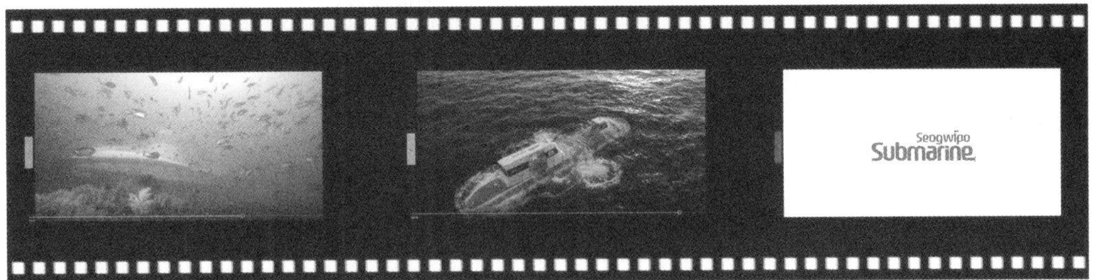

(6) 직원관리

결국 모든 일은 사람이 하는 것이다. 고객 서비스 증진을 위해 수차례에 걸쳐 직접 혹은 외부 강사를 통하여 교육을 해왔지만 가장 기본적으로 이루어져야 하는 것은 직원들의 업무환경 개선이라는 생각을 갖고 있다. 안전 또한 최신의 설비를 갖추더라도 직원의 긴장감이 떨어질 경우 무의미하다는 것을 알게 된 후 직원복지 향상에 집중하고 있다.

관광업계의 특성상 남들이 쉴 때 일해야 하고 성수기가 되면 이른 아침부터 늦은 밤까지 일하는 직원들에게 있어서 복지만큼 좋은 회복제는 없다고 생각하고 있다. 성과에 따른 상여금 혜택 등도 중요하지만 대국해저관광이 자랑할 만한 복지제도는 직원연수제의 시행이다. 매년 회사의 목표를 정하여 달성 시 전 직원과 직원의 직계 가족 모두를 회사가 비용을 부담하여 해외 연수를 보내주고 있는데 많은 시너지 효과를 얻어내고 있다. 이렇게 함으로써 가족들과의 행복한 시간을 통하여 심적으로 안정도 되찾게 되고 휴식을 통하여 업무로부터의 스트레스 해소가 됨은 물론 국내외 관광지를 방문함으로써 직원들로 하여금 견문을 넓히는 기회가 되도록 하고 있다. 이는 업무 효율성을 높여주게 되어 다년간 매출이 신장되는 등 회사의 선순환 구조를 만들어주고 있다.

또한, 어느 정도 경력이 붙은 직원으로 하여금 더 높은 능력계발이 가능하도록 대학 혹은 대학원 진학을 원할 경우 회사에서 전액 지원해주고 있으며, 외국어나 안전 그리고 면허 관련 교육 또한 회사에서 모든 비용을 지원하고 있다. 사내 동호회 및 도서관을 운영하는 등 직원들의 업무 스트레스 해소 및 자기계발에 대한 지원 또한 게을리하지 않고 있다.

(7) 미래비전

시대가 급변함에 따라 사람들의 관광형태 또한 급격히 변화하고 있다. 2000년대에는 관광객이 제주도 여행 시 1일 방문 관광지가 약 5곳이었다면, 2010년대에는 1~2곳으로 줄어들었다. 이는 관광형 여행에서 휴양형 여행으로 변화되고 있다는 뜻인데, 이에 따라 관광지 스스로의 질적 발전이 매우 중요해졌다. 관광객들이 하루에 한두 곳의 관광지를 방문하게 됨으로써 관광지 선택에 보다 신중을 기하고 있기 때문이다. 따라서, 다양한 수중 프로그램의 개발 등 관광 콘텐츠 개발을 위한 지속적인 투자가 불가피하게 되었다.

또한, 급속한 기술 발달에 따라서 관광객들은 보다 다양한 것들을 경험하게 되었다. 해저호텔이 건설되거나 우주여행이 상용화된다면 잠수함 관광에 대한 흥미가 덜해질 수도 있다고 본다. 대국해저관광은 이를 극복하기 위하여 다양한 해상과 해저 프로그램들을 꾸준히 개발해야 하고 필요하다면 다른 관광 콘텐츠도 관심있게 지켜봐야 한다고 생각하고 있다. 그럼에도 불구하고 기술이 발달함에 따라서 사람들은 자연의 소중함을 더욱 느끼게 될 것이라는 점에서 잠수함관광은 앞으로도 미래가 밝다고 생각하고 있다. 해저생태계를 잘 보전하면서 인간과 자연이 함께 공존하는 방법에 대해 개인적으로나 회사차원에서 지속적으로 연구하고 최선의 노력을 다 함은 물론, 이와 연계하여 기부나 사회봉사 등을 통한 기업의 사회적 책임을 다하는 것 또한 매우 중요하다고 생각하고 있다.

(8) 경영철학 및 젊은이들에 대한 메시지

기업경영에서 있어서 가장 중요한 사항은 인사관리와 투명경영이라는 경영철학을 가지고 있다. 위에서도 언급했듯이 결국 모든 일은 사람이 하는 것이므로 사람에 대한 존중과 열린 마음이 매우 중요하다고 생각하고 있다. 경영에 있어서 투명함이 중요하다고 생각하는 이유는 사업경영에서 가장 중요한 사항이 안정성인데 불투명성은 미래의 리스크라고 생각하기 때문이다. 젊은이들이 미래를 설계함에 있어서 그것이 경영자이건 직원이건 혹은 예술가이건 자신의 역할을 알고 최선을 다할 때 진정한 행복을 누릴 수 있다고 생각한다.

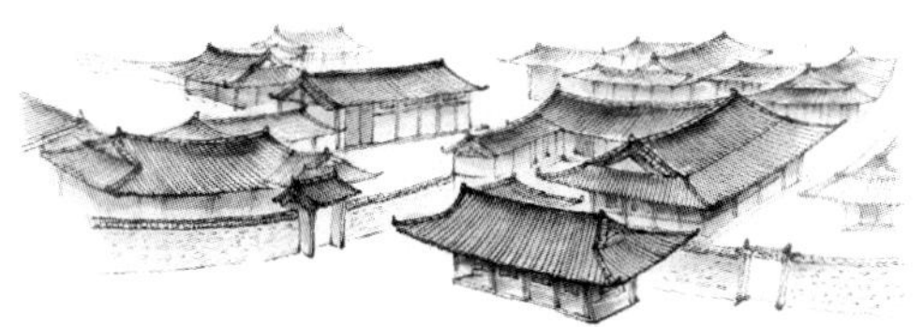

제 3 편

신 성장 관광사업의 이해

제 1 장
테마파크

장 인 식

우송정보대학 호텔관광과 학과장

한양대학교 대학원 관광학과 졸업(관광학 박사)
국토연구원 국토계획연구실 근무
『Understanding Beverage』 등 저서 다수

insik007@naver.com

원 문 규

쏠비치호텔&리조트 양양 총지배인

강원대학교 대학원 관광경영학과 수료
현재 한국관광학회 이사
『리조트 경영과 개발』(공저), 경주 휴 저서
대명그룹 리조트아카데미 근무
대명리조트 경주 총지배인

moongyu.won@daemyung.com

제 1 장

테마파크

장인식 · 원문규

제1절 테마파크의 이해

1. 역사와 발전과정

테마파크는 1955년 캘리포니아주 애너하임(Anaheim)에 이미 널리 알려진 만화 주인공들을 중심으로 한 독특한 놀이공원(amusement park)인 디즈니랜드를 개방하여 부흥시킨 이래 대중화되기 시작하였다.[1] 놀이공원의 기원을 찾기는 어렵지만, 그 기원은 고대 그리스와 로마의 무역박람회(trading fairs)로 거슬러 올라갈 수 있는데, 1600년대 중반의 프랑스의 베르사이유(Versailles)이다. 19세기 중반에 이러한 'pleasure gardens'의 개념이 미국에 전파되었으며, 1845년 뉴욕시에 복스홀 가든(Vauxhall Gardens)이 설립되었다.

1873년에 야외 놀이(amusement)시설로 뉴욕의 존스공원(Jones park)이 세워져 60년간 존재하였고, 1880년에는 부유층을 위한 코넷 아일랜드(Conet island)가 뉴욕 해변가에 설립되어 20세기 놀이공원의 효시를 이루었다.

이들 놀이공원은 가족 중심의 여가 선용과 휴식공간으로 인식되었으며, 소액의 입장료를 책정하여 다수의 방문객을 끌었고, 입장한 방문객들은 내부의 각종 시설을 이용 시에는 별도의 요금을 내도록 하고 있다.

영화 TV의 출현, 기호의 변화, 이동성의 증가, 전통적 관광 목적지에 대한 실증 등은 놀이공원의 이익을 떨어뜨렸으며, 1955년 대규모 주제가 있는 공원의 개발의 하나인 디즈니랜드에 힘입어 지방 놀이공원은 점차로 규모가 커지고 테마파크로 변모해 갔다.

디즈니랜드의 성공은 새로운 투자를 유발시켰으며, 통계에 의하면 그 후 1979년까지 미국에서

35개 주요 주제공원이 8천만 명의 고객을 끌었으며, 각종 오락시설, 식당, 편의 시설을 추가하고 추세에 맞추어 개발함으로써 인기를 얻게 되었다. 현재 미국 등 서구 선진국의 주제공원은 거의 성숙기에 도달했거나 포화상태에 있다고 보아도 무방하다.[2)]

이러한 테마파크를 본격적으로 활성화시킨 디즈니랜드는 기획단계에서 월트디즈니(Walt Disney)가 공원 전체의 통일성을 위하여 주제를 사용할 것을 주장하여, 탑승물이나 관람물이 독특한 역사적, 문화적 그리고 세계 각국의 풍물들을 통과할 때 고객들이 더 즐거움을 느끼고 짜임새 있게 된다고 생각함으로써, 주요거리(main street)를 비롯하여 5개 지역으로 구분하여 건설하였다.

그 이후 월트 디즈니는 3,300만 평의 디즈니월드(Disney World, 1971)를 개원하였으며, 일본에서는 오리엔탈 랜드(Oriental Land)가 디즈니 프로덕션(Disney Production)과 계약을 체결하여 동경에 동경 디즈니랜드(Tokyo Disney Land)를 1983년에 개원하였다. 이 동경 디즈니랜드가 성공을 거두자, 구미 쪽에서도 또 다른 디즈니랜드가 생겨나게 되었는데, 프랑스 파리의 유로 디즈니랜드(Euro Disney Land)가 그것이다.

2. 테마파크의 개념

일반적으로 테마파크는 중심주제(main theme) 또는 연속성을 갖는 몇 개의 주제하에 설계되며, 매력물(attraction)의 도입, 전시(exhibition), 놀이(entertainment) 등으로 구성, 중심 주제를 실현하도록 계획된 공원이다.

그러하기에 많은 자본과 정교한 기획으로 만들어진 위락공간이 존재하며 유료가 대부분이다. 즉, 계획된 특정한 주제를 바탕으로 그 주제와 연속성을 가지는 환경과 놀이시설, 이벤트 등을 제공함으로써 방문객에게 감동과 즐거움을 안겨주는 비일상적인 레저공간인 것이다.

한편 테마파크의 개념을 살펴봄에 있어 종종 랜드(land)라는 명칭이 자주 사용되는데, 이 랜드라는 단어는 유원지, 동물원, 식물원, 스포츠센터, 문화시설이 복합적으로 설치됨에 따라 이것들은 포괄적으로 취급함을 의미하고 있다.

이러한 테마파크는 'Amusement Park' 라고도 일컫는데 이는 인위적 요소인 놀이 위주의 공원이라는 의미를 담고 있기도 하다.[3)] 여기에는 특정한 주제와 관련된 명칭으로 워터파크(Water park), 마린파크(Marine park) 등이 있으며, 그들만의 세계란 의미로 월드(World)라는 용어도 사용된다.

미국에서는 일정한 주제를 가지고 관광자에게 꿈을 제공하는 식의 놀이공원을 테마파크로 보고 있으며,[4)] 유럽에서는 현대적인 각종 놀이시설, 오락시설 등을 총칭하는 대형 놀이공간을 의미한다.[5)]

일본에서는 일정한 주제 아래 유희시설의 유무에도 불구하고 쇼나 이벤트 등의 소프트를 한데 엮어서 공간 전체를 연출, 오락을 제공하는 레저시설이라 이해하고 있으며 하드웨어를 강조하는 어뮤즈먼트 파크(레저랜드)와 구분 짓기도 한다.

아무튼 테마파크의 개념은 크게 두 가지로 설명할 수 있는데 첫째, 좁은 의미에서의 관점이다. 고대 그리스나 로마시대에 사람들이 모여 게임을 즐기거나 음악, 춤, 서비스 등을 즐기던 것들로 시작하여, 17세기경 유럽에서 하나의 시장을 형성, 오늘날 주제놀이공원(theme amusement park)으로 자리 잡는 형태이다. 즉, 1955년 미국 디즈니랜드의 개장이 바로 그것이다.

둘째, 넓은 의미에서의 접근이다. 테마파크는 단순한 오락시설뿐만 아니라 모험과 환상 · 과학과 관련된 각종 시설과 콘텐츠를 포함한 레저시설로서 하나 또는 두 가지 이상의 뚜렷한 주제하에서 문화 · 오락 · 여가선용 등의 목적을 적극적으로 달성하기 위해 조성된 복합체라는 것이다. 소프트웨어와 스토리텔링이 강조되고 있다.

〈표 1-1〉에서와 같이 테마파크를 이해하는 방식도 시간을 거듭할수록 점차 구체화되고 정교해지며 방문자들에게 초점이 맞추어지는 모습으로 진화를 거듭하고 있다.

〈표 1-1〉 테마파크에 대한 정의

연도	주요 내용
카메론 (J. Cameron)	만국박람회로부터 오락공원(Amusement Park), 정부 또는 지역박람회, 박물관, 동물원 등 사회 문화적 특성을 지녔거나 기타 비영리적 시설의 관광산업(The Visitor Attraction Industry)
밀만 (A. Milman)	다른 공간과 시간의 분위기를 창출해 내고, 건축물과 경치, 훈련된 종사원, 탑승물, 퍼포먼스, 식음료 그리고 기념품 등이 특정 주제에 맞게 통합되어 제공되는 매력물
맥니프 (J. McEniff)	일반적으로 환대와 즐거운 경험을 주기 위해 다양한 놀이시설과 매력물을 제공하고, 음식과 기념품을 판매하는 곳
보겔 (H. Vogel)	티켓이나 음료수를 판매하는 사업이 아니라 즐거운 경험을 판매하는 사업
ULI (The Urban Land Institute)	특별하게 창출된 환경과 분위기 속에서 운영되는 가족 위주의 오락공원으로서 그 속에서는 독특한 역사적 배경물, 과거역사 속의 형태로 복원된 마을, 유서 깊은 철길, 전문박물관, 전문 쇼핑센터 등
톨키드슨 (G. Torkidson)	모험, 환상 그리고 쾌적함과 친밀한 분위기라는 주제를 기초로 한 하루 일정의 건전한 가족단위 관광활동을 제공하는 곳
플레이어 (W. Freyer)	관광객에게 새로운 형태의 여가를 제공해주는 인공적인 공원
표성수 · 장혜숙	주제를 중심으로 실체화된 세계를 보여주는 곳으로 탈것을 중심으로 다양한 내용의 놀이시설을 갖추고 방문객을 맞는 놀이공원

연도	주요 내용
김성혁	주제를 설정하고 이를 중심으로 한 전시장, 탑승물, 쇼핑, 레스토랑 등으로 구성되어 있는 곳
이연택	스릴, 환상, 그리고 깔끔함과 친밀한 분위기라는 주제에 두고 하루 종일 건전한 가족여흥을 제공하는 곳
한국관광공사	특별하게 창출된 환경과 분위기 속에서 운영되는 가족 위주의 즐기는 다양한 시설물이 있는 곳
신현주	특정한 주제를 중심으로 주제의 상호 연관적 기능 제고가 가능하도록 연출·운영된 가족위주의 창조적 놀이공간으로서 각종 볼거리, 놀거리, 먹을거리 등과 이에 필요한 다양한 서비스를 통하여 즐거운 경험을 제공해 주는 문화적 체험의 공간
김창수	일정한 주제에 맞는 전체 환경과 환상을 유발시키는 분위기를 만들기 위하여 오락과 편익시설, 공연과 이벤트, 식음료 및 상품 등의 소재를 이용하여 주제에 따른 공통의 스토리를 연출함으로써 방문객에게 흥미와 즐거움을 제공할 수 있는 비일상적인 종합문화공원

국내의 경우, 학자마다 다양한 견해를 보이고 있으나 1995년 한국관광공사의 발표에 있어서는 '종종 그 자체가 목적지가 되어 다양한 경험을 할 수 있는 곳'으로 전제하며, 놀이 공원의 성격이 강하며 특별한 주제를 지닌 흥미롭고 환상적 분위기를 연출하는 가족 시장 중심의 여흥장소라 정리하고 있다.

즉, 테마파크의 개념정립에 있어서는 ① 대표(핵심)적인 주제 중심 ② 통일된 이미지 형성 ③ 다양하고 풍부한 콘텐츠 결합 ④ 흔하지 않은 비일상적 공간이라는 공통성이 엿보인다.[6)]

3. 테마파크의 특성

테마파크가 일반 공원이나 유원지, 어뮤즈먼트 파크 등과 다른 점으로는 통합성, 문화성, 개성, 재미성, 비일상성, 체험성, 이미지, 복합성 등 크게 8가지로 정리될 수 있다.

(1) 통합성

특정주제에 기초를 두고 전체를 하나로 통합하여 방문객들에게 하나의 통일적 연출이 필요하다. 주어진 테마에 의한 건축양식, 조경시설과 제반 도입시설 및 서비스 기능들이 주제와 부합된 균형과 조화를 이루어야 한다.

(2) 문화성

테마파크는 현대적인 흐름을 반영해야겠지만 장기적인 관점에서는 위치하고 있는 지역의 문화를 대표한다거나 주제에 따른 독특한 문화를 반영시켜야 보다 큰 경쟁력을 지니게 된다.

(3) 개성

테마파크의 개성이란 주제의 차별성(differentiation)과 정체성(identity)을 의미하는데 하나의 핵심주제 또는 연속성 있는 주제모음 등을 통하여 모방이나 단순함에서 벗어나야 함을 의미한다.

(4) 재미성

방문객들이 항상 흥미롭게 즐길 수 있는 요소를 기본으로 정적인 공간이 아니라 관람객과 함께할 수 있어 오래 머물게 하는 제반적인 성격이 갖춰져야 한다. 즉, 재미를 만들어내는 다양한 시설과 프로그램이 겸비되어야 한다.

(5) 비일상성

일상적인 공간과 차단된 가운데 이용하는 동안에는 상상과 즐거움의 비일상적인 느낌과 체험을 부여할 수 있어야 한다. 무한한 시설투자에 한계가 있으므로 체험형과 관람형으로 구분지어 프로그램 강화에 역점을 두어야 한다.7)

(6) 체험성

인상적이며 감동이 남는 체험의 기회가 다양하게 제공되어야 한다. 부여된 테마에 대해 볼거리만이 아닌 즐길거리와 체험거리가 먹거리와 놀거리 등으로 이어져야 함을 의미한다.

(7) 이미지

테마파크란 비일상적인 유희공간으로서 현실과의 차단을 통해 형성되는 가상공간의 성격이 강하기에 그 특성이 강하면 강할수록 배타적인 이미지를 확보하게 되며 곧바로 이것이 테마파크의 성공여부를 좌우하는 머릿속 그림으로 남게 된다.

(8) 복합성

단순한 휴식에서부터 놀이, 그리고 신비감까지 안겨줘야 하는 테마파크는 입지의 중요성, 과

다한 초기 투자비, 계절과 유행에 대한 민감함, 종사원의 교육훈련, 수익창출에 대한 노력 등 매우 복잡한 구조를 보이고 있다.

4. 구성요소와 분류

(1) 구성요소

① **탑승시설**: 탑승물은 속도감, 비행감을 느끼거나 주위의 전경을 관람하기 위해 이동, 회전, 선회하는 유기시설을 총칭하여 말하며, 또한 어린이들의 체력 향상을 위한 놀이시설의 설치장소로 라이드(ride)로 규정하고 있다.

② **관람시설**: 스크린이나 기타의 장소에 나타나는 영상 및 이에 준비하는 시각적 효과를 관람하거나 스스로 참여하여 즐길 수 있는 시설의 총칭을 말한다.

③ **공연시설**: 캐릭터, 캐스트 등이 출연하여 주제에 합당한 연주와 쇼를 통하여 생동감 넘치는 공원으로 만드는 행위 및 공간을 말한다.

④ **식음료시설**: 단지 유형시설로서의 요리나 음료가 제공되는 것이 아니고, 인간의 서비스가 부가되기 때문에 식음료 서비스 산업이라고 말하기도 한다.

⑤ **특정 상품 판매소와 게임시설**: 그 공원의 상징이 되는 캐릭터상품이며, 방문자들이 게임을 통하여 만족을 느끼게 하는 장소를 말한다.

⑥ **고객편의시설**: 공원을 방문한 고객에게 하루를 유쾌하게 생활할 수 있도록 하는 최대한의 편의와 안전을 위한 시설이다.

⑦ **휴식광장**: 각종 놀이시설의 보완적 시설로서 방문객들이 휴식을 취할 수 있는 시설이나 공간이다.

⑧ **지원관리시설**: 공원방문객의 각종 활동이나 시설이용상의 편의를 도모하기 위한 지원관리 시설이다.

(2) 분류

가) 공간별 분류

① **자연주제형(자연공간 × 주제형)**: 자연그대로를 감상하는 유형으로 동 · 식물원, 수족관, 바이오파크 등이 있다.

② **자연활동형(자연공간 × 활동형)**: 자연을 주제로 하지만 관광자의 적극적인 참여활동을 중

심으로 하는 유형으로 자연휴양지형 공원, 바다 · 고원 · 온천형 · 공원 등이 있다.

③ **도시주제형(도시공간 × 주제형)**: 관람 중심의 도시문화 공간형으로 외국문화촌, 민속촌, 과학공원 등이 있다.

④ **도시활동형(도시공간 × 활동형)**: 관람과 활동 중심의 활동형으로 도시휴양지형공원, 농촌휴양지형공원, 오락공원, 수공원 등이 있다.

나) 주제별 분류

① 인간사회의 민속을 주제로 하는 형태

- 개발방법: 어느 시대, 어느 지역을 특정 짓는 민가나 건축물 또는 분위기를 재현하여 민속적, 문화적, 시대성을 표현한다.
- 개발콘셉트: 민가 · 건축, 민속 · 공예, 예능, 외국의 건축 · 풍속
- 개발사례: 민속촌, 하우스 텐 보스(일본, 나가사키) 등

② 역사의 단면을 주제로 하는 형태

- 개발방법: 역사적 내용과 인물에 중점을 두고 환경과 상황을 재현하는 것으로 구성한다. 이 경우 지역에 연관된 소재가 많고, 사실과 가설의 조화를 도모하는 형태로 개발되고 있다.
- 개발콘셉트: 신화 · 건설, 고대유적, 역사 사건 · 인물 등
- 개발사례: 독립기념관, 전쟁기념관, 유구촌(오키나와 전통문화) 등

③ 지구상의 생물을 주제로 하는 형태

- 개발방법: 생물의 본래 생식하는 환경을 재현하면서, 이를 중심으로 정보제공과 수집과 전시, 실제공연 등으로 구성한다.
- 개발콘셉트: 동물, 새, 고기, 바다생물, 식물 등
- 개발사례: 63빌딩 수족관, 오션파크(홍콩), 씨랜드(싱가포르), 씨월드(캘리포니아), 서해낙원 시가이어(나가사키, 해저화석) 등

④ 구조물을 주제로 하는 형태

- 개발방법: 구조물의 높이, 크기, 거대 조형이나 건축물, 구조물의 미니어처의 재미가 화재와 흡입력이 된다. 외관의 인상과 내부공간으로부터의 조망 및 내부공간의 이용과 연출이 중요하다.

- 개발콘셉트: 건물, 타워, 기념물, 거대상, 미니어처, 성 등
- 개발사례: 서울타워, 에사시후지하라(헤이안시대 건축물) 등

⑤ 산업을 주제로 하는 형태

- 개발방법: 지역의 산업시설이나 목장 등을 개방, 전시하고 체험시키는 형태를 취한 것으로 체재, 재방문이 가능하다.
- 개발콘셉트: 광산유적, 지역산업, 전통공예, 목장, 산업시설 등
- 개발사례: 태백 석탄박물관, 삼양농장, 포항제철, 골드파크(가고시마, 금광시설) 등

⑥ 예술을 테마로 하는 형태

- 개발방법: 영화세트나 미술작품의 야외 갤러리 정원 및 음악 이벤트 등을 환경으로서 이용한다.
- 개발콘셉트: 음악, 미술, 조각, 영화, 문학, 만화 등
- 개발사례: 부산국제영화제, 영화마을, 동경 디즈니랜드(만화), 시네마월드(가나가와, 영화) 등

⑦ 놀이를 주제로 하는 형태

- 개발방법: 스포츠 활동과 건강을 아이템으로 하는 것으로 레저풀, 어뮤즈먼트 머신, 모터 등을 도입하여 시설을 구성한다.
- 개발콘셉트: 스포츠, 레저풀, 게임, 어뮤즈먼트 머신, 자동차 등
- 개발사례: 드림랜드, 서울랜드, 에버랜드 등

⑧ 환상적인 창조물을 주제로 하는 형태

- 개발방법: 동화나 애니메이션 캐릭터를 중심으로 이야기의 일부를 재생하거나 SF세계, 가공의 동물, 로버트의 세계 등을 주제로 하여 비일상성에 중점을 둔 구성을 한다.
- 개발콘셉트: 캐릭터, 사이언스픽션, 동화, 민화, 서커스 등
- 개발사례: 롯데월드, 디즈니랜드(미국, 일본) 등

⑨ 과학과 하이테크를 주제로 하는 형태

- 개발방법: 우주, 통신, 교통, 에너지, 바이오 테크놀로지 등 현재 과학기술의 모습을 정보와 함께 전시하거나, 우주체험의 시뮬레이션을 도입해 우주 및 과학의 체험의 장을 구성한다.

- 개발콘셉트: 우주, 로버트, 마이오, 통신, 교통, 컴퓨터 등
- 개발사례: 대전 EXPO 과학공원 등

⑩ 자연자원을 주제로 하는 형태

- 개발방법: 관광단지나 위락단지 내에 온천, 핵심자원시설, 스포츠시설 등을 복합시켜 체재형 파크로서 구성한다.
- 개발콘셉트: 자연경관, 온천, 공원, 폭포, 하천 등
- 개발사례: 에버랜드, 보문관광단지, 벳푸 온천 등

⑪ 주제를 복합하는 형태

- 개발방법: 거대한 부지, 시설 속에 다른 주제를 복합시키면서 전개한다. 전체의 이미지 조성과 종합적인 테마조성이 필요하다.
- 개발콘셉트: 자연공간, 도시공간, 테마형, 활동형
- 개발사례: 도쿄 디지니씨, 센토사 등

다) 활용자원 형태별 분류

테마파크의 형태는 활용하는 도입자원에 따라 ① 자원환경의존(기후, 천연자원, 동식물 등), ② 문화환경의존(건축물, 문화재, 예술 등), ③ 산업자원의존(사회공공시설, 농어업, 상업 등), ④ 사회자원의존(풍속, 행사, 종교, 교육 등), ⑤ 위락자원의존(레저스포츠, 인공시설 등) 등으로 구분 할 수 있으며 기타 이들의 배치에 따라 ① 환경재현형, ② 정보전시형, ③ 문화복원형, ④ 자연활용형, ⑤ 가상체험형, ⑥ 이벤트형 등으로도 생각할 수 있다.

제2절 세계 주요국의 테마파크

1. 세계의 주요 테마파크

일반적으로 테마파크의 위상은 규모만이 아니라 입장객 수에 의해 좌우되는데 최근 세계시장을 지배하고 있는 회사로는 월트 디즈니파크 앤드 리조트(Walt Disney Parks and Resorts)와 멀린 엔터테인먼트 그룹(Merlin Entertainment Group), 유니버설 파크 앤 리조트(Universal Park & Resorts)이며 중국의 성장세가 두드러지고 있다.

월트 디즈니 파크 앤드 리조트(Walt Disney Parks and Resorts)는 월트 디즈니 컴퍼니의 가족회사로서 테마파크 및 홀리데이 리조트 사업의 기획과 개발, 관리, 레저 사업을 총괄하고 있다.

전 세계적으로 많은 레고 랜드를 운영하고 있는 영국 기업 멀린 엔터테인먼트는 싼 비용으로 즐길 수 있는 테마파크를 개장해 관람객들에게 신선한 재미를 선사하고 있다. 동시에 4대륙 22개국에서 100여 개의 관광명소를 운영하고 있기도 하다.

비교적 후발 주자에 속하는 '유니버설스튜디오(Universal Studio)'는 최근 디즈니랜드를 바짝 추격하고 있다. 유니버설스튜디오가 꺼내든 신무기는 바로 '해리포터'였으며 지난 2010년과 2014년 영화 해리포터 시리즈에 나온 호그와트 성과 마법사 마을 다이아곤 앨리를 재현한 캘리포니아 테마파크를 선보이면서 입장객 수를 끌어올리고 있다.

그 뒤를 1989년 중국의 첫 테마파크를 건설한 화교성 그룹을 시작으로 완다 그룹, 치메롱 그룹, 송성 그룹, 선디 그룹, 중신 그룹 등이 독자적 또는 해외기업들과 손잡고 중국시장을 공략하고 있는 모습이다.

〈표 1-2〉 세계의 주요 테마파크 회사

순위	회사명	국가	2015 입장객(만 명)
1	Walt Disney Parks and Resorts Worldwide, Inc.	미 국	13,790
2	Merlin Entertainments Group	영 국	6,290
3	Universal Parks & Resorts	미 국	4,488
4	OCT Parks China	중 국	3,018
5	Six Flags Entertainment Corporation	영 국	2,856
6	Cedar Fair Entertainment Company	영 국	2,445
7	Chimelong Group	중 국	2,359
8	Fantawid Group	중 국	2,309

자료: https://en.wikipedia.org/wiki/List_of_amusement_park_rankings

2. 미국의 테마파크

미국은 테마파크의 종주국이라고 할 수 있을 만큼 테마파크 산업이 잘 발달되어 있다. 놀이공원과 박물관, 동물원과 수목원, 아쿠아리움 등을 여가목적으로 구성하여 막대한 수익을 만들어내고 있는 것이다.[8)]

이러한 테마파크 산업은 2004년 이후, 매년 평균 6%대의 성장률을 유지하며 같은 기간 미국의 연평균 경제성장률을 2배가량이나 웃도는 성과를 보이고 있다. 2012년을 기준으로 미국에는 약

3만여 개의 테마파크가 있는 것으로 집계되며 지역경제에 상당한 도움을 주고 있다.

원조는 캘리포니아 애너하임에 위치한 디즈니랜드이다. 그 이전에도 1923년에 개원한 사이프러스 가든(Cypress Gardens)과 1924년에 개원한 노츠 베리 팜(Knott's Berry Farm) 등이 있었지만, 시험적인 것에 불과했다. 〈표 1-3〉과 같이 세계 20위권에서 미국은 절반가량을 차지하고 있다.[9)]

〈표 1-3〉 입장객 수에 의한 테마파크 순위

순위	테마파크	국가	2015 입장객(만명)
1	Magic Kindom	미 국	2,049
2	Disneyland Park	미 국	1,829
3	Tokyo Disneyland	일 본	1,660
4	Universal Studios Japan	일 본	1,390
5	Tokyo Disney Sea	일 본	1,360
6	Epcot at Walt Disney World	미 국	1,180
7	Disney's Animal Kingdom	미 국	1,092
8	Disney's Hollywood Studios	미 국	1,083
9	Disneyland Park	프랑스	1,036
10	Universal Studios Florida	미 국	958
11	Universal California Adventure Park	미 국	938
12	Universal's Island of Adventure	미 국	879
13	Chimelong Ocean Kingdom	중 국	749
14	Everland	한 국	742
15	Ocean Park Hong Kong	중 국	739
16	Lotte World	한 국	731
17	Songcheng Park	중 국	729
18	Universal Studios Hollywood	미 국	709
19	Hong Kong Disneyland	중 국	680
20	Nagashima Spa Land	일 본	587

자료: https://en.wikipedia.org/wiki/List_of_amusement_park_rankings

동시에 세계 최대이자 최고의 테마파크 시장인 미국 플로리다의 올랜도에서는 매년 국제테마파크협회(IAAPA: International Association of Amusement Parks)에서 개최하는 박람회가 열린다.

테마파크와 관련된 산업분야가 단순 상품부터 영화, 만화, 소설, 게임 등 콘텐츠산업과 정보기술산업(IT), 로봇, 모바일 등 첨단기술을 비롯하여 기계산업, 요식업과 숙박업 등 다양하게 참여하여 진정한 복합산업임을 증명해 보이고 있다.

이렇듯 미국의 테마파크가 주목받고 있는 이유는 숙박업과 요식업, 소매업 등 서비스 인프라

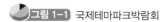

그림 1-1 국제테마파크박람회

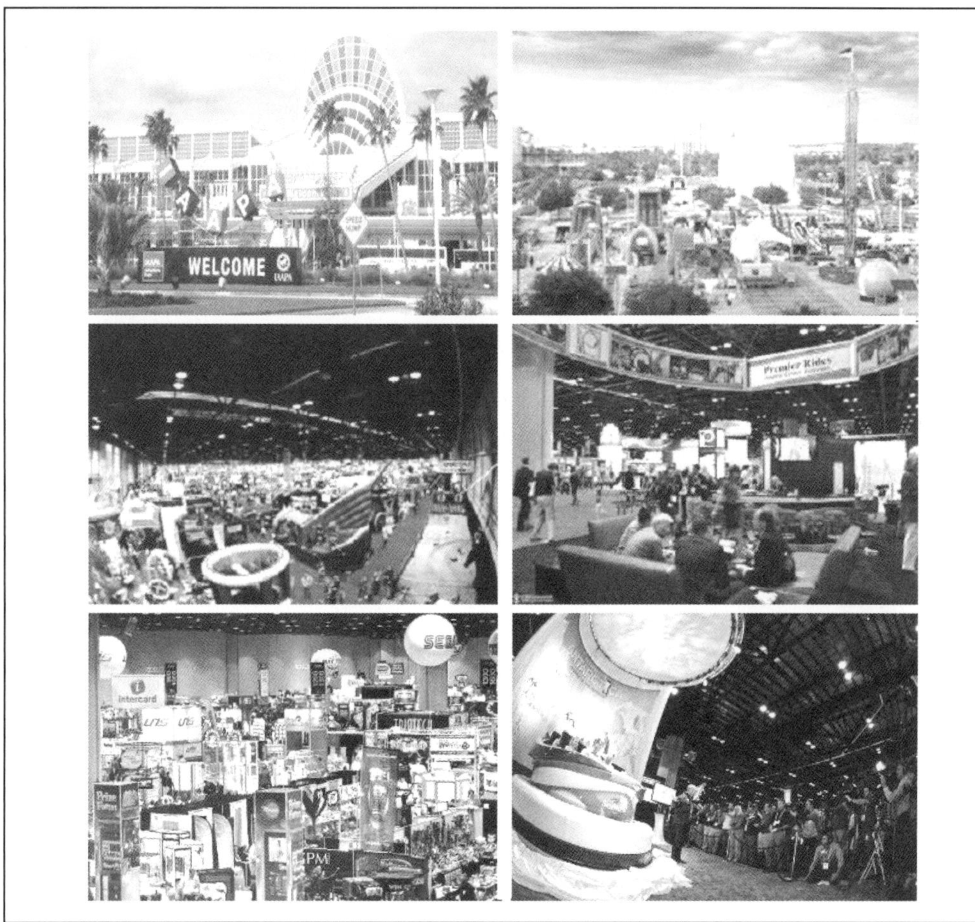

가 잘 받쳐주고 있다는 사실과 풍부한 캐릭터와 이를 활용한 라이선스사업으로 구성된 경쟁력 있는 콘텐츠, 새로운 경험과 감각 및 편의제공이 가능한 시술의 융·복합이다.

구체적으로 디즈니랜드의 사례를 들어 살펴보면, 1955년 캘리포니아의 Anaheim에 설립되어 현재 약 80에이커의 면적을 보유하고 있는 대규모 공원이다. 공원은 시설배치 면에서 방사형 접근법에 기초하고 있다.

우선 주 진입로가 있고, 중앙의 탑을 중심으로 주위에 각각의 개별 주제를 가진 랜드(land)들이 위치하고 있다. 각 랜드는 내부적으로 개방되어 있으며, 방문객들은 한 매표소만을 통과하도록 구성되어 있고, 운송수단은 주로 모노레일(monorail)이나 패들 스티머(paddle steamer) 등이 이용된다.

공원은 각 주제를 가진 지역들이 근접해 있으며, 이들은 크게 어드벤처랜드(Adventureland), 물쇼를 볼 수 있는 프론티어랜드(Frontierland), 베어컨추리(Bear Country), 신데렐라 성을 포함한 팬터시랜드(Fantasyland), 투머로랜드(Tomorrowland) 등으로 구분되어 불린다.

각 지역은 탈 것(ride)이라는 기본적인 주제를 포함하는 다양한 형태로 방문객들에 제공되며, 각 지역은 주제에 따라 상이한 특성을 갖도록 구성되어 있다. 예를 들어, 어드벤처랜드(Adventureland)는 모험과 환상을, 프론티어랜드(Frontierland)는 향수(nostalgic)를 고유의 이미지로 한다.

이들은 서로 같은 지역에 인접되어 있으면서도 전혀 다른 이미지를 갖는다. 또 디즈니랜드 운영에 있어서 중요한 이상 중의 하나는 보수, 수리, 청결유지 등과 중앙통제 시스템에 의한 생동감 있는 매력물의 제공으로, 이것이 디즈니랜드의 신선함과 매력을 유지시키는 역할을 하고 있다.

3. 아시아의 테마파크

〈표 1-2〉에서와 같이 상위 10위권에 랭크되어 있는 테마파크들을 살펴보면 중국의 성장률이 20~30%를 기록하며 가파르게 성장하고 있는 반면, 일본과 한국은 입장객 수가 정체되어 있어 아시아 시장에서는 중국의 존재감이 점차 커지고 있다.

이러한 상황을 타개하기 위해 자사의 브랜드를 적극 활용해 기존 고객의 만족도 향상을 꾀하는 '도쿄 디즈니랜드'와 다양한 콘텐츠를 끌어와 폭넓은 계층의 고객을 유도하는 '유니버설스튜디오 재팬'의 기업전략이 주목을 받고 있다.

일본 생산성본부의 레저백서에 의하면 2015년 테마파크 시장규모는 전년대비 3.1% 증가한 7,640억 엔으로 추계하고 있다. 이는 일본을 방문하는 외국인 관광객 증가와 3대(할아버지, 아버지, 아들)를 겨냥한 전략성공이 뒷받침되어 일본시장의 60% 이상을 차지하게 된 것이다.[10]

도쿄 디즈니 리조트를 운영하고 있는 오리엔탈 랜드는 3세대 소비촉진을 위해 디즈니랜드와 디즈니 씨를 3세대 공용 웹 사이트를 만들어 운영해 오고 있으며 할아버지가 주인공으로 나오는 광고물까지 제작하였다.

그림 1-2 일본테마파크엑스포

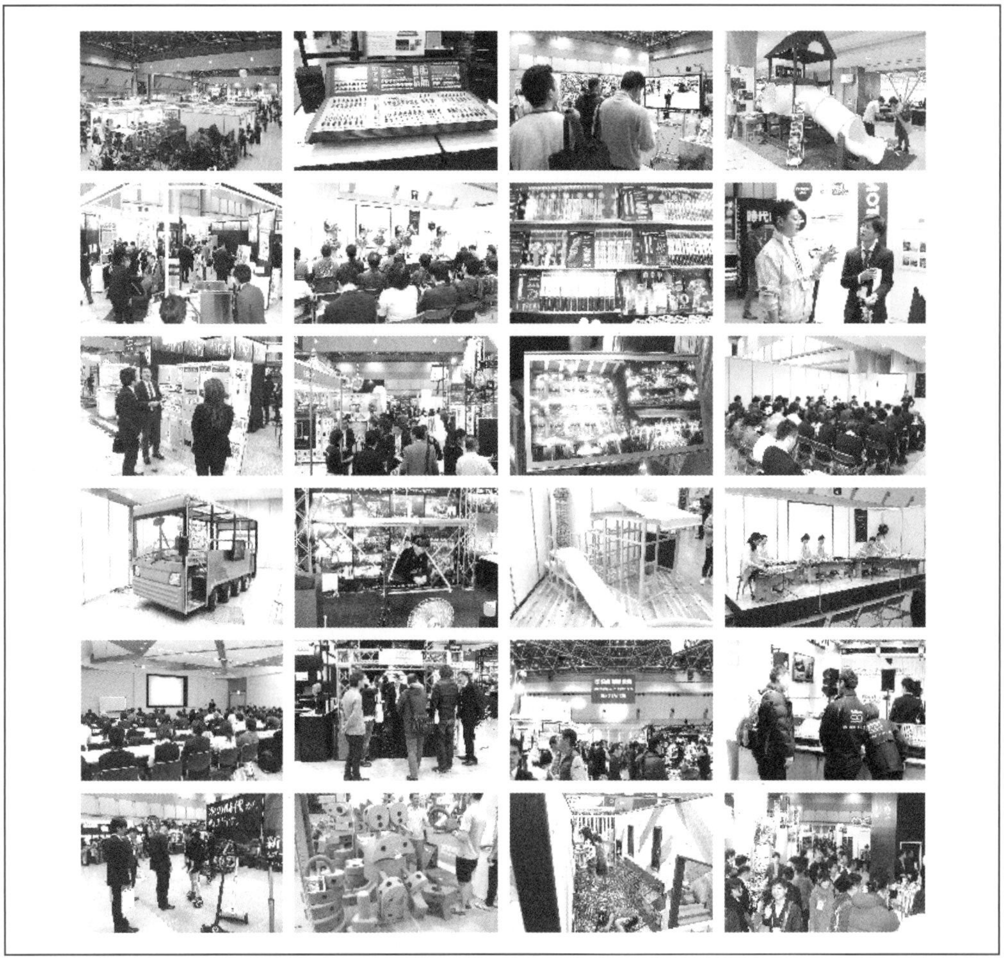

유니버설스튜디오 재팬도 일본의 독자적인 캐릭터와 이벤트를 발굴하고 미국 플로리다와 함께 오사카에다 해리포터 어트랙션을 적극 광고, 외국인 관광객 유치에 노력해 오고 있다.

이렇듯 일본의 대표 테마파크인 디즈니 리조트와 유니버설스튜디오는 비록 일본에서 시작된 것은 아니지만 '일본다움'이라는 콘셉트로 자국민 이외에 외국인 방문객들의 높은 관심과 인기를 얻고 있다.

중국의 경우에는 중산층의 가처분 소득증가와 여가활동 지출규모의 증가로 부모와 아이가 동반으로 여행하는 친즈여우(親子遊)와 단체여행과 같이 계획된 프로그램이 아니라 도시를 벗어난 농촌체험의 농쟈러(农家乐) 현상이 두드러지고 있는데 그중에서 테마파크 시장이 주목을 받고 있다.

현재 중국에는 2천여 개의 테마파크가 건설되고 있는데 이는 미국이 지난 60년 동안에 개발한 것의 약 70배에 이르는 수치이다. 하지만 여전히 불분명한 테마와 중복건설, 입장료에 의한 과도한 의존, 파생상품의 개발부족, 무분별한 모방, 재방문율 저조 등 약 70%가량이 적자를 보이고 있다.

하지만 화교성, 창룽, 쑹청, 하이창 등 특색 있는 테마파크들은 홍콩과 선전, 상하이, 우시, 베이징 등 5대 도시를 중심으로 오락과 관광이 결합한 복합공간을 제공하며 급성장세를 나타내 보이고 있으며 2020년에는 120억 불로 예측되어 미국과 일본을 넘어서리라는 기대를 낳고 있다.

〈표 1-4〉 중국의 10대 테마파크 순위

테마파크	운영회사	특 징
디즈니랜드	월트 디즈니사	1923년 미국에서 창립
홍콩 해양공원	홍콩정부	1977년 건립, 세계 최대의 해양공원
환러구	선전 화교성	중국 선두의 테마파크 브랜드
장룽 오락세계	광저우 장룽그룹	오락시설이 가장 많은 테마파크
환구 공룡성	창저우 공룡원	동방의 쥬라기 공원
방터 오락세계	선전 화창그룹	애니메이션을 주제로 한 테마파크
세계의 창	선전 세계의 창	세계문화를 연출한 테마파크
해창 극지 해양공원	해창 해양공원	해양공원 테마파크의 선두주자
송성공원	항저우 송성그룹	송나라 문화산업 체험파크
대당 부용원	시안 구강문화관광	당나라 문화 테마파크

자료: http://news.kotra.or.kr/user/globalBbs/kotranews/4

2016년 6월 중국 상하이 디즈니 개장에 이어 2020년 베이징의 유니버설스튜디오의 개장, 2022년 상하이 레고랜드까지 들어선다면 중국의 테마파크 시장은 가히 세계 정상에 이르게 될 것이다.

게다가 낮은 원유가격이 장기적으로 지속되자 걸프 국가들이 대형 놀이공원을 포함한 테마파크 건설에 집중하고 있다. 아랍에미리트(UAE)와 사우디아라비아 등 걸프국가에서는 슈퍼 히어로와 같은 만화 캐릭터, 롤러코스트를 도입한 대형 테마파크를 건설 중에 있다.[11)]

두바이에서는 두바이 파크 앤 리조트에 미국의 식스 플래그스(Six Falgs)를 들여올 예정이며 IMG 그룹은 2016년 월드 오브 어드벤처(World of Adventure)를 개장하기도 하였다.

아부다비에는 2010년에 개장한 중동 최대의 페라리 월드(Ferrari World)가 위치해 있는데 미국의 워너 브라더스사가 슈퍼맨과 배트맨, 벅스버니 등의 대표 캐릭터를 주제로 한 테마파크의 확대를 구상 중에 있기도 하다.

한편 카타르 도하에서는 앵그리 버드(Angrt Birds)라는 유명 게임 캐릭터를 주제로 한 테마파크 쇼핑몰 개장을 시작으로 요르단에서는 홍해에 아스트라리움을 건설 중에 있다.

그림 1-3 중동테마파크의 조감도

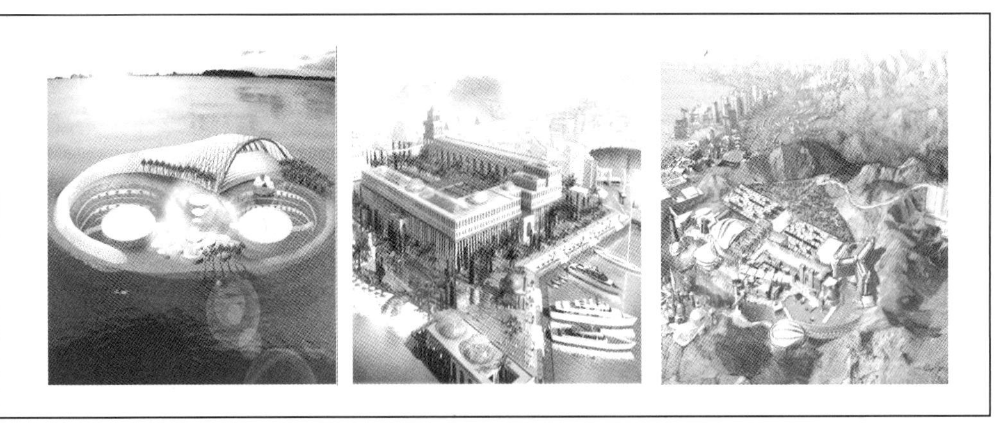

게다가 말레이시아가 동남아 테마파크의 허브를 목표로 2020년까지 신규로 4개를 건설하고자 한다. 말레이시아 정부는 관광산업을 12개 핵심 경제 분야의 하나로 지정하고 비중 높은 카지노와 테마공원에 주력하고 있다.

현재 말레이시아에서 인기 높은 테마파크로서는 Legoland, Sunway Lagoon, Wet World 등을 비롯하여 Hello Kitty Town, Kidzania, Berjaya Time Squar Theme Park와 같은 실내 테마파크이다.

더불어 베트남의 거대 부동산 기업들이 고급 호텔과 리조트 건설에 관심 갖기 시작함으로써 주요 휴양지를 중심으로 한 관광서비스 수요가 확대될 것으로 기대됨에 따라 베트남 해안을 중심으로 테마파크가 대거 조성되고 있기도 하다.

4. 유럽의 테마파크

유럽의 테마파크는 미국과는 달리 그 숫자가 다소 적은데, 이러한 이유는 연중 절반이 겨울철이어서 햇빛을 볼 수 있는 기간이 짧고, 여가의식(국민성)이 미주 지역과 다르기 때문이다.

영국의 첫 번째 테마파크는 레저 스포츠 회사에 의해 개발된 Chertsey의 Thorpe Water Park로서 수상스키와 같은 물에서의 활동과 Bluebird, Viking long ship과 같은 것들을 주제로 삼고 있다. 그 외에 세계 유수의 성공적인 주제공원으로 덴마크 코펜하겐의 Tivoli Garden을 들 수 있다.

코펜하겐의 중심부인 중앙역 근처와 시청 사이에 위치하고 있는 Tivoli Garden은 19세기 초

전통적 유럽 위락공원(pleasure park)의 인기를 반영한다.

Tivoli Garden은 텐마크인들이 그들의 자유헌법을 이룩하고 산업적 성장이 인기 있는 환대시설에 대한 욕구를 만든 그 시대에 Georg Castensen에 의해 건립되었다. 입지는 오늘날까지 그 원형이 남아 있는 고대 성곽을 포함하고 있으며, 지금의 호수는 도시성곽에 흐르는 해저로부터 끌어온 것이다.

개원 시 공원의 중앙 건물은 공연장이었다. 그 후 1874년 Chinese Peacock Theatre가 개장되었고, 1900년에 Pagoda Tower가 건립되었다. Tivoli Garden은 결국 시의회의 소유하에 들어와 운영, 유지되게 되었으며, 1900년대 초의 건물 중 현재까지 남아 있는 것은 Bazaar 등과 같은 무리쉬 스타일(Moorish Style)의 건물로 대부분의 건물들은 1944년에 파괴되고, 새로운 건축물과 시설이 공원의 특성과 규모를 유지하게끔 재건된 것이다. 1956년에 새로운 공연장이 개장되었고, 어린이 놀이터가 1958년에 완공되었다. Tivoli Garden은 유럽인들의 감각에 의해 디자인되었으며, 도시인들이 복잡하고 시끄러운 생활환경을 떠나 여가생활을 즐길 수 있는 장소로 발전되어 왔다.

1992년 파리 근교에 유로디즈니의 개장으로 인해 주제공원이 산업으로 주목되기 시작했다. 유로디즈니는 단순히 놀이의 장을 넘어서 도시기능의 중핵적인 역할을 담당하는 데 그치는 것이 아니라, 더 나아가 관광사업의 거대한 경제효과를 수반한다는 것과 EC통합 차원에서 전 유럽의 관광객을 모을 수 있는 유효한 수단이 되고, 무엇보다도 사람들에게 꿈과 희망을 준다는 것에 의해 소비를 유발시켜 기업수익과 연결된다는 취지하에 설립되었다.

유로디즈니랜드는 프랑스 파리의 동쪽 32km 지점에 위치하고 있으며, 총면적 1,934ha의 광활한 대지에 각종 오락 · 휴식시설을 갖춰 '미국식 오락성'을 만끽할 수 있도록 설계된 '유럽 소유

〈표 1-5〉 입장객 수에 의한 유럽의 테마파크 순위[12]

순위	테마파크	국가	2015 입장객(만명)
1	Disnaeyland Park at Paris	프랑스	1,036
2	Europa-Park at Rust	독 일	550
3	Tivoli Gardens at Copenhagen	덴마크	473
4	Efteling at Kaatsheuvel	네덜란드	468
5	Walt Disney Studios Park at Paris	프랑스	444
6	Port Aventura Park at Salou	스페인	360
7	Liseberg at Gothenburg	스웨덴	310
8	Gardaland at Garda	이탈리아	285
9	Legoland Windger at Windger	영 국	225
10	Puy du Fou at Les Epesses	프랑스	205

미국땅'이다. 파리 근교에 자리하고 있어 접근성이 용이하기 때문에 유로디즈니랜드는 휴일이나 평일을 가리지 않고 몰려드는 가족단위관광객들로 성황을 이루고 있다.

유럽의 주요 테마파크를 소개하면 아래와 같다.

① 오이로파 파크(Europa Park, 독일/www.europapark.de)

독일 바덴 뷔르템베르크주에는, 유럽에서 두 번째로 크다는 오이로파 파크(Europa Park)가 있다. 'Eu'는 독일어로 "오이"라고 읽는다. 유럽 각국의 테마를 가지고 만든 공간들 외에도, 그림 동화의 마법의 숲이나 아서와 미니모이 등의 기타 테마를 가진 공간으로 구성되어 볼거리가 풍부하다. 게다가 스위스와, 프랑스 그리고 조금 더 가면 오스트리아에서도 접근이 용이한 지리적 이점도 매우 크다. 그래서인지 테마를 갖고 지은 리조트 호텔들이 많아 숙박하며 놀고 가기 좋은 곳이기도 하다.

② 티볼리 가든(Tivoli Gardens, 덴마크/www.tivoligardens.com)

코펜하겐의 심장부인 시청광장 바로 앞에 위치한 티볼리 가든은 코펜하겐 시민의 공연, 휴식, 여가를 위해 1800년대에 만들어진 복합문화공간이다. 4월 초부터 9월 말까지의 여름 개장기간 동안 거의 매일밤 클래식, 판토마임 연극, 발레 등의 공연 등이 열린다. 대부분 추가 요금 없이 110크로네(한화 약 18,000원)의 입장권으로 관람이 가능하다. 여유로운 휴식과 볼거리에 초점이 맞춰진 공간이기에 놀이기구는 다양하지 않지만 세계에서 가장 오래된 우든 롤러코스터는 한 번쯤 타볼 만하다.

③ 에프텔링(De Efteling, 네덜란드/www.efteling.com)

유럽의 가장 오래된 놀이공원 중 하나인 에프텔링은 어른들을 위한 동화의 숲으로 유명하다. 동화의 숲에는 인어공주, 백설공주와 같은 익숙한 이야기부터 낯선 네덜란드 설화 속 인물까지 총 37가지 동화 세계가 재현되어 있다.

에프텔링의 동화마을은 디즈니처럼 아기자기한 것과는 거리가 멀다. 그러나 유럽 동화의 기괴하고 컬트적인 분위기를 좋아하는 사람이라면 에프텔링만의 매력에 흠뻑 빠지게 될 것이다. '조지와 드래곤'이란 우든 롤러코스터를 비롯해 5개의 롤러코스터를 갖추고 있어 스릴도 충분히 즐길 수 있다.

④ 포르트 아벤투라(Port Aventura, 스페인/www.portaventuraworld.com)

'유럽에서 가장 높고 짜릿한 롤러코스터'라는 샴발라 드래곤 칸이 있는 테마파크다. 미국, 중국, 멕시코, 지중해, 폴리네시아 등 전 세계 6개 문화권을 콘셉트로 6개의 테마파크를 꾸려놨다.

바르셀로나에서 남쪽으로 1시간 거리로 접근성이 좋다. 바르셀로나산츠 역에서 포르트 아벤투라 왕복 기차표와 자유이용권을 묶어 45유로(한화 약 57,000원)에 판매한다. 2017년 개장을 목표로 자동차 메이커 페라리를 테마로 한 '페라리 랜드'도 인근에 짓고 있다.

제3절 우리나라의 테마파크

1. 우리나라 테마파크 현황

우리나라 테마파크의 효시는 서울대공원 내의 서울랜드라고 할 수 있다. 물론, 그 이전에도 이와 유사한 개념으로 개발된 공원이 있으나, 본격적으로 주제공원의 개념을 가지고 개발한 것은 이것이 처음이다.

1988년 5월 10일 경기도 과천시에 개장된 서울랜드는 우리나라 최초의 본격적 테마파크로 규모는 비교할 수 없으나, 그 시설과 구조 면에서는 외국의 테마파크와 유사하다.

양쪽으로 세계 각국의 풍물을 한눈에 볼 수 있는 건축물들이 환상적으로 펼쳐진 주 진입로는 중앙의 분수로 연결되며, 이것을 기점으로 한 하나의 노선에 따라 여러 가지 주제를 가진 시설물들이 펼쳐져 있다. 서울랜드는 대도시인 서울의 근교에 위치하여 도시인들의 휴식공간으로 자리잡아가고 있으며, 특히 서울대공원에 포함되어 있어 큰 이점을 안고 있다.

1987년에 개장된 드림랜드는 서울랜드에 비해 일찍 개장되었고, 시설 등 여러 측면에서 주제공원적인 성격을 많이 가지고 있어 테마파크로 분류할 수는 있지만 단정하기는 곤란한 점이 있다. 다만, 주제 공원적 성격을 띤 공원으로 우리나라에 테마파크가 정착되기 위한 준비단계의 하나라고 할 수 있으며[13], 주제 공원적 개념이 포함되어 있는 공원으로 용인자연농원과 경주월드 등을 들 수 있다.

우리나라의 테마파크는 개장연도를 기준으로 토지가격을 제외한 투자규모에 따라 크게 3가지로 분류해 볼 수 있다.

첫째, 시민들을 위한 소규모공원(투자 규모가 50~70억 원)

둘째, 어린이와 청소년을 위한 탈거리 위주의 라이드 공원(투자 규모가 200억 원 내외)

셋째, 특정개념(concept)을 가진 대규모의 주제공원(투자 규모가 450~1,300억 원)이다.

또한, 테마파크의 개발은 관광개발과 연관 중복되어 있으며, 3가지 유형이 있다. 먼저, 도시계획법에 의한 유원지, 관광진흥법에 의한 관광지와 관광단지, 자연공원법에 의한 공원으로 구분되는데, 이 중에서 공원개발은 보전적 차원에서 추진되고 있어 주제공원식이 개발과는 상당한 차이를 나타내고 있으며, 관광지와 관광단지의 경우는 지금까지 공영개발방식에 의한 토지 위주의 개발로 추진되었다. 관광단지개발의 활성화 차원에서 민간기업은 부분적으로 참여하였으며, 종합 · 전문휴양업을 통한 개발도 추진되었다. 우리나라의 테마파크는 주로 유원지형의 개발이었으나, 일부는 관광지나 관광단지, 종합휴양업방식으로 개발되었다.

2. 국내 테마파크의 문제점

(1) 자금규모의 열세

자금투자규모 면에서 테마파크는 장치산업으로 분류되는데, 이것은 건설에 소용되는 자금의 투자가 많이 들고, 이외에 전자 · 기계설비 등 관련 산업의 통합성을 필요로 하고 있다. 현재 우리나라 경우에는 테마파크의 개장연도 기준으로 투자액을 살펴보면, 최저 450억 원에서 최고 1,300억 원이 투자되었다.

그러나 같은 기간에 대형시설투자가 진행된 미국업체들은 1건의 시설개발 평균비용으로 100만 달러를 소요했고, 1983년에 올랜드 디즈니월드에 개장된 EPCOT 시설투자비가 총 12억 달러임을 감안하면, 한국의 주제공원 자금투입규모는 미국 대형업체 수준에 비해 훨씬 떨어지는 편이다.

특히, 일본은 1987년부터 종합보양법 실시로 스포츠 · 레저시설 등 8개 시설은 리조트지역 정비차원에서 공사비의 50%를 관련업체에 저리이자율로 융자해 주고 있는 반면, 우리나라는 관광 여가분야에 대한 10대 재벌 등의 여신규제를 하고 있어 대기업들의 주제공원 개발투자에 장애가 되고 있다.

(2) 상권의 지역성에 한계

테마파크는 일반적으로 광역산업이라기보다는 지역산업의 특성을 갖고 있다. 이러한 근거는 주제공원 방문객 중 70~80%가 자동차로 2~3시간 내에 도달할 수 있는 주제공원 주변지역에 거주하는 사람들임을 알 수 있다. 일본 동경디즈니랜드의 경우 주제공원 방문객 수의 60% 이상이 관동 지역에 거주하고 있는 것으로 나타났다.

우리나라의 경우 인구의 2/3가 수도권에 거주하고, 이들을 목표시장으로 한 주제공원의 70%가 수도권에 자리 잡고 있으므로, 좁은 국토면적과 인구의 도시집중이 높은 나라에서는 접근성이 용이한 대도시 중심으로 테마파크가 조성될 수밖에 없다.

그러나 미국의 경우 국토가 넓고, 인구가 많고 분산되어 있으므로 1970년대부터 대도시지역을 벗어나 오대호 등 접근성은 다소 떨어지지만 상대적으로 지가가 싸고, 자연환경이 양호한 휴양지역을 중심으로 한 광역상권의 테마파크를 개발하여 지역성을 극복하고 있다.

(3) 기본개념과 다양한 주제

기본개념이 명확하고, 일관성을 유지할 수 있는 운영시스템을 갖추고 있는 미국의 테마파크 산업은 방문객을 기준으로 하며, 세계시장의 73%를 점유하고 있다. 이러한 높은 점유율은 오락을 지향하는 미국인의 오락지향성을 전제로 할리우드를 중심으로 한 영화산업 즉, 디자인 · 미술 · 음악 · 조명 · 의상 등 주제공원에 요구되는 많은 분야에 영화산업이 적극적으로 활용되고 있기 때문이다.

미국보다 30년 늦었다고 자체 평가하고 있는 일본은 기본개념의 개발능력이 부족하여 대부분 미국의 기본개념을 도입하고 있는 실정이다. 영화산업의 기반도 약하고, 오락을 상품으로 연결하여 산업화하는데 기술과 인력이 부족한 우리나라 주제공원업계는 기본개념과 다양한 주제개발이 부족하여 주로 입지선행형 개발을 하고 있다.

현재 엑스포 과학공원, 용인민속촌 등 일부 지역을 제외하고는 주제성이 부족하고, 주제공원의 운영에 있어서도 관련주제와 일관성을 유지하고 있지 않을 정도로 기본개념이 불명확하며, 향후 개선하여야 할 중요한 부문이다.

3. 향후 전망

(1) 지역발전을 도모하는 기반산업으로 육성

테마공원의 여러 가지 입지여건 중 가장 중요하게 고려하는 점이 배후시장의 여건이다. 영국의 관광청에서는 비후시장 여건을 자동차로 2시간 이내에 약 1,200만 명의 인구가 밀집한 지역이거나, 유명한 관광지를 중심으로 1시간 이내의 거리에 위치하며, 5백만 명 이상의 인구가 2시간 이내의 거리에 거주해야 한다고 하였다.

테마공원 방문객의 70~80%가 자동차로 2~3시간 내에 도달할 수 있는 주변지역에 거주하는 사람들이며, 우리나라의 경우 인구의 2/3가 수도권에 거주하고, 이들을 목표시장으로 한 주제공원의 70%가 수도권에 자리하고 있는 것으로 그 예를 찾을 수 있다.

그러므로 테마파크는 주변 지역민을 주요 방문객으로 하는 지역사업이다. 따라서 테마파크의 입지는 대부분 수요발생규모가 큰 대도시나 유명관광지 등을 중심으로 위치해야 하며, 지역특성과 방문객을 중심으로 한 주제개념하의 놀이시설과 각종 부대시설 등을 구성하여야 한다.

(2) 대형화 추구

테마파크는 대규모 자본과 부지가 요구되는 자본집약적 산업이다. 이것은 건설에 소요되는 자금의 투자가 많이 들고, 이외에 전자・기계설비 등 관련 산업의 통합성이 필요하다. 현재 우리나라 경우에는 개장연도 기준의 투자액을 살펴보면, 최저 450억 원에서 최고 1,300억 원이 투자되었다.

그러나 같은 기간에 대형시설투자가 진행된 미국업체들은 1건의 시설개발 평균비용으로 100만 달러를 소요했고, 1983년에 올랜드 디즈니월드에 개장된 시설투자비가 총 12억 달러임을 감안하면, 한국의 주제공원 자금투입 규모는 미국 대형업체 수준에 비해 훨씬 떨어지는 편이다.

특히, 일본은 1987년부터 종합 보양법 실시로 스포츠・레저시설 등 8개 시설을 리조트지역 정비 차원에서 공사비의 50%를 관련업체에 저리이자율로 융자해 주고 있는 반면, 우리나라는 관광여가분야에 대한 10대 재벌 등에 여신규제를 하고 있어 대기업들의 주제공원 개발투자에 장애요인이 되고 있다.

테마파크는 시설규모의 대형화뿐만 아니라 대형 테마파크를 건설하고 운영하는 것이 기업경영 측면에서나 관광객 측면에서 모두 긍정적인 효과를 발생시키고 있으므로 발전은 계속될 것으로 전망된다.

(3) 주제의 다양화

기본개념이 명확하고 일관성을 유지할 수 있는 운영시스템을 지닌 미국의 테마파크 산업은 방문객을 기준으로 하면, 세계시장의 73%를 점유하고 있다. 이러한 높은 시장점유율을 유지하고 있는 배경에는 오락을 지향하는 미국인의 오락지향성을 전제로 할리우드를 중심으로 한 영화산업, 다시 말해 디자인, 음악, 연출, 조명, 의상 등 주제공원에 요구되는 많은 분야에 영화산업이 적극적으로 활용되고 있기 때문이다.

반면, 미국보다 30년 늦었다고 자체 평가하고 있는 일본은 기본개념의 개발능력이 부족하여 대부분 미국의 기본개념을 도입하고 있는 실정이다. 현재까지는 입지선행개발이 전체의 60% 이상을 차지하고 있고, 최근 다양한 주제개발 붐이 조성되고 있는 일본은 외국문화, 환상, 전통역사, 뮤지컬 등 사회적 요구에 부응하는 다양한 테마파크를 개발하고 있는데, 현재 계획 중인 것까지 합하면 총 100여 개에 달한다고 한다.

경쟁국에 뒤지는 테마파크

(김상철 G&C Factory 대표)

지금부터 10년 전으로 거슬러 올라간다. 미국 LA 주재했을 당시 몇몇 한국의 지방정부와 미국의 유명 테마파크 유치를 위해 발품을 팔았던 기억이 아직도 새록새록 떠오른다.

유니버설스튜디오, 디즈니랜드, 레고랜드, 씨월드 등 남부 캘리포니아의 유명한 테마파크를 이 잡듯이 헤집고 다녔다. 엄밀하게 투자유치는 아니지만 이들의 허가를 받아야만 투자를 일으킬 수 있고, 사업의 시행이 가능하기 때문이다. 한국 사업자에게 브랜드 · 지적재산권 사용 권한과 운영 노하우를 제공하고 라이선스 수수료를 받는 방식이다.

수도권이 아닌 지방정부에서도 테마파크를 유치하려고 발버둥을 쳤다. 어떻게 하면 지방의 관광산업을 활성화할 수 있을 것인가에 대한 고민에서 나온 궁여지책으로 생각된다.

유명 테마파크들은 연중 누적 입장객 1000만 명이 돼야 손익분기점을 넘을 수 있다. 그러나 우리와 같이 인구 5000만이 조금 넘는 인구 규모로는 수도권을 제외하고 이익을 창출하기가 구조적으로 어려운 것이 현실적 벽이다.

또 씨월드와 같은 파크는 기후적인 환경으로 인해 제주도 정도를 제외하고는 연중으로 운영하기가 힘든 것이 태생적 난관이다. 일을 진행하는 과정에서도 온갖 잡음과 지자체 간의 물밑 경쟁이 치열하게 전개되기도 했다.

10년이 지난 지금에도 여전히 우리는 부족한 내수를 충족하기 위해 관광산업에 열을 올리고 있다. 우리 나름대로의 매력적인 요소와 콘텐츠를 갖고 있다고 하지만 주변국과 비교해서 그리 내세울 것이 없다는 것을 부인하기 어렵다.

우리는 글로벌 테마파크 유치에서도 이웃에 비해 크게 뒤처진다. 일본 도쿄의 디즈니랜드는 1983년에 개장됐으며 규모로 보면 미국의 오리지널 파크보다 더 크다. 지난해에 개장된 상하이 디즈니랜드는 일본 도쿄 디즈니랜드보다 2배나 넓으며, 홍콩 디즈니랜드의 3배 정도에 달한다. 일본 2대 도시 오사카에는 지난 2001년 개장한 유니버설스튜디오 '재팬'이 있으며, 3대 도시 나고야에는 축구장 17배 규모의 '레고랜드'가 이달 1일 오픈했다.

중국 베이징은 2020년 유니버설스튜디오 개장을 목표로 한창 공사가 진행 중이며 2022년 상하이에는 레고랜드까지 들어설 예정이다. 테마파크 유치측면에서도 경쟁국에 비해 훨씬 뒤지고 있는 실정이다. 외국 관광객의 유치를 늘리는 것은 고사하고 더 많은 국내 관광객이 밖으로 나가야 할 판이다.

테마파크 유치를 보면 우리에게 어떤 문제점이 있는지 적나라하게 드러난다. 우선 관광산업의 중요성에 대한 국민 공감대가 이웃 국가들에 비해 매우 취약하다. 개발에 대한 거부감과 님비 현상까지 겹친다. 한편으로는 불합리한 제도, 각종 규제, 부정과 비리, 이에 더해 주가(株價) 튀기기 등 각종 조작 등이 난무하기까지 한다.

외국인의 관점에서 보면 이 같은 현상이 어처구니가 없고 황당한 일이 아닐 수 없다. 그렇다

보니 일본이나 중국을 우선적으로 선택하게 되는 것은 너무나 당연하다. 한국보다 여건이 낫고, 상대적으로 사업이 빠르게 진척될 수 있기 때문이다.

테마파크 유치가 우리보다 늦게 시작한 중국에게 속수무책으로 밀리면서 중국인 관광객을 유치하겠다는 우리의 의지가 무색해지고 있다. 우리 한류와 글로벌 테마파크의 결합이 안성맞춤이고, 볼거리 혹은 놀거리를 풍부하게 하는 중요한 관광자원임에 틀림이 없다는 점에서 아쉬움이 크다.

글로벌 테마파크의 동북아 포지셔닝(위치 선정)은 이제 거의 막바지 단계다. 더 이상 한국에 그 기회가 올 가능성은 거의 희박하다. 닭 쫓던 개 지붕 쳐다보는 꼴이 됐다는 말이 이래서 나온다.

그나마 천신만고 끝에 확정된 것이 춘천에 들어서는 레고랜드다. 당초 이뤄진 협상에서 강원도는 다른 경쟁 지방정부에 비해 불리했다. 다행스럽게도 부지가 쉽게 마련되고 때마침 서울과 춘천을 연결하는 전철이 생기면서 사업성이 확보돼 가까스로 성사됐다.

일본의 나고야보다 빠른 7년 전에 사업을 개시했지만 아직도 오리무중이다. 시공사 선정 잡음으로 삽도 못 뜨고 있는 형편이다. 비리와 잡음이 끊이지 않으면서 강원도는 빚더미에 앉게 됐다고 울상을 하고 있다.

화성 송산그린시티의 유니버설스튜디오, 인천 서구의 한국판 디즈니랜드 등도 소문만 무성하지 비슷한 이유로 제대로 실행되지 않고 있다. 초기 단계에는 단체장들이 움직여 그럴듯하게 추진하다가 얼마 가지 않아 슬그머니 꼬리를 내린다.

또 투자를 끌어들일 수 있는 정교한 마스터플랜이 만들어지지 않고 민간 전문 영역이 참여할 틈이 좁은 것도 다른 큰 이유로 꼽힌다. 게다가 중간에 떡고물이나 챙기려는 좀비들만 수두룩하니 일이 잘될 리 만무하다. 테마파크 유치 과정을 보면 글로벌 스탠다드와 비교해 우리의 수준이 얼마나 낙후돼 있는가를 실감하게 된다. 우리가 중국보다 나은 것이 하나도 없다.

최근 롯데월드 타워가 우여곡절 끝에 정식 개장을 했다. 지금 세계는 '스카이 타워' 전쟁이라는 표현을 방불케 할 정도로 경쟁이 치열하다. 관광객 유치를 통한 수입이 짭짤하고, 일자리 창출이 가능하기 때문이라고 평가된다. 싱가포르의 마리나베이샌즈가 지난 5년간 매년 9조 원 정도의 수입을 안겨줬다고 하니 가히 짐작할 만하다.

최근 관광객 유치의 유인책으로는 유서가 깊은 유적지뿐만 아니라 초고층 랜드마크형 건물, 도심 속의 휴양 리조트 등도 주목받고 있다. 예를 들면 5성급 호텔, 쇼핑몰, 전시장, 갤러리, 미식(美食) 레스토랑 등으로 해외 관광객을 적극 유인한다.

중국의 상하이나 베이징을 가보면 아파트는 물론이고 같거나 유사한 디자인의 건축물이 찾아보기 힘들다. 도시의 미관이나 경쟁력을 고려하는 이들의 식견이 돋보인다.

마이스(MICE, 기업회의 · 포상관광 · 국제회의 · 전시회) 산업의 육성을 위해서 각국의 경쟁이 치열한데 우리는 구호만 요란하고 총론만 있을 뿐 각론이 없다. 세상이 어떻게 돌아가든 근시안적 사고로 우리식만 고집한다. 경쟁에서 뒤지는 이유가 매우 분명하다.

서울을 비롯한 우리의 지방 도시들은 천혜의 자원을 갖고 있다. 서울만 하더라도 한강과 도시를 둘러싸고 있는 수려한 산들이 많다. 세계 어느 곳을 다녀봐도 이만한 자연경관을 갖추고 있는 도시를 찾기 쉽지 않다.

그럼에도 단추를 잘못 끼워 한강 주변에는 성냥갑 같은 아파트만 덩그러니 서 있어 밤에 유람선을 탄다 하더라도 크게 매력적이지 못하다. 주위에 산들이 많다고 하나 국내 등산객만 즐비하고 외국인은 거의 찾기 힘들다. 그렇다고 자연을 훼손하면서까지 무분별하게 개발하라는 주문은 결코 아니다.

선진 도시 탐방이라는 프로그램으로 국고를 낭비하면서까지 많은 이들이 해외에 나가 벤치마킹을 한다고 야단법석을 떤다. 그런데 무엇을 배워오는지와 현장에서 어떻게 적용하고 있는지를 전혀 알 길이 없다. 도시 백년대계라는 일관성까지 결여돼 있으니 더 이상 할 이야기가 없다.

진통을 겪고 나면 모두가 새로운 것에 기대하고 더 좋아질 것이라는 꿈을 꾼다. 그러나 막연히 남에게 기대기보다 우리 자신의 의식이나 문화, 사고와 이해, 미래에 대한 통찰력이나 비전 등이 바뀌어질 때 더 나은 세상이 현실화된다는 생각이 다시 든다.

[2017년 4월 30일, 스타이 데일리]

영화산업의 기반도 약하고, 오락을 상품으로 연결하여 산업화하는 데 기술과 전문인력이 부족한 우리나라 테마파크 업계는 기본개념과 다양한 주제개발이 부족하여 주로 입지선행형 개발을 하고 있다.

현재 엑스포과학공원, 용인민속촌 등 일부 지역을 제외하고는 주제성이 부족하고, 주제공원의 운영에 있어서도 관련주제와 일관성을 유지하고 있지 않을 정도로 기본개념이 매우 불명확하다. 관광형태의 변화에 따라 참여관광을 유도하고 있으며, 테마파크의 시설도 이러한 측면에서 고려되고 있고 개성화, 동적화 등과 더불어 사회문화 측면의 교육적 효과가 큰 프로그램 등이 많이 연구개발되어야 한다.

(4) 가족단위중심의 주제공원

인구구조변화에 따른 가족단위중심의 테마파크가 부상할 것이다. 앞으로의 테마파크 시설들은 어느 한 계층을 목표로 하기보다는 모든 계층을 포함한 종합적이고 체계적인 가족중심의 테마파크가 대규모로 개발되어야 할 것이고 연령층에 대한 특정주제를 부여할 경우에는 소규모의 테마파크로 개발되어야 할 것이다.

참고문헌

1) 호텔관광연구회(2015). 『관광사업론』. 현학사.
2) 국제테마파크협회(2017). www.iaapa.org
3) 이정학(2015). 『관광학원론』. 대왕사.
4) Jafar Jafari ed.(2000). 『Encyclopedia of Tourism』. New York: Routledge.
5) S. Medlik(1997). 『Dictionary of Travel, Tourism Hospitality』. Oxford: B.H.
6) 김희진 · 안태기(2016). 『테마파크의 이론과 실제』. 새로미.
7) 김상무 외(2011). 『관광사업경영론』. 백산출판사.
8) 김창수(2011). 『테마파크의 이해』. 대왕사.
9) 위키피디아(2017). https://en.wikipedia.org/wiki/List_of_amusement_park_rankings
10) 일본테마파크 박람회(2017). http://themeparx.jp/en/
11) 코트라 해외시장 뉴스(2016). http://news.kotra.or.kr
12) 월드 아틀라스(2017). www.worldatlas.com
13) 이태희(2014). 『리조트개발의 이해와 전략』. 새로미.

제 2 장

컨벤션산업의 이해

김 이 태

부산대학교 관광컨벤션학과 교수

청주대학교 대학원 경영학과 졸업(경영학박사)
현 부산대학교 관광컨벤션학과 교수, (사)부산관광컨벤션 포럼 사무총장, 한국관광레저학회 부회장 및 한국관광레저학회 편집위원장 역임, 『호스피탈리티마케팅』 등 다수의 저서와 "빅데이터를 활용한 MICE 참가자의 라이프스타일 분석(2016)", "빅데이터 활용을 통한 벡스코 개최 MICE 행사가 지역경제에 미치는 파급효과분석(2015)" 등 다수의 논문이 있음

✉ mkyt@pusan.ac.kr

이 병 철

경기대학교 관광이벤트학과 교수

University of Illinois at Urbana-Champaign 졸업(관광레저학 박사)
현 경기대학교 관광이벤트학과 교수
현 이벤트컨벤션연구 편집위원장
An integration of social capital and tourism technology adoption-A case of convention and visitors bureaus 등 다수의 MICE관련 국제 및 국내논문 발표

✉ 2bclee@kyonggi.ac.kr

제 2 장

컨벤션산업의 이해

김 이 태 · 이 병 철

제1절 컨벤션산업의 개요

1. 컨벤션의 개념

컨벤션(Convention)이란 어떤 정치적, 경제적, 종교적 그리고 친목 집회나 회합, 또는 대규모 회의나 각종 집회를 통틀어 일컫는 말이다. 컨벤션은 19세기 산업혁명 이후 산업사회가 발달하면서 국제 간 교류와 산업 간 공동체의식의 발로에서 일어난 공동조직 간의 교류 등 집단적 이익 창출과 교류, 친목 등을 위해 발생하고 발전해 왔다.[1] 이러한 가운데 MICE라는 용어가 1990년대 중반 싱가포르에서 사용되기 시작하였다.

마이스(MICE)란 용어는 하얏트인터내셔널 CEO인 번드 코린겔(Bernd Choringel) 사장이 1997년 호텔의 핵심 마케팅 전략기능을 'MICE'라고 채택하며, Meeting(회의), Incentive tour(포상관광), Convention(컨벤션), Exhibition/Event(전시/이벤트)의 앞 글자를 딴 산업 분야를 융합한 새로운 산업을 말한다. 이를 도식화하면 다음 [그림 2-1]과 같다. 그중 컨벤션은 호텔업체, 회의기획업체 및 운영서비스업체, 교통서비스업체, 전시업체, 여행업, 식음료서비스업체, 영상음향업체, 관련 시설업 및 단체 등이 서로 연관되어 있는 규모가 큰 산업이다.[2] 이러한 관련 산업들이 상호 연관되어 있어 사람들이 모여 새로운 정보를 교환하고, 새로운 상품을 선보이며, 자신들의 이익을 위한 의사소통과 교류를 위한 만남을 원활하게 수행할 수 있도록 도와주는 모든 산업적인 요소로 정의할 수 있다.[3]

한편 UNWTO(UN World Tourism Organization)는 "회의 산업(Meeting Industry)"[4]의 범주에 회의와 콘퍼런스, 전시와 인센티브를 포함하고 있다고 제시하고 기관에 따라 회의산업에 대한 정

의가 다르며(〈표 2-2〉 참조), 다른 구성요소를 포함하고 있다는 것이 가장 큰 문제로 여겨, 다음 〈표 2-1〉과 같은 기준을 제시하여 권고하고 있다.

그림 2-1 MICE 산업

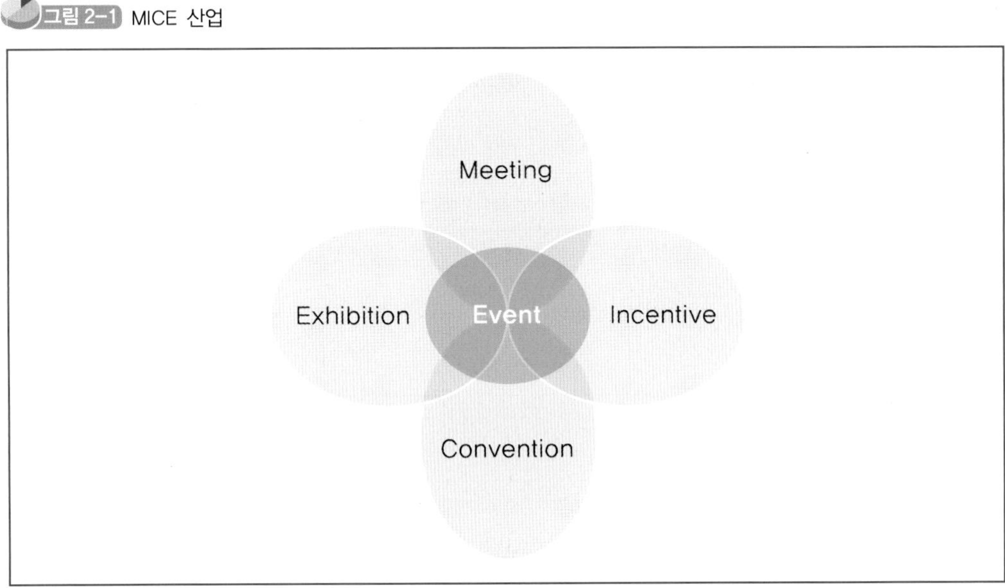

〈표 2-1〉 회의산업 정의에 대한 UNWTO 권고안

Issue	권고	이론적 설명
산업의 명명	회의산업(Meeting Industry)	이 명칭은 공급 측면을 대변하며, 주요 산업 참가자들의 지지를 받고 있음
회의 목적	참여자들에게 동기부여, 비즈니스의 수행, 아이디어의 공유, 사회화와 토론	이러한 목적과 유사한 목적들은 이 산업과 이론적 문헌에 있어 가장 일반적임
회의 규모	최소한 10명의 참여자	많은 회의기관들이 이 숫자를 사용하고 있음
회의 개최지	회의장소 사용에 대한 비용이 지불되는 개최지	계약된 개최지의 사용에 대해 비용이 지불되는 곳이며, 이를 통해 경제적 기여가 이뤄짐
회의 기간	반나절(4시간)이나 그 이상	최소한의 기간이 제시될 필요가 없지만, 4시간의 제한은 자료 수집을 실제적으로 하기 위해 설정함

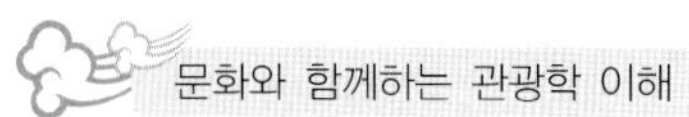

〈표 2-2〉 컨벤션의 유형

구분		내용
KTO(한국관광공사)		• 외국인 참가자 수 10명 이상인 국제회의
UIA(Union of International Associations, 국제회의연합)	A Type	• 국제기구가 주최하거나 후원하는 회의로 참가인원이 50명 이상이거나 알려지지 않은 회의
	B Type	• 국내단체 또는 국제기구의 국내지부가 주최하는 회의 가운데 다음 조건을 모두 만족하는 회의 ① 참가자 중 외국인이 40% 이상, ② 참가국가 5개국 이상 ③ 회의기간이 3일 이상인 회의나 회의기간이 알려지지 않은 경우 ④ 전시회가 병행되거나 참가자가 300명 이상인 경우
	C Tyep	• 국내단체 또는 국제기구의 국내지부가 주최하는 회의 가운데 다음 조건을 모두 만족하는 회의 ① 참가자 중 외국인이 40% 이상, ② 참가국가 5개국 이상 ③ 회의기간이 2일 이상인 회의나 회의기간이 알려지지 않은 경우 ④ 전시회가 병행되거나 참가자가 250명 이상인 경우
ICCA(International Congress & Convention Association, 국제컨벤션협회)		• 50명 이상 참가, 3개국 이상을 돌아가며 정기적으로 개최한 회의
사전적 정의		• 어떤 공통의 목적을 가진 사람들의 모임[5] • 사회단체 및 정당 회원 간의 회의, 사업 및 각종 무역에 관련된 모든 회의와 정부 간에 이루어지는 모든 회의[6] • 대부분 많은 사업가 또는 전문 직업인이 참가하는 회의를 말하며 미국 이외의 나라에서는 콩그레스(Congress)라는 용어로 사용되기도 함[7]
법률적 정의		• 세미나, 토론회, 전시회 등을 포함하여 상당수의 외국인이 참가하는 회의로서 대통령령이 정하는 종류와 규모에 해당하는 것(『국제회의육성에 관한 법률』 제2조 1항) • 국제기구 또는 국제기구에 가입한 기관 또는 법인, 단체 – 당해 회의에 5개국 이상의 외국인이 참가할 것 – 회의 참가자가 300인 이상이고 그중 외국인이 100인 이상일 것 – 3일 이상 진행되는 회의일 것 • 국제기구에 가입하지 아니한 기관 또는 법인, 단체 – 회의 참가자 중 외국인이 150인 이상일 것 – 2일 이상 진행되는 회의일 것
학문적 정의		• 특별한 문제를 토의하기 위한 참가자들의 회의[8] • 특별한 목적을 달성하기 위한 사회단체, 정당 회원들 간의 회의, 사업이나 무역에 관한 회의, 통상적으로 공인된 단체가 주최하는 3개국 이상의 대표가 참석하는 정기적 또는 비정기적 회의[9] • 컨벤션이란 컨벤션을 통한 사업적 모임과 참가자들 간의 사교적 상호작용[10] • 모든 회의와 이에 수반되는 전시 및 각종 행사를 매개체로 하여 사람과 물건의 만남을 창출하는 시스템

자료: KTO, UIA, ICCA, 웹스터, 옥스퍼드 및 관광용어사전을 활용하여 재구성.

2. 컨벤션의 유형

국제회의로 일컬어지는 컨벤션은 여러 가지 면에서 혼용되어 쓰이기도 하지만 국제회의 개최의 성격과 참여대상 등에 따라 그 유형이 다르다. 이러한 이유로 국내에서도 국제회의의 종류에 대한 이해를 돕고 목적에 적합한 형태의 회의 개최가 이루어지도록 용어를 분류하여 정의하고 있다. 아래 〈표 2-3〉은 컨벤션 유형에 대해 용어별로 정리한 것이다.

〈표 2-3〉 컨벤션의 유형

구분	내용
미팅(Meeting)	비슷한 관심사를 가진 사람들끼리 미리 정해진 목적이나 목표 달성을 위해 함께 모여 의견 교환 및 새로운 상품이나 회사 소개를 위해 개최되는 회의
컨벤션(Convention)	가장 흔히 사용되는 용어로 정치, 사회, 무역, 과학 등의 다양한 분야에서 특정한 주제에 관심을 가진 참가자들의 모임으로 정관, 규정에 의거하여 개최되는 총회(General Session)와 목적을 수반하기 위한 세션(Session) 등이 개최되는 회의
콘퍼런스(Conference)	컨벤션과 유사한 의미로 사용되지만 주로 회의 진행상 많은 토론과 참여를 필요로 하는 회의로 산업이나 무역, 기술, 과학과 관련된 학술적인 주제를 통해 새로운 지식을 습득하고 관련 문제해결을 위해 개최되는 회의
콩그레스(Congress)	콘퍼런스나 컨벤션과 유사한 용어로 주로 대규모 국제회의를 일컫는 용어로 유럽이나 영어권에서 주로 사용되는 회의
포럼(Forum)	제시된 한 가지 주제에 대해 상반된 동일 분야의 전문가들이 사회자의 주관 아래 패널리스트나 발표자로 나와 청중들 앞에서 공개토론하는 형식으로 청중들의 참여가 활발하게 이루어지며 사회자가 쌍방의 의견이나 토론 요약 시 중립적 역할을 하는 중요한 형태의 회의
심포지엄(Symposium)	포럼과 유사한 형태로 진행되나 포럼에 비해 공식적이고 형식적이며, 발표자가 특정 주제로 발표, 청중의 질의도 가능한 운영방식이기는 하나 발표자와 청중들 간의 토론 기회는 포럼에 비해 많지 않음
패널(Panel)	두 명 이상의 연사가 자신들의 의견을 피력하는 형태로 진행하며, 패널리스트와 청중이 함께 토론에 참여 가능하고 사회자는 중재자로서 토론을 이끌어가는 방식의 회의
세미나(Seminar)	주로 교육 및 연구 목적으로 개최되는데, 주제에 대해 전문가 발표와 토론이 진행되며, 발표자와 참가자들이 서로 토론을 통해 지식과 경험을 나누는 형식
워크숍(Workshop)	구체적인 사안이나 연구 과제를 다루는 소그룹 형태의 모임으로 담당자 주도하에 참석자들은 특정 문제에 대한 새로운 지식이나 기술을 교환하며, 참석자 전원의 적극적 참여로 진행되기 때문에 주로 동일한 조직 내 관계자 또는 그룹형태로 진행

3. 컨벤션산업의 현황

국제협회연합(UIA: Union of International Association)의 국제회의 통계보고서에 따르면 2015년 기준 세계적으로 총 12,350건의 국제회의가 개최되었으며 가장 많은 국제회의를 개최한 국가는 미국으로 총 930건의 국제회의를 개최한 것으로 나타났다. 한국은 총 891건의 국제회의 개최로 세계에서 두 번째이고 아시아 국가로는 가장 많은 국제회의를 개최한 것으로 나타났으며 7.5%의 점유율을 차지하고 있다. 도시별 국제회의 개최순위는 싱가포르가 가장 높은 순위를 차지하고 있으며 서울은 3위에 위치하고 있다. 세계 국제회의 개최현황은 [그림 2-2]와 같이 2011년과 2012년 감소 이후 다시금 증가 추세에 있으나 전반적으로 국제회의 개최건수는 2009년 이후 다소 완만한 성장세를 보이고 있다.

하지만 한국의 경우 2006년 185건을 시작으로 2015년 891건으로 381.6%의 성장을 보여 세계적 국제회의 개최 흐름과는 달리 급격한 성장세를 보이고 있다. 특히, 대한민국, 싱가포르, 일본, 태국 등은 아시아 국가의 공격적인 컨벤션산업 육성정책에 힘입어 〈표 2-4〉와 같이 유럽국가 중심이었던 국제회의 시장이 점차 아시아로 옮겨가는 현상을 보이고 있다.

그림 2-2 세계 국제회의 개최건수

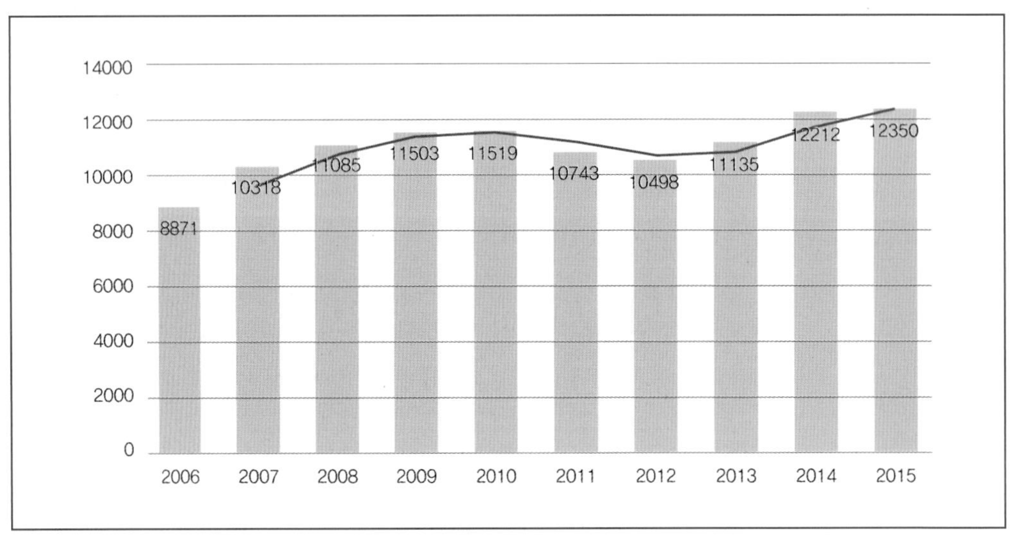

자료: 국제협회연합(UIA), International Meetings Statistics Report, 2016.

〈표 2-4〉 국가/도시별 국제회의 개최건수 및 순위

국가명	개최 건수	3개년 순위			도시명	개최 건수	3개년 순위		
		2015	2014	2013			2015	2014	2013
미국	930	1	1	2	싱가포르	736	1	1	1
대한민국	891	2	4	3	브뤼셀	665	2	2	2
벨기에	737	3	2	5	서울	494	3	5	4
싱가포르	736	4	3	1	파리	362	4	4	7
일본	634	5	5	4	비엔나	308	5	3	3
프랑스	590	6	6	7	도쿄	249	6	6	5
스페인	480	7	8	5	방콕	242	7	9	29
독일	472	8	9	6	베를린	215	8	11	16
이탈리아	385	9	12	10	바르셀로나	187	9	8	6
오스트리아	383	10	7	8	제네바	172	10	10	11

자료: 국제협회연합(UIA), International Meetings Statistics Report, 2016.

제2절 컨벤션산업의 구성요소

1. 컨벤션산업의 구성요소

컨벤션산업은 다양한 측면에서의 연관된 이해당사자들 간의 협력적 관계에서 개최되는 국제회의로 공급자 측면(개최/운영 주최), 수요자 측면(참가자/참가업체), 서비스제공자(장소/시설/서비스) 측면 그리고 개최를 위한 전담조직인 CVB(Convention and Visitors Bureau; 컨벤션 유치 및 마케팅 전담기구)로 구성되어 있다. 컨벤션산업의 구성요소를 그림으로 요약하면 다음과 같다.

그림 2-3 컨벤션산업의 구성요소

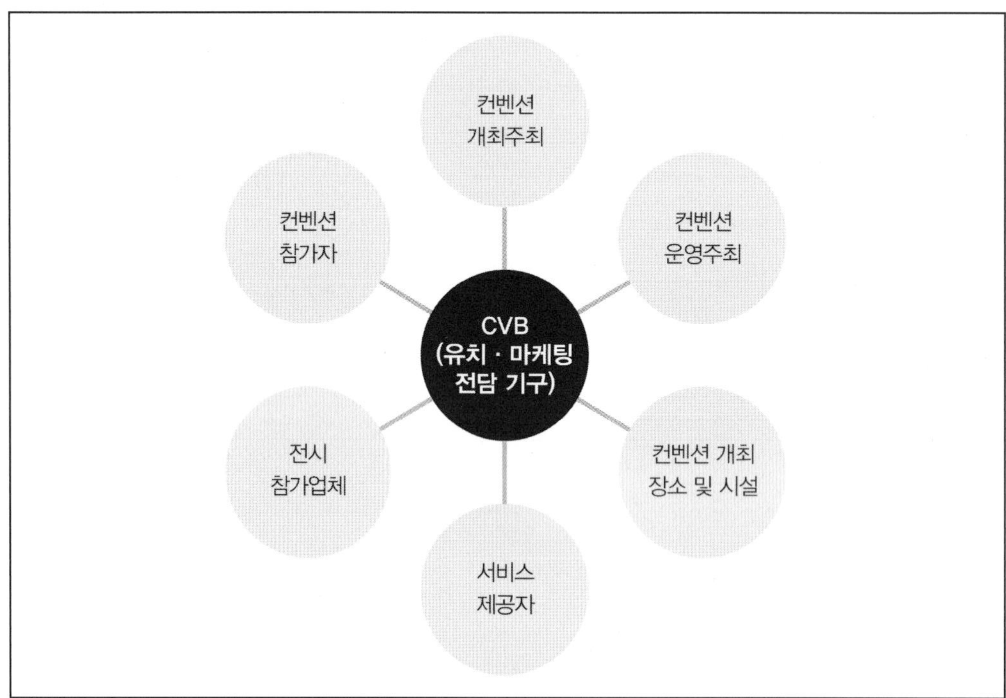

컨벤션산업은 국제회의를 개최하는 주최 측을 포함하여 항공, 호텔, 관광을 비롯한 연관 산업에 미치는 파급효과가 크며, 다양한 업종과의 융복합이 가능하여 종합산업으로 인식되고 있으며, 도시와 국가이미지 개선, 브랜드 가치 제고 등에도 영향을 준다.[11] 이러한 행사를 유치, 운영하기 위해서는 컨벤션을 개최하는 주최단체뿐만 아니라 컨벤션 전문시설기관, 컨벤션 기획 및 전시 기획업, 교통운송업, 항공, 식음료서비스, 시청각장비, 출판 및 디자인, 그리고 기타 관련시설 및 단체가 서로 시스템적으로 결합되어 유기적으로 움직여야 한다.

특히, 개최지 결정에 있어 컨벤션 구성요소 간의 이해와 협력관계 그리고 지역적 특성이 매우 중요한 결정요인으로 평가받고 있어 구성요소에 대한 기능과 역할이 무엇보다 중요하다고 볼 수 있다. 그리고 컨벤션 참가 대상(참석자, 전시업체, 해외 참가자) 및 호텔업체, 회의기획업체 및 서비스업체(운영, 교통, 식음료), 여행업, 영상음향업체, 관련 시설업 및 관련 단체 등 연관된 구성요소에 의한 유무형의 경제 파급효과 규모가 큰 산업이다.[12] 또한 비즈니스의 혁신과 기회를 창출하는 한편 지속적인 성장을 위해 이해관계자들을 연결시키기 위한 더 큰 거시경제학적 동인을 제공해줘 미래의 먹거리산업으로 각광받고 있다.

그림 2-4 컨벤션 연관 산업

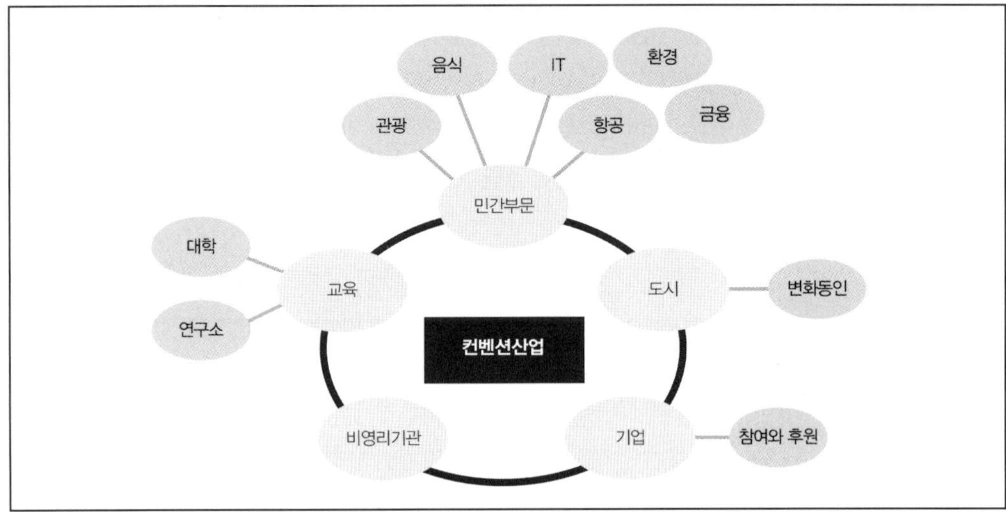

2. 컨벤션 구성요소에 따른 분류

(1) 컨벤션 개최주최

컨벤션 개최주최 조직은 조직의 설립 목적과 이를 달성하기 위한 수행계획 수립 등 컨벤션의 개최를 통해 특정한 목적을 달성하고자 다양한 형태의 회의를 주최한다. 주최 조직은 설립 유형과 목적에 따라 기업회의, 협회회의, 정부조직회의, 비영리조직 등으로 분류하고 있다.[13)]

〈표 2-5〉 컨벤션 개최주최

구분	유형	특성
기업회의	판매회의, 연수회의, 유통자협회회의, 기술회의, 행정/경영자회의, 교육훈련회의, 공공회의	기업의 활동에 관련한 회의
협회회의	무역협회, 전문가협회, 과학 및 기술 협회, 교육협회, 예비군 군인협회, 우애조합협회, 자선협회, 정치협회와 노동조합	협회와 관련된 주제와 관심을 다루는 회의
정부주관회의	ASEM(아시아 유럽 정상회의), OECD국제포럼, APEC 관광장관회의, 세계/국회의원 연맹총회, 아시아 태평양 지역의 노동부 장관 회의, 관세 협력이사회 등	정부 및 정부산하기관이 주관하는 회의
비영리조직 회의	세계 잼버리대회, 세계 그리스도 교회회의	영리목적이 아닌 단체의 회의

(2) 컨벤션 운영주최

컨벤션 운영주최는 컨벤션에 직접적으로 관여해 컨벤션 유치에서부터 성공적으로 끝마칠 수 있도록 도와주는 업체 또는 사람이라 말한다. 이 과정에서 PCO나 컨벤션기획가의 역할이 중요하다. 이들은 장소선정, 호텔과 계약, 법적인 문제 등 회의와 관련된 전반적인 부분에 전문적인 지식을 가지고 관련 업무를 처리하면서 성공적인 컨벤션 개최를 위해 노력하는 사람이다.

〈표 2-6〉 컨벤션 운영주최

구분	활동범위	특성
기업회의기획가	한 기업의 종업원, 경영진, 그리고 소유자들과 관련된 회의의 모든 세부사항들을 기획하고 실시하는 것을 책임지는 사람, 전시와 관련된 활동을 겸하기도 함	회의 준비기간이 짧은 기업회의의 특성에 맞는 빠른 대처능력 필요
협회회의기획가	협회가 회의 기획 분야에 정식 직원이 없을 경우, 해당 협회의 일을 대신하는 사람	회의 기획가는 협회 관련자와 협조하여 회의 계획 및 운영
정부기관회의기획가	다양한 정부기관 조직의 기획가는 주어진 예산 범위 내에서 회의를 기획해야 한다.	업무 영역이 다른 민간 회의기획가와 일치하나, 경제적인 상황을 고려한 효율적 운영이 가장 중요
여행사	여행사 직원이 교육을 통해 국제회의 기획가의 업무에 관여	주요 회의 관련 사항 관리를 위한 현지 업무 필요
독립회의기획가	회의와 컨벤션 업무에 관하여 전문지식을 갖춘 사업자로 회의 전체를 맡기도 하고 특정 단계만 참여하는 경우도 있다.	한 개인 독립적으로 운영 회의기획가들이 모여 전문적인 회사를 이루어 용역업체 방식으로 운영
국제회의전문업체	국제회의의 개최와 관련된 다양한 업무를 행사주최 측으로부터 위임받아 부분적 또는 전체적으로 대행해 주는 영리업체 또는 개인 전문업체가 사람일 경우에는 회의기획가, 코디네이터, 이벤트 매니저로 부른다.	컨벤션 준비과정이나 운영상 개최 성격에 따라 부대시설부터 행사 진행에 이르기까지 다양성을 가지기 때문에 고도의 전문성 요구

국제회의 기획업: 우리나라는 급증하는 국제회의의 수용태세를 정비하기 위해 관광진흥법을 개정하고 1986년부터 국제회의 기획업을 관광사업에 포함시켰으며 관광진흥법 제3조 4항에 국제회의 기획업을 "대규모 관광수요를 유발하는 국제회의의 계획, 준비, 진행 등 필요한 업무와 행사를 주관하는 자로부터 위탁받아 대행하는 업"이라고 명시하고 있다.

① 기업회의기획가: 한 기업의 종업원, 경영진, 그리고 소유자들과 관련된 회의의 모든 세부사항들을 기획하고 실시하는 것을 책임지는 사람들을 말하며, 전시와 관련된 활동을 겸하는 경우도 있다.

② 협회회의기획가: 협회가 회의기획 분야에 정식 직원을 가지고 있지 않은 경우에 해당 협회의 일을 대신한다. 회의기획가는 협회 관련자와 협조하여 회의를 계획, 운영, 다른 기타의 행사를 계획한다.

③ 정부기관회의 기획가: 정부기관회의 시 당면한 문제는 예산상의 문제이다. 참석자들에게 주어지는 회의참가 비용이 많지 않으므로 정부기관회의 기획가는 재정적으로 제한된 기획을 할 수밖에 없다.

④ 여행사: 여행사에서 여행사 고유 업무 외에 여행사 직원들을 교육시켜 국제회의 기획가들의 업무에 관여, 해외출장 등 여행관련업무, 회의관련패키지, 호텔, 교통업체, 식음료업체들과 연계하여 회의기획활동을 구매하는 경우가 많다.

⑤ 독립회의기획가: 회의와 컨벤션 업무에 관하여 전문지식을 갖춘 사업자. 한 개인이 독립적으로 전문지식을 제공하거나, 회의기획가들이 모여 전문적인 회사를 이루어 용역업체 방식으로 운영하는 업체를 국제회의 전문업체(PCO)라고 한다.

⑥ 국제회의 전문업체: 국제회의의 개최와 관련된 다양한 업무를 행사 주최 측으로부터 위임받아 부분 또는 전체적으로 대행해 주는 영리업체 또는 개인이다.

(3) 컨벤션 개최 장소 및 시설

컨벤션은 작은 규모의 회의에서 국제적인 규모의 회의에 이르기까지 다양하다. 회의기획가는 회의의 크기, 유형, 특징, 예산의 범위, 접근성과 같은 다양한 요소들을 감안하여 개최장소를 설정한다. 컨벤션 개최에 필요한 시설물의 내용은 전문회의 시설, 준회의시설, 전문전시시설, 부대시설로 구분가능하다.

〈표 2-7〉 컨벤션의 개최장소 및 시설

구분	유형
컨벤션센터	국제업무지역형, 텔레포트형, 테크노파크형, 리조트형
콘퍼런스센터	20~50명 정도의 인원이 중소규모의 회의를 열기 적합한 곳 콘퍼런스 전용시설 , 리조트 콘퍼런스센터, 회사소속 콘퍼런스센터, 비영리 콘퍼런스센터, 객실없는 콘퍼런스센터, 부수적인 콘퍼런스센터
호텔	컨벤션 개최를 위해 모든 시설과 서비스 제공하는 호텔, 리조트 호텔, 도심호텔, 제한적 호텔
비전통적인 개최장소	대학교 내 컨벤션 시설, 교육문화회관, 크루즈선, 유명한 도서관, 예술회관, 기차, 역사적으로 유명한 건물

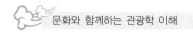

(4) 서비스 제공자

컨벤션서비스 제공업체는 기획 단계에서 설정된 세부과제들이 실행될 수 있도록 지원하는 역할을 담당하며 주로 DMC, 통번역업, 인력용역업, 여행사, 인쇄업, 장식 및 간판업, 사진·영상, 기념품업, A/V 장비임대업 등 컨벤션산업 관련 서비스업이 이에 해당한다.[14)]

〈표 2-8〉 서비스 제공자

구분	유형
지역컨벤션대행업체	컨벤션 개최지의 확대로 컨벤션 기획자가 잘 알지 못하는 지역에서 컨벤션이 개최되는 경우에 코디네이터 역할 제공
통번역업	국제회의 시 통번역의 질에 따라 회의의 성패가 결정
인력용역업	회의의 준비단계 필요한 인력부터 회의 중, 그리고 각종 기기 조작 인력 제공
여행사	전/후 관광프로그램, 동반자 프로그램, 셔틀버스 운영에 관한 부분의 위임
인쇄업	통상 거래하고 있는 인쇄업자에게 일괄적으로 발주
장식 및 간판업	호텔 및 회의장을 잘 알고 있는 거래업자에게 위탁하는 것이 효율적
영상제작업	회의장과 호텔이 평소 거래하는 사진관에 위탁하는 것이 일반적
소도구/기념품 제조업	외국인에게 좋은 이미지를 줄 수 있는 제품생산 가능한지 검토 후, 그 업체의 실적 및 규모 검토
A/V장비임대업	최근 건립된 컨벤션센터의 경우 자체적으로 설치되어 있으나, 국제회의 전용 시설이 아닌 경우 전문 장비대여 업체와 계약 맺어 사용한 후 반환
기타 관련 서비스업	의사, 간호사 및 행사 도우미, 운수업체, 통신업체, 경비업체, 청소업체 등

제3절 컨벤션산업의 특징과 경제적 파급효과

1. 컨벤션산업의 특징

컨벤션산업은 일반적 특성을 비롯해 운영상 및 컨벤션 시장 자체의 특성이 있다. 이에 일반적 특성에 대해 살펴보면 우선 서비스 산업의 특성과 마찬가지로 7가지 특성이 존재한다.

첫째, 컨벤션사업은 민간 및 공공부문에 걸쳐 서로 상호 의존적인 관계를 맺고 있다. 회의 목적지 도착 시 해당 국가나 도시의 출입국 관리, 교통, 숙박, 외식, 광고 등 다양한 종류의 서비스

를 제공받는다. 이러한 서비스들이 일정 수준 이상의 품질을 유지할 수 있도록 유기적인 관리가 요구된다.

둘째, 국가적이거나 국제적인 현안을 토의하고 상호간 협력 및 교류를 위해 컨벤션은 개최된다. 나라 간의 이해와 친선 도모를 통해 세계평화에 기여하므로 공익성이 강조된다.

셋째, 컨벤션산업은 유치, 회의기획, 준비, 운영, 사후관리 등 매우 다양한 구성으로 고도의 전문성이 요구된다.

넷째, 컨벤션은 일반 제조업과 달리 인간의 접촉에 의한 서비스가 기본이 되는 산업이므로 서비스의 물리적 실체를 눈으로 볼 수 없고, 만질 수 없는 무형성을 지니고 있다.

다섯째, 컨벤션은 생산과 소비가 동시에 일어나는 비분리성 특징을 지닌다. 컨벤션은 일반 제조업과 달리 판매가 먼저 이루어진 다음 생산 소비된다.

여섯째, 컨벤션은 주로 인력에 의해 이루어지고 변화가능성이 높은 상품이기 때문에 서비스를 제공하는 사람이나, 제공받는 사람의 경험, 시간, 상황에 따라 같은 서비스라 할지라도 그 내용과 질이 달라질 수 있다는 이질성의 특징이 높게 나타난다.

마지막 특성은 소멸성으로 컨벤션 서비스는 상품의 저장이 불가능하다. 구매되지 않은 서비스는 차후에 사용할 수 없으므로 미래에 수요가 있을지라도 미리 생산하여 재고로 보관이 불가능하다.

한편 운영상의 특성은 다음 〈표 2-9〉와 같다.

〈표 2-9〉 국내 55세 이상 실버인구 개관

구분	내용
시간과 공간적 상품	컨벤션시설은 상품 자체가 고객에게 전달되는 것이 아니라 고객이 일정 요금을 지불함으로써 시설 사용에 대한 권한을 가지게 되는 것이며, 그에 부수되는 서비스도 제공받게 됨. 따라서 이러한 컨벤션상품은 적절한 시기에 최고의 가격으로 판매되어야 그 가치를 인정받을 수 있음
사전예약	업무특성상 컨벤션의 이용은 사전예약이 필수적임. 사전예약이 없으면 적절한 수요를 예측할 수 없을 뿐만 아니라 현장에서 컨벤션상품을 즉시에 생산하는 것은 불가능하기 때문임
체계화된 커뮤니케이션	주최자, 컨벤션 기획사, 참가자 간의 체계적이고 조직적인 커뮤니케이션은 컨벤션의 성공을 좌우하는 핵심요인이 됨
가격의 융통성	컨벤션에 있어서 가격문제는 참가그룹의 규모, 개최시기, 체재기간, 잠재력, 경쟁호텔과 컨벤션센터와의 경쟁력 등에 따라 융통성 있게 정해짐

끝으로 컨벤션 시장 자체의 특성으로는 개인보다 그룹이 참여하며, 세밀하고 전문화된 기획력 및 기획사와 전문화된 시설 및 서비스가 필요하다. 그러나 서비스의 모방이 용이해 많은 기획사들이 참신한 아이디어 및 기획력을 Me Too하는 방식으로 운영되는 단점이 있다.

2. 컨벤션산업의 경제적 파급효과

컨벤션산업은 '사람중심의 비즈니스'로 환대산업에서 계절적인 영향을 가장 적게 받을 뿐만 아니라, 경제적 파급효과가 매우 큰 산업으로 각광받고 있다.[15] 단순히 회의뿐만 아니라 컨벤션센터의 운영과 관련한 설비 및 서비스 관련 산업, 전시 관련 산업 등을 포함하며, 다양한 연관 산업의 즉, 회의를 주최하는 기관에서부터 관광, 레저산업, 숙박, 유통, 식음료, 교통, 통신 등과 관련된 융복합산업으로 고부가가치 지식서비스산업으로도 일컬어진다. 이외에도 컨벤션을 개최함으로써 발생되는 개최지 이미지의 제고, 홍보 효과 등 사회 · 정치 · 문화적으로 유형 · 무형적인 경제적 파급효과가 높은 산업이다. 이에 각국은 전략적으로 컨벤션을 유치하기 위한 치열한 경쟁적 노력과 함께 컨벤션 개최를 통하여 관광목적지의 이미지를 제고하기 위한 정책의 수립과 이를 달성하기 위한 민 · 관 협력차원에서의 통합적 마케팅 활동을 다양하게 전개하고 있다.

또한 국제회의 유형에서도 보듯이 다양한 형태의 회의가 개최되며, 개최 시 참가국가의 정치, 경제, 사회, 문화, 기술, 과학 등 관련 분야의 전문가들이 참여하여 국가 선양과 지역 경제 발전에 큰 효과를 주는 산업이기도 하다. 이와 같은 활동들은 컨벤션산업이 지역사회에 소득, 고용, 세수와 같은 직 · 간접인 경제적 효과를 창출하고 있다는 연구결과들에서 그 타당성을 부여받고 있다.[16][17] 이러한 컨벤션산업의 경제파급효과에 관한 연구는 크게 3부류로 나뉘는데, 첫째, 외국인 유치를 통한 외화 유입효과를 보는 외화가득효과 분석, 둘째, 국제회의의 주최자와 참가자의 지출액을 통한 직접지출효과 분석, 마지막으로 산업연관표의 유발승수의 도출을 통한 경제유발효과 분석이다.[18]

컨벤션산업의 파급효과는 다음 [그림 2-5]와 같이 크게 경제적, 사회 · 문화적, 정치적, 관광산업의 측면으로 구분하여 살펴볼 수 있다.

그림 2-5 컨벤션산업의 경제적 파급효과

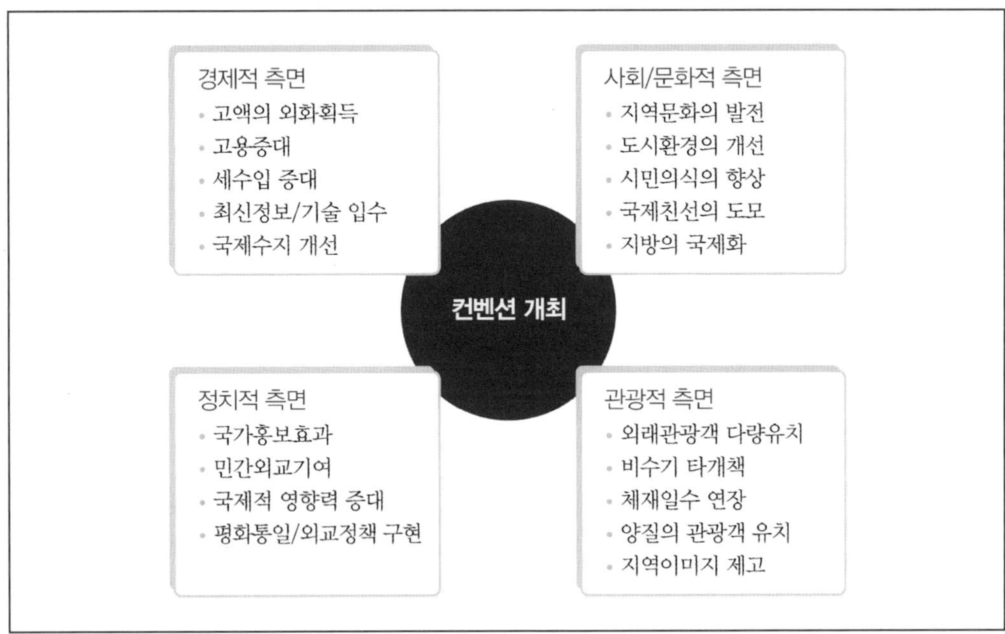

경제적 측면
고액의 외화획득
고용증대
세수입 증대
최신정보/기술 입수
국제수지 개선
사회/문화적 측면
지역문화의 발전
도시환경의 개선
시민의식의 향상
국제친선의 도모
지방의 국제화
컨벤션 개최
정치적 측면
국가홍보효과
민간외교기여
국제적 영향력 증대
평화통일/외교정책 구현
관광적 측면
외래관광객 다량유치
비수기 타개책
체재일수 연장
양질의 관광객 유치
지역이미지 제고

(1) 경제적 효과 측면

컨벤션산업은 회의장, 숙박시설, 음식점, 문화오락시설, 교통 등을 비롯한 많은 산업 분야에 직·간접적으로 영향을 미치는 경제 파급효과가 매우 큰 '종합적인 서비스산업'이다[19]. 따라서 컨벤션 개최를 통해 창출되는 개최국의 소득향상 효과와 고용증대효과(참가자의 직·간접적 지출, 서비스 산업의 증가에 따른 고용창출 및 소득창출), 세수증대효과(관련 산업 발전으로 인한 법인 및 개인 소득세 증가) 등 개최국의 전반적인 경제 활성화 및 국민경제의 발전에 기여하게 된다. 아울러 컨벤션 개최에 대비한 각종 시설물의 정비, 항공 및 항만시설의 정비, 교통망의 확충, 환경 및 조경개선 등 일반사회의 발전에 광범위한 파급효과를 가져올 수 있다.

뿐만 아니라 컨벤션 참가를 위해 방문한 개최지에 대해 긍정적인 인상을 가지고 돌아가는 경우 다른 기회에 관광의 목적으로 재방문 등을 통해 관광객 유치가 가능해지므로 관광객 유치로 인한 경제적 효과도 낳을 수 있다.

(2) 사회/문화적 효과 측면

컨벤션을 통해 참가자와 개최지 시민은 직접적으로 교류할 수 있고, 이를 통해 많은 지식과 새로운 정보를 서로 교환할 수 있다. 뿐만 아니라 외국인 참가자들과의 잦은 접촉을 통해 국제적 환경을 경험하게 되며, 시민들의 의식수준 또한 향상되어 선진화를 도모할 수 있다. 또한 컨벤션이 지방으로 분산 · 개최되는 경우 참가자와 지역주민 간 접촉을 통해 지역주민의 국제적 감각을 고양시킬 수 있으며, 컨벤션 개최를 통해 지역주민들의 지적 자극을 통한 시민의식의 향상 등 교육적 파급효과도 기대된다. 컨벤션 개최를 위한 직접적인 시설 및 사회기반 시설의 정비 · 확충이 이루어지므로 지역주민의 생활환경이 크게 향상되고, 지역의 균형발전을 도모할 수 있다.

일반적으로 컨벤션 참가자는 사회 각 분야에서 영향력을 행사할 수 있는 사회 각계각층의 지도자들로 구성되기 때문에 개최국 및 개최지의 홍보를 통한 국제적 지위향상, 문화교류, 민간차원의 외교활성화 등을 기대할 수 있다.

(3) 정치적 효과 측면

컨벤션은 그 규모나 성격에 따라 통상 수십 개국의 대표들이 대거 참가하게 되고, 이들은 자국에서 높은 사회적 위치에 있거나 정부기관 및 유관기관 관계자, 사회 지도급 인사들인 경우가 대부분이기 때문에 이들의 영향력은 매우 크다. 특히 컨벤션은 정치적 이념을 달리하는 국가 간에 커뮤니케이션을 할 수 있는 장의 역할을 하기 때문에 장기적으로 이념의 차이와 갈등을 줄이고, 이념적 동질성을 이룩할 수 있는 계기가 된다. 또한 참가자와 개최국 또는 개최지 시민들 간, 그리고 참가자들 간의 교류를 촉진시키며, 국가 간 또는 국제적으로 이해를 증진시키는 장으로 활용됨으로써 민간외교를 활성화시키고, 국제관계 개선에도 많은 기여를 하게 된다.

(4) 관광산업진흥 효과 측면

컨벤션은 계절에 구애받지 않고 개최되기 때문에 관광 비수기 타개를 기대할 수 있고, 개최되는 경우 참가자의 규모가 보통 몇 백 명에서 수천 명 이상이기 때문에 컨벤션 유치는 곧 대규모 관광객의 유치로 이어질 수 있다. 또한 컨벤션 참가자들에 대한 관광상품을 집중적으로 소개함으로써 우리나라의 전통문화나 관광지에 대한 인식을 심어주고, 직접 체험을 통해 느낀 점을 귀국 후 주위에 전파하게 되므로 장기적으로 우리나라의 홍보에 큰 파급효과를 가져올 수 있다.

이외에도 컨벤션 참가자들은 일반 관광객에 비해 체재일수가 길고, 1인당 소비액도 높아 관광수입 측면에서 막대한 승수효과가 있다.[20] 2014년 MICE 참가자 조사에 따르면 국제회의 참가자들의 1인당 평균 한국(개최지) 방문 소비액은 2,743달러로 나타났다.[21] 이는 2014년 방한 외래관광객의 지출금액이 1,605달러[22]라는 점을 감안할 때, 국제회의 참가자의 소비지출액은 일반 방한 외래관광객 지출액보다 1.7배 높은 것으로 나타나 표면적인 경제적 효과에 대한 결과를 확인할 수 있다.

제4절 컨벤션산업의 미래와 발전과제

1. 컨벤션산업의 변화추세[23)]

컨벤션산업은 IT산업 및 세계 경제 변화추세에 맞춰 급격히 변화하고 있다. 글로벌화, 네트워킹 발전, 정보화, 경제성 추구라는 큰 흐름하에서 컨벤션산업도 변화의 물결에 휩싸여 있는 것이다. 이런 면에서 컨벤션산업의 최근 변화추세를 보면 다음과 같다.

(1) 컨벤션 관련한 경쟁 격화

세계적으로 국제회의 개최횟수는 매년 큰 변화가 없는 반면, 컨벤션센터 시설은 지속적으로 확대되고 또 관심은 더욱 커지고 있어, 각 주체 간의 컨벤션 유치, 홍보 경쟁이 치열하다. 각국별로 국가적 차원에서 지원책을 마련하고, CVB운영 등 민관 협력의 컨벤션산업 증진노력이 강화되고 있다.

또한 회의 주최자나 참가자의 니즈도 다양해지고 있어 이를 충족시키기 위한 경쟁도 과열되고 있다. 특히 아시아권에서는 중국의 세계 경제로의 진입으로 인해 각국별로 입지변화가 예상되고 있어 경쟁구도가 급속히 변화할 조짐이다.

(2) 회의 속성 면에서 기업회의의 확대

장기적인 경기부진의 여파로 기업 간 M&A가 활성화되고, 원가 효율성에 대한 관심이 커짐에 따라 국제회의나 전시회 참가에 대한 신중론이 대두되고, 참가성과 측면에서 효율을 따지는 경향이 많아지고 있다. 또 회의 참가 업체는 자신에게 필요한 내용이나 중요 인사 등을 중심으로 집중적으로 접촉하기를 원함으로써 회의, 전시회의 실속을 추구하는 경향이 짙어지고 있다. 이에 따라 기업 스스로의 목적에 필요한 회의뿐만 아니라 특정 고객이나 필요한 소비자를 초빙하는 기업만의 특별행사가 확대되는 등 기업회의가 확대되는 추세에 있다.

(3) 전시회, 이벤트 등과 복합화 확산

참가자 유치촉진과 만족을 제고시키기 위해 국제회의 개최 시에 이벤트, 전시 등 다양한 행사를 동시에 개최하고 있다. 따라서 전시 주최자나 회의기획가는 이들 분야를 포괄할 수 있는 종합기획가로서의 역할이 강조되고 있다.

(4) 지역 활성화와 연계 추진

컨벤션센터 건립은 지역경제의 활성화 및 관광산업 육성 차원에서 연계하여 추진되는 경향이 많다. 특히 컨벤션 참가자의 지위나 해당업계에서의 영향력이 높은 점을 감안할 때, 재방문이나 구전 효과 등을 통하여 관광산업의 육성을 비롯한 지역경제 활성화와 연계될 수 있는 것이다.

(5) IT산업발전에 부응

IT산업 분야의 활용도가 커짐에 따라 컨벤션의 비용, 시간상의 제약을 뛰어넘어 여러 가지 마케팅 홍보상의 효과를 기대하고 있다. 지금까지 컨벤션 회의 발전에 제약 요인으로 작용해 온 컴퓨터 기술상의 문제가 상당부분 해소됨에 따라 앞으로 국제회의의 IT부분에 급속한 발전은 그 여파가 더욱 커질 것으로 예상된다.

(6) 국가적 차원의 지원 확대

세계 각국은 컨벤션산업의 발전을 위하여 민관 합동의 노력을 강화하고 있다. 컨벤션 뷰로(CVB)의 설치, 운영을 통하여 민관이 자율적으로 컨벤션산업 육성을 도모할 수 있게끔 유도하고, 각종 금융, 세제 지원도 아끼지 않고 있다. 미국, 일본 등은 컨벤션 도시를 지정함으로써 컨벤션 지원과 관련한 많은 혜택을 부여하고 있다.

2. 컨벤션산업 촉진을 위한 전략과제

컨벤션산업은 현재 다른 경쟁국과 비교해 보면 그 여건이나 지원 면에서 후진성을 면치 못하고 있다. 이런 환경하에서 빠른 시일 내에 경쟁력을 갖추고 산업으로서의 역할을 제대로 수행하기 위해서는 산관학이 철저한 마케팅 마인드로 무장하여 새로운 서비스 자세로 고객 모두를 만족시켜야 할 것이다. 다음은 컨벤션산업 촉진을 위한 몇 가지 전략과제이다.

(1) 마케팅 홍보기능의 정비, 운영

보다 체계적이고 통합적인 마케팅 홍보 전략이 수립, 시행되어야 한다. 국가 전체적인 차원에서 국가나 국민 이미지를 정립하고 이를 바탕으로 컨벤션 개최도시나 장소에 대한 체계적인 홍

보전략이 수립, 시행되어야 하겠다. 후발국으로 선발국과는 다른 독창적인 이미지 창출하여 고객에게 그 이미지를 인식시킴으로써 차별적인 이미지를 만들어 나가야 할 것이다.

(2) 민관 협력체제의 구축

민관 협력의 산물인 CVB(컨벤션뷰로)를 설립하여 컨벤션산업의 육성을 위한 체계가 구축되도록 하기 위해서는 컨벤션산업의 경제적 파급효과를 정확히 도출해 내야 한다. 또한 컨벤션산업에서 창출된 혜택을 같이 공유할 수 있는 Win-Win 전략을 추구해야 할 것이다.

(3) 신시장, 신규 아이템의 개발 강화

후발주자로 새롭게 컨벤션 시장에 진입하는 우리나라 컨벤션 업계는 기업회의의 적극적 유치, 회의와 전시의 복합성 행사 개최, 화상회의 시스템의 도입 등 새로운 틈새시장에 대한 침투 노력이 필요하다. 회의 기획 전문가의 기본적인 노력을 바탕으로 관련업계나 학계, 정부차원에서의 조직적인 도움이 필요하다.

(4) 전문인력 양성체계 정비

서비스업에서 가장 중요한 요소는 전문인력이듯, 컨벤션도 제대로 교육받고 충분히 경험을 쌓은 전문인력의 양성이 시급하다. 또한 기존 관련업계(PCO, 학회, 업계, 협회 등) 종사자를 대상으로 새로운 콘셉트의 재교육도 필요하다.

(5) 정부 차원의 지원강화

우리나라 컨벤션업계가 아직 시장 규모나 운영수준 면에서 취약한 상태에서 국내외 경쟁이 격화될 것으로 보이므로 범정부 차원의 정책적 지원이 필요하다. 컨벤션산업 육성을 위한 법적, 제도적 기반을 위한 컨벤션 관련 법규 및 제도의 조기 정비가 필요하다.

또한 컨벤션의 유치마케팅 촉진 및 해외홍보, 인력양성 등의 투자활동 촉진을 위해 금융 및 세제상의 지원시책이 보다 강화되어야 한다. 정부 입장에서는 금융, 관광, 교통, 물류, 숙박 등 제반 비즈니스 여건을 싱가포르, 홍콩 등 경쟁국 이상의 수준으로 조속히 격상시켜 다국적 기업을 비롯한 외국기업의 주요 아시아 거점을 국내에 유치토록 함으로써 이에 수반한 각종 회의 등을 통하여 컨벤션산업이 보다 활성화되도록 해야 할 것이다.

참고문헌

1) 최재완(2001), 『이벤트의 이론과 실제』, 커뮤니케이션북스.

2) Ruthford, D. G.(1990), Introduction to the convention, exposition and meetings industry. NY: Van Nostrand Reinhold.

3) McCabe, V., Poole, B., Weeks, P., & Leiper, N.(2000), The business and management of conventions. John Wiley & Sons.

4) UNWTO(UN World Tourism Organization; 2006), 『The Measuring the Economic Importance of Meetings Industry』.

5) 웹스터 사전(1994).

6) 옥스퍼드 사전(1984).

7) 관광용어 사전(1985).

8) Astroff, M. T. & Abbey, J. R.(1998), Convention Sales and Services(5th ed.), New Jersey: Waterbury Press.

9) Berkman(1984). Conventions Management and Service, AH and MA.

10) 서승진 · 윤은주(2002), 『컨벤션산업론-그 학문적 접근과 실무이해』. 영진닷컴.

11) 윤은주(2009), 컨벤션 개최지 속성에 대한 지각된 가치가 도시 이미지 형성에 미치는 영향, 『한국컨벤션학회』, Vol.30.

12) Ruthford, D. G.(1990), Ibid; McCabe, V., Poole, B., Weeks, P., & Leiper, N.(2000), Ibid.

13) 문상희 · 신재기(2005), 『컨벤션기획실무』, 백산출판사.

14) 한국지방자치단체국제호재단(2006), 『지방공무원을 위한 국제회의 · 이벤트 편람』, 사회교육문화사.

15) Liping A. Cai, Bai, Billy & Morrison Alastair M.(2001). Meeting and Conventions as a Segment of Rural Tourism: The Case of Rural Indiana. Journal of Convention & Exhibition Management, 3(3), 77-92.

16) Rittichainuwat, B. N., Beck, J. A., & Lalopa, J.(2001). Understanding Motivation, Inhibitors, and Facilitators of Association Members in Attending International Conferences. Journal of Convention & Exhibition Management, 3(3), 45-47.

17) Go, F. M. & Gover, R.(1999). The Asian Perspectives: Which International Conference Destination in Asia are the Most Competitive. Journal of Convention & Exhibition Management, 1(4), 33-50.

18) 김이태 · 현성협(2012), 부산지역 국제회의산업의 경제적 파급효과에 관한 연구, 『관광레저연구』, 24(5), 303-317.

19) 한국관광공사(2000), 컨벤션 전담기구 설립 · 운영방안.

20) 한국관광공사(1997), 1997 국제회의 전문가 양성교육.

21) 한국관광공사(2014), MICE 참가자조사.

22) 한국관광공사(2014), 2014 외래관광객 실태조사 보고서.

23) 황희곤 · 김성섭(2007), 『미래형 컨벤션산업론』, 백산출판사.
손정미(2000), 컨벤션서비스 평가속성에 관한 연구, 한림대학교 국제학대학원 석사학위논문, Vol.30.
Astroff, M. T., & Abbey, J. R.(1998), Convention Management & Service. AH & MA.
박의서 · 장태순 · 이창현(2010), 『MICE 산업론』, 학현사.
안경모 · 김영준(1999), 『국제회의 실무기획』, 백산출판사.
(사)부산관광컨벤션포럼(2009), 『컨벤션산책』.

제 3 장

카지노산업

이충기

경희대학교 관광학과 교수

Texas A&M University에서 박사학위를 취득했다. 저자 이충기는 국무총리산하 사행산업통합감독위원회 위원(2010-2013)을 역임했다. 또한, 해외저널(Tourism Management, Tourism Management Perspectives, Journal of Travel & Tourism Marketing)의 편집위원(Editorial Board Member)을 맡고 있다. 저서는 「카지노산업의 이해」, 「관광응용경제학」, 「관광조사통계분석」이 있으며, 해외저널(SSCI)에 100편 이상을 게재해 왔다.

cklee@khu.ac.kr

송학준

배재대학교 호텔컨벤션경영학과 부교수

미국 Clemson University에서 박사학위를 취득했다. 본 저자는 MICE 복합리조트 산업 발전위원회 위원 및 호텔 및 관광관련 학회 이사(한국관광학회, 한국컨벤션학회)를 맡아 왔다. 또한, 국내외 저널에 카지노 및 복합리조트 관련 논문을 지속적으로 발표하면서 이와 관련된 다양한 프로젝트도 수행해 오고 있다.

bloodia00@hanmail.net

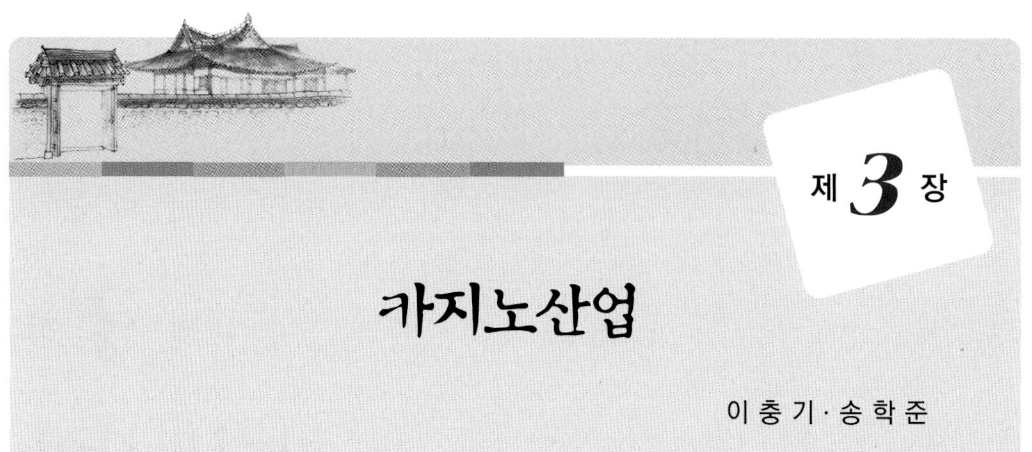

제 3 장

카지노산업

이 충 기 · 송 학 준

과거의 카지노산업은 주로 갬블러 위주로 운영되어 왔다. 최근 제한된 시장을 탈피하여 대중관광객을 유치하고, 부정적 이미지 개선을 위해 복합리조트(IR: Integrated Resort, 이하 IR)가 카지노산업의 새로운 개발전략으로 떠오르고 있다. IR은 카지노뿐만 아니라 대중관광객들이 즐길 수 있는 테마파크, 호텔, 레스토랑, 쇼핑, 엔터테인먼트 등이 통합된 형태의 대규모 리조트를 의미한다. 이러한 IR은 관광인프라 구축을 통하여 국내외 대중관광객 유치에 기여하고 있다. IR의 기본개념은 미국 라스베이거스에서 시작되었는데, 이 용어를 처음 공식적으로 언급하기 시작한 나라는 싱가포르이다. 싱가포르는 2010년부터 2개의 IR을 성공적으로 개발 및 운영하고 있는데, 싱가포르의 성공적 IR 개발사례는 아시아 국가의 카지노 개발모델이 되었고, 아시아 전역으로 IR 개발이 점진적으로 확대되는 계기를 마련하였다.

일본은 카지노가 합법화될 경우 싱가포르 IR 모델을 적극적으로 따를 것으로 예상되고 있고, 마카오는 중국정부의 반부패정책으로 인하여 카지노 매출액이 급감(30% 이상)하였는데, 이러한 상황을 극복하는 데에도 IR 개발이 효과적일 것으로 판단된다. 우리나라에서도 IR 중심의 카지노 개발이 활발해질 전망이다. 우선 파라다이스&세가사미가 영종도에 Paradise City IR을 개발하여 2017년 4월부터 단계적인 개장을 시작하였으며, 2020년에는 한미합작법인인 Inspire IR이 개장할 예정이다. 본 장에서는 우리나라 카지노산업을 법적, 산업적 역사를 중심으로 설명한 후에 최근 카지노업체 현황과 복합리조트 등 미래 카지노 발전방향을 제시하고자 한다.

제1절 한국 카지노 역사

1. 카지노의 법적 변천사[1)2)]

한국 카지노 설립의 근거 법은 1961년 11월에 제정된 '복표발행현상기타사행행위단속법'이다.[1)] 또한 이 법은 1962년 9월 개정되어 외국인관광객을 대상으로 하는 오락시설이 외화획득에 기여할 경우 외국인전용 카지노의 허가를 가능하게 하였다. 제3공화국 시절에 이준상, 전락원, 유화열, 이상 제씨(諸氏)의 건의를 받아 1967년 인천 오림포스호텔 카지노가 우리나라 최초로 개장되었다. 1991년 3월 '복표발행현상기타사행행위단속법'이 '사행행위 등 규제 및 처벌특례법'으로 개정될 당시 카지노의 허가·감독관청은 내무부장관 또는 시·도지사였다. 하지만 1991년 5월 경찰법(법률 제4369호)이 제정된 후 경찰청 신설에 따라 카지노 허가 등 관련 업무는 시·도지사에서 지방경찰청장으로, 2개 이상의 시·도에 걸친 영업 등에 대해서는 내무부장관에서 경찰청장으로 이관되었다.

그 후 카지노는 외래관광객 증가 및 외화획득에 기여도가 크다는 점을 인정받아 1994년 8월 관광진흥법 개정을 통하여 관광사업으로 규정되었다. 1994년 말 정부행정조직 개편으로 관광 주무부서가 교통부에서 문화관광부로 이관된 이후 현재까지 카지노사업은 문화체육관광부에서 허가권과 지도·감독권을 유지하고 있다. 카지노에 대한 관광진흥법 규정에 따라 1995년 3월 한국카지노업관광협회가 설립되었는데, 본 협회는 카지노사업의 건전한 발전, 회원 및 종사원의 권익증진, 연구조사, 출판물 간행 및 보급, 카지노사업 지도감독 및 대정부 건의, 카지노 종사원 교육훈련 등을 담당하고 있다. 국내 유일의 내국인 출입 카지노인 강원랜드는 '폐광지역 개발지원에 관한 특별법'이 석탄산업의 사양화로 낙후된 폐광지역(태백, 정선, 영월, 삼척)의 경제발전과 주민생활 향상을 위해 1995년 12월 국회에서 통과되어 내국인 출입카지노에 대한 법적 근거가 마련되면서 개발되기 시작하였다. 강원랜드 개발은 내국인출입 카지노 시대를 개막시켰다는 점에서 주목할 만하다.[3)] 카지노사업의 투명성 확보를 위해 정부는 1997년 1월부터 카지노 전산시설을 의무화하기도 하였다. 정부는 1997년에 머신게임(슬롯머신, 비디오게임), 테이블게임, 빙고(Bingo)를, 1999년에 마작을, 2005년에는 카지노워(Casino War)를 각각 추가하여 20종의 카지노게임으로 확대하였다. 특히 강원랜드는 세계적으로 선호도가 높으며, 초보자도 쉽게 즐길 수 있는 슬롯머신게임을 도입하여 초보자의 카지노 게임이용을 용이하게 하고 카지노 매출액에도 영향을 미쳤다.[4)]

〈표 3-1〉 우리나라 카지노의 법적 변천사

1960년대	• 1961년 '복표발행 현상 기타 사행행위 단속법'의 제정으로 국내 카지노산업의 도입근거를 마련 • 1969년 내국인 출입금지에 관한 규정을 제정
1990년대	• 1991년 3월 '복표발행현상기타사행행위단속법'이 '사행행위 등 규제 및 처벌특례법'으로 개정 • 1991년 5월 카지노의 허가 · 감독관청이 내무부장관 또는 시 · 도지사에서 경찰청장 또는 지방경찰청장으로 이관 • 1994년 8월 관광진흥법의 개정으로 투전기업을 포함한 카지노업이 관광산업으로 분류 – 인 · 허가 주무관청이 현재의 문화체육관광부로 이관 • 1995년 3월 한국카지노업관광협회 설립 • 1995년 12월 '폐광지역개발지원에 관한 특별법' 제정을 통하여 내국인 카지노 허용 • 1997년 1월 카지노 전산시설 의무화를 통한 영업실적 기록유지 • 1997년 12월에 카지노업의 게임종류에 슬롯머신, 비디오게임, 빙고게임이 추가됨 • 1999년 마작이 게임종류에 추가됨 • 1999년 외국인의 카지노업 투자 허용
2000년대	• 2004년 1월 제주국제자유도시특별법 제55조의 2를 신설 – 제주지역 관광사업에 5억 불 이상 투자하는 경우 외국인전용카지노 허가 • 2005년 5월 기업도시개발특별법 제30조((관광진흥법에 관한 특례) 개정 – 관광레저형 기업도시의 실시계획에 반영되어 있고 관광사업에 5천억 원 이상을 투자하는 사업시행자에게 외국인전용 카지노 허가 • 2006년 7월 제주지역의 카지노 인 · 허가권을 제주특별자치도에 이양 • 2006년 12월 관광진흥법 시행령 제28조 개정 – 카지노 신규허가 기준을 외래관광객수 60만 명 이상 증가로 함 • 2007년 9월 17일 국무총리 산하 사행산업통합감독위원회 발족 • 2007년 12월 경제자유구역특별법 제23조의 3(외국인전용 카지노업 허가 등의 특례) – 5억 달러 이상 투자 시 외국인전용카지노 허가 • 2014년 리포&시저스(LOCZ) 복합리조트(IR) 허가(추후 리포 대신에 광저우 R&F 프로퍼티스로 교체) • 2016년 제주도 카지노업감독위원회 설립 • 2016년 Inspire 복합리조트 허가

자료: 이충기 · 권경상 · 김기엽(2016). 『카지노산업의 이해』. 대왕사.

한편 1999년 5월부터는 외국인 투자 활성화에 대한 인센티브로서 외국인의 카지노 투자 합법화를 위한 법적 근거가 마련되기 시작하였다. 2004년 1월에는 제주국제자유도시특별법 카지노 투자조항(제55조의 2)을 개정 및 신설함으로써 제주지역 관광사업에 5억 불 이상을 투자하는 기업에게 외국인전용 카지노를 허가해줄 수 있는 법적 근거가 만들어졌다. 2005년 5월에는 기업도시개발특별법(제30조) 개정을 통하여 관광레저형 기업도시 실시계획에 반영되어 있고 관광사업에 5천억 원 이상을 투자하는 사업자에게 외국인전용 카지노를 허가해줄 수 있도록 하였다. 2007년 12월 7일에는 경제자유구역특별법 제23조의 3(외국인전용 카지노업 허가 등의 특례)에 따라 5억 달러 이상 투자 시 외국인전용카지노 허가가 가능하도록 하였다. 2014년에는 국내 최초로 외국업체인 리포&시저스(LOCZ)가 복합리조트(IR) 허가를 받았다가 중간에 투자포기를 한

홍콩 리포그룹 대신 중국 광저우 R&F 프로퍼티스로 투자가가 바뀌어 개발이 진행되고 있다. 2016년에는 공모를 통하여 한미합작 형태인 Inspire 복합리조트가 허가되었다. 최근에는 게임산업의 지속가능한 발전과 건전한 게임문화를 유도하기 위해 우리나라에서도 게임감독위원회가 설립되었다. 구체적으로, 2007년 9월 17일 사행산업(경마, 경륜, 경정, 카지노, 복권, 체육진흥투표권)을 통합 관리 · 감독하여 사회적 부작용을 최소화하고, 도박중독 예방 및 치유활동을 강화하고자 국무총리 산하에 사행산업통합감독위원회(사감위)가 발족되었다.[5] 사감위는 위원장 1명, 위촉직 위원 10명, 당연직 위원 4명(차관급: 기획재정부, 행정자치부, 문화체육관광부, 농림축산식품부)으로 구성되어 있다. 위촉직은 관계분야 전문가를 대상으로 국무총리가 위촉한 위원(비상임)으로 임기는 3년이다. 관광분야 위원의 경우 최승담 교수(한양대)와 김향자 박사(한국문화관광연구원)가 1기 위원을 역임하였고, 이충기 교수(경희대)는 2기 위원으로 임명되어 활동하였다. 사감위 조직은 위원장 밑에 사무처장, 그 밑에 기획총괄과, 예방치유과, 감독지도과, 조사홍보과, 불법사행산업감시신고센터로 구성되어 있다. 기획총괄과는 사행산업관련 기획총괄과 총량조정 및 관리업무, 예방치유과는 중독실태 조사연구와 한국도박문제관리센터 지도 및 감독업무, 감독지도과는 사행산업 현장 감독 및 지도 업무, 조사홍보과는 사행산업관련 조사연구와 대국민 홍보업무를 담당하고 있다. 또한 불법사행산업감시신고센터는 불법도박에 대한 단속과 수사의뢰 및 모니터링을 담당하고 있으며, 현직 경찰이 파견되어 근무하고 있다. 2006년 7월 제주지역의 카지노 인 · 허가권이 제주특별자치도로 이양됨에 따라 카지노산업에 대한 제주 지역의 활동이 활발해지고 있는데, 이에 따라 2016년에는 제주도에 카지노업감독위원회가 설립되기도 하였다.

2. 카지노업체의 역사[6]

우리나라 최초의 카지노는 인천 오림포스호텔 카지노로 1967년에 개장되었다. 그리고 다음 해인 1968년 3월에 주한 외국인 및 외래관광객전용 게임시설로서 서울 워커힐호텔 카지노가 개장되었다. 1968년 10월에는 제주 서귀포칼호텔(현, 제주칼호텔) 카지노가 개장되었고, 1969년에는 부산 해운대관광호텔(현, 파라다이스부산호텔) 카지노가 개장되었다. 또한 1970년대에는 카지노가 주요 관광지에 확산되면서 1971년에 속리산관광호텔 카지노, 1979년에 경주 코오롱관광호텔 카지노가 개장되었다. 1980년대에 들어서 설악파크호텔 카지노가 강원도 내에 처음으로 개장되었고, 제주도에 카지노가 연속적으로 허가되기 시작하였다. 즉, 1985년에 제주 하얏트호텔 카지노가 개장된 데 이어 카지노 신규허가요건 완화로 1990년과 1991년에 제주 그랜드호텔 카지노,

제주 남서울호텔 카지노, 제주 오리엔탈호텔 카지노, 제주 신라호텔 카지노의 순으로 개장되었다. 또한 1995년에는 제주 라곤다호텔 카지노가 개장되어 제주지역에서만 8개 업체가 허가되었다. 물론 위에 명시한 카지노업체들 중에는 사업장이나 사업주가 변경되면서 업체명이 바뀐 곳들도 있다. 한편 경찰청에서 문화체육관광부 관광국으로 카지노 허가 업무가 이관되면서 1995년에는 속리산 관광호텔 카지노가 갱신허가 기준을 충족하지 못해 카지노 허가가 취소되기도 하였다.

〈표 3-2〉 우리나라 카지노업체의 발전과정

1960년대	• 1967년 인천 오림포스호텔 카지노 개장: 국내 최초의 카지노 • 1968년 3월 서울 워커힐호텔 카지노 개장 • 1968년 10월 제주 서귀포칼호텔(현, 제주칼호텔) 카지노 개장 • 1969년 부산 해운대관광호텔(현, 파라다이스부산호텔) 카지노 개장
1970년대	• 1971년 충북 속리산관광호텔 카지노 개장 • 1979년 경주 코오롱호텔 카지노 개장
1980년대	• 1980년 설악파크호텔 카지노 개장 • 1985년 제주 하얏트호텔 카지노 개장
1990년대	• 1990년 제주 그랜드, 제주남서울, 제주오리엔탈 카지노 개장 • 1991년 제주 신라호텔 카지노 개장 • 1995년 제주 라곤다카지노 개장으로 제주지역에 총 8개 업체로 증가 • 1995년 속리산관광호텔 카지노가 갱신허가 기준을 충족하지 못해 허가가 취소
2000년대	• 2000년 10월 내국인출입 카지노(강원랜드) 개장 • 2003년 강원랜드 메인카지노 개장 • 2006년 세븐럭카지노 개장(서울 2개소, 부산 1개소) • 2017년 Paradise City 개장

자료: 이충기・권경상・김기엽(2016). 『카지노산업의 이해』. 대왕사.

2000년 10월 말에는 강원랜드가 개장되어 내국인출입 카지노 시대가 개막되었다. 강원랜드의 발전은 1단계로 스몰카지노가 개장되었고, 2003년에는 2단계 개발로 메인카지노 확장이 이루어졌다. 또한 강원랜드는 2005년에 골프장, 2006년에 스키장을 개장함으로써 본격적인 리조트형태의 카지노로 발전해왔다. 2006년에는 한국관광공사 계열사인 GKL(그랜드코리아레저)이 세븐럭 카지노를 서울(2개소)과 부산(1개소)에 각각 개장하였다. 또한 2017년 4월에는 인천에 있는 파라다이스&세가사미 카지노가 Paradise City IR을 개장하였다.

내국인출입 카지노인 ㈜강원랜드의 설립배경을 살펴보면, 1989년부터 정부는 석탄산업 합리화정책을 실시하였다. 이로 인하여 강원도 폐광지역(태백과 정선, 영월과 삼척 일대)의 탄광들이 폐광되었고, 이는 지역 석탄경제를 급속도로 피폐시키고 지역인구도 급감시키는 결과를 가져왔다. 이에 따라 탄광지역 진흥사업 추진과는 별도로 지역경제 회생을 위한 노력들이 강원도 폐광지역에서 다각도로 전개되었지만 성공하지 못하였다. 사태는 점차 악화되어 1994년 12월 강원도 정선군 고한·사북지역 주민들은 벼랑 끝의 지역경제 회생을 위해 타 지역에서 거부하는 핵폐기물 처리시설을 유치하겠다고 나서기도 하였다. 이러한 노력에도 불구하고 여전히 가시적 성과가 없자, 1995년 2월 수천 명의 폐광지역 주민들은 지역경제 회생에 대한 정부의 근본적인 대책을 요구하는 시위에 돌입하였다. 당시 통상산업부는 이러한 시위가 심각해지자 1995년 3월 초 감산지원 위주였던 탄광지역정책에서 탈피하여 개발을 통한 지역경제 활성화로 전환하는 종합대책을 발표하였다. 또한 통상산업부는 실효성 있는 대책이 마련될 수 있도록 특별법을 제정하고, 교통접근성이 열악한 폐광지역이 고원관광지역으로 개발되도록 내국인 출입허용 카지노 유치 대책안을 제안하였다.

〈표 3-3〉 (주)강원랜드 기관별 출자 지분 및 금액 (단위: 백만원)

기관별	계	강원도	태백시	삼척시	영월군	정선군	한국광해관리공단	민간 부분
출자금액	100,000	6,600	1,250	1,250	1,000	4,900	36,000	49,000
출자지분	100%	6.6%	1.25%	1.25%	1%	4.9%	36%	49%

자료: 이충기·권경상·김기엽(2016). 『카지노산업의 이해』. 대왕사.

이에 1995년 12월 29일 '폐광지역 개발지원에 관한 특별법'이 국회에서 통과되었으며, 이에 따라 2000년 10월 28일 내국인출입이 가능한 강원랜드 카지노가 개장되었다. 강원랜드는 한국광해관리공단(구)석탄합리화사업단), 강원도개발공사, 정선군, 삼척시, 태백시, 영월군이 공동출자하여 설립한 공공성격의 법인체이다. 이 법인체는 황폐화된 강원남부 폐광지대에 카지노 리조트를 건설하여 문화·체육·오락·휴양시설을 갖춘 종합관광단지를 조성하고 지역경제 발전에 기여하는 것을 그 목적으로 하고 있다.

㈜강원랜드 설립자본금은 1,000억원으로 공공부문 51%, 민간부문 49%가 각각 투자되었다. 1998년 4월 공공부문 투자액(510억원, 51%)을 토대로 설립된 강원랜드 기관별 출자금액을 살펴보면, 카지노가 위치한 정선군은 현물출자 24억원을 포함해 49억원, 강원도 66억원, 태백시 12억 5,000만원, 삼척시 12억 5,000만원, 영월군 10억원, 석탄합리화사업단 360억원 등이다. 민간부문 투자는 1999년 7월 삼성증권 주관하에 주식을 공모하여 이루어졌다. 메인카지노는 크게 카지노장과 호텔로 구성되며, 카지노에는 테이블게임 200대와 머신게임 1,360대가 설치되어 있다. 카지노 룸에는 일반영업장과 VIP룸(고액베팅룸)으로 구성되어 있으며, 금연자를 위한 금연룸이 설치되어 있다. 호텔은 477실 규모로 양실 450실, 한실 27실을 갖추고 있다. 또한 강원랜드는 컨벤션

호텔을 추가적으로 건설하였는데, 여기에는 2,040명을 동시에 수용할 수 있는 컨벤션센터와 250실의 호텔객실이 있다. 골프장(18홀)과 스키장(18개 슬로프) 및 콘도(903실)도 개발되어 강원랜드는 종합 리조트로 발전하고 있다.

제2절 최근 카지노업체 현황

1. 카지노업체 현황

국내에는 전국적으로 17개소의 카지노가 운영 중에 있는데, 이 중에서 외국인전용 카지노는 16개소, 내국인출입 카지노는 1개소이다.[7] 지역별로는 서울에 3개(파라다이스 워커힐카지노, 세븐럭카지노 강남점 및 힐튼점)의 카지노가 운영되고 있다. 이 중 세븐럭카지노는 한국관광공사 자회사로 공공부문(투자기관)에 의해 운영되는 카지노이다. 부산에는 2개의 외국인전용 카지노인 파라다이스 부산카지노와 세븐럭카지노 부산점이 있다. 강원도에는 외국인전용 카지노(알펜시아카지노) 1개소, 내국인 카지노(강원랜드) 1개소가 있으며, 인천과 대구에는 각각 1개소가 운영 중에 있다. 인천에는 파라다이스&세가사미 인천카지노[(구)오림포스호텔카지노]가 Paradise City IR로 이전되어 2017년 4월에 개장되었다. 대구에는 인터불고대구카지노가 경북 경주시 힐튼카지노에서 대구 인터불고호텔로 이전되면서 상호명이 변경되었다.

〈표 3-4〉 우리나라 카지노업체 현황 (2016년)

시·도	업체명(법인명)	허가일	운영형태(등급)	종사원 수(명)	허가증 면적(㎡)
서울	워커힐카지노 【(주)파라다이스】	'68.03.05	임대 (특1)	923	3,970.97
	세븐럭카지노 서울강남코엑스점 【그랜드코리아레저(주)】	'05.01.28	임대 (컨벤션)	809	6,093.57
	세븐럭카지노 서울강북힐튼점 【그랜드코리아레저(주)】	'05.01.28	임대 (특1)	493	2,811.94
부산	세븐럭카지노 부산롯데점 【그랜드코리아레저(주)】	'05.01.28	임대 (특1)	320	2,554.50
	부산카지노지점 【(주)파라다이스】	'78.10.29	임대 (특1)	352	2,283.50

시·도	업체명(법인명)	허가일	운영형태(등급)	종사원 수(명)	허가증 면적(㎡)
인천	인천카지노 【(주)파라다이스세가사미】	'67.08.10	임대 (특1)	412	1,703.57
강원	알펜시아카지노 【(주)지바스】	'80.12.09	임대 (특1)	8	689.51
대구	인터불고대구카지노 【(주)골든크라운】	'79.04.11	임대 (특1)	171	3,473.37
제주	더케이제주호텔카지노 【(주)엔에스디영상】	'75.10.15	임대 (특1)	158	2,359.10
	제주카지노지점 【(주)파라다이스】	'90.09.01	임대 (특1)	252	2,756.76
	마제스타카지노 【(주)마제스타】	"91.07.31	임대 (특1)	264	2,886.89
	로얄팔레스카지노 【(주)건하】	'90.11.06	임대 (특1)	199	1,353.18
	파라다이스카지노 제주 롯데 【(주)두성】	'85.04.11	임대 (특1)	189	1,205.41
	제주썬카지노 【(주)지앤엘】	'90.09.01	직영 (특1)	217	2,802.09
	랜딩카지노 【그랜드익스프레스코리아(주)】	'90.09.01	임대 (특1)	230	803.30
	골든비치카지노 【(주)골든비치】	'95.12.28	임대 (특1)	157	1,528.58
12개 법인, 16개 영업장(외국인대상)			직영: 1 임대: 15	2,100	20,033.18
강원	강원랜드카지노 【(주)강원랜드】	'00.10.12	직영 (특1)	3,672	12,792.95
13개 법인, 17개 영업장(내·외국인대상)			직영: 2 임대: 15	2,257	21,561.76

자료: 한국카지노업관광협회(2016). 카지노업체 현황.

현재 제주도에는 8개의 카지노가 운영 중에 있는데 수요대비 공급과잉으로 경영난을 겪고 있다. 우리나라 카지노는 대부분(15개소) 임대형태로 운영되고 있는 반면, 강원랜드를 비롯한 2개소만이 직영체제로 운영되고 있다.

2. 외국인전용 카지노 이용객 현황[8)9)]

우리나라 외국인전용 카지노 이용객을 살펴보면, 2000년에는 전년대비 8.5%가 감소하다가, 2002년에 한일월드컵으로 인하여 3.3%가 증가하였다. 2006년에는 세븐럭카지노가 서울 2곳, 부산 1곳에 각각 개장됨에 따라 큰 폭의 증가세(72.3%)를 보였다.

〈표 3-5〉 카지노 이용객 현황

연도	외래관광객(명)	카지노 이용객(명)	카지노 점유율	카지노 성장률
2000	5,321,792	636,005	12.0%	-8.5%
2001	5,147,204	626,851	12.2%	-1.4%
2002	5,347,468	647,722	12.1%	3.3%
2003	4,752,762	630,474	13.3%	-2.7%
2004	5,818,138	677,145	11.6%	7.4%
2005	6,022,752	574,094	9.5%	-15.2%
2006	6,155,047	988,894	16.1%	72.3%
2007	6,448,240	1,176,338	18.2%	19.0%
2008	6,890,841	1,276,772	18.5%	8.5%
2009	7,817,533	1,676,207	21.4%	31.3%
2010	8,797,658	1,945,819	22.1%	16.1%
2011	9,794,796	2,100,698	21.4%	8.0%
2012	11,140,028	2,384,214	21.4%	13.5%
2013	12,175,550	2,707,315	22.2%	13.6%
2014	14,201,516	2,961,833	20.9%	9.4%
2015	13,231,651	2,613,620	19.8%	-11.8%

주: 강원랜드 카지노 이용객 제외.
자료: www.tour.go.kr; 한국카지노업관광협회(2016). 카지노 입장객 및 매출액 현황.

2007년에는 카지노 이용객 수가 우리나라에서는 처음으로 100만 명을 돌파하였고, 2011년에는 200만 명을 넘어서게 되었는데, 이는 전체 외래관광객 수의 21.4%를 차지하는 수치이다. 한편 중국관광객 증가로 카지노 이용객은 꾸준히 증가해 왔는데, 2014년 카지노 이용객은 약 300만 명에 이르기도 하였다. 2015년에는 메르스 영향으로 전년대비 11.8%가 감소한 260만 명이 카지노를 이용하였다. 2015년 기준 국적별 카지노 이용객 비율을 살펴보면, 중국관광객이 전체의 55.1%로 절반 이상을 차지한 반면, 일본관광객은 19.0%를 차지하였다.10) 중국관광객 비율은 워커힐카지노에서 79.8%로 매우 높은 반면, 세븐럭카지노의 중국관광객 비율은 51.7%를 차지하였다.

〈표 3-6〉 국적별 카지노 이용객 현황

국 적 별(2015)				계
일 본	중 국	대 만	기 타	
497,587 (19.0%)	1,441,284 (55.1%)	67,608 (2.6%)	607,141 (23.2%)	2,613,620 (100.0%)

자료: 한국카지노업관광협회(2016). 국적별 입장객 현황.

3. 외국인전용 카지노 매출액 현황[11)12)]

외국인전용 카지노 매출액을 살펴보면, 2000년에는 전년대비 18.7%가 증가하다가, 2002년에 한일월드컵으로 인하여 15.1%가 증가하였다. 2006년에는 세븐럭카지노가 서울 2곳, 부산 1곳에 개장함에 따라 전년대비 18.9%, 2007년에는 33.5%가 증가하였다.

〈표 3-7〉 카지노 매출액 현황

연도	관광외화수입 (천 달러)[A]	카지노외화수입 (천 달러)[B]	점유율 [B/A]	연평균 성장률
2000	6,811,300	298,778	4.4%	18.7%
2001	6,373,200	296,355	4.7%	−0.8%
2002	5,918,800	341,226	5.8%	15.1%
2003	5,343,400	332,142	6.2%	−2.7%
2004	6,053,100	378,576	6.3%	14.0%
2005	5,793,000	423,413	7.3%	11.8%
2006	5,759,800	503,325	8.7%	18.9%
2007	5,750,100	671,941	11.7%	33.5%
2008	9,719,100	598,940	6.2%	−10.9%
2009	9,387,100	788,020	8.4%	31.6%
2010	10,321,400	869,679	8.4%	10.4%
2011	12,247,700	1,015,982	8.3%	16.8%
2012	13,356,700	1,110,244	8.3%	9.3%
2013	14,524,800	1,250,093	8.6%	12.6%
2014	17,711,800	1,307,776	7.4%	4.6%
2015	15,176,700	1,098,778	7.2%	−16.0%

주: 강원랜드 카지노 매출액 제외.
자료: www.tour.go.kr; 한국카지노업관광협회(2016). 카지노 입장객 및 매출액 현황.

카지노 외화수입은 환율의 영향으로 2008년에 약간 감소하다가 2009년에는 전년대비 31.6%가 증가한 7억 8,800만 달러를 기록하였다. 이렇듯 카지노수입이 큰 폭으로 증가한 것은 엔화 등 환율강세(한화의 평가절하)로 카지노 이용객의 구매력이 높아졌기 때문인 것으로 분석된다. 2011년 카지노 외화수입은 처음으로 10억 달러를 달성하여 우리나라 외래관광 수입의 8.3%를 차지하였다. 카지노 매출액은 2012년에는 11억 달러, 2014년에는 13억 달러로 꾸준히 증가하였다. 2015년에는 메르스 여파로 인한 카지노 이용객의 감소와 중국의 반부패정책으로 인한 VIP 고객의 감소로 전년대비 약 16%가 감소한 11억 달러를 기록하였다. 2015년도 카지노 이용객 1인당 평균소비액은 420달러로 같은 기간 외래관광객 1인당 소비액인 1,147달러의 36.6%를 차지하는 것으로 나타났다.

4. 강원랜드 카지노 이용객 및 매출액 현황[13)14)]

강원랜드가 처음 개장된 스몰카지노 기간의 경우 2000년에는 2개월(10월 28일 개장) 동안 약 21만 명이 방문하였으며, 2001년에는 약 90만 명, 2002년도에는 약 92만 명이 각각 강원랜드를 방문하였다.

〈표 3-8〉 강원랜드의 카지노 이용객 및 매출액 현황

연도	입장객 (명)	매출액 (백만원)
2000	209,349	88,436
2001	899,590	453,897
2002	918,698	469,389
2003	1,547,847	664,218
2004	1,784,730	749,960
2005	1,881,559	829,964
2006	1,793,746	847,783
2007	2,451,921	1,026,472
2008	2,914,684	1,098,242
2009	3,044,972	1,152,510
2010	3,091209	1,255,007
2011	2,983,440	1,191,822
2012	3,024,511	1,209,332
2013	3,067,992	1,279,032
2014	3,006,900	1,422,002
2015	3,133,391	1,560,438

자료: 한국카지노업관광협회(2016). 카지노 입장객 및 매출액 현황.

매출액을 살펴보면, 2000년에는 2개월 동안 884억원, 2001년에는 4,539억원, 2002년에는 4,694억원의 매출액을 각각 기록하였다. 2003년 3월 강원랜드가 메인카지노로 확장되면서 2003년 이용객 수는 150만 명 이상, 2004년에는 178만 명 이상으로 각각 증가하였다. 매출액 또한 2003년에는 6,642억원, 2004년에는 약 7,500억원으로 각각 증가하였다. 한편 매출액을 살펴보면, 2005년 약 8,300억원에서 2010년에는 1조 2,600억원으로 증가하였다. 또한 2012년부터 2015년간에는 입장객 수가 300만명을 유지하였고, 매출액은 1조 2,000억원에서 약 1조 6,000억원으로 증가하였다.

제3절 복합리조트(IR) 카지노

1. IR의 개념[15)]

국제적으로 카지노산업에 큰 변화가 있다면 그것은 카지노의 IR화일 것이다. IR은 카지노뿐만 아니라 호텔, 컨벤션, 테마파크, 엔터테인먼트, 레스토랑, 쇼핑 등이 복합적으로 통합된 리조트를 의미한다. IR은 과거 제한된 갬블링시장에서 대중관광객을 추가적으로 유치하기 위한 개발모델이기도 하다. IR을 도입하는 주요 목적은 이를 통하여 관광인프라를 구축하고, 다양한 관광시설을 통하여 관광객을 유치하며, 이미지를 개선하는 데 있다.

그림 3-1 복합리조트의 구성요소

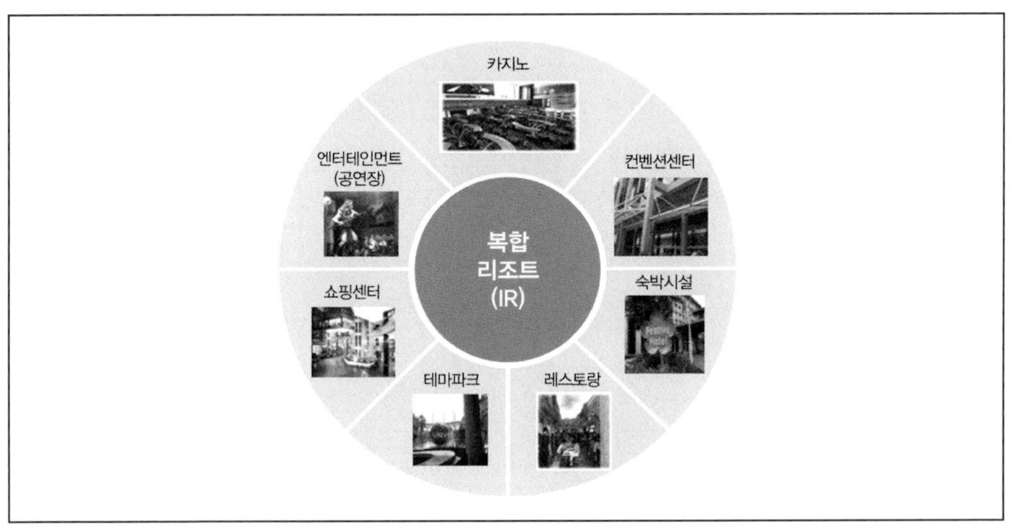

IR은 라스베이거스에서 시작되어 싱가포르에서 성공적으로 운영됨에 따라 아시아 전역으로 서서히 확대되고 있다. 싱가포르는 2개의 IR을 허가하였는데, 이것이 바로 리조트월드센토사(Resort World Sentosa)와 마리나베이샌즈(Marina Bay Sands)이다. 리조트월드센토사는 49억 달러(한화 약 5조 6천억원)를 투자하여 2010년 2월 14일에 개장하였는데, 여기에는 카지노뿐만 아니라 테마파크인 유니버설스튜디오(Universal Studio), 호텔, 워터파크, 아쿠아리움, 공연장, 레스토랑, 쇼핑센터, 컨벤션센터 등을 갖추고 있다. 리조트월드센토사는 주로 가족단위 관광객들을 유치하고 있다.

리조트월드센토사 전경

유니버설스튜디오

카지노장 전경

마리나베이샌즈는 58억 달러(한화 약 6조 7천억원)를 투자하여 2010년 4월 27일에 개장하였는데, 카지노뿐만 아니라 호텔, 컨벤션센터, 레스토랑, Sky Park, Lion King 공연장 등을 갖추고 있다. 마리나베이샌즈는 부유한 비즈니스 고객을 표적시장으로 삼고 있다.

마리나베이샌즈 전경

스카이파크 수영장

카지노장 전경

2. IR의 성공요인[16)]

이충기 · 김남현(2015)은 IR의 성공전략을 분석하기 위해 3단계 계층구조모형을 제시하였는데, 〈계층2〉는 대분류로 게임시설, 카지노서비스/마케팅, 테마시설, 호텔/컨벤션시설, 책임경영의 5가지 영역으로 설정하였고, 〈계층3〉은 총 14개의 하위요소로 구성하였다.

그림 3-2 복합리조트 카지노의 개발전략 요인 계층구조모형

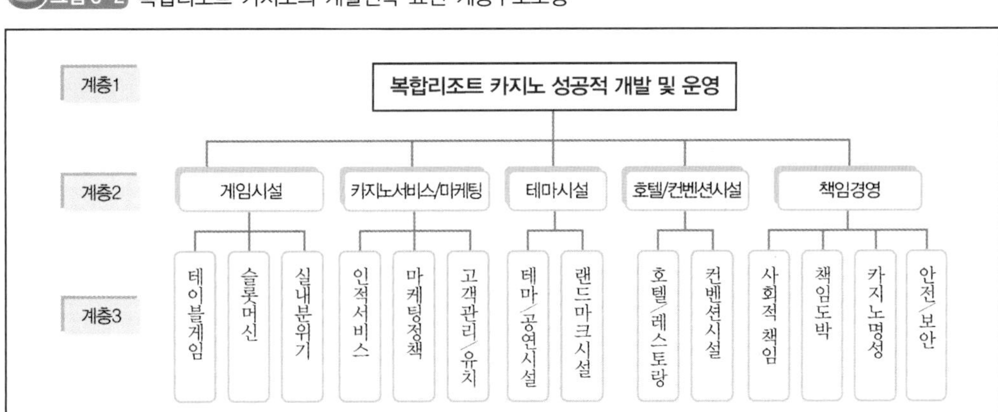

자료: 이충기 · 김남현(2015). AHP를 활용한 복합리조트 카지노의 개발전략 요인과 우선순위 분석. 『관광학연구』, 39(2), 69-84.

AHP(계층분석적 의사결정) 분석결과, IR의 성공적인 개발전략 요인 중 가장 중요한 요인은 '카지노 서비스/마케팅'으로 나타났으며, 다음으로 '테마시설', '호텔/컨벤션시설', '게임시설', '책임경영'의 순으로 나타났다.

〈표 3-9〉 대분류 개발전략 요인별 상대적 중요도 및 우선순위

대분류	상대적 중요도	순위
게임시설	0.161	3
카지노 서비스/마케팅	0.285	1
테마시설	0.235	2
호텔/컨벤션시설	0.161	3
책임경영	0.158	5
계	0.842	(CR=0.0047)

자료: 이충기 · 김남현(2015). AHP를 활용한 복합리조트 카지노의 개발전략 요인과 우선순위 분석. 『관광학연구』, 39(2), 69-84.

또한 〈계층2〉와 〈계층3〉에서 도출된 가중치를 종합하여 최종 우선순위를 도출한 결과, 성공적인 IR 개발전략(Global Index)으로 테마/공연시설(0.121)과 랜드마크시설(0.114)이 가장 중요한 것으로 나타났다. 이는 테마시설이 IR 카지노 성공에 가장 핵심적인 요소라는 것을 의미한다. 다음으로는 마케팅정책(0.097), 인적서비스(0.096), 고객관리/유치(0.092)의 순으로 나타나, 카지노의 서비스/마케팅 요소들도 역시 중요한 것으로 나타났다.

〈표 3-10〉 소분류 하위요소별 가중치 및 종합가중치 결과

대분류	소분류	Local		CR	Global	
		중요도	순위		중요도	순위
게임시설	테이블게임	0.412	1	0.02	0.066	8
	슬롯머신	0.261	3		0.042	11
	실내 분위기	0.326	2		0.053	9
카지노 서비스/마케팅	인적서비스	0.337	2	0.01	0.096	4
	마케팅정책	0.339	1		0.097	3
	고객관리/유치	0.324	3		0.092	5
테마시설	테마/공연시설	0.514	1	0.00	0.121	1
	랜드마크시설	0.486	2		0.114	2
호텔/컨벤션 시설	호텔/레스토랑	0.526	1	0.00	0.085	6
	컨벤션시설	0.474	2		0.076	7
책임경영	사회적 책임(CSR)	0.329	1	0.00	0.052	10
	책임도박	0.258	3		0.041	12
	카지노명성	0.158	4		0.024	14
	안전/보안	0.260	2		0.041	13

자료: 이충기 · 김남현(2015). AHP를 활용한 복합리조트 카지노의 개발전략 요인과 우선순위 분석. 『관광학연구』, 39(2), 69-84.

3. 우리나라 IR[17)]

앞서 언급한 것처럼 세계적으로 IR의 인기가 상승함에 따라 우리나라에서도 외국인전용 IR이 영종도에 개장될 예정이다. 구체적으로, 인천카지노를 운영하고 있는 ㈜파라다이스&세가사미는 1조 3,000억원을 투자하여 인천국제공항 국제업무지역에 2017년 4월부터 1단계 IR 개발을 시작하였다.[18)] 여기에는 카지노(테이블 150대, 전자테이블 388대, 슬롯머신 350대, VIP 전용 카지노라운지, VIP Sky Casino)뿐만 아니라 호텔, 컨벤션센터, 공연장, K-Plaza, Spa(찜질방) 등이 포함된다. 다른 하나는 리포(LIPPO)사와 미국 시저스사의 컨소시엄인 LOCZ사로 카지노뿐만 아니라, 호텔, 컨벤션시설, 연회장 등을 건설하여 2019년에 개장할 예정이었다. 그러나 리포사가 카지노사업을

포기함에 따라 최근 시저스사는 광저우 R&F 프로퍼티스(부동산기업)를 대체투자자로 선정하였다. 또 다른 하나는 Inspire IR로 미국 내 다수의 IR을 운영하고 있는 MTGA(Mohegan Tribal Gaming Authority)와 국내기업 ㈜KCC가 공동출자하여 설립한 법인이 IR 개발을 계획하고 있다.

자료: 파라다이스&세가사미(2014). P-City 사업개요.

Inspire IR은 2016~2019년까지 1조 5,483억원을 투자하여 2020년에 개장할 예정이며, 주요 시설은 카지노, 숙박시설, 컨벤션센터, 실내외 테마파크 등을 포함한다. 문화체육관광부는 IR 개발사업계획공모(RFP: Request For Proposal)에 대한 심사결과, 2016년 2월 26일 ㈜Inspire를 IR 사업자로 선정하였다.[19)]

제4절 향후 카지노산업의 과제와 미래

1. 국제상황

(1) 카지노산업 중심이동: 아시아 시장 성장

향후 세계 카지노산업은 기존 북미시장에서 아시아 시장으로 이동될 것으로 예견되고 있다. 2014년 기준 전 세계 카지노 시장 매출액은 약 250조원인데, 매출액 점유율의 경우 북미권과 아시아가 전체의 34%, 33%를 각각 차지하고 있으며, 다음으로는 유럽(20%), 오세아니아(6%), 중남미(6%), 아프리카(1%)의 순으로 나타났다.[20)] 또한 미국의 비중은 세계 카지노 시장에서 점차 감소하면서 아시아 시장 비중이 점진적으로 커지고 있다. 아시아 시장에서는 2004년 마카오에 샌즈(Sands) 카지노가 개장하면서 처음 라스베이거스 카지노산업의 자본투자가 이루어졌고,

2010년에는 라스베이거스 샌즈와 말레이시아 겐팅그룹이 싱가포르에 2개의 IR에 투자하여 개장하였으며, 2010년에는 겐팅그룹이 필리핀에 리조트 월드 마닐라에 투자하여 개장함으로써 아시아의 카지노 매출액이 급성장하고 있다.[21] 마카오와 싱가포르의 변화에 자극받은 아시아 국가들은 카지노를 포함하는 복합리조트 정책과 제도를 적극 마련하고 있다. 구체적으로 러시아는 IR을 이미 개장하였고, 대만은 복합리조트 카지노를 점진적으로 준비하고 있으며, 일본도 카지노의 합법화를 위한 법안을 상정하여 복합리조트 카지노 건설을 계획하고 있다.

(2) 온라인 카지노 성장

IT기술 발달로 온라인 갬블링 시장이 급성장하고 있는데, 이는 카지노산업에도 영향을 미칠 것으로 예상된다. 온라인 갬블링은 온라인 가상공간 도입과 새로운 결제수단(전자화폐 및 전자금융) 출현으로 현실의 갬블링 행위가 온라인상으로 확대되어 이루어지는 것을 말한다.[22] 온라인 갬블링은 가상공간에서 행해진다는 특수성으로 기존 법체계의 영향력을 벗어날 수 있다는 특징이 있다. 이러한 특징으로 아직까지 온라인 갬블링에 대한 정확한 정의 및 법적 규정이 확립되지 못한 채 불법 온라인 갬블링 시장은 전 세계적으로 확산되고 있다. 이에 갬블링관련 세계 주요국은 복권, 경주, 스포츠 베팅은 물론 포커 및 카지노 등으로 범위가 넓어지고 있는 온라인 갬블링에 대한 법적 체계를 마련하고, 불법 온라인 갬블링의 증가를 제지하기 위한 노력을 기울이고 있다. 예를 들어 호주는 2001년 'Interactive Gambling Act'를 도입하였고, 독일은 기존의 갬블링법(Gambling Act 2005)을 보완하여 온라인 및 오프라인 갬블링을 규제하고 있다.[23] 현재 국내 온라인 갬블링관련 법규는 기존 복권 및 스포츠 베팅관련 법규 내에 포함되어 있는데, 온라인 갬블링 운영관련 법규는 별도로 마련되어 있지 않은 실정이다. 온라인 갬블링의 급성장은 다양한 사회 · 문화적 문제점을 양산할 수 있는 위험을 내포하고 있다. 최근에는 온라인과 모바일 기술에 기반한 불법도박 사이트가 성행하고 있다. 이 사이트들은 해외 서버와 도메인을 사용하고 다단계 방식으로 운영되어 경찰수사에 걸려도 전체가 아닌 개별 운영자만 처벌받고 있는 실정이다. 따라서 불법 온라인 갬블링의 확산을 막고, 영국과 같이 건전한 온라인 갬블링을 유도하기 위해 온라인 갬블링에 대한 시장추세, 장단점, 사회적 부작용에 대한 안전장치, 법제도 등 종합적인 검토가 이루어져야 할 것이다.

(3) 크루즈 카지노 성장

크루즈산업의 점진적 성장으로 크루즈 내의 관광 및 레저활동으로서 카지노가 많은 관심을 받게 될 것으로 전망된다. 해외 크루즈의 선내 카지노는 합법이기 때문에 세계 3대 크루즈 선사

(Carnival Corporation, Royal Caribbean Cruise, Star Cruise)를 포함하는 글로벌 크루즈기업 대부분은 카지노시설을 갖추고 있다. 세계 3대 크루즈 선사의 경우 30%의 승객이 카지노에 직접 참여하는 고객으로 알려져 있는데, 이를 통한 카지노 매출은 선상매출에서 비교적 높은 비중을 차지하고 있다.[24] 지역적으로 살펴보면 미국의 경우 플로리다, 사우스캐롤라이나, 조지아주(州)에서 크루즈 카지노가 활발한데, 크루즈 선박 내 카지노 규모는 테이블게임 20대 내외, 머신게임 200대 내외 정도이다. 인디애나, 아이오와, 루이지애나 등에서는 Riverboat Casino가 운영되고 있다. 유럽에서는 The British Cruises, Norweigian Cruise, Russia Cruise 등이 크루즈 카지노 시장을 이끌고 있다. 아시아에서는 홍콩, 마카오, 싱가포르에서 크루즈 카지노의 대중화가 진행되고 있다.

대부분의 크루즈 카지노 승객들은 소액고객(하루 평균 10달러 정도 지출)이라는 점에서 크루즈 카지노는 사행산업이 아니라 크루즈내 다양한 활동 중 하나로 인식되고 있다.[25] 우리나라는 2012년 8월 국토해양부(현 해양수산부)가 국적 크루즈 운항 및 육성을 위한 국적 크루즈 육성 지원 특별법(가칭)을 제정하여 크루즈 카지노 발전을 위해 노력해 왔다. 하지만 국내 최초 국적 크루즈('하모니호')가 크루즈 카지노법 개정 및 관련 사업자 변경 등에 대한 특혜논란으로 인하여 크루즈 카지노에 대한 정책은 정체되어 있다. 하지만 한국 인바운드 관광객 중 최대 점유율을 가진 중국 관광객들이 크루즈를 선호하고, 크루즈산업 성장을 위한 도구로서 크루즈 카지노의 필요성이 강조되고 있어 크루즈 카지노에 대한 관심은 국내적으로도 지속될 것으로 판단된다. 그러나 크루즈 카지노가 발전하기 위해서는 무엇보다도 도박중독 등 사회적 부작용을 최소화할 수 있는 종합적인 법제도적 안전장치가 필수적이라고 판단된다.

(4) 빅데이터 기술 활용

최근의 경영 패러다임은 대규모로 축적된 데이터(빅데이터)를 분석하여 지식의 재생과 창출을 이루고, 이를 통하여 새로운 가치창조와 경쟁력을 확보하는 방향으로 진화하고 있다.[26] IT기술 발전으로 빅데이터를 통하여 경영성과 향상이 다양한 분야에서 이루어지는 상황에서 카지노 분야에서도 적극적인 빅데이터 기반 운영시스템 도입이 요구되고 있다. 고객정보를 비교적 쉽게 축적할 수 있는 카지노는 금융권(은행, 증권회사, 보험회사)의 경영과학적 기법을 용이하게 수용할 수 있는 장점이 있다. 이와 관련된 대표적인 빅데이터 기법은 고객생애가치모델, 의사결정나무모델, 오피니언 마이닝기법 등을 들 수 있다. 이러한 빅데이터 연구방법은 카지노 고객데이터 분석 및 운영역량을 한 차원 높이게 될 것이고, 궁극적으로 카지노 내부 운영효율화와 자원의 최적배분화를 이루게 할 수 있을 것이다.[27] 구체적으로 카지노산업은 멤버십 및 리워드(reward) 카드발급을 통하여 고객정보를 수집하는 것이 용이하여 카지노 입장부터 플레이, 식사, 휴식 및 환전과 퇴장에 이르기까지 고객행동을 입체적으로 파악하는 것이 가능하다. 이는 카지노 게임 시 머문 시간, 지출금액, 고객 재무상황 추정을 가능하게 하여 카지노 중독자를 대상으로 다양한 도박중독예방프로그램을 시행하는 데 있어 효율성 증대에 기여할 수 있다. 카지노산업의 빅데이터 분석활용은 운영효율화, 고객만족 극대화, 리스크 관리전략을 가능하게 하여 해당 산업을 보다 발전시키는 기회를 마련해 줄 것으로 판단된다.

(5) 전자게임과 로봇기술 활용

향후에는 카지노산업에서도 전자게임과 로봇기술을 적극적으로 활용할 것으로 판단된다. 최근 국내 카지노기업들은 인력, 비용, 장소의 효율적 활용을 위해 전자룰렛 등의 전자게임을 적극적으로 도입하고 있다. 여기서 더 나아가 홍콩의 한 카지노 게임기기 전문업체(파라다이스 엔터테인먼트)는 최근 사람모습을 한 카지노 딜러 로봇인 '민'을 개발해 미국 카지노산업에 공급하려는 계획을 세우고 있다. 카지노 딜러 로봇은 딜러복장을 하고, 카지노 고객들에게 카드를 꺼내서 나눠주는 역할을 하는데, 사람보다 30% 빠르게 진행할 수 있다.[28] 전자게임과 로봇기술 활용은 카지노 시장에서 인건비를 줄이고 새로운 시장을 창출할 수 있다는 점에서 카지노 업계의 관심을 받고 있다. 향후 로봇은 카드배분 기능뿐만 아니라 얼굴인식과 다양한 언어구사 능력도 가능하게 만들어질 계획이다. 로봇기술이 카지노산업에서 보다 잘 활용되기 위해서는 로봇이 사람을 이해하는 능력을 보완하고, 기존 카지노딜러들과 조화를 이룰 수 있는 방안을 고려해야 할 것이다.

(6) 카지노의 지속가능한 발전: CSR과 책임도박 활동

기업의 사회적 책임활동(CSR: corporate social responsibility)을 강조하는 사회적 분위기에 맞추어 카지노기업은 사회와 상생하고자 다양한 노력을 기울이고 있고 이러한 추세는 당분간 강조될 것으로 예상된다. 그동안 국내에서 카지노가 관광자원 개발, 관광수지 개선, 경제발전에 기여하는 정도에 비해 이들의 CSR 활동은 잘 알려지지 않아 왔다. 다른 나라 카지노기업들은 기업이미지 개선을 위해 CSR 활동을 적극적이고 집중적으로 실행해 왔다. 국내 카지노업체의 주요 CSR 분야는 교육재단 설립, 문화예술, 장애인 및 소외계층 지원, 자원봉사, 외국인 근로자 및 이주가정 의료복지, 이주가정 자녀 교육지원, 문화예술 등을 포함한다. 카지노산업에 대한 긍정적인 이미지를 창출하고 지역주민으로부터 지지를 받기 위해서는 CSR 활동을 지속적으로 전개해야 할 것이다. 라스베이거스 샌즈는 회사 홈페이지에 환경지속성에 대한 웹사이트(Sands ECO360°)를 제공하고, 공식 블로그 사이트인 Sands Confidential을 마련하여 세 가지 이슈(환경적 지속성, 지역사회 공헌, 직원참여)에 대해 관련 뉴스와 YouTube 동영상을 제공해 주고 있다.[29] 기업 홈페이지, SNS, CSR 리포트 등은 대중에게 CSR에 대한 계획 및 결과를 알리는 데 효과적이므로 한국 카지노업체들도 홈페이지를 통하여 실천하고 있는 CSR 활동들을 알리는 노력도 병행하는 것이 바람직할 것이다. 카지노에 중독되어 본국으로 돌아갈 수 없는 외국인의 증가는 결국 한국의 사회범죄로까지 이어지게 되므로 외국인전용 카지노업체들도 앞으로는 도박중독에 대한 예방과 치유프로그램 등을 충분히 마련해야 할 것이다.

한편 최근 들어 윤리성을 강조하기 시작한 전 세계의 카지노업체들은 도박중독 등 사회적 부작용 최소화를 위해 카지노기업 고유의 CSR 활동으로서 책임도박(responsible gambling)전략을 실행하고 있다. 가령, 싱가포르 정부는 저소득층 카지노출입 제한을 목적으로 내국인에 대해 1일 입장료 100싱가포르 달러(한화 약 9만원)를 부과하고 있는데, 이 징수액은 자선단체(도박중독 예방 및 치유단체) 등 사회복지기금으로 사용된다. 또한 도박을 스스로 끊기 힘든 사람들을 위해 다양한 프로그램들도 제공되고 있다.[30] 이 중 대표적 프로그램으로는 자기출입금지(self-exclusion) 요청 프로그램이 있는데, 이는 도박으로부터 자신을 통제할 수 없는 사람이 카지노업체에게 자신에 대한 출입을 금지시켜 달라고 요청하는 프로그램이며, 일단 설정되면 해당기간 동안 카지노에 출입할 수 없게 된다.

이외에도 싱가포르에서는 가족출입금지 프로그램(도박중독 위험이 있는 특정인에 대해 가족 구성원이 카지노출입금지를 요청할 수 있는 프로그램), 3자 출입금지 프로그램(채무불이행 중인 파산자나 정부의 재정보조금을 받는 자에 대해 카지노 출입을 금지하는 프로그램), 자기한도(self-limit) 프로그램(본인이 사전에 설정한 게임한도액 이상 게임할 수 없도록 하는 프로그램) 등을 시행하고 있다. 또한, 싱가포르 마리나베이샌즈 카지노는 도박중독에 대해 심각하게 고민하고, 직원과 고객의 도박중독 문제를 예방하기 위해 하버드대학교 의과대학과 함께 건전게임 프로그램을 개발하여 이를 종업원에게 교육시키고 있다.

국내의 경우 강원랜드는 자기출입금지, 가족요청 출입제한, 입장료(9,000원) 부과, 일반인 월 15회 및 지역주민 월 1회로 카지노 출입을 제한하는 책임도박전략을 시행하고 있다. 외국인전용 카지노의 경우 이용객이 외국인이라는 점을 고려하여 책임도박전략을 아직 시행하고 있지 않다. 그러나 향후 카지노가 복합리조트로 대형화될 경우 외국인 카지노 이용객이 증가하여 도박중독 문제가 발생한다면 국가 간 새로운 이슈로 등장할 수 있으므로 외국인전용 카지노업체에서도 책임도박전략을 시행하는 것이 바람직할 것이다.

2. 국내상황

(1) 주변국가의 IR 개발

싱가포르의 성공적 IR 개발은 아시아 지역에 카지노 개발흐름을 가속화시켰으며, 마카오도 IR 개발을 지속적으로 추진해 오고 있다. 주변국가의 IR 개발은 방한 외국인 카지노 이용객의 감소뿐만 아니라 내국인의 해외카지노 이용객이 증가할 수 있으므로 한국 카지노산업 전반에 걸쳐 부정적 영향을 미칠 것으로 판단된다. 이와 관련하여 특히 일본, 러시아, 필리핀의 IR 개발을 눈여겨볼 필요가 있다. 사행산업 수요를 파친코로 대체하여 자국 내 카지노 운영을 엄격히 금지해온 일본은 2000년대 들어서 본격적인 카지노 합법화 움직임을 보이고 있다. 2012년 대지진과 원전사태를 경험하고, 2020년 도쿄올림픽을 앞두고 있는 상황에서 최근 일본은 IR 및 카지노 개발관련 1차 법안을 2016년 12월에 통과시켜 본격적인 IR 개발을 준비 중에 있다. 일본의 IR 개발모델은 싱가포르 형태를 고려하고 있는 것으로 파악되며, 예상되는 지역은 오키나와, 오사카 등이다.

일본은 우선 2~3개의 복합리조트를 허용할 것으로 예상된다.[31] 한국의 중요한 인바운드 관광시장이자 주요 카지노 고객 중 하나인 일본에서 카지노가 합법화되면 우리나라에 미치는 부정적 파급효과는 매우 클 것으로 예상된다. 일본에서 IR 개장이 이루어지면 앞서 언급된 것처럼 내국인 카지노 이용객 누출효과와 우리나라를 찾는 외국인 카지노 이용객들의 감소효과가 적지 않을 것으로 추정된다. 러시아는 2009년 특별법을 만들어 4개 지역(연해주, 크라스노다르, 알타이, 칼리닌그라드)에 대해 카지노 운영을 가능하게 하였는데, 이 중 블라디보스토크가 있는 연해주에서 IR 개발이 가장 활발히 이루어지고 있다. 또한 러시아는 마카오(39%), 싱가포르(12~22%)보다 훨씬 낮은 2%의 게임세를 부과하기로 하고, 블라디보스토크 관광객을 대상으로 노비자 입국을 확대하는 등 보다 많은 카지노 관광객 유치를 위해 노력하고 있다. 블라디보스토크 최초의 IR은 2015년 10월 홍콩의 카지노 재벌 스탠리 호의 아들 로렌스 호가 투자한 티그르 드 크리스탈(Tigre de Cristal, '수정 호랑이'라는 뜻)이다. 티그르 드 크리스탈 IR은 800대의 슬롯머신, 25대의 테이블 게임, 23대의 VIP테이블, 15개의 바카라 테이블, 120개의 호화 객실을 보유하고 있다. 이 외에도 600ha 부지(여의도 면적의 2배가 넘음)에 셀레나 월드 리조트 & 카지노, 피닉스 리조트 카지노 프리모예, 프리모스키 엔터테인먼트 리조트시티 등의 개장이 예정되어 있는 등 총 8개의 IR이 2022년까지 러시아에서 순차적으로 개장될 예정이다.[32] 이 계획대로라면 블라디보스토크 일대는 라스베이거스나 마카오와 같은 카지노 허브도시가 되어 러시아 발전을 위한 새로운 경제 동력이 될 것으로 예상된다. 우크라이나 사태 이후 서방의 경제 제재로 돈줄이 끊기고, 국제유가가 불안정한 상황에서 외화가득효과가 높은 카지노를 중심으로 진행되는 러시아의 IR 육성정책은 당분간 지속될 것으로 판단된다. 블라디보스토크의 2시간 30분의 비행거리 이내에 중국, 일본, 한국을 포함하는 약 4억 명이 거주하고 있다는 점에서 러시아의 적극적인 IR 개발은 필리핀과 동북아시아 국가의 IR 및 관광산업에 직접적인 영향을 줄 것으로 예상된다. 필리핀은 필리핀 오락게임공사(PAGCOR)에서 운영하는 13개 카지노와 2008년 민간사업자에게 카지노 면허를 허가하면서 개장된 필리핀 최초의 IR 카지노인 리조트 월드 마닐라(Resort World Manila)를 비롯하여 카지노 중심의 대규모 관광 리조트 단지인 Manila Bay Entertainment City 내에 솔레어 리조트 & 카지노(Solaire Resort & Casino, 2013년 3월 개장)와 시티오브드림 마닐라(City of Dream Manila, 2015년 2월 개장)라는 2개의 IR을 보유하고 있다. 또한 최근에는 오카다 마닐라(Okada Manila)가 개장하여 IR 개발이 확대되고 있다.

필리핀은 내국인 출입가능 IR을 개장함으로써 새로운 관광매력물을 제공하고, 관광시장 변화에 적극적으로 대응함으로써 이미지 개선과 지역경제 발전효과를 가져왔다. Entertainment City의 첫 번째 IR인 솔레어 리조트 & 카지노는 800여 개의 객실에 18,500 m^2의 카지노 지역(슬롯머신 1,620대, 테이블 게임 360대)을 보유하고 있다. 두 번째 IR인 시티오브드림 마닐라는 3개의 고급 호텔(940개의 객실)과 5개의 카지노 건물(면적: 18,500 m^2, 슬롯머신 1,680대, 테이블 게임 365대)을 보유하고 있다. Entertainment City에는 향후에도 2개 IR이 추가되어 2017년까지 총 4개의 IR이 건설될 예정이다.[33] 이러한 해외상황을 고려해 볼 때 그동안 적극적인 IR 개발을 진행시키지 못한 한국은 현재 외부환경에 따른 IR 개발 공급과잉에 대해 고려할 필요가 있을 것으로 판단된다. 즉, 지속적이고 효과적인 수급 관리정책이 전제되지 않은 IR 개발은 자칫 공급과잉 문제를 일으킬 수 있으므로 더 이상의 외국인 전용 IR 개발은 개장 후 수요 등을 살피면서 조심스럽게 결정해야 할 것으로 판단된다. 또한 향후 IR을 중심으로 하는 카지노 개발은 미래지향적인 카지노 정책수립을 통하여 해외 카지노로 인하여 발생할 수 있는 많은 금액의 국부유출을 최소화시키면서 보다 많은 외국인 카지노 관광객들을 유치할 수 있는 방향으로 나아가야 할 것이다. 마지막으로 IR 개발에 대한 국가적 차원의 마스터플랜을 마련하고, IR 개발의 주체를 브랜드 파워가 있는 업체로 잘 선정하는 동시에 국내 카지노 업체들과 상생하여 발전할 수 있는 방안을 검토해 보아야 할 것이다.

(2) 차이나 리스크(China risk)

차이나 리스크는 중국의 대내외적 상황이나 정책에 따라 해당 국가가 피해를 입을 수 있다는 것을 의미하는 용어이다. 특히 한국의 최대 수출입국이 바로 중국이기 때문에 차이나 리스크가 한국경제에 미치는 영향은 전산업에서 광범위하게 이루어질 수 있다. 이 중 중국 소비자의 소비행태와 관계가 깊은 문화 · 관광관련 분야에서 차이나 리스크에 따른 영향이 클 것으로 보이며,

관광객 수에 영향을 받는 카지노산업도 차이나 리스크의 예외가 될 수 없을 것이다. 최근 수년간 중국인 관광객(요우커)의 급증으로 제주도 카지노와 GKL, 파라다이스 등 외국인전용 카지노의 중국인 비율이 평균 60%를 넘고 있다.[34] 이는 국내 외국인전용 카지노가 중국인에 의해 영업이 좌지우지될 수 있다는 것을 의미한다.

카지노의 외부적 환경으로 최근 한 · 미 양국이 사드(THAAD, 고고도 미사일방어체계) 배치를 결정하자 중국이 강하게 반발하고 나서면서 화장품, 영화, 드라마, 관광, 카지노 주가에 부정적 영향을 주고 있다.[35] 또한 카지노의 내부적 상황으로 2013년부터 시작된 중국정부의 반부패정책 강화는 중국인 카지노관광객 수의 감소를 가져와 제주도는 물론 수도권까지도 부정적 영향을 미치고 있다.

(3) 카지노관련 법적 체계 확립

세계 주요국 감독기구의 인 · 허가권은 감독기구가 직접 인 · 허가권을 가지는 형태와 정부부처에서 인 · 허가권을 가지는 형태로 구분된다. 국내 감독기구는 인 · 허가권을 감독기구가 아닌 정부부처에서 보유한 형태이지만, 세계 주요국 감독기구는 인 · 허가권을 동시에 가지고, 모든 사행산업 규제 및 관리 · 감독을 실시하는 형태로 변화하고 있다. 세계 주요국 감독기구 형태는 국가별로 정부 직속의 독립 감독기구, 정부부처 소속의 감독기구, 주무 부처 소속의 감독기구 등으로 다양한 형태를 보이고 있다. 한편 감독기구 관리체계는 통합형(모든 사행산업을 하나의 기관이 규제 및 관리)과 분산형(사행산업별로 개별의 기관이 규제 및 관리)으로 구분된다. 국내 사행산업 감독기구의 정식명칭은 '사행산업통합감독위원회'인데 감독기구 관리체계는 통합형이지만 국내 사행사업(카지노, 경마, 경정, 경륜, 복권, 체육진흥투표권, 소싸움 등)에 대한 인 · 허가권은 분리된 상황이다.

세계 주요국 사행산업 감독기관은 한국을 제외하고 모두 인 · 허가권을 가지고 있으며, 대다수 국가는 사행산업 업종을 통합하여 관리 · 감독하는 체계를 가지고 있다. 북미 국가는 사행산업별로 관리 · 감독이 분리되는 형태를 보이고, 유럽 국가의 경우 영국을 제외하고 통합형태를 보이고 있다. 오세아니아 국가는 호주를 제외하고 통합형태를 보이며, 아시아 국가는 일본을 제외하고 통합형태를 보이고 있다.[36] 사행산업별로 분산되어 있는 관리체계가 점차적으로 하나의 감독기관으로 통합되고 있는 추세에서 국내 감독기구는 인 · 허가권을 사행산업 업종별 소관부처가 소유하고 있어 통일된 관리 · 감독이 어려우므로 장기적 관점에서 카지노를 비롯한 사행산업의 인 · 허가권 일원화가 필요할 것으로 판단된다.

참고문헌

1) 이충기 · 권경상 · 김기엽(2016). 『카지노산업의 이해』. 서울: 대왕사.
2) 이충기(2011). 우리나라 카지노산업의 역사. 『관광학연구』, 35(10): 451 464.
3) 이충기 · 이강욱(2010). 강원랜드 카지노리조트 개발로 인한 강원지역과 타 지역에 미친 경제적 파급효과 분석. 『관광학연구』, 34(4): 109-126.
4) 이충기(1996). 『카지노 제도발전 및 활성화방안』. 한국카지노업관광협회.
5) 사행산업통합감독위원회(2016). http://ngcc.go.kr/NGCC.do
6) 이충기 · 권경상 · 김기엽(2016). 『카지노산업의 이해』. 대왕사.
7) 한국카지노업관광협회(2011). 카지노업체별 현황.
8) 한국카지노업관광협회(2011). 카지노입장객 및 매출액 현황.
9) 이충기 · 권경상 · 김기엽(2016). 『카지노산업의 이해』. 대왕사.
10) 한국카지노업관광협회(2011). 국적별 이용객 현황.
11) 한국카지노업관광협회(2011). 카지노입장객 및 매출액 현황.
12) 이충기 · 권경상 · 김기엽(2016). 『카지노산업의 이해』. 대왕사.
13) 한국카지노업관광협회(2011). 카지노입장객 및 매출액 현황.
14) 이충기 · 권경상 · 김기엽(2016). 『카지노산업의 이해』. 대왕사.
15) 이충기 · 권경상 · 김기엽(2016). 『카지노산업의 이해』. 대왕사.
16) 이충기 · 김남현(2015). AHP를 활용한 복합리조트 카지노의 개발전략 요인과 우선순위 분석. 『관광학연구』, 39(2): 69-84.
17) 이충기 · 권경상 · 김기엽(2016). 『카지노산업의 이해』. 대왕사.
18) 파라다이스&세가사미(2014). P-City 사업개요.
19) 문화체육관광부(2016). 보도자료: '복합리조트 개발 사업계획 공모' 심사결과 발표: 인천 영종도 IBC-Ⅱ 지역, '㈜Inspire Integrated Resort' 선정.
20) 한국신용평가(2015). 카지노 신용도 주요 결정 요인: 정부규제, 중국, 신규투자. http://www.kisrating.com/report/special_rpt/general/2015/SR20150310-2.pdf
21) 한국능률협회 컨설팅(2012). 『한국 카지노 산업의 발전전략 연구』.
22) 정보통신정책연구원(2007). 온라인 도박의 현황 및 쟁점.
23) 사행산업통합감독위원회(2013). 『2013 세계 주요국 사행산업 정책 및 제도 비교연구』.
24) 한국카지노업관광협회(2014). 『2014 Casino Insight』.
25) 한국카지노업관광협회(2014). 『2014 Casino Insight』.
26) 박지영(2014). 빅데이터를 활용한 효율적 운영 전략 수립에 대한 연구-카지노 산업에서. 『호텔리조트연구』, 13(1): 5-22.
27) 박지영(2014). 빅데이터를 활용한 효율적 운영 전략 수립에 대한 연구-카지노 산업에서. 『호텔리조트연구』, 13(1): 5-22.

28) 머니투데이(2015.12.15.). 카지노도 자동화 바람… '로봇 딜러' 등장.

29) 김정선(2015). 복합리조트시대에 한국관광산업의 역할. CSR이 카지노산업에 미치는 영향(pp.15-18). 서울: 그랜드코리아.

30) 이충기 · 황일도(2010). 세계의 카지노리조트산업. 신동아. 10월호.

31) 한국카지노업관광협회(2010). 『일본, 대만 등 주변국 카지노 개방이 우리나라에 미치는 영향 연구』.

32) 조선일보(2016.1.19.). 옛 軍港 블라디보스토크, 러시아의 마카오로 바뀐다.

33) Wikipedia(2016). Entertainment city. https://en.wikipedia.org/wiki/Entertainment_City

34) Newsis(2015.1.16.). 국내 외국인전용 카지노, '중국 리스크' 극복 관건.

35) 조선일보(2016.7.11.). 사드 후폭풍, 화장품-카지노-여행 주식 직격탄…"나 떨고 있니?" 4% 넘게 급락 충격.

36) 사행산업통합감독위원회(2013). 『2013 세계 주요국 사행산업 정책 및 제도 비교연구』.

기타 인터넷자료: www.tour.go.kr

04편 문화명사 담론

노소영 관장이 미래의 관광인들에게 들려주는

관광을 위한 열린 사고, 디자인

노소영

- 아트센터 나비 관장
- 서강대학교 지식융합학부 아트앤테크놀로지전공 초빙교수
- 여수세계박람회 SK텔레콤관 총감독
- 차세대융합기술연구원 이사

노소영 관장이 미래의 관광인들에게 들려주는

관광을 위한 열린 사고, 디자인

관광(觀光)은 다른 지방이나 다른 나라에 가서 그곳의 풍경, 풍습, 문물 따위를 구경함이다. 관광학도는 그럼 구경하는 사람일까? 관광은 빛을 봄이다. 그럼 관광학도는 도시의 빛을 기획하는 사람이다. 도시의 빛, 사람이 모여 만드는 빛, 도시가 깨어 있다면 빛이 나니 맞는 말이라 생각한다. 도시의 빛을 찾다 보면 늘 그곳엔 사람이 있다. 관광과 사람의 연결고리에 '여행'이 있다. 관광은 경제적인 측면에서 산업으로 관광학을 설명한다면 인간적인 측면에서 학문으로의 관광학을 필자는 '여행'이라 정의하고 싶다. 용어가 정감 가기도 하지만 산업과 경영적인 측면이 아닌 인문학적인 측면의 접근을 바라기 때문이다. 과거의 관광학도가 산업을 공부했다면 지금, 그리고 미래의 관광학도는 '사람'을 공부해야 경쟁력을 가질 수 있다.

사람은 왜 여행을 하는가, 왜 떠나고 싶어 하는가에 대한 현명한 대답을 찾으려 하는 것이 시작이라 생각한다. 이미 연구된 동양의 철학, 서양의 인문학 속에 그 답이 있을 터이니 심취한다면 관광학도의 기본 덕목을 갖출 수 있을 것이다. 사람은 왜 떠나고 싶어 하는가는 그들이 어디로 가고 싶어 하는가의 답이 되고 이는 곧 여기로 오게 하려면 무엇이 필요한가에 대한 답이 된다. 동양적 사고가 서양의 패러다임을 바꾸고 있는 지금 'When in Rome, do as the Romans do'보다는 '역지사지(易地思之)' 처지에서 바꿔 생각해봄이 관광학도의 자세일 것이다.

역지사지해 보면 왜 여행을 하는가에 대한 답은 '놀러 간다'이다. '노는 것'은 게으르거나 경박한 것이라는 인식이 지배적인 일 중심사회를 아직 벗어나지 못하고 있지만 우리는 흥겹게 한바탕 노는 것이 얼마나 경제적인 것인지 알고 있다. 축제이다.

축제는 고대에서부터 내려온 가장 오래된 인간의 놀이 중 하나이다. 축제는 축하와 즐거움의 자리임과 동시에 신에 대한 제의와 기원이라는 양면성을 가졌다. 초월적 존재가 인간의 행복을 주관한다는 고대 개념에서 기인한 것이다.

초월적 존재는 보통과 다른 것, 일탈이다. 좀 더 아름다운 언어로 '상상'이다. 관광학도가 인문학적 소양과 함께 가져야 할 덕목이다. 상상력!

상상은 '넘나듦'이다. 굳이 4차 혁명(4th Industrial Revolution)이라는 혁명적이고 미래적인 용어가 아닐지라도 필자는 지금의, 가까운 미래의 문화키워드라고 생각한다. 넘나듦!

여행 규모의 변화를 읽어내면 넘나듦이 필요하다. 집단이 움직이는 관광에서 혼자, 연인, 모자, 부자 간의 소규모 여행으로 여행 집단의 규모가 변화하고 있음을 읽어낸다면 여행기획의 우선순위가 조금 달라져야 한다. 세계 주요 관광지를 보면 치안이 안전한 나라가 대부분이라는 것도 그 바탕이 된다. 다행히도 비교적 안전한 나라로 알려진 우리나라도 예외는 아니다. 소규모 자유 여행객에게 필요한 여행정보 속에 '안전'이란 키워드를 강조하고 정보를 제공한다면 차별화된 여행이 될 수 있다. 그러기 위해 관광학도는 각 나라의 신고시스템을 공부할 필요가 생긴다. 넘나듦!

여행 동기를 읽어내면 넘나듦이 필요하다. 일탈! 늘 한결같은 거리의 풍경을 강조한 여행기획은 일 년 내내 꾸준한 방문객을 모은다. 그러나 풍경이 일탈을 주진 않는다. 축제가 필요하다. 이벤트는 일탈을 전제로 기획되기 때문이다. 일탈이란 생각하지 못했던 행위이기에 지갑은 열릴 수밖에 없고 이는 산업으로 관광학을 바라보아도 통한다.

여행의 결과를 읽어내면 넘나듦이 필요하다. 모두 같은 기억을 간직하게 되는 여행은 가성비가 안 좋은 여행이다. 자신도 어느새 잊어버리는 기억이 된다. 우연성! 하필이면 내가 그곳에 있을 때 벌어진 일, 나만의 경험이 만들어진 시간과 장소는 평생을 간다. 우연의 풍경, 우연의 인연이 생기는 여행지를 발굴할 줄 아는 관광학도의 선견(先見)! 예측하는 힘이다.

뉴욕타임즈의 '52 Places to Go'는 그런 면에서 관광학도에게 좋은 교재이다. 단순한 도시의 소개가 아닌 여행전문 기자, 때로는 세계적인 명사들이 왜 그곳을 찾아가야 하는지에 대한 이야기가 담기기 때문이다.

외국어, 산업, 경영, 너무나 할 공부가 많은 관광학도에게 부담이 되겠지만 동양사상, 인문학, 안전, 예측을 강조한다는 것이 필자에게도 부담이다. 한마디로 한눈 좀 팔아보길 조언한다.

관광! 여행을 잘 기획하면 도시의 빛이 달라진다. ☺

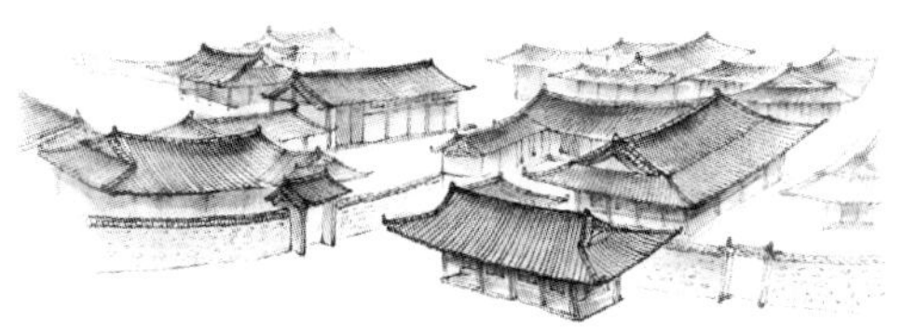

제 4 편

문화관광이벤트사업의 이해

제 1 장

관광과 디자인

김 현 선

김현선디자인연구소 대표

현 홍익대학교 국제디자인전문대학원 교수
서울대학교, 서울대학교 환경대학원 졸업
동경예술대학교 조형학 박사
김현선 디자인연구소 소장, 한국여성디자이너협회 회장
서울시 범죄예방프로젝트, 국가상징 디자인공모전 대통령상 수상, 대한민국 색채대상 등 다수의 수상경력과 프로젝트 수행

khsd6789@lorea.com

김 혜 련

아름다운 사람들 대표

경주대학교 일반대학원 관광학 박사
한국관광정보정책연구원 선임연구원
아름다운 사람들 대표
한국관광학회 이사 및 한국여성디자이너협회 이사
농촌 및 전통시장 등의 관광디자인 개발과 관광엔터테인먼트에 관련된 다양한 프로젝트도 수행해 오고 있다.

coshca@hanmail.net

제 1 장

관광과 디자인

김 현 선 · 김 혜 련

제1절 관광과 디자인의 패러다임 변화

세계적인 미래학자인 제러미 리프킨(Jeremy Rifkin)의 '소유의 종말'에서 "판매를 기본으로 하는 제품경제가 서비스 중심의 접속사회로 넘어가는 혁명적인 단계에 와 있다"고 이야기한 것처럼 오늘날 세계적인 산업의 패러다임은 제조산업 중심의 시장체제에서 서비스산업으로 빠르게 변화 중이다. 국내경제도 서비스산업이 GDP에서 차지하는 비중이 지속적으로 증가하고 있고, 서비스업의 고용비중도 높아지는 등 경제의 서비스화가 촉진 중이다.

디자인 컨설팅회사 중 독보적인 존재인 IDEO의 공동창립자 빌 모그리지(Bill Moggridge)는 "앞으로 한국에 남는 건 서비스산업일 것"이라고 말한다. 제조산업 중심으로 성장했지만 그 자리엔 중국이 차지하게 되었으며, 소프트웨어산업은 인도가 맡고 있다. 따라서 한국은 자연스럽게 서비스산업 체제로 흘러갈 것이며, 서비스디자인을 잘 이해해야 할 필요가 있다고 한다. 그렇다면 이 서비스산업이란 무엇인가? 서비스산업 발전 기본법 제2조에서는 서비스산업이란 농림어업이나 제조업 등 재화를 생산하는 산업을 제외한 경제활동에 관계되는 산업으로서 대통령령으로 정하는 산업을 말한다.* 또는 1차 산업, 2차 산업에 대하여, 이들 산업의 발전을 기초로 하여 서비스를 생산하는 3차 산업[1)]이라고 정의한다. 즉 서비스산업이란 산업화된 경제에서 서비스 분야의 중요성이 증가한 것이며, 제품의 공급에 있어 서비스의 상대적 중요성을 나타내는 말이다. 이러한 서비스산업의 꽃으로 흔히 관광을 이야기한다. 관광은 자연환경과 문화유적에 대한 호기심을 충족시켜 견문을 넓히고 휴양과 위락을 취할 수 있게 하는 서비스산업이라고 말할 수 있다.

---

* 서비스산업 발전 기본법 제2조

최근 관광분야를 둘러싼 환경과 그에 따른 트렌드는 너무 빠르게 변화하고 있다. 이는 산업의 발전과 수요자 니즈 변화로 대두되는 현상이며, 관광 형태가 자연자원 중심의 대중관광에서 문화관광을 넘어 이제 소비자 주도의 창조적 관광으로 진화하는 패러다임을 보여주고 있다. 기존의 관광산업은 소규모 단위의 개발, 지역 경관 및 문화 요소 활용, 관광지의 문화와 역사를 관광객이 수동적으로 경험하는 단순 체험이 대종을 이뤘었다. 그러나 최근에는 라이프스타일의 다변화와 창조산업의 성장, 직접 참여와 학습에 대한 수요 증가, 정보기술의 발달에 따른 융·복합이 접목된 창조관광에 대한 관심이 확산되고 있다. 이처럼 미래의 핵심으로 떠오르고 있는 관광은 산업 기반의 경험 및 콘텐츠 등을 중심으로 융·복합 콘텐츠를 가미한 새로운 관광 명소를 조성하고 있다. 도시의 재발견, 지역의 특색이 담긴 올레길, 복합 리조트, 해양·크루즈 관광, 산업·컨벤션 등이 좋은 사례가 될 수 있다.

미래의 관광산업은 규격화된 상품, 대량소비 등의 특성을 보이는 올드 투어리즘에서 문화, 예술, 의료, 생태, 어드벤처, 엔터테인먼트 등이 다각화되고 각 산업간 융·복합을 통한 뉴 투어리즘으로 진화하고 있다. 개인의 가치관 및 라이프스타일 변화를 존중하는 새로운 패러다임과 IT 기술 및 미디어 매개체 등장과 여가시간 증대에 따른 문화적 자각 및 다변화하는 욕구가 반영된 당연한 현상이다. 관광에서 디자인은 수요자에 밀착하여 수요자의 요구를 밀접하게 수용하는 장치이며, 과정과 방법, 대상에 있어서 문화적 요소, 특히 문화콘텐츠의 구현에 적합하다.

관광의 패러다임 변화와 더불어 디자인에 관한 역할과 관점에도 많은 변화가 있다. 과거 디자인의 역할은 제품의 가치를 높여 구매를 유발하는 것으로 제품의 기능성과 매력도에 초점이 맞춰져 있었다. 핸드폰시장은 얼마 전까지만 해도 끊임없이 제품의 색상과 형태의 변화로 소비자의 구매를 유발시켜 기업을 살렸다. 그러나 지금은 단지 외형적인 변화로 소비자의 마음을 사는 것은 어려워졌다. 첨단 IT기술의 발달, 지식기반 네트워크의 확장, 소셜미디어의 영향으로 소비자들은 과거와는 달리 단순히 좋은 기능의 제품, 예쁘고 멋진 디자인만으로 제품을 이용하거나 구매하지 않는다. 대신 그 제품으로 무엇을 할 수 있을지, 어떠한 가치를 제공받을 수 있는지에 초점을 맞춘다. 기술의 발전과 물질적 풍요 속에서 더 이상 '기능적 가치'가 아닌, 그들의 감성적, 사회적 욕구를 충족시키는 '상징적 가치'로써 제품을 구매하게 되었다.

모렐리(Morelli, 2006)에 의하면, "제품의 외적인 특징의 개발이 제품의 차원적, 미학적, 기술적 그리고 기계적인 탐험에 기반을 두었다면 PSS(제품 서비스 시스템)의 서비스 요소들은 새로운 변수들을 만들어낸다. 이 새로운 변수란 시간적인 차원, 사람 사이의 상호작용의 관점, 그리고 사회적 습관과 문화적 마인드와 연관된 여러 숨겨진 관점들이 포함되어 있다." 라고 했으며, 타카라(Thackara, 2005)는 "과거의 디자인은 사물의 형태와 작용에 관한 것이었다. 그러나 지금처럼 모든 것이 네트워크로 형성된 사회에서는 디자인은 결과물에 치중하기보다는 하나의 시스템을 끊임없이 정의하는 과정으로 보는 것이 더 옳다" 라고 말했다. 이처럼 디자인의 개념은 〈표 1-1〉과 같이 행동의 변화를 이끄는 혁신적인 개념으로 확장되었다.

〈표 1-1〉 디자인 개념 범위[2]

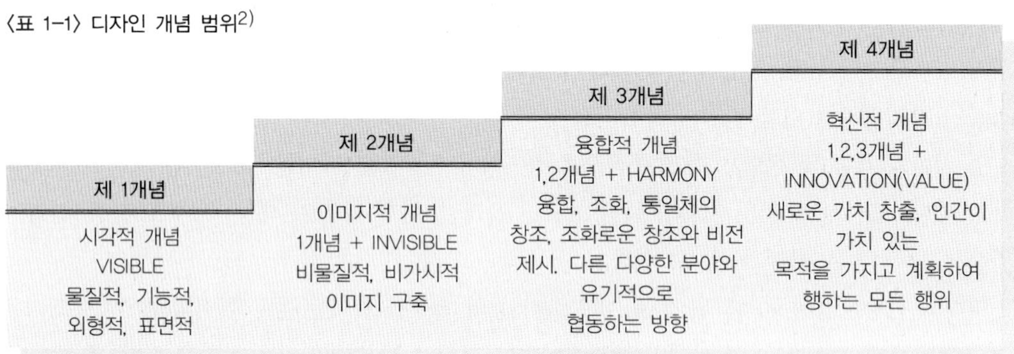

제 1개념
시각적 개념
VISIBLE
물질적, 기능적,
외형적, 표면적
제 2개념
이미지적 개념
1개념 + INVISIBLE
비물질적, 비가시적
이미지 구축
제 3개념
융합적 개념
1,2개념 + HARMONY
융합, 조화, 통일체의
창조, 조화로운 창조와 비전
제시. 다른 다양한 분야와
유기적으로
협동하는 방향
제 4개념
혁신적 개념
1,2,3개념 +
INNOVATION(VALUE)
새로운 가치 창출, 인간이
가치 있는
목적을 가지고 계획하여
행하는 모든 행위

또한 디자인은 제조와 서비스 산업 이외에도 공공서비스, 정치, 경제, 사회, 문화 등 전반적인 영역으로 확산되어가고 있다. 〈표 1-2〉와 같이 제품가치 극대화를 통해 기업의 수익을 창출하는 산업이 전통적 디자인산업의 범위이고, 민간 및 공공 분야의 문제점을 디자인을 통해 해결함으로써 국민의 삶의 질 향상을 이루는 산업이 새롭게 확장되고 있는 디자인산업의 범위이다.

〈표 1-2〉 확대되고 있는 디자인산업의 수요시장 범위와 역할[3]

구분	기존수요시장	확대된 디자인산업의 수요시장	
범위	제조산업	서비스산업	공공분야
정의	제품의 본원적 목적을 유지하면서도 사용자가 전달받는 가치가 향상되도록 하는 실체화의 과정 및 결과	제품/서비스의 본원적 목적을 유지하면서도 사용자가 전달받는 가치가 향상되도록 하는 실체화의 과정 및 결과	공공분야의 문제점을 디자인을 통해 해결함으로써 국민의 삶의 질 향상을 이루는 산업
디자인의 역할	제품가치 극대화를 통한 기업의 수익 창출	서비스 가치 혁신, 수요자 경험 가치 향상	공공서비스 혁신, 사회 문제 해결, 국민의 삶의 만족도 향상

제2절 서비스디자인과 관광디자인

1. 사용자가 만드는 관광 — 서비스디자인(Service Design)

관광에서의 디자인의 역할이나 영역, 대상 등에 대한 논의가 있는 경우, 관광과 서비스의 공통된 부분인 무형화, 비분리성, 이질성, 소멸성을 고려한다면 서비스디자인에 대한 이해가 선행되어야 한다. 서비스의 기본 특성은 관광상품이 재화와 서비스로 이루어진 것으로 볼 때 관광상품의 고유한 특성과도 일치한다고 볼 수 있다. 서비스는 물체처럼 만지거나 볼 수 없으며 객관적으로 누구에게나 보이는 형태로 제시할 수도 없다. 따라서 서비스상품은 판매를 위해서 진열하기 곤란하며 그에 대한 시각적인 전달도 거의 불가능하다. 그러므로 기업의 입장에서는 서비스의 원가를 측정하기 어렵고, 소비자의 입장에서는 구매 전에는 서비스의 효용과 품질을 정확히 예측할 수가 없으며 특허로 보호받는 것이 곤란하다. 따라서 형태가 없는 서비스를 유형화해 그 가치를 고객에게 전달하는 것은 서비스디자인의 최우선 과제이다. 예를 들면, 기업이나 상품의 추상적인 가치는 눈에 보이는 브랜드 형태로 표현한다. 병원이나 식당을 화려하게 꾸미는 것도 마찬가지이고 여행사에서 각종 관광상품을 프로그램으로 만들고 인터넷을 통해서 고객과 적극적인 커뮤니케이션을 시도하는 이유도 서비스를 눈에 보이는 형태로 고객에게 전달하기 위한 노력이다.

서비스디자인은 두 가지 의미를 담고 있다고 할 수 있다. 하나는 디자인을 서비스에 이용한다는 것이고, 다른 하나는 서비스 자체를 디자인해야 한다는 것이다. 서비스 자체를 디자인한다는 것은 단순히 마케팅 요소로 디자인을 서비스에 이용하는 것이 아니라 미래의 성장 동력으로서 '신' 프로세스화하고 그에 대한 생존전략으로서 디자인의 잠재력을 가시화한다는 뜻이다.[4)]

서비스디자인의 기본 자세는 서비스 내용을 총체적으로 바라보는 기획 마인드와 수요자 중심의 디자인적 사고를 결합시키는 것이다. 서비스를 디자인할 때에는 수요자 중심의 사고를 가진 디자이너의 감성과 서비스를 하나의 상품으로 냉철하게 보는 기획 마인드가 결합되는 것이 가장 이상적이다.[5)]

그림 1-1 서비스디자인

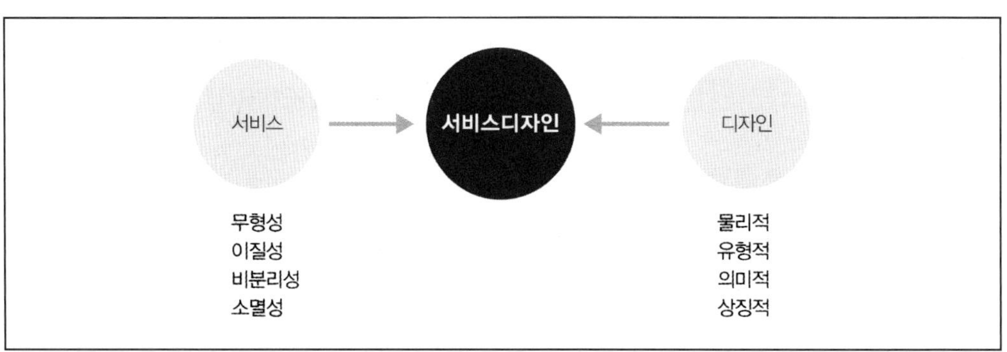

서비스디자인(service design)이라는 개념은 영국에서 처음 사용되기 시작했다. 초창기에는 공공서비스산업에 적용되는 디자인을 흔히 '서비스디자인'이라고 불렀으나, 현재는 그 의미와 개념이 확장되어 모든 서비스부문에서 요구되는 디자인을 포괄하는 용어로 사용되고 있다. 지금까지 서비스디자인은 그 학문적 연구나 이론 정립이 미비하며, 대신 기업의 실질적인 요구에 따라 많은 실무 전문가들이 그 개념을 조금씩 정립해가며 적용하고 있는 상황이다. 다음 표는 현재 학계와 기업에서 사용하고 있는 서비스디자인에 대한 정의를 정리한 것이다.

〈표 1-3〉 서비스디자인의 정의

사전	wikipedia	서비스디자인은 서비스의 질과 서비스 제공자와 수요자 간의 상호작용 및 수요자의 경험을 향상시키기 위해 사람, 기간시설, 커뮤니케이션 및 물질적인 구성요소들을 계획하고 체계화하는 일련의 활동을 일컫는다. Service design is the activity of planning and organizing people, infrastructure, communication and material components of a service, in order to improve its quality, the interaction between service provider and customers and the customer's experience.
학계	서비스디자인 네트워크 sdn	서비스디자인은 수요자의 관점으로 서비스의 기능과 형식을 설명하는 것이다. 서비스디자인은 서비스인터페이스가 수요자의 관점에서는 유용하고, 사용 가능하며, 가치가 있고, 서비스 제공자의 관점에서는 효율적으로 기능하도록 한다. Service design addresses the functionality and form of services from the perspective of clients. It aims to ensure that service interfaces are useful, usable, and desirable from the client's point of view and effective from the supplier's point of view.
	인터랙션디자인 코펜하겐 연구소 CIID	서비스디자인은 무형과 유형의 수단을 조합하여 잘 고안된 경험의 창조에 역점을 둔 신생분야이다. Service design is an emerging field focused on the creation of well thought experiences using acombination of intangible and tangible mediums.

기업	라이브워크 livework	서비스디자인은 수요자가 다양한 경험을 할 수 있도록, 시간의 흐름에 따라 사람들이 다다르게 되는 다양한 터치 포인트*를 디자인하는 것이다.
	엔진그룹 enginegroup	서비스디자인은 훌륭한 서비스를 개발해 제공하도록 돕는 전문분야이다. 서비스디자인 프로젝트는 환경디자인, 커뮤니케이션디자인, 제품디자인 등 디자인의 여러 분야를 포괄해 수요자가 서비스를 쉽게, 만족스럽게, 효율적으로 누릴 수 있도록 각 요소를 개발하는 프로젝트이다. 더 중요한 것은 누가 이 서비스를 개발하는지 잊지 않도록 각인시키는 것이다.
	피어인사이트 peerinsight	서비스디자인은 서비스 혁신을 위해 커뮤니케이션, 공간, 행동, 사람, 사물, 도식 등 서비스를 이루는 유·무형 요소를 총체적으로 배열하고 리서치에 근거해 디자인하는 것이다.

서비스디자인은 서비스의 무형성을 극복하고 수요자가 경험할 수 있는 구체적인 유형물을 창조하는 것이다. 수요자가 서비스를 통해 만족감을 느끼는 모든 경험은 일차적으로 외부의 자극이 있어야 가능한데, 서비스디자인은 이를 위해 서비스 제공자가 수요자에게 서비스를 판단할 수 있는 다양한 자극을 주는 활동이라고 할 수 있다. 즉, 수요자는 무형의 서비스를 직접적으로 경험할 수 없기 때문에 디자인이라는 구체적인 유형의 경로를 통하여 서비스의 모든 것을 판단하게 되는 것이다. 따라서 서비스디자인은 기업이 수요자에게 전하고자 하는 메시지를 효율적으로 전달하는 매개체의 역할을 하게 된다. 서비스디자인에 노출된 수요자는 서비스 상품을 인지하고 판단해, 이를 바탕으로 어떤 형태로든 감정이 유발되며, 마지막으로 그런 과정을 통해 서비스를 경험하거나 구매하는 행동으로 연결된다.

디자인이나 서비스에 관한 해석과 적용이 인종, 문화, 환경과 매우 밀접한 관계를 맺고 있기 때문에 나라나 문화권마다 서비스디자인의 의미가 조금씩 다를 수 있다.

그 다양한 의미를 참고해 우리 실정에 맞는 서비스디자인의 정의를 내리면 다음과 같다. 서비스디자인은 '수요자가 무형의 서비스를 구체적으로 경험하고 평가할 수 있도록 수요자와 서비스가 접촉하는 모든 경로의 유·무형 요소를 창조하는 것'이다.

구조적인 차원에서의 서비스디자인은 서비스 제공자와 서비스 수혜자 간의 끊임없는 상호작용을 통해 가치를 창조하는 하나의 시스템이다. 영국의 서비스디자인 컨설팅 회사인 엔진그룹은 시스템(System), 가치(Value), 사람(People), 여정(Journeys), 제안(Propositions)을 서비스디자인의

* 터치 포인트(Touch Point)란 하나의 서비스가 사용자와 만나는 모든 접점을 의미한다. 이 단어는 사용자가 서비스와 접촉한다는 의미는 물론 사용자를 '감동시킨다'(touch)는 의미도 포함한다는 점에서 서비스디자인의 대상과 목적을 잘 함축하고 있다. 또 광고나 매장 디스플레이 같은 유형의 디자인뿐 아니라 사용자의 경험 같은 무형의 요소까지 포괄한다는 점에서 서비스디자인의 개념을 잘 설명해 준다. 이런 관점에서 우리는 일반적으로 서비스디자인을 '사용자가 경험하게 되는 모든 접점을 총체적으로 디자인해 놓은 것'으로 정의할 수 있다.

기본요소로 정의하였다.

성공적인 서비스디자인이 이루어지기 위해서는 먼저 서비스를 제공하고자 하는 사람의 가치가 서비스 사용자에게 보다 효율적이고 효과적으로 전달될 수 있도록 돕는 시스템(System)이 구축되어야 한다. 이러한 시스템을 통해 구현되는 가치(Value)는 사용자가 원하는 가치와 제공자가 전달하고자 하는 가치가 일치할 때 최선의 가치가 창조된다. 이러한 가치 구현의 주체와 객체가 되는 사람(People) 즉 서비스 제공자, 수용자, 개발자에 대한 이해와 고려는 서비스디자인의 절대적이며 핵심적인 요소라 할 수 있다. 또한 시간의 흐름에 따라 고객이 서비스를 체험하는 여정(Journeys)을 파악하는 것은 서비스의 전과 후를 비교하여 서비스 경험이 일관되게 제공되고 있는지, 또한 이를 통해 고객이 만족된 결과를 얻고 있는지를 알 수 있게 해주어 지속적인 서비스 혁신이 이루어지는 원동력이 된다. 제안(Propositions)은 시장에서 소비되고 차별화되는 상품으로서의 서비스와 그 설비는 어떻게 설계되는지, 그리고 현재 형태에서 과연 어떤 비전을 가지고 변화해갈 것인지에 대해 이해하는 것을 의미한다. 이러한 다섯 가지 요소가 모든 서비스디자인 프로세스에서 적극적으로 반영되어질 때 비로소 서비스디자인 혁신을 도모할 수 있다.

서비스디자인은 무형의 서비스를 전달하는 전반적인 과정의 관찰을 통해 물리적 증거 및 접점 포인트를 발견하는 것으로 서비스 전달의 유형적 디자인 요소를 구체화하며 이를 통해 일관된 서비스의 이미지를 구축하는 과정이다.[6] 접점 포인트는 수요자가 서비스를 경험하는 접점을 의미하며, 터치 포인트라고 칭한다. 이는 서비스가 발생하는 순간에 조성되는 서비스 환경 요소의 발견시점이 된다. 터치 포인트는 환경(environment), 오브젝트(object), 프로세스(process), 사람(people) 요소로 구성되어 있다. 서비스디자인에서 환경이란 서비스가 행해지는 장소를 의미한다. 가게나 매표소처럼 물리적 장소일 수도 있고, 모바일이나 웹사이트처럼 무형의 장소일 수도 있다. 환경은 서비스를 위한 행동을 할 장소를 제공하고 간판이나 인쇄된 메뉴, 장식 등 각 행동에 대한 신호도 제공해야 한다. 환경은 사용자에게 무엇을 할 수 있는지 말해주며, 어포던스*를 만든다. 오브젝트는 대개 환경의 일부를 구성하는 물건들이다. 서비스디자인에서 오브젝트란 식당의 메뉴, 공항의 셀프 체크인 기기, 판매용 금전 등록기 등의 인터랙션이 가능한 물건을 뜻하며, 이 자원들은 인터랙션이 벌어지게 하거나 참여하게 할 가능성을 제공한다.

서비스디자인에 있어 프로세스란 어떻게 서비스가 실행되는가를 말한다. 주문, 제작, 운반, 사

---

* 어포던스(affordance)는 심리학자 제임스 깁슨이 1966년 인지한 개념으로 외관 및 질감 등이 이에 해당된다. 깁슨은 1979년 출간한 『시각적 인지의 생태학적 접근 The psychology of Everyday Things』에서 이 개념을 구체화하였다. 어포던스란 해당 물건과 어떻게 상호작용할지를 알려주는, 개별 사물의 속성이다. 예를 들어 버튼은 그 모양과 움직이는 방식이 누르게 하는 어포던스를 가지고 있는 것과 같이, 사물의 외관을 통해 사용 방식을 유도하는 것이라고 볼 수 있다. 어포던스, 혹은 인지된 어포던스는 컨텍스트적이며 문화적이다.

용 전반이 디자인될 수 있다는 것을 전제로 한다. 또한 프로세스는 고정되어 있지 않기 때문에 수요자는 서비스에 반복해서 노출되면서 매번 다양하고 변화되는 경험을 하게 된다. 이는 장소와 시간, 서비스 제공자의 방식 및 서비스 수혜자의 다양한 욕구에 의한 영향받는다. 따라서 프로세스를 기획할 때에는 다양한 경로가 모색되어야 하며 이러한 경로들은 서비스와 서비스의 경험을 구성하는 서비스 순간, 즉 작은 경험 단위들을 포함한다.

사람(사용자)은 대부분 서비스에서 가장 중요한 부분이다. 서비스디자인에서는 두 부류의 사용자, 즉 서비스 접점에서 서비스를 수행하는 사람과 그 서비스를 경험하는 사람이 있다. 서비스 생산 프로세스에서는 수요자의 참여가 이루어지며, 서비스를 수행하는 제공자와 서비스를 경험하는 수요자는 서비스를 공동생산하기도 한다.

2. 관광의 총체적인 디자인 — 관광디자인

관광에서 서비스는 유형재와 무형재를 수요자에게 제공하는 것을 의미하며, 인적 서비스, 물적 서비스, 시스템적 서비스, 기타 부대 서비스 등으로 구성되어 있다. 서비스는 구체적인 제품처럼 눈으로 보거나 만질 수 없기 때문에 수요자는 서비스를 구매하여 이용하기 전까지 서비스의 실체와 효용을 예측하기 어렵다. 따라서 소비자는 자신이 받을 서비스가 무엇인지에 대해 알 수 있는 유형적인 단서를 찾게 되는데, 이러한 역할을 수행하는 것이 바로 물리적 증거이다.

서비스의 물리적 증거는 수요자가 서비스의 터치 포인트를 경험할 수 있도록 디자인한 유형의 것으로, 수요자가 서비스를 경험하는 과정에서 수요자와 조직 간의 인터랙션을 담당하는 기능을 한다. 뿐만 아니라 물리적 증거는 서비스 직원의 태도와 생산성에도 영향을 주는 유형의 요소로 작용한다. 물리적 증거는 물리적 환경(Environment)과 기타 유형적 요소(Element)로 구성된다.

물리적 환경이란 서비스 스케이프(service scape)라고도 하며, 서비스 제공자가 상품을 생산하기 위한 장소로, 서비스 접점의 종업원과 수요자 간의 서비스 참여와 상호작용이 일어나는 공간이다. 서비스의 물리적 환경은 종업원과 소비자의 행위를 강화하기 위해 기업에서 통제할 수 있는 구체적인 물리적 요인들을 말하며, 시설물, 실내장식, 조명, 색상, 음악, 상징물, 로고 등의 다양한 요소들을 포함한다. 생산과 소비가 동시에 이루어지고, 구매 결정을 하기 전에 소비자가 서비스 시설 내에 입장하여 머물러야 하므로 물리적 환경은 서비스를 탐색할 때 유용한 정보로 사용된다.

그림 1-2 수요자행동에 대한 서비스 스케이프의 영향에 관한 연구모형[7)]

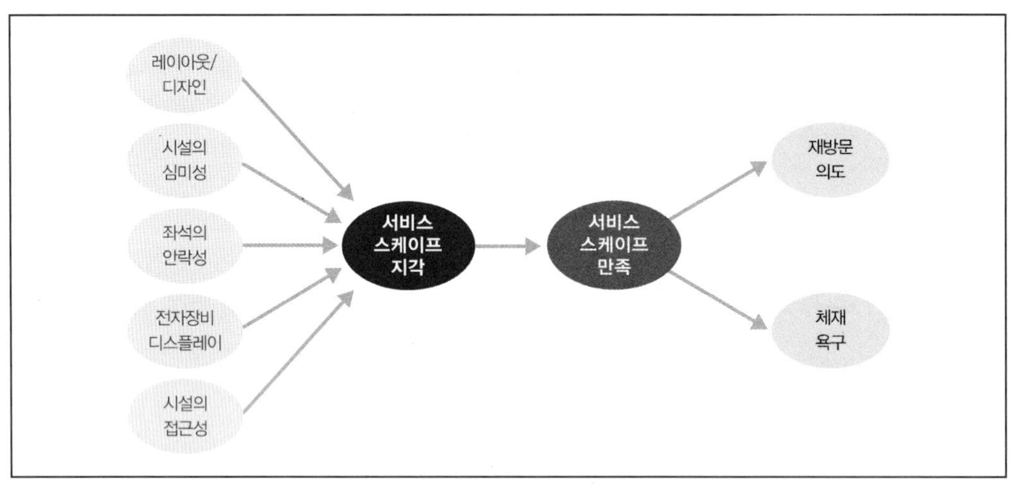

물리적 증거의 대표적인 예로는 공간디자인, 제품디자인, 정보디자인, 아이덴티티디자인, 디지털미디어디자인으로 표현한 서비스디자인을 꼽을 수 있으며, 이를 통하여 서비스의 이질성과 동시성을 동시에 극복하고 서비스와 만나는 순간 수요자의 뇌리에 각인되는 기억과 인상을 보완, 강화, 유도, 통제하도록 돕는다.

그림 1-3 서비스디자인의 물리적 증거

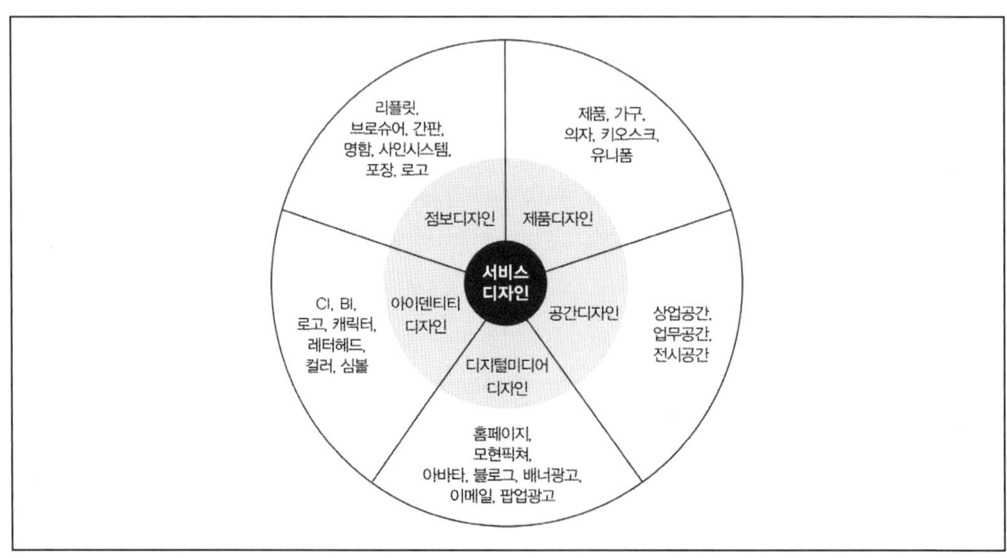

관광의 서비스에 있어 물리적 증거는 수요자들로 하여금 서비스 전 기대를 형성하고, 서비스 후 전체적 서비스를 평가하는데 중요한 요소로 작용한다. 즉, 서비스디자인은 곧 이러한 물리적 증거들을 디자인한다는 의미이며, 시각, 후각, 청각, 촉각 등 수요자의 감각경험에 물리적 자극을 줌으로써, 서비스에 대한 기대치를 향상시키고, 서비스를 제공받는 동안 긍정적인 이미지를 형성하며, 서비스 후 인지된 경험을 통해 만족스러운 평가를 받도록 하는데 그 목적이 있다.

디자인의 개념이 사용자 중심으로 변화하고 정보와 기술발달에 따라 융합되어 통합적인 디자인 개념으로 변화되었다고 앞서 언급했다. 이러한 디자인 패러다임의 변화에 따른 통합디자인을 관광디자인의 개념으로 발전, 관광디자인을 기존의 2차 산업군에 속하는 상품의 외관적 디자인에 국한된 개념에서 더 나아가 예술성 · 창의성 · 오락성 · 여가성 · 대중성의 문화적 요소를 3차 산업인 서비스 산업군에 연결시켜 시너지 효과를 추구하는 영역으로 설정하여 볼 수 있다.

"관광상품"이란 유형의 물질적 실체로 소비자에게 제공되고 있는 일반제품과는 달리 관광자의 편익이나 만족을 목적으로 하는 무형의 재화라 할 수 있다(엄서호, 1998). 관광상품을 넓은 의미로 정의한다면 관광자의 욕구충족의 대상으로서 관광행동을 만족시킬 수 있는 유 · 무형의 시설 및 대상과 각종 서비스 등이 복합적으로 결합되어 판매가능한 재화 및 서비스라 할 수 있다(이태희, 1999). 즉, 관광상품은 예술성 · 창의성 · 오락성 · 여가성 · 대중성(이하 "문화적 요소"라 한다)이 체화(體化)되어 경제적 부가가치를 창출하는 유형 · 무형의 재화(문화콘텐츠, 디지털문화콘텐츠 및 멀티미디어문화콘텐츠를 포함한다)와 그 서비스 및 이들의 복합체를 말한다. 관광디자인은 문화적 요소(예술성 · 창의성 · 오락성 · 여가성 · 대중성)를 바탕으로 각 디자인 영역을 유기적으로 결합, 가치를 극대화하는 분야이다.

관광디자인은 이용자 중심의 디자인으로서 이용자와의 협업에 의한 공동창조의 과정과 결과 공유가 강조되게 되며, 그 효과 역시 이익의 창출과 활용에 그치는 것이 아니라, 참여자의 의식과 일반의 인식을 변화시켜 지속적으로 긍정적 관계를 형성해가는 선순환 구조이다. 관광디자인은 수요자에 밀착하여 수요자의 요구를 밀접하게 수용하는 디자인이며, 과정과 방법, 대상에 있어서 문화적 요소, 특히 서비스와 문화콘텐츠의 구현에 적합한 디자인이라고 할 수 있겠다.

제3절 디자인을 통한 관광활성화 사례

1. 죽기 전에 꼭 가봐야 할 예술의 섬 — 나오시마

나오시마는 일본 혼슈 서부와 시코쿠, 규슈에 둘러싸인 세토 내의 연안 지역에 있는 둘레 16km의 작은 섬으로 과거 구리 제련소가 있던 곳이다. 20여년 전 구리 제련소 폐쇄 이후 공해와 폐기물 등 심각한 오염으로 한때 8,000여명의 인구가 절반 이상으로 줄고 황폐화되었다. 이러한 상황에서 일본의 대표적인 교육기업 '베네세' 재단의 후쿠다케 소이치로(福武總一郞) 회장이 1987년부터 막대한 투자를 통해 이 섬을 예술과의 융합공간으로 디자인하면서 현대건축과 현대미술의 복합공간으로 탈바꿈하며 일본의 새로운 관광지로 부상하였다.*

후쿠다케 소이치로의 이러한 기획에 따라 세계적 명성을 지닌 일본의 건축가 안도 다다오(安藤忠雄)가 섬 전체의 설계를 맡고 유명 작가들의 작품을 전시하면서 짧은 시간에 세계적인 명소가 되었다. 나오시마 아트 프로젝트는 지역주민들의 문화의식과 자부심을 크게 고양시켰다는 점과 아트 프로젝트를 통해 주민소통이 원활하게 이루어진 점, 그리고 지역경제를 안정시켰다는 점에서 주목받고 있다.

나오시마에서 가장 먼저 눈에 띄는 작품은 거대한 빨간 호박이다. 구사마 야요이의 현대 아트 작품으로 작은 섬과 어울릴 것 같지 않으면서도 주변 바다와 묘한 조화를 이룬다. 나오시마 상징물인 노란 호박 역시 구사마 작품이다. 야외에 설치된 예술품은 시간과 날씨에 따라 여러 가지 느낌을 준다는 매력이 있다. 포구 앞에는 관광객들이 꼭 들르는 목욕탕이 있다.

구사마 야요이의 현대아트작품, 빨간호박

* 하라다 아키카즈, 김주연 역, 『이누시마 아트 프로젝트: 예술과 경영의 오케스트라』, '플랫폼' 인천문화재단, 2009 (9/10월호), p.84. 베네세 주식회사는 1955년 오카야마시에서 후쿠타케 서점으로 시작했다. 현재 베네세 회장 겸 나오시마 후쿠타케 미술관 재단이사장 후쿠타케 소이치로의 아버지 후쿠타케 테쓰히코가 그 창업자이다. 이탈리아어로 bene는 '잘', esse는 '살다'를 의미한다. 그 이름대로 잘 살기 위한 사회를 만들기 위해 교육, 어학, 복지 등과 관련한 사업을 폭넓게 추진하고 있다. 지금도 본사가 오카야마시에 있는 것으로도 알 수 있듯이 베네세는 처음 창업한 오카야마에 뿌리 내린 채 지역발전을 위해 많은 힘을 쏟아왔다. 그 외에도 교육, 문화 진흥을 위해서도 많은 지원사업을 벌이고 있다.

실제 목욕탕을 감각적으로 다시 디자인해 관광객들의 시선을 끌고 있다. 혼무라 거리에는 지금도 에도시대 흔적이 곳곳에 남아 있다. 여기에다 현대 아트가 잘 녹아들어 나오시마의 대표적인 거리가 되었다. 창고와 오래된 가옥 등에 예술의 숨결을 불어넣어 새로운 공간, 새로운 관광지로 다시 태어났다. 또한 2010년 시작된 세토우치 국제 예술제는 고령화되고 활기를 잃어가는 섬을 살리고 활기를 불어넣기 위해 기획되었던 축제이다. 아름다운 바다와 섬의 특성을 잘 살린 축제로 나오시마를 예술 섬으로 알리는 역할을 하기도 했다.

나오시마 골목의 노렌

나오시마의 골목골목 일본의 예술을 감상할 수 있는 노렌도 디자인 여행의 한 챕터이다. 노렌은 일본 상점의 출입구에 내걸어 놓은 천을 말한다. 또한 민가에서도 방 입구에 내걸기도 한다. 원래는 가게 안을 들여다 보지 못하게 하거나 바람이나 햇볕을 막기 위한 용도였는데, 점차 상점의 이름이나 마크를 새긴 노렌(暖簾, のれん)이 상점을 상징하는 용도로 바뀌었다. 예술가가 디자인하고 주민이 관리하는 예술품이다.

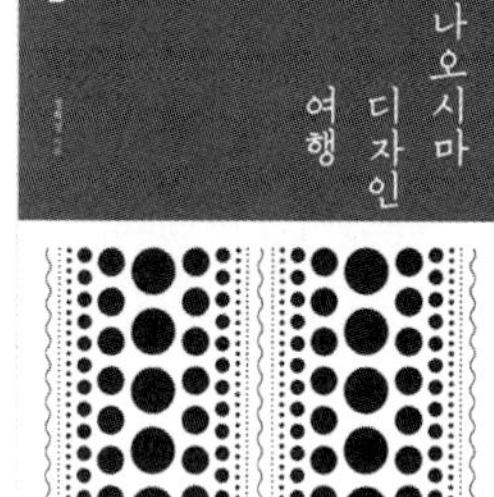

나오시마 디자인 여행

나오시마 디자인 여행은 나오시마 곳곳의 볼거리를 소개한다. 거꾸로 하면 여행 디자인 나오시마, 한국인과 일본인 읽는 방식이 정확히 말하면 방향이 다르지만 필자(김현선)는 도시의 여행을 디자인한 최초의 서적이라 생각한다. 우리에게도 이런 창의적인 관광 혹은 디자인 서적이 필요하다.

2. 도시디자인이 이뤄낸 창조문화도시 — 광주 어반 폴리(Urban Folly)

광주 어반 폴리는 '2011년 광주 비엔날레를 기념하려 광주문화자산 축적은 물론 도시 활성화 일환으로 문화도시, 디자인 도시, 인본도시의 위상제고에 기여하고자 추진한 프로젝트이다.' 건축가 승효상이 큐레이터를 맡으면서 광주읍성터를 상징하는 폴리 11개를 설치하였다. 11개의 폴리 중 10개는 국내외 유명 건축가가, 한 개는 현상설계를 통해 신인 건축가 또는 디자이너들이 참여할 수 있도록 했다. '시민들에게 문화적 활력을 주고 시민의 삶에 스며드는 문화적 명소로서 도시의 아이콘으로 역할 기대하며 광주광역시의 창조적 문화도시 조성의 일환으로 향후 100개의 폴리를 주요도심 곳곳에 설치할 예정 계획에 있다.

'폴리(Folly)'의 사전적 의미는 기능 없이 장식적 역할을 하는 건축물을 의미한다. 일반적으로 폴리는 유럽 귀족들이 교외에 휴가를 보내기 위해 지은 소규모 주택형식으로 인식되어 왔으나 점차 정원, 혹은 공원의 조그마한 건물, 혹은 타워 형태의 건조물을 의미하는 것으로 사용되어 왔다. 그러나 광주 폴리는 장식적인 역할과 함께 하나의 독립적인 개체로 존재하면서도 동시에 도시의 맥락 안에서 특정한 기능을 담당하고 보행자와 함께 소통하며 도시에 생동감을 부여하는 의미를 지닌 새로운 형식의 공공디자인 가능성을 제시한다.

광주에 있어서 어반폴리 프로젝트는 5.18 기록물이 유네스코 역사기록물로 등재되고 5월 시민 항쟁의 중심무대였던 금남로가 민주인권의 거리로 지정되는 등 의미 있는 인식의 진전이 이루어짐에 따라 도시 이미지의 강화 및 보완을 통해 도심재생 투자로서 가치를 지니고 있다. 특히 광주시가 전통적으로 예향의 도시로 인식되어 왔기 때문에 문화브랜드 구축으로 도시이미지를 확립하고자 하는 접근방식은 상당한 설득력을 지닌다.

광주비엔날레는 '도시'라는 맥락 속에서 광주를 이해하게 하는, 도시디자인이라는 중요한 수단으로 도시관광을 활성화한 관광디자인의 대표적인 사례로 볼 수 있다.

도시라는 주제로 11개 폴리설치

3. 관광활성화의 모델 — 스페인 빌바오

빌바오 구겐하임 미술관은 문화가 도시의 관광경쟁력을 높이는 원동력으로 기능한 경우이다. 런던의 테이트 모던(Tate Modern)처럼 쇠락한 도시를 문화공간을 통해 관광지로 활성화시킨 경우이다. 바스크 분리주의 운동의 근거지로 위험지역인데다 환경오염이 심각했던 빌바오는 문화에 중점을 둔, 삶의 질 향성을 내건 도시재생사업을 전개했다. 아반도이바라(Abandoibarra) 지역의 11만 평에 이르는 항만, 창고와 화물철도역에 구겐하임 미술관이 건설되고 컨벤션홀과 음악당이 들어서는 문화지구가 되었다. 제철소 등 우중충한 공업도시였던 빌바오는 미술관 건립을 계기로 단숨에 문화도시로 탈바꿈했다. 공업도시로 쇠퇴의 길로 접어들던 빌바오는 구겐하임 미술관 건립으로 세계적 문화도시 중 하나로 거듭났다. 또 이처럼 국제적으로 사람을 끌어들였을 뿐 아니라 주민들의 인식에도 큰 영향을 미쳤다. 1980년대 경제불황으로 위축되어 있던 시민들은 도시에 대해 자부심을 갖게 되었다. 미술관 프로젝트는 새로운 도시 발전방향에 대한 기초를 마련했고 새로운 도시재건의 상징이 되었다.

빌바오 구겐하임 미술관

특히 폐허의 공간을 문화공간으로 변모시키는 발상의 전환이 지역경제에 미친 영향과 경제적 가치는 상상을 초월했다. 인구 40만 명의 작은 도시, 스페인의 쇠락한 도시였던 빌바오는 1997년 구겐하임 미술관 개관으로 뉴욕이나 파리 못지 않는 세계적 브랜드 파워를 갖게 되었다. 여기에 개관 이후 2005년 말까지 800만 명의 관광객이 다녀갈 정도로 세계적 도시가 되었다. 구겐하임 미술관 개관 첫해에만 1억 6천만 달러(약 1600억 원)의 직접 경제효과를 창출했으며 2400종의 새로운 직종을 창출했다.* 이후 6년 동안 빌바오 경제에 미치는 효과만도 1조 5천억 원에 이른 것으로 나타났다.

또한 구겐하임 미술관을 건설하는 과정에서 빌바오가 보여준 철저한 준비와 전략, 민관의 협력 등은 다른 도시들과 차별화된 문화전략을 보여준다. '빌바오 리아 2000'과 '빌바오 메트로폴리 30'이 그 주인공이다. '빌바오 리아 2000'이 공공부문의 추진전략 주체라면 '빌바오 메트로폴리 30'은 민간부문의 추진 주체이다. '빌바오 리아 2000'은 1992년 스페인 중앙정부와 바스크 주 정부가 절반씩 투자해 세운 개발공사(公社)로 공공부문이 소유하고 있는 도시의 버려진 땅을 시민들을 위한 공간으로 만들어 내는 실행조직이자, 빌바오 도시 재편의 출발지점이다. 이 공사는 버려진 공공부문 소유의 땅을 호텔이나 주택단지로 개발해 민간에 분양한다. 분양으로 생기는 수익금은 대부분 재개발지역 주민들을 위한 공원이나 시민운동장을 조성하는 데 쓰이고 강변을 잇는 다리를 만들거나 전철을 건설하는 비용으로 사용한다.

'빌바오 메트로폴리 30'은 빌바오 성공 신화의 또 다른 주인공이다. '빌바오 리아 2000'이 재개

* '세계의 흉물들-문화명소로 부활', 문화일보

발사업을 직접 실행하는 공공기관이라면 '빌바오 메트로폴리 30'은 빌바오의 도시 재생과 관련된 장기적 비전과 전략을 수립하는 싱크탱크이다. 1991년 결성된 '빌바오 메트로폴리 30'은 바스크 지역의 130여 개 공기업과 민간기업으로 구성된 민관협력체이다. 여기에는 서로 이해관계가 얽히거나 반목하는 시 정부, 은행, 대학, 정유회사, 철강회사, 철도공사, 건설회사, 그리고 미술관과 항공사 등이 모두 포함되어 있다. 이 조직에는 800여 명의 학자와 전문가가 소속되어 있다. 이들은 시의 공공영역과 민간부문이 서로 합의하는 궁극적인 근거는 시민들의 구체적인 삶의 질 향상 없이 도시의 미래는 있을 수 없다는 기본 인식 아래 추진하고 있다.*

빌바오는 구겐하임미술관을 유치하면서 미술관 개관 이후에도 25년간 바스크정부가 모든 건설비용과 운영비 작품구입비, 인건비 등의 제반비용을 제공한다는 파격적 조건을 지원한 것으로 알려져 미술관 유치에 대한 의지를 상징적으로 반영했다. 특히 빌바오의 문화프로젝트에서 주목해야할 부분은 도시뿐 아니라 인근지역과 연계한 체계적 전략이다.** 향후 구겐하임 미술관이 가져온 성공은 미술관 하나만으로 이룩될 수 없다는 것을 상징적으로 보여준다. 바스크 주정부의 장기적인 통합적 브랜드 마케팅 전략이 결정적 역할을 한다. 빌바오를 담당하고 있는 바스크 주정부는 도시 재개발을 위해 오랜 기간 동안 치밀한 발전 전략을 수립해 왔다. 이 계획의 핵심은 철저하게 고유의 전통과 문화 그리고 주거지역을 보호하면서 관할 15개의 크고 작은 중소 도시들을 각각의 지역 특성에 맞게 특화시키는 균형 발전을 유도했다. 먼저 주정부는 바스크 지방 15개 중소지역을 주거지역과 경제지역, 휴양지 등으로 세분화했다. 더불어 뿔뿔이 흩어져 있던 160여 개가 넘는 크고 작은 주변의 전통마을들은 개발보다는 최대한 지역의 고유한 문화들을 유지하도록 적극적으로 지원하고 장려했다. 다른 지역을 주거지역과 통합적 연결고리를 형성해 바스크 지방의 160개 시골마을의 독특한 문화자원을 관광지로 개발했다. 지역과 마을외곽의 무분별한 확장을 방지하고 환경보호를 통해 자연자산의 가치를 높이는가 하면 다른 인접지역들과 함께 도로, 항만, 공항 등의 기반시설을 구축하는 등 통합 마케팅이 추진됨으로써 구겐하임의 효과가 극대화될 수 있었다. 빌바오의 성공은 바스크 지방정부의 오랜 동안에 걸친 문화도시로의 탈바꿈을 위한 도시활성화 정책 수립과 일관된 실행이 가장 중요한 역할을 한 것이다. 여기에 더불어서 하나의 강력한 랜드마크인 '빌바오 구겐하임 미술관'이 효과를 극대화시킨 것이다.

* '세계의 흉물들-문화명소로 부활', 문화일보,6,2005 '도시, 미래로 미래로〈13〉 스페인 빌바오', 동아일보, 2006
** 김기홍 '세 도시 이야기 - 빌바오의 구겐하임 박물관, 동대문의 환유의 풍경, 부산의 두레라움', 부산일보, 2007,12

4. 여행의 의외성을 만나는 곳 — 일본 니가타현 에치고쓰마리 트리엔날레

일본 혼슈 중북부에 위치한 니가타시 외곽과 농촌 마을은 여름부터 가을, 겨울까지 예술 축제장이다. 의외의 장소에서 문화와 예술을 테마로 한 흥미로운 축제가 펼쳐진다. 여행의 의외성이 펼쳐진다. 세계적인 작가들의 참여도 활발하다. 따뜻한 농촌 대지를 무대로 창조적인 작품들이 가득하며, 지역의 활기를 불어넣는 축제로 니가타 농촌은 일본 농촌관광 일번지로 유명하다.

니가타는 활기차면서도 단정한 인상을 주는 개항 도시이다. 3000m급 산들로 둘러싸여 자연환경도 빼어나다. 그러나 니가타현 농촌 사람들이 점점 도시로 떠나고 빈집과 폐교가 늘어나면서 농촌공동화 현상으로 이곳의 고민도 커지게 되었다. 지역을 활성화시키고 사람들을 불러 모을 방법을 찾던 중 만들어진 축제가 바로 에치고쓰마리 트리엔날레, '물과 흙의 예술제'이다. 2009년부터 시작한 농촌의 축제로 시 외곽을 비롯해 여러 장소가 축제장이 되었다. 또 다양한 작품과 의외의 공간이 만들어내는 하모니도 인상적이다. 농촌 시골길과 논두렁 사이를 걷다 보면 현대미술 작품들이 불쑥불쑥 나타난다. 작품을 꼼꼼히 살펴보기도 하고 갑작스러운 등장에 웃음을 짓기도 한다. 이것이 바로 니가타 에치고쓰마리 트리엔날레만의 매력이다. 시골 마을에 활짝 핀 현대예술의 꽃이 다시 농촌 마을에 활기를 불어넣어주고 있다.

아름다운 풍경과 어우러진 설치미술

에치고쓰마리 지역은 세계에서 유명한 강설 지역으로 1500년에 걸쳐 만들어진 산촌 문화가 독특한 풍광을 선사한다. 그러나 급속한 고령화 진행으로 빈집이 약 1000채에 이르고 폐교가 13개로 늘어나며 심각한 지역 문제가 되었다. 지역공동체와 마을 주민이 힘을 합친 끝에 2000년부터 '대지의 예술제 - 에치고쓰마리 트리엔날레'를 개최하기 시작했다. 3년마다 축제가 열리면서 마을에 기분 좋은 생명력을 불어넣고 있다.

축제 기간 760km^{2}의 넓은 농촌 대지를 무대로 200점이 넘는 작품이 흩어져 전시된다. 각계각층의 사람들이 힘을 모아 세계적으로도 유례없는 국제예술제를 만들었다는 것 자체가 칭찬받을 일이다. 게다가 작품 수준도 높고 조각, 공간설치미술 등 재미있고 창조적인 작품이 가득하고,

행사장에는 카페와 기념품숍, 워크숍 공간 등도 설치되어 항구도시 니가타의 특색도 경험할 수 있다. 수산물 양육장뿐 아니라 강변과 해안, 동산 등 전시 공간도 다채롭다.

제4절 관광디자인의 미래와 전망

현대는 기능과 외형의 단순 비교를 넘어 디자인과 서비스를 강화한 브랜드(문화)로 경쟁하는 시대이다. 여기에는 관광도 예외가 아니며 가장 강력한 방법은 디자인이다. 공공부문뿐만 아니라 민간부문에 대해서도 '서비스디자인'의 역할과 기대가 무한대로 커지고 있는 상황이다. 세계 선진관광국가는 시대 기조의 변화에 발맞추어, 관광객에 대한 관찰과 이해를 바탕으로 관광지만의 맞춤형 디자인 정책 및 서비스의 개발을 마련하고 있다.

관광디자인의 철학은 "그 당시의 삶의 모습을 간직하게 하는 것"이다. 관광에서의 디자인의 궁극적 목표는 문화적 보존, 역사성의 보전, 철학적 관광지 미학, 문화예술콘텐츠 창출, 그리고 관광브랜드 상승 등에 있다.

성공적인 관광디자인을 위해 아웃바운드(Out-bound)보다는 인바운드(In-bound), 외형보다 스토리가 중요하며 그에 따른 융합적인 전략이 필요하다.

관광디자인의 미래는 문화가 발전한다는 불변의 진리만큼이나 확실하다고 필자는 믿는다.

참고문헌

1) 네이버 백과사전, dic.naver.com
2) 표현명 · 이원식 · 최미경(2012). 『서비스디자인 이노베이션』. 안그라픽스, p.17.
3) 지식경제부. 『대한민국 산업기술 비전 2020』, 「융합신사업, 디자인부분」, p.241.
4) 표현명(2008). 『서비스디자인 시대』, 안그라픽스, p.9.
5) 손동범(2013). 「서비스디자인을 성공시키는 핵심 키워드」. 한국디자인진흥원, p.3.
6) 안주영(2008), 총체적 서비스 경험을 만드는 서비스스케이프 디자인과정 연구, 한국실내디자인학회논문집, 제17권 6호 통권 71호.
7) Kirk L. Wakefield, Jeffrey G. Bldget(1996). "The efect of Seriescape on Custmer's Behavir Intentions in Leiure Service Setting", *Journal of Aervice Marketing*, 10, 6, pp.45-61.
8) 김현선(2016). 서비스디자인을 통한 원도심활성화 디자인전략에 관한 연구 - 인천광역시 동구 송림 6동을 사례를 중심으로.
9) 김현선(2015). 청년스타트업 공간지원 서비스디자인에 관한 연구.
10) 김현선디자인 연구소. 원도심 디자인 활성화 사업, 서비스디자인 기법을 통한 공공디자인 .
11) 월간디자인(2010). "보이지 않는 디자인, 서비스를 디자인하라". 디자인하우스.

제 2 장

문화관광축제의 이해와 정책방향

오훈성

한국문화관광연구원 부연구위원

한양대학교에서 박사학위를 취득했다. 문화관광축제 종합 평가 및 지표 개선, 문화관광축제 지정에 따른 효과 분석, 한국 지역축제 실태조사, 문화관광축제 선정의 일몰제 적용에 따른 제도 운영개선방안 연구, 문화관광축제 평가체계 연구 등을 통해 문화관광축제 정책 개발 및 제도 개선을 수행하였다. 이러한 공로를 인정받아 문화체육관광부 장관 표창장(2015), 한국문화관광연구원장 표창장(2011, 2008)을 수상하였다.
또한, 문화체육관광부의 유원시설 운영기술위원, 전통한옥 공모사업 심사 및 컨설팅위원, 국제회의도시 심사위원 등으로 활동하고 있다. 지방자치단체인 포항시 정책자문위원, 송파구청 정책자문위원, 세종특별자치시 관광시책 자문위원, 서울빛초롱축제조직위원회 감사, 충청남도 축제육성위원 등을 맡고 있으며, (재)한국방문의해위원회 기획팀장으로 파견근무하였다. 공저 「여가 그리고 정책」과 논문 〈지역축제 스토리텔링속성이 몰입과 만족에 미치는 영향: 남원 춘향제를 중심으로〉, 〈고택·종택 등 전통한옥체험 명품화사업 개선 방안〉, 〈테마파크의 시설배치유형이 길찾기 난이도에 미치는 영향-가상현실공간기법의 적용〉 등을 통해 학술적 성과를 발표하고 있다.

hsoh@kcti.re.kr

이 훈

한양대학교 관광학부 교수

미국 Pennsylvania State University대학에서 박사학위를 취득했다. '의정부음악극축제(UMTF)' 총감독, 보령머드축제·김제지평선축제·하이서울페스티벌 자문위원을 역임하였다. 문화부 문화관광축제 선정·평가위원과 문화재청 궁중문화축전 집행위원으로 활동하였다. 백제문화제와 김제지평선축제의 중장기발전계획을 수립하였고, 창덕궁달빛기행 기획연출과 궁궐콘텐츠개발 등을 수행하였다. 한양대 관광연구소 소장, 문화부·해수부·서울시·충남도 등의 정책자문위원을 맡고 있으며, '한국을 움직일 차세대 리더(시사저널, 2008)', 교육과학기술부 '인문사회 10년 우수연구(2012)', '최우수 교수상(한양대, 2007)', '최우수논문상(2004)', '문화부장관 표창장(2004)' 등을 수상하였다. 공저 「지속가능한 관광」, 「Festival and Tourism」 등과 논문 〈축제체험의 개념적 구성모형〉 등을 통해 학술적 성과를 발표하고 있다.

hoon2@hanyang.ac.kr

제 2 장

문화관광축제의 이해와 정책방향

오 훈 성 · 이 훈

제1절 문화관광축제 제도

1. 축제

(1) 축제의 정의

축제의 정의는 관점과 학자에 따라 다양하게 제시되고 있다. Falassi(1987)는 축제를 특별한 의식으로 표시되는 성스럽거나 세속적인 행사의 시간이라 하였고, Getz(2005)는 특정 주제가 있는 공공의 행사라고 정의*하였다. 축제를 공동체 놀이의 확장으로 보는 관점에서, 이훈(2017)은 "사회적 이해와 공감을 주제로, 일상과는 다르게 집단적으로 기획되어 표현되는 놀이형식의 문화현상"**이라고 정의하였다.

(2) 한국축제의 변화와 복원

어느 사회나 축제는 보편적 현상으로 존재하였지만 다양한 사회변화를 통해 억압되기도 하고 왜곡이나 변형되는 역사를 겪기도 한다. 오랫동안 전해져온 한국축제는 일제강점기와 6 · 25 전쟁이라는 극한의 상황 속에서 사라지거나 본래의 모습을 잃어버리는 아픔을 겪는다. 하지만 문화적 보편성 속에서 축제는 다시 모습을 드러낸다. 1995년 지방자치제도와 지역의 문화적 욕구는 전통축제를 복원해 내거나 현대적 소재를 통해 개발해내게 된다. 특히, '문화관광축제' 지정

---

* Getz(2010). The nature and scope of festival studies. 5(1): 1-47. *International Journal of Event Management Research.*

** 이훈(2017). 수업자료.

제도는 한국축제를 정책적으로 견인하는 중요한 역할을 수행하였으며, 관광측면만이 아니라 한국축제를 전반적으로 성장시키는 자극제가 되었다.

2. 문화관광축제의 배경

(1) 정치경제적 배경(외국인의 관광입국을 촉진하는 관광정책 개발)

1995년을 분기점으로 내국인 출국자 수가 외국인 입국자 수를 초과하기 시작하면서 관광수지가 더욱 심화되고 있어 이에 대한 대책으로 정부에서는 내국인의 해외여행 억제보다는 외국인의 관광입국을 촉진하는 정책으로 문화관광축제를 시행하게 되었다. 또한, 1995년 지방자치제 시행의 영향으로 광역자치단체는 물론이고 기초자치단체에 이르기까지 관광산업 활성화를 위해 축제에 대한 관심을 가졌으며, 그 결과 1990년 중반 약 350개 축제가 개최되는 등 축제가 급속히 증가하였다. 그러나 천편일률적인 축제가 개최되고 질적 하락이 발생함에 따라 지역축제의 방향성을 제시하고 축제를 선별하여 차별화된 축제 육성의 필요성이 중앙정부 차원에서 제기되었다.

(2) 사회문화적 배경(한국 고유문화를 상징화한 관광축제의 필요성 대두)

1994년 문화체육부를 신설하고 기존 교통부에서 맡아온 관광업무를 문화체육부로 이관하였다. 기존 하드웨어 중심의 관광을 접근한 것과 달리 소프트웨어인 문화를 바탕으로 관광을 진흥하고자 하는 의견이 대두되었다. 지역축제는 지역의 문화를 바탕으로 주민들의 화합을 도모하는 지역의 대표 관광자원이며, 당시 시의적절한 소프트웨어 관광상품으로 부각되었다. 문화체육부는 지역축제에 대한 바람직한 개발모델을 제시함과 동시에 외국관광객의 성향을 고려하여 한국고유문화를 상징화한 관광축제를 개발하게끔 문화관광축제 정책의 방향을 조정하였다(문화관광부, 2007).

3. 문화관광축제의 사업

(1) 문화관광축제의 사업목적

① 세계적인 축제 육성

전국의 주요 지역축제 중에서 관광상품성이 있는 축제를 문화관광축제로 선정, 선택과 집중지원을 통해 세계적인 축제로 육성하고자 하는 것이다(이병국, 2010).

문화체육부의 축제 지원 초기의 정책 목표는 지역 문화를 바탕으로 한 축제가 글로벌 축제로 성장하도록 하는 것에 방점이 있다. 브라질의 '리우카니발', 일본의 '삿포로 눈축제'와 같이 우리나라를 대표하는 글로벌 축제를 만들고자 했다(문화체육관광부, 2014). 이를 위해 콘텐츠, 해외 축제와의 네트워크 등 다양한 분야에서의 지원을 목적으로 한다.

- 문화관광축제 육성시책을 펼치게 되는데 주요 방향으로 전국의 지역문화축제를 엄선하여 우선적으로 국제규모 관광축제로 육성하는 '거점전략'이다. 문화관광부(2007)

② 지방 활성화 도모

문화관광축제를 지원하는 목적은 외래 관광객 유치를 통해 지역특산품 판매, 음식점, 숙박업소 등의 관광수익 증대 및 지역경제 활성화를 도모하는 것이다(이병국, 2010).

그림 2-1 문화관광축제 사업 배경 및 목적

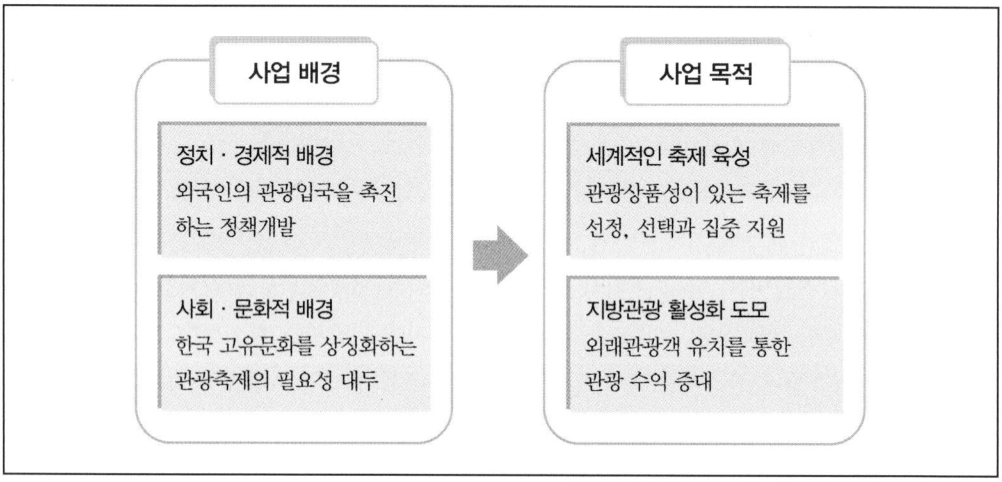

사업 배경		사업 목적
정치 · 경제적 배경 외국인의 관광입국을 촉진하는 정책개발	→	세계적인 축제 육성 관광상품성이 있는 축제를 선정, 선택과 집중 지원
사회 · 문화적 배경 한국 고유문화를 상징화하는 관광축제의 필요성 대두		지방관광 활성화 도모 외래관광객 유치를 통한 관광 수익 증대

(2) 문화관광축제의 사업내용

① 사업기간

문화관광축제 지원사업은 '96년부터 본격적인 문화관광육성시책을 추진하여 단년도 계속사업으로 매년 지원해주고 있다.

② 지원 근거

관광진흥법 제48조의 2(지역축제 등)에 문화체육관광부장관은 다양한 지역관광 자원을 개발·육성하기 위하여 우수한 지역축제를 문화관광축제로 지정하고 지원할 수 있다고 규정하고 있다. 동법 시행령 제41조의 7(문화관광축제의 지정기준)에 문화체육관광부장관은 축제의 특성 및 콘텐츠, 축제의 운영능력, 관광객 유치 효과 및 경제적 파급효과 등의 사항을 고려하여 지정할 수 있다고 명시하였다. 또한, 제41조의8(문화관광축제의 지원 방법)에 문화관광축제로 지정받으려는 지역축제의 개최자는 관할 특별시·광역시·도·특별자치도를 거쳐 문화체육관광부장관에게 지정신청을 하여야 한다고 하였고, 문화체육관광부장관은 지정 기준에 따라 문화관광축제의 등급을 구분하여 지정함으로써 예산의 범위에서 등급별로 차등을 두어 지원할 수 있다고 하였다.

③ 사업 규모

문화관광축제는 40개 내외를 선정하여 지원해주고 있다.

④ 지원 조건

문화관광축제는 예산을 지원해주는 직접지원 방식이고, 민간경상보조로 편성되며, 지자체와 50% 정률지원하고 있다.

⑤ 사업시행주체

한국관광공사에서 지정된 축제에 대해서 홍보를 지원해주고, 각 해당 지자체에서 지원예산을 토대로 사업을 시행하고 있다.

〈표 2-1〉 문화관광축제 사업 내용

구분	내용
사업기간	'96~단년도 계속사업
지원근거	관광진흥법 제48조의 2(지역축제 등)
사업규모	문화관광축제 40개 내외 선정 및 지원
지원조건	직접수행, 민간보조(정액), 지자체 보조(정률지원, 50%)
사업시행주체	한국관광공사, 각 지자체(각 시·도)

⑥ 사업 추진절차

가. 문화관광축제 지원신청(지자체, 공모)

문화체육관광부 주관으로 문화관광축제 평가계획 및 문화관광축제 선정방법에 대한 전반적

계획을 수립한다. 전국 지자체 축제 담당 공무원 대상으로 워크숍을 개최하여 사업계획을 설명하는 기회를 가진다. 한편, 문화관광축제에 신규 진입(유망축제 희망)을 원하는 축제에 대해 광역시와 도에서 추천한다. 특별 · 광역시의 경우 2개 이내, 광역도 3개 이내, 특별자치시 1개 이내, 특별자치도 2개 이내 축제에서 추천할 수 있다.

나. 문화관광축제 선정위원회를 통한 선정

현장평가, 소비자 평가, 선정평가 등을 바탕으로 선정 심사가 이루어지며, 현장평가는 40%, 소비자 모니터링은 10%, 선정평가는 50%를 반영한다. 선정평가 항목은 축제 특성과 콘텐츠, 축제의 운영, 축제 발전성, 축제의 성과로 구성한다.

다. 선정결과 통보(문체부)

기존 지원 축제의 경우 현장평가, 소비자평가, 선정평가 등의 과정을 통해 선정하고, 신규로 진입하는 축제는 유망축제의 30% 내로 선발하여 선정결과를 통보한다. 선정된 문화관광축제는 등급별(대표축제, 최우수축제, 우수축제, 유망축제)로 보조금을 차등화하여 교부한다.

라. 국고보조금 교부요청서 제출(지자체), 교부결정 및 통지(문체부)

지자체는 선정결과에 따라 교부요청서를 제출한다. 문체부는 교부요청서를 검토 후 등급별(대표축제, 최우수축제, 우수축제, 유망축제)로 보조금을 차등화하여 교부하고 통지한다.

마. 보조사업 수행

지자체는 축제 기획단계에서부터 문화관광축제 평가 지표(콘텐츠, 운영 등)를 반영한다. 또한, 축제 전문기관을 통해 용역을 의뢰하여 방문객 만족도/소비 지출 조사 및 축제 운영 관련 자체평가를 진행한다. 문체부는 축제기간 중 현장심사단인 민간 전문가 3인과 문화체육관광부 1인의 평가를 진행하고 소비자 모니터링을 위한 온라인 설문조사를 진행한다.

바. 평가 보고서 시 · 도 통보 및 개선

문체부는 지자체가 제출한 문화관광축제 방문객의 만족도와 소비지출 규모, 지역경제 파급효과, 현장평가단의 평가의견을 취합하여 정리하고, 해당연도에 조사된 만족도와 이전 문화관광축제 만족도와 비교 분석하여 문화관광축제 운영 및 방향에 대한 시사점을 도출한다. 이렇게 정리된 문화관광축제 종합평가보고서를 시 · 도에 통보하고 축제 운영에 있어 개선을 유도하고 축제 성과 및 환류를 모색한다. 이에 대한 세부사항은 [그림 2-2]와 같다.

그림 2-2 문화관광축제 지원사업 절차

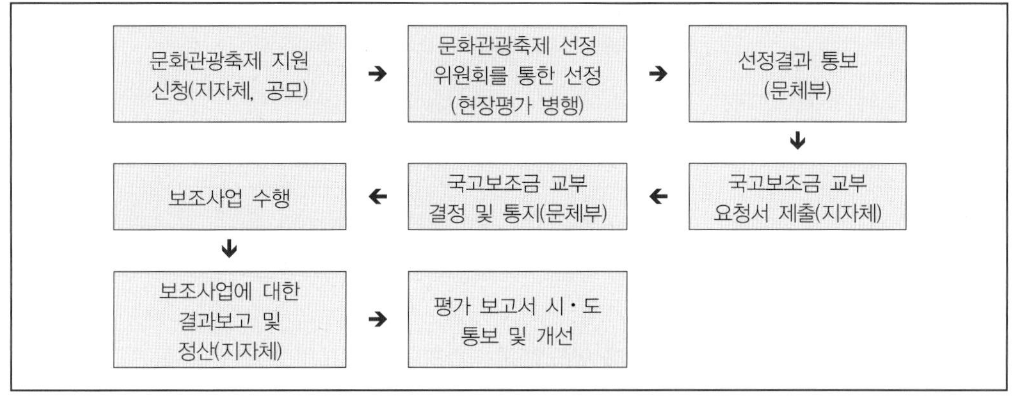

제2절 문화관광축제의 현황

1. 문화관광축제의 현황

문화체육관광부에서 추진하고 있는 문화관광축제 지원 사업은 지방 관광 활성화 및 외국인 관광객 유치 확대를 통한 세계적인 축제 육성을 기본방향으로 하고 있으며, 국내의 전통문화와 독특한 주제를 바탕으로 한 지역축제 중 관광상품성이 큰 축제를 대상으로 지속적으로 지원·육성하고 있다.

축제는 수도권에 비해 지방이 경쟁력을 가지는 대표적 관광콘텐츠이자 경제적 파급효과가 큰 복합산업이며, 수도권에 집중된 외래관광객의 지방분산을 위한 성장 잠재력이 있는 관광자원으로 볼 수 있다.

2013년~2015년 문화관광축제 관광객 현황 및 경제적 파급효과는 〈표 2-2〉와 같이 40여 개의 축제에 60억원의 예산으로 경제적 파급효과가 크다는 것을 알 수 있다.

〈표 2-2〉 문화관광축제 관광객 현황 및 경제적 파급효과

연도	선정축제(개수)	국비지원	관광객 현황(명)		경제효과(백만원)	비고
			내국인	외국인		
2013	42	6,696	27,809,089	1,644,231	1,642,233	외국인관광객, 전년대비 110% 증가
2014	40	5,902	16,734,505	553,471	1,059,608	세월호 사고로 관광객 감소
2015	44	6,279	17,050,425	537,241	795,653	메르스 사태, 방문객 추산 방식 엄격화 등

또한, [그림 2-3]과 같이 문화관광축제 연도별 운영현황을 살펴보면, 1996년 문화관광축제 제도를 최초 시행한 이후에 지정개수 및 지정금액이 점차 증가하였으나 2010년 들어 지정개수가 감소하고 2011년부터는 지정금액도 감소세를 보이고 있다.

그림 2-3 문화관광축제 연도별 운영현황

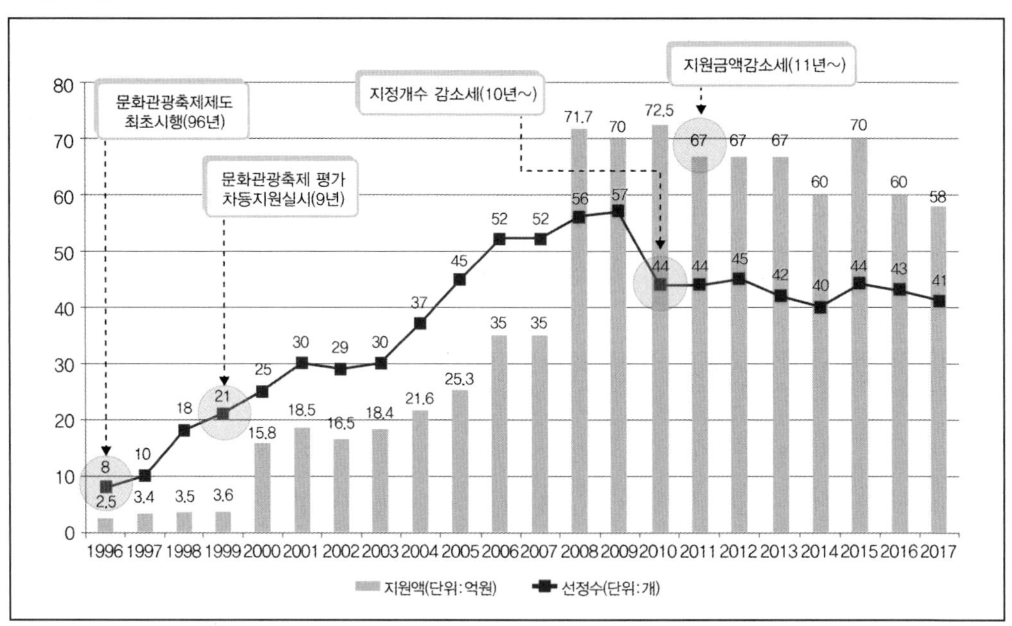

문화관광축제의 개최시기별 운영현황을 보면 [그림 2-4]와 같이 지역특산품 수확철인 가을(10월)과 야외활동에 적합한 봄 · 가을(5월 · 10월)에 집중 분포하고 있다.

그림 2-4 문화관광축제 개최시기별 운영현황

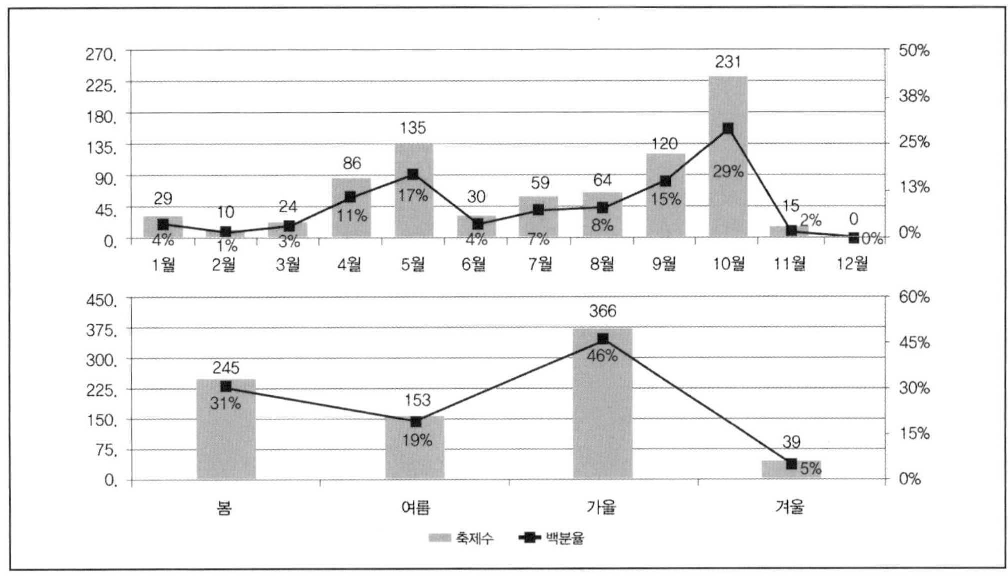

문화관광축제의 개최지역별 운영현황을 보면 [그림 2-5]와 같이 서울·부산·대구 등 대도시보다는 전남, 충남, 경북, 강원 등 지방에 집중되어 있다.

그림 2-5 문화관광축제 개최지역별 운영현황

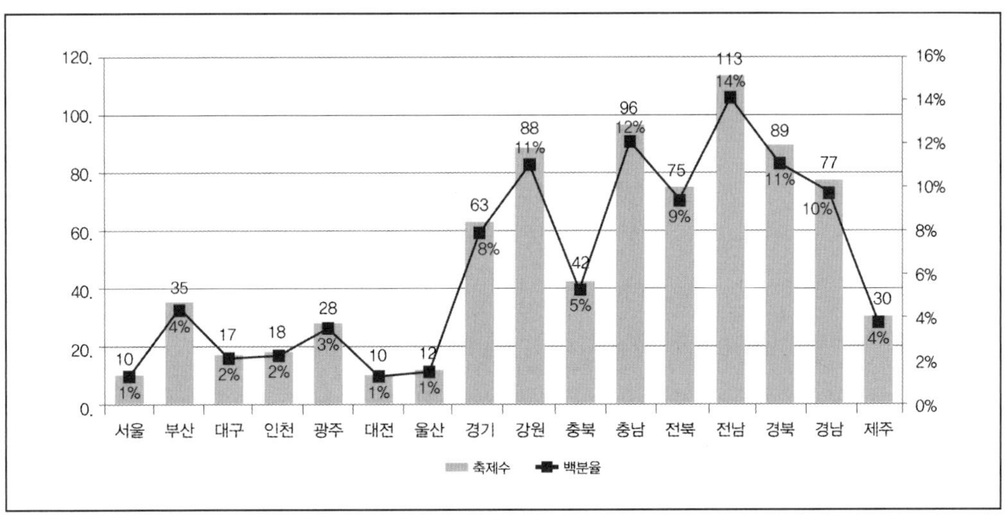

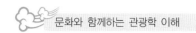

문화관광축제의 개최일수별 현황을 보면 [그림 2-6]과 같이 3~5일이 많으며, 대부분의 축제가 주말을 이용한 10일 내로 개최되고 있다.

그림 2-6 문화관광축제 개최일수별 운영현황

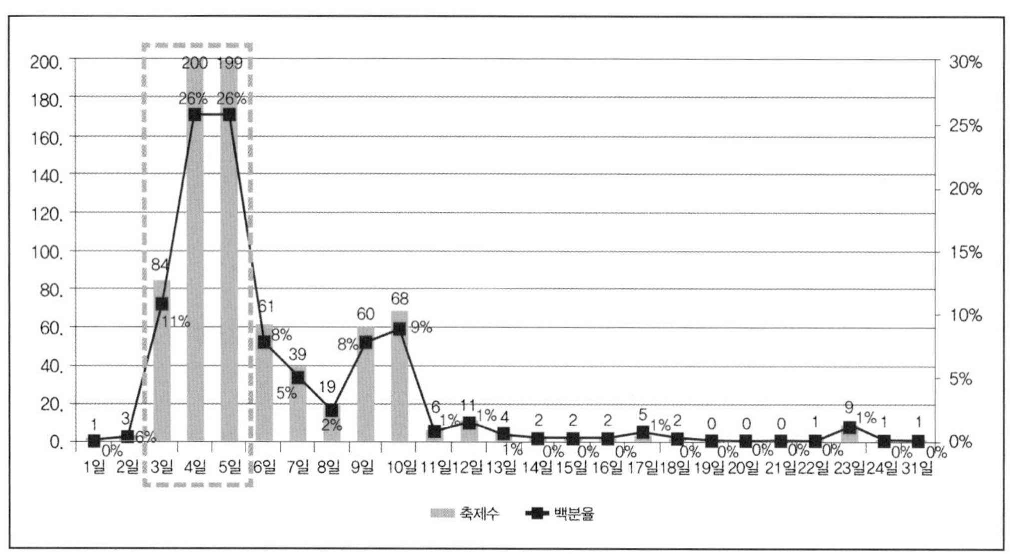

2. 문화관광축제의 등급 현황

(1) 문화관광축제 지정 이력

문화관광축제 최초 도입 2년간은 한국관광공사에서 축제 예산을 지원하였으나, 1998년부터 문화관광부에서 국비지원을 통한 축제 예산 지원이 이루어졌다. 1999년에는 처음으로 문화관광축제 평가제를 도입하였으며, 2000년부터 문화관광축제 등급제를 도입하면서 예산을 차등하여 지원하기 시작하였다. 그간 7회에 걸친 등급제도 개선과 3회의 지원제도 변경을 통해 현재의 4등급제와 차등 예산지원이 이어지고 있다. 22년간 813개 축제에 86,466백만 원의 예산을 지원하고 있다. 자세한 내용은 [그림 2-7]과 〈표 2-3〉을 살펴보면 알 수 있다.

 그림 2-7 문화관광축제 지정제도 이력

연도	회차	내용
1996년	첫 도입 (한국관광공사 지원)	8개 축제에 대해 각기 총 221백만원 지원 1개 60백 만원, 1개 50백 만원, 1개 35백 만원, 2개 30백 만원, 1개 24백 만원, 1개 18백 만원, 1개 14백 만원
1997년	2회차 (한국관광공사 지원)	2종류로 나눠 차등 지원 2개 50백 만원, 8개 30백 만원
1998년	3회차 (최초 국비지원)	국비와 한국관광공사 동시지원 국비 5개 축제에 대해 각각 70백 만원 지원, 한국관광공사 13개 축제에 대해 24백 만원
1999년	4회차 (평가제 개선)	평가제 최초 도입 국비 6개 축제에 대해 각각 60백 만원 지원, 한국관광공사 15개 축제에 대해 24백 만원
2000년	5회차 (등급제, 차등지원)	등급제 도입, 차등지원(국비) 인센티브축제-24개, 140백 만원 집중육성축제-6개, 70백 만원 지역육성축제-15개, 40백 만원
2001년	6회차	인센티브축제-5개, 100백 만원 집중육성축제-5개, 70백 만원 지역육성축제-20개, 50백 만원
2002년	7회차 (등급제 개선)	등급제 개선 최우수축제-3개, 300백 만원 우수축제-19개, 60백 만원 지역육성축제-7개, 30백 만원
2003년	8회차 (등급제 개선)	등급제 개선 최우수축제-3개, 130백 만원 우수축제-10개, 80백만원 지역육성축제-7개, 30백 만원 예비축제-7개, 지원금 없음
2004년	9회차	최우수축제-3개, 200백 만원 우수축제-9개, 100백 만원 지역육성축제-11개, 60백 만원 예비축제-14개, 지원금 없음
2005년	10회차 (등급제 개선)	등급제 개선 최우수축제-3개, 250백 만원 우수축제-7개, 130백 만원 지역육성축제-8개, 60백 만원 유망축제-9개, 40백 만원 예비축제-18개, 지원금 없음
2006년	11회차 (등급제 개선)	등급제 개선 최우수축제-5개, 300백 만원 우수축제-9개, 150백 만원 유망축제-13개, 50백 만원 예비축제-25개, 지원금 없음
2007년	12회차	최우수축제-7개, 250백 만원 우수축제-9개, 100백만원 유망축제-17개, 50백 만원 예비축제-19개, 지원금 없음
2008년	13회차 (등급제 개선)	등급제 개선 대표축제-2개, 800백 만원 최우수축제-7개, 350백 만원 우수축제-10개, 150백 만원 유망축제-17개, 70백 만원 예비축제-20개, 30백 만원
2009년	14회차	대표축제-2개, 800백 만원 최우수축제-8개, 300백 만원 우수축제-9개, 150백 만원 유망축제-17개, 70백 만원 예비축제-21개, 30백 만원
2010년	15회차 (등급제 개선/일몰제 도입)	등급제 개선, 일몰제 도입 지원기간 한도 설정 대표축제-2개, 800백 만원 최우수축제-8개, 300백 만원 우수축제-10개, 150백만원 유망축제-24개, 70백 만원
2011년	16회차	대표축제-2개, 800백 만원 최우수축제-8개, 300백 만원 우수축제-10개, 150백 만원 유망축제-24개, 50백 만원
2012년	17회차	대표축제-2개, 800백 만원 최우수축제-7개, 300백 만원 우수축제-12개, 150백 만원 유망축제-23개, 40백 만원
2013년	18회차	대표축제-2개, 600백 만원 최우수축제-8개, 300백 만원 우수축제-10개, 150백 만원 유망축제-22개, 76백 만원
2014년	19회차	대표축제-2개, 500백 만원 최우수축제-8개, 250백 만원 우수축제-10개, 130백 만원 유망축제-20개, 89백 만원
2015년	20회차	대표축제-2개, 500백 만원 최우수축제-9개, 250백 만원 우수축제-10개, 150백 만원 유망축제-23개, 99백 만원
2016년	21회차	대표축제-3개, 450백 만원 최우수축제-7개, 220백 만원 우수축제-10개, 153백 만원 유망축제-23개, 84백 만원
2017년	22회차	대표축제-3개, 400백만원 최우수축제-7개, 220백 만원 우수축제-10개, 130백 만원 유망축제-21개, 84백 만원

〈표 2-3〉 1996~2017년 문화관광축제 현황

연도	선정축제 (개수)	국비지원	등급 명칭 및 축제수 (지원액: 백만원)					비고
1996	8	한국관광공사	등급 명칭 없음	1(60), 1(50), 1(35), 2(30), 1(24), 1(14), 1(8)				첫 도입
1997	10			2종류로 나누어 차등 지원 2(50), 8(30)				
1998	18	350		예산의 원천: 국비 5(70), 한국관광공사 13(24)				
1999	21	360		예산의 원천 국비 6(60), 한국관광공사 15(24)				평가제 도입
2000	25	1,580	인센티브	집중육성	지역육성			등급제 도입, 차등지원
			4(140)	6(70)	15(40)			
2001	30	1,850	5(100)	5(70)	20(50)			
2002	29	1,650	최우수	우수	지역육성			
			3(100)	19(60)	7(30)			
2003	30	1,840	최우수	우수	지역육성	예비		
			3(130)	10(80)	10(50)	7(없음)		
2004	37	2,160	3(200)	9(100)	11(60)	14(없음)		
2005	45	2,528	최우수	우수	지역육성	유망	예비	
			3(250)	7(130)	8(60)	9(40)	18(없음)	
2006	52	3,500	최우수	우수	유망	예비		
			5(300)	9(150)	13(50)	25(없음)		
2007	52	3,500	7(250)	9(100)	17(50)	19(없음)		
2008	56	7,170	대표	최우수	우수	유망	예비	
			2(800)	7(300)	10(150)	17(70)	20(30)	
2009	57	7,000	2(800)	8(300)	9(150)	17(70)	21(30)	
2010	44	7,250	대표	최우수	우수	유망		등급한도제 도입
			2(800)	8(300)	10(150)	24(70)		
2011	44	6,700	2(800)	8(300)	10(150)	24(50)		
2012	45	6,700	2(800)	8(300)	10(150)	23(40)		
2013	42	6,700	2(600)	8(300)	10(150)	22(76)		
2014	40	6,900	2(500)	8(250)	10(130)	20(89)		
2015	44	6,924	2(500)	8(250)	10(150)	23(99)		
2016	43	6,000	3(450)	7(220)	10(130)	23(84)		
2017	41	5,804	3(400)	7(220)	10(130)	21(84)		
계	813	86,466						

(2) 문화관광축제 지역별 등급지정 현황

2017년 문화관광축제 지역별 등급지정 현황을 살펴본 결과, 광역도는 강원 6개, 전남 6개, 경기 5개, 전북 5개의 순으로 다수의 축제가 지정된 것으로 나타난 반면, 광역시는 서울, 부산, 대구, 인천, 광주, 대전, 울산 등 1개로 낮은 수준으로 나타났다. 이를 통해 광역도의 경우 지역 특산품 및 지역의 고유한 문화를 기반으로 외래 관광객을 지역으로 유치하고자 하는 정책적 의지가 높은 것으로 판단된다.

〈표 2-4〉 2017년 문화관광축제 지역별 등급 지정 현황

	대표 축제	최우수 축제	우수 축제	유망 축제
서울(1)				한성백제문화제
부산(1)				광안리어방축제
대구(1)				대구약령시한방축제
인천(1)				인천펜타포트축제
광주(1)			추억의7080충장축제	
대전(1)				대전효문화뿌리축제
울산(1)				울산옹기축제
경기(5)		이천쌀문화축제 자라섬재즈페스티벌	안성남사당바우덕이축제	수원화성문화제(신규) 시흥갯골축제(신규)
강원(6)	화천산천어축제		평창효석문화제 원주다이내믹댄싱카니발	춘천국제마임축제 강릉커피축제(신규) 정선아리랑제(신규)
충북(1)				괴산고추축제
충남(3)			강경젓갈축제	해미읍성역사체험축제 부여서동연꽃축제
전북(5)	김제지평선축제	무주반딧불축제		완주와일드푸드축제 고창모양성제 순창장류축제
전남(6)		강진청자축제 진도신비의 바닷길축제 담양대나무축제	정남진장흥물축제	보성다향제, 녹차대축제 영암왕인문화축제
경북(4)	문경찻사발축제		봉화은어축제	고령대가야체험축제 포항불빛축제
경남(3)		산청한방약초축제		밀양아리랑대축제(신규) 통영한산대첩축제
제주(1)			제주들불축제	
계(41)	3개	7개	8개	23개

보령머드축제*

1. 축제개발 이유

- 보령지역은 1996년 지역에서 생산되는 머드를 활용하여 보령머드화장품을 자체 개발하였으나 낮은 브랜드 인지도로 인한 판매 부진으로 판매촉진과 홍보가 필요하였음
- 대천해수욕장은 매년 8월에만 집중되던 수용력을 완화시키고, 바가지요금, 불친절 문제 등 부정적인 이미지를 전환시키기 위한 구체적인 방안이 필요하였음
- 지역경제 활성화를 위한 지역주민의 축제 개발 요구 증가

2. 축제소개 및 역사

- 지역화합형 축제인 '만세보령문화제'의 개선을 추진하던 중 머드화장품 소재인 머드를 활용하고, 대천해수욕장의 성수기를 연장하고자 1998년 제1회 보령머드축제를 개최함
- 2003년 제6회 보령머드축제 문화관광축제 '우수축제' 선정
- 2006년 제9회 보령머드축제 문화관광축제 '최우수축제' 선정
- 2008년 제11회 보령머드축제 문화관광축제 '대표축제' 선정
- 2011년 제14회 보령머드축제 문화관광축제 '명예대표축제' 선정
- 2015년 제18회 보령머드축제 문화관광축제 '대한민국 글로벌육성축제' 선정

3. 축제 매력 콘텐츠

- 지역에서 생산되는 머드를 직접 몸에 바르는 체험소재를 도입하여 소재의 독특성을 보유
- 머드가 생산되는 보령지역의 특성을 축제소재로 잘 표현하여 타 축제와 차별성을 가짐
- 머드를 활용한 다양한 체험기구를 통해 체험객들이 체험하면서 축제의 주제인 머드와 축제속성인 놀이성과 일탈성을 느낄 수 있는 매력성이 있음

4. 축제성과

- 축제 개최를 통해 '머드' 지역이라는 새로운 지역브랜드 창출되고 브랜드 가치가 상승하면서 머드화장품 등 관련 상품 판매 촉진과 머드비누공장 설립 등 부가가치 창출
- 축제소재의 독특성 때문에 국내축제 중 외국인 관광객이 가장 방문하는 대표적인 축제로 성장
- 머드축제로 인하여 대천해수욕장의 제2지구 개발을 촉진하여 축제전용공간 마련과 숙박시설규모가 확대되어 접근성과 편의성을 확보하게 됨
- 축제전문조직인 '재단법인 보령머드축제조직위원회'가 2011년부터 설립되어 머드축제를 지속가능한 축제로 운영할 수 있는 체계를 마련함
- 축제의 브랜드가 확장되면서 2009년 중국 대련시 금석탄 해수욕장 진출, 2014년 스페인부뇰토마토축제와 교류, 2017년 뉴질랜드 로터루아 머드축제를 개최할 예정으로 해외축제와의 국제교류가 활성화됨

---

* 재단법인 보령머드축제조직위원회(2013). 「제13회 보령머드축제 백서」와 내부자료 참고.

김제지평선축제*

1. 축제개발 이유

- 고대수리시설을 보유한 벽골제와 벼농사 관련 농경문화의 중심지역으로 옛 명성 회복
- 전국 유일의 하늘과 땅이 만나는 지평선의 비경을 테마로 한 지역이미지 창출
- 쌀을 소재로 한 지역특성화 축제로 지역농가의 소득증대와 연계
- 김제지역의 문화적, 역사적 특성을 살린 체험축제로 타 지역과 차별화 시도

2. 축제소개 및 역사

- 지역화합형 행사인 '김제시민의 날'이 추진되었다가 2000년대를 앞두고 벼농사의 본고장 도작문화의 발생지임을 대내외적으로 홍보할 목적으로 1998년 제1회 김제지평선축제를 개최함
- 2001년 제3회 김제지평선축제 문화관광축제로 선정
- 2003년 제5회 김제지평선축제 문화관광축제 '우수축제' 선정
- 2005년 제7회 김제지평선축제 문화관광축제 '최우수축제' 선정
- 2013년 제15회 김제지평선축제 문화관광축제 '대표축제' 선정

3. 축제 매력 콘텐츠

- 전국 유일의 광활한 비경인 '지평선' 테마와 세계에서 오래된 수리시설 중 하나인 벽골제라는 장소가 지역 고유의 특성과 장소의 매력성을 보유함
- '인간허수아비', '우마차여행', '메뚜기잡기' 등 체험프로그램을 통해 김제 지역만의 보유한 특색 있는 농경문화를 느낄 수 있음
- 타 지역 농경문화와 차별화되는 지역문화인 '쌍룡놀이', '단야설화', '입석줄다리기' 등 지역설화와 전승민속놀이를 축제의 놀이문화 콘텐츠로 발전시킴

4. 축제성과

- 축제를 통한 '지평선' 공동 브랜드 창출로 김제시 명성과 브랜드 가치가 상승하면서 지역특산물 판매 및 판촉기회 확대로 지역경제 활성화에 기여함
- 고대수리문화시설인 벽골제는 축제가 활성화되면서 축제 관련 기반시설과 함께 다양한 관광이벤트 개최가 가능한 다목적 전용축제장으로 구축되면서 4계절 관광지로 전환함
- 지역인구 감소로 '쌍룡놀이', '단야설화' 등 민속놀이 전승이 단절될 위기를 겪었지만 축제로 인하여 지역주민들이 직접 연출하고 참여를 통해 지역문화를 되살리는 계기를 마련함
- 축제를 통해 지역주민들은 (사)지평선축제제전위원회를 조직하여, 각종 프로그램에 주민이 직접 시연하고 안내에 적극 참여하면서 지역에 대한 자긍심과 지역에 대한 애착심이 강화됨
- 축제를 통해 열악하였던 김제지역의 관광 경쟁력을 여행사와 연계한 관광상품 개발, 금산사 템플스테이, 농가스테이 운영 등 주요 지역 관광지와 연계하여 지방관광 여건을 개선함

* 김제시지평선축제제전위원회(2015). 「축제, 새지평을 열다 김제지평선축제 백서 1999-2015」 참고.

제3절 문화관광축제 지원제도의 정책방향

문화관광축제 제도는 매년 60억 정도의 소액의 예산을 집행하였음에도 전국의 약 693개 이상의 축제를 개발하거나 복원하도록 촉진하였고 지역관광의 콘텐츠를 생산토록 만들었다. 실제로 2016년 문화관광축제 지정된 33개의 축제를 대상으로 문화관광축제 지정 전후에 대한 차이를 분석한 결과 국제교류 효과, 조직역량 강화, 경제적 · 사회문화적 효과에서 유의하다고 나타났다(오훈성, 2016).

문화관광축제 지원을 통한 지역문화콘텐츠 개발과 축제를 지역관광을 이끌 수 있도록 발전시키기 위해서는 정책에 대한 재검토가 필요하다. 지역축제를 이끌어오는 데 중앙차원의 정책지원은 주요 자극제가 되었지만 더 발전하기 위해서는 비판적 점검과 새로운 대안이 필요하다(이훈, 2010).

첫째, 문화관광축제 평가중심 정책에서 진흥 중심으로 정책방향이 바뀌어야 한다. 1999년 평가제 도입한 이후 지금까지 축제를 심사하고 평가하여 우수한 축제를 선정하고 일정한 지원책을 제공해 주었다. 그동안 좋은 성과와 자극이 되기도 하였지만, 한편으로 평가지표에 맞추어 잘 구성된 전략적 축제가 좋은 평가를 받을 수 있는 한계와 축제 간 특성화보다는 평가시스템에 맞추어 표준화되는 경향이 나타나고 있다(이훈, 2006). 따라서 축제목표와 축제특성에 따른 정책 다변화를 모색할 필요가 있다. 축제별 필요한 컨설팅과 교육을 실시하고, 전국축제를 모아 연합체를 만들고, 노하우를 서로 공유할 수 있는 아카이브를 구축할 필요가 있다. 일정한 펀드를 조성하여 축제에 대한 기금대여와 축제기획 관리에 대한 축제지식 제공 및 중장기발전을 위한 진흥정책으로의 전환을 검토할 필요가 있다.

둘째, 문화관광축제 평가운영 효율성을 제고할 필요가 있다. 문화체육관광부 주관으로 문화관광축제 평가 계획 및 문화관광축제 선정 방법에 대한 전반적 계획을 수립하여 운영하고 있다. 문화관광축제 선정의 투명성과 공정성을 담보할 수 있는 평가시스템을 마련하기 위해 평가위원 다변화, 평가위원의 평가지표 합리성 제고, 평가방식 객관성 제고 등을 세부적으로 추진하고 있다. 평가운영 방식의 복잡성을 개선하고, 평가위원 및 피평가 지자체의 부담을 경감하면서 공정성 확보 방안을 모색할 필요가 있다. 또한, 축제 소비자 평가 및 방문객 공식집계 등 문화관광축제 평가의 객관성 및 신뢰성을 확보하기 위한 노력이 필요하다. 문화관광축제에 대한 소비자(방문객) 만족도 및 관광객 수 집계 등에 대한 측정이 각 지자체별 자체 계획과 예산에 의존하고 있어 축제별 일관성 및 신뢰성 향상에 한계가 있다. 문체부에서는 설문내용 및 측정방식 등을

제공, 지자체가 제출한 측정 결과는 축제 평가 시 참고자료로만 활용하고 있는 실정이다. 축제 소비자 평가의 경우 설문 표본수를 확대해 나가고, 설문내용에 있어서도 등급별로 차등하여 방문객 만족도 조사를 실시할 필요가 있다. 또한, 축제 방문객 공식집계는 2016년에 처음 시행한 지자체로부터 방문객집계 가이드라인에 대한 개선 피드백을 받고, 측정방법 및 측정시간 세분화 등 방문객집계 가이드라인을 보완할 필요가 있다.

셋째, 글로벌축제 육성 및 홍보·마케팅을 강화해 나갈 필요가 있다. 문화관광축제의 대표축제를 졸업한 축제에 대해 글로벌육성축제로 명명하여 예산이 지원되고 있으나, 문화관광축제 평가 대상이 아니므로 운영실태에 대한 점검이 없는 실정이다. 당초 사업추진 배경인 외국인의 관광입국을 촉진하는 관광정책으로 세계적인 축제 육성에 대한 정책수립이 시급하다. 국제형 축제에 대한 정보 및 관심부족을 해소하기 위해 한국관광공사가 주관하여 국내외 전략적 홍보 지원을 검토할 필요가 있다. 글로벌축제 및 대표축제 등 성과가 검증되고 해외 관광상품화 가능성이 높은 축제에 대하여 해외 언론취재 유도, 해외 축제와의 교류프로그램 등 국가 관광조직 차원에서 지원을 통하여 글로벌 축제로의 발전가능성을 제고할 수 있기 때문이다. 세부적으로는 해외언론 팸투어·취재지원, 축제 해외시장 설명회, 해외 국제박람회 참가지원, 국제 축제조직 교류 지원, 축제전문가·외국인 축제 모니터링 정례화, 글로벌축제 지역 대학생 서포터즈 운영 등을 추진할 수 있다.

넷째, 축제 전문인력 양성 및 지원강화이다. 문화관광축제를 현장에서 기획하고 경영하는 지역 실무인력의 전문성 향상이 지역축제 질적 발전의 관건으로 지적되고 있다. 세계적 수준의 축제로의 도약을 위해서는 문화·관광 기획자 등 전문성 있는 인력의 지원 필요성이 제기되고 있다. 세부적으로는 글로벌육성축제, 대표축제, 최우수축제 담당자를 대상으로 한 심화과정으로 해외 홍보 및 마케팅전략, 해외 우수축제 사례 조사 및 실무자 강연, 선진축제 답사프로그램으로 진행할 수 있다. 우수축제, 유망축제 담당자를 대상으로 한 일반과정으로는 축제 기본 이론, 축제 콘텐츠 및 브랜드개발전략, 축제 분야별 전략(기획, 운영, 홍보·마케팅 등), 국내 우수사례 소개 및 답사프로그램 등으로 진행할 수 있다. 또한, 글로벌축제에서 필요로 하는 기획전문인력(문화기획자, 홍보마케팅 전문가 등)을 한국관광공사에서 일정 기준에 따라 선발하여 해당 축제조직(축제재단·위원회 등)에 상주 파견(1년단위 연장)하는 축제 전문인력 지원사업을 지자체와 매칭으로 추진할 수 있다. 축제전담 공무원 대상으로 축제 기획·경영 실무매뉴얼 개발 보급을 통해 축제전문성 함양을 위한 기회를 증진시킬 수 있다.

마지막으로, 민간 주도의 소규모 이색축제에 대한 정책적 관심을 제고할 필요가 있다. 지금의 정부 주도 선정에 따른 지자체의 과열경쟁을 방지하고 작지만 지역의 특색있는 축제를 발굴, 홍보하여 지자체 추천과 종합평가 중심의 문화관광축제 선정제도를 보완할 필요가 있다. 세부적으로는 지자체 · 공공기관 · 지자체 산하단체가 아닌 순수 민간이 주관하고, 관광 관점에서 소재 · 프로그램 면에서 특색과 흥미성 높은 축제내용으로 주민 · 민간단체 주도로 기획한 자율성과 자발성이 높은 축제를 선정하여 언론대상으로 대국민 홍보 및 컨설팅을 지원할 수 있다.

한국축제는 문화관광축제정책을 통해 90년도 중반부터 새로운 도약기를 맞아 빠르게 성장하고 있다. 그동안 많은 성과도 있고 한계도 있었다. 양적 성장에서 질적 성장으로 전환되기 위해서는 축제정책도 진화하고 올바른 방향에 대한 논의가 시작되어야 한다. 축제정책이 그동안 국가정책에 의해 주도되어 왔다면, 점차 민간과 행정기관이 협력하여 축제를 발전시키는 모형으로 진화하고 있다. 그중에서도 공연예술을 중심으로 하는 축제들은 민간의 역량이 강화되고 있다. 미래에는 더욱 민간의 창의력과 전문인력이 주도하는 축제가 되어야 한다. 또한 정책방향도 진흥중심으로 전환되어야 하며, 국제적 축제로 발전하기 위한 독창적 기획과 마케팅이 접목되어야 한다. 발전된 축제가 관광의 핵심매력이 되어 한국관광을 이끌어나가길 기대한다.

참고문헌

오훈성(2016). 문화관광축제 지정에 따른 효과 분석: 2010년~2016년 지정등급 기준. 한국문화관광연구원.

오훈성(2013). 문화관광축제 선정의 일몰제 적용에 따른 제도 운영개선 방안 연구. 한국문화관광연구원.

오훈성(2011). 문화관광축제 평가체계 연구. 한국문화관광연구원.

이병국(2010). 문화관광축제 활성화방안. 『한국관광정책』. 제39호, 85-89.

이훈(2006). 문화관광부 축제지원시스템과 정책에 대한 평가. 『관광연구논총』 제18호.

이훈(2010). '지속가능한 한국 문화관광축제'방안 연구. 『정책 집담회 발표 자료집』. 한양대학교 관광연구소 20주년 기념 1차 정책포럼. 한양대학교.

이훈(2017). 수업자료.

문화체육관광부(2015). 내부자료

문화체육관광부.(2014). 문화관광축제의 성과 및 선정·평가제도 개선방안 연구.

문화관광부(2007). 문화관광축제 변화와 성과.

Falassi, A.(Ed.)(1987). *Time Out of Time: Essays on the Festival*. Albuquerque: University of New Mexico Press.

Getz, D.(2010). The nature and scope of festival studies. *International Journal of Event Management Research.* Volume 5, Number 1.

Getz, D.(2005). *Event Management and Event Tourism*(2d ed.). New York: Cognizant.

Pieper, J.(1965). *In Tune With the World: A Theory of Festivity*. New York: Harcourt.

제 3 장

관광이벤트(Tourism Event)

김규영

경남정보대학교 겸임교수

동아대학교대학원 관광경영학과(관광경영학박사)
경주대학교 관광경영학과 교수 역임
현)경남정보대학교 겸임교수, 부산파이낸스뉴스 국제위원
GMT Global Edx 대표, (사)한국관광학회 평생회원 및 수석 선임이사
저서: 『관광자원론』, 『의료영어서비스』
연구논문: 관광목적지의 물리적 환경이 감정적 반응과 행동의도에 미치는 영향 외 다수의 연구논문

gkim927@gmail.com

이정은

광주대학교 대학원 외래교수

동의대학교 대학원 호텔관광외식경영학과(경영학박사)
(사)대한관광경영학회 이사, 농촌진흥청 연구원 역임
현)이코노앤리서치컨설팅 대표, 광주대학교대학원 외래교수
(사)한국관광학회 평생회원, (사)한국관광산업학회 이사
저서: 『관광자원론』, 『환대산업인적자원관리』
연구논문: 농촌관광마을 축제의 경험과 몰입이 만족, 사후행동 간의 관계 외 48편의 연구논문이 있음

marvin@chol.com

제 3 장

관광이벤트(Tourism Event)

김 규 영 · 이 정 은

제1절 관광이벤트의 배경과 개념

1. 관광이벤트의 배경

관광이벤트(Tourism Event)는 관광사업진흥을 위하여 주어진 기간 동안 정해진 장소에 외부로부터 관광객들을 방문하게 하여 관광가치의 매력을 담은 사회문화적 경험을 제공하는 행사 또는 의식이며, 관광객들의 긍정적 참여를 유발하기 위해 비일상적으로 특별히 기획된 여러 행동을 포함하고 있다. 우리나라에서 관광이벤트의 명확한 정의는 내려져 있지 않고 있지만, 그동안 관광이벤트 개념은 주로 마케팅 또는 축제, 메가이벤트(Mega Event), MICE(Meeting, Incentive Travel, Convention, Exhibition) 등의 분야에서 주로 정의되어 왔다. 이에 대한 연구는 관광학 등을 포함하여 여러 분야에서 거시적이며 광범히 하게 연구되고 있다. 특히 축제(festival), 메가이벤트, 문화예술행사 MICE 등 다양한 관점에서 접근하고 연구가 진행되고 있는 현실이다.

이러한 관광이벤트 특징 가운데 대표 격인 축제에 대해서 살펴보면, 우리나라에서 축제의 기원은 정확히 알 수 없으나, 최고의 기록은 「삼국지(三國志) 위지동이전(魏志東夷傳)」에서 전하고 있다. "......정월에 하늘 굿을 드리는데 한 나라 사람들이 모두 크게 모여 며칠을 계속해서 먹고 마시고 노래하고 춤추었다......" 위와 같은 중국 역사서의 내용을 바탕으로 김선기(2003)는 한국의 전통종교 내지 기층종교(氣層宗敎)로 일컬어지는 무(巫)의 의례이자 축제였다는 점을 강조하고, 천신(天神)신상과 직결된 점과 추수감사제의 성격 등의 특징이 있다고 하였다.* 외국의 경우도 축제의 시작은 종교적인 부분과 많은 관련이 있다. Eliade & Eliade는 축제를 인간의 종교,

* 국내 역사서에 나타난 축제: 삼국유사(三國遺事), 삼국사기(三國史記)에 나오는 여자들의 가배일의 놀이 등은 한국축제의 원류로 볼 수 있다.

사회, 문화 등의 제도와 활동이 확립되는 초월적 내지 초자연적 영역으로 간주하고, 축제에는 인간의 기원 주체성, 문명 등에 대한 정보를 알려주는 여러 사건들이 의례적으로 정비되어 있는 것으로, 축제 참가자들은 축제에서 성스러운 시간을 체험하고 스스로를 그것과 동일시하게 된다고 설명하였다.[1)]

동서양의 모든 축제는 원초적으로 성스러운 종교적인 제례의 개념과 놀이적 개념을 함께 내포하고 있다. 축제의 종교적 개념은 초기 사회에서 초자연적 현상과 자연적 재해에 대한 두려움 극복과 부족의 공동체적 통일을 이루기 위하여 초월적인 존재에게 바치는 신성한 제사의식으로부터 시작되었다. 반면, 축제의 놀이적 개념은 종교적 제례의식 이후 시작되는 원시적 신명성(新命性)을 기초로 하여 음식을 나누고 음주가무를 즐기며 부족(附族) 간의 공동체적 통합성을 이루어 내기 위한 것으로 이해된다.[2)] 그러므로 축제는 종교적인 형태이거나 지역의 특정 기념일을 기념하는 행사로써 시작 되었으며, 오락적인 요소와 종교적인 요소, 주민 간의 화합이 중요시되었다 볼 수 있다. 따라서 축제는 축제의 기능의 측면에서 제의성을 통한 문화의 보전, 지역민의 일체감 조성, 지역 이미지 및 브랜드 강화, 경제적 파급효과와 관광산업의 활성화 기능 부각시키는데 중요한 의미를 지니고 있다.

2. 관광이벤트의 개념

관광이벤트(Tourism Event)는 관광(Tourism)과 이벤트(Event)가 결합된 용어로서 이벤트의 어원은 라틴어 'e-'(out, 밖으로)와 'venire'(to come, 오다)의 의미를 가진 'Evenire'의 파생어인 'Eventus'에 그 어원을 두고 있다. 관광이벤트의 사전적 의미를 살펴보면 이벤트는 사건 · 소동 · 시합 및 큰 경기 등을 뜻하는 말이다. 여기서 사건이라 함은 나쁜 의미의 사건이 아니다. 즉 이벤트는 발생되는 어떤 좋은 일로서 생일 · 결혼 · 시상식 · 선발대회 · 스포츠경기 등을 의미한다. 따라서 이벤트는 천재지변이나 살인 · 범죄 · 교통사고 등 우연히 일어나거나 어떤 부정적인 사유로 인해 발생하는 사건과는 그 의미가 다르다. 유럽에서는 이벤트가 마케팅용어로서 판매촉진을 위한 특별행사라는 개념으로 사용되어 왔으며 일반적으로 쓰이는 용어처럼 콘서트, 패션쇼, 전시회, 박람회, 문화축제 및 빅 이벤트 등과 같은 의미로 사용되어 왔다.[3)] 결과적으로 관광이벤트는 관광사업진흥을 위한 보다 많은 관광객 유치를 목적으로 이루어지는 행사라는 점에서 일반적인 이벤트와 구별이 된다.[4)5)]

관광이벤트에 대한 정의를 몇몇 외국학자들은 다음과 같이 요약하고 있다. Wilkinson(1998)은 주어진 시간 동안 특정욕구를 충족시키기 위하여 계획된 일회성 행사라고 하였으며[6)], Goldblat

(1990)은 특정한 필요를 충족시키는 의식과 절차가 일어나는 순간이며, 항상 계획에 따라 기대감을 유발시키며, 특정동기와 함께 발생한다고 하였다.[7] Uysal, Gahan, & Martin(1993)은 방문객을 성공적으로 맞이할 수 있도록 해주는 한 지역의 문화자원이라고 하였으며[8], Getz(1997)는 일시적으로 발생하며 기간 · 세팅 · 관리 및 사람의 독특한 혼합이라고 하였다.[9] Fredline, Jago & Deery(2003)는 이벤트를 일상의 체험이면에 레저와 사회적 기회를 가진 소비자에게 제공하는 제한된 기간에 일회 또는 비정기적으로 발생하는 것이라고 하였다.[10] 세일즈 프로모션의 성향이 강한 일본에서는 이벤트에 대한 정의를 함에 있어 일본통상산업성의 이벤트연구회(1987)는 무엇인가 목적을 달성하기 위한 수단으로서의 행사라고 하였으며, 도비오카 겐(飛岡健, 1992)은 어떤 목적을 위해서 어떤 조직이 대중 동원을 꾀하는 것으로 정의했다.[11] 또한 고사까 센지로(小坂善治郎, 1996) 뚜렷한 목적을 가지고 일정한 기간 동안 특정한 장소에서 대상이 되는 사람들에게 각각 개별적이고 직접적으로 자극을 체험시키는 미디어라고 정의했으며[12], 구마노(熊野草司, 1998)는 무엇인가 이변을 일으키는 의도된 것, 즉 기업이나 단체가 그 목적을 달성하기 위해서 행하는 비일상적인 특별한 활동이라고 하였다.[13] 국내학자들의 정의를 살펴보면, 김용상(1999)은 일과성 또는 정지적인 범주를 넘어선 레저, 사회 · 문화적 경험의 기회로 보았으며[14], 이봉훈(1997)은 이벤트는 인위적으로 기획되어진 좋은 일로 참여자 간에 현장을 통해 직접적 체험을 나누고 상호 의사소통의 통로가 있으며, 다양한 형태의 표현 양식을 가진 매체로서 많은 사람들이 관심을 갖는 유익하고 공익적인 일이라고 하였다.[15] 이경모(2000)는 주어진 기간 동안 정해진 장소에 사람을 모이게 하여 사회 · 문화적 경험을 제공하는 행사 또는 의식으로서 긍정적 참여를 위해 비일상적으로 특별히 계획된 활동이라고 정의하였다.[16] 이벤트는 사전적인 의미가 자연발생적이라는 개념을 포함하고 있으나, 이벤트산업의 의미로서는 인위적으로 발생시키는 일이라는 의미를 갖고 있다. 이벤트를 서구에서는 스페셜 이벤트라는 용어로 사용하기도 한다.[17] 조현호 · 서윤정 · 송재일(2006)은 이벤트는 기획성과 연출력 및 사회적 의미를 가진 행사로서 자연과 사람을 대상으로 한 비일상적 변화요소인 계절적 조건과 사회 · 문화적 조건에 맞추어 일정한 기간에 사람과 현장 · 정보 · 자연이 동시에 만날 수 있는 무대에서 펼치는 일방적 전달이 아닌 쌍방향적 · 융합적 커뮤니케이션의 장이라고 표현하였다.[18]

따라서 관광이벤트(Tourism Event)는 보는 관광에서 함께 참여하고 직접 체험하는 관광으로 유도할 수 있도록 기존 혹은 새로운 관광자원에 매력을 더하는 각종 축제나 행사를 마련함으로써 관광이미지를 창출하는 것이다. 이러한 관광이벤트는 특수목적관광(Special Interest Tourism: SIT)의 하나의 형태로 국가나 지역관광마케팅 전략에서 중요 역할을 담당하고 있으며, 관광목적지 간 경쟁이 심화되면서 관광시장에서 경쟁우위를 확보하기 위한 대안관광의 형태로 자리 잡았다.

관광이벤트에 관한 연구는 축제이벤트를 중심으로 참가자 관점에서 다룬 연구가 대부분이다. 주요 연구대상은 지역축제 이벤트[19], 비엔날레와 같은 문화이벤트[20]와 경주문화엑스포[21], 여수엑스포[22], 농촌마을축제[23] 등이 대표적인 연구로 할 수 있으며 이러한 관련선행연구의 대부분은 관람객 참가동기, 만족, 재방문 등 행동의도 관계에 대한 연구로 선행변수와 결과변수로서 활용되어 많은 연구가 진행되었다.

제2절 관광이벤트의 구성, 효과 및 관련산업체계

1. 관광이벤트의 구성요소 및 구분

관광이벤트의 개최와 운영을 위한 구성 요소는 각종 이벤트 기획 시 반드시 고려되어야 하는 중요한 요인이다. 이벤트의 성패를 좌우하는 기본적인 요소라 할 수 있으며 구성요소[24]는 〈표 3-1〉과 같다.

〈표 3-1〉 이벤트 구성요소

구성요소	내용
이벤트 기간	참가자의 관심과 접근성을 최대화 또는 제한시킬 수 있는 요소이며, 이벤트 개최 기간 설정 시 계절별 특성, 개최 횟수 등이 고려되어야 함
이벤트 장소	이벤트 참가 대상자에게 접근성을 부여하는 직접적인 요소로 이벤트의 개최 장소에 따라 참가자의 구성 또는 분포가 달라짐
이벤트의 참가 대상	이벤트 기획 및 운영 개념과 이벤트의 성격과 개최목적을 좌우하는 중요한 요소로, 참가자의 인구 통계적, 사회적, 경제적 범위를 설정하여 표적 대상을 선정함
이벤트의 개최 목적	이벤트 개최의 개념을 결정하는 요소로, 이벤트의 개최 목적에 따라 나머지 구성요소가 좌우되므로 명확한 이벤트 개최 목적은 성공적인 이벤트를 이끄는 중요한 요소임
이벤트의 내용	참가자가 이벤트 경험을 할 수 있는 직접적인 요소로, 이벤트의 주제, 주제를 뒷받침하는 각종 프로그램과 운영, 연출방법, 서비스 요인 등이 해당되며, 독특한 아이디어와 체계적인 준비에 따라 수준 결정

자료: 한국지방자치단체국제화재단(2006). 국제교류 매뉴얼: 지방자치단체.

관광이벤트의 구성요소를 김화경 · 송흥규(2007)는 장소, 기간, 주최자, 참가자, 개최목적, 이벤트의 내용으로 보며, 이를 6W2H로 설명하고 있다. 6W2H는 주체적인 요소와 종속적인 요소로 분류하였으며[25] <표 3-2>와 같다.

주체적인 요소는 누가 누구를 위하여 왜 이벤트를 개최하는가이며, Who는 행사를 주최하는 곳으로 국가나 지방자체단체, 기업 등이 있으며 이후 협찬과 후원 등이 뒤따르고, Whom은 참가 대상자를, Why는 이벤트 목적을 나타내는 것으로 이벤트의 콘셉트를 잡는 데 중요한 역할을 한다고 볼 수 있다.

<표 3-2> 이벤트 구성요소

구분	항목	
주체적인 요소	Who	주최자, 후원단체
	Whom	연령별(실버층, 가족, 청소년 등), 성별
	Why	목적, 목표(효과), 콘셉트
종속적인 요소	When	계절특성, 시간특성(아침, 낮, 밤), 기간(개월, 주, 회)
	Where	지역특성(도심, 교외, 바다, 산), 회장특성(옥외, 실내)
	What	이벤트 내용(테마, 아이디어 등)
	How	연출방법
	How much	이벤트 예산
비고	• 우천 및 사고에 대한 차선책 검토 • 사전, 기간 중, 사후의 홍보 방법 • 동원 인원수, 매출액의 예측	

자료: 김화경 • 송흥규(2007). 「호텔이벤트기획」, 대왕사.

관광이벤트는 관광목적지의 매력도 상승 등 긍정적인 효과를 가져다 준다. 이벤트의 개최와 운영을 위한 구성 요소는 각종 이벤트 기획 시 반드시 고려되어야 하는 중요한 요인으로 작용하며, 이벤트의 성패를 좌우하는 기본적인 요소라 할 수 있다[26]. 그러기에 관광에서 이벤트의 여가 · 위락 · 관광의 관계를 살펴보면 <표 3-3>과 같다.

〈표 3-3〉 이벤트와 여가, 위락, 관광의 발전 관계

구분	여가	위락	관광(주체, 중간매체, 대상지)	이벤트
음식	집에서 요리하기	요리학원 강습	2005년 동경 Foodex 참가 • 주체: 식품 출품자 및 관람객 등 • 중간매체: Foodex 조직위원회 • 대상지: 동경 마쿠하리 전시장 등	Commercial Event
대화	친구와 전화하기	동창회 참가	2005년 PATA 한국지부총회 • 주체: PATA 회원 및 관람객 등 • 중간매체: 대전시, 한국관광공사 • 대상지: 대전시 대덕 컨벤션	Mega Event
음악	음악감상 하기	팬클럽 참가	2004년 속초 대한민국 음악축제 참가 • 주체: 가수 및 관람객 등 • 중간매체: MBC, 속초시 등 • 대상지: 강원도 속초시초 종합운동장 등	Regional and Cultural Event

자료: Jago & Shaw(1994). Categorisation of Special Events: A Market Perspective, Tourism Down Under: Perceptions, Problems and Proposals, Conference Proceedings. Massey University.

관광이벤트는 일상생활과 구별되어 빈번히 발생되지 않는 개념으로 비일상성을 가지며, 특정 목적을 달성하기 위하여 인위적으로 행해지는 계획된 행사로서 계획성을 특성으로 가지며, 즐거움, 좋은 일에 대한 축원 등의 긍정적 개념을 바탕으로 발생되기 때문에 긍정적 특성을 가지고 있다고 설명하고 있다[27]. 또한, 관광이벤트는 이질적인 집단, 관광을 대상으로 하고 구심적 커뮤니케이션 즉, 푸쉬 마케팅(Push Marketing)이 아니라 풀 마케팅(Pull Marketing) 활동이며, 현장에서의 직접적인 커뮤니케이션(Direct two-way communication)활동, 경험성, 제한성, 동시성이 있다고 설명하고 있다[28]. 국내 연구자 조달호(1994), 주지현(2000), 최재완(2001), 김정로(2002), 안승현(2003), 이연재(2009), 이경모(2010)는 이벤트의 특성[29]을 〈표 3-4〉와 같이 표현하였다.

〈표 3-4〉 연구자에 따른 이벤트의 특성

연구자	특성
조달호(1994)	이질성, 구심적 커뮤니케이션, 풀 마케팅, 직접적 커뮤니케이션, 경험성, 제한성, 동시성
주지현(2000)	현물주의, 일과성, 현장 참가주의, 종합예술성, 사회성, 문화성
최재완(2001)	인위적, 긍정성, 직접적인 쌍방향 커뮤니케이션, 유익성, 공익성
김정로(2002)	공간성, 현장성, 일회 지정성, 다기능 일시 투입성, 상호 작용성, 화제성
안승현(2003)	일회성, 도달 범위가 매우 작은 커뮤니케이션 수단, 강도 높은 소구를 할 수 있는 커뮤니케이션 수단
이연재(2009)	특정 공간, 일회적 성격, 상호교류 목적, 다양한 요소의 통합, 화제성

연구자	특성
이경모(2010)	비일상성, 계획성, 긍정성

자료: 한국관광공사(2012). 이벤트산업발전방안 보고서

2. 관광이벤트의 목적

관광이벤트는 관점과 그 성격에 따라 종류가 다양하다. 관광이벤트의 종류를 어떤 정형화된 틀로 구분하는 것은 쉽지 않다. 다만 형식과 내용에 따라 나누면 다음과 같이 몇 가지로 구분할 수 있다.

공공이벤트, 사회이벤트, 기업이벤트, 가정이벤트로 구분될 수 있다. 공공이벤트는 행정이 중심이 되며 행정목적의 수행 지원을 위해 계획된 이벤트다.

사회이벤트는 개인이 정치나 친교활동을 목적으로 여는 컨벤션과 단체가 주관하는 엔터테인먼트 스포츠문화이벤트가 있다. 기업이벤트는 기업이나 단체가 중심이 되며 그 기업 또는 단체에 의해 계획되고 실시된다. 가정이벤트는 생일 · 환갑 · 칠순 · 결혼 · 돌 · 백일잔치 등 가정에서 벌어지는 크고 작은 행사도 이벤트에 포함된다. 주최자와 참여자가 모두 가정의 구성원이 될 수 있으나 전문이벤트 대행사에서 주관하는 유명인사의 경우 결혼이나 장례와 같은 거대 이벤트가 되는 경우도 흔하다.[30)]

이벤트개최를 결정하는 과정에서는 왜 이벤트를 개최하려 하는지의 필요성이 나타나게 된다. 이는 국가 또는 지역의 경우 이벤트개최를 통해 우리나라도 다른 국가와 같이 '관광수입을 증대시켜야겠다'라든가, 이벤트개최를 통해 국가 이미지를 제고의 필요성을 느끼게 되는 것이다. 또한 기업의 경우 이벤트를 통한 상품판매의 촉진 또는 기업홍보로 경쟁우위를 확보해야겠다는 필요성을 느끼게 되고, 이는 이벤트의 개최목적 설정으로 연결되는 것이다. 이와 같은 이벤트의 개최목적은 개최자가 국가 · 지방자치단체 · 기업 · 민간단체 · 특정집단 · 개인 등 다양한 개최자 유형에 따라 다르겠으나, 일반적인 개최목적을 구분하여 표로 표현하면 〈표 3-5〉와 같다.

〈표 3-5〉 공공, 민간단체 개최목적에 따른 구분

구분	개최목적
국가・지역사회・공공단체	국가 경제발전, 관광 이미지 제고, 황경 개선, 투자유치, 공공 서비스, 지역이미지 제고, 지역사회발전, 관광객유치, 지역경제활성화
기업・민간단체	기업 이미지 제고, 상품판매촉진・PR, 신상품소개, 수익창출, 정보전달, 정보교환, 교역증진, 국제교류, 우호증진

이벤트의 개최 목적과 개최 환경, 이벤트 성격에 의한 8개의 유형으로 분류[31)]하고 각 유형별로 관련 이벤트를 표현하면 〈표 3-6〉과 같다.

〈표 3-6〉 공공 · 민간단체 개최목적에 따른 구분

분류	내용
문화이벤트	축제, 카니발, 종교행사, 퍼레이드, 문화유산 관련 행사
예술, 연예이벤트	콘서트, 공연이벤트, 전시회, 시상식
상업이벤트	박람회, 산업전시회, 전람회, 회의 홍보, 기금조성 이벤트
스포츠 이벤트	프로경기, 아마추어 경기, 올림픽, 월드컵
교육, 과학이벤트, 세미나	워크숍, 학술대회, 통역수행 이벤트
레크리에이션, 이벤트, 게임	운동놀이, 오락이벤트
정치이벤트	취임식, 수여식, 부임식, VIP 방문, 정치적 집회
개인이벤트	기념일 행사, 가족휴가, 파티, 잔치, 동창회, 친목회

자료: Getz(2008)의 연구를 기초로 재작성.

개최자가 관광이벤트개최의 여러 가지 필요성을 지니고 있다고 하더라도 관광이벤트의 개최목적을 설정함에 있어 고려해야 하는 영향요인이 몇 가지 있다. 관광이벤트 개최를 통해 과연 개최목적을 달성할 수 있느냐에 관련된 중요한 요인으로 이벤트를 개최할 수 있는 외부환경이 조성되었는지의 여부와 이벤트를 개최한다면 이를 수행할 수 있는 개최기관 내부의 수행능력이 있는지의 여부 및 유사한 이벤트에 대한 개최기관의 과거 개최경험과 개최목적이 이벤트에 참여하게 될 참가자의 선호와 욕구를 충족시켜 줄 수 있을 것인가에 관련된 사항이다. 또한 이벤트의 목적을 주최자와 참여자라는 쌍방향의 의사소통과 기대하는 효과에 따라 삶의 가치를 추구하게 되는 것이다.

관광이벤트 개최 목적은 다음과 같다.

(1) 삶의 활력제 역할

사람에게는 틀에 박힌 일상생활에서 벗어나 새로운 체험을 맛보려는 욕구가 강하다. 따라서 이러한 무료함을 달래는 데 있어서 이벤트는 많은 매력적인 요소를 구비하고 있다고 할 수 있다. 특히 여가시간의 확대에 따라 좀 더 의미 있고 보람 있는 시간으로 바꾸어 삶의 활력을 되찾게 하는 자극요소로 활용하여 새로운 가치를 추구하게 되는 것이다.

(2) 지역특성의 이미지 부각

지역특성의 이미지를 가장 부각시킬 수 있는 방안으로, 특히 지역특성에 맞는 캐릭터를 개발하여 지역의 이벤트와 더불어 이루어진다면 방문객을 통한 이미지 부각효과를 얻을 수 있을 것이다. 따라서 지역특성의 이미지를 발견하여 알맞은 캐릭터 개발 등을 통해 지역의 특성을 나타내는 적절한 요소를 찾아내는 일이 무엇보다 중요하다.

(3) 판촉 및 홍보

현대사회에 들면서 관광이벤트 산업의 중요성이 커지면서 국가나 각 지방단체에서 지역 이미지를 널리 홍보하는 방편으로 이벤트를 활용하고 있다. 물론 무분별한 이벤트나 축제가 이루어지면서 오히려 이미지를 실추시키는 경우도 발생하지만, 테마에 적합한 캐릭터 개발과 더불어 판촉 및 홍보활동이 이루어진다면 판촉과 홍보의 목적을 달성할 수 있는 훌륭한 수단이 될 것이다.

(4) 지역 인프라 기반시설 정비 및 확충

관광이벤트 개최로 인해 다양한 문화 활동이 증대되고, 고유한 문화의 발굴을 통해 지역주민의 전반적인 문화수준의 향상을 꾀할 수 있다. 또한 이벤트를 통해 지역기반시설들이 재정비될 수 있으며 이벤트를 위한 도로확충과 정비 등 지역인프라를 견고하게 다질 수 있는 계기를 마련할 수 있다.

(5) 교류 및 협력의 장

관광이벤트를 통해 그 지역의 문화와 풍습 등을 직접 공유함으로써 관습이나 문화적 차이를 이해하고 서로 교류하게 되어 결국 개인적 공감 및 국가 간의 이해와 친선을 도모할 수 있다. 따라서 서로 간의 교류 및 협력의 장으로 발전할 수 있는 계기가 되는 것이다.

(6) 공공 서비스

관광이벤트는 공익성을 포함하고 있어 이벤트참가자의 문화수준을 향상시키고, 지역주민을 화합시키며, 국민에게 행복감을 고취시키고자 실시되기도 한다.

3. 관광이벤트의 파급효과

관광이벤트의 특성에서 살펴보았듯이 이벤트에서는 그 의도성 즉 긍정적 목적이 매우 중요하며 그 목적을 알기 위해서는 역으로 이벤트의 개최로 기대하는 긍정적 효과를 살펴보면 그 개최 의도인 목적에 쉽게 접근할 수 있다.

이경모(2003)는 이벤트의 긍정적 효과 중 경제적 효과를 살펴보면 다음과 같다. 경제활동의 증가, 사회기반시설 확충, 전반적인 산업의 성장, 지역 내 산업의 재분배, 장단기 고용의 효과 외화수입 및 세수증대 등을 가져다 준다.[32] 사회문화적 효과는 지역사회의 이미지 제고, 개최지의 주민의 일체감 조성, 국제교류의 증진, 역동적 사회생활 형성, 문화역사자연자원의 보존 등의 효과를 가져다 준다. 또한 마지막으로 관광관련 효과를 살펴보면 지역의 관광매력도 향상효과, 관광자원 확충효과, 양질의 관광수요 확보효과가 있다고 하였다. 관광이벤트 중 대표적인 방법 중 하나인 축제를 통해서 살펴보면 부소영(2002)은 축제의 범위에서 효과가 가장 크게 언급되는 부분으로 경제적 효과로서 세수 및 투자가 높다고 하였으며 사회문화적 효과는 지역이미지 제고와 주민의 역동적 생활로 생각해 볼 수 있다.[33] 또한 기타 관광관련 효과를 살펴보면 관광의 지역적 확대, 관광매력도 향상, 신 관광시설 확충 등으로 구분할 수 있다. 김희진(2004)은 이벤트 효과를 일반효과와 파급효과로 구분하였다. 일반효과에는 주최 측이 얻는 직접적 효과 다이렉트 효과, 주최자와 참가자 사이에 이루어지는 커뮤니케이션 효과, 판매촉진효과, 이벤트로 인한 직간접 파급효과, 퍼블리시티 효과, 인센티브효과 등으로 구분한다. 이벤트의 파급효과는 크게 다섯 가지로 내수유발과 소득고용창출 및 세입증대 등의 경제적 파급효과, 산업교류와 기술개발 촉진 그리고 새로운 삶의 방식의 제안과 유통구조의 변화 촉진 등 산업발전의 효과, 지역산업진흥 그리고 지역문화와 지역 공동체 의식 향상 및 지역제반 정비 등이 있다. 지역진흥촉진효과 다음으로는 국제교류촉진효과가 있고 마지막으로는 문화활동의 충실효과 등이 있을 수 있다.[34] 김창곤(2000)은 문화관광축제의 효과라는 관점에서 관광객지출과 투자고용 등의 지역경제적 효과, 지역홍보를 통한 지역이미지 제고효과, 지역정체성확립과 통합 등의 사회적 효과, 교류와 문화향수를 통한 문화교육적 효과로 구분하고 있다. 그 밖에도 Fredline, Jago, Deery(2004)는 경제적 부분, 사회문화적 부분, 정치적 부분으로 나누고 있으며, 이벤트의 파급효과를 사회문화적 관점, 물리적 · 환경적 관점, 정치적 관점, 관광과 경제의 관점에서 긍정적 효과와 부정적 효과로 대별시켰다.35)36) 이와 같이 관광이벤트 효과는 관광과 경제적 측면에 비중을 크게 두고 있으며 다음으로 사회문화 또는 환경적 효과를 다루고 있음을 알 수 있다. 즉 이벤트를 통하여 획득할 수 있는 다양한 긍정적 효과 중 어떠한 부분에 주안점을 삼느냐에 따라 주최자의 이벤트 목적이 달라지는 것이다.

4. 관광이벤트와 4차 산업혁명

관광이벤트와 4차산업 간의 관계에 있어 현재 4차산업이 초기 단계이지만 관광이벤트와 4차 산업혁명에 대하여 많은 관찰과 연구가 필요하다. 따라서 관광이벤트는 관광행동의 수단이며 관광목적지로서 4차산업 간의 관계를 살펴볼 필요가 있다.

문화관광연구원은 4차 산업혁명의 핵심이 센서, 사물인터넷, 인공지능을 기반으로 한 기술변화라는 점에서 관광산업에 미칠 파급력은 어느 분야보다 클 것으로 전망된다. 이미 산업의 영역에서 4차 산업혁명은 현재진행형이다. 최근 진행되는 기술변화의 속도는 하루가 다르게 변화하고 있다. 관광이벤트에서 이루어지고 있는 주요 변화는 플랫폼 경제, 사물인터넷, 빅데이터, 자동화를 꼽을 수 있다.

첫째, 플랫폼 경제를 기반으로 한 변화이다. 대표적인 예가 2008년 8월에 시작된 세계 최대의 숙박 공유 서비스인 에어비앤비(AirBed & Breakfast)를 비롯한 교통서비스인 우버(Uber), 세계적인 여행사이트인 트립어드바이저(TripAdvisor) 등을 꼽을 수 있다.

둘째, 센서를 기반으로 한 사물인터넷의 도입이다. 한 예로 보면 관광객이 밀집하는 북촌 한옥마을에서 주차 문제를 해결해주는 파킹플렉스(Parkingplex)라는 앱(App)을 통해 주차 공간을 서로 공유하는 시스템이다. 주차장에 설치된 센서가 주차 가능 여부를 알려주어, 주차 공간 소유자는 자신이 이용하지 않는 시간에 공간을 제공할 수 있고 사용자는 현재 위치에서 실시간으로 주차가 가능한 곳을 파악해 편하게 주차할 수 있다. 세계 최초로 상용화된 사물인터넷(Internet of Things: IoT)기반 주차 공간 서비스는 주차 공간 소유자와 운전자 모두 윈윈할 수 있는 사물인터넷 기반의 서비스이다.

셋째, 빅데이터를 기반으로 한 관광패턴 분석이다. 빅데이터를 통한 분석은 관광분야에서 다양한 영역으로 확장되고 있는 단계이다. 방한 인바운드의 제1시장인 중국 관광객의 소비패턴을 파악하기 위해서 신용카드 사용 현황 분석에 빅데이터가 활용되고 있다.

넷째, 검색 엔진의 관광정보 검색 패턴을 분석하여 지역별, 성별, 연령별로 관광목적지에 대한 선호도를 파악할 수 있으며 주문형 경제(On-demand economy) 기반의 맞춤형 서비스를 제공하는 단계로 진화하기 위해서는 인공지능 등 다양한 기술과 융합한 방법론의 개발이 필요하다.

이와 같은 4차 산업시대의 도래와 함께 더욱 늘어날 고령자 관광 집단과 새로운 스마트폰 세대인 포노 사피엔스(Phono Sapiens)들의 관광이벤트에 대한 행동방식도 여러 분야에서 더욱 달라질 것이다.37)

5. 관광이벤트 관련 산업체계

관광이벤트 관련 산업은 직접적으로 이벤트의 내용에 관계하는 직접적 이벤트 관련 산업과 이벤트 사업에 간접적으로 관여 지원하는 간접적 이벤트 관련 산업으로 나누어 정리할 수 있다.38)

그림 3-1 관광이벤트 관련 산업

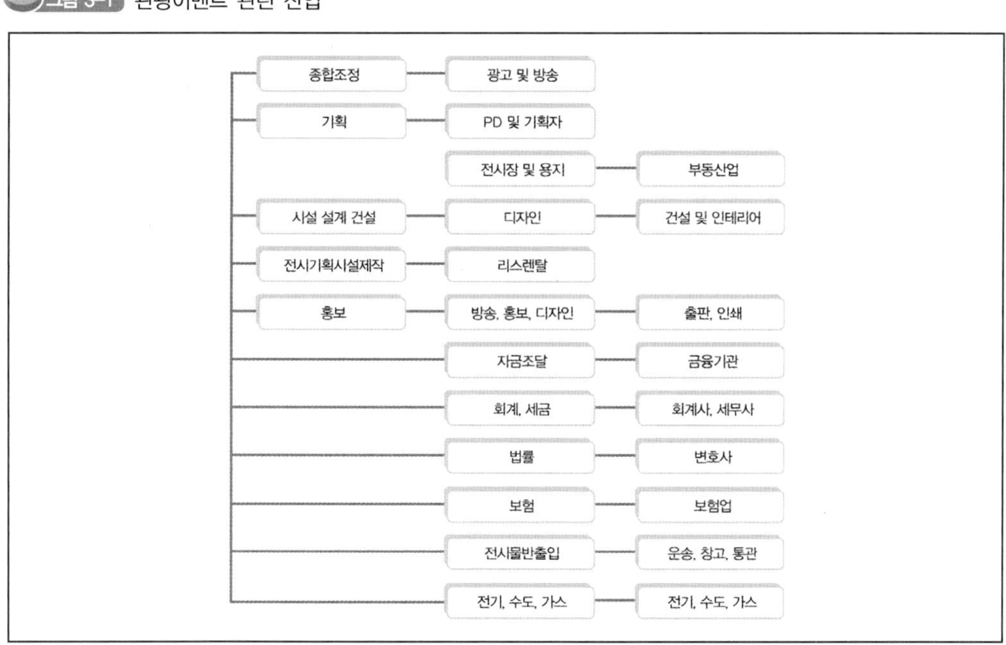

6. 관광이벤트의 평가

관광이벤트에서 대표적 형태인 축제에 대한 평가는 다음과 같이 살펴볼 수 있다.

축제에 대한 평가에 있어 강해상(2005)은 각 지역적 차이가 반영된 객관적이고 합리적인 평가체계의 마련을 지적하고 특히 지역주민이나 방문객의 입장에서의 평가가 필요하다고 밝히고 있다. 더불어 축제평가체계에 대한 실증적 연구결과로 평가의 주체가 방문객 외부전문가 지역주민 주최자 순으로 나타났으며, 평가내용은 참가자가 호응하는 프로그램 시설, 운영, 홍보 등이 선택되었고, 그밖에 평가시기와 방법에 대해서 설명했다.[39] 이경모(2004)는 이벤트 평가의 개념을 성과를 알아내고 그것을 개선하고자 하는 노력이라 하고 내부적 목적과 외부적 목적이 있으며 시기에 따라 타당성평가, 진행평가, 종합평가가 있다고 하였다. 그 내용으로는 정량적 기준 비용과 수익, 방문객수, 인구통계학, 체재시간 등과 정성적 기준 프로그램과 서비스의 질, 인적자원이 자질과 이미지 운영체계 등으로 나누어 유무형의 평가를 제시하고 있다.[40] 김한주(2003)는 이벤트를 방문하는 고객의 역할에 따라 출석형, 참가형, 연출형의 세 가지 형태로 분류하고 그 품질척도로 유형성, 신뢰성, 확신성 등의 세 가지의 서비스 차원과 즐거움, 체험성, 진기함 등 경험적 차원으로 나누어 적용하고 있으며 이벤트의 품질척도에 있어 경험적 차원이 중요한 요소로 작용하고 있음을 밝히고 있다. 경험적 차원의 측정항목은 프로그램의 재미, 볼거리와 즐길거리의 풍부함, 문화적 체험과 새로운 경험의 제공, 교양향상 신기한 내용, 감동적 내용, 색다른 프로그램 등으로 설정하고 있다.[41] 김창곤(2000)은 관광축제 활성화 대책으로 전문인력의 확보, 예산과 재정의 확보, 평가체제 도입, 수요자 지향 마케팅, 민관협조체제를 제시하고 있다. 그중에서도 수요자 지향 마케팅을 살펴보면 소비자욕구조사 테마를 중심으로 한 체험형 프로그램개발, 전문적 촉진활동 등으로 설명하고 있다.[42]

송건섭(2004)은 축제 만족 및 재방문의도에 미치는 영향요인 분석을 통하여 재방문을 위해 영향력 있는 만족요소에 대한 전략으로 첫째, 차별적 호기심과 모험심 제공 둘째, 충실하고 다양한 행사내용과 정보의 제공을 제시하고 있다.[43]

Baker & Crompton(2000)은 축제참가자에게 지각된 실행품질요인이 그 행동의도에 많은 영향을 미치며 이는 만족도의 영향보다 강하다고 실증연구를 통하여 밝히고 있다.[44] 실행품질은 공급자의 생산물을 측정한 개념으로 정리되며 만족도는 관광객의 성취와 관계된다. Herzberg, Mausner, & Snyderman(1959)도 높은 수준의 총체적이고 특징적인 여흥요소를 만족요인의 관점에서 설명하고 있으며 정보와 편의성 등을 위생요인의 관점에서 설명하고 있다 나아가 실행품질은 관리자가 통제할 수 있는 부분으로서 매우 중요한 요소임을 밝히고 있다.[45]

따라서 이벤트를 평가할 수 있는 주요 요소는 목적과 주제의 차별성, 참가자와 호응하는 프로그램, 참가자의 편의를 제공하는 기반시설의 주최자의 마지막 마케팅관련 활동이라고 할 수 있다. 결국 정민의(2003)는 특성화 또는 고유화라는 관점에서 목적과 주제를 통한 통일성이라는 전제를 설정하고 그 기반에서 평가요소 실행품질로서의 프로그램 기반시설, 마케팅활동, 인적·물적 판촉서비스 등으로 구분하여 진전시키는 결과로 볼 수 있다.46)

제3절 관광이벤트 성공을 위한 전략

1. 관광객 집객을 위한 이벤트

(1) 관광지역의 조성 시점

관광전략은 적어도 번쩍하고 빛나는 개성과 매력의 창조인 '인간으로서 인간답게 살아가는 방법의 발견'이 오늘날 관광의 중심테마로 되어 있기 때문에 관광지역조성은 다음과 같은 점들이 요구되어진다.

① 에코투어리즘의 추진

자연을 지키고 자연을 통해 스스로의 인생에 새로운 것을 발견하는 생태그린관광 시대에 어울리는 관광 욕구의 추구

② 환경의 상품화

자연환경은 물론, 생활환경, 문화환경 등 환경의 상품화가 커다란 과제로 되어 있다. 수변풍경 조성 등은 관광지역 조성의 커다란 테마이다.

③ 산업관광시대의 도래

전통산업으로부터 하이테크산업까지 산업자체가 관광성 역할을 떠안고 있기 때문에 생산현장의 견학·체험·교류 등은 관광의 커다란 포인트가 되고 있다.

④ 주민 호스피탈리티 양성

관광·교류진흥책으로 인재육성은 불가결한 것으로 따뜻한 대우나 콘쉐루제(안내인)의 역할은 점점 커지고 있다.

⑤ 지역연계의 강화

관련 상업, 지역생산 지역소비, 광역연계 등에 의해 지역의 관광적 매력은 더욱 높아져 간다.

그러므로 주변지역들과 연계하여 공유 공생하며 관광상품 및 연계자원을 확대시켜나가야 한다

⑥ 지역자원의 발굴과 유효활용

지역자원을 다시 보고 새로운 가치의 창조와 지역자원의 관광적, 문화적, 산업적으로 유효하게 활용할 수 있도록 적극적으로 대응해야 한다.

(2) 지역 관광이벤트 만들기는 고유자원 활용이 우선

관광소재가 되는 지역자원에 주민이 주목하여, 거기에 새로운 가치를 부가하고 지역산업 관광진흥 및 경제활성화 등 지역경제를 살리기 위한 수단으로서 활용하는 것이 본래의 지역 관광이벤트이다. 예를 들어보면, 무주의 반딧불축제, 함평 나비축제, 영동 포도축제, 조치원 복숭아축제 등 일일이 열거하기 어려울 정도로 많은 축제가 열리고 있는 가운데 대부분이 그 지역의 고유자원을 활용하고 거기에 새로운 부가가치를 더하여 성공적인 관광 축제 이벤트로 만들어 가고 있다. 이는 지역이벤트의 명확성, 콘셉트의 명확화에 의한 보다 많은 관광객집객의 효과를 가져올 수 있으며 지역주민들의 자긍심 고취에 의한 보다 나은 협력과 수용태세 확립을 가져올 수 있기에 고유자원을 활용한 지역이벤트 특화의 중요성을 알 수 있다.

(3) 이벤트 효과의 목적을 명확히

이벤트 효과로는 경제효과, 인지효과, 동원효과, 의식개혁효과, 커뮤니케이션 효과, 상업활성화 효과, 유통촉진효과, 기술발전효과, 환경개선효과, 문화향상효과, 퍼블리시티((publicity)효과, 인재육성효과 등 실로 여러 분야에 미치지만 어떤 효과에 중점을 두고 할 것인지 분명한 목적을 정할 필요가 있다. 막연하게 관광객유치라고 하는 애매한 효과의 노림으로는 어차피 소멸해 버리고 말 것임에 틀림없다.

(4) 지역이벤트 만들기와 성공

지역이벤트의 수법으로는 '감상형 이벤트(보거나 듣거나 하면서 즐기는 것', '체험형 이벤트(실감하는 즐거움)', '귀속형 이벤트(협동의 즐거움)', '표현형 이벤트(창조하는 즐거움)', '정보형 이벤트(새로운 정보를 얻는 즐거움)', '커뮤니티 이벤트(사람 사귀는 즐거움)' 등이 있지만 관광이벤트 만들기에는 지역 만들기의 이념이나 명확한 콘셉트는 물론 수법을 확실히 정해 독창성이 풍부한 몰두가 중요하다.

최근에는 '워킹이벤트', '자연환경보전 이벤트', '역사 · 문화 재발견 이벤트' 등이 인기를 끌고 있지만 이러한 이벤트를 준비하기 전에 현재 개최되고 있는 이벤트를 검증할 필요가 있을 것이다. 검증에 있어서는 첫째, 지역자원이 발굴되고 있는가? 둘째, 지역의 개성이 표현되어 있는가? 셋째, 소프트프로그램 성격이 얼마만큼 강한가? 넷째, 독창적인 면이 있는가? 다섯째, 장래의 발전성이 느껴지는가? 여섯째, 주민이 관심을 갖고 보고 있는가? 일곱째, 많은 수의 주민이 참가할 수 있는가? 여덟째, 인재가 육성되어 있는가? 등이다. 지역이벤트로는 관광객 유치를 생각하기 전에 지역의 사람들이 '활기가 넘치고 빛나는 지역 만들기' 준비가 되어 있는가를 묻는다.

제4절 관광이벤트의 성공사례

대한민국에서 개최되는 관광이벤트 중 하나인 축제의 수(數)는 정확히 알 수 없으나 축제를 지원하는 중앙정부기관 및 정부출연기관, 지방자치단체 등 공공기관에서 지원하는 축제를 기준으로 추계하면 대략 한 해 2,000여개의 축제가 개최되는 것으로 추정할 수 있다.[47] 이러한 결과로 보면 '祝祭共和國'이라 불러도 과언이 아니다. 장미, 연꽃, 벚꽃, 코스모스 등의 꽃 종류에서부터 시작해 농 · 수 · 축산물, 계절, 기후 현상 등 축제의 소재와 이름도 각양각색이다. 통계를 바탕으로 보면 전국 곳곳에서 매일 3~4개의 축제가 진행되고 있다. 축제기간이 겹치는 것까지 고려하면 매일 7~8개의 축제가 열리고 있다고 보는 것이 더 타당하다. 그러나 그 많은 축제가 모두 성공적인 축제의 場이 되지는 못하고 있다. 각 지자체의 축제보고서를 종합해 보면 외지 관광객을 끌어들여 적정 수익을 남기는 축제는 10% 미만에 불과하다고 한다.[48] 이러한 가운데 지금까지도 성공적인 지역축제의 모델은 전남 함평 나비축제, 충북 보령 머드축제, 강원 화천 산천어축제 등이다.

2013년부터 현재까지 대한만국 대표 축제로 선정되었으며 미국 CNN이 선정한 겨울철 7대 불가사의 중 하나이며 한국의 대표적인 관광이벤트 축제중 하나인 강원 화천 산천어축제[49]의 성공사례를 살펴볼 필요가 있다.

1. 강원 화천 지역의 특징

강원도 화천군은 인구가 2만 5천여 명으로 인구 수, 산업 생산 등에서 다른 지자체와 비교할 때 군세(郡勢)가 미약하며 군 단위 지자체 중 지명도가 떨어진다. 관광목적지로서 필수요건인 문화재 등 전통 관광자원이 적은 편이다. 모든 중소지역의 도시가 다 그렇지만 특히 지속적인 인구감소 및 노령화로 군의 산업 생산이 나날이 떨어지며 도로 사정이 좋지 않아 대도시에서의 접근성이 떨어진다. 또한 숙박시설 등 관광 인프라도 부족한 편이다. 그러나 내륙 산간의 분위기만을 잘 간직하고 있다. 이러한 장점보다 단점이 많아 관광지로서 불리한 조건을 지님에도 불구하고 화천군이 추진한 '산천어축제'는 10년 사이에 대한민국을 대표하는 축제로 자리 잡았다.

산천어축제는 단지 축제의 성공으로 끝난 것이 아니라, 화천군의 이름을 한국에 알리는 가장 중요한 문화 인프라가 되었고, 현실적인 측면에선 화천군의 산업 생산, 소득 향상에 뚜렷한 도움을 주는 축제가 되었다. 이런 측면에서 보면 화천 산천어 축제는 집중적인 성공사례모델이 될 가치가 있다.

2. 화천 산천어축제의 역사

(1) 기획

산천어축제를 기획하기 전 화천에는 '낭천 얼음축제'라는 것이 있었다. 그러나 프로그램 차별화에 실패하였으며 농촌지역의 군 단위의 마을잔치 성격을 벗어나지 못하였다. 이때, 군청 공무원들을 중심으로 축제를 통한 지역 알리기 및 지역 경제 활성화에 고심하던 중 화천만이 가진 청정자연의 자원화에 주목하였다.

화천 지역의 청정을 대표할 수 있는 소재로 산천어를 지정하였고 화천군은 강원도에서도 얼음이 가장 빨리, 그리고 가장 두텁게 어는 지역이라서 물이 맑고 깨끗해 산천어 같은 청정어가 살기 적합한 곳이라는 점에 주목하였는데 이는 화천이 가진 자연 정체성에 주목한 결과였다.

산천어를 주제로 한 지역 축제를 기획했을 당시 주민 반응은 부정적이었다. 이 산천어를 어떻게 상징화시키겠느냐, 그리고 산천어축제로 어떻게 지역 경제에 좋은 변화를 가져올 것인가에 대한 물음에 회의를 가진 것이었다.

(2) 진행

2003년 화천천의 물을 가두고 얼음을 얼려 1월 11일부터 16일까지 '산천어축제'란 이름으로 첫 축제를 시작하였고 지역민의 관심과 참여를 유도하기 위해 첫 행사 전 화천 군수는 지역민에게 '산천어축제에 관광객 2만 명이 온다면 시장 한복판에서 춤을 추겠다'는 과감한 약속을 한

것은 과거 성공을 위한 지역기관장의 노력 중 하나로 이 같은 화천군청의 의욕적인 추진에도 불구하고 지역민은 여전히 냉소적인 방응을 보였으며 군청 직원들이 화천읍 식당 주인들에게 '축제장에 나와서 장사를 좀 해달라'고 부탁했지만, 기존의 얼음축제에서 적자를 기록했던 상인들 상당수가 거절하는 일이 빈번했다. 그러나 지역민의 예상을 뛰어넘어 2003년 제1회 산천어축제에 22만 명의 관광객이 찾는 큰 성공을 거둠으로써 지역 내부에서는 '한국전쟁 때 중공군이 내려온 것을 빼고 최고로 많은 사람들이 화천을 찾았다'는 이야기가 회자되었다.

2회 축제 때부터는 축제 몇 달 전부터 식당 주인들이 서로 축제장에 입점하겠다고 경쟁을 벌였으며 2회 축제는 1회 축제 때 참가했던 관광객들의 입소문 그리고 언론의 경쟁적인 보도로 58만 명의 관광객이 찾았다. 이에 주목한 문화체육관광부는 산천어축제를 '문화관광 예비축제'로 선정하였고 축제는 해를 더할수록 더 큰 성과를 거두었다. 제3회 축제에는 87만 명, 제4회 축제에는 103만 명, 제5회 축제에 125만 명, 제6회 축제에 130만 명을 기록하였고, 2009년, 2010년 연속해서 방문객이 100만 명이 넘어서면서 문화체육관광부는 최우수 축제로 지정하였고 축제가 성공하면서 산천어축제는 화천 지역 농산물 판매와 홍보에서도 막대한 효과를 보았다.

(3) 평가

10년도 안 돼 산천어축제는 국내 축제에서 최단 기간에 가장 큰 성과를 이루어낸 축제로 평가받고 있으며 아시아권에서는 아시아를 대표하는 3대 겨울 축제라는 평가를 받고 있다. 축제가 성공을 거두자 세계적으로 유명한 중국 하얼빈 빙등 축제, 캐나다 퀘벡주 윈터 카니발 주최 측으로부터 상호 발전방안 협의가 들어오기도 하였다. 외국 언론에서도 관심을 보이면서 2009년 미국의 『Times』紙는 산천어축제를 '이 주일의 뉴스'로 소개하였다. 2011년 CNN에서 산천어축제를 '세계 7대 불가사의'란 제목으로 보도하였고 이러한 대내외적인 관심으로 다른 지역축제와 달리 외신의 언급으로 한국에 체류하는 외국인의 방문도 폭발적으로 증가하였다.

3. 성공요인

(1) 소재의 차별화와 창조적 기획

기존 지자체들이 지역 특산물이나 관광 자원을 축제의 주제와 소재로 선정하던 관행에서 과감하게 벗어나 '산천어'라는 참신한 소재를 선정하여 확실한 차별화를 이루었으며 '산천어'라는 타이틀은 강원도가 가진 청정자연의 포인트인 '맑은 물'의 이미지를 각인시키는 임팩트가 있는 브랜드가 되었다.

더욱이 창조적인 프로그램을 기획하였다. 축제가 시작할 2003년 초창기 산천어축제의 메인 행사는 얼음낚시로 실시하여 성공을 거둔 뒤에도 만족하지 않고 프로그램 다양화와 차별화를 시도하였고 그 결과, 얼음낚시 외에도 겨울 하천, 빙판을 이용한 다양한 프로그램을 기획하였다.

(2) 관광객과의 소통

얼음 위의 축제인지라 자칫 발생할 수 있는 안전사고 예방을 위해 안전 장구 지급 등으로 세심하게 배려하였고 축제 홈페이지에 프로그램에 대한 관광객의 평가와 비판 페이지를 두고 관광객의 질의에 성심성의껏 답변하고 개선점을 내놓은 발 빠른 소통의 자세를 유지하였으며, 더욱이 축제가 끝나면 방문객을 대상으로 설문조사를 실시하여 축제 프로그램의 개선에 많은 노력을 하였고 지금도 진행 중이다.

(3) 지역을 위한 노력

화천군은 축제 기획과정에서 주민들의 참여 프로그램을 활성화하고자 노력하였으며 축제가 끝난 후 관광객 설문조사 결과와 홈페이지 게시물들을 모아 책자를 만들고 지역주민들에게 배포, 축제에 대한 군관민 평가회를 개최하였다. 또한 축제가 성공적으로 안착하면서 화천 지역 사회단체와 주민들이 축제장에서 농산물판매, 식당 등을 운영한 수익금 일부를 산천어축제 발전기금으로 기탁하여 직접적인 주민참여가 이루어졌다.

지역민들의 적극적인 참여가 가능한 것은 축제 성공이 지역민의 실질소득 증가로 이어졌기 때문인데 그 대표적인 예가 2006년부터 상품권 발행 프로그램을 실시한 것이다. 이 상품권은 화천 지역에서는 현금처럼 유통되지만 다른 지역에서는 화폐 가치가 없기 때문에 관광객은 화천 지역에서 모두 소비하는 시스템을 구축함으로서 축제의 경제적인 효과를 창출한 대표적인 예로 꼽을 수 있다.

(재)강원발전연구원은 2012년 산천어축제는 995억 원의 지역경제 직접 효과를 나타냈고, 상품권 유통액은 15억 원을 넘어선 것으로 집계되었다. 또 고용창출효과는 축제 시 1천5백여 명, 산천어공방 운영을 통한 연인원 1만 2천여 명, 산천어육성사업단 운영을 통한 연인원 7천3백여 명의 일자리를 창출했다고 하였다.

(4) 내일을 위한 축제의 발전적 노력

축제가 궤도에 오른 후에도 만족하지 않고 아직 비어 있는 시장을 개척해서 고객 확충 작업에 노력하고 있다. 더욱이 2009년부터 한국과 기후가 다른 동남아를 타깃으로 화천 공무원들이 직접 축제홍보 전단지를 들고 말레이시아, 싱가포르, 대만 등 동남아 국가의 여행사를 방문하여 축제를 홍보하였고 그 결과 2010년 축제 때 8,000여 명의 동남아 관광객들이 참여하는 성과를 거두었다.

그러나 지금까지 산천어축제가 모든 면에서 순조로웠던 것은 아니다. 가장 큰 문제점은 화천 지역에 숙박시설이 절대 부족하여 관광객들이 밤에는 화천을 떠나 인근 춘천시로 나가 숙박하는 현상이 벌어졌다. 이로 인해 축제기간 중 춘천시의 숙박업소, 닭갈비 식당이 호황을 누리는 현상이 일어났다. 이러한 문제를 극복하기 위해 화천군은 2009년 관광객이 밤에도 화천에 체류할 수 있는 회심의 야간 프로그램을 실시할 뿐만 아니라 축제 전야제부터 축제가 끝날 때까지 화천읍의 밤을 환하게 밝혀주는 산천어등(燈)을 제작하여 밝혔다. 더욱이 부족한 숙박업소 문제를 해결하기 위해 지역 내 산재해 있는 민박과 펜션을 데이터베이스화 해 축제 안내센터 당직자들이 안내하도록 하였다.

또한 2011년 구제역사태로 산천어축제는 그해에 취소가 되었으나 축제를 위해 준비한 농산물 10억여 원, 90t의 산천어 10억여 원, 축제 준비 비용 30억 원 등 엄청난 비용 손해와 지역경제 유발효과 및 직접효과에서도 큰 피해가 발생하였다. 화천군은 이때 전국의 농산물 팔아주기 성원에 부흥하고자 13억여 원의 농산물 판매 및 산천어 소비를 위한 소시지, 魚까스, 쌀국수, 막걸리 판매로 피해의 최소화를 위해 노력하였다. 이는 축제가 지역주민과 함께하고 있다는 대표적인 예이다.

4. 성공요인에서 주는 교훈

(1) 지역 정체성에 부합하라

산천어축제는 강원도에서 가장 청정한 지역이라는 지역 정체성을 주목한 데서 성공의 빛이 비추기 시작했다. 청정자연을 상징화하는 소재로 산천어를 발굴한 것이 축제 성공의 대전환점이 되었다. 축제의 성공은 축제가 성공하기 위해서는 그 지방의 인문, 자연, 생활 정체성에 근원을 둔 기획에서 출발해야 한다는 것을 보여주고 있다.

(2) 참신한 아이디어로 승부하라

제1회 행사 때 시도한 얼음낚시는 그 자체로 파격적인 차별성을 가진 체험 프로그램이었다. 얼음낚시는 지금도 산천어 축제를 상징하는 강력한 프로그램으로 자리하고 있다. 화천군은 이에 만족하지 않고 얼어붙은 하천과 눈을 이용한 차별적인 프로그램을 연이어 선보였으며 얼음낚시라는 최초 프로그램에만 만족하였다면 산천어축제는 지금과 같은 성공을 거두지 못했을 것이다. 따라서 차별적인 프로그램 외에도 축제 행사에 부합하는 창조적인 도구를 직접 개발한 것도 주목할 점이다. 대표적인 것이 얼음에서도 다칠 염려가 없는 자전거 개발이다. 또한 인근지역에 있는 강원도 인제 빙어 축제 등 유사축제에 대비해 축제 자체의 질적 향상을 끊임없이 추구하고 있다.

(3) 지역민에게 소득을 창출하라

지역민의 참여를 이끌어내는 필수적인 요소에는 여러 가지가 있으나 가장 중요한 것은 지역주민의 적극적인 참여가 있어야 한다. 참여를 이끌어내기 위해서는 소득 창출로 지역민의 참여를 이끌어야 한다. 축제가 성공하기 위해 지역민의 적극적인 참여와 호응은 반드시 선행되어야 할 조건인데, 애향심만으로 지역민의 참여를 유도하는 것에는 한계가 있으며 이는 무리가 따를 수 있다.

화천군은 상품권 발행, 선등(仙燈)거리, 어등(漁燈)의 주민 제작 등 주민들이 축제 참여를 통해 실수익을 얻을 수 있는 다양한 시스템을 만들어냈다. 이러한 수익 창출은 지역민의 뜨거운 참여를 유도하는 결정적인 배경이었다.

(4) 성공적인 축제를 위한 발상의 전환

화천군은 산간 오지, 교통 불편 등의 불리한 요소를 도시에선 맛볼 수 없는 청정한 분위기로 대치시키는 데 성공했다. 특히 화천군의 관광수용태세의 취약점 중 하나인 숙박업소 부족으로 관광객이 화천읍에 머무는 시간이 태부족한 불리함은 화천읍내에 선등거리 조성이라는 매력적인 볼거리를 기획함으로써 극복하였다. 얼음조각 전시장의 경우도 처음에는 선등(仙燈)거리에 만든 탓에 장소가 협소하였는데, 화천군은 대담한 발상의 전환을 하여 화천읍 인근 서화산에 있는 방공호를 전시장으로 탈바꿈시켰다. 북한의 공격에 대비한 이 방공호는 길이 100m, 폭 19m, 높이 19.5m로 얼음조각을 장시간 보존할 수 있는 이점, 동굴체험 등의 재미를 관광객들에게 선보였으며, 불리함을 유리함으로 전환시킨 좋은 사례이다.

(5) 소통과 피드백의 중요성

산천어축제를 처음 실시할 때만 해도 군수의 리더십과 군청 공무원들의 헌신이 축제의 안착을 유도하는 힘이 되었다. 그러나 산천어축제가 대한민국을 대표하는 축제로 자리 잡은 결정적인 계기는 지역민의 적극적인 호응과 참여가 더해진 후부터였다. 축제 성공을 위해서는 주민과의 소통이 필요충분조건임을 인식한 화천군은 군수를 위원장으로 하는 축제조직위원회를 구성해 주민과 함께하는 기획회의를 개최하고 있다. 지역의 12개 시민 사회단체의 참여를 통한 역할 분담 등으로 효율적인 인력관리시스템을 구축하였다.

소통은 언제나 중요한 문제다. 산천어축제에서는 관광객과의 관계에서도 실현하였다. 홈페이지를 통해 불만과 개선점을 듣고 이를 적극 해결하는 프로그램을 실시한 것이다. 또 관광객의 불만을 최소화하기 위해 바가지 요금 근절을 위해서는 축제장 입점업소 심사기준을 강화하였다.

참고문헌

1) Eliade, M., & Eliade, M.(1974). Gods, goddesses, and myths of creation: A thematic source book of the history of religions. NY: Harper & Row.
2) 송두범 외(2004). 『지속가능한 청소년 축제만들기』. 푸른충남21추진협의회.
3) 임의택(2004). 『이벤트론』, 파주: 대왕사.
4) 김동준(2012). 관광이벤트 기획모델 연구. 『한국엔터테인먼트산업학회논문지』, 4(4), pp. 36-45.
5) 진보라 · 최지영 · 이연택(2016). 지역관광이벤트 자원봉사자의 참여동기, 자기효능감, 활동몰입, 활동만족의 관계구조 분석. 『관광학연구』, 40(10), pp. 95-114.
6) Wilkinson, C. P.(1998). The 1997-1998 Mass bleaching event around the world.
7) Goldblatt, P.(1990). Status of the southern African Anapalina and Antholyza (Iridaceae), genera based solely on characters for bird pollination and a new species of Tritoniopsis. *South African Journal of Botany*, 56, pp. 577-582.
8) Uysal, M., Gahan, L. W. & Martin, B.(1993). An examination of event motivations: A case study. *Festival Management & Event Tourism*, 1(1), pp. 5-10.
9) Getz, D.(1997). *Event Management and Event Tourism*. NY: Cognizant Communications Corporation.
10) Fredline, E., Jago, L., Deery, M.(2003). The development of a generic scale to measure the social impact of events. *Event Management*. 8, 1, pp. 23-37.
11) 도비오카 겐(1992). 『이벤트의 마술』. 김영사.
12) 小坂善治郎(1996). イベント戦略の實際. 日本經濟新聞社, p. 43.
13) 態野草司(1998). 商店界イベント入門. 誠文堂, p. 13.
14) 김용상(1999). 국가이미지 국제비교에 관한 연구. 『관광정책학연구』, 5(2), pp. 87-104.
15) 이봉훈(1997). 『이벤트 교과서』, 계백.
16) 이경모(2000). 이벤트학의 개념에 관한 연구. 『관광경영학연구』, 10. pp. 133-156.
17) 손선미(2008). 『관광이벤트론』, 대왕사.
18) 조현호 · 서윤정 · 송재일(2006). 『관광이벤트의 이론과 실제』. 대왕사.
19) 서현선 · 최현규 · 임재국(2006). 지역축제 방문객의 참여동기와 만족, 행동의도에 관한 연구. 『서비스경영학 회지』 7(4), pp. 201-223.
20) 이은수(2007). 비엔날레 관람객의 방문동기가 행동의도에 미치는 영향: 2006 부산비엔날레 관람객의 방문특성을 중심으로. 『관광연구저널』, 21(3), pp. 349-361.
21) 이충기 · 이태희(2000). 경주세계문화엑스포에 대한 축제참가 동기분석. 『관광학연구』, 23(2), pp. 84-98.
22) 윤설민 · 박창규 · 이충기(2013). 여수엑스포에 대한 관광영향, 혜택 및 지지도 간 영향관계 연구: 지역주민 사전: 사후조사를 중심으로. 『관광학연구』, 37(9), pp. 207-229.
23) 조록환 · 이정은(2015). 농촌관광마을 축제의 경험과 몰입이 만족, 사후행동 간의 관계. 『Tourism Research』, 40(2), pp. 45-72.

24) 한국지방자치단체국제화재단(2006). 국제교류 매뉴얼: 지방자치단체.

25) 김화경 · 송흥규(2007).『호텔이벤트기획』, 대왕사.

26) Jago, L. & Shaw, R. (1994). Categorisation of Special Events: A Market Perspective, Tourism Down Under: Perceptions, Problems and Proposals, Conference Proceedings, Massey University, Palmerston North, pp.682-708.

27) 이경모(2010).『이벤트학 원론』. 백산출판사.

28) 조달호(1994).『창조적인 이벤트전략: 기업문화와 이벤트혁명』, 한국이벤트개발원.

29) 한국관광공사(2012).『이벤트산업발전방안』. 한국관광공사.

30) 임의택(2004).『이벤트론』, 대왕사.

31) Getz, D.(1997). Event Management and Event Tourism. NY: Cognizant Communications Corporation.

32) 이경모(2003).『이벤트학 원론』. 백산출판사.

33) 부소영(2002). 기획축제의 관광지 이미지에 관한 영향 분석. 경기대학교 대학원 박사학위논문

34) 김희진(2004).『세일즈 프로모션』. 커뮤니케이션북스

35) Fredline, E., Jago, L., Deery, M.(2003). The development of a generic scale to measure the social impact of events. Event Management. 8, 1, pp. 23-37.

36) Allen, J.(2005). Festival and special event management. Australia: John Wiley & Sons.

37) 김현주(2016). 한국문화관광연구원 웹진: 4차 산업혁명과 관광업의 미래.

38) 이호영(2001). 일본 이벤트 관련산업의 특성에 관한 고찰.『관광경영연구』, 11, pp. 174-199.

39) 강해상(2005). 축제평가체계에 관한 연구. 경기대학교 대학원 박사학위논문.

40) 이경모(2004). 축제평가체계에 관한 연구. 경기대학교 대학원 박사학위논문

41) 김한주(2003). 이벤트 서비스 품질과 만족간의 관계에 대한 연구: 이벤트 유형별 비교를 중심으로. 부산대학교 대학원 박사학위논문

42) 김창곤(2000). 문화관광축제 운영의 활성화 연구.『산업연구』 13, pp. 359-382.

43) 송건섭(2004). 지방정부 지역축제의 성과평가: 문화관광부지정 2002년 지역축제를 중심으로.『한국사회와 행정연구』, 14(4), pp. 339-359.

44) Baker, D. A. & Crompton, J. L.(2000). Quality, Satisfaction and Behavioral Intentions. *Annals of Tourism Research*, 27(3), pp. 785-804.

45) Herzberg, F., Mausner, B., & Snyderman, B. B.(1959). The Motivation to Work(2nd ed.). NewYork: John Wiley & Son.

46) 정민의(2003). 지역축제 기획요소에 관한 연구.『관광연구』, 5(2), pp. 35-46.

47) 조록환 · 이정은(2015). 농촌관광마을 축제의 경험과 몰입이 만족, 사후행동 간의 관계.『Tourism Research』, 40(2), pp. 45-72.

48) 월간조선(2009). 성공한 지방축제를 만든 사람들 함평 나비축제, 보령 머드축제, 화천 산천어축제 '파격적인소재'가 성공의 비결.『월간조선 6월호』.

49) 화천산천어축제 홈페이지(http://www.narafestival.com)

문화와 함께하는

관광학 이해

05편 문화명사 담론

조현재 석좌교수가 미래의 관광인들에게 들려주는

한국관광, 성공의 도미노를 만들어라

조현재

- 문화체육관광부 제1차관 (전)
- 문화체육관광부 관광산업국장 (전)
- 동양대학교 공공인재대학 학장 (현)
- 국제관광인포럼 회장 (현)
- 국제문화협력지원센터 이사장 (현)

조현재 석좌교수가 미래의 관광인들에게 들려주는

한국관광, 성공의 도미노를 만들어라

1. 관광산업의 중요성

월화수목금금금, 한국 직장인들의 일주일을 나타내는 말이다. 한국인들은 세계에서 가장 열심히(?) 일한다. 허리띠를 졸라매고 새벽부터 밤늦게까지 쉬지 않고 일해온 결과 한강의 기적을 이루고 세계 경제대국 반열에 올랐다. 제2차 세계대전 이후 독립한 나라들 가운데서도 가장 못살던 나라였던 대한민국이 반세기만에 세계 10위권의 경제 강국으로 도약할 것으로 예상한 사람은 아무도 없었다. 우리 민족은 무에서 유를 창조한 위대한 민족인 것이다.

24시간 공장이 돌아가고 땀 흘려 일한 대가로 압축 성장을 이룬 대한민국이지만 이제는 중국과 동남아시아 등 후발 개발도상국가들의 추격과 첨단 기술 중심의 선진국 사이에서 심각한 도전을 받고 있다. 사회는 양극화가 심해지고 청년 일자리 부족이 사회문제로 대두되고 있는 실정이다. 이에 정부는 수년 전부터 한국경제를 이끌어나갈 미래 먹거리산업의 하나로 일자리창출의 보고인 관광산업을 지목하고 다양한 지원육성방안을 강구해오고 있다.

여전히 한국을 대표하는 전략산업을 꼽으라고 하면 세계시장을 장악하고 있는 반도체와 휴대폰, 자동차, 조선 등을 들 수 있지만 일자리를 창출하고 지역경제를 지속적으로 발전시켜주는 효자산업은 다름 아닌 관광산업이다. 인공지능 알파고로 상징되는 4차산업혁명시대에는 우리의 상상을 초월할 정도로 사람의 역할이 줄어들 것으로 예상된다. 병원에서의 수술, 약 처방하는 약사, 법정에서의 재판과 변호, 대학교수들의 자리도 인공지능 로봇이 대체하는 시대가 바로 우리 코앞에 와있다. 인공지능이 인간을 대체하는 사회는 일자리의 소멸을 의미한다. 우리 청년들이 일생 동안 일해야 할 수많은 일자리가 머지않은 장래에 사라질 것으로 예상되고 있다.

관광산업의 중요성은 일자리 창출효과가 크다는 것에 국한되지 않는다. 선진국과 개발도상국을 막론하고 오늘날 세계 모든 나라들이 관광산업을 육성하려고 혈안이 되어 있는 데는 이유가 있다. 관광산업은 자연환경이나 문화역사적 유산을 가진 나라는 물론이고 중동 아프리카의 사막국가들처럼 자연환경이 불리한 나라들에서도 창의적인 아이디어와 매력을 만들어내면 충분히 경쟁할 수 있는 산업이기 때문이다. 산유국인 아랍에미리트연방의 두바이는 석유가 고갈될 것에 대비해서 관광산업을 국가 전략산업으로 정하고 인공섬을 만들어 세계 최대의 쇼핑휴양관광지를 조성하였다.*

* 바다를 매립하여 전 세계 국가모양의 인공섬을 만들고 해저호텔, 사막 실내스키장, 세계 최고급의 쇼핑몰 등으로 두바이는 상상과 창의력으로 무에서 유를 창조한 창조관광의 대표적인 사례로 꼽힌다.

관광산업은 지역경제를 살리는 대안산업으로도 떠오르고 있다. 오늘날 정보통신혁명, 교통혁명 등 세계의 어느 곳을 막론하고 대도시 집중현상으로 지역경제 공동화현상을 가져오고 있다. 이런 상황에서 지역경제를 지탱할 산업으로 관광산업의 중요성이 새삼 주목받고 있다. 지역의 자연과 역사문화, 축제, 음식 등을 소재로 한 지역관광산업으로 쇠락해가던 지역공동체의 명맥을 되살리고 지역경제의 재생이 이루어지기 때문이다. 예컨대, 순천만 갈대의 보존과 흑두루미 서식환경보존으로 순천은 연간 수천억의 경제적 효과와 지역주민의 일자리를 창출하고 한국의 대표적 관광지로 부상했다. 경기도의 위성도시인 광명은 과거 구로공단이 기능을 다하면서 서울의 베드타운에 불과했으나 버려졌던 광산을 개조하여 음악공연장과 와인창고, 다양한 스토리를 입힌 동굴 길을 만들어 내면서 일년 내내 백만 명 이상의 관광객이 찾는 새로운 관광명소로 탈바꿈하였고 광명의 이미지 역시 문화관광도시의 고급 이미지로 변신하는 데 성공하였다.

관광산업은 경제적 측면뿐만 아니라 국민의 삶을 윤택하게 하고 행복지수를 높여주는 매우 중요한 역할을 한다. 인간은 평생 일만 하려고 태어난 경제적 동물이 아니라 인간다운 삶 속에서 자아를 실현하고 행복을 추구하는 사회적 존재인 것이다. 여행을 통한 색다른 체험, 미지의 세계를 방문하는 경험은 인간에게 짜릿한 흥분과 행복감을 주고 평생 추억을 남기게 된다. 우리들의 삶 속에서 행복한 기억들을 돌이켜보면 학창시절의 수학여행, 친구와 연인과 함께하는 여행, 신혼여행, 자식들이 보내주는 효도여행 등 상당부분이 관광과 관련되어 있을 정도로 관광산업은 개인의 행복에 지대한 영향을 미치는 행복산업인 것이다.

2. 한국 관광산업이 당면한 과제

정부가 관광산업의 중요성에 대해 주목하고 관광산업을 국가전략산업의 하나로 육성하기 위한 다양한 정책적 노력을 기울이고 있는 것은 다행이 아닐 수 없다. 그러나 정부의 수차례 지원정책 추진에도 불구하고 한국의 관광산업이 눈에 띄게 달라진 것을 보기는 어렵다. 다보스포럼으로 알려진 세계경제포럼(WEF: World Economic Forum)이 발표한 우리나라의 관광경쟁력은 25위에서 최근에는 29위로 갈수록 후퇴하고 있는 실정에 있다. 반도체나 자동차, 휴대폰, 전자산업 등은 세계 최고의 경쟁력을 자랑하지만 관광산업의 경쟁력은 아시아에서도 일본과 싱가포르, 태국, 말레이시아 등 동남아국가들에 비해서도 한참 뒤처지는 것으로 평가되고 있다. 이런 사정을 반영하듯이 우리 국민들은 국내 관광지를 외면하고 해외로만 발길을 돌리고 있는 실정이다. 2015년 외국으로 여행을 떠난 한국인은 2,100여만 명으로 사상 최대 기록을 경신했으며 우리보다 인구가 두 배 이상 많은 이웃 일본인의 해외 여행객 수 1,700여만 명을 훨씬 능가했다. 국내

관광지가 우리 국민들의 외면을 받는 이유는 여러 가지 원인이 있겠으나 기본적으로 우리 국민들로부터 가보고 싶은 마음을 얻지 못했기 때문일 것이다. 이는 그동안 우리나라가 제조업 중심의 산업정책을 추진해 오면서 공공분야에서 관광 인프라에 대한 투자를 소홀히 해온 탓도 있다. 또한 선진국에 비해 턱없이 적은 휴가만 허용되는 일중독 사회의 영향*으로 관광 및 여가에 대한 국민적 수요가 부족하여 민간분야에서 관광산업에 대한 투자가 미약했기 때문에 국내의 관광지들이 소득수준이 높아진 우리 국민의 눈높이를 맞추지 못하고 있는 것도 원인이 아닌가 생각된다.

최근 높아진 우리 경제의 위상과 전 세계적인 한류열풍에 힘입어 외국인 관광객 수가 지속적으로 증가하고 있고 특히 인접국이자 세계 최대 인구보유국인 중국관광객이 큰 폭으로 늘어나고 있다. 2015년 한국을 방문한 외국관광객 숫자는 1,700여만 명에 달했고 그 중 절반 가까운 800여만 명이 중국관광객이었다. 하지만 최근 고고도미사일방어체계 사드(THAAD) 배치 문제를 둘러싼 양국 간 갈등으로 중국정부가 취한 한한령, 한국관광금지조치 등으로 중국관광객의 방한 숫자는 큰 폭으로 감소할 전망이며 이는 한국관광산업에도 큰 피해를 줄 것으로 예상되고 있다. 이처럼 한국 관광산업은 대내적으로는 휴가문화의 미성숙으로 인한 고질적인 내수** 관광수요부족과 국내 관광지에 대한 공공 및 민간부문의 투자 부족, 국제정치적 환경과 환율, 메르스 등 외부적 환경에 매우 취약하다. 관광산업에 대한 위기상황이 닥치더라도 이를 견뎌내고 극복할 수 있는 기초체력과 지구력이 부족한 실정인 것이다.

3. 한국 관광산업의 경쟁력, 어떻게 확보할 것인가?

국내 관광산업이 이제 인공지능시대 청년들의 일자리를 제공하고 지역 경제를 살리며 국민들의 행복지수를 높이는 국가 기간산업으로서의 위상을 부여받고 있다. 미래 먹거리산업으로 관광산업이 제대로 자리매김하기 위한 과제는 무엇일까? 4차경제혁명시대의 혁신 트렌드를 바로 읽고 정부와 민간기업이 기간산업으로서의 관광산업을 육성하기 위해서는 과감하게 발상의 전환을 가져와야 한다. 우리 관광산업이 처한 현실과 문제점을 냉철하게 분석하고 임시처방이 아닌 근본적인 처방을 내리고 긴 호흡으로 차근차근 추진해 나가야 한다.

---

* 우리나라 노동자의 연간 노동시간은 2,285시간으로 OECD 국가 중 최장시간이며 연간 유급 휴가일은 10일로 가장 적게 쉬는 나라이다.

** 관광산업이 지속가능한 성장을 해나가기 위해서는 안정적인 내수 기반을 바탕으로 외국 관광객(일종의 수출산업) 수요를 견인해야 한다. 미국, 일본, 유럽국가들을 보면 자국 관광산업 총량에서 내수비중이 80% 이상을 차지하고 있으나 우리나라는 60% 수준에 그치고 있어 내수확보를 위한 정책을 더욱 강화할 필요가 있다.

사실 우리나라는 3면이 바다에다 국토의 70%가 산이며 5천년 역사의 문화유산을 지니고 있을 뿐만 아니라 친절한 국민성과 지역마다 특색 있는 음식과 지역 축제 등 관광산업에 유리한 조건을 충분히 갖추고 있다. 국내 인구도 5천만 명으로 작은 규모가 아닐 뿐더러 2시간 거리에 인접국인 중국과 일본을 역내 관광시장으로 활용할 수 있는 지리적 이점까지 갖추고 있다. 한국의 다도해는 지중해의 에게해를 능가하는 풍광을 자랑하며 세계적인 리아스식 해안과 세계 최대의 갯벌을 보유한 해양관광의 잠재력을 갖고 있는 곳이다. 그럼에도 불구하고 수많은 해수욕장이 내국인의 외면을 받고 있는 이유는 천혜적인 관광자원을 보석으로 만들지 못하고 있는 우리들의 미적 디자인 능력의 부족과 품격 있는 관광자원으로 업그레이드하지 못한 투자부족에 있다.

국내 관광지의 대부분이 천편일률적인 식당과 지역특산물 상점 등의 구조에서 벗어나지 못하고 있고 관광지의 건물에서 미적 디자인 감각이나 독특한 예술적인 건물을 찾아보기 어렵다. 무한경쟁시대에 돌입한 관광산업 시장에서 살아남기 위해서는 국내 관광지의 디자인을 획기적으로 개선하지 않으면 안 된다. 3면이 바다이고 전국에 수백 개의 해수욕장이 있지만 관광디자인 개념을 적용하여 해수욕장의 예술적인 감각을 살린 곳은 극히 드문 실정이다. 외국의 경우 해수욕장이나 유서깊은 도시에 철저하게 관광디자인 정책을 시행하고 있다. 산토리니를 비롯하여 유럽의 많은 도시들은 건물의 지붕 색과 창틀 색까지도 특정한 색으로 관리하면서 도시에 디자인적 개념을 도입하고 있는 것을 볼 수 있다. 안도 다다오가 설계한 일본 나오시마의 예술섬, 스페인의 빌바오미술관, 시드니의 오페라하우스 등 이제 사람들은 디자인과 예술적인 건물을 보기 위해 여행지를 선택한다. 다행히 우리나라도 이제 디자인의 중요성에 대해 주목하고 있다. 서울시가 가장 먼저 디자인도시로서의 서울 재설계에 나섰고 많은 지자체에서 도시 디자인에 대해 관심을 기울이고 있다. 우리나라 도시계획의 지구단위 계획에서 디자인이 보다 더 중요한 개념으로 자리 잡아야만 관광의 경쟁력을 확보할 수 있을 것이다.

4차산업혁명시대 무한경쟁이 벌어지고 있는 관광산업 전쟁에서 이기기 위해서는 관광정책의 수립과 집행, 개별 관광기업의 관광사업 추진에 있어 빅데이터를 최대한 활용해 나가야 한다. 데이터를 통해 이제 우리는 사람들의 선호와 취향, 선택의 원인 등을 파악할 수 있는 시대를 맞이하고 있다. 세계에서 스마트폰 보급률이 가장 높고 IT를 선도하고 있는 나라가 대한민국이다. 당연히 관광산업에서도 빅데이터를 활용하여 사람들의 취향을 발 빠르게 분석하고 가장 편리하고 만족스러운 서비스를 제공할 때 관광산업의 경쟁력을 확보할 수 있을 것이다. 이미 2015년 「한국관광 100선」 선정 당시 문화체육관광부와 한국관광공사는 지자체의 지역 대표 관광지 추천과 함께 블로그, 트위터, 커뮤니티 등 온라인내 7천2백만 건의 빅데이터에서 '여행', '휴가', '즐겁다' 등 다양한 연관어를 과학적으로 분석해 국민들의 최근 여행 선호도를 반영하여 한국의 대표적인 관광지를 선정한 바 있다. 이제 스마트폰 속에 모든 정보가 편입되고 스마트폰으로 생활의 거의 모든 것들이 이루어지는 스마트폰 블랙홀 시대가 진행되고 있고 대세를 거스르기 어려운 상황이다. 세계에서 가장 스마트폰을 잘 사용하는 엄지족 대한민국은 관광산업에서도 스마트관광의 선도국으로서의 위치를 공고히 해야 한다. 국내 영세한 관광기업들이 스마트관광에서 앞장 서 갈 수 있도록 연구개발(R&D)과 정책자금 지원 등 다양한 지원책이 뒤따라야 한다.

4. 성공의 도미노정책이 필요한 한국관광

2002년 월드컵대회를 앞두고 우리나라는 단기간 내에 공공화장실을 세계 최고 수준으로 업그레이드하는 데 성공한 경험을 갖고 있다. 우리 국민은 마음만 먹으면 단시일 내에 기적처럼 보이는 일들을 해내는 능력을 갖고 있는 위대한 민족이다. 4차산업혁명시대에 한국이 특장점을 갖고 있는 스마트관광, 빅데이터를 활용한 과학적 관광정책을 바탕으로 관광산업 전반에 디자인 개념을 도입하여 추진해 나간다면 관광산업이 대한민국의 기간산업으로 우뚝 서게 될 것이다. 이를 위해서는 멋진 성공사례가 나타나야 한다. 다도해 어느 해수욕장을 재개발하여 디자인 개념을 도입한 예술적 해수욕장으로 성공시킬 수 있다면 이러한 성공은 전국의 해수욕장으로 퍼져나가고 대한민국은 해양관광의 천국이 될 것이다. 국토의 70%를 차지하는 산지의 규제를 합리적으로 풀어서 세계적 디자인 거장이 설계한 알프스의 산악관광지를 능가하는 산악관광지를 하나만 탄생시킨다면 전국에 수많은 세계적 산악 관광지가 뒤따르게 될 것이고 대한민국은 세계적 산악 관광국가로 거듭날 수 있을 것이다. 우리나라의 관광산업이 성공할 수 있는 비결은 세계 최고 수준의 디자인 관광 성공사례를 통해 성공의 도미노 효과를 가져오게 하는 것이다. ☺

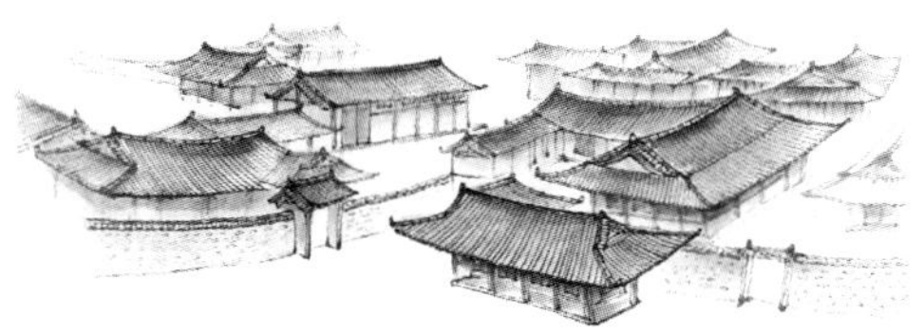

제 5 편

관광사업의 새로운 접근

제 1 장

빅데이터시대의 관광정보

변성희

한국관광정보정책연구원 연구원장
(현 동의대학교 관광컨벤션연구소 연구교수)

일본 쯔쿠바대학 공학연구과에서 전자정보전공으로 박사 과정을 수료했으며, 경주대학교에서 관광학 박사학위를 받았다. 경주대학교 초빙교수, 한국관광정보정책연구원장을 거쳐 동의대학교 관광컨벤션연구소 연구교수로 있으며, 관광정보 부분과, 디지털스토리텔링, 지역문화관광자원의 가치, 세계유산 등에 관한 논문과 경주 최부자의 노블리스오블리제, 축제 기획 등 다수의 프로젝트와 특강 등 활발한 강의와 연구 활동을 병행하고 있다.

✉ byseong@hanmail.net

정유준

경주대학교 항공 · 관광경영학부 관광사업경영전공 교수/기획조정실장

경기대학교 일반대학원을 졸업했고, 경기대학교에서 관광학 박사학위를 받았다. 한국문화관광연구원 연구원, 경기대학교 평생교육원 관광학부 교수, 송곡대학교 초빙교수 등을 거쳐 현재 경주대학교 교수로 재직 중에 있다. 저서인 「SPSS 17.0을 활용한 사회과학연구조사방법론」(공저)을 비롯하여, 〈관광자의 SNS 이용특성과 여행소비행동 간의 관련성 연구〉 등 다수의 학술논문 실적을 보유하고 있으며, 〈삼척 이사부장군 선양사업 기본계획 수립 연구〉 등 여러 지자체 연구프로젝트를 진행한 바 있다. (사)관광경영학회 사무국장직을 수행하였으며 현재는 (사)한국관광학회 정회원으로 활동 중이다.

✉ cav77@gu.ac.kr

제 1 장

빅데이터시대의 관광정보

변성희·정유준

정보 홍수 시대이다. 관광정보 또한 예외가 아니다. 관광 시장에서 관광정보에 대한 요구는 나날이 늘어가고 있고, 네트워크 발달에 따른 공유화도 증대되어가고 있는 실정이다. 하지만 제공되는 정보가 너무 많아 꼭 필요한 정보인지, 내가 원하는 정보의 범주인지, 제공된 정보는 정확하고 적절한지를 판단하기가 상당히 힘들다. 또한 관광정보란 용어의 정의조차도 명확하지 않다. 관광학술지들에서도 관광정보를 번역한 내용을 보면 travel information, tourism information, tourist information 등 다양하지만 명확하게 정의되어 있지 않다. 이러한 의미는 우리나라에서 관광정보라는 말이 광범위하게 쓰이고 있지만 국제적으로 통용되는 용어는 아니라는 것이다. 따라서 관광정보의 정의를 되새겨볼 필요가 있다. 이를 위해 먼저 데이터와 정보는 어떤 의미인지, 수많은 널려진 데이터를 뜻하는 빅데이터 또한 어떤 의미인지와 어떻게 사용되는지 살펴보고 아울러 본 장에서는 우리나라 관광정보의 역사와 스마트관광의 의미도 같이 살펴본다.

제1절 관광정보의 개요

1. 관광과 정보통신기술

모바일애플리케이션 SNS, 스마트폰 등을 이용한 ICT(정보통신기술: Information Communication Technology)의 발달은 일상정보가 디지털 정보로 변환되어 우리의 생활 곳곳에서 적극 활용되고 있고 관광분야에서도 커다란 변화를 가져오고 있다. 그 예로 개별 여행자(FIT: Free Independent Traveler)에 있어서 가장 큰 장애요인의 하나였던 현지인과의 의사소통 문제, 관광지 정보의 획

득 등이 관광가이드나 현지인을 통해서가 아닌 모바일 기기와 콘텐츠를 활용함으로써 일정부분 해결되고 있고, 또한 SNS를 통해 개인의 관광체험과 관련 정보가 신속하게 공유·확산됨으로써 관광객의 관광목적지 혹은 관광상품의 선택에 영향력을 행사하고 있다. 이렇듯 ICT의 발달과 스마트시대의 도래는 관광분야에서도 패러다임의 변화를 요구받고 있으며, 이러한 환경변화에 대응하고 경쟁력을 확보하기 위한 수단으로 ICT를 관광산업에 전략적으로 활용하는 스마트투어 체제로 개편 중이다.[1)2)]

즉, 스마트폰, 위치기반서비스(LBS), 가상현실 등 IT 기술과의 융합으로 새로운 관광서비스가 늘어나고 있다.[3)]

2. 데이터(Data)와 정보(Information)

유용한 정보를 얻기 위해, 원자료(raw data)를 내게 필요한 자료(processed data)로 만들기 위해서는 올바른 처리가 뒤따라야 한다. 새로운 정보를 생산하기 위해서는 입력, 출력, 처리 등의 과정을 거쳐야 하는데, 이 과정을 정보처리과정이라 한다.

• 데이터와 정보

학교가 경주인 울산에 사는 두 학생 A, B가 있다고 가정해보자. 두 학생은 매일 오전 8시에 울산 시외버스 정류장에서 울산에서 경주로 가는 버스를 타고 등교하고 있다. 3월의 어느 날, 학생 A가 여느 때처럼 7시에 아침을 먹으며 TV 뉴스를 보고 있었다. 뉴스에서는 경주에 지금 폭설이 내리고 있다는 소식을 전하고 있었다. A는 혹시 눈 때문에 늦을지 몰라 평소보다 20분 일찍 경주로 가는 버스를 탔지만 버스는 많은 눈으로 인해 차도 막히고 운행시간도 늦어 30분이나 늦게 경주 정류장에 도착했다. 더구나 학교로 가는 시내버스도 운행하지 않아 택시를 타고 거의 10시가 넘어 학교에 도착했으나 학교는 폭설로 인하여 오전 6시부터 임시 휴교령이 내려 있었다. A는 억울하고 허탈한 기분으로 다시 집으로 돌아갔다. 그런데 친구인 B는 보이지 않았다. 며칠 후 A는 B를 울산 시외버스 정류장에서 만나 며칠 전의 이야기를 하소연했다. B도 똑같이 그 날 9시부터 수업이 있었지만 B는 아침 뉴스를 본 순간 학교로 연락을 취해 임시 휴교령이 내려진 사실을 알게 되어서 경주로 가지 않았던 것이다. B로부터 위안을 받고 싶었던 A였지만 사실을 알게 되면서 허탈감을 감출 수 없었다.

위와 같이 경주에 폭설이 내린다는 사실(fact, data)은 서울이나 부산에 사는 사람에게는 수많은 데이터의 하나이고 정보는 아니지만 경주로 학교를 다니는 A와 B에게는 놓치면 안 되는 정보인 것이다. 이처럼 정보는 세상에 널려 있는 데이터 중 본인과 관련 있는 데이터가 정보인 것이다.
하지만 A와 B처럼 같은 정보를 얻고도 제대로 된 의사결정을 못한다면 전혀 다른 결과(돈 낭비, 시간 낭비)를 얻게 되는 것이다.

※ 왜 컴퓨터인가?
우리에게는 널려 있는 데이터를 나와 관련 있는 정보로 어떻게 만들고, 만들어진 정보를 어디에 보관하며, 필요할 때 얼마나 빨리 적재적소에 사용할 것인가가 가장 큰 과제이다. 이렇게 데이터를 정보로 만들고, 보관해주며, 빨리 찾아주는데 가장 유용한 기계가 컴퓨터라서 정보처리장치로서 컴퓨터를 이용하고 있다. 아직은 그 실용성 면에서 컴퓨터를 쫓아가지 못하고 있지만 그 자리를 스마트 기기가 빠르게 대체하고 있다.

일반적으로 정보와 데이터는 구분 없이 사용되고 있지만, 컴퓨터에서는 구별해서 사용하고 있다. 정보처리과정에서 입력되는 데이터란 특정한 목적을 위해 처리되지 않은 상태, 즉 관측, 측정, 통계로부터 얻어진 객관적 사실로 문자, 수치, 도형, 화상, 음성 등 사람이 지각할 수 있는 형태로 나타낸 것을 말한다. 정보(information)란 정보처리과정의 출력물로서 문자나 수치 등을 가공 처리하여 유용한 의미가 부여된 데이터이다. 이때 이 정보는 의사결정을 내릴 수 있는 데이터로 만들어져야 한다.

개별적인 자료만으로는 자체로 고유한 의미를 지니고 있지만, 의사결정에 유용한 단서를 제공해 주기는 매우 힘들다. 반면에, 정보처리를 끝낸 정보는 의사결정자의 의사결정에 필요한 정보를 제공해 주며, 그 정보는 의사결정자의 의사결정에 도움을 주게 된다.

그림 1-1 컴퓨터를 통한 정보처리과정

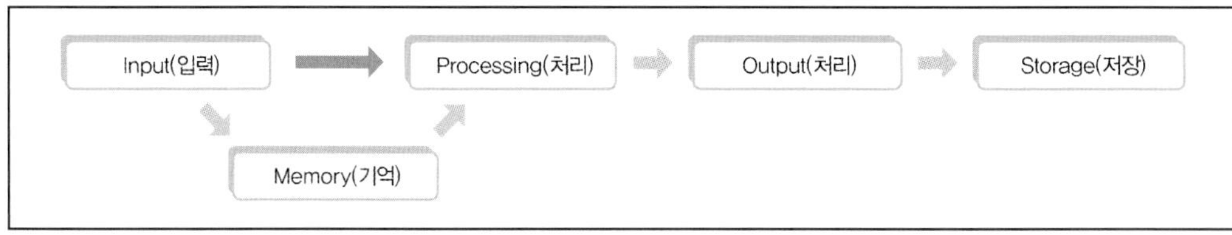

3. 정보의 요건과 특징

'Garbage in－garbage out'이라는 말이 있다. 즉, 입력되는 데이터가 정확하지 않으면 그 출력물도 마찬가지로 쓰레기일 수밖에 없다는 말이다. 그렇다면 질 좋은 자료를 투입하면 무조건 질 좋은 정보를 생산할 수 있는가? 좋은 데이터가 좋은 정보를 무조건 보장하는 것은 아니다. 따라서 제대로 된 정보를 만들고 보관하고 사용하기 위해서는 정보의 질을 결정할 수 있는 정보의 요건인 정확성, 적시성, 적합성, 형태부합성을 고려할 필요가 있다.

(1) 정확성(Accuracy)

정확성은 정보의 질을 논할 때 가장 중요한 요건으로 정보가 정확한 사실인지의 여부를 의미한다. 관광정책이나 관광에 관한 예산 등을 수립하는데 있어서 정보가 정확하지 않다면 효율적인 정책수립도 힘들고 이는 예산의 낭비 등 불만요인으로 작용할 수밖에 없다. 예를 들어, 축제에 있어서 방문 관광객 수가 정확하지 않다면 다음해 축제의 교통, 식수 인원 수, 경제적 효과 등 모두가 어긋나 예산 낭비는 물론 혼란마저 야기할 수 있는 것이다.

한 가지 고려할 사항은 요구되는 정확성의 정도이다. 예를 들어, 회계부서에서는 몇십 원까지의 정확한 정보를 필요로 할 수도 있으나, 정확한 측정을 할 수 없는 다른 곳(식수 인원 등)에서는 다른 정확성을 요구할 수도 있다.

(2) 적시성(Timeliness)

정보의 적시성이란 정보의 시간적 가치를 의미하는 것이다. 흔히 말하는 꼭 필요한 때인가? 의사결정을 위해서 똑같은 정보라도 시간에 따라 정보의 가치가 달라진다는 것을 의미한다. 정보는 시간의 흐름에 의해 그 가치가 달라지게 마련이다. 무엇보다 중요한 것은 필요한 순간에 그에 맞는 정보를 가지고 있어야 한다는 것이다. 예를 들어, 야구 시합에 있어서 똑같은 안타라도 주자가 있을 때와 없을 때 치는 안타는 그 가치가 엄청나게 달라진다. 연봉협상을 할 때 주자가 있을 때 안타를 많이 치는 선수, 즉 타점이 높은 선수의 연봉이 높아지는 것은 당연한 것이다.

(3) 적합성(Relevancy)

정보의 적합성에서 가장 큰 논점은 정보가 의사결정과 직접적으로 관련이 있는가 하는 문제이다. 의사결정 처리와 관련이 없는 정보는 정보를 처리함에 있어 시간만 소비하게 되는 즉 시간 낭비를 가져오므로 부적절하다고 할 수 있겠다. 흔히 말하는 적재적소란 말과 부합한다. 효율적인 결과를 만들어내기 위한 적합성은 필수불가결한 요소이다.

(4) 형태부합성(Presentability)

정보에 있어서 형태부합성이란 정보가 과연 사용자가 원하는 형태로 제공되는가의 여부를 의미한다. 경우에 따라서 숫자로 혹은 문자로 수요자가 원하는 형태로 나타남으로써 목적하는 바에 맞게 정보를 나타낼 수 있는 것이다. 지나치게 상세한 정보보다 전반적인 흐름을 파악할 수 있는 정보를 제공하는 게 좋을지, 보다 구체적인 형태로 제공되는 것이 좋을지를 판단해야 한다. 어떤 경우에는 그래프 형태로, 다른 경우에는 표 형태의 정보를 제공하여 정보사용자 필요에 따라 제공되는 정보의 형태가 정해져야 함을 의미한다.

위와 같이 4가지 요건(정확성, 적시성, 적합성, 형태부합성)에 맞는 정보가 질 좋은 정보가 되며, 의사결정자가 의사결정을 함에 있어 매우 유용하게 사용할 수 있을 것이다. 그러나 의사결정 과정은 결국 의사결정자에 의해 이루어지며, 일반적으로 사람들은 자기가 행동하는 방식으로 지속적으로 행동 혹은 생각하는 경향인 상동적 태도(stereotyping, 고정관념과 유사한 개념)에 의해서 결정되는 경우가 많다.

〈표 1-1〉 정보의 특징

복사 가능성	사본, 원본의 구별이 없으며, 상품은 새로 생산될 때마다 똑같은 비용이 추가되지만 정보는 일단 생산되면 정보에 따라 무한 복제가 가능
비소비성	정보는 다른 상품과 달리 노후화되거나, 감가상각되어 없어지지 않고 사용할수록 가치가 높아질 수도 있는 형태
누적효과성	정보데이터베이스에서처럼 정보가 누적되면 될수록 가치나 효용이 증가
비이전성	정보자원은 배분한다고 해서 없어지거나 줄어들지 않으며 오히려 새로운 사용자가 생김으로써 가치가 더욱 증가하는 특징을 가짐.
지속적 활용성	한번 생성된 정보는 소멸되지 않으며, 도구에 따라 저장 기능을 사용하여 지속적으로 활용이 가능함.
양면성	정보는 생산자와 소비자의 구별이 모호함. 생산자인 동시에 또한 소비자의 역할
적재적시성	정보는 필요한 시간, 필요한 장소에 따라 그 가치가 결정되고, 시간이 지남에 따라 적절하고 지속적으로 갱신되어야 그 가치를 유지할 수 있으며, 똑같은 정보나 유사한 정보가 시간적으로 나중에 생산된다면 정보로서의 가치는 거의 전무함. 따라서 정보를 생산함에 있어 정확성 못지않게 신속성이 중요함. 이런 정보의 특성이 정보사회를 지속적으로 변화, 발전할 수 있게 하는 중요한 계기가 됨.
형태부합성/ 매체의존성	정보는 다른 상품과는 달리 어떤 매체를 이용하느냐에 따라 책, 전자문서, 음성, 화상 등의 다양한 형태로 나타남. 따라서 활용하는 매체에 의존하는 매체의존성을 지님.

4. 정보와 관광정보의 정의

(1) 정보의 정의

정보에 관한 정의는 전통적인 관점, 행동과학적 관점, 정보이론적 관점 등 다양한 측면에서 정의되어 있고 그 내용은 〈표 1-2〉와 같이 요약할 수 있다.

〈표 1-2〉 정보의 정의

Oxford 사전	어떤 주제나 사실에 관하여 전달되는 지식
Webster 사전	다른 사람에 의하여 전달되거나, 개인의 연구와 발명에 의해 얻어지는 지식, 또는 특수한 사건이나 상태 등에 관한 지식
다다가즈오	정보는 행위에 우선하여 알아야 할 필요가 있는 모든 지식
Allen W. Dulles	정보란 행동의 방침을 결정하는데 있어 미리 알아두어야 할 일체의 사항
류-신페이	정보란 수신자 측에서 보면, 무엇인가 알기 위하여 받는 자극이며, 그 발신자 측에서 보면 어떤 대상에서 알리기 위한 자극으로 볼 수 있는 것
세라	생물학자들이나 사서들이 사용하는 정보의 의미는 사실이다. 그리고 정보는 우리의 오관인 감각기관을 통하여 우리가 수신하는 자극
요비쯔	의사결정에 가치 있는 데이터를 정보라고 정의하고, 정보는 의사결정을 행하기 위하여 사용되어지는 것
샤논	인간과 인간 사이에서 전달되는 일체의 기호계열(문자나 기호 등 모든 정보전달매체)

(2) 관광정보의 정의

〈표 1-3〉 관광정보의 정의[4)]

연구자	내용
황경진	관광대상에 대하여 관광객의 관광욕구충족을 위한 관광행위의 수단으로서 관광객이 얻고자 하는 사전, 사후의 총체적 지식획득
교통개발연구원	관광현상과 직·간접적으로 관련된 정보/관광객과 관광자원, 관광지, 관광산업 등의 수요와 공급에 관한 통계자료와 제시된 자료의 분석결과치로서 객관적으로 계량화된 일체의 자료
최병길	국내외의 관광관련업체에서 관광객 또는 여행자를 위해 제공되는 자료
박희석	관광객에게 관광환경과 관련된 관광활동의 특정한 목적을 위하여 가치 있는 형태로 처리 가공된 자료나 정보원
김홍운	관광객의 목적지향적인 행동에 요구되는 유익한 일체의 소식
이명진	관광객들이 관광행동을 선택결정하는 데 필요로 하는 정보를 제공할 목적으로 관광경험에 관한 정보를 수집하고 가치를 평가하여 이를 근거로 관광지와 관광지 내에서의 여가활동에 대한 정확하고 유익한 정보를 제공하고, 안내 및 해설을 통하여 관광객들의 만족수준을 높임은 물론, 관광지의 관리도 용이하게 하는 것

관광정보는 일반적으로 관광환경과 관련된 관광활동의 목적을 위해 가치 있는 형태로 가공된 자료나 정보원을 말하는데, 관광정보를 번역한 내용을 보면 travel information, tourism information, tourist information 등 다양하지만 명확하게 정의되어 있지 않다. 이러한 의미는 우리나라에서 관광정보라는 말이 광범위하게 쓰이고 있지만 국제적으로 통용되는 용어는 아니라는 것이다.

관광정보는 연구견해와 범위에 따라 여러 형태로 정의될 수 있고, 따라서 명확한 정의를 내리는 것은 사실상 쉽지 않지만, 〈표 1-2〉, 〈표 1-3〉에 의거하여 관광정보의 개념을 정의하자면, 관광정보는 "관광객에게 관광욕구를 충족시키고 관광행동을 결정하는데 있어서 필요한 정보, 관광사업자와 관광기관 등 관광수요와 공급 그리고 관광행동에의 의사결정에 필요한 정보"라고 할 수 있다.

관광정보란 관광을 위한 정보이다. 따라서 그 목적에 따라 여러 가지 형태로 표현 가능하다. 관광수요자를 위한 정보, 관광공급자를 위한 정보, 아니면 여행을 위한 정보 모두가 넓은 의미에서 관광정보라 할 수 있다. 예를 들어, 특정지역의 여행을 위한 정보가 필요하다면 관광정보는 지역정보, 날씨, 숙박현황, 교통 등이 여행을 위한 정보로 정의될 수도 있고, 보다 넓게 관광 생산자 입장에서 보자면 요즈음 젊은이들이 어떤 음식을 좋아하는지, 무엇을 보고 즐기는 것을 좋아하는지 등 먹을거리, 즐길거리 등에 대해 조사하고 향후 계획을 세우기 위한 모든 자료들을 관광자료라 할 수 있겠다. 심지어는 SNS의 발달로 관광을 하기 전에 먼저 경험한 사람들의 여행후기, 사진, 특정 음식점이나 숙박장소의 위치, 선호도 등을 나타내는 블러그, 페이스북 등 모두가 관광정보가 된다. 따라서 관광정보는 관광공급자와 관광수요자 모두의 의사결정에 관계되는 모든 정보를 관광정보라 할 수 있을 것이다.

하지만 너무 많은 정보는 관광공급자, 관광수요자 모두에게 내게 맞는 정보를 어떻게 취득하고 저장할 것인가를 고민하게 한다. 소위 빅데이터라 부르는 관광정보에 관한 내용도 무엇인지 관광산업에서는 어떻게 다루어야 할지도 살펴보아야 할 것이다.

제2절 한국 관광정보의 역사

관광정보라는 용어가 보편화된 시기는 관광정보의 대중화, 즉 관광객들에게 변화하는 정보를 실시간으로 탐색 가능하고 그 결과를 모두가 공유할 수 있게 되면서부터이다. 한국에서 관광정보 가치성은 관광의 대중화현상이 가속화되고, 관광정보교류의 필요성이 증가하면서 더욱더 커

져갔다고 할 수 있다.[5] 따라서 한국관광정보의 전개과정은 정보의 공유가 일상화된 온라인 정보시대로부터 시작되었다고 보아야 할 것이다. 관광정보가 한국에서 본격적으로 논의된 시점은 호텔관광부문이나 여행항공부문에서 관광정보시스템을 활용하고 실무에 본격적으로 이용되면서 부터라 할 수 있다.[6] 이때부터 학계에서도 관광정보에 대한 학문적인 정립의 필요성이 제기되었다. 그러나 관광정보연구의 본질은 온라인뿐 아니라 오프라인에서도 구전이나 인쇄관광정보 및 직접경험에 의한 정보분야의 연계성을 포괄한 접근이 전제되어야 한다.[7]

1. 한국관광정보의 역사적 전개

(1) 한국관광정보의 태동

한국에서의 관광정보는 해방 후 1950년대를 그 출발점으로 볼 수 있다. 이 시기에 세계적으로는 컴퓨터가 출현하고 새로운 정보혁명시대를 맞았으나, 한국의 경우에는 단순한 오프라인 상의 정보교환이 이루어지는 시대였다. 관광정보수집의 경우 관광객 자신이 직접 수배를 하거나 유관기관을 통해 사전 예약을 하는 실정이어서 관광정보 역시 걸음마 수준의 단계라고 할 수 있다. 1958년에는 관광위원회가 발족되고 최초의 해외선전간행물인 웰컴 투 코리아가 만들어져 외국에 배포됨으로써 국제관광정보사 측면에서는 역사적인 전기를 맞게 되었다.

(2) 관광정보의 도입기

컴퓨터의 출현은 관광정보의 전기를 맞게 되었으며, 정보의 공유라는 관점에서 새로운 패러다임이 형성되는 시기였다. 컴퓨터의 발전으로 1960년대 초 미국 아메리카항공에서 세이버(SABER)를 필두로 개발되기 시작한 예약시스템(CRS: computer reservation system)이 관광정보 분야에서도 컴퓨터를 활용하기 시작하였다. CRS의 출현은 항공업무의 능률극대화나 예약뿐 아니라 여행전반의 서비스를 통합 운영할 수 있는 고부가가치 통신시스템이 등장했다는 데에 관광정보의 발전을 위한 새로운 전기를 맞게 되었다.

CRS가 항공분야에 일찍이 응용한 덕분에 항공권의 예약이나 항공사 내부의 업무효율성에 상당한 공헌을 함으로써 한국관광정보에 기여하였다. 특히 CRS는 GDS(Global Distribution System)라는 시스템으로 발전하면서 관광산업에서 서로 관련된 기업군 즉 항공사, 호텔, 여행사, 렌터카 그리고 크루즈까지 광범위하게 확산되어 있다. 컴퓨터 시스템에 의해 여행사, 항공사, 호텔 및 기타 관광 관련 기업이 동시에 연결되고, 공유 네트워크를 통해서 사용자의 공동체로 그 효용성

이 증대되고 있다.[8)]

(3) 관광정보의 성장기

1980년대와 1990년대 중반에 접어들어 관광정보는 본격적인 정보시스템과 내부적인 네트워크를 구축하고 활용하는 시기에 접어들었다. 1970년대의 관광정보 분야에서 엄청난 사건은 CRS의 성공이며 관광관련 전 분야에 상당한 파급효과를 가져왔다는 것이다. 이를 바탕으로 1980년대에 들어와서는 관광정보 분야에서 관광기업내부네트워크가 더욱 강화되고 관광기업 전반에 걸쳐 관광정보시스템의 적용이 보편화되고 발전하였다. 이 시기에 주목해야할 부분은 관광지 내에서 사업을 운영하는 독자적인 정보시스템들이 종합적으로 연계되어 공동으로 통합적인 운영이 시작되었다는 점이다. 특히 1980년대의 관광정보시스템 분야에서 컴퓨터의 디지털 정보처리가 시작된 이래 가장 큰 획기적인 사건은 퍼스널 컴퓨터(PC: personal computer)의 출현이며 1990년대는 인터넷의 등장으로 볼 수 있다.[9)] 이러한 퍼스널 컴퓨터가 출현한 초기에는 개인이 주로 문서처리, 데이터 저장, 간단한 계산을 목적으로 개인컴퓨터를 사용하였으며, 인터넷이 일반화되기 이전에 개인컴퓨터의 활용 영역은 관광정보분야에는 항공예약정보, 호텔관리정보, 목적지관광 등 소프트웨어 시스템의 활용분야에 집중하여 활용되었다.

국내관광정보의 경우 1980년대에도 여전히 퍼스널 컴퓨터의 활용이 보편화되지 않은 관계로 호텔이나 여행사 등 관광기업에서 관광정보시스템이 구현되지 않고 오프라인에 의존하였다. 1990년대에 들어서서 한국도 개인컴퓨터가 도입되면서 관광기업경영관리 측면에서 관광정보기술이 관광수익성 확보에 매우 중요한 수단이라는 인식이 강화되면서 집중적인 관심을 가진 시기였다. 또한 한국에서 관광정보시스템이 본격적으로 논의되고 도입된 기간은 개괄적으로 1990-1994년으로 보아야 할 것이다.

(4) 관광정보의 성숙기

1990년대 중반 이후 인터넷의 보급과 함께 WWW(world wide web)가 본격적으로 등장함에 따라 관광분야에 새로운 혁신을 가져오는 계기가 되었다. 이러한 인터넷 기술을 기반으로 하여 1990년대 후반에 들어서서는 대부분의 관광기업들이 자신의 고유한 웹사이트(web site)를 구축하기 시작하였다. 인터넷은 정보의 소유를 대중화시켰으며 정보의 공유화(data sharing)라는 개념을 만들게 되었다. 이에 개인은 정보를 만들고 저장하고 스스로 만든 정보가 아닌 남이 만든 정보도 이용하며 즐기는 시대가 되었다. 관광정보의 관점에서 볼 때 그동안 구전이나 대중매체

및 직접경험의 효과에 전적으로 의존하던 정보전달이 인터넷을 통해 새로운 관광커뮤니티가 형성됨으로써 개인정보전달의 새로운 방식이 적용되었고 그 효과성도 증가하게 되었다.10)

1995년에는 공중단말기인 키오스크가 나옴으로써 국내외 관광정보시스템의 발전모델이 되었다. 특히 1996년에는 PC통신으로 지도를 보며 전국 유명관광지를 검색하고 여행경로, 숙박 등 일정을 계획할 수 있는 전자지도정보서비스가 국내에서 처음으로 제공되었다. 그리고 본격적으로 인터넷을 통한 관광정보의 양적 팽창에서 질적 변화를 요구한 시기였다.

따라서 1990년대 후반의 한국관광정보시스템은 세계 각국을 표적시장으로 하여 주요관광지, 관광청의 홍보사이트 및 관련 관광기업과 개인 홈페이지 등 수많은 관광관련 사이트를 개설한 시기였다. 그러나 2000년대에는 오히려 이러한 과다한 정보의 홍수가 유용한 관광정보를 획득하는 데에 장애요인이 되는 상황에 이르고 있다.

2. 관광정보의 현실적 과제와 대응

(1) 관광정보의 유비쿼터스(Ubiquitous) 컴퓨팅 시대

원래 유비쿼터스의 사전적 의미로는 "언제 어디서나 존재한다"라는 라틴어에서 유래한 개념으로 미국 제록스사(Xerox) 팔로알토 연구소의 마크 와이저(Mark Weiser) 박사가 최초로 이 개념을 제시하였다.11) 유비쿼터스 컴퓨팅의 속성은 패러다임의 변화와 관계가 있다. 이러한 유비쿼터스가 실용화되기 위해 적용한 기술분야로는 RFID(radio frequency identification), 텔레매틱스, Home Networking, LBS(location based service), GPS(global positioningservice), U-Healthcare 등이 있다. RFID는 초소형 칩을 필요한 물건 등에 삽입하여 사물 및 주변 환경의 정보를 무선으로 전송하여 처리하는 비접촉식 식별기술로 바코드(barcode)나 POS 등을 대체할 차세대 기술이다. IT분야 등을 비롯한 정보통신부문을 포함하여 유통, 교통, 환경, 농업, 축산업 등 매우 다양한 부문에 활용할 수 있다. 통영 등 지방자치단체에서는 관광분야에 이 기술을 직접 적용한 사례가 있으며 유비쿼터스의 핵심기술이다. 유비커터스 컴퓨팅의 전단계로서 가정에서 사용하고 있는 전자제품들이 홈 네트워크(home network)시스템으로 연결되어 집안의 여러 가전제품들을 제어할 수 있는 개념으로서 Home Networking이 있다. 또한 LBS(location based service)는 스마트폰 등을 이용하여 스마트폰 가입자들의 위치를 언제든지 확인할 수 있다. GPS(global positioning service)의 경우 수요자가 원하는 각종 정보를 개별기기 환경에서 서비스가 가능하여, 관광정보의 미래는 유무선 통합을 중심으로 한 네트워크, 디바이스 및 관광서비스 분야의 디지털컨버전스가 복합적으로 진행되고 있는 시대가 더욱 가속화될 것이다.12)

(2) 관광정보의 디지털융합서비스(Digital Convergence Service)

디지털융합은 미래 산업사회를 주도하는 핵심요소이며, 관광분야에서도 관광자료의 표현을 기술, 예술뿐 아니라 스토리텔링과 문화콘텐츠 등 다양한 소재를 하나로 담아서 상품화하고 이것을 관광마케팅과 조화를 이루어야 한다는 것을 의미한다. 따라서 디지털 융합은 기술뿐만 아니라 인문학, 사회과학 그리고 창의성과의 결합이 필수적인 요소라고 봐야 할 것이다.

관광정보 측면에서 디지털융합서비스는 기존 관광자원에다가 소프트웨어 기술을 접목하여 새로운 부가가치가 높은 상품을 만드는 과정이다. 이것은 문화관광콘텐츠에 어떤 기술적인 정보기술을 융합하는 것이 최적의 배합인가에 가치성의 초점이 된다. 즉, 주어진 관광자원을 어떻게 디지털 정보로 만들 것이냐를 고민해야 한다. 이것은 곧 관광목적지에 산재해 있는 관광관련 데이터가 있다면, 즉시 관광정보시스템에 입력되고 디지털 정보화되어야 관광수요에 적극 대응할 수 있다는 것을 의미한다. 따라서 향후 관광정보분야에서의 과제는 오프라인으로 주어진 관광자료를 IT 환경에 맞게 다양한 디지털관광콘텐츠로 전환하고, 분류하여 저장하는 구체적이고 세밀한 작업들이 보완되어야 할 것이다.

제3절 스마트관광의 이론적 접근

1. 스마트관광의 개요

모바일 애플리케이션(Application), SNS(소셜네트워크서비스: Social Network Service), 스마트폰 등을 이용한 정보통신기술의 발달은 일상 정보가 디지털 정보로 변환되어 우리의 생활 곳곳에서 적극 활용되고 있고 관광분야에서도 뚜렷한 변화의 바람이 일고 있다. 개별여행자(FIT: Free Independent Traveler)들에게 있어서 가장 큰 장애요인의 하나였던 현지인과의 의사소통 문제, 관광지 정보의 획득 등이 관광가이드나 현지인을 통해서가 아닌 모바일 기기와 콘텐츠를 활용함으로써 일정부분 해결되고 있고, 또한 SNS를 통해 개인의 관광 체험과 관련 정보가 신속하게 공유 · 확산됨으로써 관광객의 관광목적지 혹은 관광상품의 선택에 영향력을 행사하고 있다.

이렇듯 ICT의 발달과 스마트시대의 도래는 관광분야에서도 패러다임의 변화를 요구받고 있으며, 관광산업도 이러한 환경변화에 대응하고 경쟁력을 확보하기 위한 수단으로 ICT를 관광산업에 전략적으로 활용하는 스마트투어 체제로 개편 중이다.[13)]

2. 스마트관광의 정의

인터넷과 더불어 불어닥친 스마트폰의 열풍은 정보의 이용에 있어서 특정 장소에 국한된 것이 아닌 이동 중에서도 정보나 콘텐츠의 이용을 가능하게 하고, 실시간 교통정보, 내비게이션과 같은 실시간 길찾기 서비스, 뉴스 검색, 이메일 서비스 등 다양한 콘텐츠를 이용가능하게 함으로써 관광에 있어서도 많은 환경 변화를 가져왔다.

이에 따라 관광과 연계한 정보화 전략을 위해 문화체육관광부, 한국관광공사가 국가정보화전략위원회와 2011년 6월 '스마트관광 활성화 계획'을 수립하고 스마트관광(SMART Tourism)의 개념 및 특징(상호 호환성, 다양성, 접근성, 신뢰성, 시간 단축성)을 정의하였으며, 이후 한국문화관광연구원의 연구 보고서를 통해 재정리하였다.14)

원래 스마트란 인공지능기기에 지능을 부여한다는 의미이지만, 이 용어는 최근 스마트TV, 스마트그리드, 스마트홈, 스마트워크, 스마트카드, 스마트시티, 스마트관광, 스마트무기 등으로 확대되어, 정보통신기술(ICT)을 관광에 접목하여 실시간으로 매체와 소통하며 위치정보를 기반

그림 1-2 문화관광연구원 스마트관광의 추진현황 및 향후과제

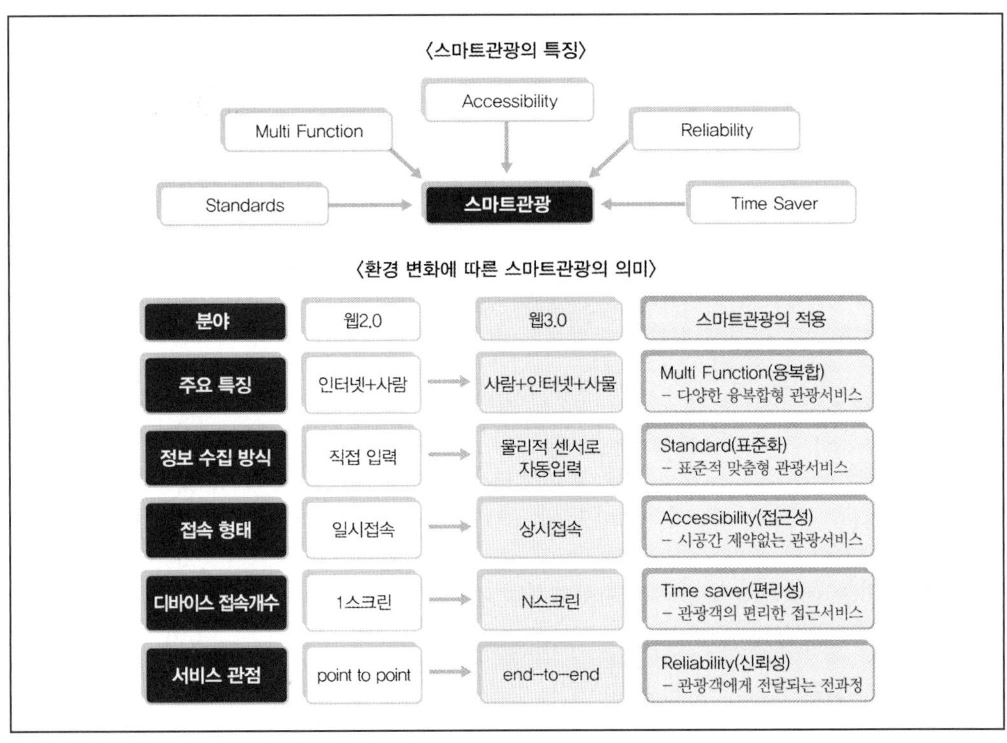

으로 내외국인 관광객에게 실시간, 맞춤형 서비스를 제공하는 것을 스마트관광이라 할 수 있으며, 관광분야 콘텐츠 생태계와 산업 구조 혁신을 통해 고부가가치를 창출하는 차세대 관광을 의미하고 있다.[15]

문화관광연구원의 보고서에 따르면, 스마트관광은 [그림 1-2]와 같이 관광객에게 ICT 기술을 기반으로 실시간, 맞춤형 정보를 '스마트'하게 제공하는 것으로 정의하고 있으며, Standards(표준에 기반한 상호 호환성), Multi Function(융 · 복합을 통한 다양성), Accessibility(시 · 공간 제약 없이 빠른 접근성), Reliability(시장, 고객으로부터의 신뢰성), Time Saver(관광객 편리성)의 첫머리 글자를 조합한 의미로 사용하고 있다.[16] 스마트관광에 대해서는 국내외적으로 많은 연구가 진행되고 있고, 정보사회의 발달과 더불어 지속적으로 진화하고 있다. 스마트관광(Smart Tourism)의 실현은 단순히 매체의 발전에 의존하는 매체의존적인 것에서 벗어나서 관광콘텐츠의 고품질화가 우선되어야 하며, 스마트환경을 선도하는 인력, 민 · 관 유기적 협력 시스템, 참여 · 소통 플랫폼 인프라 등도 더불어 유기적으로 결합되어야 가능하다. 또한 관광을 둘러싼 국내외적인 산업과 환경 변화도 잦은 만큼 이에 따른 연구와 실현도 신속하고 지속적으로 진행되어야 할 것이다.

3. 관광에 접목되는 가상현실과 증강현실

(1) 가상현실

가상현실(VR: Virtual Reality)은 첨단 컴퓨터 기술을 사용하여 실제가 아닌 가상으로 만들어낸 새로운 환경 또는 상황을 의미하며, 헤드셋 등의 다양한 입출력장치를 이용하여 마치 실제로 존재하는 것처럼 현실로 구현되는 것을 말한다. 가상현실은 실제 사용자의 감각을 자극하여 실제와 유사한 공간적 · 시간적 체험을 가능하게 함으로써 가상과 현실의 경계를 자유롭게 드나들 수 있다. 사용자는 가상현실에 단순히 몰입하는 것이 아니라 각종 장치를 이용해 조작이나 명령으로 가상현실 속에 구현된 것들과 상호작용하여 재미, 즐거움, 교육, 훈련 등의 효과를 얻을 수 있다.

(2) 증강현실

증강현실(AR: Augmented Reality)은 가상현실의 일종으로 사용자들이 컴퓨터나 모바일기기(스마트폰 포함)에 장착되어 있는 카메라를 통해 실제로 존재하는 세계에 가상현실이 덧붙여지는 '시각화 기술'을 뜻한다.[17] 가상현실은 대부분 컴퓨터그래픽 등 첨단 정보기술을 이용하여 표현

한 것이므로 현실세계와 같은 느낌을 주기에는 한계가 있다. 이러한 한계를 극복하기 위해 IT 기술이 만든 가상환경에 실제 현실세계를 혼합하여 사용자에게 보다 더 현실감을 향상시킨 기술이 증강현실이다.18)

최근 스마트폰 사용자의 증가와 각종 모바일기기들이 IT기술의 발전과 컴퓨터 프로그램을 통한 실시간 합성기법이 만들어짐으로써 증강현실의 영역과 응용범위가 점차 확대되어가고 있다. 요즘에는 내비게이션 기능을 사용한 스마트폰으로 길을 찾는다든지, 각종 관광지 안내, QR코드와 같이 부가정보 제공분야 뿐만 아니라, 증강현실을 도입한 각종 소프트웨어를 이용하여 다양한 증강현실을 즐길 수 있게 되었다. 증강현실은 가상현실과는 달리 다양한 현실세계로의 응용이 가능하다. 즉, 증강현실은 현실세계를 완전하게 대체하는 것은 아니지만 실제세계의 기반 위에서 가상적인 객체를 추가하여 보여줌으로써 사용자에게 보다 현실적이고 용이하게 다가갈 수 있게 한 것이다.

증강현실에 관한 관광분야의 예로서는 감성적인 정보검색 기법과 위치기반의 지도 서비스로 누구나 쉽게 목적지의 방향과 길 안내 서비스를 한국관광공사와 국립공원 관리공단 및 지자체 등에서도 관광정보 앱을 통해 서비스하고 있다.

또한 미래창조과학부에서도 '창조 비타민' 과제를 통해 만들어진 덕수궁, 경복궁, 종묘, 불국사의 IoT 기반의 증강현실을 이용하여 만들어진 스마트관광서비스 앱을 시행하고 있다. 최근에 이슈가 된 포켓몬고를 비롯한 각종 게임들도 그 장소들이 각광을 받음으로써 증강현실이 관광에 미치는 영향을 잘 나타내고 있다.

따라서 관광산업의 미래를 위해서 VR과 AR 기술 동향에 좀 더 관심을 기울일 필요가 있고, 이를 이용한 관광콘텐츠 시장의 응용과 스마트기술 발달에도 더욱더 주목해야 할 것이다.

제4절 관광산업과 빅데이터

1. 빅데이터 정의와 등장 배경

앞서 말했듯이, 우리는 지금 정보 홍수의 시대에 살고 있다. 스마트폰과 SNS의 발달은 엄청난 양의 데이터를 우리에게 주고 있고, 심지어 최근 2년간 생산한 데이터량이 지금까지의 데이터량보다 많다고 하는 보고가 있다. 맥킨지보고서에 따르면, 전 세계 데이터는 매년 40% 이상 증가하고 있고, 빅데이터는 기업뿐만 아니라 국가에서도 이슈가 되고 있다. 미국과 일본 등 정보 선진국에서는 빅데이터의 R&D 추진안, 투자 등이 지속적으로 증대되고 있고, 우리나라에서도 그 중요성을 인식하고, 정부 산하 조직에서 빅데이터 R&D 추진을 행하고 있으며, 관광분야도 예외는 아니다.

빅데이터란 아날로그 환경에서 생성되던 데이터에 비해 규모가 방대하고, 생성주기는 짧고, 수치데이터, 문자데이터, 영상데이터를 포함한 대규모 데이터를 말하는데 세계적인 컨설팅 기관인 맥킨지와 IDC에서는 다음 〈표 1-4〉와 같이 빅데이터를 정의하고 있다.[19)]

〈표 1-4〉 빅데이터의 정의

데이터의 규모에 초첨을 맞춘 정의 - 맥킨지 2011년 6월	업무수행 방식에 초점을 맞춘 정의 - IDC 2010년 4월
기존 데이터베이스 관리도구의 데이터 수집, 저장, 관리, 분석하는 역량을 넘어서는 데이터	다양한 종류의 대규모 데이터로부터 저렴한 비용으로 가치를 추출하고, 데이터의 빠른 수집, 발굴, 분석을 지원하도록 고안된 차세대 기술 및 아키텍처

UCC를 비롯한 동영상 콘텐츠, 휴대전화와 SNS에서 생성되는 문자 등 사용자가 직접 생산하는 데이터는 그 증가속도뿐 아니라, 형태와 질에서도 전과 다른 양상을 보이고 있다. 특히 블로그나 SNS에서 이용되는 텍스트 정보의 경우는 콘텐츠 분석을 통해 글을 쓴 사람의 성향뿐 아니라, 상대방의 연결관계까지도 분석이 가능하다. 오늘날 통용되고 있는 데이터의 양은 엄청나다. 그야말로 일상생활의 행동 하나하나가 빠짐없이 데이터로 저장되고 있는 것이다.[20)]

〈표 1-5〉 빅데이터 환경의 특징

구분	기존	빅데이터환경
데이터	정형화된 수치자료 중심	비정형의 다양한 데이터 문자데이터(검색어), 영상데이터(CCTV, 동영상), 위치데이터
하드웨어	고가의 저장장치 데이터베이스 데이터웨어하우스	클라우드컴퓨팅 등 비용효율적인 장비 활용 가능
소프트웨어/ 분석방법	관계형 데이터베이스 통계패키지 데이터마이닝	오픈소스 형태의 소프트웨어 하둡(Hadoop), 오픈소스 통계솔루션 텍스트마이닝, 감성분석 등

자료: 정보통신정책연구원, 『빅데이터 혁명과 미디어 정책 이슈』, 정용찬, 2011 재구성

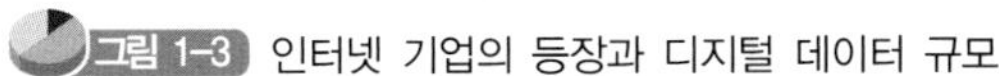

그림 1-3 인터넷 기업의 등장과 디지털 데이터 규모

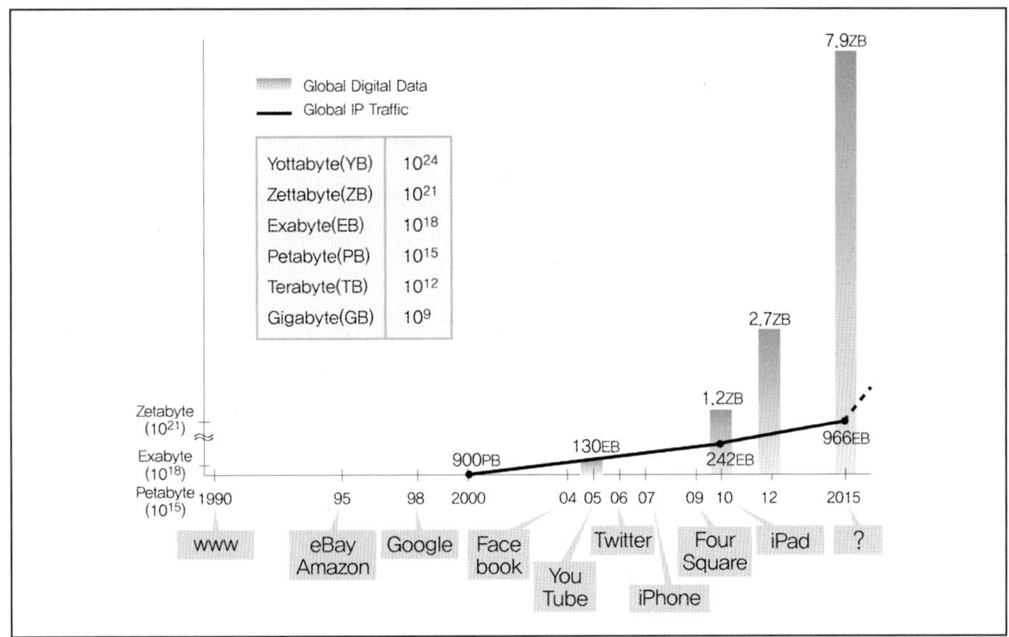

자료: 정보통신정책연구원, 『빅데이터 혁명과 미디어 정책 이슈』, 정용찬, 2011 재인용

2. 빅데이터의 개념과 속성

(1) 빅데이터의 요소

빅데이터의 특징은 다음과 같이 3~5V로 요약될 수 있다. 3V의 경우는 데이터의 규모(Volume), 데이터 생성속도(Velocity), 형태의 다양성(Variety)을 의미하고 있고, IBM은 여기에 정확성(Veracity) 요소를 더해 4V로 정의했으며, 최근에는 가치(Value)를 포함하여 5V로 정의하기도 한다.21)

그림 1-4 빅데이터 3대 요소

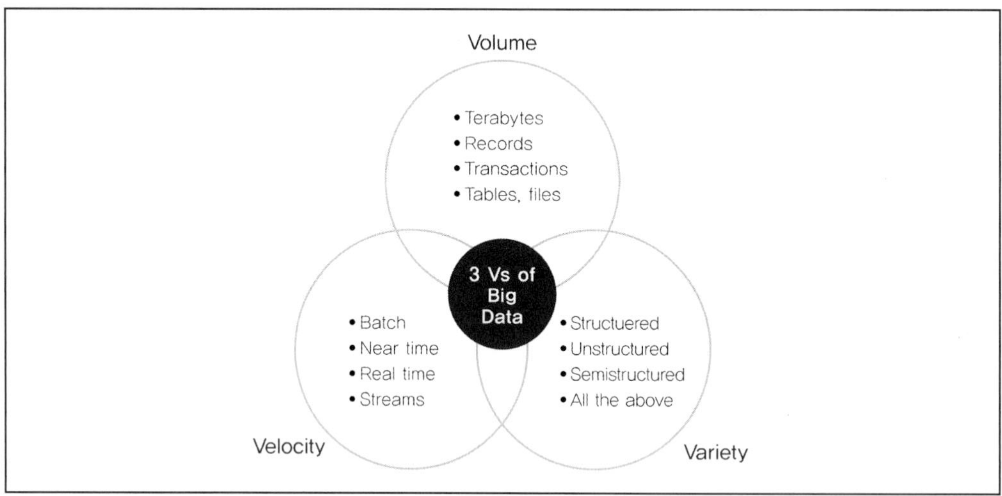

• 데이터의 규모(Volume)

데이터의 규모를 뜻하는 Volume은 '크기' 혹은 '용량'을 뜻하며, 빅데이터의 '빅'은 규모가 크다는 빅데이터의 속성을 글자 그대로 드러낸다. 데이터 크기가 데이터의 가치를 결정짓는 유일한 속성은 아니지만 어느 정도의 질이 보장된다면 규모가 큰 데이터에서 추출된 정보의 신뢰성이 상대적으로 높다. 데이터의 규모는 물리적인 크기뿐만 아니라 현재의 기술로 처리 가능한 규모인지, 불가능한 규모인지에 따라 빅데이터의 여부를 가리는 기준이며, 일반적으로 수십 테라 혹은 수십 페타바이트 이상이라야 빅데이터라 할 수 있다.

• 데이터의 속도(Velocity)

빅데이터는 그 규모가 클 뿐만 아니라 매우 빠른 속도로 생성되는 데이터를 말하는데, 속도는 대용량 데이터를 빠르게 처리 분석하는 속성을 말한다. 오늘날 디지털 데이터는 매우 빠른 속도로 생산되기 때문에 데이터의 생산, 저장, 유통, 수집, 분석이 실시간으로 처리되어야 한다. SNS에서 생성되는 메시지 역시 매우 빠른 속도로 생성되고, SNS를 통해 엄청난 속도로 전달되는 것을 목격할 수 있을 것이다.

• 데이터의 다양성(Variety)

빅데이터에는 다양한 형식의 데이터가 존재한다. 빅데이터에는 정형 데이터뿐만 아니라 동영상, 사진, 메시지, 물건에 부착되거나 주변에 설치된 센서에서 발생하는 RFID 태그나 센서 값 등 다양한 비정형 데이터도 존재한다.

이와 같이 데이터의 다양성은 다양한 종류의 데이터를 수용하는 속성을 말하는 것이다. 데이터 형식에 대한 관심은 빅데이터가 유행하기 전에도 존재하였지만, 다양성이 빅데이터의 정의 요소로까지 중요해진 것은 최근의 기술적 진보와 무관하지 않다. 예를 들어, 최근 이미지 처리 기술이 급격히 발전하여 안면 인식을 통해 고객의 성별과 나이 등을 파악하고 이를 마케팅에 활용하는 일이 현실화되기 시작하면서, 전에는 축적되기는 하여도 제대로 활용할 수 없었던, 특별한 처리 기술이 요구되는 다양한 형식의 데이터가 풍부하고도 유용한 정보를 제공할 수 있는 소중한 자원으로 활용하게 된 것이다.

이 외에도 데이터에 부여할 수 있는 신뢰 수준을 말하는 정확성(Veracity)과 빅데이터를 저장하려고 IT 인프라 구조 시스템을 구현하는 비용을 뜻하는 가치(Value) 또한 빅데이터를 구성하는 중요 요소이다.

(2) 빅데이터 처리기술

빅데이터를 처리하기 위해서는 기존의 데이터 처리 방법과는 다른 빅데이터의 속성에 맞는 데이터 수집 · 저장 · 처리 · 분석 · 표현 방법이 필요하다. 앞서 살펴보았듯이, 빅데이터 이전에는 형식이 정해져 있는 텍스트 위주의 데이터가 많았던 반면, 지금은 동영상, 사진, 음성 등의 비정형 데이터가 대량으로 늘어나 이에 따른 처리기술이 필요하다. [그림 1-5]는 빅데이터의 속성과 특징에 따른 처리를 보여준다.[22)]

그림 1-5 빅데이터의 속성과 처리 특징

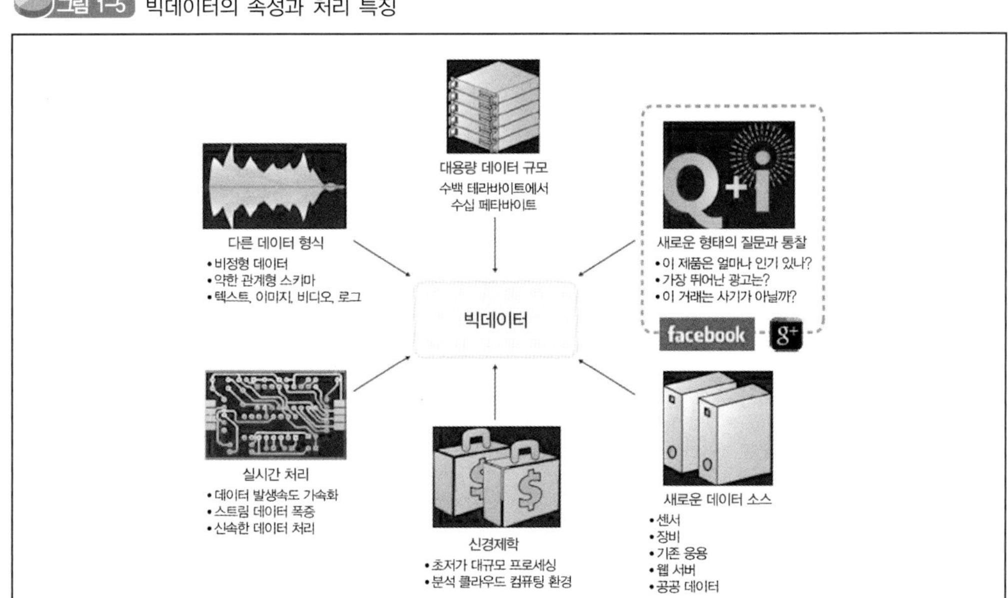

자료: 『빅데이터컴퓨팅 기술』, 박두순 · 문양세 · 박영호 · 윤찬현 · 정영식 · 장형석(2014). 재인용

빅데이터의 처리기술로는 분석기법과 인프라 측면으로 크게 나누어 볼 수 있는데, 대부분의 분석기법은 통계학과 전산학, 특히 데이터마이닝 분야에서 이미 사용되고 있는 방법들이며, 이 분석기법들은 대규모 데이터 처리에 맞도록 개선되어 빅데이터 처리에 적용하고 있다.[23)]

빅데이터 분석기법으로는 데이터마이닝(Data Mining), 텍스트마이닝(Text Mining), 오피니언마이닝(Opinion Mining), 웹마이닝(Web Mining), 소셜 분석, 소셜마이닝(Social Mining), 현실마이닝(Reality Mining), 군집분석(Cluster Analysis) 등으로 분류할 수 있다.

• 데이터마이닝(data Mining)
데이터마이닝은 수많은 데이터 속에서 유용한 정보를 발견하는 과정을 말하는데, 숨겨져 있는 유용한 상관관계를 발견하여, 미래에 실행 가능한 정보를 추출해 내고 의사 결정에 이용하는 과정을 말한다.

• 텍스트마이닝(text mining)
대규모의 문서(text)에서 의미 있는 정보를 추출하는 것을 말하고, 분석 대상이 비구조적인 문서 정보라는 점에서 데이터마이닝과 차이가 있다.

• 군집분석(Cluster Analysis)
군집분석(Cluster Analysis)은 개인이나 여러 개체 중에서 비슷한 속성을 가진 대상을 몇 개의 집단으로 그룹화하고 각 집단의 특성을 파악함으로써 데이터 전체의 구조에 대해 이해하고자 하는 탐색적 분석기법이다.

3. 빅데이터 활용사례

(1) 해외 사례

빅데이터를 활용한 성공 비즈니스 모델의 사례로 스페인 패션 브랜드인 '자라'를 들 수 있다. 자라는 전 세계 매장에서 모아진 일일 판매량을 실시간으로 분석하고 상품 수요를 예측하여 그 결과를 이용하여 가장 소비자에 맞는 제품을 빠르게 생산하는 다품종 소량생산 체제를 구축했다. 심지어는 지역별, 매장별 소비자 취향을 실시간으로 파악해서 잘 나가는 상품의 공급을 늘리고 실적이 좋지 않은 제품은 바로 중단하는 등 즉각적인 반응을 통해 생산량과 재고량을 조절하고 있다. 제품 자체에서 문제를 찾는 것이 아니라 고객의 기호와 선호도를 빅데이터를 활용하여 찾음으로써 마케팅에 성공을 거두고 있다는 사실에 관광분야에도 충분히 참고할 필요가 있다.

또 다른 예로 Expedia는 빅데이터를 활용한 항공사 추천 서비스, Scratchpad 서비스, 여행 일정

공유 서비스의 3가지의 독특한 고객서비스를 제공하고 있다. 항공사 추천이란 수많은 항공 루트 중 가장 적합한 것을 고를 수 있도록 제공하는 고객서비스이고, Scratchpad는 기존에 Expedia에 등록된 고객이 검색한 내용을 저장하고 정리하여 재방문 시 쉽게 기존 정보를 찾을 수 있도록 하는 서비스이다.

(2) 국내 사례

부산 해운대구는 전국 최초로 구성된 빅데이터팀을 구성하여 빅데이터를 관광정책에 접목하는 시도를 하였는데, 2012년 6월부터 10월까지의 5개월간을 트위터와 페이스북, 블로그 등 SNS를 통하여 '해운대'라는 키워드로 언급된 글들을 수집 분석하여 해운대구의 빅데이터 활용 목적은 관광객의 목소리를 직접 수집해 해운대 관광의 매력요인과 방해요인을 분석하고 데이터를 바탕으로 한 과학적 관광정책을 마련하였다.

한국관광공사는 2014년 5월 빅데이터를 활용해 지역축제를 분석한 보고서를 발표하였는데, 전국 각지 16개 지역축제를 대상으로 이동통신사 SK텔레콤의 통신망 데이터와 분석인프라를 활용하였다. 분석에 활용된 전체 데이터량은 DVD 51만장에 해당하는 2,200TB(테라바이트)에 달했고, 빅데이터 분석을 통해 축제별로 외부 유입인구 규모 및 현황 등을 파악하였다.

데이터가 폭발적으로 증가하면서 빅데이터가 등장했지만, 방대한 양의 데이터 중에서 의미 있는 데이터는 소수에 불과하다. 따라서 의미 있는 데이터를 찾아내려면 빅데이터를 효과적으로 처리할 수 있는 기술이 필요할 것이고, 빅데이터는 방대하고 다양한 데이터를 실시간으로 패턴을 분석하여 미래를 위한 맞춤형 처방을 제시하여야 할 것이다.[24)]

이상의 국내외 사례에서 보듯이 관광산업에서도 빅데이터 활용이 증가하고 있다. SNS를 주요 키워드로 한 과학적인 분석을 토대로 발전하고 있으며, 관광정책과 관광개발 등의 분야로 확대되고 있어 지속적으로 관심을 가지고 지켜보아야 할 것이다.

참고문헌

1) Buhalis, D. (1995). *The impact of information telecommunications technologies on tourism distribution channels: Implications for the small and medium sized tourism enterprises' strategic management and marketing*, A thesis submitted in fulfillment of the requirements for the Award of PhD Degree.

2) Poon, A.,(1993). Tourism, Technology and Competitive Strategies, Wallingford: CAB International.

3) 이정희 · 안택균 · 김홍민(2012). 『관광정보론 -스마트관광을 중심으로-』, 새로미.

4) 황경진(1988). 관광정보시스템 도입에 관한 연구, 경희대학교 석사학위논문.

5) Zhang, Y. R.(2011). *Design of chongqing tourism information system based on WebGIS*. Advanced Materials Research, 211-212(1), 68-71.

6) 오익근(1998). 우리나라 관광정보안내시스템과 韓日 등 주요국의 인터넷 관광정보 분석.

7) 변우희(2007). 문화관광조사의 방법론적 대안. 『관광학연구』, 31(1), 77-98.

8) 구태회 · 이윤철(2000). 기술적 발전이 산업의 네트워크 구조에 끼친 영향에 대한 연구. 『경영연구』, 7(2), 59-690.

9) 구태회(2009). 관광정보. 관광학 총론. 백산출판사.

10) 정철 · 이준남(2010). 인터넷 관광정보에 대한 사용자의 지각, 태도, 그리고 정보탐색노력. 『관광학연구』, 34(5), 265-286.

11) 한국전산원(2005). 유비쿼터스 IT와 한국의 미래. 정보화백서 2004.

12) Jose, F. M. A., Jorge, P. M., & Enrique, C. C.(2010). *The importance of the firm and destination effects to explain firm performance*. Tourism Management, 31(1), 22-28.

13) 정용찬(2012a). 『빅데이터 혁명과 미디어 정책 이슈』(KISDI Premium Report 12-02). 정보통신정책연구원.

14) 방송통신위원회(2011). 『스마트워크 활성화 추진계획』.

15) 신동희(2011). 『스마트 융합과 통섭』. 성균관대학교출판부.

16) 최자은(2013). 『스마트관광의 추진현황 및 향후과제』. 문화관광연구원.

17) 정남호 · 이현애 · 구철모(2014). 관광객의 기술 준비도가 증강현실 관광 어플리케이션의 사용의도에 미치는 영향. 관광연구, 29(1), 265-285.

18) 이정희 · 안택균 · 김홍민(2012). 『관광정보론 -스마트관광을 중심으로-』, 새로미.

19) 정용찬(2012b). 『빅데이터, 빅브라더』. KISDI 전문가컬럼. 2012.6. 정보통신정책연구원.

20) 방송통신위원회(2011). 『스마트워크 활성화 추진계획』.

21) O'Reilly Radar Team(2012). *Planning for Big Data*. O'Reilly. Vital Wave Consulting(2012). Big Data, Big Impact: New Possibilities for International Development. World Economic Forum.

22) 박두순 · 문양세 · 박영호 · 윤찬현 · 정영식 · 장형석(2014). 『데이터 컴퓨팅 기술』, 한빛아카데미.

23) 안창원 · 황승구(2012). 빅데이터 기술과 주요 이슈, 한국정보과학회지, 30(6), 11-17.

24) 한국정보화진흥원(2011), "신 가치창출, 빅데이터의 새로운 가능성과 대응 전략."

제 2 장

한국형 의료관광산업

하 동 현

동국대학교 경주캠퍼스 호텔관광경영학부 교수
((사)한국관광서비스학회 회장)

세종대학교에서 마케팅 전공으로 경영학 박사학위를 받았다. 현재 (사)한국관광서비스학회 회장직을 수행하고 있다. 1985년부터 동국대학교 경주캠퍼스 교수로 근무하여 만 31년째 연속 근무하고 있다. 근무 중 학교에서 관광대학 학장, 관광산업연구소(현 MICE관광산업연구소 소장), 호텔관광경학부장을 역임하였다. 학회 경력으로는 (사)대한관광경영학회장, (사)한국관광서비스학회장을 역임하였고, 한국관광산업학회 윤리위원장 업무 등을 수행하고 있다. 산업계 경력으로는 지금은 사라진 ㈜대한통운여행사 서울지점에서 항공사 부분 accounting officer로 근무하였고, ㈜현대상선에서도 근무하였다. 학교 외부 활동으로 학회뿐만 아니라 각종 관광분야 국가시험출제위원 및 면접위원, 사기업의 용역사업 및 용역심사위원에도 참여 하였으며, 자문위원으로도 활동하였다. 근무 동안 여러 저서를 출간하였는데, 호텔경영론(공저), 관광학원론(공저), 주장관리론(공저), 현대호텔식음료경영론(공저), 호텔객실경영실무(공저), 호텔회계원리(공저), 리조트경영론(공역), 여가와 인간행동(공역), 호텔인적자원관리론(공저), 관광사업론(공저) 등을 출간하였다. 지금까지 여러 가지 주제의 논문을 게재하였는데, 주로 호텔, 관광 및 서비스 마케팅 분야에 한정되고 있다. 최근에는 내부마케팅이나 디지털 마케팅 분야에 관심을 집중하고 있다. 좌우명은 '가화만사성'이다.

✉ hhg@dongguk.ac.kr

이 용 근

공주대학교 국제의료관광마케팅 대학원 주임교수
(한국의료관광학회 회장)

경기대학교에서 관광경영학 박사학위를 받았다. 그랜드힐튼, 한국일반여행업협회, 신아여행사 등에서 근무하고, 하나투어 자문위원 등을 거쳐 현재, 국립공주대학교 학광학부 교수이면서, 국내 최초로 국제의료관광경영학과 학부과정과 통합의료관광디자인 대학원 과정을 만들어 주임교수를 역임하고 있으며, 저서로는 「21세기 나홀로여행」, 「여행사창업론(공저)」, 「항공예약・발권업무(공저)」, 「일본배낭여행」 등이 있다. 〈한류관광을 통한 의료관광산업의 글로벌화방안〉 외에 다수의 학술논문이 있으며, 한국이 패스트 팔로어(Fast Follower)에서 퍼스트무버(Fist Mover)로 선진국에 진입하기 위한 한국형 통합의료관광, 즉 K-Medicine을 국가브랜드로 개발하여, K-Medicine 세계화 프로젝트를 위해, 한국의료관광학회장과 글로벌헬스케어학회장을 역임하면서 통합의료관광산업 활성화를 위한 국회 심포지엄을 개최하고 있다.

✉ touryklee@naver.com

제 2 장

한국형 의료관광산업

하 동 현 · 이 용 근

제1절 의료관광의 등장배경

1. 서비스 무역에 관한 일반협정

1970년을 전후하여 신흥국가들로부터 제조업 분야 추격을 받은 미국과 유럽 국가들이 서비스산업에 대한 투자를 통해 고용 비중을 크게 늘려 대응한 것처럼 우리나라도 서비스산업을 중점적으로 육성해야 할 과제를 안고 있다.

WTO체제로 처음 이루어진 서비스교역 협상은 '서비스 무역에 관한 일반협정(The General Agreement on Trade in Service: GATS)'으로써 BPM5(Balance of Payments Manual 5)* 에서 분류한 서비스를 국적과 관계없이 기업들에게 동등한 경쟁기회를 제공하는 것을 목표로 하고 있다. 서비스 협상은 자국이 원하는 분야만을 자발적으로 선택하여 개방할 수 있도록 신축적으로 추진하는 이른바 포지티브 방식(positive system)을 취하고 있고, 각국이 스스로 개방할 서비스 업종과 그 폭에 대해 시장개방계획안(양허안)을 제출하여 상대국에 대해 같은 수준의 시장개방을 요구하는 과정을 반복하는 양자협상(request/offer approach) 방식을 채택하고 있다.**

GATS는 제1조 제2항에 생산자와 소비자의 이동 및 생산요소의 유무를 기반으로 서비스 무역 공급형태를 4가지로 구분하여 〈표 2-1〉과 같이 분류하였다.

* IMF(International Monetary Fund)에서 발행.
** DDA개관 – 서비스(http://fta.go.kr/main/support/wto/2/2/).

〈표 2-1〉 GATS의 서비스무역 공급방식

공급자 주재여부	공급형태	정의	이동대상	예
서비스공급자가 수요국 내에 비주재	Mode1: 국경 간 공급 (Cross-border supply)	생산요소의 이동이 수반되지 않고 서비스만 국경 간 이동	서비스	IT
	Mode2: 해외소비 (Consumption Abroad)	서비스 수용자가 공급국에서 서비스 이용	소비자	관광
서비스공급자가 수요국 내에 주재	Mode3: 상업적 주재 (Commercial Presence)	서비스 수요국 내에 공급자가 주재하여 서비스 공급	자본	해외투자
	Mode4: 자연인 이동 (Presence of Natural Person)	서비스 수요국 내에 공급인력 주재	노동력	해외취업

자료: 이용근(2015)[1].

Mode1은 공급자와 수요자는 각각 국경을 넘지 않고 서비스만 국경을 넘어 제공되는 형태로써 대표적으로 통신수단이나 우편수단이 해당된다. Mode1은 과학과 IT기술의 발달로 점차 영역은 확대되어 인터넷을 통해 세계가 하나의 네트워크로 연결되면서 무형재의 서비스 이동이 용이하게 되었다. Mode2는 소비자가 원하는 서비스를 이용하기 위해 국경을 넘어 이동하는 것으로써 대표적으로 여행과 관광이 해당된다.

Mode2는 소비자가 공급자를 찾아가서 서비스를 소비하는 해외 서비스 소비로써 해당 서비스 비용 외에 관련서비스 즉, 음식, 숙박 등의 추가 소비가 발생될 수 있어 연관 산업의 성장까지 도모할 수 있다.

Mode3은 서비스를 공급하는 업체가 타국에 가서 시설을 설치하고 서비스를 제공하는 경우로써 호텔, 병원 등의 수출이 이에 해당된다. 마지막으로 Mode4는 서비스를 제공하는 공급인력이 서비스 수요국으로 이동하여 해당서비스를 제공하는 것으로 대표적으로 의사, 변호사, 교수 등이 있다.

의료관광은 GATS의 Mode2의 대표적인 형태로써 수요자가 국경을 넘어 서비스를 이용하고자 공급국을 방문하는 것이다. 특히 국내의 병상 공급과잉으로 인한 의료기관 간의 경쟁 심화로 국내 의료서비스시장의 신시장 · 신수요 개척을 위해 의료서비스와 관광과의 접목을 통한 경쟁력 제고 방안이 제시되면서 차세대 동력산업으로 주목받고 있는 의료관광산업의 중요성이 강조되었다.

2. 고용창출 효과

국내 의료서비스 영역에서 고용수준이 낮은 이유 중의 하나로 노인요양보험과 요양병원, 호스피스완화의료서비스, 간병서비스, 건강관리서비스 등과 같이 고용유발효과가 큰 보건의료 인프라가 제대로 갖추어지지 않았다는 점을 들 수 있다. 최근 노인장기요양보험제도 시행 등에 힘입어 관련 시설 인프라가 확대되고, 일자리 창출 효과가 나타나기는 하였으나, 노인장기요양의 시설 인프라 부족뿐만 아니라, 종사 인력도 충원이 필요한 것으로 보여진다. 특히 우리나라에서는 호스피스완화의료*서비스 인프라가 매우 부족한 실정이므로, 이에 대한 적절한 대책이 요구되고 있다. 글로벌 헬스케어 분야는 정부의 지원에 힘입어 지속적인 성장을 하고 있으나, 아직까지는 의료환경 변화에 적절하게 대응할 수 있는 관련 제도 등이 미비하고, 추진 전략 및 전문가 부족 등의 문제가 상존해 있으며, 우수한 의료기술 및 의료서비스 등에 기반한 국제 경쟁력을 보유하고 있지만, 세계시장에서 한국 의료 브랜드에 대한 인지도는 아직 낮을 것으로 평가되고 있어 외국인환자 유치(Mode2)나 의료 수출(Mode3)에 있어서 애로사항이 있는 것으로 파악된다.[2)]

하지만 의료관광산업은 취업유발계수가 21.2명으로 의료서비스 산업 평균(15.8명)에 비해 훨씬 높아 고용 창출에 큰 기여를 할 수 있을 것으로 보여진다. 의료관광산업은 의료서비스와 관광을 함께 제공해 주는 산업을 의미하며, 의료기술과 지역별로 특화된 관광상품을 연계시키는 것으로 성장잠재력이 높은 신생산업으로서 의료관광코디네이터, 의료관광마케터, 의료관광플래너, 의료관광컨시어지, 의료관광통역사, 의료관광테라피스트 등 다양한 전문인력에 대한 수요가 증가하고 있어 향후 일자리 창출이 기대되는 분야이다.[3)]

뿐만 아니라 한국관광공사의 분석에 따르면 2012년 기준, 의료관광 생산유발효과는 1조 2,610억 원, 부가가치 유발효과는 6,220억 원에 이르는 것으로 나타났고, 2020년에는 6조 1,731억 원의 생산유발효과를 창출할 것으로 기대한다. 한국보건산업진흥원의 분석에 따르면, 외국인 의료관광객의 총지출경비 대비 생산유발액은 1.73배, 부가가치 창출은 0.73배로 분석되며, 2020년에는 13조 8,990억원의 생산유발과 5조 8,640억 원의 부가가치 창출을 기대한다.[4)] 의료서비스와 관광서비스의 시각에서 분석한 의료관광의 부가가치는 타 산업에 비해서 높은 것으로 나타나며, 서비스의 융·복합을 통한 틈새시장을 공략하여 보건(Health), 삶의 질 향상 등으로 확대된다면 더 높은 부가가치창출 및 고용창출이 가능해질 것으로 전망된다.

---

* 완화의료는 말기암환자의 통증과 증상을 경감시키고 신체적, 심리사회적, 영적 영역에 대해 포괄적인 평가와 치료를 통해 환자 및 가족의 삶의 질 향상을 목적으로 하는 의료서비스를 말하며(헬스포커스, 2012. 4. 12), 말기암은 적극적인 치료에도 불구하고 근원적인 회복의 가능성이 없고, 점차 증상이 악화되어 몇 개월 내(통상 3개월) 사망이 예상되는 암을 의미함(보건복지부, 2013. 10. 10). 또한, 호스피스완화의료(Hospice and Palliative Care)는 의료처치에도 불구하고 근원적인 치료 가능성이 없고 점차 증상이 악화되어 사망할 것으로 예상되는 환자의 통증 완화, 정신적·신체적·사회적 영역에서의 포괄적인 지원, 나아가 환자 가족의 삶의 질 향상을 위한 지원을 수행하는 돌봄 서비스를 말하며, 이 용어는 임종을 앞둔 말기 환자에 대한 지역사회 기반 돌봄 서비스인 '호스피스'와 병원 기반 돌봄 서비스인 '완화의료'의 합성어임(이만우, 2013).

3. 건강에 관한 패러다임 변화

과다한 영양 섭취와 운동 부족 등으로 비만, 당뇨, 대장암 등 '풍요의 질병'이 확산되고, 만성질환* 증가와 이에 따른 약물 사용량 증가로 약물 오·남용 및 부작용 문제가 심화되고 있다. 미국은 2030년 비만 인구가 전체 인구의 42%에 이르고, 그에 따른 의료비용은 20년간 600조 원에 이를 것으로 예상하고, 중국은 현재 약 2천만 명의 당뇨병 환자가 있으며, 향후 10년 내 약 8천만 명이 만성질환으로 사망할 것으로 예측한다.5) '패스트 문화(Fast culture)'의 영향으로 급변하는 사회 속에서 수많은 충격(Shock)에 노출되어 받는 스트레스(Stress)로 인해 건강상 문제가 발생되면서 정신건강에 대한 관심 역시 증가하고 있다. 이처럼 건강에 관한 패러다임은 [그림 2-1]과 같이 과거 수동적 질병치료 중심(Medicine)에서 질병예방 및 건강증진(Health-care)을 비롯한 보다 나은 삶을 살고자 자신에게 투자하는 영역으로 확대되고 있다.

보건(Health)은 일반적으로 건강증진(건강한 습관, 영양, 운동, 휴양), 질병의 발견과 치료(건강진단, 치료, 간호), 질병예방을 포괄하는 개념으로 사용되는 단어로써, 세계보건기구(WHO)는 보건(Health)을 질병(disease)이나 허약(infirmity)한 것이 없을 뿐만 아니라 완전한 신체적(physical)·정신적(mental)·사회적 웰빙(social well-being)의 상태(1948년), 일상생활을 위한 원천(resource)으로 사회적·개인적 원천뿐 아니라 신체적 능력을 강조하는 긍정적 개념(1984년)으로 정의한 바 있다.7)

보건(Health)의 영역에서 좀 더 포괄적인 개념인 웰니스(Wellness)는 1650년경 옥스퍼드대학 영어사전에서 질병(illness)에 대한 반대 의미로 사용되었다. 현재 통용되고 있는 웰니스의 개념은 육체적, 정신적, 감성적, 사회적, 지적 영역에서의 최적의 상태를 추구하는 것으로 쾌적하고 안전한 공간과 건강하고 활기찬 활동을 위한 인간의 상태와 행위, 노력을 포괄하는 것으로 〈표 2-2〉와 같이 건강에 대한 관점의 변화는 건강뿐만 아니라 웰니스의 개념도 보다 적극적인 관점으로 변화시켰다.8) 즉 웰니스(Wellness)는 신체적 건강뿐 아니라 정신적·사회적·영적 건강으로 정의하고 있으며, 이는 조화롭고 균형적인 삶을 영위하고자 하는 욕구로 의미건강의 범위가 확대되고 있음을 알 수 있다. 웰니스에 관한 관심은 의료관광산업뿐 아니라 전 산업에 걸쳐 중요시되고 있는 분야로써, 총체적 개념의 웰니스를 세분화하면 〈표 2-2〉와 같이 Spiritual, Emotional, Mental, Intellectual, Physical, Medical, Occupational, Social, Financial, Environmental 로 구분된다(www.definitionofwellness.com).9)

---

* 공해, 스트레스, 식습관 변화 등으로 6대 만성질환자(천식, 고지혈증, 울혈성 심부전, 고혈압, 우울증, 당뇨병)가 크게 증가.

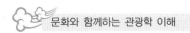

그림 2-1 건강에 대한 의미변화

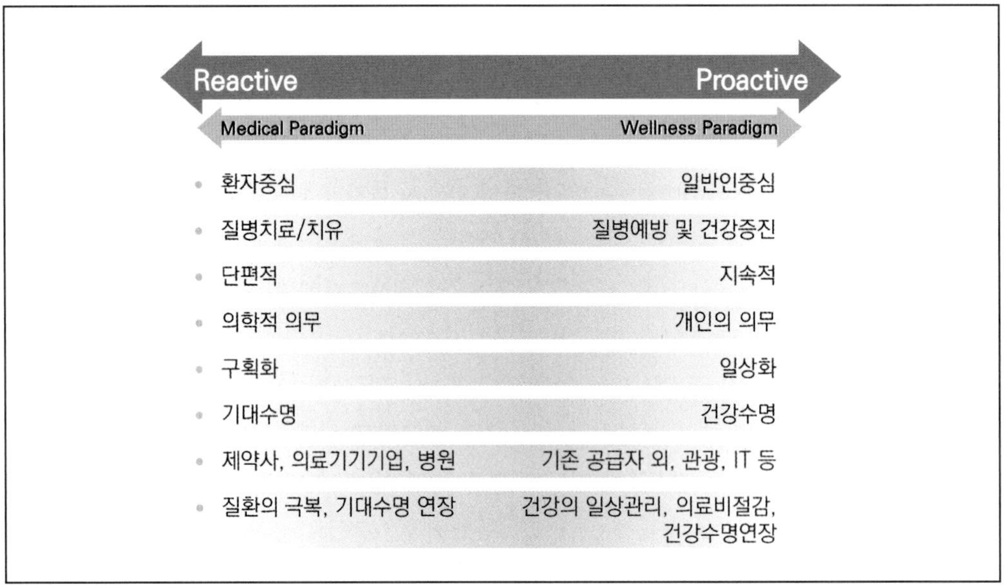

자료: 이용근(2015).[6]

〈표 2-2〉 웰니스 구성요소의 정의

구 분	내 용
Social Wellness	사회 및 조직, 가족과 조화를 이루고, 속해져 있는 환경에 대한 중요성 및 상호보완성을 깨닫고 존중하는 Wellness
Occupational Wellness	직장을 통해 개인의 만족과 성취감을 고취시켜 직장생활에서의 태도를 관리하는 Wellness
Spiritual Wellness	자아를 찾아가고 삶에서의 중요한 가치를 찾아가는 Wellness
Physical Wellness	규칙적인 운동과 올바른 식생활 및 생활습관(금연, 금주) 등을 장려하는 Wellness
Intellectual Wellness	창조적인 정신활동과 지식을 넓히고 이를 사람들과 공유하는 기술을 익히는 Wellness
Emotional Wellness	자신과 주변 사람의 감정을 받아들이고 관리하는 Wellness
Environmental Wellness	자연환경과 그 속에서 생존하는 동물들을 존중하는 Wellness
Financial Wellness	현재의 재정상황을 이해하고 변화가 생길 시 유연하게 대처할 수 있게 하는 Wellnes
Mental Wellness	현대시대에 만연한 우울증과 불안증의 증상들에 벗어나서 현재생활에 만족감을 느끼게 하는 Wellness
Medical Wellness	질병을 예방하고 치료를 돕는 Wellness

자료: 정보통신산업진흥원(2012).[10]

이처럼 건강에 관한 의미는 신체적 영역에서 삶의 영역으로 확대되었고, 과학기술의 발달이 향후 국내외 보건산업이 질병치료 중심에서 건강관리 중심으로 의료패러다임을 전환하고, 나아가 분자영상(Molecular Imaging) 진단 분야의 발전으로 조기진단과 맞춤치료가 가능해짐으로써 의료서비스를 바탕으로 한 건강한 인생 추구의 욕구가 높아질 것으로 전망된다. 즉 과학기술의 발달과 인간의 욕구(웰니스(Wellness) → 웰빙(Well-being) → 웰리빙(Well-living) → 웰다잉(Well-dying)) 진화는 새로운 수요층을 형성하였고, 이러한 삶의 변화는 [그림 2-2]와 같이 비즈니스 영역이 되었다.*

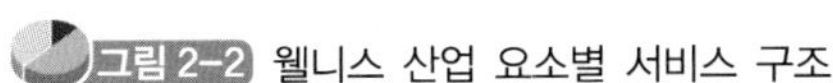

그림 2-2 웰니스 산업 요소별 서비스 구조

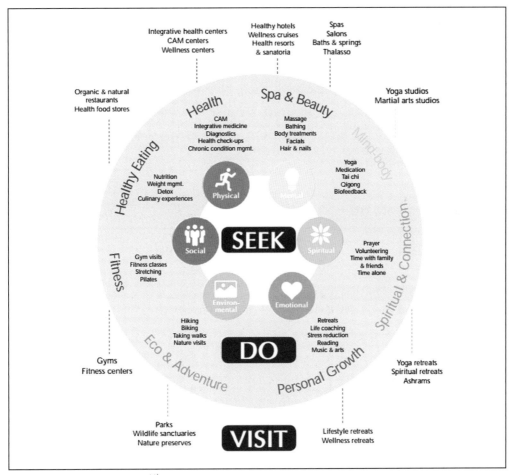

자료: Global Wellness Institute(2013).11)

* 정책브리핑, 문화창조융합벨트서 '문화융성' 꽃 피운다, 이진식 민관합동 창조경제추진단 부단장, 2016.03.17.

제2절 의료관광의 개념

1. 의료관광의 형태변화

고령화 및 만성질환자 증가에 따라 건강에 대한 관심이 높아지면서 세계적으로 맞춤형 웰니스에 대한 수요는 지속적으로 증가하는 추세이다. 단기적으로는 선진국 중심으로 수요가 증가하겠지만, 소득수준이 빠르게 향상되는 일부 개발도상국 지역에서도 점차 건강한 삶에 대한 욕구가 증가하면서 시장의 급성장이 예상된다. 인구고령화 및 소득수준 향상에 기인한 만성질환의 증가로 웰-에이징(Well-aging)에 대한 관심은 우리나라뿐 아니라 세계적인 메가트렌드가 되었다.[12)]

의료관광의 형태는 과거 온천 등을 즐기기 위해 타국을 방문한 것을 시작으로 하여 일부 소수계층에 한해 질병치료를 목적으로 세계 TOP 병원(미국, 독일, 스위스 등)을 방문하는 형태로 발전하였다. 하지만 선진국의 값비싼 의료비와 치료를 받기 위해 오랜 시간 기다려야 하는 대기시간으로 점차 선진국의 중산층이 비교적 저렴한 진료비와 대기시간이 거의 없는 개발도상국으로의 이동이 발생하였고, 이러한 형태는 높은 수익을 창출할 수 있다는 점에서 국가차원에서 전략산업으로 선정하게 되었다.

그림 2-3 의료관광 시장의 변화

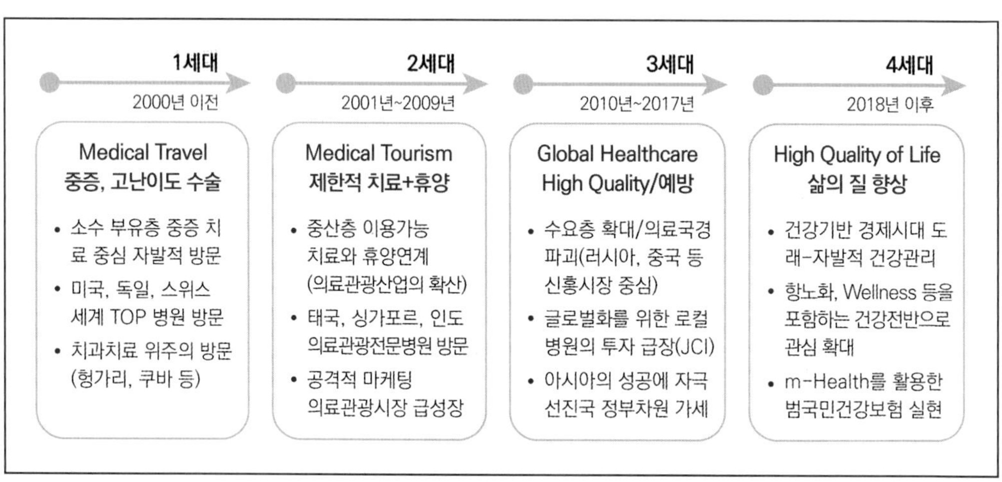

자료: 이용근(2015).[13)]

의료관광의 형태를 크게 구분지어 보면, 2000년 이전은 중증 질병 치료를 위해 소수 부유층이

선진국의 병원으로 이동했던 제1세대로써 의료여행(Medical Travel)시대라 불렸다. 2001년부터 2009년까지는 선진국의 의료서비스 이용의 어려움 등으로 인해 질병치료가 필요한 중산층이 개발도상국의 병원을 방문하게 되었고, 뿐만 아니라 휴양의 목적달성을 위한 관광요소의 중요성이 대두되면서 본격적인 의료관광(Medical Tourism) 시대가 시작되었다. 이 시기에는 의료서비스의 질(Quality)도 중요하였지만, 관광서비스 역시 중요시되어 아시아 일부 국가에서는 의료관광산업을 국가차원의 전략산업으로 인식하여 정부차원의 지원이 활성화되었고, 국가적 차원에서 공격적으로 마케팅 활동을 펼치면서 아시아 의료관광시장이 급격히 성장하게 되었다.

또한 과학기술의 발달로 기대수명이 증가함에 따라 세계는 점차 고령사회로 진입하게 되었고, 건강(Health)에 대한 패러다임의 변화로 질병치료뿐 아니라 질병예방, 건강증진 및 웰-에이징(Well-aging)에 대한 관심이 증가하였다. 이에 따라 제2세대의 후반부에 접어들며 점차 질병치료 목적보다 질병예방 및 항노화 등을 목적으로 타국을 방문하는 외국인(非환자)이 증가하게 되어 의료관광은 제3세대인 헬스케어관광(Health-care Tourism)으로 영역이 확대되었다.

제3세대는 예방 및 건강증진을 목적으로 하는 헬스케어산업으로써 헬스는 일반적으로 건강증진(건강한 습관, 영양, 운동, 휴양), 질병의 발견과 치료(건강진단, 치료, 간호), 질병예방을 포괄하는 개념으로 사용되고 있다.[14] 이 시기에는 의료관광의 활성화를 통해 국제적 경쟁력을 갖추기 위해 국제의료기관평가위원회(JCI: Joint Commission International)의 인증 등을 위한 투자가 급증하여 의료국경이 파괴되면서 국제적인 경쟁력을 갖추기 시작하였다. 뿐만 아니라 아시아의 성공에 자극받은 미국, 일본 등의 선진국에서 정부차원의 지원을 도모하고 있다.

의료관광은 소수 부유층에 국한되었던 제1세대부터 중산층까지 수요자층이 확대된 제3세대로 영역이 확대되면서 점차 의료서비스 중심에서 관광서비스의 중요성이 대두되었고, 소비자의 욕구는 단순한 질병치료뿐 아니라 건강한 삶을 영위할 수 있는 분야까지 확대된 것이다.

2. 해외 의료관광 사례

의료관광은 의료서비스와 관광서비스가 융합된 차세대 성장동력산업의 블루오션으로 세계 시장선점을 위한 국가 간의 경쟁이 치열한 산업이다. 과거에는 질병치료의 목적으로 선진국으로의 이동이 중심이 되어 유럽이 의료관광의 중심지 역할을 하였지만, 오늘날에는 신흥국을 선호하는 새로운 의료관광 패턴 변화로 인해 아시아에서 의료관광 유치 경쟁이 치열하게 전개되고 있다. 이러한 아시아로의 의료관광객 집중 현상은 McKinsey & Company(2008)가 추정한 목적지와 송출지 간의 공간구조 결과를 보면 명확하게 나타난다. 이는 자국에서의 대기시간 해소, 선진국의 무의료보험자들의 해외원정 치료 증가, 신흥국의 값싼 의료비와 의료기술 수준 향상 등이 그 배경으로 작용하였다.15)

의료관광객은 기본적으로 의료서비스를 이용하기 위한 이동으로 치료 등의 목적달성을 위한 일정기간 머무르면서 의료서비스뿐 아니라 숙박, 식사 등의 관광요소 이용은 물론, 관광지 방문 등의 일정을 수행함으로써 일반관광객보다 고부가가치를 창출한다는 점에서 세계 각국에서는 의료관광산업의 활성화를 위해 힘쓰고 있으며 세계 주요 의료관광국의 현황은 [그림 2-4]와 같다.

그림 2-4 세계 의료관광 현황

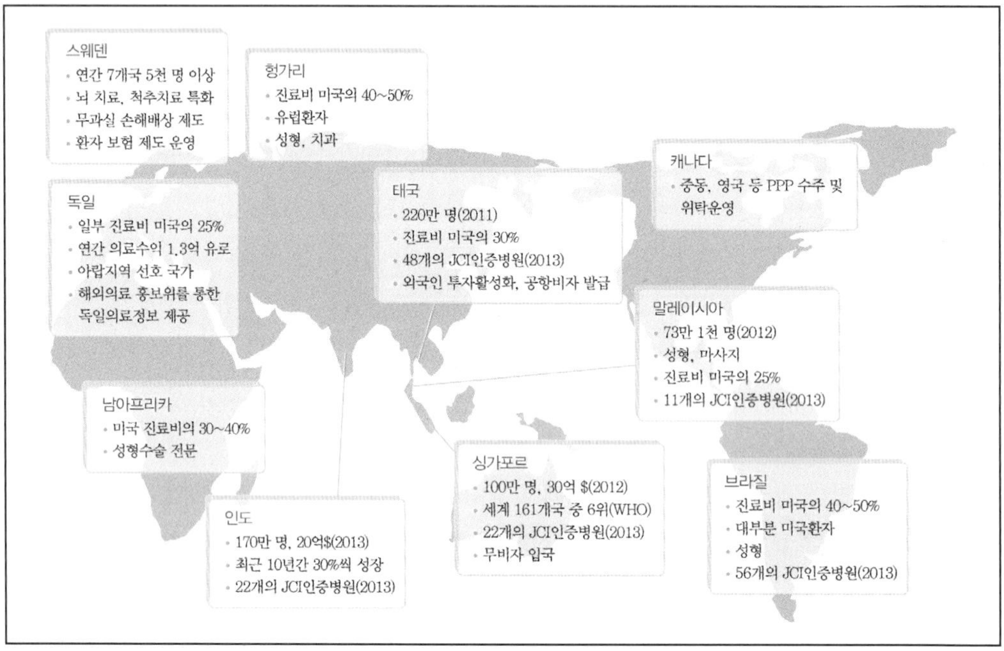

스웨덴
- 연간 7개국 5천 명 이상
- 뇌 치료, 척추치료 특화
- 무과실 손해배상 제도
- 환자 보험 제도 운영

헝가리
- 진료비 미국의 40~50%
- 유럽환자
- 성형, 치과

캐나다
- 중동, 영국 등 PPP 수주 및 위탁운영

독일
- 일부 진료비 미국의 25%
- 연간 의료수익 1.3억 유로
- 아랍지역 선호 국가
- 해외의료 홍보위를 통한 독일의료정보 제공

태국
- 220만 명(2011)
- 진료비 미국의 30%
- 48개의 JCI인증병원(2013)
- 외국인 투자활성화, 공항비자 발급

말레이시아
- 73만 1천 명(2012)
- 성형, 마사지
- 진료비 미국의 25%
- 11개의 JCI인증병원(2013)

남아프리카
- 미국 진료비의 30~40%
- 성형수술 전문

싱가포르
- 100만 명, 30억 $(2012)
- 세계 161개국 중 6위(WHO)
- 22개의 JCI인증병원(2013)
- 무비자 입국

브라질
- 진료비 미국의 40~50%
- 대부분 미국환자
- 성형
- 56개의 JCI인증병원(2013)

인도
- 170만 명, 20억$(2013)
- 최근 10년간 30%씩 성장
- 22개의 JCI인증병원(2013)

자료: 산업연구원(2013).

아시아 국가들은 세계 의료시장 선점을 위한 자국 내 건강보험 구조개선, 보완을 통한 질 향상과 정부의 지원이 활발해지는 공통점을 보이고, 최근 의료관광객들 사이에서 침술 및 동종요법 같은 대체 의학에 대한 관심이 증가함에 따라 아시아 국가 중 기존 상위권 의료관광목적지 외에도 한국, 대만 등 새로운 의료관광 목적지가 관심을 받고 있다.16)

Frost & Sullivan, Forbes에서는 시술 및 치료 규모를 기준으로 평가한 국제 의료관광 상위국가

에는 아시아 국가들이 절반을 차지하고 있는 가운데 태국이 1위로 나타났으며 2위 헝가리, 3위 인도, 4위 싱가포르, 한국은 11위로 〈표 2-3〉과 같이 평가하였다.

〈표 2-3〉 Medical Tourist Destinations by Volume of Care

1 – Thailand	8 – Costa Rica
2 – Hungary	9 – Brazil
3 – India	10 – Mexico
4 – Singapore	11 – South Korea
5 – Malaysia	12 – Colombia
6 – Philippines	13 – Belgium
7 – United States	14 – Turkey

자료: Frost & Sullivan, Forbes(2014.08.09.).[17)]

세계 의료관광국으로써 가장 큰 규모를 차지하는 태국은 마사지 및 허브 시술의 발달과 아름다운 자연환경 등으로 일찍부터 관광산업이 발달하였고, 민간 의료기관의 해외환자 서비스 강화와 정부의 체계적인 지원으로 의료관광의 선두주자이자, 가장 성공적인 의료관광 국가로 성장하고 있다.[18)]

태국의 의료관광의 성공요인은 차별화된 틈새시장 공략, 국제인증을 통한 신뢰감 확보, 의료와 건강관리서비스의 동반성장 등에서 찾을 수 있고, 의료 인력들이 높은 수준의 영어를 잘 구사한다는 부분도 의료관광에 큰 기여를 하고 있다. 또한 태국의 의료관광에서 리조트와 특급호텔을 중심으로 한 메디컬 스파 시설이 중요부분을 차지하고 있으며, 종합병원, 리조트 등에서도 타이 전통마사지를 활용한 예방적 건강관리 프로그램 또는 통증치료법의 패키지 상품을 개발 및 판매하고 있다. 그중 가장 대표적 시설인 치바솜 리조트는 개인별 건강 상담과 체질 특성에 맞는 유기농 스파 음식, 다양한 휴식 및 단련 프로그램을 제공하고 있다.[19)]

이렇듯 태국은 민간 의료기관의 다양한 관광자원 활용과 해외환자 대응 서비스 상화로 의료관광의 선두주자로 부각되었으며, 이후 정부의 체계적인 지원으로 가장 성공적인 의료관광 국가로 성장하였고, 정부는 의료와 웰니스 관광 분야의 잠재력에 초점을 맞추고 있으며, 헬스케어와 건강에 관련된 서비스 개발에 빠르게 접근하고 있으며 의료관광산업의 홍보를 위해 태국 관광청(Tourism Authority of Thailand, TAT)은 의료관광산업을 위한 'e-마케팅 캠페인'을 시작하였다.[20)]

고급 의료서비스 및 의료시설의 경쟁력을 갖춘 싱가포르는 세계보건기구(WHO)에서 2008년 아시아에서 가장 선진화된 의료시스템을 갖고 있는 나라로써 세계 191개국 중 6위 수준의 국가로 평가한 바 있다. 싱가포르 정부는 아시아의 의료서비스 허브로 구축하기 위한 정책의 일환으로, 의료서비스산업 확대 및 신규 투자 촉진, 해외 의료 마케팅 강화를 위해 싱가포르 메디슨(Singapore Medicine)을 설립하였고, 첨단의료 및 바이오 관련 투자를 강화하고, 의료 인프라를 지속적으로 확충함으로써 의료경쟁력을 높이고 있다. 또한 싱가포르 보건부는 감염통제 통계, 평균 병원비 같은 필수적인 정보 및 통계자료를 온라인에 공개함으로써 투명한 의료시스템을 유지하고 있으며 국내외의 원스톱 해외환자 서비스센터를 구축하여 환자 및 보호자들이 불편 없이 지낼 수 있도록 지원서비스를 제공하고 있다. 그동안 고급 의료기술로써 의료관광국으로 거듭난 싱가포르는 신성장동력 주요 정책 'Vision 2018'에서 산업육성정책으로 '고령화 · 의료 · 건강'분야 중심에서 웰니스를 미래 성장동력 산업 분야로 지정하였고, 대체의학으로 웰니스와 미용을 위한 전통적인 치료법이 행해지고 있으며, 침술, 한방약, 지압 치료와 같은 진료를 행하는 전문 자격자 등의 인적자원을 보유하고 있다. 의료관광산업의 국가적 마케팅을 위해서 싱가포르 정부는 의료분야에 대한 투자 촉진 및 의료산업 성장을 지원하는 The Economic Development Board(EDB), 해외마케팅 및 채널 구축을 담당하는 Signapore Tourism Board(STB) 및 의료 관련 종사자들의 해외진출 활동 지원 등을 위한 International Enterprise(IE)를 설립하여 역할 분담이 이루어지고 있다. 또한 싱가포르 정부는 인력 확보를 위해 71개의 외국대학 의대 학위를 인정하고 있으며, 외국의료진은 일정 조건하에 싱가포르 내에서 의료행위가 허용되며, 일정 기간 경과 후에 정규 의사로 전환이 가능하다.[21]

아시아 선도 의료관광국 중 하나인 인도는 역사가 깊고 오리엔탈 문화의 중심지로 세계 관광객들로부터 집중적인 관심을 받고 있는 나라로써 IT강국의 장점과 저렴한 진료비, 짧은 시술대기시간, 선진의료기술 등을 내세워 의료관광 활성화를 꾀하고 있다. 인도는 의료 인프라의 취약 및 국가위생에 대한 부정적인 대외 인식에도 불구하고 의료관광 활성화를 위한 인도정부의 노력으로 해외환자 유치는 급속도로 늘어나고 있고, Mckinsey는 2018년에는 인도 의료관광수입이 연간 50억 달러에 달할 것으로 전망하였다. 특히 아유르베다 요법 등 전통요법, 첨단의료기술, 순수관광을 묶어 하나의 관광상품을 만들어 관광객들이 자신이 원하는 치료, 명상 프로그램 및 상품을 선택하여 참가할 수 있어 인도만의 경쟁력을 확보하였다. 인도정부는 'High-Tech Healing'이라는 모토를 내세워 국가적 차원에서 의료관광홍보와 지원을 하고 있고, 대표적인 프로젝트의 일환으로 '의료지원부서'를 개설하여 의료관광객에 대해 비자, 통역, 음식, 법률, 입원 후 거주, 관광, 출국 후의 원격의료 등의 복합적 의료서비스를 제공하여 의료관광국으로써 국가경쟁력 확보를 위해 노력하고 있다.[22]

이렇듯 아시아 의료관광 선도국으로 대표하는 태국, 싱가포르, 인도는 고급 의료기술, 저렴한 진료비뿐 아니라 자국만의 특색있는 헬스케어산업 분야 즉, 대체의학, 전통요법, 스파, 마사지

등과 관광인프라 활용을 통한 의료관광산업의 발전을 도모하고 있다. 이와 같은 현상은 과거 치료 중심의 의료서비스에서 기대수명의 증가와 더불어 세계적으로 아프지 않고 건강하게 오래 사는 건강수명에 관한 관심이 증가하여 건강증진 및 질병예방의 중요성이 부각되고, 항노화, 미용 등에 대한 관심이 증가하면서 의료서비스에 관한 인식이 변화하고 있음을 전망할 수 있다. 뿐만 아니라 헬스케어시대의 변화와 더불어 건강의 의미도 단순한 육체적 건강에서 정신적 건강으로 의미가 확장되었고, 이미 1948년 세계보건기구(WHO)에서는 건강(Health)에 관해 "신체적으로 질병이 없거나 허약하지 않을 뿐만 아니라 신체적, 정신적, 사회적으로 완전히 평안한 상태"라고 정의하여 건강(Health)은 신체의 건강뿐만 아니라 정신적, 사회적인 건강까지 포함한 건강한 상태라는 것을 증명하고 있다.[23)]

3. 한국의 의료관광

한국은 2009년 1월 글로벌 헬스케어(의료관광)를 17개 국가 신성장동력산업 중 하나로 선정한데 이어, 「의료법」 개정으로 동년 5월부터 '외국인환자 유치행위'가 합법화됨에 따라 정부는 의료관광 활성화를 위한 다양한 지원 정책을 추진하고 있다.[24)] 한국의 의료서비스는 이미 세계적으로 높은 의료기술과 최첨단 의료장비를 보유하고 있는 반면, 저렴한 진료비와 빠른 서비스 제공을 자랑하고 한류 영향으로 국가 이미지가 향상되었다.

한국은 의료관광국으로써 경쟁력을 보유하고 있고, 의료관광산업이 고부가가치 및 고용창출을 가능케 하는 신성장 동력산업임을 인식하고 산업발전을 위해 〈표 2-4〉와 같이 정부차원에서 지속적인 지원을 하고 있다.

뿐만 아니라 2016년 4월 문화체육관광부는 관광정책의 컨트롤타워로서 관광정책실을 새롭게 출범시켰고, 한국에서만 경험할 수 있는 '한국적 요소'를 강조한 관광콘텐츠를 활용하여 방한 외래관광객의 만족도를 높일 수 있는 방안*을 제시하였다. 뿐만 아니라 인센티브관광(Incentive Travel), 컨벤션(Convention) 중심이었던 마이스(MICE)산업 지원 정책을 기업회의(Meeting) 지원까지 확대하고, 해외 저명인사를 활용한 마이스(MICE) 앰배서더, 마이스(MICE) 동반자 대상 관광프로그램 등을 신규 추진한다. 또한 치료 중심의 의료관광에 웰빙, 휴양, 건강 관리, 스파, 뷰티(미용) 등이 결합된 고부가가치 융·복합관광 분야인 웰니스 관광을 본격 육성하기 위한 웰니

* 10개 권역의 숙박·식음·볼거리·교통 현황을 관광객의 동선에 따라 진단하고, 관광요소별 종합 개선 및 코스화·상품화하기 위한 '핵심 관광지 육성'사업 추진, 동·서·남해안 및 비무장지대(DMZ) 접경지역 등 약 4,500km의 걷기 여행길을 하나로 잇는 '코리아 둘레길 조성'사업, 케이팝 상설공연 관광상품화, 드라마 이미지 저작권·초상권 이용 허락을 통한 한류드라마 관광상품화 체계화, 한류체험 거점인 K-컬처존 조성 등.

스 시설지원, 우수 여행사 지원 등 신규 정책들이 시도될 예정이다.*

이처럼 한국 의료관광은 정부차원의 적극적인 지원제도를 통해 한국의 의료관광은 초창기 질병치료 · 건강검진 등의 의료(Medical) 중심의 발전을 도모하였지만, 세계적인 건강에 관한 트렌드 변화 등에 따라 2012년 Medical 중심에서 Health-care 영역으로 범위를 확대하였고, 2017년을 기점으로 하여 Health 영역에서 심신이 건강한 상태인 Wellness로 확대하여 신성장 동력산업으로써 국가 경쟁력 확보에 이바지하였다.

〈표 2-4〉 의료관광 정책 추진 경과

연도	주요 정책 추진
2006~2008년	• 2006년 4월 의료산업 선진화 위원회는 '해외환자 유치 활성화를 위한 의료제도 개선 방안' 발표 • 2007년 3월 '한국국제의료서비스협의회' 발족 • 2008년 4월 기획재정부는 '서비스산업 선진화 방안' 발표
2009년	• 1월 '신성장동력 비전과 발전전략' 확정 • 1월 「의료법」개정 – 외국인환자 유치행위 허용 • 5월 '의료서비스산업 선진화 방안' 확정 • 5월 의료관광비자 제도 신설
2010년	• 7월 「의료법」개정 – 의료기관인증제 전환
2011년	• 6월 '의료관광사업 2단계 고도화 전략' 발표
2012년	• 10월 '글로벌 헬스케어 활성화 방안' 발표
2013년	• 2월 국정과제 발표 – 보건산업을 미래성장산업으로 육성 • 4월 법무부, 메디컬 비자 규정 개정 • 12월 '4차 투자활성화 대책' 발표: 보건 · 의료 분야 투자 활성화 포함
2014년	• 3월 「관광진흥법 시행령」 개정 – 의료관광호텔의 건립 허용 • 8월 '유망 서비스산업 육성 중심의 투자활성화 대책' 발표 • 9월 「의료법 시행규칙」 개정 – 상급종합병원 외국인환자의 병상 수 제한 완화 – 의료법인의 부대사업범위 추가 개선 • 12월 '2015년 경제정책방향' 발표: 의료 분야 육성 포함
2015년	• 2월 '외국인환자 미용 · 성형 유치시장 건전화 대책' 발표 • 5월 보건복지부, '의료서비스산업 선진화 방안' 확정 • 7월 문화체육관광부, '관광산업 육성 대책'에서 의료시장 다변화 정책과제 발표 • 8월 '유망서비스산업 육성 추진계획' 발표: 보건의료분야 추진계획 포함 • 8월 '2015년 외국인환자 30만 명 유치 목표 달성을 위한 방안' 발표 • 12월 「의료 해외진출 및 외국인환자 유치 지원에 관한 법률」 제정

자료: 국회도서관(2015).

* 정책브리핑(2016.08.30.) 내년 문화재정 7조원 돌파...'문화융성' 인프라 확대.

제3절 한국형 의료관광서비스 발전기반

1. 한류문화의 세계화

한류는 1990년대 후반부터 일본, 중국, 대만, 베트남 등 아시아 지역에서 한국의 가요, 드라마, 영화 등 상업주의 대중문화가 광범위하게 유통되면서 반향을 불러 일으킨 문화현상으로 최근에는 그 영역이 전 세계적으로 확장되면서 한국 문화의 조류를 총칭하는 개념으로 사용되고 있다.

'한류'라는 용어에 관한 인지도 조사 2015 해외한류실태조사 결과보고서에서는 [그림 2-5]와 같이 64.4%로 14년 2월(3차) 조사 이후 꾸준히 증가하고 있고, 호감도는 37.6%로 전년대비 소폭 상승하였다. 국가별 한류 인지도를 살펴보면, 중국(95.2%), 일본(94.0%), 대만(90.3%) 등의 순으로 높은 반면, 유럽 및 미주 지역은 상대적으로 낮은 것으로 조사되었다. 국가별 한류 용어 호감도는 남아공(54.5%), 호주(53.3%), 대만(48.0%), 말레이시아(47.3%)에서 높게 나타난 반면, 일본(20.3%), 태국(24.8%), 러시아(29.8%)에서 상대적으로 낮게 나타났다.

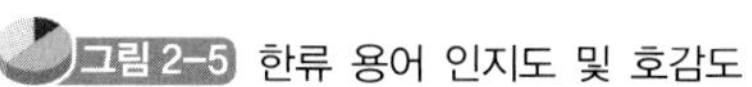
그림 2-5 한류 용어 인지도 및 호감도

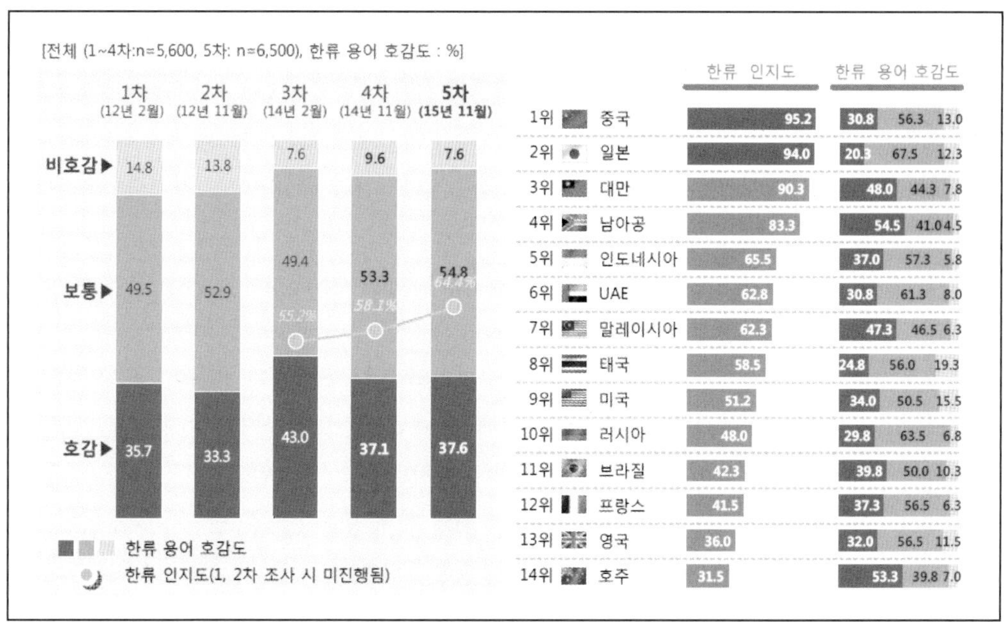

자료: 한국관광공사(2016)[25]

외국인이 인식하는 '한류'를 대표하는 콘텐츠로는 연상 이미지와 유사하게 'K-Pop'(67.3%)이 가장 높고, 다음은 '드라마'(50.9%), '한식'(44.3%), '영화'(44.2%) 등의 순으로 나타났으며, 한국문화콘텐츠 중 대중적인 인기가 높은 콘텐츠로는 '한식'(46.2%), 'K-Pop'(39.0%), '패션/뷰티'(35.8%) 등의 순으로 나타났고, 마니아층의 인기가 높은 콘텐츠로는 '도서(출판물)'(37.5%), '애니메이션/만화캐릭터'(36.5%)로 나타났다. 국가별로는 중국, 태국, 인도네시아에서 한국 문화콘텐츠의 대중적 인기가 높은 것으로 나타났다.

문화체육관광부는 앞서 문화융성을 통한 창조경제구현과 해외 문화영토를 넓히고자 민관이 협력하여 인재양성 및 기술개발(문화창조아카데미), 문화콘텐츠의 기획(문화창조융합센터, 사업화(문화창조벤터단지), 구현 · 소비(K-Culture Valley, K-Experience, K-Pop Arena)로 구성되는 6개 거점을 축으로 문화콘텐츠의 기획부터 제작, 유통, 소비의 선순환구조를 조성하는 문화창조융합벨트 출범을 기획하였다.*

현대경제연구원에서는 한류가 1.0과 2.0시대를 넘어 점차 진화하면서 문화산업에 대한 영향뿐 아니라 국내 경제에 미치는 긍정적 외부효과에 대한 분석을 위해 1995~2012년 196개국의 연간 패널데이터를 통해 패널토빗 모형으로 분석한 결과 한류현상은 시차를 두고 소비재 수출, 관광객 유치 및 투자 견인효과를 유발하였다. 우선 한류 현상은 당해연도 소비재 수출 증가에 기여하였고, 이는 한국에 대한 인지도를 즉시 제고시켜 당해연도 한국제품의 소비를 촉진시키기 때문으로 추정하였다. 뿐만 아니라 한류현상은 다음연도 관광객 유치에도 기여한다. 재화소비와 달리 관광수요는 즉각적으로 반응하기 어렵게 때문에 시차를 두고 차년도의 관광수요에 영향을 미쳤고, 뿐만 아니라 차년도 서비스업 외국인 투자유치에도 기여하는 것으로 분석되었다. 이는 한류현상으로 인한 방한 관광객 증가가 관광 등 국내 서비스업을 활성화하여 지속적으로 해외자본 유치 효과를 발생시키는 것으로 추정하였다.

한류는 서비스산업의 공급형태 중 Mode1의 형태로써 공급자와 소비자의 이동 없이 서비스의 이동으로 확장되었다. 대표적인 한류열풍을 일으킨 〈대장금〉은 네트워크를 통해 국외로 수출되었고, 그로 인해 중국에서 한국 음식과 전통가옥, 전통의상 등의 인기가 치솟아 상품의 수출을 도모하였고, 대장금의 인기는 서비스산업 공급형태 중 Mode2인 소비자의 이동 동기를 자극하여 대장금의 촬영지는 '대장금 테마파크'로 만들어져 관광지로써 인기를 얻고 있다. 드라마 대장금은 더 나아가 한류를 지속가능하게 하는 촉진제가 되어 현재 '한류우드'를 만드는 시발점이 되기도 하였다.[26] 하지만 한류열풍이 오래가지 못하고 자츰 시들해져 갈 때 쯤 2013년 케이팝(K-pop) 월드스타 싸이의 〈강남스타일〉이 다시 한 번 전 세계에 울려퍼지면서 한국의 홍보는 아시아권

* 정책브리핑(2016.03.17.) 문화창조융합벨트서 '문화융성' 꽃 피운다.

에서 서부권까지 영역이 확대되었다. 〈강남스타일〉에 이어 2014년 국내와 동시에 중국에서 방영되었던 〈별에서 온 그대〉는 한국의 '치맥(치킨과 맥주)'문화를 전파하여 현지 인기는 물론 중국 광저우 아오란 국제뷰티그룹 6000명이 단체로 한국을 방문하여 〈별에서 온 그대〉 촬영지 방문과 치맥파티를 즐기는 등 GATS의 Mode2 형태를 형성하였다.* 이어 2016년에 방영된 〈태양의 후예〉는 국내에서도 높은 인기를 받았던 드라마로써 미국경제 전문 통신사 블룸버그는 〈별에서 온 그대〉의 경제효과가 1조원에 이른다고 평가하면서 〈태양의 후예〉는 그 이상의 경제효과를 가져올 가능성이 있다고 보도하였다.** 이처럼 한국의 음악 및 드라마 등의 방송콘텐츠는 IT기술이 발달하면서 GATS의 Mode1의 공급형태로써 국내와 동시간에 수출이 가능해지고 그로인한 제품의 수출 및 Mode2의 소비자 이동과 연계되면서 국가경쟁력 제고에 일조하고 있다.

문화체육관광부는 한류의 경쟁력을 바탕으로 '문화융성을 통한 경제체질 개선'을 위해 빅데이터 기반 수출정보 플랫폼 구축, 해외 한류 커뮤니티 등 한류 네트워크 강화 및 민간 한류 행사에 콘텐츠 · 전통문화상품 · 중소기업제품 · 정보통신기술 등을 집적한 한국공동관 운영 등의 '세계 속의 한류 영토 구축 방안'을 발표하였다.27) 이처럼 한류는 IT기술의 발전에 힘입어 한국을 세계에 홍보하는 홍보자의 역할을 수행하고 있으며, 그로 인해 제품의 수출과 관광객 유치 등을 유발함으로써 부가가치를 창출한다는 점에서 정부는 한국의 세계화를 위해 적극 지원하고 있다.

2. 의료서비스 수준의 국제화

한국 의료서비스산업은 미래 국제적 트렌드에 부합하는 경쟁우위조건을 구비하였으며, 글로벌 리더로 도약할 수 있는 잠재력은 충분한 것으로 나타난다. 한국은 의학 · 생명 분야에 우수한 인적 자원이 집중되어 있으며, 분자진단(DNA, 단백질 등 분자 수준에서 질병을 진단) 및 맞춤형 치료(유전적 소인과 체질 등을 고려) 등에 높은 기술력을 보유하여 맞춤형 의료서비스 제공이 가능하다. 또한 특허청에 따르면 원격의료를 포함한 u-Health 분야 특허 출원은 최근 5년간 연평균 17%의 증가율을 보이며 매년 300건 이상 출원되는 등 급격한 성장세를 보이고 있는 것으로 나타나 IT 등 융합기술, 인프라가 구비되어 u-Health 시장 등 진출 여력이 충분하다. 뿐만 아니라 우리나라는 우수한 의료인력, 기술 및 장비를 보유하고 있으며, 위암, 간암, 자궁경부암, 대장암 등 여러 암의 생존율은 선진국 수준을 상회하고, 간이식 · 뇌졸중 치료는 세계 1위이지만, 진료수가는 경쟁국가인 미국이나 싱가포르에 비해 낮아 가격 대비 우수한 경쟁력을 보유하고 있어 의

* 머니투데이(2016.03.27.) '별그대 촬영지 · 치맥파티'즐기러... 중국인 6000명 인천상륙.
** NEWSPIM(2016.04.27.) 블룸버그 "태양의 후예, 별그대 1조 원 경제효과 넘는다."

그림 2-6 한국 의료시스템 해외진출 현황

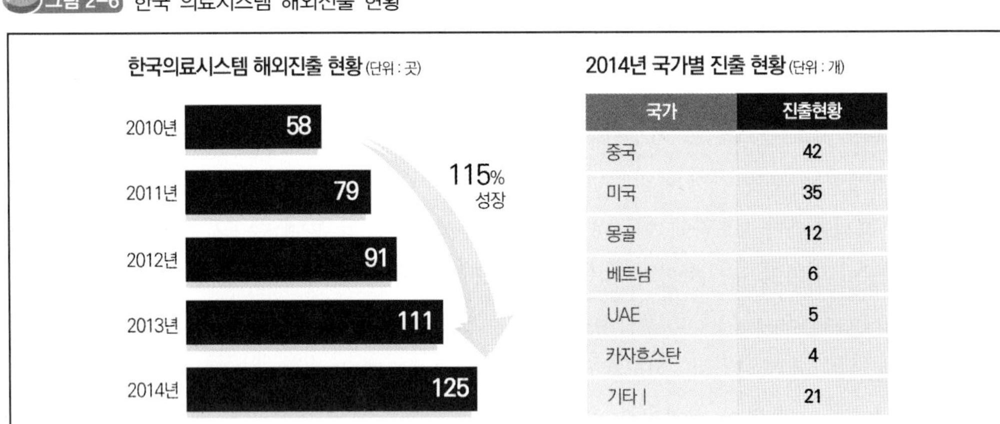

국가	진출현황
중국	42
미국	35
몽골	12
베트남	6
UAE	5
카자흐스탄	4
기타	21

자료: 보건복지부(2015).

료관광객 유치 및 의료기관 수출에 유리하다.

한국의 수준 높은 의료기술과 경쟁력으로 인해 한국형 의료시스템의 진출은 [그림 2-6]과 같이 2010년 58곳에서 2014년 125곳으로 115% 증가하여 높은 성장세를 보이고 있다. 한국형 의료시스템이란 의료서비스(의료기술, ICT, 건강보험 제도 및 청구시스템, R&D 등)와 제조기술(제약, 의료기기, 건설 및 시공 등)의 융합을 패키지로 묶어서 상품화한 것으로 정의되며 이는 [그림 2-7]로 설명된다. 한국형 의료시스템 진출의 주요 사유로는 한국 의료시스템의 우수성, 서울대병원, 서울성모병원 등 해외진출 의료기관의 각고의 노력, 아랍에미리트와 국비환자 유치계약 체결 등 정부 간 협력(G2G), 진출국 현지 의료체계 및 수가정보 등 심층시장조사 및 의료기관 해외 진출 정보서비스 포털(www.kohes.or.kr)을 통한 정보제공, 외국의료인력 연수 확대 및 연수인력 통합 DB구축 등 네트워크 강화, 전략지역에 'Medical Korea' 거점공관 운영 등 보건복지부, 한국보건산업진흥원의 부족한 해외 인프라를 보완한 조치로 볼 수 있다.[28]

또한 보건복지부는 「보건산업 발전방향 - 국가 미래 주력사업으로의 청사진」을 수립하여 2017년까지 '보건산업 세계 7위권 진입 달성'을 목표로 5대 추진전략으로서 ① 강점분야 육성, ② R&D 산업화 촉진, ③ 산업 간 융합 및 세계화를 통한 신시장 창출, ④ 전 주기 인프라 조성, ⑤ 융합인재 육성을 선정하고 21개 추진과제*를 제시하였다.[29]

* 한국형 의료패키지 글로벌 확산, 외국인환자 유치, 블록버스터 신약, 글로벌 제네릭, 유전체・맞춤의료, 줄기세포・재생의료, 항체치료제, 첨단 의료기기, 보건의료 TLO육성지원, 보건제품 수출 촉진, 뷰티산업, 천연물 신약, 건강노화산업, 바이오뱅크, 빅데이터 구축・연계, 첨단의료복합단지, 연구중심병원, 임상시험, 투자창업 플랫폼, HT 융복합 인재 양성, 글로벌 인재 양성.

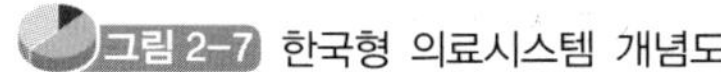
그림 2-7 한국형 의료시스템 개념도

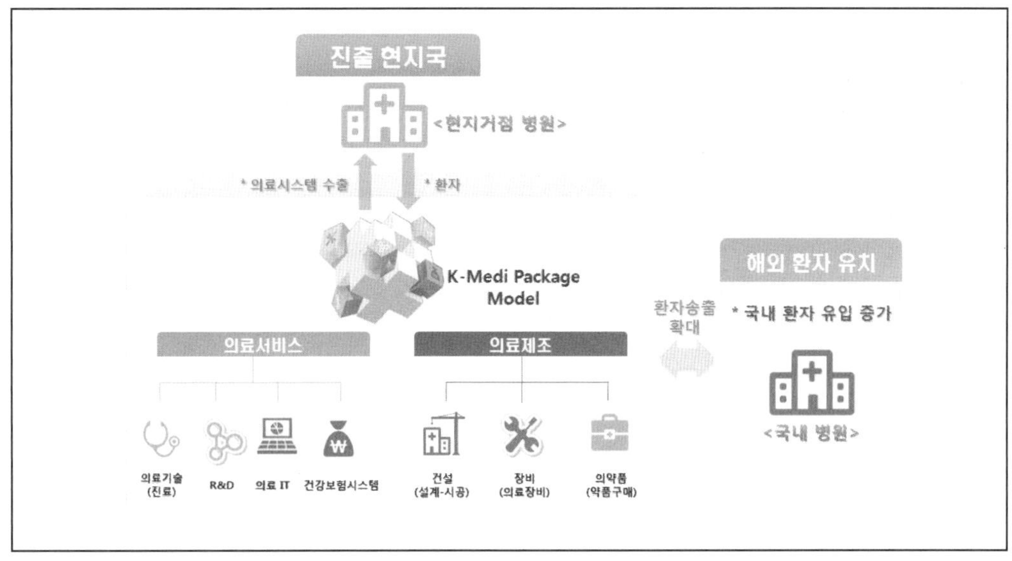

자료: 보건복지부(2015).

제4절 한국형 의료관광산업 글로벌화 방안

1. 한류문화를 통한 한류관광의 홍보체계 구축(Mode 1)

1995년 결성된 WTO규정에 따라 국가 간의 무역 장벽이 철폐되고 개별산업 및 기업에 대한 직접적인 지원 및 보호정책이 완화됨에 따라 각 국가들은 자국 기업과 산업에 대해 기존의 직접적 지원방식을 간접적 지원방식으로 전환하거나 간접적 지원을 확대하는 방향으로 나타나고 있다. 이런 간접적 지원 확대 방안 중의 가장 대표적인 것이 자국의 이미지를 강화하는 것이다. 국가브랜드 이미지를 강화하는 주된 목적은 자국 산업과 기업의 이미지를 좋게 하여 자국산 제품의 판매 촉진과 고부가가치화를 간접적으로 돕는 것이다. 이와 같은 현상은 말레이시아, 싱가포르 등과 같은 개발도상국뿐만 아니라, 미국, 영국, 일본 등과 같이 이미 좋은 국가브랜드 이미지를 충분히 확보한 경제 선진국들도 자국의 보다 나은 국가브랜드 이미지 향상을 위해 다양한 노력을 하고 있다.[30)]

과거에는 자국 이미지 제고를 위해 활용할 수 있는 수단이 극히 제한적이었지만, 오늘날에는

IT기술의 발달로 세계가 하나의 네트워크를 형성하여 자국 이미지 제고뿐 아니라 개인의 이미지 제고를 위한 수단으로써 활용되고 있다. 이미 세계적 기업으로 거듭난 구글, 페이스북, 스페이트 X, 윈엡은 드론, 큐브위성, 기구 등을 이용해 세계 어디서나 와이파이 인터넷이 가능하도록 하는 경쟁을 하고 있다. 처음 이 기업들은 통신회사를 통해 서비스를 시작했지만 이제는 거꾸로 통신 회사를 집어삼키려 하고 있다. 모든 사람이 언제나 온라인 상태에 있을 때 첨단기술을 적용한 산업은 동기부여를 받고, 전화요금, 데이터요금, 접속요금이 아니라 접속된 사람들에게 데이터를 제공해 화폐로 만드는 것이다.[31] 이와 같이 전 세계인이 무료로 네트워크를 형성할 수 있는 시대에서 '한류문화'는 강력한 경쟁력을 갖는다. '한류문화'를 통해 한국 문화가 스며든 K-pop, K-drama, K-movie 등의 형태로 실시간 수출되고 있으며, 그로 인해 한국 소비재 수출, 시차를 두고 관광객 유치 및 투자 견인효과를 유발한다.

한류문화는 서비스무역에 관한 협정(GATS)의 Mode1의 공급형태로써 수출되고 있다. 즉 공급자와 소비자의 이동 없이 소비재만 국경을 넘어 제공되는 것으로써 IT기술이 발달할수록 서비스 수출의 제한은 완화될 것이며, Mode1의 형태를 통해 제공됨에 따라 국가 브랜드 형성에 이바지하고 있다. 따라서 서비스산업의 활성화를 위해 국가 홍보기반으로써 구축된 한류문화를 충분히 활용한다면, 의료관광산업의 국가 경쟁력 확보에 기반이 될 것이다.

2. 고부가가치 창출이 가능한 한국형 의료관광산업의 모델개발(Mode 2)

한류용어에 관한 외국인의 인지도는 꾸준히 상승하여 64.4%(2015년 11월 기준)으로 나타났고, 가장 높은 국가는 중국 95.2%, 일본 94.0%, 대만 90.3% 등의 순으로 나타났다. 한류문화는 한국의 문화가 내재된 콘텐츠의 수출로써 국가이미지 제고에 이바지하고 있으며, 시차를 두고 외래관광객을 유치하는 데 견인효과를 나타내고 있다. 반면 한국의 의료관광산업은 2009년 의료법 개정을 시작으로 본격화되어 '의료서비스' 중심의 발전을 도모하였지만, 과학기술 등의 발달로 기대수명이 증가하고 질병치료에서 건강증진으로의 건강에 관한 관심영역이 확대됨에 따라 세계 보건시장에서의 경쟁력 확보를 위한 영역구축의 연구가 시급하다.

외래관광객 중 의료서비스가 아닌 타 목적으로 방한한 외국인이 의료서비스를 이용하게 되는 비율은 2015년 기준 29.5%로 나타난바 의료관광객이 일반 외래관광객보다 높은 부가가치를 창출한다는 점을 고려한다면 외래관광객을 의료관광객化하는 전략이 필요하다. 의료관광객 방문을 확대하기 위해서는 관광 목적 등으로 방한하는 외국관광객 대상으로 건강에 관한 관심영역을 고려하여 의료 및 웰니스 서비스 정보 제공 등의 한국형 의료관광산업 모델 개발전략이 필요하다.

건강을 기반으로 한 의료관광은 [그림 2-8]과 같이 한국에 입국했을 때부터 자국으로 귀국한 후까지 전 과정을 통합한 것으로써 기존의 의료서비스 중심에서 비포&에프터 서비스는 물론 국내에 체류하면서 필요한 의 · 식 · 주에 한국 전통문화를 기반으로 한 건강서비스를 제공할 수 있는 전략개발이 필요하다.

그림 2-8 지속가능한 한국형 의료관광산업 디자인 모델

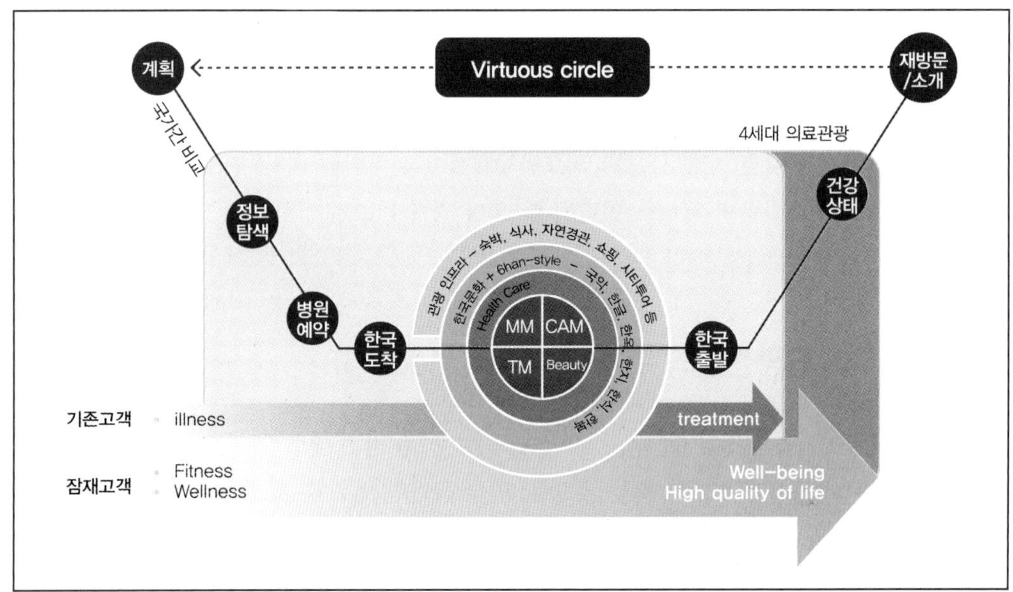

자료: 이용근(2015).

뿐만 아니라 의료관광산업 발전을 위해 각 지자체별 발전전략을 도출하고 있음에도 불구하고 외국인환자의 수도권 쏠림현상은 완화되지 않고 있는 실정이다. 따라서 지자체 간 균형있는 발전을 위해서는 각 지역별 경쟁력 있는 서비스 즉, 수도권 지역은 의료서비스, 그 외의 지역은 비포&에프터서비스, 생활케어서비스 등의 영역에 초점을 맞추어 소비자가 한국 귀국부터 일상생활로 되돌아갈 때까지의 모든 영역을 한국 의료관광산업 모델을 통해 제공될 수 있도록 한다면 현재 질병치료 등의 목적으로 방문하는 외국인 환자뿐 아니라 비환자까지 건강서비스를 이용할 수 있는 환경을 제공할 수 있을 것이다.

즉 여행서비스는 GATS의 모드2(해외소비)를 대표하는 면대면 서비스 형태로써 소비자가 서비스 공급국으로 방문함으로써 소비되기 때문에 아웃바운드의 여행수입과 인바운드의 여행수출 전략이 양방향으로 이루어져야 한다. 특히 인바운드를 통해 여행서비스 수출을 위해서는 한류관

광객들을 유치할 수 있는 한류관광상품과 고부가가치인 의료관광상품 등을 개발하여 여행서비스산업을 글로벌화하도록 노력해야 한다.[32)]

정부는 의료관광객 유치전략으로써 외국인환자에 대한 안전을 보장하고, 서비스를 강화하고자 관련 대책을 마련하여 의료분쟁에 대한 가이드라인 마련 및 통역서비스를 제공하고, 메디컬 비자 발급 용이는 물론, 의료관광객을 주요 투숙 대상으로 하는 의료관광호텔의 건립과 관련된 관광진흥법 시행력을 일부 개정하였다. 뿐만 아니라 특흡호텔의 경우에도 의료기관과 협력하여 외국인환자들에게 최상의 서비스를 제공하기 위해 노력하고 있는 상황으로 롯데호텔, 밀레니엄 서울힐튼, 그랜드 인터컨티넨탈이 앞장서고 있다. 의료관광호텔이 활성화되면 2020년까지 약 20개의 의료관광호텔이 건립되고, 약 2,000개의 일자리가 창출될 것으로 기대하며 치료 목적의 30병상과 객실 100개를 갖춘 중형 규모의 의료관광호텔이 설립되면 의사, 간호사, 물리치료사 등 의료인력이 약 40명, 그 밖의 서비스 인력이 약 60명 정도 필요하기 때문에 국내 일자리 창출에도 기여할 것으로 전망되고 있다.[33)]

3. 한국형 의료관광산업의 수출모델 개발(Mode 3)

한국형 의료관광산업은 정부차원에서 '한국형 의료시스템'의 형태로써 수출되고 있다. 이는 국외로의 의료기관 수출을 기반으로 하는 것으로, 일부 국가와 MOU를 체결하는 등을 통해 질병치료 등의 고급 의료서비스를 제공하고 있다. 하지만 서비스산업으로써 한국형 의료관광산업이 수출되기 위해서는 의료서비스 중심의 발전전략에서 한국문화를 기반으로 한 비포&에프터케어서비스 영역으로의 확대가 필요하다.

건강(Health)에 관한 패러다임은 과거 수동적 치료목적의 서비스보다 예방 및 건강증진을 위한 자발적인 참여의지, 여가시간의 증대, 기대수명의 연장 등으로 보다 나은 삶을 살고자 자신에게 투자하는 영역이 확대되고 있다. 이러한 시대의 흐름에 따라 아시아 의료관광 선도국인 태국은 스파호텔, 싱가포르는 대체의학과 미용, 인도는 아유르베다 요법 등 전통요법으로 의료서비스와 함께 경쟁력 제고에 노력하고 있다. 서비스무역에 관한 협정(GATS)으로 인해 의료, 관광 등의 고부가가치를 창출하는 서비스산업 개방의 자유를 제공하였지만, 그로 인해 서비스산업의 국제경쟁력 확보를 위해서는 차별화된 전략을 모색해야 한다. 즉 각 공급형태 간의 연계성을 고려하여 Mode 1의 한류문화 확산과 Mode 2의 관광객 유치를 통해 꼭 한국에 방문하지 않더라도 한국형 의료관광산업을 체험할 수 있는 모델을 수출함으로써 한국 의료관광산업의 경쟁력을 제고할 수 있다.

그림 2-9 한국 의료관광산업 수출 모델 서비스 구성요소

통합의료관광
서비스 구성요소

- Medical : 질병치료
- Physical : 올바른 식생활/생활습관 개선
- Emotional : 감정수용능력
- Mental : 스트레스관리능력
- Occupational : 직업태도관리능력
- Social : 공동체 존중능력
- Financial : 재정상황이해/대처능력
- Intellectual : 지식습득능력
- Spiritual : 자아발견/실현능력
- Environmental : 자연환경 존중능력

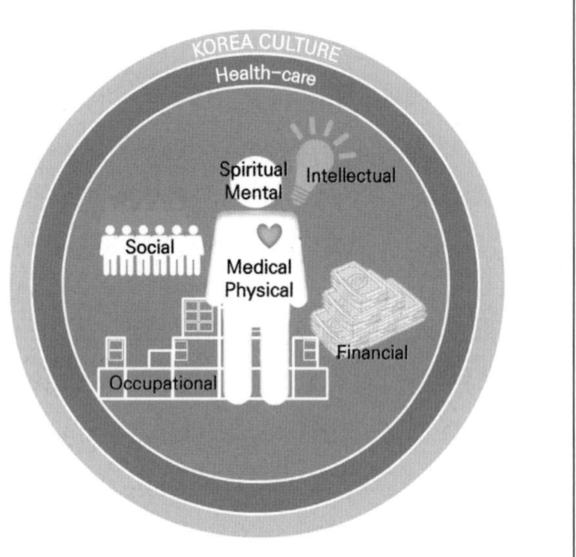

자료: 이용근(2016).34)

한국형 의료관광산업 수출모델 서비스 구성요소는 [그림 2-9]와 같이 WHO에서 정의한 건강의 개념에 부합하는 신체의 건강뿐 아니라 정신적, 사회적인 건강까지 포함한 건강상태를 제공하기 위해 생활적 요소로 수출되는 것으로 의료기관이 아닌 체류생활이 가능한 호텔의 형태로써 수출되는 것이 하나의 전략이라고 할 수 있다.

즉 정부의 의료시스템 수출이 의료기관의 수출이라면, 한국형 의료관광산업의 수출모델은 한국 문화를 기반으로 한 생활의 건강한 상태, 뷰티 등을 체험할 수 있는 호텔의 형태라고 할 수 있다.

4. 한국형 의료관광산업 전문 인력양성체계 구축(Mode 4)

서비스업은 제조업에 비해 고용창출이 높은 분야이다. 하지만 서비스시장의 성장을 위해 정부의 적극적 지원 등에도 불구하고 서비스업과 제조업의 생산성 격차가 크게 좁혀지지 않고 있어 서비스업이 한국 경제성장에 제한적일 것이라 판단하고 있다. 즉, 서비스업이 고용창출이 높지만 생산성은 저조한 것으로 서비스업의 고용 증가에 조응하는 산출이 동반되지 못한다는 것이다. 하지만 서비스업은 보이지 않는 무형재의 이용으로 제조업보다 인적 자원 의존도가 높고,

사회문제로 대두되는 실업난을 해소할 수 있는 최적의 대안이라는 것을 부정할 수는 없다.

서비스무역에 관한 협정의 가장 마지막인 Mode 4는 인력자원의 이동으로 공급국에서 인력이 소비국으로 이동하여 서비스를 제공하는 것을 말한다. Mode 4는 Mode 3에 힘입어 성장하게 된다. Mode 3는 해외투자로써 타깃 국가에 서비스 제공을 위한 환경을 조성하고, Mode 4는 직접 서비스를 제공할 인력을 파견하는 것이다.

싱가포르 레플즈 메디컬 그룹의 경험에 의하면, 의료서비스의 해외 진출시 가장 큰 문제가 되는 것 중의 하나인 인적자원 중 필수 의료인력의 경우에는 현지(진출국) 전공의나 간호사들을 데려와 싱가포르에서 교육시킨 후 의료기관이 진출할 때 함께 파견하는 방식을 사용하였으며, 진출국 의료진들을 위한 별도의 교육 프로그램도 마련하고 있는 것으로 파악되고 있다.[35)]

하지만 한국형 의료관광산업의 수출은 앞서 언급한 대로 의료기관 중심이 아닌 의료서비스는 하나의 옵션으로써 생활스타일을 포함한 건강서비스를 체험할 수 있는 호텔형태가 필요하다. 물론 필수 의료인력의 양성을 위해 싱가포르 등의 앞선 사례를 토대로 인력양성방안의 모색이 필요하지만, 그 외에도 비포&에프터케어서비스를 비롯하여 생활서비스 등까지 영역을 확대하여 포용할 수 있는 인력양성이 우선시되어야 한다. 하지만 현재 인력양성을 위한 정부의 적극적 지원에도 불구하고 의료관광에 관해 전문적으로 연구·개발할 수 있는 전문가 양성체제는 갖춰져 있지 않다. 의료관광산업은 의료서비스와 관광서비스의 융·복합 형태의 산업으로써 단편적인 전문가의 시선으로 접근하게 되면 한쪽으로 치우친 발전이 이루어질 수 있다. 따라서 의료관광산업의 올바른 성장을 위해서 각 서비스 분야의 전문가 양성을 위한 공교육의 전문적인 지원을 기반으로 하여야 한다. 공교육의 전문적인 지원은 현장에 투입되는 인력양성뿐 아니라 각 사업을 통한 국가 발전으로의 연계가 가능한 연구가 동시에 이루어져 현 의료관광산업이 직면한 문제를 해결할 수 있는 기반이 될 것이다.

참고문헌

1) 이용근(2015). *K-beauty medical center* 세계화방안. 국회심포지엄 발표자료.
2) 김요은(2014). 국내 의료서비스산업의 고용 창출 제고 방안과 정책과제, 한국병원 경영연구원, p.73.
3) 김요은(2014). 국내 의료서비스산업의 고용 창출 제고 방안과 정책과제, 한국병원 경영연구원, p.24.
4) 국회도서관(2015). 의료관광 한눈에 보기, p14.
5) 한국보건산업진흥원(2013). HT KOREA 2020 미래비전과 전략방안, p.4.
6) 이용근(2015). 한국형 통합 의료관광산업 활성화 국회심포지엄, 발표자료.
7) 김경한 외(2013). 『웰니스관광』, 대왕사 p.24.
8) 박승훈・장대근(2013). 웰니스 분야의 IT 융합 동향, 특집원고Ⅰ, p.61.
9) 정보통신산업진흥원(2012). 웰니스 산업의 비즈니스모델 분석을 통한 산업 발전 방안 연구, p.5.
10) 정보통신산업진흥원(2012). 웰니스 산업의 비즈니스모델 분석을 통한 산업 발전 방안 연구, p.80.
11) Global Wellness Institute(2013). The Global Wellness Tourism Economy.
12) 한국산업연구원(2015). 맞춤형 웰니스케어산업의 한・중 시장동향과 시사점, 산업경제 산업포커스, p.31.
13) 이용근(2015). 한국형 통합의료관광서비스디자인방안, 국회심포지엄 발표자료.
14) 김경한 외(2013). 『웰니스관광』, 대왕사, p.24.
15) 산업연구원(2013). 의료관광산업의 국제경쟁력 분석과 정책과제. p.10.
16) 한국관광공사(2014). 방한 의료관광객 만족도 및 국내 의료기관 서비스 수용태세 조사.
17) Frost & Sullivan. Forbes(2014.08.09). 'Medical Tourism Gets a Facelift and Perhaps a Pacemaker'.
18) 국회도서관(2015). 의료관광 한눈에 보기, p.49.
19) 산업연구원(2013). 의료관광산업의 국제경쟁력 분석과 정책과제, p.72.
20) 국회도서관(2015). 의료관광 한눈에 보기, p.53.
21) 산업연구원(2013). 의료관광산업의 국제경쟁력 분석과 정책과제, p84.
22) 국회도서관(2015). 의료관광 한눈에 보기, p.63.
23) 이용근(2014). 한국 서비스산업의 글로벌화 방안, 무역연구 10(6), pp.523-541.
24) 국회도서관(2015). 의료관광 한눈에 보기, p.1.
25) 한국관광공사(2016). 2015 해외한류 실태조사 결과보고서.
26) 박진배(2006). 동아세아제국에서의 한류가 한국수출에 미치는 성과와 영향, 단국대학교 무역학과 석사 학위논문.
27) 한국문화산업교류재단(2016). 글로벌 한류동향 104호.
28) 한국보건산업진흥원(2016). 바이오 헬스산업 육성과제 연구, p.104.
29) 한국보건산업진흥원(2016). 바이오 헬스산업 육성과제 연구, p.173.

30) Lee Chang-Hyun(2009). *The effects of different types of Hanryu on the perception on Korean national brand image, corporations and products/services*(Doctoral dissertation), Hankuk University of foreign studies.

31) 박영숙 외(2016). 유엔미래보고서 2050.

32) 이용근(2014). 한국 서비스산업의 글로벌화 방안, 무역연구 10(6), pp.523-541.

33) 김요은(2014). 국내 의료서비스산업의 고용 창출 제고 방안과 정책과제, 한국병원 경영연구원, p.47.

34) 이용근(2016). K-beauty medical center 세계화방안, AGHTC2016, 발표자료.

35) 김요은(2014). 국내 의료서비스산업의 고용 창출 제고 방안과 정책과제, 한국병원 경영연구원, p.133.

제 3 장

스마트관광의 현재와 미래

박 은 경

대구대학교 호텔관광학과 조교수

ekpark0621@gmail.com

김 경 태

한국관광공사 ICT전략팀장

picolo@knto.or.kr

제 3 장

스마트관광의 현재와 미래

박은경·김경태

제1절 스마트관광의 이해

우리는 인터넷 기반의 정보기술(IT: Information Technology, 이하 IT)이 발전하면서 스마트관광의 등장은 물론 그 영역이 더 다양해지고 확장되고 있는 시대에 살고 있다. 이러한 사회는 대중사회, 산업사회, 정보사회, IT 사회 등 다양한 수식어로 표현되고 있는데, 그 중 정보화와 지식이 중심인 사회, 정보통신기술(ICT: Information Communication Technologies, 이하 ICT)이 접목된 IT 사회, ICT 사회라는 표현이 가장 설득력 있는 표현인 것 같다. ICT 사회에서 스마트관광은 관광산업에 있어 중요한 역할을 하고 있으며, 구체적으로 관광정보(관광지, 교통, 숙박, 편의 등)를 ICT 기반으로 제공하고 있다. ICT의 일상화가 이루어지고 디지털 기반의 방대한 데이터가 기하급수적으로 늘어난 빅데이터 시대, 인공지능 기반의 초지능화(hyper-intelligent) 시대로 도래하게 되면서 ICT는 관광에서 IT의 영향력을 더 확대시키고 있다. 이와 같이 모든 기기가 서로 연결되어 데이터를 공유하는 초연결(hyper-connected) 사회에서 혁신적인 기술력과 놀라운 서비스들이 계속 창조되고, 이를 관광분야에서 활용하기 위한 고도화된 스마트관광의 등장은 4차 산업혁명 시대에 최고의 화두가 되고 있다.

먼저, 세계 인터넷 인구를 살펴보면 2014년에 25.1억 명으로 확인되었고, 2020년에는 50억 명을 초과할 것으로 예상하고 있다.[1] 보다 구체적인 ICT의 활용 현황은 스마트폰 사용자 수의 증가와 등록된 앱의 수로도 알 수 있는데, 세계 최대 통신장비업체인 Ericsson의 발표에 따르면, 2014년 전 세계 스마트폰 가입자 수는 26억 명이고 2020년에는 61억 명으로 전 세계 인구의 70%가 스마트폰을 사용할 것으로 예상하고 있다.[2] 국내 스마트폰 가입자는 2014년에 4,000만 명을 넘어섰고, 2015년에는 국내 스마트폰 보급률이 78.8%로 높은 비율로 확인되었다.[3] 이어서 2014년 기준

애플은 앱 스토어에서 120만 개 이상의 앱을 선보였고, 구글은 플레이 스토어의 앱 개수가 140만 개를 돌파하였다.[4] ICT를 기반으로 하는 스마트관광은 관광 및 레저 산업을 발전시키는 성장엔진으로 떠오르고 있다. 전 세계적으로 여행소비자들의 ICT 의존도가 높아지고 있으며, 여행소비 전과정에서 스마트관광 서비스의 이용 수요도 증가하고 있다. 이러한 여행소비 형태는 단체보다는 개인에서 찾아볼 수 있으며, 이에 세계 각국은 외국인 개별 관광객 유치를 위해 ICT와 관광을 융합한 새로운 스마트관광 서비스를 확대하고 있다. 이러한 맥락에서 KT 경제경영연구소는 "최근 관광 트렌드가 단체 여행이 아닌 개별 자유여행 위주로 바뀌면서 관련 서비스 기술에 대한 수요도 늘어나고 있다"고 언급하면서 "한국이 비교우위에 있는 문화자원을 전략적으로 활용하기 위해서라도 ICT 관광 인프라를 더욱 발전시킬 필요가 있다"고 설명하였다.[5]

이러한 스마트관광에 대하여 살펴보기 전에 용어에 대한 개념과 의미를 정리하면, 다음 〈표 3-1〉과 같다. 스마트관광은 표준에 기반한 상호 호환성과 융·복합을 통한 다양성, 시·공간의 제약 없이 빠른 접근성, 시장이나 고객으로부터의 신뢰성 그리고 시간을 절약할 수 있는 편리성에 대한 관련 용어들을 조합하여 만들어진 용어로 이해할 수 있다. 스마트관광과 유사하게 사용되는 표현으로는 유투어리즘(u-tourism)과 디지털 투어리즘(digital tourism)이 있는데, 그 중 유투어리즘은 유비쿼터스(ubiquitous) 기술이 관광에 적용되어 관광객에게 유용한 정보를 제공하는 서비스를 말한다.[6] 이어서 디지털 투어리즘은 관광객의 관광경험 전이나 관광하는 중 그리고 관광 이후 활동에 대한 디지털 지원을 의미한다.[7] 이와 같이 스마트관광은 유투어리즘과 디지털 투어리즘의 의미를 포괄하는 개념으로서 ICT를 기반으로 한 집단 커뮤니케이션과 위치기반 서비스를 통해 관광객에게 실시간으로 맞춤형 관광정보 서비스를 제공하는 것이다.[8]

〈표 3-1〉 스마트관광의 개념 및 환경 변화에 따른 스마트관광의 의미

분야	웹2.0		웹3.0	스마트관광의 적용
주요 특징	인터넷 + 사람	→	사람+인터넷+사물	Multi Function(융복합) - 다양한 융복합형 관광서비스
정보 수집 방식	직접 입력	→	물리적 센서로 자동입력	Standard(표준화) - 표준적 맞춤형 관광서비스
접속 형태	일시접속	→	상시접속	Accessibility(접근성) - 시공간 제약없는 관광서비스
디바이스 접속개수	1스크린	→	N스크린	Time Saver(편리성) - 관광객의 편리한 관광서비스
서비스 관점	point to point	→	end-to-end	Reliability(신뢰성) - 관광객에게 전달되는 전과정

자료: 한국문화관광연구원(2013). 스마트관광의 추진현황 및 향후과제, p.31.

보다 구체적으로 스마트관광에 대하여 살펴보면, 스마트관광은 ICT를 기반으로 하는 인터넷과 스마트폰을 중심으로 태블릿 PC(Personal Computer)와 통합하여 제공되는 관광정보를 실시간으로 소통하고 위치정보를 기반으로 내외국인 관광객에게 필요한 맞춤형 서비스를 제공하는 것으로 설명되고 있다.[9] 기존의 스마트관광은 스마트폰이나 태블릿 PC 중심의 애플리케이션이 주로 활용되었는데, 현재는 PC 기반 인터넷과 웹 그리고 소셜네트워크 서비스(SNS: Social Network Service)와 연계하여 각 채널들을 통합적으로 활용한 스마트관광이 활성화되고 있다. 다시 말하면, 스마트폰을 활용한 관광 서비스의 경우 서비스 초기에는 교통, 숙박, 지도 등의 단순한 정보를 제공하는 정도였다면, 현재는 카메라 기능부터 GPS(Global Positioning System)를 활용한 증강현실(AR: Augmented Reality) 서비스까지 다양한 정보를 제공하고 있다. 이는 위치기반이나 지오펜싱(geo-fencing)* 기술을 활용하여 사용자가 어디에서 무엇을 요구하는지에 따라 실시간으로 정보를 제공하는 것이다. 그리고 증강현실 기술은 최근 들어 스마트관광에서 추가적으로 고려하는 체험이라는 요소가 강조되면서 중요한 패러다임으로 발전하고 있다. 즉, 시간과 장소 상관없이 관광정보에 접속하여 관광 전·중·후 모든 과정에서 정보를 접하며 소비하는 관광을 말한다. 특히, ICT를 활용한 증강현실 길안내, 인공지능 기반 여행플래너, 음성인식 실시간 통역, 증강현실 메뉴판 번역 등 "개인화 맞춤형 관광편의서비스"가 등장하면서 관광에서 ICT의 영향력을 더 확대시키고 있고 더 많은 관심을 받으며,[10] 관광과 Multi-Use가 결합된 새로운 관광 콘텐츠 및 비즈니스 모델이 창출된다고 볼 수 있다.[11]

그리고 이러한 ICT는 콘텐츠를 기반으로 플랫폼을 통해 네트워크화되면서 디바이스의 가치사슬(CPND: Contents, Platform, Network, Device)**을 전제로 구성되어 다양한 관계를 형성함으로써 구축된다고 할 수 있다. 여기서 플랫폼은 특정 목적이나 작업의 프로세스를 표준화하여 접근성과 효율성을 높이는 기반시설 및 수단을 의미하며, ICT 산업에서의 플랫폼은 콘텐츠와 네트워크, 단말기를 연결시켜 주고 공통적으로 활용할 수 있는 공통기반 구조를 말한다.[12] 이와 같이 관광산업에서의 플랫폼은 관광 콘텐츠 공급자와 소비자를 연결하여 여행에 필요한 모든 것을 개별적인 요구나 상황에 맞게 제공될 수 있도록 함께 만들고 함께 사용하는 공진화(coevolution)의 개념을 의미한다. 다시 말하면, 관광 플랫폼은 관광정보를 제공하고 검색하고 관리하는 동시에 관련된 비즈니스를 유도하고 지원할 수 있는 인프라 구축으로 이해할 수 있다.[13] 그리고 사

* 지오펜싱(geo-fencing)이란, 응용 프로그램에서 위치기반 서비스(LBS)를 이용하여 특정 지리적인 영역에 설치하는 가상 울타리. 특정 영역에 가상 울타리(geo-fence)를 치도록 지원하는 응용 프로그램 인터페이스(API)를 지오펜싱(geo-fencing)이라 한다.

** CPND는 각각 콘텐츠(Contents), 플랫폼(Platform), 네트워크(Network)와 디바이스(Device)를 의미하며, 각 부문을 구분하여 OTT(over-the-top) 서비스의 가치사슬을 논의하고 있다.

물인터넷(IoT: Internet of Things) 센서는 수집한 데이터를 클라우드(Cloud)에 저장하고, 빅데이터(Big data) 분석 기술로 이를 분석해서 적절한 서비스를 모바일(Mobile) 기기 서비스 형태로 제공하는 ICBM(IoT-Cloud-Bigdata-Mobile) 또한 ICT 기반의 관광 관련 산업을 활성화함은 물론 기대 이상의 시너지 효과를 가져오는데 충분히 기여할 것이다.[14]

정리하면, 스마트관광은 첨단 ICT를 관광에 접목하여 실시간 소통함은 물론 위치정보를 기반으로 내외국인 관광객에게 맞춤형 서비스를 제공하는 것을 말한다.[15] 이는 스마트기기를 중심으로 제공되는 SNS, 애플리케이션 등의 서비스 채널을 통해 관광객의 위치, 상황에 맞게 정보를 활용하면서 이루어지는 관광형태로 볼 수 있다.[16] 즉, 모바일 형태의 관광 서비스로 웹 또는 앱 형태의 맞춤형 관광 서비스를 관광객에게 실시간으로 제공하는 것을 의미한다.[17] 이와 같이 스마트관광은 관광관련 콘텐츠, 서비스, IT 기기 등의 집합체로 사람들이 관광을 계획하고 결정하는데 있어 구체적이고 다양한 시각적인 정보들을 제공하여 도움을 주고 있다. 그리고 이전의 관광 전과 후에 대한 정보를 웹사이트를 통해 제공하는 "e-tourism"과는 구별되며, 더 많은 유동적인 정보와 서비스를 제공하는 게 가능하다.[18] 그렇기에 스마트관광은 관광객들이 IT 기기를 활용하여 본인들이 요구하는 정보들을 통해 관광에서 보다 다양한 경험들을 할 수 있도록 도움을 주는 유형의 관광으로 이해할 수 있다. 관광객들에게 목적지의 물리적 환경은 물론 관광하는 동안에 이루어지는 다양한 사회적 교류나 상황들에서 기대 이상의 다채로운 경험들로 가득 채워 줄 것이다. 이러한 맥락에서 스마트관광은 첨단 융합 기술의 도입으로 관광에서 나타나는 중요한 변화이자 현상, 새로운 패러다임이라 할 수 있다.

제2절 스마트관광의 현재

1. 국내 스마트관광의 현황

오늘날 사회는 모바일 인터넷 환경의 고도화 및 스마트기기의 보급 확산에 따른 국내외 관광 수요 다변화에 대응하여 맞춤형 관광서비스 활성화와 신규 관광서비스 창출로 관광산업의 경쟁력을 높이고자 노력하고 있다. 특히, 개별 관광객의 비중이 증가함에 따라 다양한 맞춤형 관광서비스에 대한 수요가 확대되면서 IT 기술이 접목된 정보서비스가 보다 활발하게 제공되고 있다(〈표 3-2〉 참조). 우리나라를 비롯한 일본, 중국, 홍콩, 싱가포르 등의 아시아 국가들은 국가 전체의 관광서비스 인프라를 정비하고, 창의적인 ICT 기반 관광서비스를 개발하여 개인과 기업, 정부 등 주체별로 차별화된 이용활성화 제고를 통해 새로운 부가가치를 창출하고자 노력 중이다. 그리고 우수한 ICT 인프라와 새로운 정보화에 대한 국민의 수용도가 높은 국가들은 빅데이터, 로봇, 3D, 가상화 등 신기술을 적극 받아들여 관광서비스 전달효과를 높이는데 노력하고 있다.[19] 우리나라의 경우 문화정보화의 일환으로 관광안내 정보시스템과 종합 관광정보 시스템 구축 등 관광부문의 정보화가 이루어져 왔으며, 공공기관의 ICT를 활용한 관광서비스 사업은 1994년부터 주로 한국관광공사에 의해 추진되었다.[20] 최근 모바일 인터넷의 활성화와 스마트폰의 확산으로 인해 여행정보를 얻는 수단이 다각화됨에 따라 한국관광공사는 2011년 2월에 '대한민국 구석구석' 앱을, 2011년 3월에는 '스마트투어 가이드'를 통해 관광정보서비스를 제공하였다. 하지만 2013년에 한국문화관광연구원이 스마트관광의 현안을 분석한 결과에 따르면, 우리나라 정부기관의 스마트관광에 대한 인식 부족과 민간기업의 지원방안이 미흡한 실정으로 확인되었다. 뿐만 아니라, 실질적으로 플랫폼 개발의 부족, 콘텐츠 활용 방안과 관리 미흡 그리고 물론 공공기관의 스마트관광에 대한 홍보・마케팅 방안 또한 미흡한 수준인 것으로 조사되었다(〈표 3-3〉 참조).

〈표 3-2〉 정보통신기술(ICT)을 접목한 주요 정보지원 서비스

구분	내용
GPS 연동 서비스	실외에서 이동하는 위치정보를 취득하는 서비스
지도 서비스	현재 위치를 지도상에 표시하는 서비스
관광지리정보 서비스	위치정보에 따른 제공 정보 선별 및 알림 서비스
콘텐츠관리 서비스	관광콘텐츠를 관리하는 서비스

자료: 제주특별자치도관광협회, 정책개발팀(2014). 주간 관광 이슈, p.3.

〈표 3-3〉 공급자 측면에서 스마트관광의 문제점

구분	주요 내용
정부의 인식 부족 및 제도적 지원 미흡	ICT 융합을 기술로 한정하여 인식하고 정책의 대상을 한정
	단기적 시각에서 기술개발과 수명이 짧은 앱 개발 정책에 치중
	지원이 필요한 분야에 대한 적절하고 다양한 지원의 부재
플랫폼 개발 부족	정부기관에서 제공하는 플랫폼의 부재
	플랫폼 개발을 통한 콘텐츠 연동의 미흡
콘텐츠 관리 미흡 및 활용방안 부재	콘텐츠에 필요한 데이터와 부처 간 데이터 표준화 문제
	보유 콘텐츠 간 연동 및 공유 문제
	민간에 제공되는 콘텐츠의 양 부족 및 빅데이터 활용방안 부재
스마트관광 활성화 지원정책 미흡	정부기관의 스마트관광 활성화를 위한 정책적 지원방안 마련이 미흡하고 체계적인 홍보 및 예산지원 부족

자료: 한국문화관광연구원(2013). 스마트관광의 추진현황 및 향후과제, p.93.

공급자 입장에 이어 수요자인 관광객의 입장을 살펴보면, 관광객들은 관광에 대한 의사결정 시 이전 경험이나 관여도, 개인의 특성 및 사회·문화적 요인들에 의해 영향을 받는 것으로 알려져 있는데, 이는 관광객이 의사결정 시 투입해야 하는 시간과 노력의 양을 결정하기 때문이다. 〈표 3-4〉와 같이 관광 전 단계에서는 관광지 정보를 통한 사전체험 콘텐츠 개발과 관광스토리텔링 DB 구축 사용자 경험을 바탕으로 한 관광정보서비스 개발 등으로 구성되고 있다. 이어서 관광 중에는 다국어 맞춤형 관광안내지도 개발과 무료 와이파이 지역의 확대 그리고 외래관광객들이 주로 찾는 지역들을 중심으로 스마트관광 특구로 우선 선정하여 서비스를 실시하고 있다. 끝으로 관광 후 단계에서는 사용자 프로파일을 기반으로 여행관련 정보들에 대한 추천 시스템을 개발하여 제공하고 있다.

〈표 3-4〉 수요자 측면에서 단계별 스마트관광의 분석틀

구분	공통 서비스	내용
관광 전 선택	관광정보 검색, 언어 지원, 엔터테인먼트	온라인 예약, 가격 비교
관광 중 경험		상황 인식, 사물인터넷, 길찾기 기능, 태깅(tagging)
관광 후 평가		태깅(tagging)

자료: 한국문화관광연구원(2013). 스마트관광의 추진현황 및 향후과제, p.32.

구체적으로 관광객들이 스마트관광을 통해 얻고자 하는 정보의 내용이나 경험에 대하여 국내외 관광객으로 구분하여 살펴보면, 다음 〈표 3-5〉와 같다. 먼저, 정보의 필요성 부분에서 공통적으로 확인된 내용은 관광에서의 즐길거리에 대한 정보로 확인되었다. 이어서 한국관광 관련 앱의 이용 경험은 국내관광객보다 외래관광객이 다소 높은 비율을 차지하였다. 그리고 이러한 모바일 앱 사용은 국내관광객의 경우 관광 중이나 관광 후보다는 관광 전의 사용률이 높았고, 외래관광객은 관광 중에 사용하는 비중이 높은 것으로 조사되었다. 특히, 관광 중에 모바일 앱을 활용하는 이유에서 정보의 다양성보다는 국내외 관광객 모두 휴대성에 대한 이유로 사용하는 것으로 확인되었다. 이와 같이 국내 스마트관광의 현황은 모바일 인터넷 환경의 고도화 및 스마트기기 보급 확산에 따른 국내외 관광수요의 다변화에 대응하여 맞춤형 관광 서비스 활성화와 신규 관광서비스 창출로 관광산업의 경쟁력을 높이고자 하는 실정이다.[21]

〈표 3-5〉 스마트관광관련 정보 이용객의 조사 결과

구분	관광객 구분	
	국내관광객	외래관광객
관광정보의 필요성	교통(5.95점), 숙박(5.32점), 즐길거리(5.42점)	음식(4.98점), 숙박(5.16점), 즐길거리(4.89점)
한국관광앱 이용경험	29.8%	40.8%
한국관광정보앱 제공자별 이용경험	국내민간업체(43.5%), 중앙정부(34.8%), 다국적기업(15.2%)	다국적기업(63%), 중앙정부(21.0%), 지방정부(14.5%)
모바일 앱 사용 관광단계	관광 전(51.0%), 관광 중(47.0%), 관광 후(2.0%)	관광 정(28.9%), 관광 중(71.7%), 관광 후(0.0%)
관광 중 모바일 앱 활용 이유	휴대성(67.5%), 편리성(48.3%), 정보의 다양성(37.1%)	휴대성(68.4%), 편리성(59.2%), 정보의 다양성(46.7%)
모바일 앱 관광정보 사용 목적	관광정보검색 〉 길찾기 〉 사물인터넷	관광정보검색 〉 언어지원 〉 길찾기

자료: 한국문화관광연구원(2013). 스마트관광의 추진현황 및 향후과제, p.94.

이러한 맥락에서 우리나라 정부와 지자체에서 추진하고 있는 스마트관광 관련 사항들을 간략하게 정리하면, 먼저 우리나라는 세계 1위 ICT 국가(2015년 ITU(국제전기통신연합) 발전지수)로 문화, 건설, 교통, 의료, 금융 등 다양한 분야에서 ICT 융합 정책들과 사업들이 추진되고 있다. 스마트관광의 정책방향은 국가 정보화 전략위원회에서 2016년 스마트관광 활성화 계획이 발표된 이래로 대통령 주재 관광진흥 확대회의나 미래창조과학부의 "비타민" 프로젝트를 통해 ICT를 활용한 스마트관광 활성화를 위한 다양한 서비스들을 제시하고 있다. 정부가 제시한 스마트관광 서비스를 수행하는 기관은 한국관광공사와 광역자치단체 정도이며, 주로 모바일 앱을 통해 관광정보, 길찾기 등의 서비스를 제공하고 있는 실정이다. 그 중 한국관광공사는 정보개방 기술인 Open-API 서비스를 통해 9개 언어로 관광정보를 민간에 개방하고 있으며, 대한민국 구석구석 앱, 스마트 투어가이드 앱 서비스를 비롯하여 PC, 스마트폰, 태블릿 화면 크기에 즉각적으로 반응하는 반응형 웹서비스를 제공하고 있다.

이어서 몇몇 지방자치단체의 경우를 살펴보면 서울시는 이용자 맞춤형 스마트 안내체계 및 안내서비스 품질 향상을 위해 "스마트관광정보 시스템"을 구축하여 다국어 관광정보를 모바일, 온라인을 통해 서비스 제공 중에 있다. 경기도는 도가 보유한 공공데이터를 개방하고 민간 데이터와 융합 활동을 통해 새로운 가치를 창출할 수 있도록 데이터 산업을 지원하는 "빅파이* 프로젝트"를 추진 중에 있으며, 4차 산업혁명과 연관하여 관광산업 분야에 적용 중이다. 이를 위해 2015년 12월 1,609억원을 투자하여 도내 "스타트업 캠퍼스"를 건립하였고, 도 산하기관인 경기콘

* 빅파이란 빅데이터와 프리인포메이션의 합성어이다.

텐츠진흥원, 경기과학기술원, 모바일 5G센터, IoT센터, 클라우드 센터 등이 입주하였으며, 국내외 민간기업들도 입주할 예정에 있다. 이와 같이 경기도는 첨단기술로 세상과 소통하며 지식과 가치의 공유와 융합, 환경친화적이고 창의적인 문화가 있는 도시로 자리매김하기 위한 노력을 하고 있다. 그리고 강원도는 "눈으로 보던 자유에서 몸으로 느끼는 스릴을 전하는 +알파" 라는 테마로 "드론 레이싱" 경기장을 통해 관광객이 직접 드론을 조정하지 않고도 고글(오큘러스 등)을 이용하여 간접적으로 체험을 할 수 있는 스마트관광 서비스를 제공하고 있다. 또한 강원도는 2018년 평창올림픽을 "강원 스마트관광 활성화"의 계기로 삼기 위하여 강원도 내 시군을 대상으로 관광정보 수집체계를 일원화하고, 이를 민간에 개방할 수 있도록 Open-API 서비스를 통해 4개 국어로 제공하고 있다. 이어서 경상남도는 고성에 22억 5천만원을 들여 공룡 세계엑스포 홀로그램 영상관을 만들어 공룡을 테마로 한 4D, 5D, AR 인터렉티브 등 콘텐츠에 증강현실, 가상현실을 적용하여 공룡의 몸짓, 소리, 행동 등 다양한 형태의 홀로그램을 관광객들에게 제공하고 있다. 또한, 합천 영상테마파크에서는 최신 VR 기기를 통해 관람객들이 롤러코스터 비행 체험을 할 수 있는 서비스를 제공하고 있다. 이와 같이 경상남도는 가상현실, 증강현실을 활용한 체험형 스마트관광 서비스를 확대하고 있는 실정이다. 끝으로 제주도는 "제주창조경제혁신센터" 주도 하에 제주공항, 중문관광단지, 동문시장에 위치기반 근거리 통신기술, 비콘*을 설치하였고, 도내 5,000여 개를 설치할 계획을 가지고 있다. 이를 통해 제주도 내에서는 관광객의 현 위치를 실시간으로 파악하고, 맞춤형 관광서비스를 제공할 수 있는 "비콘을 활용한 스마트관광 인프라 구축" 사업을 진행하고 있다. 제주도는 비콘이 설치되면 제주의 공공정보(도로, 관광지, 교통)와 사적 정보(상품 및 할인, 맛집, 숙박, 간편 결제) 등 다양한 정보를 관광객에게 제공할 예정이다. 더 나아가 제주도는 비콘을 활용한 스마트관광을 통해 제주의 구석구석을 누비고 현지인들과 소통하며, 제주의 아름다운 자연경관을 즐길 수 있는 시스템과 인프라를 갖추는 것으로 스마트관광을 통해 제주 관광의 패러다임이 바뀔 것으로 전망하고 있다.

2. 국외 스마트관광의 현황

2000년대 이후 미국, 영국, 일본, 싱가포르 등 주요 국가들은 ICT를 활용하여 보다 풍부한 관광서비스를 제공하며, 수준 높은 여가생활을 향유할 수 있는 관광정책을 추진해 오고 있다.[22] 구체

* 비콘(Beacon)은 위치를 알려주는 기준점 역할을 수행하고 실제 정보 전달은 블루투스, 적외선 등의 근거리 통신 기술을 기반으로 이루어지는데, 전송하는 신호의 종류에 따라 저주파 비콘, LED 비콘, 와이파이 비콘, 블루투스 비콘 등으로 분류할 수 있다. 2013년 6월 애플의 비콘 기술인 아이비콘(iBeacon) 발표 이후부터는 블루투스 저에너지(BLE) 기반의 비콘 기술을 일반적으로 비콘이라고 부른다.

적으로 해외 국가들의 스마트관광에 대한 현황을 살펴보면, 먼저 가까운 나라 일본은 관광명소와 관광코스 개발을 위해 빅데이터 구축을 추진하고 있다. 휴대전화의 GPS 기능을 이용해 관광지를 방문하는 여행자의 동선을 조사하여 새로운 관광명소를 발굴하고 관광객 중심의 연결점을 분석하고 있다. 세부 내용은 관광객의 유입 경향(특정 관광지 방문시기, 교통수단 종류 등)과 행동경향 두 가지에 중점을 두고 빅데이터 구축을 하고 있다.[23] 그리고 쇼핑의 활성화, 통신과 네트워크의 이용편의를 위하여 다양한 방안들을 시행하고 있는데, 특히 쇼핑관광 활성화를 위한 면세점 수 확대, 즉시 환급제 전면시행, 편의점 환급시행, 모든 상품에 소비세 면세 등을 추진하고 있다. 또한, 데이터통신을 무제한으로 사용가능한 정액제 상품, 무료 WiFi 확대, 데이터 무제한 무료 사용, 무료 전화 애플리케이션 등 통신과 네트워크의 이용편의서비스를 적극적으로 제공하고 있다. 이어서 주변 국가들 중 대만의 경우도 별도의 아이디와 비밀번호를 부여하여 무료로 이용할 수 있는 WiFi 서비스를 제공하고 있다. 홍콩은 여행자들이 믿을 수 있는 식당, 호텔, 상점 등을 이용할 수 있도록 지원하는 관광품질인증제(QTS: Quality Tourism Service)를 도입하여 활용하고 있다. 이어서 싱가포르 역시 디지털 컨시어지 프로그램처럼 신기술을 활용한 서비스 정책에 주목하고 있다. 구체적으로 싱가포르 관광청은 '한계가 없는 관광(Tourism Unlimited)' 전략의 일환으로 장애인과 노년층을 포함한 국내외 모든 연령대의 이용자를 대상으로 관광서비스를 제공하고 있다.[24] 그리고 의료관광 서비스에 ICT를 접목하여 외국인 환자 원스톱 서비스 센터(International Patients Centre)를 통해 주요 관광도시별 병원정보 제공, 진료예약, 휠체어 등의 보조기구 대여, 관련 시설 이용 안내, 항공권 구입대행, 숙박 및 관광정보 제공, 통역서비스 등 전반적인 서비스를 다양한 온·오프라인 채널을 기반으로 원스톱으로 제공하고 있다.[25]

〈표 3-6〉 주요 해외 국가의 관광 플랫폼 및 콘텐츠 구축

국가	정보서비스 구분	지원체계
일본	콘텐츠	• 관광명소와 코스 개발을 위한 빅데이터 구축, 모바일 웹 개발
홍콩	콘텐츠	• 모바일 앱 개발
싱가포르	관광콘텐츠 관리체계 표준화 (표준화를 위한 플랫폼)	• 지역/국가에 따른 표준화된 웹 콘텐츠 제공을 위한 플랫폼 도입
	콘텐츠	• 교육, 의료 서비스와 관광의 결합을 통한 콘텐츠 개발 • 모바일 앱 개발
영국	England Net (협업을 위한 플랫폼)	• 관광관련 주체의 협력체계 구축을 위한 플랫폼 도입
	콘텐츠	• 문화, 예술, 관광과 ICT의 결합을 통한 다양한 콘텐츠 개발 • 모바일 앱 개발

국가	정보서비스 구분	지원체계
프랑스	Nearbee (협업을 위한 플랫폼)	• 공공과 민간, 다양한 전문가들을 위한 협업 지원 플랫폼 구현 • 시골 마을에 있는 농가를 활용한 예약 플랫폼 제공
	Gite de France(예약 플랫폼)	
	콘텐츠	• 장애인 이용 가능한 관광시설 인증제, 숙박시설 인증제를 통한 콘텐츠 • 개발, 현지인 의견 수렴을 통한 콘텐츠 수집, 모바일 앱 개발
독일	현지인의 의견 수렴 체계 표준화 (표준화를 위한 플랫폼)	• 현지인 의견 수렴을 위한 플랫폼 구축
	콘텐츠	• 숙박시설 인증제를 통한 콘텐츠 개발(독일 트레킹 협회) • 모바일 앱 개발
미국	Brand USA Pavilions (협업을 위한 플랫폼)	• 미국의 박람회 참가기관과 해외 바이어 간의 거래 편의를 위한 플랫폼 구축
	콘텐츠	• 포스퀘어 모바일 앱을 통한 콘텐츠 개발
호주	ATDW (협업을 위한 플랫폼)	• 호주 관광상품정보 통합 디렉토리 서비스인 ATDW 구축
	콘텐츠	• '꿈의 직업' 추진을 통한 관광콘텐츠 개발, 모바일 앱 개발
스위스	웹사이트 표준화 (표준화를 위한 플랫폼)	• 해외지사별 웹사이트의 통일성 구축을 위한 플랫폼 구축
	콘텐츠	• 콘텐츠 모바일 앱 개발
노르웨이	Visit Norway(예약 플랫폼)	• 모든 예약을 단일 인터페이스에서 제공하는 플랫폼 구축
	콘텐츠	• 모바일 앱 개발

자료: 한국문화관광연구원(2013). 스마트관광의 추진 현황 및 향후 과제, p.70-71의 〈표 3-7〉과 〈표 3-8〉을 중심으로 재구성함.

다음으로 세계적인 문화유산, 관광자원 및 다양한 관광서비스가 발달되어 있는 영국, 프랑스, 이탈리아, 스페인 등의 유럽국가들을 살펴보면, 사회경제적 지위나 연령, 신체의 불편함 등에 상관없이 모두가 편하게 관광을 즐길 수 있는 서비스 환경을 구현하고자 ICT를 적극 활용하고 있다.[26] 먼저, 영국은 NTO, 지자체, 사업자 등의 관광 관련 주체를 연계시키기 위해 'England Net'* 을 구축하여 관광객에게는 질 높은 관광정보를 제공하고, 민간기업들에게는 관광상품을 판매할 수 있도록 하였다.[27] 그리고 영국은 문화 · 예술, 관광산업과 ICT의 결합을 통해 다양한 콘텐츠 개발은 물론 새로운 관광 서비스 · 산업의 성장 동력을 발굴하고 있는 대표적인 국가이다. 구체적으로 영국의 런던박물관에서 제공하는 '스트리트 뮤지엄(Street Museum)' 서비스는 다양한 ICT 신기술을 접목하여 영국의 역사를 체험할 수 있도록 지원한 사례이다.[28] 이는 애플리케이션을 실행하면 구글맵 또는 GPS 기능을 통해 사용자의 현재 위치가 화살표로 표시되고, '3D VIEW'로

* England Net이란 영국 정부가 관광산업의 경쟁력을 제고시키기 위해 개발한 온라인 관광네트워크이다.

역사를 체험할 수 있는 런던의 주요 장소들이 아이폰 터치스크린에 핀으로 나타난다. 이어서 전 세계의 대표적인 문화예술 관광지로 손꼽히는 프랑스는 관련 주체들의 협업과 콘텐츠 통합 및 공유를 지원하는 'Nearbee'를 개발하여 프랑스 관광 디지털 전략의 핵심요소로서 다양한 정보를 제공하는 인트라넷과 멤버 간의 실시간 의사소통을 가능하게 하는 디렉토리 서비스를 지원하고 있다. 그리고 'Gite de France'를 구축하여 예약 플랫폼을 제공하고 있으며, 현지인의 의견을 수렴하는 모바일 앱인 'Accueil France'를 개발하여 프랑스 내 음식점과 숙박시설의 정보를 수집하여 관광객에게 정보를 공유하고 있다. 또한, 프랑스는 장애인의 관광서비스 이용 확대를 위해 '장애인 이용이 가능한 관광시설 인증제(Tourism & Handicaps)' 추진을 통해 숙박시설, 박물관, 유적지, 성당 등 관광 관련 분야의 4,000여 개가 넘는 기관·업체에 인증 표시를 제공하고 있다.[29] 이와 같이 ICT는 이동장애, 청각장애, 시각장애 등 다양한 장애를 가진 관광객에게 각 관광지 시설에 대한 확실하고 자세한 정보를 음성변환, 시·청각 자료로 제공하며 장애인과 동반자, 여행사 등을 위해 질 높은 서비스를 제공할 수 있는 도구로써 활용되고 있다.[30] 독일 역시 뛰어난 의료기술과 의학기구를 보유하고 있는 대표적인 국가들 중 하나로 장애인, 고령인구를 위한 온·오프라인 '의료관광' 서비스를 정부 차원에서 적극 지원하고 있다.[31] 독일 정부는 기존의 의료관광 서비스를 각종 정보 생성과 공유, 서비스 예약부터 할인, 결제 등 원스톱으로 처리 가능한 'e-의료관광'으로 전환해서 추진하고 있다.[32] 또한, 독일은 프랑스와 같이 인증제를 통하여 민간 및 관광객에게 추천 정보를 제공해주고 있으며, 그 중 독일트레킹협회는 1,300 여개의 숙박시설에 '추천시설' 마크를 부여하고 호텔 공동 포털을 통해 관련 정보를 제공하고 있다.[33] 그리고 미국은 ICT를 통해 방대한 영토의 다양한 자연경관, 역사적 유산과 화려한 엔터테인먼트 산업 등을 중심으로 흥미로운 볼거리와 경험을 제공하는데 우선시하고 있다.[34] 이러한 관광서비스 발전을 위한 전략으로 관련 공공데이터의 개방 및 공유, 민간 활용을 촉진하고, 뉴미디어를 활용한 부가가치가 높은 관광콘텐츠 발굴에 주력하고 있다.[35] 특히, 스마트폰, 비콘 등 스마트기기를 이용하여 출입국 간편화, 수하물 추적 등 관광객의 이용편의를 도모하고 있으며, 2016년 1월에는 샌프란시스코 관광청이 차량공유제 서비스 업체인 리프트(Lyft)와 공동마케팅 파트너십을 체결하여 보다 나은 서비스를 제공하고자 한다. 끝으로 호주는 주 관광청들 간의 협업을 통해 호주관광상품정보 통합 디렉토리 'ATDW(The Australian Tourism Data Warehouse)'를 구축하여 관련 기관들이 따로 데이터베이스를 관리하지 않아도 되며, 여행사 및 관련 기관은 추가적인 비용소모 없이 통합된 형식의 정보를 제공하고 있다. 또한, 노르웨이도 정부 소유 기업인 'Innovation Norway'의 'Visit Norway'를 통해 숙박, 항공, 자동차 렌트 등의 모든 예약을 단일 인터페이스에서 제공하고 있다.

〈표 3-7〉 주요 해외 국가의 관광단계별 스마트관광 서비스

국가	관광 전	관광 중	관광 후
일본	일본관광청 모바일 웹	일본관광청 모바일 웹	–
홍콩	–	Discover Hong Kong [City Walks], [Heritage Walks], [Island Walks], [AR], [Travel Pack]	Discover Hong Kong [City Walks], [Heritage Walks], [Island Walks]
싱가포르	Your Singapore Guide, Your Singapore Navigation	Your Singapore Guide, Your Singapore Navigation	–
영국	–	Museum of London	–
프랑스	–	Gite de France 모바일 웹	Accueil France
독일	Top 100	Top 100	–
미국	–	–	포스퀘어의 visitPA
호주	호주관광청 모바일 웹, 호주만큼 멋진 곳은 어디에도 없습니다, 최고의 호주 여행방법 134가지	호주관광청 모바일 웹, 호주만큼 멋진 곳은 어디에도 없습니다, 최고의 호주 여행방법 134가지	–
스위스	스위스 여행 가이드, Make my Switzerland, Swiss Snow, Family Trips	스위스 여행 가이드, Make my Switzerland, City Guide (8개), Swiss Snow, Family Trips	스위스 여행 가이드
노르웨이	Visit Norway	Visit Norway	–

자료: 한국문화관광연구원(2013). 스마트관광의 추진 현황 및 향후 과제, p.64의 〈표 3-3〉을 중심으로 재구성함.

이상에서 살펴본 바와 같이, 국내외에서 ICT를 활용한 관광서비스에 대하여 대략적으로 정리하면,[36] 관광서비스 이용대상의 확대와 관련된 노력을 활발하게 하고 있으며, 자국민은 물론 외국인 관광객을 위한 보다 쉽고 편리한 관광서비스 이용활성화를 위해 ICT를 활용하고 있다. 또한 장애인, 노년층 등의 사회적 약자와 소외계층의 수요 및 인구 구조나 경제・사회적 변화에 따른 새로운 관광수요를 충족시킬 수 있는 관광서비스 개발・지원을 추진하고 있다. 그리고 ICT를 활용한 관광서비스는 고품질 콘텐츠 확보를 가장 중요하게 고려하고 있으며, 공공・민간이 보유하고 있는 방대한 관광정보를 개방하고 공유하여 서비스 내용의 질을 높여주고 있다. 뿐만 아니라, ICT를 활용한 관광서비스의 전달방식이 개선되고 있으며, 우수한 네트워크 인프라와 신기술 수용의지가 높은 아시아 국가들은 물론 벤처・R&D 투자가 활성화되어 있는 미국과 유럽 국가들도 보다 효과적으로 관광경험의 질을 높일 수 있는 새로운 서비스 개발에 노력하고 있다. 따라서 ICT가 발달하고 진화할수록 다양한 애플리케이션과 기기, 서비스 등을 통해 사용자에게 보다 생생하고 의미 있는 관광경험을 전달하게 될 것이다.

그리고 우리나라를 비롯한 주요 국가들의 관광청들은 웹과 SNS, 스마트폰 애플리케이션을 통합하여 정보서비스를 제공하는 스마트관광을 적극적으로 시행하고 있다. 주요 관광청들이 운영·관리하고 있는 스마트관광 체계는 [그림 3-1]과 같으며, 이는 PC를 기반으로 스마트기기의 애플리케이션과 SNS를 활용하는 방식을 갖추고 있다. 그리고 해외 국가들은 모바일 앱 개발뿐만 아니라 협업 지원을 위한 통합 마켓플레이스 구축, 단일 인터페이스의 예약 시스템 구축, 콘텐츠 표준화를 위한 플랫폼 구축 등과 같이 플랫폼 개발을 추진하고 있다.[37] 이에 우리나라는 해외 국가들의 관광정책이나 스마트관광의 현황을 통해 각 국가들의 장점과 단점을 고려하여 한국의 실정에 맞는 온라인 정보 서비스 방안을 구상하여야 한다. 특히, 개별 관광객이 한 곳에서 정보를 검색하고 수집할 수 있는 시스템 마련이 필요하며, 공급자 입장에서도 다양하게 노출되어 있는 정보들을 통합하여 제공할 수 있는 시스템이 보완되어야 한다.

그림 3-1 주요 관광청의 스마트관광 운영방식

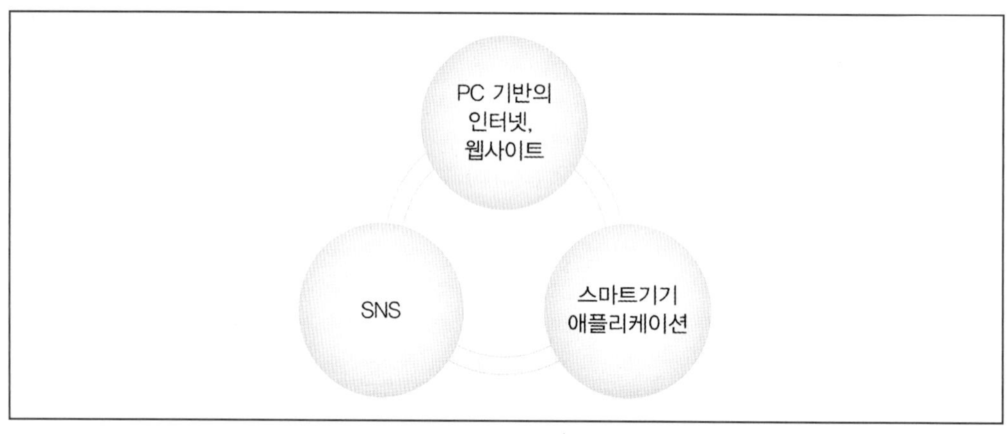

자료: 구철모·신승훈·김기현·정남호(2015). 스마트관광 발전을 위한 사례 분석 연구: 한국관광공사 사례. 한국콘텐츠학회논문지, 15(8), p.520.

제3절 스마트관광의 미래

미래의 스마트관광은 모바일 및 SNS 등을 통해 관광콘텐츠를 얻으려는 수요가 급증하면서 현재보다 더 활발한 서비스 제공이 이루어질 것이다. 뿐만 아니라, 스마트관광은 ICT 기반의 안내체계로 지류 홍보물의 제작비 절감은 물론 저탄소 녹색 성장에도 기여하면서 앞으로 지속가능한 관광을 활성화하는데 충분한 역할을 할 것이다. 이에 한국은 2013년에 한국문화관광연구원의 연

구에서 거론된 바와 같이 ICT를 기반으로 한 관광산업의 국가 간 네트워크는 물론 관광마케팅의 패러다임에도 변화가 필요하다. 이는 달라진 사회 환경은 물론 관광현상에서의 정보에 대한 표준화와 체계화를 중심으로 시스템적인 인프라 구축이 중요하기 때문이다. 특히, 사용자의 경험을 중심으로 제품이나 서비스가 소비되면서 사용자의 감정이나 태도 등의 반응들이 ICT를 접목한 서비스 개발에 핵심적인 요인이 될 것이다. 이러한 사용자의 경험에 대한 반응들은 구체적으로 동작이나 오감, 상황 등에 대하여 3D 입체 영상이나 가상·증강 현실 등으로 ICT를 활용하여 스마트관광의 서비스로 제공하게 된다. 즉, ICT를 접목한 문화콘텐츠 개발은 물론이고 이를 실제 체험화 할 수 있는 하드웨어적인 요소도 마련되어야 한다.

구체적인 예를 들면, 세계문화유산 중 하나인 안동 하회마을의 경우 조선시대 양반마을이라는 공간적 체험을 할 수 있으므로 양반문화 중 당시 일반 평민들의 풍자극에서 많이 볼 수 있는 양반의 걸음걸이를 ICT 기반으로 체험까지 연계시키는 방안이다. 구체적으로 스마트기기 상에서 하회마을 앱으로 들어가면, 여러 가지 문화콘텐츠 즐길거리 중 양반 걸음걸이 체험이라는 메뉴에서 해당 앱을 활성화시킨 후 화면에 보이는 발자국 위치를 따라가면서 이루어지는 가상체험 서비스이다. 이러한 ICT의 활용은 이용객의 움직임을 감지하여 해당 동작을 인식하는 시스템으로 단순히 관광하는 동안 이용하는 것에 그치는 게 아니라, 체험동작과 이미지가 영상으로 편집되어 다른 사진들과 함께 소장할 수 있는 서비스까지 제공하는 방식을 기대하고자 한다. 이는 이용자 본인만의 관광공간이자 여행공간으로서의 역할도 할 수 있을 것이며, 다른 사람들과의 소통은 물론 간접적인 홍보가 되는 시너지 효과까지도 발생하지 않을까 하는 기대를 해본다.

그리고 지금까지 스마트관광의 일원화되지 않은 관광정보 제공 및 시스템 운영은 국내외 관광객 이용에 불편함을 초래하고 있으므로 관광객의 의사결정 단계별(관광 전·중·후) 통합된 원스톱 정보 제공 및 시스템 구축이 필요하다고 생각된다. 스마트관광은 분산된 서비스 이용을 체계화함으로써 통합된 데이터를 구축하여 빅데이터를 기반으로 한 관광마케팅 전략을 구상하는데 효율적인 역할을 할 것으로 짐작된다. 또한, 여행과정에서 모바일 서비스로 수많은 관광정보가 생성되고 제공되는 것으로 진행되었다면, 향후 미래에는 여행하면서 생성된 관광 데이터들을 담아 놓을 수 있는 공간과 이를 공유할 수 있는 관광 플랫폼이 마련되어야 할 것이다. 이러한 스마트관광 플랫폼은 빅데이터를 활용하여 환경이나 금융, 통신 등의 다양한 분야에까지 시너지 효과를 가져올 수 있으며, 이용자 행동분석이나 서비스 분석을 통해 미래의 트렌드를 예측할 수 있을 것이다. 이에 스마트관광정보 통합 플랫폼은 고객의 요구에 맞게 한 곳에서 제공하고 참여 주체가 협력과 경쟁을 통해 발전할 수 있는 관광컨시어지와 공진화 지향의 서비스드 플랫폼으로 발전되어야 한다.[38] 더 나아가 맞춤형 ICT 관광서비스 플랫폼은 관광 전·중·후 원스톱 서비스를 제공함으로써 질적으로 향상된 정보 제공은 물론 새로운 관광상품을 개발하고 연계하는데 충분한 역할을 할 것이다. 이에 한국관광공사는 각 지방자치단체, 민간기업과 부분적으로 경쟁하는 병렬적 관계가 아닌 관광정보를 통합하여 제공하는 플랫폼으로의 역할을 수행해야 할 것이다([그림 3-2] 참조). 구체적인 플랫폼의 역할은 크게 고객 확보와 관리, 서비스 통합과 연계, 콘텐츠의 공유와 유통, 공용시스템의 운영, 마켓플레이스 구축과 운영으로 구분되며,[39] 각 역할 수행에 따른 기대효과는 〈표 3-8〉과 같다.

그림 3-2 스마트관광 플랫폼 구축

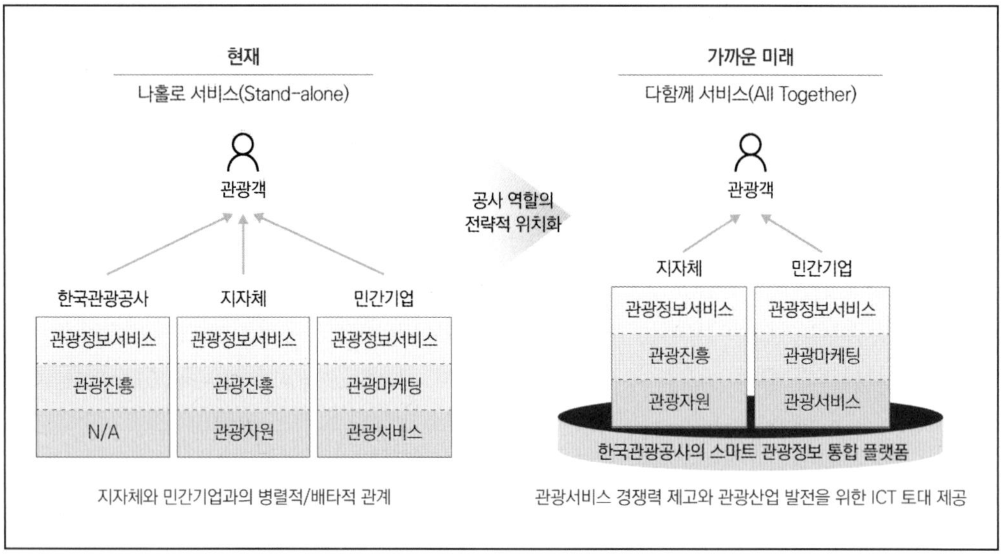

현재

나홀로 서비스(Stand-alone)

관광객

한국관광공사: 관광정보서비스 / 관광진흥 / N/A

지자체: 관광정보서비스 / 관광진흥 / 관광자원

민간기업: 관광정보서비스 / 관광마케팅 / 관광서비스

지자체와 민간기업과의 병렬적/배타적 관계

공사 역할의 전략적 위치화

가까운 미래

다함께 서비스(All Together)

관광객

지자체: 관광정보서비스 / 관광진흥 / 관광자원

민간기업: 관광정보서비스 / 관광마케팅 / 관광서비스

한국관광공사의 스마트 관광정보 통합 플랫폼

관광서비스 경쟁력 제고와 관광산업 발전을 위한 ICT 토대 제공

자료: 한국관광공사(2016). 개별관광객 맞춤형 ICT 관광 서비스 플랫폼 구축 컨설팅(요약본), p.8.

〈표 3-8〉 스마트관광에서 플랫폼의 역할

❶ 고객 확보 및 관리	❷ 서비스 통합 및 연계	❸ 콘텐츠 공유 및 유통	❹ 공용시스템 운영	❺ 마켓플레이스 구축 및 운영
고객 확보와 관리의 통합적 수행을 통해 마케팅효과 증대와 관리비용 절감을 도와주는 플랫폼 • 관광마케팅효과 증대 • 관광비즈니스 활성화	서비스 통합 및 연계를 통해 맞춤화/원스톱 서비스를 구현하는 플랫폼 • 관광객 중심의 서비스 구현 • 관광서비스의 시너지 창출	콘텐츠 신디케이션 허브로서의 플랫폼 • 비용절감 • 콘텐츠 활용 제고	공통자원의 공동 사용/운영이 가능한 공동체로서의 플랫폼 • 재활용과 대규모 경영에 의한 비용 절감 • 관리운영의 집중력 향상	수요자의 비용절감과 공급자의 수익 창출이 공정하고 투명하게 이루어지는 플랫폼 • 관광시장 규모 확대 및 관광비즈니스 활성화 • 스타트업 등 소규모 관광기업 생태계 구축

자료: 한국관광공사(2016). 개별 관광객 맞춤형 ICT 관광 서비스 플랫폼 구축 컨설팅(요약본), p.9.

이와 같이 스마트관광은 언제 어디서나 정보에 접근하며, 온라인과 오프라인을 자유롭게 이동하며 소비하는 관광으로 설명할 수 있다. 그리고 이를 구현할 수 있는 ICT가 필수 요소로 작용할 때 스마트관광의 미래는 4차 산업혁명과 떼어 놓을 수 없는 연관성을 갖는다. 결국, 4차 산업혁명의 기반 기술들이 관광분야와 융합되어 관광편의서비스 형태로 관광객들에게 제공될 것이다. 특히, 증강현실, 가상현실 기술을 통한 간접 체험은 실제 여행을 하지 않고도 여행지에서의 경험들을 제공할 것이다. 예를 들면, 정동진의 해돋이 장면과 고창의 해넘이 장면이 UHD로 이용자의 거실 창문이나 거실 벽을 통해 그곳에 있는 듯한 경험을 제공할 것이고, 인공지능 기반의 관광 개인비서를 통해 여행계획을 수립하고 관광 전 · 중 · 후 모든 단계에서 실시간으로 관광정보를 접하게 될 것이다. 또한, 개인의 모든 여행 활동이 관광플랫폼을 통해 실시간 수집되고, 이를 빅데이터로 분석 · 관리되어 개인화 맞춤형 관광편의서비스를 제공 받을 수 있을 것이다. 한 마디로 미래의 관광, 스마트관광은 단순히 관광지를 방문하고 먹고 즐기는 것이 아닌 개인화 위주로 새로운 것을 체험하고 이를 자기만의 방식으로 표현하며 공유하는 유형의 관광이 될 것이다.

뿐만 아니라, 향후 ICT는 이용자의 연령, 성별, 교육수준 등에 따라 계층별 특성을 반영하는 사용자 맞춤형 서비스로 관광활동 이상의 새로운 가치 창출을 도울 것이다(〈표 3-9〉 참조). 특히, ICT 활용 자체에 대한 접근성과 인지능력이 부족한 장애인, 고령인구 등을 고려한 맞춤형 관광서비스 활성화도 이루어질 것이다. ICT는 새로운 관광서비스 이용자층인 장애인과 고령 인구의 다양한 수요를 반영할 수 있는 맞춤형 서비스를 제공함은 물론, 원활한 서비스 이용을 위한 접근성과 편의성을 높이는 도구로의 활용이 가능하다.[40] 이는 기존의 수동적인 실버 소비자와 달리 적극적이고 능동적인 삶을 추구하는 액티브 시니어가 부상하면서 ICT를 활용한 여가 · 관광 활동이 새로운 실버산업으로 주목받고 있기 때문이다.[41] 이에 한국도 앞서 소개된 싱가포르, 독일 등의 국가들과 같이 관광에 교육이나 의료서비스를 접목하여 전반의 과정을 원스톱으로 제공하거나 프랑스의 '장애인 이용이 가능한 관광시설 인증제' 등과 같이 서비스 대상 확대를 위한 새로운 서비스 개발 및 지원 방안 마련도 필요하다. 이러한 맥락에서 미래의 ICT는 이용자의 생각, 느낌, 경험, 감성 등 무형의 가치로 인식 · 평가되는 관광서비스 경험을 향상시키는 매개체가 될 수 있을 것이다. ICT가 보다 지능화되어 이용자를 이해하게 됨으로써 이용자의 감정과 상황에 맞는 관광콘텐츠를 추천받고, 기기의 물리적 특성에 따라 이용자와 유기적으로 상호작용하는 인터페이스를 통해 실재감 있는 관광서비스로 이용자가 만족도 높은 여가생활을 만끽할 수 있도록 도울 것이다.[42] 즉, 관광서비스 경험의 질 제고는 기술발달과 함께 상품, 서비스 등에 대한 기능, 디자인, 사용자 인터페이스 등의 개념으로 진화해 온 사용자 경험*과 밀접한 관계를 갖는다.[43]

* 사용자 경험은 상품, 서비스를 통해 얻는 기억, 지식, 느낌, 만족감 등 총체적인 경험을 말하며, 애플이 2007년 아이폰

동일한 콘텐츠를 동일한 대상에게 제공할 때에도 어떻게 차별화된 방식으로 콘텐츠를 해석하고 보여 주느냐에 따라 이용자가 느끼고 경험하고 인식하는 사용자 경험이 달라지게 된다. 그러므로 수많은 이용자의 감정과 상황, 현재 위치, 선호도 등에 따라 자신이 원하는 관광정보와 서비스가 제공된다면, 이용자는 실시간으로 자신에게 적절한 관광서비스를 제공받을 수 있어 시간과 비용을 낭비할 염려가 없게 되므로 서비스 만족도가 높아질 것이다.44)

〈표 3-9〉 관광서비스 발전을 위한 ICT 활용방안 및 기대효과

구분	ICT 활용방안	서비스 기대효과
서비스 대상	• 모바일 기반의 다양한 뉴미디어 채널을 활용한 참여형 홍보 활성화 • 장애인·고령인구 수요에 따른 정보 제공, 접근·편의성 높은 신규 서비스 발굴	• 보다 많은 이용자층의 지속적인 이용활성화 촉진 • 신체·연령 등에 제한 없이 이용 가능한 서비스 이용환경 조성
서비스 내용	• ICT 기반의 소통·참여확대로 이용자·제공자 간 양방향성 정보생성·공유 • 공공·민간, 다분야·관광정보·데이터 융복합을 통한 창조적 콘텐츠 개발	• 이용자의 집단지성을 통한 고(高)품질 관광콘텐츠 확보 • 관광서비스를 통한 새로운 부가가치 창출
서비스 전달 방식	• 3D, 증강현실, 가상화 등 ICT를 활용하여 서비스의 이용자 경험 향상 • 소셜 정보 등 관광관련 데이터 분석으로 이용자의 정확한 수요 도출	• 관광체험의 질적 수준 제고 • 이용자 감정·상황에 맞게 제공되는 개인화된 맞춤형 서비스 제공

자료: 문정욱(2013). 관광 서비스 발전을 위한 ICT 활용현황과 시사점: 국내외 사례분석을 중심으로. 방송통신정책, 25(20), p.31.

정리하면, ICT를 기반으로 한 미래의 스마트관광은 단순히 관광관련 정보수집에만 그치는 것이 아니라, 이를 토대로 새로운 정보를 창출하는데 있다고 본다. 구체적으로 통합 플랫폼을 구축하여 이를 활용한 정보수집은 물론 추억의 공간이자 정보공유의 공간으로 관광 후에도 활용될 수 있는 정보공간으로서의 시스템이 제공되어야 한다. 이와 같은 시스템을 통해 설정된 정보공간은 해당 통합 플랫폼의 정보가 업데이트되면 이용자가 해당 정보를 살펴보고자 클릭할 경우 동시에 활성화되어 업데이트된 정보를 확인할 수 있는 시스템을 말한다. 그렇다면, 방문한 국가나 지역을 재방문할 경우 다시 정보검색을 하고 수집하는 데 소요되는 시간과 노력을 하지 않아도 되는 것은 물론 재방문을 결정하는데 보다 긍정적인 영향을 미칠 것으로 판단된다. 또한, 해당 정보를 제3자에게 공유하고 싶을 경우에도 자동으로 해당 시점의 정보로 업데이트가 되는 운영 방안도 구상되어야 한다. 이에 추가적으로 해당 시스템을 통해 구상하는 상품으로는 앞서

으로 소비자 중심의 새로운 UX 개발과 탑재로 스마트시대를 열면서 세계적으로 UX에 대한 관심과 경쟁이 가속화되었다. UX 패러다임은 ICT가 발달할수록 인간중심의 가치기반 UX로 전환해 나가고 있다. 이는 박선주(2012)의 「IT발달에 따른 사용자경험(UX) 패러다임 변화와 발전방향」, 서울: 한국정보화진흥원의 내용을 중심으로 정리하였다.

언급한 바와 같이 이미 시스템화되어 있는 통합공간의 정보를 활용하여 온 · 오프라인상의 여행 안내책자나 스토리가 담긴 체험 영상과 사진들로 구성된 앨범 제작 등 다양한 상품들을 고려해 볼 수 있을 것이다. 이와 같은 미래의 스마트관광은 하나의 정보를 활용하여 다양한 성과들을 가져올 수 있는 'One-source, multi-use' 시스템으로 볼 수 있다. 즉, 스마트관광은 단순한 자료, 정보 제공이 아니라 이용자가 해당 정보들을 통해 다양하게 활용할 수 있는 정보공간 체계를 구성해주는 역할은 물론 개인의 통합공간을 통해 관광관련 정보를 공유하는 공간으로도 충분히 활용될 수 있는 시스템을 구축해야 한다. 그러므로 미래의 스마트관광은 관광플랫폼과 같은 ICT와 관광을 융합한 서비스 제공 체계를 통해 체험한 다양한 경험들이 다시 ICT 기반을 활용한 콘텐츠로 재생산되고 재활용되는 순환체계라고 할 수 있다. 따라서 미래에는 관광과 관련된 상호 주체들이 협력과 경쟁을 통한 공유경제 기반으로 빠르게 전환될 것이고, 혁신적인 다양한 아이디어로 무장한 서비스들이 4차 산업혁명시대에 새로운 스마트관광 서비스로 전환되어 우리 앞에 나타날 것이다.

참고문헌

1) 한국문화관광연구원(2013). 스마트관광의 추진 현황 및 향후 과제.
2) Ericsson(2015). Ericsson Mobility Report(전 세계 모바일 데이터 지표).
3) 한국정보화진흥원(2016). 국가정보화 백서.
4) 디지털 타임즈(20150126). 구글플레이, 애플보다 앱 개수 늘었지만 수익성은 아직.
5) 중앙일보(2014.05.20.). 관광대국 가는 길, 세계 1위 ICT에 물어봐.
6) 이재진 · 조준서(2012). 소비자구매행동 기반의 최적화된 유투어리즘: 서울관광사례연구. *Entrue Journal of Information Technology*, 11(2): 21-36.
7) Benyon, D., Quigley, A., O'eefe, B., & Riva, G.(2013). Presence and digital tourism. AI & Society, 29(4): 521-529.
8) 한국문화관광연구원(2013). 스마트관광의 추진 현황 및 향후 과제.
9) 이정희 · 안택균 · 김홍민(2011). 『관광정보론』, 스마트관광을 중심으로. 새로미.
10) Yoo, C. W., Goo, J., Huang, C. D., Nam, K., Woo, M.(2016). *Improving travel decision support satisfaction with smart tourism technologies: A framework of tourist elaboration likelihood and self-efficacy*. Technological Forecasting and Social Change, In Press, Corrected Proof, Available online 2 December 2016.
11) 김은지 · 김재필(2014). ICT가 열어줄 스마트관광의 미래. 디지에코 보고서, 1-10.
12) 정보통신정책연구원(2011). 소셜플랫폼의 사회적 영향력 분석 및 발전방향 연구.
13) 한국문화관광연구원(2013). 스마트관광의 추진 현황 및 향후 과제.
14) 한국전자통신연구원(ETRI)(2014.11.28.). 사물인터넷의 미래, 전자신문사.
15) 국가정보화전략위원회 위원 정병국(문화체육관광부장관)(2011). 스마트관광 활성화 계획.
16) 구철모 · 신승훈 · 김기헌 · 정남호(2015). 스마트관광 발전을 위한 사례 분석 연구: 한국관광공사 사례. 『한국콘텐츠학회논문지』, 15(8), 519-531.
17) 한국문화관광연구원(2013). 스마트관광의 추진 현황 및 향후 과제.
18) Gretzel, U., Koo, C., Sigala, M., & Xiang, Z. (2015). Special issue on smart tourism: convergence of information technologies, experiences, and theories. Electronic Markets, 25(3), 175-177.
19) 문정욱(2013). 관광서비스 발전을 위한 ICT 활용현황과 시사점: 국내외 사례분석을 중심으로. 『방송통신정책』, 25(20), 1-35.
20) 문화체육관광부(2011). 2010 문화예술정책백서.
21) 문화체육관광부(2011). 관광산업 경쟁력 제고를 위한 스마트관광 활성화 계획.
22) 문정욱(2013). 관광서비스 발전을 위한 ICT 활용현황과 시사점: 국내외 사례분석을 중심으로. 『방송통신정책』, 25(20), 1-35.
23) 한국문화관광연구원(2013). 스마트관광의 추진 현황 및 향후 과제.
24) 싱가포르 관광청. www.yoursingapore.com

25) 싱가포르 외국인환자 원스톱서비스센터. www.singaporemedicine.com

26) 선수균(2013). 유비쿼터스 환경에서 효율적인 u-스마트관광정보시스템 제안. 『디지털융복합연구』, 11(3), 407-413.

27) 한국문화관광연구원(2013). 스마트관광의 추진 현황 및 향후 과제.

28) 런던박물관. www.museumoflondon.org.uk

29) 심원섭(2011). 해외 관광정책 추진사례와 향후 정책방향, 한국문화관광연구원.

30) 프랑스 관광안내. www.franceguide.com

31) 심원섭(2011). 해외 관광정책 추진사례와 향후 정책방향, 한국문화관광연구원.

32) 문정욱(2013). 관광서비스 발전을 위한 ICT 활용현황과 시사점: 국내외 사례분석을 중심으로. 『방송통신정책』, 25(20), 1-35.

33) 한국문화관광연구원(2013). 스마트관광의 추진 현황 및 향후 과제.

34) 문정욱(2013). 관광서비스 발전을 위한 ICT 활용현황과 시사점: 국내외 사례분석을 중심으로. 『방송통신정책』, 25(20), 1-35.

35) Task Force on Travel & Competitiveness(2012). National Travel & Tourism Strategy.

36) 문정욱(2013). 관광서비스 발전을 위한 ICT 활용현황과 시사점: 국내외 사례분석을 중심으로. 『방송통신정책』, 25(20), 1-35.

37) 한국문화관광연구원(2013). 스마트관광의 추진 현황 및 향후 과제.

38) 한국관광공사(2016). 개별 관광객 맞춤형 ICT 관광서비스 플랫폼 구축 컨설팅(요약본).

39) 한국관광공사(2016). 개별 관광객 맞춤형 ICT 관광서비스 플랫폼 구축 컨설팅(요약본).

40) 문정욱(2013). 관광서비스 발전을 위한 ICT 활용현황과 시사점: 국내외 사례분석을 중심으로. 『방송통신정책』, 25(20), 1-35.

41) 대한상공회의소(2012). 여가산업의 미래트렌드와 대응과제.

42) 문정욱(2013). 관광서비스 발전을 위한 ICT 활용현황과 시사점: 국내외 사례분석을 중심으로. 『방송통신정책』, 25(20), 1-35.

43) 차두원(2011). 사용자경험: 인간 중심의 IT정책 추진을 위한 제언. 『IT R&D 동향』, 한국과학기술정책연구원.

44) 문정욱(2013). 관광서비스 발전을 위한 ICT 활용현황과 시사점: 국내외 사례분석을 중심으로. 『방송통신정책』, 25(20), 1-35.

06편 문화명사 담론

안옥모 소장이 미래의 관광인들에게 들려주는

문화관광콘텐츠와 인문학의 융합

안옥모

- 한국 관광·레저 연구소장
- 글로벌 관광·레저포럼 위원장
- 한국호텔전문경영인협회장
- 경희대학교 호텔관광대학 부학장
- GKL 아카데미 원장
- GKL 사회공헌재단 사외이사
- 경희대학교 호텔관광대학 교무처장
- 경희대학교 호텔관광대학 문화관광콘텐츠학과장
- 교육부 가사실업계 고등학교 국정교과서(관광/호텔)개발 편찬위원장
- 고용노동부 심사평가위원
- 문화체육관광부 업적 및 규제 심의위원
- 한국관광공사 출제위원
- 경북관광공사 사외이사
- 한국관광학회 부회장
- 한국호텔외식경영학회 부회장
- 한국관광레저학회 부회장

안옥모 교수가 미래의 관광인들에게 들려주는

문화관광콘텐츠와 인문학의 융합

1. 서론

관광은 태곳적부터 인간의 이동과 동시에 이루어진 행위이다. 세계관광기구가 정의한 바에 의하면 "관광은 여가활동의 한 유형으로서 인간 삶의 질을 향상시키는 데 중요한 역할을 한다."라고 했다. 어떤 학문이든 궁극적 목적은 인간 삶의 질을 향상시키는 것이지만 특히 관광은 모든 행위 자체가 인간 중심과 직결되는 분야이며 인간 삶의 질과 행복 추구가 주된 목적이다. 따라서 관광은 인간중심의 인문학적 기초 위에 세워질 때 성공할 수 있다. 이러한 관광의 인문학적 중요성에도 불구하고 인문학이 소외되어 온 것은 관광의 속성이 어떤 사회현상과 독립되어 존재할 수 없는 총체적 특징이 있기 때문이다. 다시 말하면 1980년대 후반 자본주의의 극대화, 국가 간의 경쟁으로 과학과 기술이 보다 중시되고, 90년대 이후 신자유주의 물결 속에 시장경제 논리가 일반화되면서 인문학은 경쟁과 효율성의 논리 속으로 묻히는 위기를 맞게 되었다. 특히 자본에 의해 좌우되는 신자유주의는 자본과 직결되지 못하는 기초학문에 큰 타격을 주었으며, 그중에서도 인문학은 몰락의 위기에 직면하게 되었던 것이다. 본고에서는 정보화시대를 너머 문화감성시대를 맞고 있는 21세기에 이러한 인문학의 위기를 극복하고 비교적 적은 투자에 비해 고부가가치를 창출할 수 있으며 국가의 이미지 제고에 영향을 줄 수 있는 새로운 유형의 문화관광콘텐츠시대에 있어서 문화관광과 인문학의 융합 새로운 비전을 제시하고자 한다.

2. 인문학과 문화관광콘텐츠의 융합

산업사회에서는 공업이 경제의 주축을 이루던 시대라고 보면 지식정보화사회에서의 정보화란 인간의 심리적 차원 및 기술의 발전차원에서 나타나는 사회적 변화의 요체로서, 정보를 물질 에너지에 이은 제3의 요소로 중시하고, 이러한 정보를 고도로 이용하는 정보통신기술의 활용으로 합리화를 추구하며, 이를 바탕으로 고도산업사회에의 도달을 촉진함과 더불어 인간의 자유와 창의성, 자기실현을 동시에 극대화하는 것을 뜻한다. 다시 말하면 토지, 노동, 자본의 전통적 생산요소의 효능은 이제 한계에 이르렀으며, 앞으로는 지식이 유일한 부가가치 창출의 근원이 되는 사회를 말한다. OECD는 다가오는 새로운 사회체제를 지식기반 경제체제로 정의하고 과거 전통사회에서는 노동과 자원이 없는 나라가 가난을 면치 못하였다면 앞으로 21세기는 지식기반이 약한 나라의 발전을 기대할 수 없다. 피터 드러커는 "21세기 최후의 승부처는 문화산업이다"라고 주창하며 지식과 창의성이 가치창출의 핵심원천이 될 것으로 예견하고 있다.

이와 같은 시대변천에 따른 산업구조의 변화 중에서 가장 급격하게 큰 파급효과를 가져온 것은 문화 관광산업이다. 21세기 국가산업을 선도하는 산업은 문화관광산업이 될 것이며, 그중에서 가장 중요한 기초가 되는 것이 바로 문화관광콘텐츠 분야가 될 것은 쉽게 예측할 수 있다. 문화관광콘텐츠 산업은 그 특성상 인문학적 상상력과 창조력이 기본바탕이다. 예를 들면 요즘처럼 문화콘텐츠의 개발이 성행하는 시기의 스토리텔링은 스토리만 존재하는 문화적 산물에 창의적 발상을 부여하여 새로운 상품으로서의 문화콘텐츠를 만드는 행위를 말한다. 즉 스토리텔링 한다는 것은 원형성을 획득하고 있는 이야기를 타인에게 전달하는 담화의 방식과 각 장르의 특성에 따른 서사형식의 구체화라는 공통분모가 있으나, 각 매체가 지니는 특성의 차이에 따라서 다양한 스토리텔링의 명칭이 생성된다. 문화라는 속성에서 문학적 특성을 발견해내고 그것을 콘텐츠로 만드는 것이 문화콘텐츠라고 하며, 그러한 콘텐츠를 재미있고 생생한 이야기로 풀어 전달하는 행위를 스토리텔링이라고 한다. 이와 같이 스토리텔링은 다양한 이야기하기의 과정에서 콘텐츠를 발생시키고 있다. 다시 말하면 문화원형을 콘텐츠로 만드는 과정에서 이루어지는 이야기 만들기가 대표적인 스토리텔링의 사례라고 할 수 있다.

그렇다면 디지털 스토리텔링은 디지털 기술을 매체환경이나 표현수단으로 수용하여 이루어지는 스토리텔링을 의미한다. 디지털 스토리텔링이라는 명칭은 게임, 모바일, 애니메이션, 영화, 테마공원 기획 등을 비롯하여, 디지털 콘텐츠라고 지칭될 수 있는 모든 분야에 적용이 가능하다. 우리 주변에는 디지털 기술의 활용을 통해 이야기되는 콘텐츠들이 홍수를 이루고 있으며, 이는 우리 IT산업을 세계적인 반열에 올려놓은 결과이다.

결론적으로 디지털스토리텔링은 인류의 심리적 욕구를 채워주기 위한 연출력이며, 이 시대가 요구하고 있는 질 좋은 문화상품을 생산해내는 하나의 창작력이다. 따라서 디지털 스토리텔링은 인터랙티브한 디지털 컴퓨터 환경에서 이루어지는 모든 이야기 행위이며, 많은 사람들에게 휴식과 즐거움을 부여하는 내러티브 엔터테인먼트(Narrative Entertainment)라고 할 수 있다. 이와 같이 양적 · 질적으로 급팽창하여 글로벌화의 길로 접어들고 있는 디지털 미디어 시장에 양질의 콘텐츠가 제공되기 위해서는 인문학을 기본으로 하는 콘텐츠연구가 시대적 과제이다.

3. 결론(관광산업의 미래방향)

(1) 문화 중심의 관광

관광산업은 한 국가와 지역의 총체적인 문화역량이 드러나는 분야이다. 관광산업은 정치, 경제적 상황변화에 민감하게 반응하는 의존성이 강한 산업분야이며 따라서 보다 안정적인 발전은 문화 예술의 발전으로부터 얻을 수밖에 없다. 문화, 예술, 인문학 등 다양한 분야에 의존하여 더불어 발전하는 관광산업의 특성은 한류나 한국음식 혹은 한국이 배출한 몇몇 스타들을 통해 입증되고 있다. 이와 같이 문화, 예술과 접목하여 관광 진흥정책이 세워져야 하며 관광진흥정책 역시 한국사회 전체의 인문학적 수준이 뒤따라주지 않는다면 급조된 시설만 양산될 것이다. 여기서 말하는 인문학 수준의 향상이라는 것은 문화와 예술, 콘텐츠와 첨단 테크놀로지를 연결·융합시켜야 한다는 의미다. 관광산업은 갈수록 인문학의 도움을 얻을 수밖에 없다. 자료 정리, 감상, 각종 안내서와 연구서 출간은 물론이고 문화상품 제작과 콘텐츠개발을 위한 스토리텔링에도 인문학은 필수불가결한 기초학문이다.

관광산업은 한 국가 전체의 일이다. 정치, 경제, 문화, 예술이 함께 움직여야 비로소 관광산업이 산업으로서의 위상을 가질 수 있다. 요리, 패션, 스포츠, 전시회, 음악회, 연극, 영화, 무용 등등 모든 예술분야도 관광산업을 진흥시키는 중요한 요소들이자 영역이다. 단언하건대 관광산업은 관광진흥정책만으로는 결코 진흥되지 못하는 특성을 갖고 있는 분야다. 유명한 관광지란 그곳에 거주하는 사람들 스스로 행복하고 자랑스러운 곳이어서 행복과 긍지를 있는 그대로 보여줄 수 있는 곳, 이것이 가장 최선의 관광진흥정책인 것이다. 시간이 걸리더라도 관광객이 아니라 우리부터 행복해야 하며, 관광객들에게 거짓으로 웃어 보이는 웃음이 아니라 우리부터 마음속으로 웃을 수 있어야 하는 것이다. 말 그대로 우리 인간이 중심이 되어 우리 삶의 가치가 높은 문화가 관광산업의 자원이 될 때 관광산업이 성공할 것이다. 문화체육관광부이니 문화부터 우선으로 생각하고, 인간의 삶 자체가 문화가 되는 질 높은 환경에서부터 관광산업이 출발되어야 한다. 이 순서를 역행하면 영원히 관광수지 적자를 면치 못할 것이며 선진국 진입도 힘들어질 것이다.

(2) 스토리텔링, 인문학적 콘텐츠 육성

인문학에서는 대개 텍스트를 읽고 이해하는 법을 배운다. 텍스트를 읽고 이해할 때 가장 중요한 것은 궁극적으로 텍스트를 독창적이고 창조적으로 읽는 것이고, 같은 텍스트를 읽은 다른 사람들이 지금까지 보지 못했던 그 무엇을 발견하는 것이라고 한다. 이는 새로운 문제의식을 가지고, 텍스트를 비교하고 결합시켜 보면서 새로운 것을 발견할 수 있음을 의미한다. 바로 이것이 인문학적 사유의 출발점이라고 생각된다. 이러한 인문학적 상상력과 창의력이 바로 새로운 문화콘텐츠를 창조하는 원동력이 되는 것이다. 그런 측면에서 인문학과 문화콘텐츠 산업이 손을 잡아야 한다. 다시 말해 문화콘텐츠 산업이 제대로 발전하기 위해서 갖추어야 할 핵심 인프라 중

하나가 바로 상상력이다. 상상력은 창의력의 근원이며 상상력에서 출발한 창의적인 문화콘텐츠만이 세계경쟁력을 갖출 수 있으며, 이러한 상상력의 부족은 어느 학문보다 인문학이 채우기가 용이할 것이다. 예를 들면 세계 최대의 지적 재산권이 성공한 예로써 미국 월트디즈니의 미키마우스를 들 수 있다. 1928년 최초로 만화영화에 등장한 미키마우스는 생쥐캐릭터로써 캐릭터 비즈니스의 고부가가치 창출의 성공적인 사례로 세계에서 가장 오랫동안 사랑받아 온 캐릭터이며 미국 디즈니의 대표 캐릭터이다. 이와 같이 생쥐라는 평범한 동물에 스토리텔링을 더한 콘텐츠를 개발하여 세계의 많은 사람들로부터 90여 년 가깝도록 사랑받아 왔으며 생쥐스토리를 보기 위하여 세계 여러 나라로부터 얼마나 많은 관광객이 몰렸는지 상상을 초월하고도 남는다. 인간의 감성을 자극하는 훌륭한 스토리텔링은 관광산업 성장의 원동력이 될 뿐만 아니라 국가 경제에도 큰 역할을 하는 고부가가치 산업이 될 수 있다. 결론적으로 21세기 관광산업육성은 관광지 개발이라는 하드웨어 측면의 중심에서 문화와 인문학 중심의 콘텐츠개발과 디지털 기술이 융합하는 지적무한경쟁시대로 전환하지 않으면 국토가 좁은 우리나라에서 관광산업의 성공을 기대하기 어려울 것이다. ☻

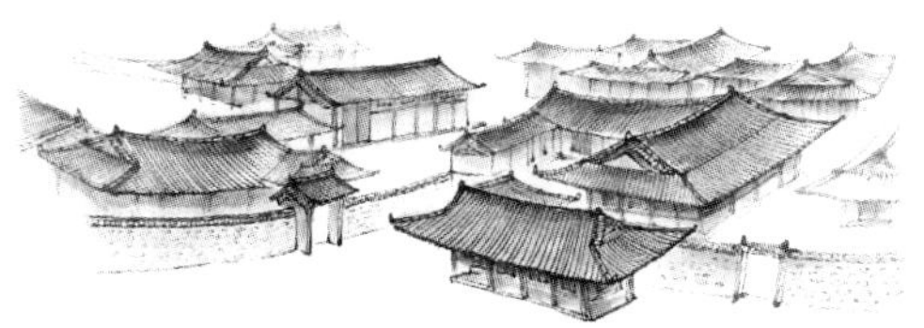

제 6 편

문화진흥사업의 이해

제 1 장

문화콘텐츠와 관광스토리텔링

박종구

동국대학교 호텔관광경영학부 교수

서울대학교 환경대학원을 졸업했고, Univ. of Utah에서 Parks, Recreation & Tourism으로 박사학위를 받았다. 서울연구원을 거쳐 현재 동국대학교 호텔관광경영학부 교수로 있으며, 저서로는 『키워드로 만드는 조경』(공저) 외 『문화향수 촉진을 위한 문화마케팅 프로그램 개발』(공저), 『청계천 장소마케팅 기본방안 연구』(공저) 등이 있다. "교도소 여가활동이 폭력성향의 감소, 사회적 기술, 자기통제력에 미치는 효과" 외 49편의 학술논문이 있으며 주로 여가소외계층의 여가활동 지원과 한국 국립공원 특성에 맞는 환경교육 등 시민들과 호흡을 같이 하게 하는 공공마케팅에 관심이 높다.

✉ jkpark85@dongguk.ac.kr

김보경

대구가톨릭대학교 겸임교수

대구가톨릭대학교 호텔관광대학원에서 호텔관광학을 전공하여 관광학 석사와 박사학위를 취득하였다. 주요 관심 분야는 소비자 행동과 마케팅 전략으로 현재 대구가톨릭대학교 호텔경영학과 겸임교수이며, "컨벤션 영향에 대한 지역주민의 인식과 태도"외 13편의 학술논문이 있다.

✉ bokyung83@hanmail.net

제 1 장

문화콘텐츠와 관광스토리텔링

박종구 · 김보경

제1절 관광스토리텔링의 개념

1. 문화콘텐츠의 개념

문화산업은 콘텐츠의 힘으로 표출된다. 최근 제조업 중심의 경제성장이 한계에 도달함으로써, 문화콘텐츠 산업이 새로운 성장동력으로 그 중요성이 확대되고 있다. 이 산업은 창의적 아이디어가 가치창출의 원천인 사람중심의 산업으로서 문화콘텐츠(culture contents)는 창의산업(creative industry)으로 감성 creative(도시재생, 문화유산), 장소 space(박물관, 축제, 관광), 위락 live(공연, 예술, 테마파크), 매체 media(디지로그 콘텐츠)에 다양하게 활용되고 있다.[1] 기전 출판이나 만화, 방송, 영화, 게임, 공연 등 각종 문화산업 외에 엔터테인먼트 및 미디어산업까지 포괄한다.[2] 「문화산업진흥 기본법」 제2조 3에 따르면 콘텐츠란 "부호 · 문자 · 도형 · 색채 · 음성 · 음향 · 이미지 및 영상 등(이들의 복합체를 포함한다)의 자료 또는 정보"를 말한다. 추가로 문화콘텐츠산업은 엔터테인먼트 산업인 공연, 축제, 테마파크 등으로 확대, 문화산업으로 전통문화, 지식, 교육, 출판, 건축, 패션, 순수예술까지 포괄한다.

그림 1-1 문화산업과 문화콘텐츠산업의 범위

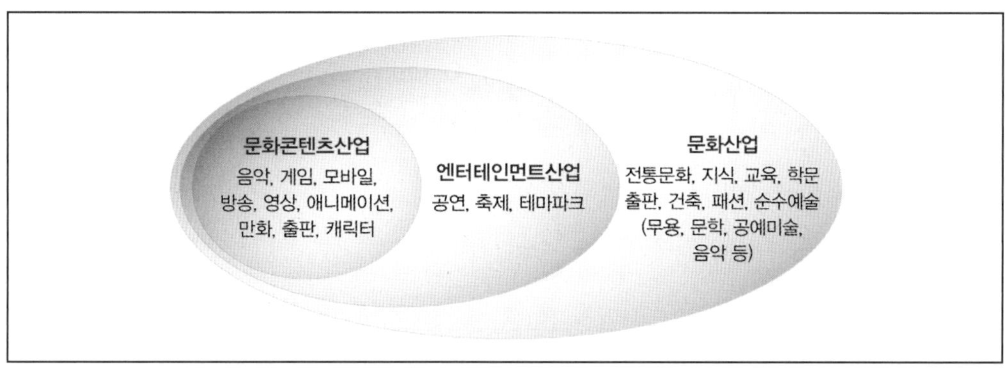

자료: 유동환(2014), 문화콘텐츠학개론, RISS 자료 활용.

다시 말하면, 문화콘텐츠산업은 "인간의 문화적 요구에 대한 산업적 실천이라 할 수 있으며, 기존의 문화유산, 생활양식, 창의적 아이디어, 가치관, 예술적 감성 등 문화적 요소들을 콘텐츠로 재구성하여 고부가가치를 갖는 문화상품으로 유통시키는 일련의 과정"을 말하는 것으로 정의할 수 있다.3) 한국의 문화콘텐츠 산업은 미국의 엔터테인먼트 산업(Entertainment Industry), 영국의 창조 산업(Creative Industry), 일본의 콘텐츠 산업(Contents Industry), 캐나다의 예술 산업(Art Industry) 등의 용어와 견주어볼 수 있다. 기존 영화 · 방송 · 음악 · 캐릭터 · 게임 · 모바일 콘텐츠 · 애니메이션 · 인쇄 출판 등을 포함한다. 일반적으로 문화콘텐츠 산업은 다음과 같은 특징을 가지고 있다.4)

〈표 1-1〉 문화콘텐츠 산업의 특징

고성장, 고부가가치	선진국은 문화산업을 부가가치 창출의 원천으로 육성
규모의 경제학	초기 고정비는 크나 추가비용이 없는 수확체증이 특징
전후방 연관효과	서비스 및 제조업과의 동반성장으로 높은 파급효과
친환경, 녹색산업	지식, 아이디어만으로 가치를 창출하는 환경친화적 산업
국가브랜드 제고	국가외교, 문화홍보, 기업이미지 강화 및 자국문화 전파

출처: 김정덕, 장상식, 한영수(2015).

한편 문화콘텐츠는 다각적 활용방안을 모색하기 위해 OSMU(One Source Multi Use)를 통해 다양한 매체로 발전된다. 이것은 하나의 상품 혹은 미디어소스를 여러 미디어의 형태로 확장하여 판매하는 것을 일컫는 말이다.5)

그림 1-2 문화콘텐츠의 융복합

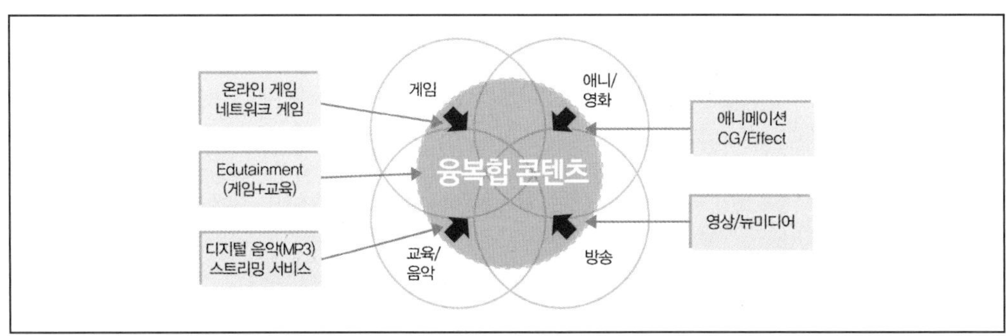

최근에는 문화콘텐츠 산업이 영화 · 방송프로그램 · 게임 · 음악 · 인터넷 · 공연 등의 제작, 유통, 소비와 관련된 모든 산업에서 최근 대중의 문화향유를 목표로 전시, 공연, 체험, 강좌 등 문화유형이 탈장르화되고 있다. 또한 하나의 성공적인 콘텐츠(Killer Contents)는 수많은 여러 콘텐츠로 변형, 가공되어 또 다른 성공 콘텐츠로 확대, 재생산될 수 있는 OSMU 현상의 확대에 따라 성공적인 콘텐츠의 핵심요소인 스토리텔링의 중요성이 더욱더 강조되고 있다.[6] 즉 문화콘텐츠는 소설, 만화, 애니메이션, 게임, 음악, TV프로그램, 영화, 캐릭터 상품 등의 다양한 방면으로 활용되어 하나의 콘텐츠가 여러 다른 매체의 콘텐츠로 변주되면서 다양한 문화상품을 창출하고 양산해 내고 있다.

2. 스토리텔링의 개념

관광객을 지역, 관광명소로 끌어들이기 위해서는 화제와 감동을 주어야 한다. 어떤 상품이든, 어떤 관광지이든 스토리가 없으면 성공하기 어렵다. 문화콘텐츠에 있어서 관광객의 감성에 맞는 이야기를 끄집어 내어 관광객의 체험과 추억, 지역주민이 공동의 감성체계를 만들어 가는 것이 관광스토리텔링의 진정한 의미이다. 일반적으로 스토리텔링은 이야기(story)와 말하기(telling)의 합성어이다. 문화산업에서 '이야기'는 단순히 소설, 연극, 영화, 드라마, 게임 등 종래 이야기장르뿐 아니라 마케팅, 관광, 테마파크를 비롯한 생활공간, 사람들 사이의 소통, 광고, 홍보 및 관광, 교육 등에까지 활동되고 있다. 이야기를 플롯(plot)으로 꾸민 것을 담론(discourse)이라고 한다면 스토리텔링은 이야기에 참여하는 현재성, 현장성을 강조한 말로서 이야기의 행위에 초점이 맞추어진 개념이다.[7] 이야기가 사건에 대한 진술이라면, 말하기는 생산자와 소비자의 긴밀한 감정적 연대를 형성해 주는 매개체라고 할 수 있다. 문화콘텐츠를 재미있고, 생생한 이야기로 풀어 설득

력 있게 전달하려면 '좋은 스토리'의 발굴은 단지 필요조건일 뿐이다. 이를 '어떻게 전달될 것인가' 하는 스토리텔링은 마음을 움직이는 큰 힘이 된다. 문화·관광산업에서의 스토리텔링은 관광지, 관광시설, 관광프로그램 등에 흥미로운 감성적 테마를 기획-창작해 관광객과 커뮤니케이션 활동을 강화해 나가는 이야기 창출과정이다. 즉 관광스토리텔링은 관광지 그곳만이 가질 수 있는 스토리와 관광지의 자원을 중심으로 관광지와 정보, 체험을 공유하면서 하나의 공동 스토리를 만들어가는 과정으로 설명할 수 있다.8)

그림 1-3 관광 스토리텔링 개념도

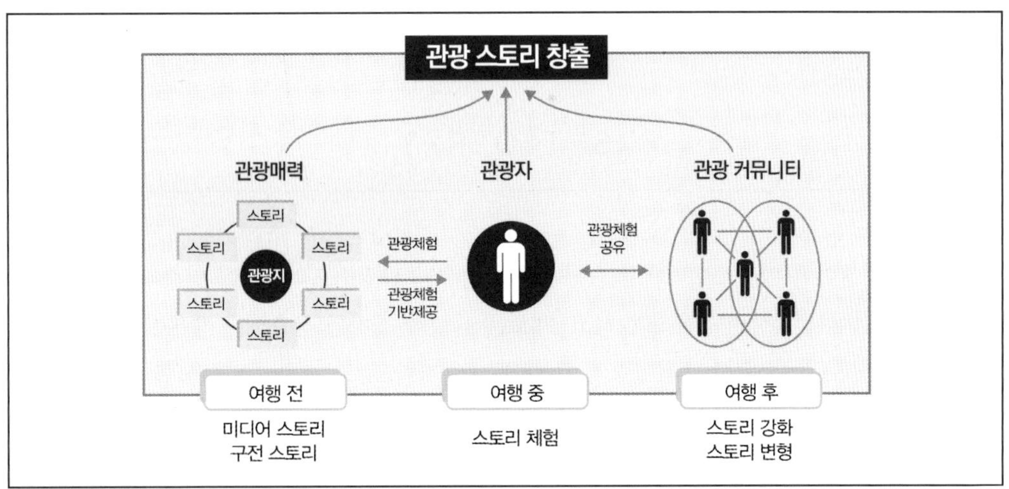

자료: 최인호(2008)

관광스토리의 종류는 크게 문화 스토리, 자연 스토리, 산업 스토리, 장소 · 시설 스토리 등으로 구분이 가능하다. 그러나 이들에 있어서 쟁점은 로컬문화의 콘텐츠 발굴에 주안점을 두는 지역재생, 다른 하나는 고향 떠나 종횡무진, 세계화되는 콘텐츠로 지역특화 문화콘텐츠가 글로벌화되는 것으로 구분할 수 있다. 쟁점이 어쩌든 관광스토리텔링은 테마파크, 촬영지 등의 지역에 관한 콘텐츠(영화, TV드라마, 소설, 만화, 게임 등)에 활용되어 최근 ICT 발전으로 문화콘텐츠의 디지털화가 진전되었다. 이로 인해 시간과 공간의 구애를 받지 않고, 모바일 기기를 통해 콘텐츠 서비스에 자유롭게 접속함으로써 실시간으로 콘텐츠를 소비하는 시장으로 변화하였다.9)

그림 1-4 관광스토리 찾기 개념도

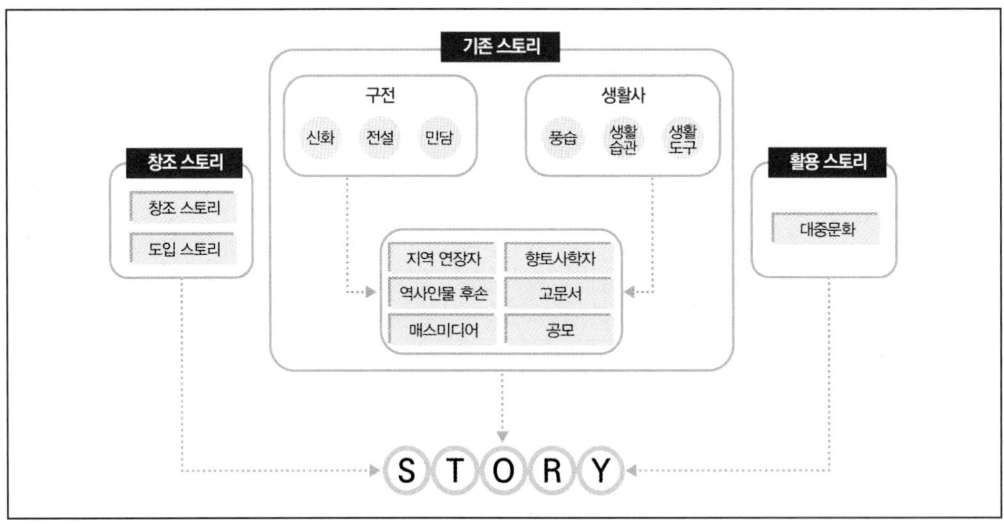

다양한 관광분야에 관광스토리텔링을 적용하는 이유는 관광스토리텔링이 단순히 정보를 전달하는 차원을 넘어서 감성을 공유하게 하고, 새로운 감성적 가치를 창출하기 때문이다. 특히 문화관광의 활성화를 위해 관광스토리텔링의 기본 원리인 지식, 정보, 재미, 교훈을 관광분야에 적용할 필요성이 있다. 이는 지식과 정보 전달에 치우쳤던 문화관광 활용의 한계를 극복하고, 재미를 통해 문화관광이 담고 있는 가치와 소중함을 전달할 수 있다. 또한, 감동과 재미를 추구하는 관광스토리텔링은 사람들로 하여금 문화관광에 대한 친근감을 높이고, 문화관광의 단기성 이벤트 전략이라는 한계를 극복할 수 있는 활로를 개척할 수 있다.

3. 관광스토리텔링의 개념

관광콘텐츠 산업은 21세기에 가장 각광받는 관광산업, 미래 관광산업의 먹거리로 떠오르고 있다. 관광스토리텔링이란 다양한 해설(관광스토리텔링) 매체를 통하여 관광객으로 하여금 직접 참여를 유도함으로써 관광지 환경에 대하여 관심과 학습을 향상시킬 수 있고 관광객을 적극적으로 변화시켜 흥미를 유발하며 가치관의 변화를 유도하게 한다. 따라서 관광스토리텔링이란 내용, 매체, 기법으로 구성된 방문지역에 대한 이해수준과 관광자의 욕구수준을 결합시켜 관광만족의 효과를 높여주는 정보, 안내, 학습, 유흥, 선전, 영감과 관련된 서비스의 조합으로 볼 수 있다.[10] 즉, 관광지라는 무형의 소비재를 판매하기 위해 관광객의 흥미와 교감을 일으켜 관광지에 대한 정보와 흥미를 얻을 수 있는 장이다.

〈표 1-2〉 부천만화박물관 시설 현황

전달매체	주요 특징
관광안내사	가장 효과적이면서 관광객과 친밀감을 형성할 수 있음
표지판	설치가 용이하고 디자인상에 지역문화를 담아 지역사회의 정체성을 표현할 수 있음
축제	관광객들에게 지역의 문화/향토자원을 소개하고 이를 체험화함
공연/재현프로그램	지역문화를 공연활동속에 담아 지역문화를 소개함
시청각 해설	최근 VR 등 디지털화 매체를 통해 오감체험형 전시매체로 전달함
멀티미디어쇼	대단위 관광객을 대상으로 디지털 영상, 음성, 사운드, 음악 등을 공연제작함

주: 문화관광부(2006)

관광스토리텔링의 절차는 관광자원과 관련된 스토리를 발굴하는 단계, 관광객에게 어떠한 것을 전달할 것인가에 대한 스토리텔링 전략목표를 설정하는 단계, 마지막으로 관광객들에게 감성을 자극할 수 있는 관광테마를 개발 한 후 최종적으로 스토리를 전달하는 과정을 말한다.

제2절 문화콘텐츠를 활용한 국내외 관광의 활용사례

문화콘텐츠가 갖는 다양한 활용가능성(OSMU)은 관광산업에서도 크게 주목받고 있다. 디즈니랜드나 유니버설스튜디오와 같은 테마파크는 물론 영화 촬영지가 주요한 관광지로 부각되고 있으며, 문화콘텐츠를 활용한 박물관·이벤트·테마타운 등도 관광객들의 관심을 끌고 있다. 여기에서는 문화콘텐츠가 활용된 국내 및 해외에서의 각기 다른 사례를 살펴보고자 한다. 먼저 문화콘텐츠 산업의 대표적 전달요소인 만화를 통해 관광명소화를 만들어가고 있는 '한국만화박물관'의 사례를 살펴보고, 이어서 영화와 애니메이션을 테마파크화하여 관광산업과의 연계도 활발하게 이루어지고 있는 '유니버설스튜디오 재팬'과 '별의 왕자님 뮤지엄'이 어떻게 만들어졌고 운영되는지 살펴보기로 한다.

1. 한국만화박물관*

한국만화박물관은 (재)한국만화영상진흥원에서 운영하는 공립박물관이다. 국내 최초의 만화박물관인 한국만화박물관은 정부의 주요 만화지원사업 중 하나로 정부가 지원운영하고 있으며, 문화도시를 지향하는 부천시의 핵심사업 중 하나이다. 한국만화박물관은 경기도 부천시 원미구 춘의동 부천종합운동장 하부공간에서 2001년 10월에 개관하였다. 이후, 2009년 11월 부천 상동 영상문화단지로 이전, 2011년 5월 한국만화박물관으로 명칭을 변경하였다.

한국만화박물관은 만화작가 지원, 사라져 가는 만화 관련 자료의 수집, 보존, 전시, 연구, 교육 등과 관련한 다양한 이벤트 기획 업무를 담당한다. 주요 시설로는 자료관(만화의 역사와 종류 · 제작과정 · 주요 작가 작품 · 희귀만화 등이 전시)과 각종 만화 기획전시전을 개최하는 전시관, 4D애니메이션을 상영하는 상영관, 각종 만화자료가 비치되어 있는 열람실로 구성되어 있고, 관람객이 직접 만화를 제작하는 만화체험 공간 등 다양한 체험 존(zone)과 함께, 추억을 자극할 만한 옛날 만화가게, 판매 숍 등으로 구성되어 있다.[11)]

〈표 1-3〉 부천만화박물관 시설 현황

구분	시설내용
위치	경기도 부천시 원미구 춘의동 부천종합운동장 1층
사업주체 및 운영	문화관광부와 부천시, 부천만화정보센터가 공동으로 운영
개관일	2001년
시설현황	만화의 역사와 종류, 제작과정, 주요 작가의 작품, 희귀만화 등의 자료관과 전시관, 입체 애니메이션 상영관, 관람객이 직접 만화를 제작할 수 있는 체험공간 등

주: 문화관광부(2006).

100년이 넘는 역사를 가지고 있는 우리의 만화가 저속한 문화로 폄하되며 냉대를 받았던 것은 사실이다. 그 결과 1950~60년대를 대표하던 만화들은 찾아보기조차 힘든 희귀품목이 됐다. 이후 한국만화의 역사이자 문화인 귀한 자료들인 만화의 문화 · 예술적 가치를 증대시키고, 관련 자료를 소중한 문화유산으로 물려주고자 하는취지를 바탕으로 만화자료를 수집하는 사업이 시작, 한국만화박물관을 설립하였다.

박물관에서는 문화콘텐츠의 활용하여 미취학 어린이 · 초등학생 · 중학생 · 고등학생을 대상으

* 한국만화박물관 사례는 이용철(2016), 문화관광부(2006)를 참조하여 작성하였음.

로 만화가와 만나는 날, 만화 캐릭터 만들기 등의 프로그램을 진행하는가 하고 있다. 또 한국만화박물관은 부천국제만화페스티벌의 주요 장소로 문화산업 클러스터 정책의 대표적 아이템으로 성장 가능성이 높은 문화콘텐츠 관광산업으로 여겨지고 있다.

주: 한국만화박물관의 모습(부천시청www.bucheon.go.kr, 한국만화박물관www.komacon.kr).

2. 유니버설스튜디오 재팬*

미국 5대 메이저 영화사인 유니버설스튜디오(UA: 사업주체는 MCA Company)는 할리우드 영화를 테마로 테마파크 사업을 진행 중이다. 2001년 3월 일본 오사카에서 개장한 유니버설스튜디오 재팬(USJ: Universal Studios Japan)은 미국 국외에서는 최초로 건설한 유니버설스튜디오이자,

* 유니버설스튜디오 재팬 사례는 문화관광부(2006)를 참조하여 작성하였음

아시아 최초의 영상 테마파크이다. 혁신적인 첨단의 놀이기구, 할리우드 엔터테인먼트를 제공하는 USJ는 54만m^2 부지 면적에(공원 면적 39만m^2) 조성한 테마파크로, 일본 오사카시 서부임해지구에 위치하고 있다. 일본 내국인과 대한민국, 중화인민공화국 등 아시아계 여행객이 주요 방문객이다.

〈표 1-4〉 동경 세사미 플레이스 개요

구 분		내 용
사업개요	위 치	일본 오사카
	특징	아시아 최초의 영상 테마파크
	개장시기	2001년
	면적	54만m^2(공원 면적 39만m^2)
주요 시설		할리우드, 뉴욕, 쥬라기 파크, 워터월드, 슈렉, 스파이더맨, 해리포터 등의 할리우드 영화를 이용한 어트랙션과 다양한 엔터테인먼트 체험시설

주: 문화관광부(2006).

USJ는 놀이기구 중심의 유원지가 아닌 영화를 이용한 다양한 어트랙션을 그대로 재현한 거리에서 3D의 리얼한 체험이 가능한 시설로서 개발하여 어린이부터 어른에 이르기까지 흥미있는 볼거리를 제공한다. USJ의 각각의 구역은 영화 세계를 그대로 재현한 건축물과 어트랙션, 레스토랑 및 기념품점으로 구성되어 있다. 또한, 어트랙션(Attraction)은 쇼 어트랙션과 라이드(Ride: 놀이기구) 어트랙션으로 구분된다.

라이드 어트랙션은 자동차나 보트와 같은 탈 것에 몸을 맡긴 채 3차원적인 것으로 구성해낸 스크린의 영상물을 체험하거나 레일을 따라 시뮬레이션된 환경을 관람하는 것, 그리고 파크의 공중을 비행하는 롤러코스터가 있다. 주요 시설물로는 하이테크 기술과 특수효과를 더한 스파이더맨 어메이징 어드벤처, 타임머신을 타고 과거와 미래를 구경하는 백투 더 퓨처, 플라잉 코스터와 보트를 타고 공룡이 살아 있는 열대 수목을 탐색하는 쥬라기공원, 거대한 식인상어가 있는 바다를 항해하는 조스 보트 투어 등이 있다.

쇼 어트랙션은 스크린 기반의 상영물과 퍼포먼스나 뮤지컬과 같은 공연물을 말하는데 화려한 특수 효과와 스턴트맨들의 액션은 관람객의 눈길을 사로잡을 만하다. 입체영상으로 보는 터미네이터 2와 슈렉, 미래의 지구를 묘사한 영화 워터 월드로 재현하는 수상 액션 스탠드 쇼와 같은 다양한 어트랙션과 쇼를 즐길 수 있다. 이외에도 영화 유령수업을 리얼하게 재현한 라이브 엔터테인먼트와 세사미 스트리트와 같은 스테이지&스트리트 쇼 등도 흥미 있는 볼거리이다. 콘텐츠

가 분명한 영화나 애니메이션이라는 테마를 통해 스토리 속의 캐릭터와 함께 즐길 수 있는 체험은 관객에게 최고의 즐거움을 제공한다.

주: 유니버설스튜디오 재팬의 위저딩 월드 오브 해리 포터 구역 모습(유니버설스튜디오 재팬, www.usj.co.jp/kr).

3. 별의 왕자님 뮤지엄*

사랑이란 무엇인가 등 인생의 중요한 문제에 답하는 지침으로 널리 알려진 동화 어린왕자는 프랑스의 비행사이자 작가인 앙투안 드 생텍쥐페리가 1943년 발표한 소설이다. 어린왕자박물관은 생텍쥐페리 탄생 100주년인 1999년 도쿄 방송국이 하코네에서 생텍쥐페리의 스케치에 드러난 이미지를 원형 그대로 재현하여 운영하고 있다. 외국의 콘텐츠라 하더라도 자신들의 콘텐츠로 수용하는 발상으로 파리의 생텍쥐페리재단이 운영하는 생텍쥐페리 공간이라는 기념관이 있지만, 하코네의 어린왕자 박물관은 세계 최초의 생텍쥐페리 전문 박물관으로 알려져 있다.

주요 시설물로는 어린왕자 상영관, 생텍쥐페리의 유품과 생텍쥐페리가 타던 비행기의 모형, 세계 각국의 '어린왕자' 판본들, '어린왕자' 관련 데생, 그가 살던 리옹 근처의 성과 주변 마을, 마을 성당 등 그가 살던 시대의 프랑스 거리풍경을 재현하고 있다. 여기에 수준급의 프랑스 요리 전문 식당이 있으며, 어린왕자를 소재로 한 캐릭터 상품을 포함하여 다양한 연령층을 대상으로 한 옷, 장신구, 보석에 이르기까지 고급 상품이 개발되어 판매되고 있다. 이 캐릭터 숍은 자국 상품 이외에도 해외에서 엄선한 수입상품을 병행하여 판매하는 전략을 펼치고 있어 방문객들의 체류시간이 가장 긴 곳이기도 하다.

* 하코네 어린왕자박물관 사례는 문화관광부(2006) 참조.

〈표 1-5〉 별의 왕자님 뮤지엄 시설 개요

구분	시설내용
위치	가나가와 현 하코네 정 센고쿠하라
운영	주식회사 TBS 텔레비전 사무국 및 주식회사 TBS 트라이미디어
시설현황	생텍쥐페리가 살던 1900년대의 리옹을 재현한 어린왕자 거리와 전시관(각종 사진 자료, 데생 자료, 해외에 머물던 방), 어린왕자 마을 성당(예식장으로 대관), 어린왕자 전용 상영관 등에서부터 프랑스 레스토랑과 캐릭터 상품 판매 스토어 등

주: 문화관광부(2006).

어린왕자박물관은 온천과 화산으로 유명한 일본의 전통적인 휴양지인 하코네에서 만날 수 있는 유럽의 공간으로 어린왕자와 생텍쥐페리를 아는 모든 사람들이 반드시 들러야 하는 하코네의 관광명소로 자리 잡았다. 하코네 지역의 수많은 온천과 미술 갤러리들과 공동 마케팅을 벌여 온천 및 화산 관광을 즐기며 어린왕자박물관을 방문하는 가족단위 방문객과 외국인들이 꾸준히 늘어나고 있다. 특히, 아동문학의 형태를 하고 있지만 주인공 어린왕자의 시각에서 바라본 세계관을 통해 동심을 잃어버린 성인들에게 전하는 메시지를 담고 있어 다양한 연령층을 타깃으로 하는 콘텐츠 관광의 매력물로 인식되고 있다.

주: 별의 왕자님 뮤지엄의 모습(위키미디어 Commons, https://commons.wikimedia.org).

제3절 문화콘텐츠를 활용한 관광매력물의 창출유형

문화콘텐츠를 활용한 관광매력물의 창출유형은 문화콘텐츠가 관광매력물(hardware)로 사용되는 경우와 관광목적지를 위한 마케팅(software)에 문화콘텐츠를 활용하는 형태로 크게 구분할 수

있다.[12]

1. 문화콘텐츠를 활용한 관광매력물

문화콘텐츠는 역사와 전통, 문화환경, 자연환경, 지역의 특산물, 지형적인 구조, 역사적 사건, 관습과 같은 다양한 생활양식으로 구성된다.[13] 영상촬영지, 박물관, 축제와 이벤트, 박람회, 테마파크 등은 대중의 이러한 일상적인 문화를 관광매력물로 사용하는 경우이다.

(1) 영상촬영지

문화콘텐츠가 관광매력물로 사용되는 가장 대표적인 사례로는 '영상촬영지 관광'을 들 수 있다. 영상촬영지 관광은 영화나 TV 프로그램이 알려진 후 이에 영향을 받은 관광객들이 촬영지를 방문하는 것으로서, 영화 '반지의 제왕'에 나오는 '중간계(Middle Earth)'를 찾아 뉴질랜드를 방문하고, TV 드라마 '겨울연가' 이후 남이섬의 방문객이 폭발적으로 증가한 데서 관광에 미치는 영화나 TV 드라마의 영향력을 알 수 있다. 영상촬영지는 장소형과 시설형 및 이벤트형으로 구분이 되며, 영상관광 대상지가 기존에 알려진 곳인가 그렇지 않은 곳인가에 따라 구분할 수 있다.[14]

〈표 1-6〉 영상촬영지의 유형

유 형		특 징	사 례
장 소	촬영지 → 영상 → 관광지화	원래 관광개발 목적 없이 촬영장소로 이용되었으나, 노출 이후 방문객 증가	집으로(영동 황간마을) 박하사탕(제천 진소마을)
	무명 관광지 → 영상 → 유명 관광지	영화나 드라마로 인해 관광지로서 인기를 얻게 된 경우	모래시계(정동진) 겨울연가(외도)
	유명 관광지 → 영상 → 유명세 강화	영화나 드라마로 인해 관광지로서의 명성을 더욱 높인 경우	쉬리, 올인(제주도) 겨울연가(남이섬)
시 설	영상 〉 관광	전문 영상 제작 시설이면서 관광지로서의 역할도 하는 경우	공동경비구역 JSA(서울영화종합촬영소)
	영상 = 관광	영상 제작 시설과 관광지로서의 역할이 균형을 이루는 경우	한국민속촌(용인시)
이벤트	영상 → 관광지 홍보	지방자치단체가 영화제를 개최하면서 관광객이 참여하는 것	부산영화제(부산시) 부천영화제(부천시) 전주영화제(전주시) 광주영화제(광주시)

주: 최인호・손대현(2004).

(2) 박물관

박물관 또는 기념관은 문화콘텐츠를 소개하는 관광매력물로서 활용된다. 박물관에는 해당 문화콘텐츠 장르 전반에 관한 자료나 유명한 작품, 작가, 가수, 배우 등에 관한 희귀 자료가 전시되는 것이 보통이다. 이러한 박물관은 주로 작가나 가수의 생가나 고향, 또는 활동무대에 설립되는 경우가 많으며, 유명 관광지나 해당 장르의 산업을 전략적으로 육성하려는 도시에 위치하는 경우도 있다.

〈표 1-7〉 문화콘텐츠 관련 주요 박물관

유 형		사 례
음악	Beatles Story	그룹 비틀즈 박물관(영국 리버풀)
	Graceland	엘비스 프레슬리 생가(미국 멤피스)
	Rock and Roll Hall of Fame	락앤롤 음악 박물관(미국 클리브랜드)
문학	별의 왕자 뮤지엄	소설 '어린왕자'와 작가 생텍쥐페리 박물관(일본 하코네)
애니메이션	테디베어뮤지엄	손바느질로 만든 곰인형 박물관(제주 서귀포)
	테츠카오사무기념관	만화가 테츠카오사무박물관(일본 타카라츠카)

주: 문화관광부(2006)

(3) 축제와 이벤트

지방자치제가 시행되면서부터 지역관광 진흥에 대한 관심이 증대하고 있다. 일반적으로 지역의 전통문화자원을 재해석하여서 활용하거나 만화나 애니메이션과 같은 대중문화 콘텐츠를 주제로 하여 개최된다. 먼저, 지역적 문화정체성과 관련한 축제나 이벤트는 관광지, 관광시설, 관광프로그램 등에 스토리를 부여하여 관광자로 하여금 흥미를 불러일으키게 하는 방식으로 진행된다. 지역문화의 예술적 가치를 재조명하고 지역문화를 활성화하는 계기가 되고 있다.

주: 경산자인단오제의 스토리텔링((사)경산자인단오제보존회, http://jaindano.or.kr).

대중문화 콘텐츠 활용한 축제나 이벤트는 공연이나 대회, 코스튬 플레이 등으로 진행되고 있다. 이러한 이벤트는 전통적인 축제와 비교할 때 상업적인 측면이 강하다는 특징이 있다.

주: 2016년 부천국제만화축제 코스프레 모습(부천국제만화축제, http://www.bicof.com/).

(4) 박람회

박람회는 특정 분야와 관련하여 명확한 주제와 메시지 전달을 주요한 목적한다. 대개 한 나라 또는 지역의 문화 상태나 산업의 발전 상태를 전시형태로 소개 및 판매한다. 일반방문객은 물론 관심분야의 트렌드에 민감한 마니아층과 사업체들의 지지와 관심도가 높다. 최근에는 참여도를 높이기 위하여 창의적인 콘텐츠를 기획하거나 체험활동이 동반된다. 문화콘텐츠를 활용한 박람회는 팬시 제품의 판매, 일러스트 콘테스트, 참가자들의 코스프레가 주요한 행사로 구성된다.

〈표 1-8〉 문화콘텐츠 관련 박람회

유 형		사 례
게임	국제게임전시회 지스타	국제전자게임쇼(한국)
게임	동경 게임쇼	국제전자게임쇼(일본)
애니메이션	동경 애니메이션 페어	국제애니메이션박람회(일본)
만화 게임	Singapore Toy, Game & Comic Convention	국제만화게임박람회(싱가포르)

주: 저자 작성.

(5) 테마파크

테마파크는 특정한 주제나 테마를 바탕으로 비일상성을 특징으로 한다. 특히, 대중문화 콘텐츠를 테마로 한 놀이공원은 일정한 테마를 중심으로 어트랙션(attraction)환경을 구성하고 있다는 점에서 방문객에게 감동과 즐거움을 제공한다. 이러한 테마파크는 대중으로부터 상품성을 인정받은 영화 또는 애니메이션의 캐릭터를 활용하는 것이 일반적이다.

월트 디즈니의 캐릭터를 활용한 미국 올랜도의 'Walt Disney World'나, 영화사인 유니버설스튜디오의 할리우드 영화를 테마로 한 미국 LA의 'Universial Studio', 일본 오사카의 'Universial Studio Japan'은 문화콘텐츠를 활용한 테마파크의 주요한 사례로 알려져 있다. 영화의 주요 장면들을 체험할 수 있다는 매력성과 콘텐츠 자체의 경쟁력으로 방문객 유치효과가 매우 높다. 특히 관광자원이 상대적으로 취약한 국가나 지역의 경우 그 중요성이 더욱 주목을 받고 있으며, 계절적 영향을 크게 받는 관광산업의 특성에도 불구하고 상대적으로 자연환경에 덜 민감하다는 점에서 지역경제 활성화를 위한 주요 수단으로서 각광을 받고 있다.

〈표 1-9〉 문화콘텐츠 관련 테마파크

유 형	사 례	
애니메이션 & 영화	디즈니랜드	디즈니 애니메이션 '잠자는 숲속의 공주' '라이온 킹', '이상한 나라의 앨리스', '피터팬' 등 영화를 주제로 한 테마파크
	유니버설스튜디오	'킹콩', '패스트&퓨리어스', '슈렉', '죠스' 등 영화를 소재로 한 테마파크
	뽀로로테마파크	한국의 대표적인 유아용 애니메이션으로 '꼬마 펭귄, 비버, 백곰, 여우, 아기 공룡' 등의 동물들을 소재로 한 테마파크
캐릭터	세사미 플레이스	미국 어린이 프로그램 '세사미 스트리트'의 캐릭터를 소재로 한 테마파크
	산리오 퓨로랜드	'헬로키티' 캐릭터를 소재로 한 테마파크

주: 저자 작성.

주: 뽀로로파크(www.pororopark.com).

2. 문화콘텐츠를 관광목적지의 마케팅에 활용

관광목적지의 마케팅이 3E(entertainment, excitement, education)를 지향해야 한다고 하였다. 문화콘텐츠는 엔터테인먼트의 내용적 기반으로서 대중의 기호에 적합하기 때문에 관광목적지를 위한 마케팅에 다양한 형태로 활용되고 있다. 여기에서는 그 대표적인 경우를 살펴보기로 한다.

(1) 관광지 간접 홍보

일상생활에서 대중들이 소비하는 대중문화 콘텐츠를 통한 장소의 노출은 직접적으로 관광홍보와는 관련성이 낮지만, 특정 장소에 대한 이미지, 기대, 신념 등을 발생시킨다. 이 중에서도 대중이 일상에서 가장 빈번하게 접하는 콘텐츠로서 영화와 드라마 등은 자신이 보고 읽은 장소 혹은 국가에 직접 가보고자 하는 욕구를 가지게 한다. 영화 '로마의 휴일'이 촬영된 이탈리아 로마나 '반지의 제왕'의 아름다운 영상미를 통하여 유명해진 뉴질랜드 북섬 와이카토 지방자치구역에 있는 소도시 마타마타의 호비튼 마을 역시 그러하다.

〈표 1-10〉 문화콘텐츠를 활용한 관광목적지 간접 홍보 사례

지역	사 례	분류	비고
스페인 광장	이탈리아 로마	영화	'로마의 휴일' 촬영지
마타마타	뉴질랜드	영화	영화 '반지의 제왕' 촬영지
퐁네프 다리	프랑스 파리	영화	영화 '퐁네프의 연인' 촬영지
태백	한국 강원도	드라마	드라마 '태양의 후예' 촬영지
황매산	한국	영화	'태극기 휘날리며' 촬영지

주: 문화관광부(2006).

(2) 관광지 직접 홍보

영화배우나 인기가수와 같은 대중스타 혹은 인기 캐릭터까지 관광목적지를 홍보하는 영상물에 많이 등장하고 있다. 관광목적지들은 지역에 대한 관심을 유발하고 좋은 이미지를 구축하기 위하여 이들의 긍정적 이미지를 활용하는 것이다. 대중스타는 주로 지역적인 연고나 해당 지역이 추구하는 이미지와의 적합성에 따라 선정되고 있으며, '홍보대사'로 위촉되는 경우도 많다.

〈표 1-11〉 문화콘텐츠를 활용한 관광목적지 직접 홍보 사례

유 형	사 례	
대중스타	한국관광홍보영상	가수 비, 배우 이영애, 최지우 등의 한류스타가 출연
	호주관광홍보영상	골프선수 그렉노먼, 배우 박근형 출연
	일본관광홍보영상	가수 보아 출연
캐릭터	제천 지역 홍보 캐릭터	지자체 캐릭터 '금봉선녀', '박달신선' 개발
	장성 지역 홍보 캐릭터	지자체 캐릭터 '길똥클럽' 개발

주: 문화관광부(2006).

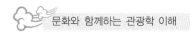

제4절 문화콘텐츠를 활용한 관광스토리텔링의 정책적 과제

사회경제 구조가 산업경제, 지식경제에서 창의성, 상상력, 과학기술이 중요한 산업패러다임으로 변화하고 있다. 문화콘텐츠를 활용한 관광스토리텔링의 핵심분야는 ICT와 직간접적으로 융합해야 한다. 최근 4차산업혁명으로 관광스토리텔링 및 관광콘텐츠 산업을 육성하기 위해서는 가상현실, 증강현실을 도입한 실감미디어 콘텐츠와 결합하여 지역문화 관광콘텐츠의 스토리텔링 개발에 많은 노력이 필요할 것이다. 나아가 소비자들이 관광콘텐츠를 소비하는 것에 그치지 않고 직접 생산하는 프로슈머(producer+consumer) 문화 속에 지역이야기 소재 DB 구축 및 활용 등에 대한 제도적 기반이 요청된다.

이러한 토대 아래 모든 국민이 문화로 행복한 문화융성 시대를 열어줄 핵심산업으로 성장할 수 있도록 노력해야 할 것이다. 지속가능한 한류를 위해 케이팝(K-pop)과 방송, 게임, 캐릭터, 패션 등 한류콘텐츠와 결합해 세계시장 활성화에 기여할 수 있을 것이다.

참고문헌

1) 유동환(2014). 『문화콘텐츠학개론』. RISS 자료.
2) 권유홍 · 권혁린(2007). IPA를 통한 문화콘텐츠 활용 관광상품의 발전방안 모색: 만화, 애니메이션, 게임 및 캐릭터 분야를 중심으로. 『관광 · 레저연구』, 19(3), 343-359.
3) 전영준(2015). 제주의 역사문화자원과 문화콘텐츠 기획 방향. 『탐라문화』, 49, 163-190.
4) 김정덕 · 장상식 · 한영수(2015). 『문화콘텐츠 산업의 수출산업화를 위한 정책과제』. 한국무역협회 국제무역연구원.
5) 권유홍 · 권혁린(2007). IPA를 통한 문화콘텐츠 활용 관광상품의 발전방안 모색: 만화, 애니메이션, 게임 및 캐릭터 분야를 중심으로. 『관광 · 레저연구』, 19(3), 343-359.
6) 한국콘텐츠진흥원(2010). 『미디어 시대의 콘텐츠비즈니스 전문인력 양성방안 연구』, kocca 연구보고서.
7) 한국관광공사(2010). 『스토리텔링을 활용한 경주관광 활성화 방안』. 한국관광공사.
8) 최인호(2008). 대중문화 콘텐츠를 활용한 관광지 스토리텔링. 『한국콘텐츠학회논문지』, 8(12), 396-403.
9) 김정덕(2016). 『ICT 기반 활용 문화콘텐츠 산업의 수출산업화』. 한국무역협회 국제무역연구원.
10) 문화관광부(2006). 『한국 문화콘텐츠 · 관광 연계 프로그램 개발방안』.
11) 이용철(2016). 디지털 만화시장의 성장과 통합전산망 필요성 연구. 성공회대학교 문화대학원 학위논문.
12) 채지영(2013). 『문화콘텐츠 활용 사례 연구』. 한국문화관광연구원.
13) 황태규 · 강순화(2013). 역사문화콘텐츠 스토리텔링을 활용한 관광지 명소화 방안 연구. 『한국비교정부학보』, 17(2), 263-284.
14) 최인호 · 손대현(2004). 영상 촬영지 관광객의 체험: '바보선언' 사례. 『관광 · 레저연구』, 16(1), 105-120.

제 2 장

교육관광의 이해

최규환

동아대학교 국제관광학과 교수

최규환 교수는 2000년도에 일본 릿쿄대학에서 관광학 박사학위를 취득하였다. 현재 동아대학교 국제관광학과에 재직하고 있으며 한국관광학회 이사직을 맡고 있다. 관광소비자행동과 관광마케팅을 중심으로 연구활동을 전개하고 있으며 최근에는 교육과 학습을 연계하여 청년실업 등 진로문제 해결을 위한 연구에 주력하고 있다. 『관광학 입문(2003)』, 『처음 만난 관광학(공저, 2017)』의 저역서를 비롯하여 한국연구재단 등재학술지 및 SSCI 등에 논문을 게재하는 등 활발한 학술적 성과를 발표하고 있으며 후진양성과 학회 발전에 힘쓰고 있다.

kwchoi@dau.ac.kr

김재원

신라대학교 국제관광학과 교수

김재원 교수는 신라대학교 국제관광학과에 재직하고 있다. 동아대학교 관광경영학과를 졸업하고 동 대학원에서 경영학 박사학위를 취득하였다. 줄곧 항공사에 근무하였으며 선진 항공사들의 시스템과 교육을 통해 창의적인 마케팅전략을 수립하였다. British Airways의 "Award for Excellence"를 수상하였으며, 선진항공사의 다양한 교육을 통해 항공전문가로서의 입지를 구축하였다. The University of Sydney에서 "마케팅전략개발" 과정을 이수하였으며, 대학에서 항공사 마케팅전략과 정책을 중심으로 한 연구활동을 전개하고 있다.

tourkim@silla.ac.kr

제 2 장

교육관광의 이해

최 규 환 · 김 재 원

제1절 교육관광의 등장과 성립 배경

1. 교육관광의 시대적 · 역사적 배경

(1) 중세 유럽의 시대적 상황

이집트 및 그리스 시대로 대표되는 고대관광은 로마시대로 접어들면서 공화정, 제정 양 시대를 통해 국가의 법체제가 정비되고 사회적, 정치적으로 안정기를 맞이하면서 관광의 전성기를 누리게 되었다, 고대 로마시대에는 그리스시대의 아폴로(Apolo), 제우스(Zeus)신전에 이어 주피터(Jupiter), 비너스(Venus) 등 전국 각지에 많은 신전들이 건설됨으로써 신전참배를 목적으로 하는 종교관광을 비롯하여 요리기술의 발달에 따른 식도락관광과 미식으로 인한 비만증 환자들이 늘어남에 따라 비만치료를 목적으로 하는 요양관광 등이 성행하였다. 특히, 고대 로마시대에 이러한 신앙과 예술, 식도락, 요양 등의 다양한 관광이 활성화된 배경에는 도로망의 정비, 숙박시설의 증가, 치안 유지, 화폐경제의 발달 그리고 여행자에 대한 환대정신의 존중 및 실천 등 사회적으로 안정된 체제를 확립하고 있었기 때문이었다.[1] 하지만 중세시대에 들어오면서 A.D. 476년 로마제국이 멸망하게 되자 유럽 제국은 분열과 항쟁을 반복하게 되고 자연히 치안의 악화, 도로의 파괴, 화폐경제의 정지 등의 사회적 불안정을 초래하게 되었다. 더욱이 근면과 검소를 강조한 엄격한 종교철학이 사람들의 일상생활을 지배하게 되어 관광에 대한 부정적인 인식이 확산됨에 따라 1000년에 가까운 관광의 암흑시대를 맞이하게 되었다.

따라서 중세시대에는 일반인들의 순수한 즐거움을 목적으로 하는 여행은 현실적으로 불가능하였으며 순례자들에 의한 순례관광이나 십자군원정 등 군사적인 목적의 여행 그리고 실크로드

(Silk Road)로 대표되는 상인들을 중심으로 하는 동서 간의 교류 등에 의하여 그나마 명맥을 유지하고 있는 수준이었다.

(2) 문예부흥운동(르네상스)과 관광의 부활

중세 유럽을 강타한 관광의 암흑시대는 16세기에 들어오면서 일대 전환기를 맞이하게 된다. 오랫동안 중세의 어둠 속에 있던 유럽은 암흑시대 이전 찬란한 문화를 꽃피웠던 그리스, 로마시대로 되돌아가고자 하는 동경심이 사회 전반적으로 뿌리 깊게 자리 잡고 있었으며 이러한 동경심이 결국 유럽 전체로 확산, 보급되면서 하나의 문화운동으로 계승, 발전되었는데 이것이 바로 문예부흥운동(르네상스운동)이다. 이탈리아에서 시작된 르네상스운동은 중세 유럽에서 근대 유럽으로 가는 매개역할을 하였고 당시 유럽의 정치, 사회, 문화, 경제 등 다방면에 걸쳐 영향을 미쳤는데 관광분야에서도 관광부활의 서막을 알리는 계기가 되었다.

사회 전반적으로 생산성의 향상, 도시의 부활, 교역증대, 예술문화의 발전 등으로 인문주의에 입각한 인간중심의 가치관과 자유사상 등이 만연하게 되었고 종교분야에서도 종래의 초자연적인 사상에서 합리주의와 실용주의를 중시하면서 관광에 대한 시각이 소비적, 향락적인 부정적 입장에서 창조적, 재충전적인 긍정적 시각으로 바뀌게 되었다. 이러한 종교개혁의 영향으로 성지에의 순례관광은 감소하고 대신에 르네상스의 영향을 받은 지식을 추구하는 관광이 성행하기 시작하였다. 특히 귀족, 작가, 시인 등이 자신들의 견문을 넓히고 지식을 심화하기 위하여 유럽 제국을 돌아보는 여행이 성행하였는데 이를 그랜드 투어라고 불렀다.

2. 교육관광의 기원과 그랜드 투어(Grand Tour)

(1) 그랜드 투어의 성립과 사회적 여건

일반적으로 교육관광의 기원을 그랜드 투어(Grand Tour)에서 찾아볼 수 있는데, 이는 교육의 일환으로 이루어지는 관광을 교육관광이라고 할 때, 그랜드 투어의 성격이나 내용이 교육이라는 목적에 가장 잘 부합하고 있기 때문이다. 그랜드 투어의 역사는 16세기에 시작되어 19세기 중반까지 계속되었는데 그랜드 투어의 등장배경으로서 이 시기에 본격적으로 사람들의 이동에 필요한 기초적인 여건이 조금씩 정비되어 가고 있었다.

우선 산업혁명의 진전에 따라 경제활동이 활성화되어 상업에 종사하는 사람들의 왕래가 증대하였으며 이들을 수용하기 위한 숙박시설이 정비되었다. 초창기 순례자들을 위하여 일반인들의 민박이나 수도원 등이 숙박시설을 대신하던 상황에서 상업활동이 번창해감에 따라 상인들의 편의를 도모하기 위한 전문적인 숙박시설이 생겨나기 시작하였다. 다음으로 도로망이 정비되어 누구나 손쉽게 마차여행이 가능하게 되었으며 때를 같이하여 여행안내서 등이 제작, 보급되었다. 이러한 저작물들은 당시 유럽 각지의 명소나 유적지에 대한 자세한 설명과 해설을 담아 많은 사람들의 여행에 대한 욕구를 자극하는 역할을 하였다. 그리고 가장 중요한 여건의 변화로서, 대량수송기관의 발명을 들 수 있다. 증기를 동력으로 하는 증기기관차나 증기선의 발명은 영국, 독일, 프랑스, 이탈리아 등 유럽제국을 잇는 매개기능을 하였으며 사람과 물자의 이동시간을 대폭 단축시켜 주었다.2)

이렇듯 당시 유럽에서는 여행을 위한 사회적 제반 여건이 조금씩 정비되어 갔으며 영국에서 시작된 산업혁명으로 노동생산성의 향상, 도시화 진전, 높은 교육수준, 여가시간의 증대 등과 맞물려 일반인들의 여행 참가가 두드러졌으며 이와 동시에 귀족이나 시인, 문호 등의 일부 특권층들 사이에서는 자신들의 견문과 지식을 넓히기 위한 그랜드 투어가 등장, 발전하는 계기를 마련하게 되었던 것이다.

(2) 그랜드 투어의 유래 및 등장 배경

16세기 초 영국에서 시작된 그랜드 투어는 18세기 후반부터 19세기 중반에 걸쳐 전성기를 맞이하는데 투어의 내용적인 측면에서 보면 영국의 귀족 자녀들이 유럽을 중심으로 여행을 하던 「대주유여행」을 의미한다고 할 수 있겠다. 처음에는 유럽제국의 문화와 문물을 경험하기 위하여 정치가, 공무원, 외교관을 대상으로 실시해오다가 귀족, 시인, 문호 등 그 대상을 점차 넓혀가게 되었고 급기야는 특권층 자녀들의 통과의례로서의 성격을 지니게 되었다. 당시 영국은 산업혁명의 시작과 주변국과의 계속되는 전쟁에서 승리하게 되자 경제적 · 군사적으로 '해가 지지 않는 나라'로서의 강대국 입지를 굳건히 지키고 있었다. 하지만 유럽과의 관계에서는 힘은 강하지만 문화적으로는 뒤떨어진 섬나라로서의 평가가 지배적이어서 이러한 부정적 이미지를 바꿀 필요가 있었던 것이다. 그래서 영국 개혁의 중심에 있던 귀족들이 자신들의 자녀들을 향후 국제사회에서 통용될 수 있는 인재로 육성하기 위하여 앞다투어 문화적 선진국이었던 유럽으로 교육목적의 여행을 보내게 되었던 것이다.3)

시기적으로는 자녀들이 대학에 진학하기 전이나 혹은 대학 졸업 후 취업을 앞두고 짧게는 1년에서 길게는 5, 6년에 걸쳐 유럽 대륙을 여행하였다. 주요 방문지는 프랑스와 이탈리아였는데, 프랑스에서는 당시 유럽의 국제공용어였던 프랑스어와 화술, 매너 등을 배우고 이탈리아에서는 로마제국의 문물과 유적, 미술품 등 예술적 감각을 습득하였다.

(3) 그랜드 투어의 의의 및 효과

그랜드 투어는 점점 영국 귀족사회의 신사로서 인정받기 위한 통과의례로 간주되면서 참가자들의 수도 증가하기 시작하였다. 그중에는 여행기간 중 참가자들끼리만 어울리고 지역 주민과 문화에 전혀 융화되지 못해 빈축을 사는 경우도 있었다고 하지만, 기본적으로 그랜드 투어 참가자들이 영국에 미친 영향은 매우 큰 것으로 평가되고 있다. 예를 들면 이탈리아에서 미술에 관심을 가지게 되어 귀국 후 예술가로서의 길을 걸으면서 당시 미술이나 건축분야의 새로운 조류였던 신고전주의를 전파하여 영국인들의 미적 감각을 고양시키기도 하였다. 이러한 노력의 결과, 프랑스 혁명 시에는 영국풍의 패션, 생활양식, 정원 등이 오히려 프랑스 상류계급에서 대유행하기도 하였다. 결국 그랜드 투어에 참가한 그들이 정치가, 실업가, 외교관, 군인 등으로 활약함으로써 19세기 대영제국의 기틀을 마련할 수 있었던 것이다.

또한 그랜드 투어는 젊은이들이 장기간 여행하게 됨으로써 여러 가지 유혹과 위협이 각지에 도사리고 있었다. 그래서 그들의 부모들은 자녀들의 안전을 위하여 하인과 가정교사역을 동반하게 하였다. 특히 가정교사역에는 학식 높고 신용할 만한 사람들을 고용하였는데 사상가로 유명한 토마스 홉스(Thomas Hobbes), 경제학자 애덤 스미스(Adam Smith), 시인 바이런(George Gordon Byron) 등 당대 저명한 작가, 사상가, 학자들이 젊은이들의 그랜드 투어에 동행하여 유럽 각 지역의 문화나 문물, 미술작품 등을 감상하며 자신들의 지식이나 경험을 쌓는 데 많은 도움을 받았다고 한다.[4)]

3. 그랜드 투어의 특징

(1) 그랜드 투어의 참가 연령, 소요 기간 및 경비

[그림 2-1]을 보면 그랜드 투어에 참가하는 사람들의 연령층이 전체적으로 시간이 지날수록 높아지고 있음을 알 수 있다. 초창기에는 20대 초반이 주를 이루던 연령층이 18세기 중반에는 40대까지 올라가고 있는데 이는 중반 이후 귀족 자제들의 여행 안전을 위하여 동반하기 시작한 가정교사들의 연령대를 포함하였기 때문인 것으로 풀이할 수 있다. 이후 연령층이 감소하였다가 다시 그랜드 투어 말기인 19세기 중반에 연령층이 높아짐을 알 수 있다. 그랜드 투어 소요 기간을 보면, 전체적으로 시간이 지날수록 감소하고 있음을 알 수 있다. 기본적으로 짧게는 1년에서 길게는 6-7년 정도 걸리는 그랜드 투어는 말기보다는 초창기에 많은 기간을 소요하였음을 알 수 있다. 초창기 소요 기간은 대체적으로 40개월 이상이었으며 그랜드 투어 절정기였던 18세기

중반에는 30개월로 감소하다가 말기인 19세기 중반에는 3-4개월 수준으로 대폭 감소되었음을 알 수 있다[5].

그림 2-1 그랜트 투어의 참가 연령 및 소요 기간

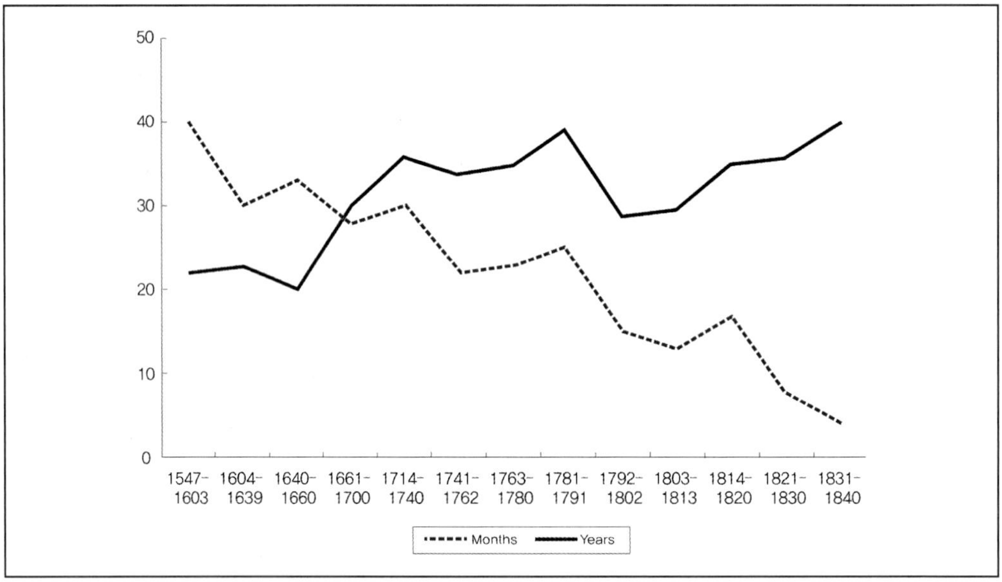

기간	Months	Years
1547-1603	40	22
1604-1639	30	23
1640-1660	33	20
1661-1700	28	30
1714-1740	30	36
1741-1762	22	34
1763-1780	23	35
1781-1791	25	39
1792-1802	15	29
1803-1813	13	30
1814-1820	17	35
1821-1830	8	36
1831-1840	4	40

자료: J. D. Fridgen(1996). Dimensions of Tourism, pp.14–15.

한편, 그랜드 투어에는 적지 않은 경비가 소요되었는데 한 명의 젊은 귀족이 외국 여행을 하려면 매년 3~4천 파운드(약 20만 달러)를 부담해야만 하였다. 그러나 거액임에도 불구하고 점점 더 많은 사람들이 여행길에 나섰으며 이러한 여행의 매력은 급기야 미국과 서인도제도 부호들의 호기심을 불러일으켜 18세기 말에는 영국, 독일, 스칸디나비아 등지에서 귀족들뿐만 아니라 부르주아 계급까지 그랜드 투어에 참가하게 되었다고 한다.

(2) 그랜드 투어의 방문지 및 이동 경로

그랜드 투어는 유럽 전역을 일주하는 일정을 소화해야 했는데 그 주요 방문지는 단연 프랑스와 이탈리아였다. 프랑스에서는 루이 14세 이후 유럽 귀족사회의 중심이었던 프랑스 귀족들과 교류하면서 그들의 우아한 화술과 무대 매너 등을 배우고 당시 유럽 귀족사회의 국제공용어였던 프랑스어를 습득해야만 하였다. 또한 이탈리아에서는 당시 지방호족 세력들에 의하여 국가가 분

열되어 있었지만 각 지역의 궁전이나 궁궐 등을 방문하여 사교술을 더욱 익히는 동시에, 로마제국의 유물이나 유적, 르네상스 문화의 예술품 등을 접함으로써 심미안을 기르고 폭넓은 교양을 습득하고자 하는 목적이 있었다.[6]

[그림 2-2]에 그랜드 투어의 전형적인 주요 방문지 및 이동경로가 나타나 있다. 귀족 자제들의 교양을 목적으로 주로 네덜란드와 독일, 프랑스의 여러 도시들을 거쳐 이탈리아의 피렌체, 베네치아 등이 주요 경유지이며 최종 목적지는 로마였다.[7]

그림 2-2 그랜드 투어의 이동경로

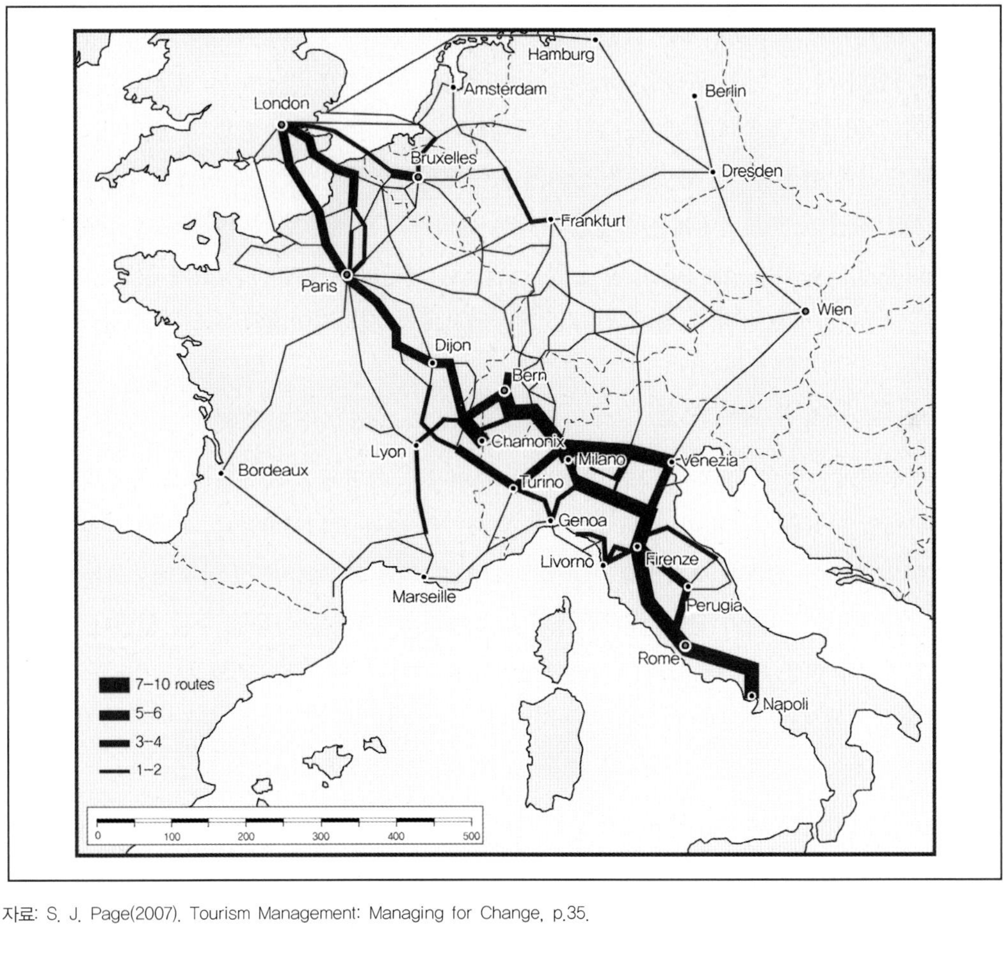

자료: S. J. Page(2007). Tourism Management: Managing for Change, p.35.

(3) 그랜드 투어의 이동수단

이동수단은 여행객들의 가장 큰 관심사 중 하나이며 그랜드 투어는 조선기술, 지리학적 분석기술, 항해술, 지도제작술 등의 과학의 힘을 빌려 안전한 장거리 여행이 가능하였다. 당시에 알프스 산을 넘는 여행은 가장 모험적이며 열정적인 여행객들조차 매우 어려운 난관이었다. 여정 중 부딪치게 되는 늪, 수로, 열악한 도로 등은 여행객들에게 큰 고통을 안겨주었을 뿐만 아니라 노상강도나 도둑들로부터의 위험도 도사리고 있었다. 그랜드 투어의 중심적 이동 수단은 말과 작은 선박이었으며 이는 이후 19세기 중반에 발명된 증기기관차와 증기선박으로 대체되면서 서서히 그랜드 투어의 시대도 막을 내리게 되었다.

그랜드 투어 시대의 육로여행은 말을 빌려 여행하는 방법으로 발전하여 더욱 용이하게 여행할 수 있게 되었다. 이는 이후 포괄임대(All-inclusive Rent) 여행으로 발전하여 영국의 여행객들은 유럽의 여러 국가에 도착하여 운송 수단을 임대하여 보다 손쉽게 여행할 수 있었다.

대륙에 도착한 여행객들은 탈것들을 빌리거나 구매하였으며 이후 다시 반납하거나 판매자에게 되팔기도 하였다. 1820년대에는 오늘날과 같은 렌터카의 형태로 유럽여행객에게 호텔에서 탈것을 빌려주기도 하였다. 1892년 16일 동안 스위스로 여행하는 런던의 상인에게 교통과 음식, 숙박까지 모든 것이 포함된 여행이 최초로 제공됨으로써 패키지여행의 시초가 되었다.

(4) 그랜드 투어의 숙박시설

그랜드 투어의 초창기, 귀족 자녀와 가정교사, 하인들은 이전에 순례자를 위해 제공되었던 훌륭한 숙박시설을 이용하는 것이 일반적이었다. 17세기와 18세기를 거치면서 유명한 관광지의 몇몇 도시들은 우수한 호텔과 서비스로 이름을 알리기도 하였다. 하지만 그들이 이동하는 대부분의 유럽 시골에서는 상황이 달라, 여행객들의 기호에 맞는 시설을 이용할 수는 없었다. 그리고 숙박시설 이외에 이용 가능한 서비스로서 행상인들에 의하여 제공되는 기념품이 있었으며 선술집과 여관 등지에서는 음식과 음료를 제공하였다. 또한 하인과 짐꾼들을 고용하여 호텔에서의 보조업무와 강을 건너고 산을 넘는 데 도움을 받았다고 한다.[8)]

제2절 교육관광의 개념 및 특징

1. 교육관광의 정의 및 의미

(1) 교육관광의 정의

현재까지 교육관광(Educational Tourism)에 대하여 통일된 개념 정립이 이루어지지 않고 있으며 연구자에 따라 다양한 의미로 정의되고 있는데, 일반적으로는 광의와 협의로 구분할 수 있다. 먼저 광의의 교육관광이란 교육의 일환으로서 실시되는 관광활동의 총칭을 말하며 여기에는 그랜드 투어나 수학여행 등이 포함된다. 협의의 교육관광이란 관광객의 교양이나 자기계발을 주목적으로 하는 관광을 말하며 특별한 관심, 흥미 중심의 SIT(Special Interest Tourism: 특별흥미관광)나 시찰여행(Familiarization Trip: Fam Trip) 등이 포함된다.

(2) 관광의 교육적 의미

관광에는 다양한 사회적 · 문화적 의미가 내포되어 있는데 특히 교육적인 측면에서의 의미가 크다고 할 수 있다. 관광이 지니는 교육적 의미는 관광의 역사와 발전과정에서 다양한 형태로 나타나는데 전형적인 예가 바로 「통과의례」로서의 여행을 말한다. 통과의례란 개인이 새로운 상태 · 장소 · 지위 · 신분 · 연령 등으로 통과할 때 치르는 의례나 의식을 말하는데, 개인이 속한 집단 내에서의 신분 변화와 새로운 역할의 획득을 의미한다.

일반적으로 통과의례는 과거에서 현재까지 지속되어온 상태(지위 · 신분)로부터의 분리기, 여러 가지 장애와 시련을 극복하는 수행기, 마지막으로 새로운 지위를 인정받아 사회로 복귀하게 되는 재생기 등 3개의 시기로 구분된다. 이러한 통과의례는 젊은이들이 소속집단으로부터 떨어져(분리기), 미지의 장소에서 조우하게 되는 위험과 시련들을 극복함으로써 개인의 자질과 인격을 함양한 후(수행기), 또다시 자신의 집단으로 돌아오게 되는(재생기) 여행의 한 패턴으로 볼 수 있으며 특히 수행기에서 관광이 지니는 교육적 의미를 찾아볼 수 있는 것이다. 교육적 의미를 내포한 통과의례로서의 여행은 고대에서 중세로 넘어오면서 하나의 사회현상으로 자리 잡게 되는데 그 대표적인 예가 바로 영국을 중심으로 하는 그랜드 투어이다. 귀족, 부호, 학자, 예술가 등 상류계층의 자녀들을 교육의 일환으로서 유럽여행을 경험하게 하는 것이 사회적 관례로 인식되면서 제도화 및 정착화되어 갔던 것이다.[9)]

관광을 교양이나 교육으로서 간주하는 문화적인 현상은 현재 대중관광 시대에 있어서도 폭넓게 계승되고 있다. 최근 우리나라에서도 풍부한 여행의 경험이 자녀들의 인격형성에 도움이 된다는 인식하에, 가족단위로 자연이나 생태 등 체험중심의 여행이 성행하고 있으며 학교교육에 있어서도 관광의 교육적 의미가 강조되면서 수학여행과 같은 교육적 특성을 살린 관광이 지속적으로 실시되고 있기도 하다.

2. 교육관광의 특징

교육관광은 일반적인 관광과 비교해 볼 때, 다음과 같은 특징을 가지고 있다.

첫째, 교육관광에서는 그 목적에서 알 수 있듯이 관광을 통하여 의식적, 계획적, 체계적으로 학습하고자 하는 동기가 강하다. 물론 일반적인 관광에서도 여러 가지 의미의 학습효과가 있긴 하지만 그 학습효과가 수반적인 것인 데 반하여, 교육관광에서는 체계적, 조직적 학습 자체가 관광의 목적으로 되어 있다.

둘째, 교육관광은 체계적인 학습목적을 달성하기 위하여 지도자를 동반하게 된다. 지도자의 역할은 그 성격상, 일반 관광가이드의 역할과는 확연히 구별된다. 이들은 교육목적에 적합한 강사, 학자, 대학교원 등의 전문가들을 말하는데 관광 자체를 위한 가이드가 아니라 학습목적 달성을 위한 가이드로서 인식해야 한다.

셋째, 교육관광의 제공자는 대부분의 경우 대학, 박물관 등 교육관련 기관이나 조직, 비영리단체, 기업 등이며 일반적인 관광과 같이 여행업자가 제공자인 경우는 매우 드물다. 교육의 목적이나 테마를 기획하고 이를 관광과 함께 조직적으로 운영하는 주최자가 교육관광의 제공자가 되는 것이다.[10)]

3. 교육관광의 대상 및 자원

교육관광은 대상이 되는 관광자원의 특징에 따라 크게 두 가지 유형으로 구분할 수 있다. 첫 번째는 자연이나 역사적 유적지와 같은 자생적인 매력을 지닌 관광자원을 대상으로 하는 「체험 · 감상형 교육관광」이 있는데 주로 문화관광, 에스닉 투어리즘(Ethnic Tourism), 생태관광 등이 포함된다. 이러한 관광에는 전문적인 지식과 경험을 가진 가이드나 강사가 동행하는 경우가 많으며 종래의 패키지 투어와 차별화된 관광을 추구하는 사람들이 이러한 교육관광의 주요 시장층을 형성하고 있다.

또 하나의 유형으로서 인위적인 매력의 관광자원을 대상으로 하는 「참가형 교육관광」이 있는

데 테마파크를 비롯하여 박람회, 각종 이벤트 등에 참가하는 것을 말한다. 연수 목적으로 관광지나 관광 관련 시설에서 실시하는 사회교육도 이러한 교육관광의 일종으로 볼 수 있다.[11)]

제3절 교육관광의 유사 개념 및 유형

1. SIT(Special Interest Tourism: 특별목적관광)

SIT(Special Interest Tourism)는 '특수목적관광' 또는 '특별관심분야관광'이라고 사용하고 있으며, 영어의 정확한 의미는 특별관심분야관광이 옳겠으나, 관광활동현상에 대한 상징적 의미로서는 '특수목적관광'이라는 용어도 적합하다고 할 수 있다. 세계관광기구(WTO, 1985)에서는 적극적인 휴가와 SIT의 개념설정에서 적극적인 휴가(active holidays)란 "휴일 동안 자아성취와 인격도야를 위하여 문화, 예술적인 활동, 여가활동 또는 스포츠활동에 참여하는 것"이고, SIT는 "특정관심사를 개발하고자 특정주제와 관련된 지역이나 장소를 방문하는 개별관광자 또는 단체관광자의 전문화된 관광"이라고 언급하였다. SIT는 종래의 전형적인 패키지투어(Package Tour)로는 만족하지 못하는 관광객들의 새로운 수요를 흡수하고 또한 기존의 정형화된 여행상품에 대한 차별화를 도모하기 위하여 기획되었다.

문학, 예술 등의 교양목적 여행이나 식도락 등을 비롯하여 최근에는 생태계 파괴, 기후변화 등 자연을 대상으로 학습하고 체험함으로써 자연보호의 중요성을 일깨우는 생태관광이나 농촌관광 등이 SIT의 대표적인 예라고 할 수 있겠다.

2. 시찰여행(Familiarization Trip: Fam Trip)

일반적으로 여행은 관광객을 대상으로 하여 여행사가 관광지 선정에서 시설, 서비스, 일정 등을 조합하여 여행상품을 기획하게 되는데 이와는 달리 관광관련 기관이나 매스미디어 관련 단체를 대상으로 하여 여행상품을 기획하는 경우가 있다. 이를 일반 여행과 구분하여 시찰여행이라고 부르는데 기본적으로는 판매촉진의 한 부분으로서 관광산업을 활성화하기 위하여 등장하였다.

시찰여행은 여행 관련 상품이나 서비스를 촉진, 유통시킴으로써 잠재수요를 창출하는 것이 목적이라 할 수 있겠다. 예를 들면 새로운 여행상품이 출시되었을 때, 일반관광객을 대상으로 판매하기 전, 관광관련 기관이나 단체, 방송, 신문 등 매스미디어 관계자들을 초대하여 미리 여행을 실시하는 것을 말한다. PR(Public Relations) 측면 즉, 홍보차원에서의 역할과 기능에 주안점을 두고 있어 무료로 제공되는 경우가 많으며 산업시찰 등 교육적인 측면에서 이루어지는 것이 특징이라 할 수 있겠다.[12)]

3. 수학여행

교사의 인솔하에 학생들을 대상으로 평소 학교생활에서 접할 수 없는 다양한 경험이나 체험을 목적으로 하는 여행을 말한다. 주로 자연이나 역사, 문화 유적지를 탐방하고 현장 견학이나 단체 활동을 통한 협동심과 자율적 도덕 능력의 함양 등을 목적으로 초등학교에서 고등학교까지 전국적인 규모로 실시되고 있으며 여행 기간은 3일에서 1주일 정도가 일반적이다. 특히 최근에는 해외학교와의 자매결연이 많아짐에 따라 목적지가 국내에서 해외로 바뀌고 있는 것이 특징이라 하겠다.

수학여행은 지역사회에서 얻을 수 없는 것에 대한 직접 경험의 기회를 부여하여 교과학습의 흥미를 제고시키고, 타인과의 공동생활을 통하여 예비 사회인으로서 요구되는 예절, 매너, 도덕 등에 대한 훈련의 기회를 가지며, 일시적이나마 번잡한 생활의 틀에서 벗어나 휴식 및 재충전의 기회를 가짐으로써 보다 충실한 학교생활을 영위할 수 있다는 점 등에서 교육적 의의는 매우 크다 하겠다.

4. 졸업여행

전문대학 및 대학교 등의 고등교육기관에서 졸업을 앞두고 소수 그룹을 중심으로 실시하는 기념여행을 의미한다. 졸업하기 전, 대학생활을 마감하고 하나의 추억거리를 만들기 위하여 동료 학생들과 교수와의 친목도모를 목적으로 실시해오던 졸업여행은 1980년대 말 여행자율화와 항공기의 대형화를 계기로 국내보다는 외국으로 여행하는 것이 두드러진 현상이라 할 수 있다.

1990년대에 들어오면서 봄, 가을을 중심으로 졸업여행이 전 대학으로 보급, 확산되면서 각 여행사들이 졸업예정자라는 새로운 학생시장을 겨냥하여 패키지투어에 의한 저렴한 가격으로 적극적인 마케팅을 펼치고 있다. 하지만 2000년대 이후에는 계속되는 경기불황과 취업난 등이 심리적 부담감으로 작용하여 수요가 조금씩 감소하고는 있지만 여행목적지를 해외에서 국내로 바꾸는 등 졸업여행의 명맥은 계속 유지되고 있다.

5. 어학연수 여행

단순한 관광에서 벗어나 어학능력의 향상을 목적으로 기획된 여행을 의미한다. 어학연수 여행에는 기본적으로 어학연수형과 생활체험형 등 2가지 유형이 있다. 어학연수형은 일반가정이나 대학 기숙사에 체재하면서 어학 관련 학원이나 대학에서 주관하는 국제교실에서 어학공부를 하는 것을 말하며, 생활체험형은 일반가정에 머무르면서 현지 사람과의 교류나 이문화체험을 통하여 어학을 배우는 것을 말한다.

또한 홈스테이는 체재비를 참가학생이 부담하는 유료 홈스테이와 현지 주민의 호의와 봉사활동 차원에서 이루어지는 무료 홈스테이 등이 있다.[13)]

6. 모험관광

모험이란 흥미롭고(exciting), 특별하며(unusual), 때로는 위험한(dangerous) 경험이라고 할 수 있다. 즉 모험의 새로움이란 특성은 도전과도 연결되며, 자극요인이 되기도 한다. 각 특성들 하나만으로는 모험이라고 할 수 없으며, 모든 특성들이 고루 존재할 때 모험이라고 할 수 있다. 모험은 도전 가능한 무엇인가가 있는 장소, 새로운 것을 발견하거나 어떤 가치 있는 것을 획득할 수 있는 미지의 세계로 들어가는 것이다. 하지만 어떤 상황에 대한 개인의 인식차이에 따라 동일한 모험을 어떤 사람은 모험으로 인식하지 않을 수도 있다. 인간의 미에 대한 기준이 다르듯이 모험은 개인이 가지고 있는 신체능력과 개인의 인식에 따라 다를 수 있기 때문이다.

7. 생태관광

생태관광에 대한 정의는 아직 확실히 확립되지 않은 경향이 있어서 학자에 따라 여러 가지 다른 방법으로 정의되거나 이름이 붙여지고 있다. 헤져(Hetzer, 1965)의 정의는 생태관광을 처음으로 정의한 것으로 여행지에 초점을 맞춘 정의라고 볼 수 있다. 그러나 최근의 정의들은 여러 가지 특징들에 초점을 맞추고 있고, 생태관광의 효과와 범위도 함께 언급되고 있다. 대체적으로 생태관광에 대한 정의는 자연을 경험하고 배우는데 중점을 두고, 윤리적으로 자연에 적은 영향만을 주며, 자연을 파괴시키지 않고, 운영 · 이익 · 비율 면에서 지역중심적으로 관리되는 자연자원에 기초한 관광의 지속가능한 형태를 의미한다. 즉, 자연지역에서 제공되며, 해당지역의 보호 · 보존에 기여하는 관광을 의미한다고 할 수 있다.

8. 예술관광

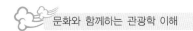

현대의 관광객은 관광활동을 통해 교육적이고 체험적 동기가 강해지고 있으며, 특히 문화적 경험을 통한 만족을 갈망하고 있는 추세이다. 최근 음악 · 미술 · 뮤지컬 · 연극 등 문화색이 강한 SIT 분야인 문화예술관광에 대한 관심이 높아지면서 도시중심의 문화관광활동이 증가하고 있어 현대관광의 추세를 반영하고 있다.

상업적인 측면에서 예술은 관광상품에 활력을 주며, 시장에 대한 매력도를 증가시키고, 해당 지역에 새로운 가치를 부여하여 판매와 촉진에 중요한 역할을 하고 있으며, 관광상품의 질적 향상과 매력증진의 효과가 있다(Zeppel & Hall, 1991).

제4절 교육관광의 과제와 전망

1. 국민관광으로의 승화 및 보급

국민관광은 관광이 전 국민의 생활의 일부로 정착하고 관광활동을 통해 자기 확대와 자기 발전 그리고 국민적 일체감 조성이라는 측면에서 매우 중요하다. 이러한 국민관광은 우리 생활의 중요한 영역으로 범국가 차원의 적극적이고 지속적인 관심과 지원이 필요하다. 주5일제 근무와 초 · 중 · 고등학교의 격주제 주5일수업 실시 등으로 여가시간의 증대는 이러한 교육관광을 국민관광으로 승화시킬 좋은 기회라고 생각된다. 국민관광에서 지속적으로 제기되어 온 관광의 질서유지, 퇴폐관광의 일소, 관광도덕의 고양과 강화 등 건전한 관광풍토의 조성은 교육관광의 실현과 정착으로 해소 가능할 것으로 보인다. 왜냐하면, 교육관광이 역사, 유적, 문화 등을 대상으로 하여 교육이라는 순수한 목적을 위하여 이루어지며 참가자 역시 학생, 교원, 가족 등 일반 패키지 관광과는 확연히 구별되기 때문이다.

따라서 교육관광 활성화를 위해서 SIT 등 특별목적의 관광상품, 권역별 역사, 문화상품 등을 개발, 제공함으로써 국민관광으로서의 인식 정립을 위한 교육관광의 조기 실시 등 국가적 차원에서의 계획적 여가활용 교육이 필요할 것으로 판단된다.[14)]

2. 친환경형 교육관광상품 개발

최근의 관광형태가 종래의 패키지 투어를 지양하고 소규모 가족단위로 자연과 생태, 학습 중심의 관광으로 전환되고 있는 시점에서, 친환경형 교육관광에 초점을 맞춘 상품을 개발, 보급하는 것이 중요하다 하겠다. 지구환경의 오염과 환경보호, 자연보호에 대한 시대적 경향에 맞추어 새로운 관광분야로 등장한 생태관광이나 녹색관광, 농촌관광 등이 좋은 예가 될 수 있을 것이다.

이러한 관광은 환경교육의 기회로서도 중요한 역할을 한다. 도시에 살고 평소 자연과 접할 일이 적은 대다수의 관광객들이 관광을 통해 자연의 훌륭함이나 즐거움, 아름다움, 자연과 연관되어져 온 사람들의 지혜나 노력과 만날 수 있고 환경보전의 중요함을 배우며 자신들이 할 수 있는 일을 생각해 보게 한다. 특히 앞으로의 시대를 책임지는 자녀들이 이와 같은 환경교육을 받는 것은 인격형성을 하는 데에도 중요한 의미를 가진다고 할 수 있다.[15]

따라서 자연을 대상으로 자연 속에서 인간의 내면적인 충실, 정서, 건강 등을 증진시킬 수 있으며 동시에 야생동물 서식지, 생태계를 관찰하여 자연의 이치와 섭리를 배움으로써 자연에 대한 올바른 이해와 자연보전의 필요성을 인식시킬 수 있다는 점에서 교육관광을 연계할 수 있는 가능성이 매우 크다고 하겠다.

3. 이문화 교류 중심의 계승 및 발전

관광이 가지는 본래의 목적은 사람과 사람 간의 교류를 통한 상호 이해 증진에 있으며 오래전부터 타 지역의 문화나 문물에 대한 동경과 이문화 교류가 관광의 주요 동기로 자리매김하여 왔다.[16] 이문화 교류를 목적으로 하는 관광을 문화관광이라 부르는데 학습, 예능감상, 축제 · 문화 이벤트, 유적 방문 등 광범위한 활동을 포함하게 된다. 역사유적, 박물관 방문 등의 역사 관광이나 자신들과는 다른 민족의 문화를 체험하고 감상하는 에스닉 투어리즘(Ethnic Tourism)이 대표적 예라 할 수 있다.[17]

그랜드 투어에서 알 수 있듯이 교육관광은 유럽 각지의 역사유적이나 궁전 등을 방문하여 문화적 교류를 높이는 활동이 주목적이었다. 이 같은 역사유적, 궁전, 미술관, 역사적 건축물 등은 오늘날에 있어서도 관광에 있어서 중요한 매력요인이 되어 있다. 따라서 향후에는 예로부터 관광동기로 자리매김하고 있던 이문화 교류를 보다 활성화시키고 타 지역의 문화를 체험하고 학습하는 교육적 측면을 강조한, 이문화 교류 중심의 교육관광을 계승, 발전시켜 나가야 할 것이다.

참고문헌

1) 前田 勇(1996).『現代観光総論』. 東京: 学文社.

2) 전게서 1).

3) 前田 勇(1998).『現代観光学キーワード事典』. 東京: 学文社.

4) 전게서 3).

5) Fridgen, J. D.(1996). *Dimensions of Tourism*. Michigan: Educational Institue.

6) 長谷政弘(1997).『観光学辞典』. 東京: 同文舘出版.

7) Page, S. J.(2007). *Tourism Management: Managing for Change*. Burlington, MA: Elseier Ltd.

8) 전게서 5).

9) 전게서 1).

10) 전게서 3).

11) 전게서 1).

12) Medlik, S.(1996). *Dictionary of Travel, Tourism and Hospitality*. Oxford: Butterworth-Heinemann.

13) 전게서 6).

14) 김도희(2002). 국민관광의 실패와 활성화 방한에 관한 연구.『여가레크리에이션연구』, 20(1), 19-39.

15) 최규환(2003).『관광학입문』. 백산출판사.

16) Klooster, E. V., Wijk, J. V., Go, F., & Rekom, J. V.(2008). Educational Travel: The Overseas Internship. *Annals of Tourism Research*, 35(3), 690-711.

17) Ashworth, G. J. & Larkham, P. J.(1996). *Building A New Heritage: Tourism, Culture, and Identity in the New Europe*. London: Routledge.

18) Hetzer, D.(1965). *Environment, Tourism, Culture*, Links.

19) World Tourism Organization(1985). Agenda 21 for the Travel and Tourism Industry: Towards Environmentally Sustainable Development, *World Tourism Organization*.

20) Zeppel, H. & C. M, Hall(1991). "Arts and Heritage Tourism," in Special Interest Tourism, B. Weiler & C.M, Hall(eds.), London: Belhaven Press.

제 3 장

스포츠관광

차 석 빈

순천향대학교 글로벌경영대학 관광경영학과 교수

저자 차석빈은 미국 버지니아공대(Virginia Tech)에서 Hospitality & Tourism Management 박사학위를 취득했다. 그는 한국관광학회 호텔외식경영분과학회 회장을 역임했으며, 한국능률협회컨설팅 한국의 경영대상 심사위원 등 산학에서 다양한 활동을 하고 있다. 또한 그는 「사례를 통해 본 다변량 분석의 이해」 등 5편의 저서와 〈Travel Motivations of Japanese Travelers: A Factor-Cluster Segmentation〉 외 140여 편의 논문을 통해 활발한 학술적 성과를 발표하고 있으며, 후진양성과 학회의 발전에 힘쓰고 있다. 이러한 산학활동의 노력으로 그는 2006년 이후 Marquis Who's Who In the World/In America/In Asia, American Biographical Institute, International Biographical Center 등 세계 3대 인명사전에 등재되었다.

✉ sbcha@sch.ac.kr

이 규 민

경희대학교 Hospitality 경영학부 교수

저자 이규민은 미국 버지니아공대(Virginia Tech)에서 Hospitality & Tourism Management 박사학위를 취득했다. 그는 한국관광학회 및 한국외식경영학회 등 학회 활동뿐만 아니라, 한국표준협회 국가품질서비스대상 심사위원과 한국국제소믈리에협회 부회장 등 산학에서 다양한 활동을 하고 있다. 연구 관련하여 외식경영, 음식관광, 리더십 관련한 논문을 통해 학술적 기여를 하고자 노력하고 있으며, 지속적으로 후진양성과 학회의 발전에 힘쓰고 있다.

✉ gmlee@khu.ac.kr

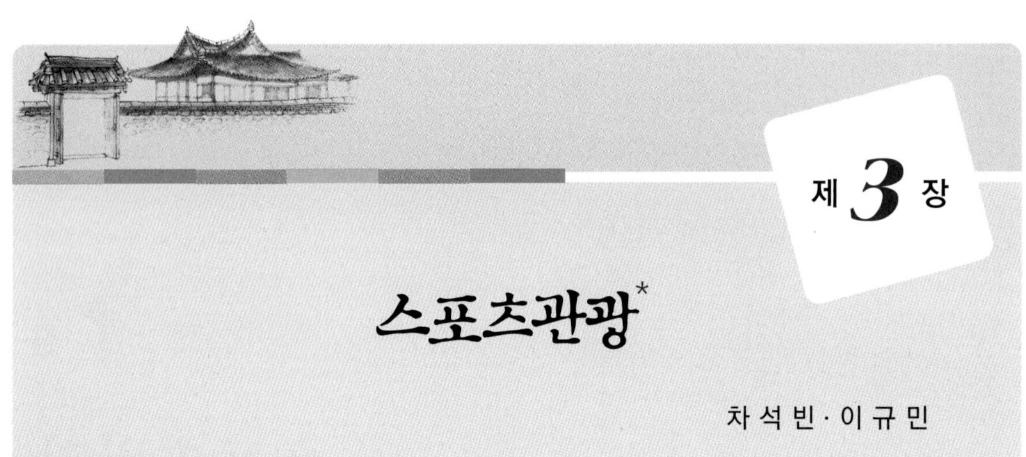

제 3 장

스포츠관광*

차 석 빈 · 이 규 민

제1절 스포츠관광의 개요

1. 스포츠관광의 정의

우리 사회에 주5일 근무제가 도입된 이후 사람들의 여가참여는 중요한 소비 형태이자 문화현상(박유진, 2002)[1]으로 받아들여지고 있다. 사람들의 여가활동은 과거의 단순한 관광지 관람이나 TV시청과 같은 정적인 패턴으로부터 신체활동을 수반하는 스포츠 참여 등의 동적인 패턴으로 변화해가고 있다(차석빈, 2009).[2] 문화체육관광부(2015)[3]의 2014년 국내 국민여가활동조사에 따르면 주5일 근무제 이후 사람들의 생활변화로 가족과 함께하는 여가시간 증가(45.6%)가 가장 높게 나타났으며, 자기계발 시간 증대(31.5%), 여가 소비지출 부담 증가(26%) 순으로 높게 나타났다. 또한 주5일 근무제 이후 희망하는 여가활동에 대한 조사 결과 등산(10.3%)이 가장 높게 나타났으며, 국내 캠핑(7.9%), 영화보기(5.9%) 순으로 높게 나타났다. 사람들이 여가활동의 하나로 등산과 같은 스포츠를 즐기는 이유는 다른 여가활동보다 변화의 과정이 많을 뿐만 아니라 자신의 노력과 추구목적에 따라 활동 그 자체에서 최적의 경험을 자주 할 수 있기 때문이다(정용각 · 정용승, 1998).[4]

일반적으로 스포츠와 관광의 결합된 형태로 받아들여지는 스포츠관광은 여가활동 중 한 분야로 과거에는 사회적으로 상류층에 있던 사람들이 주로 즐겼으나 현대에 와서는 대중 스포츠와 대중관광의 발전으로 괄목할 만한 성장을 하고 있다(김철우 · 이재형, 2004).[5] 스포츠관광에 대한 관심은 외국의 경우 1993년 북미의 스포츠관광학자들을 중심으로 국제스포츠관광학회(International Sport

---

* 본 장은 한국관광학회(2009). 관광학총론, pp.793-803 부분을 보완하여 작성하였음.

Tourism Council)가 창설되면서 본격적으로 시작되었다(Gibson, 2003).[6] 이에 비해 국내에서는 2002년 문화체육관광부 및 한국체육학회 한국스포츠사회학회 주관하에 '스포츠와 관광' 학술대회 개최를 시작으로 스포츠관광에 대한 연구가 본격적으로 이루어진 것으로 평가되고 있으며, 이후 관광 진흥정책의 일환으로 정책적인 연구들이 진행되고 있다(최자은, 2015).[7]

이러한 짧은 역사를 가진 스포츠관광의 정의에 대해서는 아직 통일된 개념이 정립되어 있지 않지만 주요 학자들의 스포츠관광에 대한 정의를 살펴보면 다음과 같다. 먼저 Gibson(1998)[8]은 스포츠관광을 '사람들로 하여금 잠시 집을 떠나 육체활동을 하거나 관람하게 하는 혹은 이러한 활동과 관련된 매력물을 즐기도록 하는 여가에 기반을 둔 여행'으로 정의하고 있다. Hinch and Higham(2001)[9]은 스포츠관광을 '제한된 시간에 일상생활을 벗어난 스포츠중심의 여행'로 정의하며, 여기서 스포츠는 독특한 규정, 신체적 능력에 관련된 경쟁, 그리고 놀이적 특성을 지닌다고 주장하였다. 또한 세계 관광기구(World Tourism Organization)(2001)[10]는 스포츠관광을 '개인이나 그룹이 경쟁 혹은 레크리에이션 스포츠에 활동적 혹은 긍정적으로 참여하는 것을 말하며, 스포츠가 주된 여행 동기'라고 정의하고 있다.

이와 더불어 관광이 공간적 범위, 시간적 범위, 그리고 활동영역으로 구분(Hinch and Higham, 2001)[11]될 수 있으나 스포츠관광을 정의함에 있어 추가해야 할 부분은 여행의 동기나 목적이 상업적 또는 직업에만 관련되어 있는 일로서의 활동 성격이 배제된 즐거움의 영역이 있어야 한다는 것이다. 이러한 입장에서 Hall(1992)[12]은 스포츠관광을 '사람들이 집을 떠나 스포츠활동에 참가하거나 관람하려는 비상업적인 이유를 가진 여행'으로 좁게 정의하는 반면, De Knop & Standeven(1998)[13]은 스포츠관광을 '스포츠활동을 관람하거나 참여하는 데 있어서 비상업적이거나 상업적인 동기로서의 관광'으로 폭넓게 정의하고 있다.

위의 스포츠관광에 대한 여러 정의들을 살펴 볼 때 스포츠관광은 활동영역, 경험영역, 시간적 범위 및 공간적 범위를 통해 개념화할 수 있다(이훈, 2002).[14] 여기서 활동영역은 여행 동안 관련된 스포츠 여가행위를 의미하며, 경험영역은 상업적이거나 일에만 관련되지 않은 관광활동에서 추구하고자 하는 즐거움을, 시간적 범위는 일시적이며 24시간 이상 등의 여행을, 공간적 범위는 거주지의 일상 생활권을 벗어난 여행을 의미한다. 따라서 본서는 선행연구들의 개념들을 종합하여 스포츠관광을 '비상업적이거나 혹은 상업적인 동기로 일정기간 동안 가정을 떠나 거리를 이동하여 스포츠활동을 관람하거나 참여하는 관광'(차석빈, 2009)[15]으로 폭넓게 정의하고자 한다.

2. 스포츠관광의 성장요인

전 세계 스포츠관광시장은 연 6,000억 달러로 전체 관광시장의 14% 수준이고, 매년 개최되는 프로리그, 대회, 스포츠 이벤트 등의 스포츠 시장 수입은 증가추세를 보이고 있다(김윤석, 2011; Atkearney, 2011; 최자은, 2015 p.3. 재인용).[16] 또한 세계 스포츠 시장 수입은 2011년 1,181억 달러에서 2015년 1,445억 달러로 연평균 4.7%의 성장률로 지속적인 성장을 보이고 있으며, 향후에도 이러한 추세는 지속될 것으로 보인다(PwC, 2011; 최자은, 2015, p.3. 재인용).[17]

국내의 경우 스포츠관광의 전체 시장규모에 대한 통계는 제시되지 않고 있으며, 스포츠 산업과 관광 및 레저산업에 대한 시장 규모가 발표되고 있다. 스포츠산업의 경우 2014년 기준으로 스포츠산업의 규모는 63조 1천억 원에 이르며, 92,292개의 사업체 수(스포츠 시설업 37.9%, 스포츠 용품업 35.7%, 스포츠 서비스업 26.4%)와 373,000명의 종사자(스포츠 시설업 41.1%, 스포츠 용품업 34.7%, 스포츠 서비스업 24.2%)가 고용되어 있는 것으로 나타나고 있다(문화체육관광부, 2015).[18] 이와 더불어 2015년 기준 우리나라 국민이 국내여행으로 지출하는 비용은 25조 3,956억(문화체육관광부, 2016.5.11.)[19]이며, 2014년 외래관광객으로부터 벌어들인 관광수입은 약 181억 달러에 이르고 있다(한국문화관광연구원, 2015).[20]

이와 같이 스포츠관광은 스포츠와 관광이 결합되어 한 구성체가 되는데 이러한 배경을 Kurtzman and Zauhar(1995)[21]는 다음의 다섯 가지로 설명하고 있다. 먼저, 올림픽 등의 스포츠 이벤트는 전 세계에 관광스포츠를 대중화시켰다. 둘째, 신체적 활동을 통해 건강을 증진시킬 수 있다는 생각은 사람들로 하여금 다양한 신체적 활동참가에 흥미와 관심을 불러일으켰다. 셋째, 개발계획의 수행, 지역적 · 국제적 친선 그리고 사람들과 공동체 사이의 이해 촉진 등의 스포츠와 관광의 상호작용 역할은 리더들로 하여금 구체적인 스포츠관광활동을 진흥시켰다. 넷째, 사람들이 한정된 휴가기간에서 연중 분산된 휴가기간을 이용할 수 있는 추세에 따라 스포츠 관람객이나 참가자는 휴가시기를 나누어 연중 서로 다른 지역에서 개최되는 스포츠활동을 즐길 수 있게 되었다. 마지막으로 언어소통의 다양한 형태, 운송수단의 변화, 컴퓨터와 인터넷관련 기술 등 의사소통의 네트워크 향상은 스포츠를 즐기려는 사람들로 하여금 언어와 문화, 믿음, 지리적 장소 등의 제약조건에 구애받지 않고 즐길 수 있도록 해주었다.

향후 스포츠관광은 과거에 비해 올림픽이나 월드컵과 같은 국제 스포츠 이벤트의 인기 상승, 선수와 관중을 모두 만족시키는 양질의 다양한 스포츠 이벤트의 증가, 등산, 사이클링, 하이킹 등 건강증진목적의 적극적 스포츠활동 인구의 증가, 교통망의 발달로 인한 관광인구 증가와 전파기술의 발달로 세계 스포츠인구 증가에 따른 스포츠관광 인구의 증가, 스포츠를 통한 경제성장과 국제관계 개선을 도모하려는 국가 간의 협조체계, 그리고 특정 환경을 필요로 하는 익스트림(extreme) 스포츠 인구의 증가 등으로 현재보다 더 활성화될 전망이다(차석빈, 2009).[22)]

제2절 스포츠관광의 분류

스포츠관광은 학자들마다 다양한 기준에 의해 분류되고 있어 학자들 간의 스포츠관광의 명확한 분류체계는 정립되어 있지 있다. 그러나 기존 연구들을 종합해 볼 때 스포츠관광의 분류는 크게 수요자 관점과 공급자 관점에서 분류되고 있음을 알 수 있다(차석빈, 2009).[23)] 아래에서는 이들 두 가지 관점에 따른 스포츠관광의 분류를 살펴보기로 한다.

1. 수요자 관점에서의 스포츠관광의 분류

학자들에 의해서 제시된 수요자 관점에서 분류된 스포츠관광은 다음과 같이 두 가지에서 네 가지 형태로 나타나고 있다.

(1) 두 가지 형태

스포츠관광은 스포츠관광 참여형태 또는 여행목적 중에서 스포츠활동의 비중에 따라 능동적 스포츠관광(참여형 스포츠관광)과 소극적 스포츠관광(관람형 스포츠관광)으로 나눌 수 있다(Standeven and De Knop, 1999).[24)] 능동적 스포츠관광은 관광객이 관광지에서 스포츠에 직접 참여하는 데 주된 목적이 있으며, 그 이외 시간은 관광을 부수적으로 하는 형태이다. 이러한 예로 골프, 스키, 요트, 마라톤 참가자가 있는데, 해외마라톤 참가자들의 경우 마라톤대회 참가를 주목적으로 하고, 마라톤대회 이후 시간은 마라톤 대회 지역 주변을 관광하게 된다. 소극적 스포츠관광은 스포츠에 직접 참가하지 않고 스포츠관람을 주된 목적으로 하며, 스포츠관람 이외의 시간은 주변의 관광지를 관광하는 형태이다. 이러한 예로는 스포츠 애호가들이 여행을 통해 올림픽경기, 월드컵 축구대회, 윔블던 테니스대회 등 각종 스포츠대회의 관람 등이 있다.

이외에도 스포츠관광은 그 주체와 관광지역에 따라 스포츠 국민관광과 스포츠 국제관광, 숙박여부에 따라 숙박형 스포츠관광과 당일치기형 스포츠관광(한철언, 2001)[25)], 휴일여부에 따라 휴일 스포츠관광과 비휴일 스포츠관광(Standeven and De Knop, 1999)[26)] 등으로 나눠지기도 한다.

(2) 세 가지 형태

일부 학자들은 위의 스포츠관광의 두 가지 분류기준에 제3의 요소를 넣어 스포츠관광을 분류하기도 한다. Gibson(1998)[27]은 스포츠관광을 활동형 스포츠관광(active sport tourism), 이벤트형 스포츠관광(event sport tourism), 노스탤지어형 스포츠관광(nostalgia sport tourism)으로 분류하였다. 활동형 스포츠관광은 스포츠 참가를 위해 여행하는 형태이며, 이벤트형 스포츠관광은 스포츠 이벤트 관람을 위해 여행하는 형태로 앞의 참여형 스포츠관광 및 관람형 스포츠관광과 유사한 의미를 가지고 있다. 노스탤지어형 스포츠관광은 사람들이 올림픽 스터디엄, 스포츠 박물관 및 각종 스포츠 스타나 팀의 업적을 기리는 명예의 전당 등을 방문하는 형태이다.

Smith(2001)[28]는 스포츠관광분류에 참가형 스포츠관광과 관람형 스포츠관광을 스포츠관광의 큰 요소로 두고 여기에 어떤 도시의 체재 중에 행하는 스타디엄 투어와 같은 스포츠시설 견학과 전시(예: 야구의 명예전당과 스포츠박물관) 등 도시목적지로서의 스포츠 인프라 관광도 포함해야 한다고 주장하고 있다(原田宗彦 저, 이호영 외 역, 2007, 재인용).[29] 原田宗彦은 이를 바탕으로 스포츠관광의 세 가지 형태로 참가형 스포츠관광, 관람형 스포츠관광, 도시 인프라로서의 스포츠 박물관과 스타디엄을 견학하는 방문형 스포츠관광을 제시하였다.

한편, 몇몇 국내 학자들 역시 제3의 요소를 넣어 스포츠관광을 분류하고 있다. 조윤식(2002)[30]은 스포츠관광을 참가형 스포츠관광, 관람형 스포츠관광 및 스포츠 이벤트가 포함된 패키지관광으로 분류하고 있다. 스포츠 이벤트가 포함된 패키지관광은 관광이 주된 목적으로 관광패키지 중에 스포츠 이벤트 관람이 일부 포함된 형태이다. 이러한 예로 미국 라스베이거스 호텔투숙객들은 기본적으로 카지노게임을 즐기는 순수관광객들이지만 호텔 측에서 유치한 프로복싱 이벤트가 진행될 때 이를 선택적으로 관람하는 경우이다. 이에 비해 이주형·이재섭·이재곤(2006)[31]은 스포츠관광을 참여형, 관전형, 강습형 스포츠관광으로 분류하였다. 참여형 스포츠관광과 관전형 스포츠관광은 위의 참가형 스포츠관광 및 관람형 스포츠관광과 동일한 의미인 반면 강습형 스포츠관광은 참여형과 관전형 스포츠 이벤트가 혼합된 형태이다. 강습형 스포츠관광은 특정 스포츠에 대한 지식을 습득하기 위해 강습회나 스포츠교실 등에 참여하는 형태이다.

(3) 네 가지 형태

이훈(2002)[32]은 스포츠관광의 동기 또는 목적과 활동중심으로 스포츠관광을 다음의 네 가지 형태로 분류하였다. 제1유형은 관광목적지에서 스포츠만을 즐기는 형태로 스포츠 행위 이외에 다른 활동에는 관심이 없는 경우이며, 제2유형은 스포츠관광에서 스포츠가 주요 활동으로 그 밖의 다른 레저관광활동이 부차적인 형태이다. 제3유형은 스포츠와 다른 레저관광활동의 비중이 비슷한 형태이며, 제4유형은 다른 레저관광활동을 하는 가운데 부차적으로 스포츠관광을 하는 형태로 리조트 등에서의 테니스나 비치발리볼 활동이 포함된다.

2. 공급자 관점에서의 스포츠관광의 분류

학자들에 의해 제시된 공급자 관점에서의 스포츠관광은 다음과 같이 세 가지와 다섯 가지 형태로 나눌 수 있다.

(1) 세 가지 형태

Redmond(1991)[33]는 국립공원의 스포츠 매력물을 중심으로 스포츠관광을 리조트(resort & vacation), 스포츠박물관(sport museum), 스포츠축제와 스포츠시설(multisport festivals & sports facilities) 등의 세 가지로 분류하였다. 이에 비해 김종 · 박진경(1999)[34]은 스포츠관광의 요소를 관광상품화와 연계하여 월드컵 축구대회와 같은 스포츠 이벤트, 스키리조트나 골프장과 같은 스포츠시설, 해외 관광상품 중 류현진 선수 경기관람이나 스포츠 스타를 이용한 간접 홍보 및 광고와 같은 스포츠 스타 및 프로그램 등 세 가지 형태로 분류하였다.

(2) 다섯 가지 형태

Glypsis(1982)는 스포츠관광을 스포츠 훈련, 고급시장(up-market) 스포츠 휴가, 암석바위타기 · 하이킹 · 트레킹 등의 일종의 야외 모험활동인 활동적인 휴가(activity holidays), 일반 휴일의 스포츠 기회, 스포츠 관람 등의 다섯 가지 형태로 분류하고 있다. 비록 연구자의 이러한 분류는 수요와 연관되어 제시되었지만 근본적으로는 공급측면의 분류에 가깝다고(Weed and Bull, 2004, p.74. 재인용)[35] 볼 수 있다.

Kurtzman and Zauhar(1997)[36]은 관광을 하는 데 있어 스포츠 매력물이 중요함을 인식하면서 다섯 개의 주요한 상품 측면에서 스포츠관광을 분류하였다. 즉 이들은 스포츠관광의 분류로 올림픽게임, 스포츠 페스티벌, 마라톤 등의 스포츠관광 이벤트(sport tourism event), 윔블던 테니스 박물관, 스포츠 테마파크, 골프코스 등의 스포츠관광 매력물(sport tourism attractions), 플로리다 디즈니랜드, 프로스포츠 경기여행, 사이클링, 트레킹 투어, 스쿠버 다이빙 투어 등의 스포츠관광 투어(sport tourism tour), 마리나리조트, 골프리조트, 스키리조트 등의 스포츠관광 리조트(sport tourism resort), 세일링 크루즈, 골프관광 크루즈, 스포츠 낚시 등의 스포츠관광 크루즈(sport tourism cruises) 등의 다섯 가지를 제시하였다.

Weed and Bull(2004)[37]은 Glypsis(1982)의 분류를 바탕으로 스포츠관광 제공자 입장에서 다섯 가지의 스포츠관광 상품형태를 제시하였다. 첫째, 스포츠활동이 포함된 관광(tourism with sports contents)으로 이는 사람들이 여행 중에 우연히 관광지에서 만나는 스포츠행사에 참여하는 관광이다. 이러한 관광상품에서 취급하는 스포츠활동은 즉흥적이며 비조직화된 특징을 지니며, 그 예로는 관광객이 미국 플로리다로 여행을 갔는데 그곳에서 외국인을 대상으로 한 폭동이 발생하여 플로리다 여행이 더 이상 불가능해질 경우 여행일정을 변경하여 교외에 있는 골프장에 가서 골프를 즐기는 경우를 둘 수 있다. 둘째, 스포츠 참가 관광(sports participation tourism)으로 사람들의 여행 주된 목적이 스포츠활동에 참가하는 관광상품이다. 이러한 스포츠 참가 관광에는 여행의 목적이 스키여행과 골프여행과 같은 단일 스포츠를 즐기기 위한 단일 스포츠여행(single-sport trips)과 클럽 메드가 판매하는 관광상품과 같이 다양한 스포츠와 여행, 오락들이 포함된 복합 스포츠여행(multi-sport trips)이 포함된다. 셋째, 스포츠훈련(sports training)으로 관광의 주된 목적이 스포츠 강습이나 훈련인 경우이다. 이러한 예로는 한국의 프로야구팀이 정기리그 후 괌, 사이판, 하와이 등의 따뜻한 기후를 보이는 지역을 찾아 훈련하는 경우와 스키나 스쿠버다이빙 등 스포츠전문가들을 위해 훈련과정을 개설하여 참가자들을 일정기간 동안 훈련 또는 교육시키고 자격증을 발급하는 단체나 도시들의 경우를 들 수 있다. 넷째, 스포츠 이벤트(sport events)로 이 여행의 주된 목적이 올림픽이나 마라톤대회와 같은 크고 작은 스포츠 이벤트에 참가자(선수나 임원, 기자단, 자원봉사자 등)나 관중으로 참가하는 경우이다. 마지막 형태는 고급스포츠관광(luxury sports tourism)이다. 여기서 고급의 의미는 여행에 포함된 스포츠의 특성에 따라 정의되기보다는 이러한 형태의 스포츠관광에 제공되는 숙박, 참가시설, 서비스 수준에 따라 결정된다고 볼 수 있다. 이러한 예로는 고급호텔과 품위 있는 식사 등 고급 서비스가 제공되는 해외 고급골프여행이나 요트 리조트 또는 고급 스키휴양지에서 휴가를 보내는 여행 등이 있다.

이상의 스포츠관광의 분류결과를 정리해보면 다음의 〈표 3-1〉과 같다.

〈표 3-1〉 스포츠관광의 분류

관점		학자의 분류 내용
수요측면	두 가지	• Standeven and De Knop(1999) – 능동적 & 수동적 스포츠관광, 휴일 & 비휴일 스포츠관광 • 한철언(2001) – 숙박형 & 당일치기형 스포츠관광
	세 가지	• Gibson(1998) – 활동형, 이벤트형, 노스탤지어형 스포츠관광 • Smith(2001) – 참가형, 관람형, 방문형 스포츠관광 • 조윤식(2002) – 참가형, 관람형, 스포츠 이벤트가 포함된 패키지관광 • 이주형 · 이재섭 · 이재곤(2006)– 참여형, 관전형, 강습형 스포츠관광
	네 가지	• 이훈(2002) – 스포츠형, 스포츠(주)+부수활동, 스포츠+부수활동, 부수활동(주)+스포츠
공급측면	세 가지	• Redmond(1991) – 리조트, 스포츠박물관, 스포츠축제와 스포츠시설
	다섯 가지	• Glypsis(1982) – 스포츠 훈련, 고급시장 스포츠 휴가, 활동적인 휴가, 일반 휴일의 스포츠 기회, 스포츠 관람 • Kurtzman and Zauhar(1997) – 스포츠관광이벤트, 스포츠관광 매력물, 스포츠관광 투어, 스포츠관광 리조트, 스포츠관광 크루즈 • Weed and Bull(2004) – 스포츠활동이 포함된 관광, 스포츠 참가관광, 스포츠훈련, 스포츠 이벤트, 고급스포츠관광

제3절 스포츠관광의 효과

스포츠관광이 국가, 지역, 그리고 사회에 미치는 효과는 크게 경제적, 사회문화적, 정치적, 그리고 환경적 효과로 대별해 볼 수 있다. 이러한 각각의 효과에는 긍정적인 측면과 부정적인 측면이 있는데 이를 살펴보면 다음과 같다.[38][39][40]

1. 스포츠관광의 경제적 효과

긍정적인 스포츠관광의 경제적 효과로 직접적 경제효과, 소비관련효과, 관광산업의 발전효과, 고용촉진의 효과를 들 수 있다. 먼저 스포츠관광의 직접적 효과로 스포츠관광 관련 상품판매를 위한 레저문화시설들의 건립 또는 확충은 지속적인 관광수입의 원천이 된다. 또한 이러한 시설들은 지역주민들의 스포츠활동을 용이하게 하며, 스포츠산업 활동의 촉진으로 이어져 스포츠산업 발전의 기반이 될 수 있다. 둘째, 스포츠관광의 소비효과로 스포츠관광 참가자나 관람객들이 지역사회에서 소비하는 숙박, 음식, 쇼핑, 교통, 오락비용 등은 지역경제를 살릴 수 있고, 국가수익을 증가시켜 국가수지의 향상에 도움을 줄 수 있다. 셋째, 스포츠관광으로 인한 관광산업의 발전효과로 스포츠관광은 스포츠관련 관광용품판매와 더불어 지역이미지를 향상시킬 수 있는 기회제공 및 관광정보기술 발전과 관광교통체재 확립으로 새로운 관광벨트의 구축 및 관광 시너지효과 등 관광산업 전 분야의 발전에 기여할 수 있다. 마지막으로 스포츠관광은 고용촉진의 효과가 크고, 간접적 연계산업에서도 파생적 고용을 창출할 수 있다. 스포츠관광의 활성화는 스포츠관광지 개발 및 이용시설확충으로 인한 장·단기적 고용기회 증가와 고용촉진 및 인재축적의 장이 될 수 있다.

한편, 스포츠관광은 동시에 경제적으로 부정적인 효과도 지닌다. 첫째, 스포츠관광 관련 행사로 인한 개최지역의 물가상승을 가져올 수 있다. 둘째, 스포츠행사로 인해 개최지역내 빌딩 가격이 높아짐에 따라 부동산 투기현상이 나타날 수 있다. 셋째, 스포츠관광으로 인한 지역사회의 수익이 지역에 투자되지 않고 외부로 나가는 유출현상이 나타날 수 있다. 마지막으로 스포츠관광을 위해 건립 혹은 사용되었던 각종 스포츠시설에 대한 사후 활용방안의 미흡으로 해당 지자체의 유지관리비용 부담이 가중될 뿐만 아니라 지역 균형발전의 저해요인으로 작용할 수 있다.

경제적 효과 사례: 2002년 월드컵대회

현대경제연구원에 따르면 한국은 2002년 월드컵대회를 통해 기업 이미지 제고 면에서 중장기적으로 약 14조 7,600억 원의 경제적 파급효과를 얻은 것으로 보고되었고, 월드컵 대회기간 동안 국내 기업에 대한 외국 관광객의 인지도는 입국 시보다 최대 8.6% 상승한 것으로 나타났다. 또한 삼성경제연구소는 월드컵대회를 통해 국내 IMT 2000, LCD 모니터 등 IT부문의 기술력을 인정받아 외국인투자를 촉진시키는 파급효과를 얻은 것으로 보고되었다.

출처: 한국관광공사(2011). 스포츠관광 마케팅 활성화 연구: 2018 평창동계올림픽을 중심으로, p.39.

2. 스포츠관광의 사회문화적 효과

스포츠관광의 긍정적인 사회문화적 효과는 다음과 같다. 첫째, 스포츠관광은 스포츠관광객과 지역주민 간의 문화교류를 통해 상호 생활습관을 이해하고 증진시켜 사회적 편견을 해소하는 데 있어 도움을 줄 수 있다. 둘째, 스포츠관광과 관련된 향토 스포츠나 문화행사 등에 지역주민의 관심과 참여의식을 고취시킬 수 있다. 셋째, 스포츠관광 관련분야의 국제화와 질적 향상뿐만 아니라 지역주민 혹은 자국민의 자부심을 고취시킬 수 있다. 넷째, 지역주민과 국민들에게 전통문화와 문화재에 대한 인식을 높여 이들을 보존하고 향상시키는 효과를 가져올 수 있다. 다섯째, 지역사회의 인지도와 지명도를 세계에 알려 지역 이미지를 높이는 데 공헌할 수 있다. 마지막으로 지역주민들이 자신들의 문화를 진흥하기 위해 서로 합심하게 하여 국가유산, 정체성, 그리고 지역사회 분위기 조성에 이바지할 수 있다.

이에 비해 스포츠관광은 다음과 같은 부정적인 사회문화적 효과를 지닌다. 첫째, 외부에서 오는 수많은 스포츠관광객들로 인해 교통 혼잡과 인구밀집의 문제가 발생할 수 있다. 둘째, 스포츠 관광객들의 행동에서 기인되는 문제, 예를 들면 입장권의 부족으로 인한 암시장의 형성, 도둑질, 야만행위, 성폭행 사건, 마약 복용 그리고 폭력의 문제로 인해 지역주민들과 관광객들 간의 긴장 관계를 유발시킬 수 있다. 셋째, 보다 수익성이 높은 스포츠관광과 관련된 일자리는 기존의 전통적 고용구조와 지역사회에 혼란을 주어 지역경제의 균형에 문제를 야기할 수 있다. 마지막으로 스포츠관광을 하기 위해 오는 외부인들의 기호에 맞추기 위해 전통적인 문화적 요소를 변형시켜 문화적 정체성과 문화유산을 상실할 수 있다.

사회문화적 효과 사례: 2012년 런던올림픽게임

세계 4대 컨설팅기업 중 하나인 PricewaterhouseCoopers(PwC)가 영국 행정부체(Department of Culture, Media, & Sports, DCMs)의 용역을 받아 실시한 런던시민이 2012년 런던올림픽게임 유치를 통해 기대하는 환경적 효과에 대한 결과를 올림픽게임 전·동안·후로 살펴보면 다음과 같다.

스포츠와 문화적 유산과 관련해서 다음과 같은 효과가 기대된다. 먼저 스포츠 기반시설의 증축 및 신축으로 다양한 스포츠 기반시설의 발달을 가져올 것이다. 둘째, 스포츠 기반시설의 발달은 지역주민들에게 스포츠에 참여할 수 있는 기회를 제공해 주고 이는 결국 지역주민의 건강과 웰빙 문화를 선도하는 역할을 할 것이다. 셋째, 대회가 종료된 후에 올림픽 스타디엄은 선수들의 훈령장과 스포츠과학·의학시설로 활용하고, 수상스키장은 지역주민 및 지역클럽에서 활용할 수 있도록 하며, 사이클링센터 및 하키센터는 다양한 수준의 사이클 선수들과 하키선수들에게 개방하여 훈련장과 경기장으로 활용할 수 있도록 함으로써 사회적 효과를 기대한다. 마지막으로 올림픽게임을 통해 런던을 다양성이 존재하는 문화적인 도시이미지로 창출하며, 올림픽시설을 문화유산의 건축물로 남길 수 있다는 기대감을 가질 수 있다.

출처: 김재학·정경일(2009). 스포츠관광론. pp.81-82.

3. 스포츠관광의 정치적 효과

스포츠관광의 긍정적인 정치적 효과로는 먼저 사람들로 하여금 민족주의 정신을 고취시키고, 국민화합을 촉진하는 기능을 할 수 있다. 둘째, 국가 간 스포츠 교류를 통한 협력촉진을 도모하여 비공식적인 외교정책수단이 될 수 있다. 마지막으로 지역사회나 특정 개인의 정치적 지위 및 이미지 향상 또는 이데올로기의 고양 등 대내적으로 다양한 정치적 목적달성에 기여할 수 있다.

한편, 스포츠관광의 부정적인 정치적 효과로는 첫째, 스포츠관광은 국민의 정치적 무관심을 활용하여 정치권력을 유지하거나 확장시키는 효율적인 수단이 될 수 있다. 둘째, 특정집단의 저항수단 혹은 피지배계급에 대한 억압과 지배계급의 모순을 은폐하는 수단이 될 수 있다. 마지막으로 각국의 정치적 상황이 스포츠와 결부됨으로써 국제 갈등의 원인이 될 수 있다.

정치적 효과 사례: 2018년 평창동계올림픽

동계올림픽의 성공을 통해 동아시아의 지역적 공감대를 형성하고 협력관계를 심화 발전시킬 수 있을 것으로 기대된다. 동북아시아 지역에서는 초대형 스포츠 이벤트가 연속적으로 개최되었고 앞으로도 예정되어 있다. 1988년에 서울 올림픽, 1992년에 일본 나가노 동계 올림픽, 2002년에 한일 월드컵 축구대회가 개최되었고, 2008년에는 북경 올림픽이 열렸다. 2018년 평창동계올림픽은 한반도 평화정착에 기여할 수 있다.
강원도는 세계 유일의 분단국가의 유일한 분단도(分斷道)이다. 이런 곳에서 세계 평화의 제전인 동계올림픽이 개최된다는 것은 그 자체로 큰 상징성이 있으며 이를 계기로 남북당국은 스포츠를 바탕으로 신뢰와 협력관계를 구축해 나갈 수 있을 것이다. 특히 동계올림픽에의 북한의 참여와 단일팀 구성, 공동훈련 등이 실현되면 상징적이고 간접적인 남북관계에서 벗어나 실질적이고 직접적인 관계로 전환 및 정착될 수 있을 것으로 전망된다.

출처: 강준호(2014). 평창동계올림픽의 파급효과. 강원광장, 8-13.

4. 스포츠관광의 환경적 효과

스포츠관광의 긍정적인 환경적 효과로 첫째, 환경보호의 기능이 있을 수 있는데, 스포츠관광객을 위한 정비된 등산로, 동굴 탐험로 개설, 케이블카 설치 등은 자연보호와 보존에 기여할 수

있다. 둘째, 미개발지역에서 용수문제의 해결, 위생 및 쓰레기 처리 시설, 불량주택 등의 개선과 자연재해를 사전에 방지할 수 있는 시설의 보완에 기여할 수 있다. 마지막으로 지역사회 생활환경의 개선효과로 관광개발에 의해 도로망, 상수도, 통신시설 등과 같은 기반시설이 개선될 뿐만 아니라 거리 및 주거환경과 주변의 경관이 개선될 수 있다.

이에 비해 스포츠관광의 부정적인 환경적 효과로는 환경파괴와 훼손 및 확산을 들 수 있다. 스포츠관광시설은 개발을 통한 지역환경의 개선이라는 측면보다 개발이익이라는 부수적 산물에 대한 기대감으로 환경훼손이 예상보다 클 수 있다.

환경적 효과 사례: 2012년 런던올림픽게임

세계 4대 컨설팅기업 중 하나인 PricewaterhouseCoopers(PwC)가 영국 행정부체(Department of Culture, Media, & Sports, DCMs)의 용역을 받아 실시한 런던시민이 2012년 런던올림픽게임 유치를 통해 기대하는 환경적 효과에 대한 결과를 올림픽게임 전·동안·후로 살펴보면 다음과 같다.

올림픽게임 전에는 건물철거 및 신축으로 인한 공기오염, 대량의 물을 공사장에 사용함으로써 발생하는 물의 오염, 공사용 자재차량 등으로 인하여 발생하는 토지의 훼손, 기존 쓰레기 소각장의 소멸로 인한 환경문제, 그리고 공사로 인해 발생할 수 있는 동·식물 서식지의 소멸 및 변경으로 주로 환경부분에 부정적인 반응을 나타내고 있다. 올림픽 동안에는 올림픽에 참가하는 선수 및 관람객들을 위해 운행하는 교통의 증가로 환경의 질이 일시적으로 악화되거나 쓰레기의 증가로 부정적인 반응을 나타냈다. 그러나 올림픽이 끝난 이후에는 모든 분야에 걸쳐 긍정적 효과로 작용할 것으로 기대하였다.

출처: 김재학·정경일(2009). 스포츠관광론, pp.83-84.

제4절 스포츠관광 사업

국내외적으로 스포츠관광관련 산업은 매년 그 규모가 커져가고 있는 실정이지만 스포츠관광의 개념과 마찬가지로 스포츠관광산업(혹은 사업으로 학자들마다 서로 다른 용어로 사용)에 대한 개념도 아직은 명확하게 정립되어 있지 않다. 그러나 스포츠산업과 관광산업의 개념을 바탕

으로 스포츠관광산업을 구성하는 사업들에 대해 알아보면 다음과 같다.

1. 스포츠관광 사업의 개요

허진 · 김형곤(2016)[41]은 스포츠활동을 스포츠산업의 핵심으로 보면서 스포츠산업을 스포츠활동에 필요한 용품과 설비, 그리고 스포츠경기, 이벤트, 강습 등과 유 · 무형의 재화나 서비스를 생산 · 유통시켜 부가가치를 창출하는 산업으로 정의하고 있다. 이에 비해 김재학 · 정경일(2009)[42]은 스포츠사업과 관광사업의 정의를 통해 스포츠관광 사업을 지역 · 국가의 발전은 물론 스포츠관광객의 필요와 요구를 충족시켜 줄 수 있도록 상업적, 공익적 사업을 추구하는 활동으로 정의하고 있다.

김재학 · 정경일(2009)[43]은 스포츠관광 사업은 스포츠사업과 관광사업이 가지는 특징을 복합적으로 지니게 된다고 주장하며, 다음과 같이 다섯 가지 스포츠관광 사업의 특성을 제시하고 있다. 먼저 스포츠관광 사업은 상업적 목적을 지닌 숙박업, 여행업 등의 관광기업과 경기장이나 리조트와 같은 스포츠관광시설 임대업/관리업과 공익적 목적을 가지며, 국익을 목표로 운영되는 공익적 기관인 지방 및 중앙정부 등이 서로 복합적으로 관여되는 복합적인 산업구조의 특성을 보인다. 둘째, 스포츠관광 사업은 스포츠관광이 이루어지는 자연적, 공간적 자원 및 환경에 많은 영향을 받는다. 셋째, 스포츠관광 사업은 대부분 영리를 추구하는 상업적 사업체들이 대부분이지만 스포츠와 관광은 국민의 정신적, 육체적 건강 추구, 국위 선양 및 세계평화 동참, 외화획득 및 고용창출, 자연보전 중심의 친환경 개발 등의 공익성을 지향하고 있다. 넷째, 스포츠관광 사업은 날씨나 기후와 관련해 성수기와 비수기 사업의 구분이 이루어지는 계절성에 민감한 사업이다. 마지막으로 스포츠관광 사업은 스포츠관광객의 만족을 위해 제공된 서비스와 용품 및 장비의 수준이 중요하므로 서비스와 상품이 공존하는 사업이라 할 수 있다.

2. 스포츠관광 사업의 분류

스포츠관광 사업은 관광주체인 스포츠관광객이 관광객체인 스포츠관광목적지 사이에서 관광매체 역할을 하게 된다. 즉 스포츠관광 사업은 스포츠관광객의 출발지, 경유지, 그리고 목적지에서 이들에게 상품과 서비스를 제공해주게 된다.

이러한 스포츠관광 사업의 분류로 Turco et al.(2002)[44]은 다음과 같이 5가지 형태로 분류하고 있다. 첫 번째 유형은 스포츠 유인물을 공급하거나 스포츠 이벤트를 개인이나 회사(스포츠 기획가, 매니저, 홍보가, 마케팅, 스포츠 기획사, 협회, 커미셔너) 또는 지방, 중앙정부이다. 두 번째 유형은 숙박업이나 여행사와 같이 스포츠관광객이 편리하게 여행할 수 있도록 서비스를 제공하는 관광공급업자이다. 세 번째 유형은 용품제조업자나 소매업자와 같이 참가자와 관람객을 위해 스포츠 장비, 의류, 기념품 등을 제작, 판매하는 스포츠공급업자이다. 네 번째 유형은 레스토랑, 식음료, 자판기 등 스포츠관광객과 관련성은 적지만 필요한 서비스를 제공하는 사업공급자이다. 마지막 유형은 도로, 교통, 공익설비, 건강과 안전 등의 기반시설뿐만 아니라 정책과 기획, 이벤트에 대한 기금지원 그리고 자연자원을 유지, 제공하는 지방 및 중앙정부이다.

허진 · 김형곤(2016)[45]은 스포츠산업을 정책 대상으로 관리하기 적합하도록 스포츠시설업, 스포츠용품업, 스포츠서비스업의 3개 하위 산업영역으로 분류하였다. 먼저 스포츠시설업은 생활체육에서부터 올림픽 혹은 월드컵과 같은 국제대회를 치를 수 있는 경기장 건설이나 운영업을 사업이다. 이는 스포츠용품 제조업과 스포츠용품 유통업으로 구분되는 스포츠용품업은 엘리트 선수, 순수 아마추어 및 생활체육 동호인의 시장을 대상으로 스포츠활동에 필요한 장비, 의류, 신발 등의 생산과 유통을 하는 사업을 말한다. 마지막으로 스포츠서비스업은 스포츠경기업, 스포츠마케팅업, 스포츠정보업, 기타 스포츠서비스업으로 세분된다.

이에 비해 김재학 · 정경일(2009)[46]은 [그림 3-1]과 같이 스포츠관광 사업을 목적에 따라 상업적/영리 목적의 사업과 공익적/비영리 목적의 사업으로 분류하였다. 이들은 상업적 목적을 지닌 사업으로 스포츠관광 시설 임대업/관리업, 스포츠관광 기업, 스포츠관광 용품업/유통업을, 공익적 목적을 지닌 사업으로 스포츠관광행정/개발/연구업과 스포츠관광 지원서비스업을 제시하였다.

그림 3-1 스포츠관광 사업의 분류

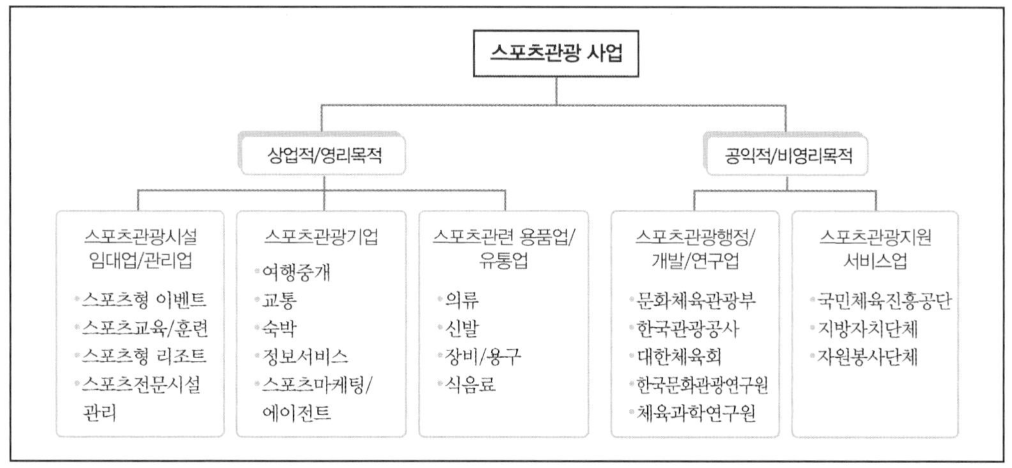

상업적 목적의 사업 중 스포츠관광 시설 임대업/관리업은 스포츠에 직접 참가하거나 스포츠 이벤트를 관람하는 스포츠관광객에게 경기장이나 스포츠시설을 제공 혹은 관리해줌으로써 발생하는 수익금으로 운영되는 사업이다. 이러한 형태의 사업에는 먼저 스포츠 이벤트를 통해 경기장 임대료와 관람객 입장료 등의 수익으로 운영되는 사업인 스포츠 이벤트형 사업이 있으며, 그 예로는 한국프로축구연맹, (사)한국농구연맹 등의 국내프로팀 스포츠단체 등이 있다. 두 번째 형태는 프로, 국가대표팀 혹은 일반인에게 훈련장 및 교육시설을 임대해주고 그 대가로 수익을 창출하는 스포츠교육 및 전지훈련 사업이며, 그 예로는 강원도 삼척의 해양관광레저스포츠센터와 경남 남해의 남해스포츠파크가 있다. 세 번째 형태는 일반 스포츠관광객이 주로 이용하도록 숙박 및 편의시설을 제공하는 스포츠형 리조트 사업이며, 그 예로는 강원도의 골프리조트와 스키 리조트 등이 있다.

상업적 목적의 두 번째 형태인 스포츠관광 기업은 스포츠관광이 이루어지는 출발지와 경유지, 목적지에서 관광객의 필요와 욕구를 충족시켜 줄 수 있는 상품과 서비스를 제공하는 사업이다. 이러한 형태의 사업에는 여행중개업, 교통업, 숙박업, 정보서비스업, 스포츠관광 마케팅, 에이전트(시) 등이 있다. 여행중개업은 여행도매업자, 투어오퍼레이터, 여행사와 같이 관광과 관련된 서비스를 제공하는 항공사, 호텔, 그리고 관광지 상품을 관광객들이 원하는 상품으로 개발하거나 조언 또는 예약을 통해 관광객과 관광사업체 사이에서 서비스를 공급해주는 사업이다. 교통업은 항공사, 크루즈, 버스 및 철도회사와 같이 스포츠관광객을 위해 관광목적지까지의 이동 시에 육체적 편안함과 시간적, 비용적 혜택을 제공하는 사업이다. 숙박업은 호텔, 모텔, 민박, B&B(Bed & Breakfast), 야영캠프 등과 같이 스포츠관광객들에게 숙박시설을 제공하는 사업이다. 정보서비스업은 스포츠관광과 관련한 정보 및 경험을 제공하는 사업으로 그 예로는 스포츠박람회, 전시회, 스포츠전문잡지, 신문, SBS스포츠와 같은 스포츠전문 방송채널, 인터넷 등이 있다. 마지막으로 스포츠관광 마케팅/에이전트(시)는 프로나 아마추어 선수들의 관리와 마케팅을 해주는 사업으로 스포츠마케팅 대행업, 프로/아마추어선수 양성업, 스포츠에이전트(시) 등을 포함한다.

상업적 목적의 마지막 형태인 스포츠용품 · 유통업은 스포츠용품을 제조 혹은 유통하는 사업이다. 여기에는 나이키, 아디다스와 같이 스포츠의류, 신발, 장비 또는 식음료 등을 제조하는 용품제조업과 이들 용품을 도소매 등 오프라인 판매와 온라인 전자상거래를 통해 홍보 및 판매하는 유통업이 포함된다.

한편, 공익적 목적을 지닌 사업에는 스포츠관광행정 · 개발 · 연구업과 스포츠관광 지원서비스업이 있다. 스포츠관광행정 · 개발 · 연구업은 주로 정부나 정부투자기관에서 이루어진다. 그 예

로는 스포츠와 관광산업 전반을 책임지고 있는 문화관광체육부, 매년 전국소년체육대회와 전국체육대회를 개최하여 우수선수 발굴, 스포츠인구 저변확대 및 스포츠를 통한 국위선양에 앞장서는 대한체육회·대한올림픽위원회, 외래관광객 유치와 관광수입 증대, 관광상품개발, 관광전문인력 양성 등을 추진하는 한국관광공사, 정부의 문화산업과 관광정책 활동을 수행하는 한국문화관광연구원, 스포츠산업진흥 및 스포츠전문 인력양성, 체육정보개발 등의 업무를 수행하는 체육과학연구원 등이 있다.

스포츠관광 지원서비스업은 주로 협회나 기관을 통해 이루어진다. 그 예로는 레저스포츠 홍보사업, 레저스포츠 전문인력 양성 및 관리, 각종 경기대회 개최 및 지원과 국제교류 활성화 활동을 하는 대한레저스포츠협의회, 국민체육진흥, 스포츠경기수준 향상 및 청소년 육성 사업 등을 하는 국민체육진흥공단, 관광업계의 의견을 종합·조정하고 관광산업 진흥과 회원의 권익 및 복리증진에 힘쓰는 한국관광협회중앙회 등이 있다.

참고문헌

1) 박유진(2002). 여가경험과 여가정체성 현출성이 여가 및 생활만족에 미치는 영향. 중앙대학교 대학원 박사학위논문.
2) 차석빈(2009). 스포츠관광. In 한국관광학회(2009). 『관광학총론』, 백산출판사, 793-803.
3) 문화체육관광부(2014). 국민여가활동조사.
4) 정용각 · 정용승(1998). 여가운동 참가자의 스포츠 참여 동기와 각성추구의 관계. 『한국체육학회지』, 37(4), 275-287.
5) 김철우 · 이재형(2004). 스포츠관광 참가동기가 목적지 속성평가와 지각된 가치에 미치는 영향. 『한국스포츠리서치』, 15(6), 977-990.
6) Gibson, H.(2003). Sport tourism: An introduction to the special issue. *Journal of Sport Management*, 17(3), 205-213.
7) 최자은(2015). 스포츠관광의 현황과 정책방향: 관람형 스포츠를 중심으로. 한국문화관광연구원.
8) Gibson, H.(1998). Sport tourism: A critical analysis of research. *Sport Management Review*, 1, 45-76.
9) Hinch, T., & Higham, J.(2004). *Sport Tourism Development*. Buffalo: Channel View Publications.
10) World tourism organization(2001). Tourism 2020 Vision, volume 7: Global forecasts and profiles of market segments.
11) Hinch, T., & Higham, J.(2004). *Sport Tourism Developmen*t. Buffalo: Channel View Publications.
12) Hall, D.M.(1992). Adventure, sport and health tourism. In *Special Interest Tourism*, Weiler, B., Hall, C.M., London: Belhaven Press, 141-158.
13) De Knop, P., & Standeven, P.(1998). Sport tourism: A new area of sport management. *European Journal for Sport Management*, 5(1), 30-45.
14) 이훈(2002). 스포츠의 관광매력: 개념적 접근. 『관광연구논총』, 14, 47-62.
15) 차석빈(2009). 스포츠관광. In 한국관광학회(2009). 『관광학총론』, 백산출판사, 793-803.
16) 최자은(2015). 스포츠관광의 현황과 정책방향: 관람형 스포츠를 중심으로. 한국문화관광연구원.
17) 최자은(2015). 스포츠관광의 현황과 정책방향: 관람형 스포츠를 중심으로. 한국문화관광연구원.
18) 문화체육관광부(2015). 스포츠산업 실태조사 보고서.
19) 문화체육관광부(2016.5.11.). 2015 국민여행 실태조사. 보도자료.
20) 한국문화관광연구원(2015). 2014년 기준 관광동향에 관한 연차보고서.
21) Kurtzman, J., & Zauhar, J.(1995). Tourism Sport International Council. *Annals of Tourism Research*, 22(3), 707-708.
22) 차석빈(2009). 스포츠관광. In 한국관광학회(2009). 『관광학총론』, 백산출판사, 793-803.
23) 차석빈(2009). 스포츠관광. In 한국관광학회(2009). 『관광학총론』, 백산출판사, 793-803.
24) Standeven, J., & De Knop, P.(1999). *Sport Tourism*. IL: Human Kinetics.

25) 한철언(2001). 『21C 스포츠관광』. 백산출판사.

26) Standeven, J., & De Knop, P.(1999). *Sport Tourism*. IL: Human Kinetics.

27) Gibson, H.(1998). Sport tourism: A critical analysis of research. *Sport Management Review*, 1, 45-76.

28) 原田宗彦 저, 이호영・천명재・백승혁・정민수 역(2007). 『스포츠 매니지먼트』. 시간의 물레.

29) 조윤식(2002). 스포츠관광의 연구체계. 2002년 한국호텔경영학회 추계 국제학술심포지엄 및 학술연구발표 논문집, 149-162.

30) 이주형・이재섭・이재곤(2006). 『관광과 스포츠』. 대왕사.

31) 이훈(2002). 스포츠의 관광매력: 개념적 접근. 『관광연구논총』, 14, 47-62.

32) Redmond, G.(1991). Changing styles of sports tourism: industry/consumer interactions in Canada, the USA and Europe. In *The tourism industry: An international analysis*, Sinclair MT, Stabler MJ(eds.) CAB International: Wallingford; 107-120.

33) 김종・박진경(1999). 스포츠산업 발전을 위한 스포츠관광상품화 전략. 『한국체육학회지』, 776-784.

34) Weed, M., & Bull, C.J.(2004). *Sports tourism: Participants, policy and providers*. Boston: Elsevier.

35) Kurtzman, J., & Zauhar, J.(1997). A wave in time-The sports tourism phenomena, *Journal of Sports Tourism*, 4(2), 7-24.

36) Weed, M., & Bull, C.J.(2004). *Sports tourism: Participants, policy and providers*. Boston: Elsevier.

37) Lim, S., Lee, J., & Sun, D.(2005). Host population perception of the impacts of mega-events. The 11st APTA Conference Proceedings, 238-248.

38) 윤득헌(2005). 『현대스포츠의 이해』, 무지개사.

39) 신우성(2008). 『관광・레저・스포츠경영』, 대왕사.

40) 김재학・정경일(2009). 『스포츠관광론』, 학현사.

41) 허진・김형곤(2016). 『이벤트・스포츠관광』, 서울: 한국방송통신대학교출판문화원.

42) 김재학・정경일(2009). 『스포츠관광론』, 학현사.

43) 김재학・정경일(2009). 『스포츠관광론』, 학현사.

44) Turco, D. M., Riley, R., & Swart, K.(2002). *Sport tourism. Morgantown*, WV: Fitness Information Technology, Inc.

45) 허진・김형곤(2016). 『이벤트・스포츠관광』, 한국방송통신대학교출판문화원.

46) 김재학・정경일(2009). 『스포츠관광론』, 학현사.

문화와 함께하는

관광학 이해

07편 문화명사 담론

박형준 대표가 미래의 관광인들에게 들려주는

문화관광에서의 미디어의 역할

박형준

- 글로벌이코노믹 발행인(대표이사)
- 정치학 박사
- 전 파이낸셜뉴스 편집국장
- 전 아주경제 전무

문화관광에서의 미디어의 역할

관광에서 주목받는 1인 미디어

한국을 방문하는 외국인이 머지않아 2,000만 명을 돌파할 것으로 전망된다. 문화체육관광부가 실시한 2015년 외래관광객 실태조사에 따르면 한국의 여행정보를 입수하는 경로는 인터넷 71.5%, 친구 · 친지 · 동료 62.5%, 여행사 31.3%, 언론 보도 18.8%인 것으로 나타났다.

외국인이 인터넷을 통해 한국에 대한 정보를 입수하는 경로는 뉴스와 함께 각종 SNS가 적극 활용되고 있다. 과거에는 정통 미디어인 신문 · 잡지 · 여행책자에 소개된 관광지 안내와 광고가 관광지를 선택하는 데 큰 영향력을 미쳤다. 하지만 최근에는 SNS와 블로그의 발달로 1인 미디어의 영향력이 크게 증대되면서 힘의 축이 정통 미디어에서 뉴 미디어로 옮겨가고 있는 추세다.

신문과 방송은 관광전문기자의 눈을 통해 객관적인 사실을 소개하는 데 반해 1인 미디어는 개인의 소소한 경험까지 사진과 함께 생중계를 하다시피 자세히 소개되고 있다. 정통 미디어는 객관적인 사실을 담보하기는 하지만 지면이나 방송 분량의 한계 때문에 관광정보를 압축적으로 보여줄 수밖에 없다.

하지만 한류 열풍이 불고 있다고는 하지만 한국의 문화는 잘 알려지지 않았다. 이에 대해 프랑스의 사회학자 기 소르망 교수는 한국의 문화적 원형을 '코리안 드림'을 통해 국가 브랜드로 알려야 한다고 지적한 바 있다. 그는 "자동차나 휴대폰을 구입할 때 소비자들은 꿈도 함께 산다. 소비자들이 아이폰을 살 때, 맥도날드를 살 때 미국이라는 나라에 대한 꿈의 일부를 사는 것이다. 글로벌 사회에서는 소비자들이 제품만이 아니라 꿈의 일부를 돈을 주고 사는 것이다. 한국은 문화적 부가가치를 적극 알리며 외국인들이 관광객으로서, 소비자로서 '코리안 드림'을 사도록 해야 한다."라고 말했다.

그러면 '코리안 드림'은 누가, 어떻게 알려야 할까. 기 소르망 교수는 정부 주도가 아닌, 기업의 후원을 받는 민간재단이 주도가 되고, 관광미디어를 적극 활용할 것을 주문했다. 일본의 경우도 민간기업이 후원하는 재단이 관광미디어의 하나인 영화나 드라마 등에 대해 꾸준히 지원하며 일본을 관광상품화 하는 데 성공했다.

관광 소비패턴의 변화가 관광미디어 발달 촉진

관광 소비자는 최근 여행사의 패키지로 대변되는 기성 관광상품에 만족하지 않고 직접 체험을 선호하는 것으로 나타났다. 중국의 여행사이트 '씨에청(携程)'이 2017년 4월 회원들을 대상으로 실시한 의식조사에서 과거 주로 이용하던 패키지여행이 최근에는 개별자유여행으로 바뀌고 있으며, 소비형 관광에서 체험형 관광으로 진화하고 있는 것으로 조사됐다. 관광 패턴이 변한 외국인이 한국 문화를 접하고 실제 손으로 만져보고 느껴보고 싶어하는 욕구가 늘어나고 있음을 방증한다. 블로그나 SNS 등의 1인 미디어의 발달이 체험형 관광의 정착에 큰 역할을 하는 것도 눈여겨볼 만하다.

문화관광에서의 미디어 긍정과 부정

관광미디어가 외국 관광객이 관광지를 선택하는 데 꼭 긍정적인 효과만 주는 건 아니다. 관광미디어에 의해 소개된 관광지의 최초 이미지가 고착화될 우려도 있다. 연간 4,300만 명이 방문하는 일본 최대 규모의 관광지 교토가 그런 경험을 한 적이 있다.

노벨문학상 수상자 가와바타 야스나리의 소설 '고도'가 1964년에 영화화된 후 '교토=고도'라는 이미지가 강하게 각인되었다. 이에 일본 정부는 '고도'라는 이미지를 상쇄시키기 위해 '회고'와 '발견', '그리움'과 '새로움'이라는 상반된 개념을 동시에 사용하며 교토가 과거에 박제된 도시가 아니라 첨단을 걷는 도시라는 이미지를 심어왔다.

한국의 남이섬도 마찬가지다. 남이섬은 지난 2002년 배용준-최지우가 주연한 KBS 드라마 '겨울연가'의 촬영지로 주목을 받았다. 이 드라마는 스토리의 강렬함과 두 주인공의 뛰어난 연기 덕분에 일본과 중국으로부터 '겨울연가' 촬영지라는 입소문으로 외국 관광객이 몰려들기 시작했다.

그러나 '겨울연가'의 효과가 떨어지기 시작하자 외국인 방문객은 줄어들기 시작했다. 일본인과 중국인이 가장 좋아하는 남이섬이지만 '겨울연가'의 이미지로 굳어진 탓에 역으로 위기가 찾아온 것이다. 그러나 남이섬은 관광미디어에 의해 고착된 이미지에 갇히지 않기 위해 외국인 관광객이 감소하기 시작한 2005년부터 '남이섬 세계 책나라 축제(NAMBOOK: Nami Island International Children's Book Festival)'를 새롭게 기획해 그 돌파구를 마련했다. 당시 한스 크리스티안 안데르센 탄생 200주년을 기념하는 세계 책나라 축제를 남이섬 관광에 접목시켜 '겨울연가'의 남이섬이 아니라 '세계 책나라'의 남이섬으로 이미지 개선에 성공했다. 더 나아가 일본 · 중국뿐만 아니라 일찌감치 동남아로 눈을 돌려 외국인 관광객의 다변화를 위해 적극 나섰다. 그 결과 관광객이 급속하게 늘었다.

감성과 문화를 앞세운 남이섬은 관광미디어를 활용해 동남아 방송 특별편을 남이섬에서 제작하도록 지원하는 동시에 7개 언어(한국어, 영어, 중국어, 일본어, 태국어, 말레이-인도네시아어,

베트남어)로 된 관광안내 리플릿을 비치하고, 섬 곳곳에 세계 각국어로 된 팻말과 지도를 설치해 여행하는 데 어려움을 겪지 않도록 함으로써 한 해 방문객 300만 시대(내국인 197만 6,000명, 외국인 130만 4,000명)를 열었다.

문화관광과 미디어는 불가분의 관계다. 과거에 여행을 다녀간 친구나 친지의 입소문이 관광지를 결정했다면 최근에는 인터넷을 기반으로 하는 다양한 관광미디어가 그 역할을 대신한다. 특히 자신의 경험담을 소소하게 풀어내는 개인 블로그나 SNS는 관광미디어로서 소통의 도구가 되기도 하지만 관광정보가 왜곡되거나 잘못 전달될 경우에는 회복할 수 없을 정도의 상처를 입을 수도 있다. 관광미디어에서 1인 미디어도 정통 미디어 못지않게 윤리의식과 책임감이 요구된다.

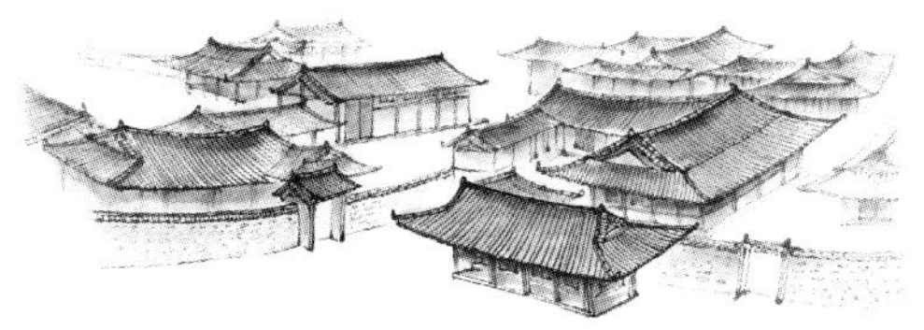

제 7 편

미디어관광의 이해

제 1 장

관광과 미디어

황 인 석

매일경제신문 부장

경희대학교 대학원 졸업(관광학 박사)
현 한국관광레저학회 한국컨벤션학회 부회장, 서울시관광협회 언론자문위원, 한국관광정책 편집위원
한국기자협회 매일경제 지회장, 한국관광학회 이사 역임.
역서 『친절을 디자인하다』, "A Study on The Types of Media Repertoire and Tourists' Characteristics in Multi-media Environment(2017)" 외 다수의 논문이 있음

alexh@hanafos.com

박 효 연

한국관광대학교 관광경영학과 교수

경희대학교 대학원 졸업(관광학 박사)
현 한국컨벤션학회 사무국장
"In pursuit of an environmentally friendly convention industry: A sustainability framework and guidelines for a green convention(2017)" 외 20여 편의 논문이 있음

hyopark@ktc.ac.kr

제 1 장

관광과 미디어

황인석·박효연

제1절 미디어의 이해

1. 미디어의 개념과 분류

현대 생활에서 미디어는 어느새 일상생활의 모든 곳에 스며들어 미디어가 없는 세상은 상상하기 힘들 정도가 되었다. 신문, TV 등 올드미디어인 매스미디어가 미디어시장을 주도하던 2000년 전까지만 하더라도 미디어를 접촉하는 데는 시간 또는 공간의 제한을 크게 받았다. 이후 모바일시대가 열리면서 현대인들은 하루 중 수면시간을 제외하고 대부분 미디어와 접촉하며 살고 있다.

미디어는 어떤 정보를 한쪽에서 다른 쪽으로 이동시키는, 정보전달을 위한 매개체라고 정의된다.[1] 이러한 관점에서 볼 때 미디어는 인간의 정보전달이나 의사 전달을 위한 커뮤니케이션 수단이라고 할 수 있다. 과거 미디어라면 주로 매스미디어를 일컬었으나 이제는 뉴미디어, 소셜미디어를 빼놓고는 얘기할 수 없다. 관광정보 탐색에 있어서도 뉴미디어의 역할은 절대적이라고 할 수 있다.[2] 그렇다고 매스미디어의 역할이 완전히 사라진 것은 아니다. 아직도 매스미디어는 막강한 영향력을 행사하고 있으며, 대량의 정보를 전달하는 데 유효한 수단이 되고 있다.

미디어는 다양한 관점에서 분류될 수 있다. 그중 대표적인 것이 시기적인 분류로 올드미디어와 뉴미디어로 나누는 것이다. 이미영·김담희·김성태[3]는 올드미디어에 신문, 잡지, 라디오, 텔레비전을 포함시켰으며, 뉴미디어에는 인터넷, 휴대폰, 메신저, 블로그/미니홈피로 분류했다. 이에 반해 이창훈·김정기[4]는 미디어를 올드미디어, 뉴미디어, 뉴-뉴미디어로 분류했다. 올드미디어에는 텔레비전(지상파, 유료방송(케이블, IPTV, 위성방송), 라디오, 신문/잡지/인쇄미디어,

비디오/오디오 재생기기가 포함된다. 뉴미디어에는 컴퓨터/인터넷, 휴대폰, 모바일 미디어기기(스마트폰, 스마트패드, 태블릿PC)를 범주로 넣었다. 뉴-뉴미디어에는 SNS(마이크로블로그, 페이스북, 커뮤니티카페), 기타 인터넷기반 미디어서비스(팟캐스트, 푹(POOQ), 티빙(Tving), 앱스토어 등)를 포함했다.

2. 미디어의 종류

모든 미디어가 연구의 가치가 있고 중요하지만 관광분야에서 연구해야 할 주요 미디어는 책, 잡지, 신문, 라디오, TV, 인터넷, 모바일, 소셜미디어라고 할 수 있다.

(1) 책과 잡지

인류가 만물의 영장이 될 수 있었던 것은 글자를 발명하고 이를 통해 지식을 저장해 후손에게 전달할 수 있는 능력이 있었기 때문이다. 지식을 대량으로 저장하고 전달하는 수단으로 가장 먼저 사용된 것이 책이다. 책이 발명되기 이전 고대문명에서는 메소포타미아의 점토판, 이집트의 파피루스, 그리스의 양피지, 중국의 갑골 등이 이용되었다. 이후 종이가 발명되면서 지식을 장기간 동안 안전하게 효과적으로 저장할 수 있게 됐다. 여기에 인쇄기술이 발전하면서 대량의 정보와 지식을 전달하는 책이라는 미디어가 발전했다.

책은 특히 교과서 형태로 교육의 기본 수단으로 이용되고 있다. 책은 관광 분야에서도 가장 기본적인 미디어로서 다양한 지역을 소개하는 여행안내서가 대표적인 사례이다. 박지원의 『열하일기』는 우리나라 최초의 여행기라고 할 수 있으며 현대에 들어서는 한국 최초의 세계여행가 김찬삼의 『세계여행』이 대표적이라고 하겠다.

그러나 책은 텔레비전 시대를 거쳐 뉴미디어 시대를 맞으면서 커다란 위기를 맞고 있다. 이에 책은 전자책(e-book) 등으로 진화하고 있으며, 스마트폰과 같은 모바일 환경에서도 활용 가능한 방안을 모색하고 있다.

그림 1-1 관광서적 사례

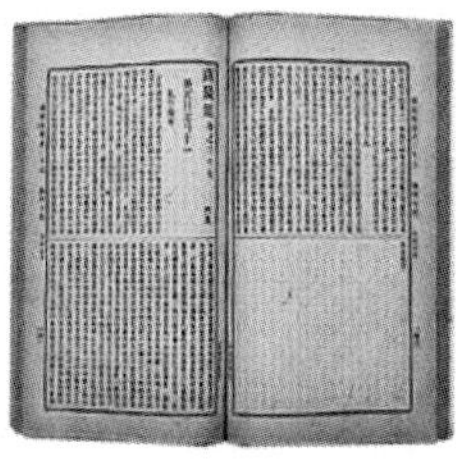

[열하일기 표지와 본문]
자료: 문화유산채널(http://www.k-heritage.tv)

[김찬삼의 세계여행]
자료: JTBC뉴스(2016.07.11.)
http://news.jtbc.joins.com/article/ArticlePrint.aspx?news id=NB11269838

책의 한 형태로 정기적으로 발간되는 것이 잡지이다. 잡지는 '정치 · 경제 · 사회 · 문화 · 시사 · 산업 · 과학 · 종교 · 교육 등을 포괄하는 전체 분야 또는 특정 분야에 관한 보도, 논평, 여론 및 정보 등을 전파하기 위해 1주일, 1개월, 3개월 단위로 정기 발행하는 책자 형태의 간행물'을 말한다.[5] 1665년 프랑스 파리에서 창간해 과학 분야를 중심으로 논문을 싣고 저서를 요약해 게재한 『Le Journal des savans』가 최초의 주간 잡지 형태를 띠었다. 이후 1704년 대니얼 디포가 『The Review』를 창간해 영국 교회에 대한 비판을 게재했다. 이 또한 잡지의 한 형태로 볼 수 있다. 요즘 사용되는 잡지라는 말인 '매거진'은 프랑스의 'magasin(마가생)'에서 유래한 것으로 1731년 영국에서 발간된 『Gentleman's Magazine』이 본격적인 최초의 잡지라고 할 수 있다.[6]

잡지는 1주일, 1개월, 3개월, 6개월 등 정기적으로 발행되기 때문에 그 기간동안 수명이 지속되는 장점이 있다. 또한 다품종 소량생산 위주의 전문지가 많아 신문과 방송처럼 속보 위주의 미디어가 보도하지 못하는 다양한 전문 분야의 지식과 정보를 해설, 분석, 탐사 형태로 심도 있는 저널리즘을 제공한다.[7] 따라서 잡지는 불특정 다수를 대상으로 한 것도 있지만 대부분이 자동차, 과학 등 특정 주제에 관심이 있는 특정 계층의 독자를 대상으로 한 전문지 형태로 발행된다. 이러한 특정 주제의 하나로 여행 및 관광전문지 또한 발간되고 있다. 국내에서 발간되는 여행전문잡지로는 뚜르드몽드, 트레블러 등이 있다. 한국관광공사에서도 여행전문지 형태의 청사초롱을 발간하는데, 최근에는 다른 잡지들처럼 e-magazine 형태로도 서비스되고 있다.

(2) 신문

멀티미디어 시대를 거쳐 모바일 시대에 들어서면서 영향력이 다소 감소하기는 했지만 신문은

미디어 수용자들로부터 신뢰받고 설득력과 호소력이 뛰어난 매체로 가장 큰 영향력을 지닌 매스미디어 중 하나이다.[8] 신문의 기원은 로마시대 'Acta Senatus(악타 세나투스)'와 'Acta Diurna Populi Romani(악타 디우르나 포풀리 로마니)'로 석고판에 원로원의 의결사항과 군대의 동정과 같은 내용을 조각하여 로마 시민들에게 공고하는 형식이었다.[9] 즉, 시민을 대상으로 한 관보였던 셈이다.

현대적 신문이 탄생한 것은 대량 인쇄가 가능한 활판 인쇄술이 발달한 덕분이다. 세계 최초의 일간신문은 1650년 독일 라이프치히에서 발간된 'Leipziger Zeitung(라이프치거 차이퉁)'이다. 국내 최초의 신문은 1833년 발행한 '한성순보'로 열흘 간격으로 발행되었으며, 한글 신문은 1896년 4월 7일에 첫 발간된 '독립신문'이 최초이다.

종이신문 또한 책과 마찬가지로 다매체시대, 뉴미디어시대를 맞아 위기를 겪고 있지만 우리나라 국민이 종이신문을 미디어로써 이용하는 비율은 2016년 기준 20%를 넘을 정도로 아직까지는 중요한 미디어다.[10]

국내 첫 관광전문신문은 '여행신문'으로 1992년 7월에 창간호가 발행되었다. 이후 여행정보신문, 한국관광신문, 세계여행신문 등이 주간지 형태로 발간되고 있다. 반면, 일간신문에서 관광은 아주 작은 부분에 속했다. 1997년 중반까지만 해도 주말 페이지에 관광지를 소개하는 정도에 그쳤으나, 매일경제신문이 1997년 9월 4일 'Travel & Leisure(여행과 레저)'라는 제호로 매주 국내외 관광 소식을 전함으로써 국내 언론계는 물론 관광산업계에 큰 파장을 몰고 왔다. 일간지에서 관광소식을 매주 섹션 형태로 발행하기 시작한 것이다. 이후 여러 일간신문에서 관광을 주제로 한 기사를 다루기 시작하였다.

(3) 라디오

라디오는 혼자서 들을 수 있는 개인 미디어의 성격이 강하다. 라디오는 귀로만 들을 수 있다는 특성 때문에 TV의 강력한 영향력에 밀려 한때 퇴장 위기에 몰리기도 했으나 청취자의 수요에 대한 적극적이고 적절한 대처로 다소 회복하는 중이다. 특히 ICT의 발달로 시청각이 가능한 라디오, 실시간 문자, 인터넷 방송, 소셜미디어와의 연계 등으로 과거 청각만을 이용하는 한계를 극복하며 새로운 영역을 개척하고 있다.[11]

라디오라는 미디어는 사실 관광미디어로서 역할은 한정되어 있다고 할 수 있다. 관광미디어는 본래 여행, 관광 현장을 보여주면서 소개하거나 정보를 제공해야 하는데 라디오의 기능은 그런 측면에서 제한적이기 때문이다. 그러나 여전히 라디오는 관광지에 대한 평가나 관광지를 간단하게 소개하는 역할을 수행하고 있으며, ICT의 발달로 인한 라디오의 진화는 관광미디어로서의 기능을 확대될 수 있을 것으로 보인다.

(4) TV

현대사회의 가장 강력한 미디어인 TV는 시청각 매체로 영상을 보여주는 장점이 있다. 우리나라 미디어 수용자들은 신문, TV, 잡지, 라디오 등 4대 미디어 중에서 TV를 가장 자주 접하며 가장 재미있는 매체로 받아들이고 있다.[12] 실제로 2016 미디어수용자조사에서 TV를 이용한다는 응답자는 92.8%에 달했으며, 최근에는 새로운 TV 방송 형태인 1인 방송 이용자도 크게 늘고 있다. TV는 과거에는 정치적 역할보다는 오락미디어로 인식되었지만, 근래에는 오락적 기능과 더불어 뉴스와 정보를 제공하는 핵심적 미디어로써 중요한 역할을 하고 있다.[13] 그러나 TV는 시청률로 평가받기 때문에 과도한 경쟁으로 인한 선정성, 폭력성 등 일부 부작용이 발생하기도 한다.

TV 방송은 1941년 미국 뉴욕의 WNBT(이후 WNBC)가 최초로 흑백 상업 TV 방송을 시작했으며, 1960년대에는 컬러TV 방송이 등장했다. 우리나라에서는 1956년 미국 TV가 진출하여 만든 한국 최초의 TV 방송국인 KORCAD-TV(한국RCA보급회사) 방송이 시초이며,[14] 1961년 KBS 개국으로 본격적인 TV 방송시대를 맞았다. 이후 TBC, MBC가 개국했으나 1980년 5공화국의 언론통폐합으로 TBC가 폐국되었으며, 1991년에는 민영방송 SBS가 개국했다. TV 방송산업은 그 이후 지속적인 발전을 거듭해, 1995년 종합유선방송(CATV), 2005년 위성DMB, 2007년 지상파DMB, 2008년에는 IPTV 서비스가 전파를 탔다. 2011년에는 MBN, 채널A, TV조선, JTBC 등 4개의 종합편성 채널방송이 시작되어 시청자의 선택권이 더욱 넓어졌다.

TV는 관광 분야에서도 막강한 영향력을 발휘한다. 드라마 등 특정 프로그램에 배경으로 나오거나 여행 관련 프로그램에 소개되면 그 지역은 인기 관광지로 부상해 관광객이 몇 배씩 증가할 정도다. 또한 최근에는 새로운 방송 콘텐츠로서 역할이 엿보인다. 연예인들이 여행하는 것을 있는 그대로 보여주는 리얼리티 프로그램이 인기 있는 형태의 프로그램으로 등장했다. '꽃보다 할배'가 대표적으로 한 단계 진화한 관광미디어로써 발전할 수 있는 계기를 만들었다는 점에서 의의가 있다.

(5) 인터넷

미국 국방부가 군사적 목적으로 개발을 시작한 인터넷은 이제 인간이 하는 모든 일에 스며들었다. 사실 인터넷은 그 자체로는 미디어라고 분류하기에는 문제가 있다. 오히려 미디어를 구현하는 한 수단, 전파와 같은 개념으로 보는 것이 옳을 것이다. 인터넷을 통해서 보는 TV 방송과

신문은 단순히 인터넷으로 분류하기에는 모순이 있기 때문이다. 하지만 한국언론진흥재단이 실시하는 미디어 수용자 조사에서는 인터넷을 미디어로 분류하고 있으며, 우리나라 국민의 81.4%가 인터넷을 이용하고 있다.[15]

인터넷은 관광상품을 구입하거나 관광정보를 획득하는 데 있어서도 매우 유용한 도구로 활용된다. 우리나라 국민 인터넷 이용 목적의 91.6%는 '자료 및 정보 획득을 위해'이며,[16] 관광 관련 의사 결정을 위한 정보매체 인지도에 있어서도 인터넷은 가장 선호하는 매체이다.[17] 또한 인터넷은 정보나 상품 탐색뿐 아니라 오락적 기능도 있어 이제는 인터넷 자체가 소비의 대상이 되고 있다.[18][19]

신문, TV, 잡지 등 기존의 매스미디어는 정보를 일방적으로 전송하는 반면, 인터넷의 가장 큰 장점은 쌍방향 커뮤니케이션이 실시간 가능하다는 점이다. 과거에는 PC를 통한 유선으로만 인터넷 접속이 가능했지만 이제는 무선인터넷을 통해 스마트폰으로 움직이면서도 인터넷을 할 수 있고 심지어는 항공기 안에서도 인터넷 접속이 가능해져 인터넷의 이용뿐 아니라 유·무선 인터넷을 기반으로 한 TV, 신문, 잡지, 라디오 등 미디어 서비스는 더욱 늘어날 것이다.

(6) 모바일

모바일이란 움직이면서 인터넷이나 정보탐색, 커뮤니케이션을 할 수 있는 것을 말한다. 이에 스마트폰, 휴대전화, DMB, PMP, 내비게이션 등 미디어 콘텐츠를 볼 수 있는 개인 휴대 디지털 미디어를 휴대용 단말기, 즉 모바일 기기로 정의하고 있다.[20]

모바일과 무선인터넷은 떼려야 뗄 수 없는 관계다. 무선인터넷의 확산이 모바일의 확산을 부르고 또 모바일의 확산은 무선인터넷의 확산을 부르는 상호 상승작용을 하고 있다. 특히, 모바일 기기의 대표 격이자 손 안의 컴퓨터인 스마트폰은 통신과 미디어를 동시에 이용할 수 있는 편리성 때문에 미디어 수용자들의 적극적인 사랑을 받고 있다.

다른 모바일 미디어 서비스처럼 모바일 관광정보서비스는 초기에는 콘텐츠 부족, 비싼 데이터 요금 등으로 인해 활성화하지 못했으나 무선인터넷의 확산, 스마트폰 사용자 급증으로 활성화하고 있다. 또한 위치기반서비스와 다양한 애플리케이션, 무료 와이파이존(무선인터넷 서비스 구역)은 지하철이나 버스, 항공기 안에서도 모바일 이용을 가속화하고 있다.

(7) 소셜미디어

소셜미디어란 다매체시대의 새로운 미디어이자 통신수단으로, 대표적인 유형으로는 블로그,

소셜네트워크서비스, 메시지보드, 팟캐스트, 위키디피아, 비디오블로그 등이 있다. 또한 스마트폰의 보급으로 미투데이, 트위터와 같은 마이크로블로그가 등장하였다.[21] 소셜미디어는 전 세계 인터넷 이용자들이 생각과 아이디어, 정보, 관점, 경험 등을 공유하고 이를 통해 상호 소통하고 작용하는 인터넷 애플리케이션 집단이자,[22] 개방화된 인터넷 기반 미디어 플랫폼으로도 정의되고 있다.[23]

매스미디어와 달리 페이스북, 카카오톡 등과 같은 소셜미디어는 모든 이용자가 콘텐츠 생산자이자, 유통자, 소비자 역할을 동시에 한다.[24] 소셜미디어는 콘텐츠 제작 비용이 많이 드는 신문이나 TV와 같은 대중매체에 비해 상대적으로 콘텐츠 생산비용이 저렴하고 누구나 쉽게 제작이 가능하다. 콘텐츠 내용 또한 손쉽게 편집이 가능하다.[25] 게다가 소셜미디어 사용자들은 단순히 정보를 검색하고 수동적으로 소비하기보다는 특정한 제품이나 사회적 이슈, 논점에 대해 협업적으로 정보를 생산하고 평가, 분배하는 경향을 보인다.[26] 이는 소셜미디어가 매스미디어에 이은 새로운 오피니언 리더로서 미디어의 가능성을 보이고 있다고 할 수 있다. 소셜미디어가 이렇게 뉴미디어로서 부상하고 있는 배경에는 신문과 같은 매스미디어의 낮은 신뢰도 영향도 있다고 볼 수 있다.[27] 관광분야에서도 소셜미디어는 미디어 수용자인 관광객들에게 경험에 바탕을 둔 신뢰성 있는 유용한 정보를 줄 뿐만 아니라 미디어 이용 자체만으로도 즐거움, 흥미를 유발하는 감정적 효용이 크기 때문에 크게 확산되고 있다.[28]

〈표 1-1〉 매스미디어와 소셜미디어의 비교

구분	매스미디어	소셜미디어
접근성	고비용 때문에 소유가 쉽지 않음	저비용으로 소유가 쉬워 접근 용이
유용성	전문화된 기술과 훈련 필요	누구나 쉽게 제작하거나 접근 가능
신속성	신문 등 제작에 시차 발생	사건이나 이슈에 대해 즉각 반응
영속성	한번 제작되면 변경 거의 불가능	코멘트, 편집으로 즉시 변경 가능

자료: 유호종(2010)을 바탕으로 저자 재작성.

3. 미디어의 기능

매스미디어는 전통 미디어로서 아직 큰 영향력을 유지하고 있지만 이 지위를 소셜미디어에 점차 내주고 있다. 여기서 말하는 미디어의 기능은 매스미디어의 기능을 주로 말하지만 소셜미디어도 매스미디어가 해온 기능을 일부 넘겨받고 있다. 머지않은 장래에 매스미디어의 기능들을

소셜미디어가 대체하는 날도 올 수 있을 것이다.

매스미디어의 기능 중 중요한 것은 교육과 사회질서 유지 기능이다. 신문을 '국민의 교과서'라고 일컫는 이유도 여기에 있다. 이러한 교육 기능 덕분에 사회의 질서가 유지되고 통합될 수 있다. 매스미디어의 주요한 사회적 기능으로는 환경감시기능, 상관조정기능, 사회유산전달기능, 오락기능 4가지가 대표적이다.[29)30)]

(1) 환경감시(surveillance of environment)

매스미디어는 국내외에서 매일 시간시간 발생하는 여러 가지 사회현상과 사건 사고들에 관한 정보를 수집하고 정리해 배분 보도하는 활동을 한다. 환경감시란 말 그대로 국내 나아가 세계의 공동체를 감시하는 기능으로 신문이나 방송과 같은 보도 위주의 매스미디어가 일상적으로 행하는 뉴스보도 기능의 한 부분이다. 미세먼지, 태풍, 해일, 지진과 같은 자연재해를 예고하거나, 부동산투기, 부정식품을 고발하는 기사로 경각심을 일깨우고, 위험한 시설물이나 의약품에 대하여 위험성을 사전에 알려서 피해를 예방하거나 최소화하는 긍정적 역할을 한다. 환경감시기능은 때로는 미디어 수용자들에게 부정적인 영향을 미치는 환경감시의 역기능도 발생한다. 연쇄살인범 탈주를 대대적으로 보도할 경우 시민들의 공포감을 지나치게 유발해 해당 지역주민들의 일상생활에 지장을 주기도 하고 일부 범죄의 경우 모방범죄를 낳기도 한다. 또 전쟁, 테러, 항공기 추락사고, 메르스처럼 전염병에 관한 보도는 시민들의 공공시설이나 교통수단 등에 대한 기피를 낳아 결과적으로 일상생활은 물론 소비생활을 위축시키는 부작용을 낳기도 한다. 최근에는 소셜미디어에서도 환경감시기능이 활발하게 이루어지고 있다. 동일본 대지진과 같은 엄청난 자연재해나 대형 사고들이 소셜미디어를 통해 가장 먼저 알려지고 매스미디어가 뒤따라 보도하는 사례가 빈번하며 매스미디어가 다루지 못한 사건이나 사회현상을 먼저 이슈화하기도 한다.

(2) 상관조정(correlation)

상관조정이란 매스미디어가 단순한 사건이나 사실에 대한 보도에서 한 걸음 더 나아가 경제적 현상과 사회적 현상, 사건, 사고 등에 관한 정보의 의미를 그 미디어의 잣대로 해석하고 대응책을 제시하거나 이슈화해 미디어 수용자들, 즉 시민의 태도나 의견 형성에 영향을 주고 사회가 변화에 잘 적응할 수 있게 돕는 것을 말한다. 환경감시기능이 사건이나 사실의 보도에 의해 수행되는 데 비해 상관조정기능은 이러한 사실이나 사건에 대한 주관적 가치가 개입된 사설, 논평, 해설, 기고 등에 의해서 발휘된다. 2016년 사드(THAAD · 고고도미사일방어체계) 한반도 배치의 경우, 정당뿐 아니라 미디어들도 상반된 보도와 사설, 논평을 실었다. 같은 사안이라도 서로 다른 논점을 보인 것은 개별 언론의 견해 차이가 반영된 상관조정기능이 발휘된 것이다. 상관조정기능은 환경감시자로서 미디어가 수집한 여러 사안들 중에 우선순위를 부여하는 역할도 한다. 수많은 사건 중 어느 사건을 헤드라인 뉴스로 정하느냐, 사설로 보도하느냐에 따라 상대적 중요성이 부여된다. 하지만 특정 사건을 보도하지 않거나 사설이나 칼럼에 특정 정파의 편견이 개입된다면 불공정 보도라는 역기능이 발생할 수 있다. 상관조정기능 또한 소셜미디어에서도 활발히 이루어지고 있다. 블로그 마케팅이 성공한다든지, 일부 오피니언 리더들이 소셜미디어를 통해 특정한 정치적 사안에 대한 견해를 확산하는 현상들이 대표적이다.

(3) 사회적 유산전수(transmission of social inheritance)

매스미디어는 그 사회나 국가, 민족이 지켜온 가치, 규범 등을 사회구성원들에게 교육하고 전수하는 기능도 한다. 매스미디어가 보도하고 제시하는 가치나 규범에 장기간 지속적으로 노출된다면 미디어 수용자는 이를 자연스럽게 학습하고 받아들이게 되어 사회는 자연스럽게 통합의 과정을 거치게 된다. 이러한 매스미디어의 사회유산전수기능은 사회통제 효과도 지닌다. 각종 범죄나 부정행위를 보도함으로써 사회질서를 바로잡고 사회를 제어하는 기능을 할 수 있다. 하지만 매스미디어가 인기주의에 영합해 제공하는 일부 규격화되고 획일화된 문화는 문화적 다양성을 상실케 하고 창의성을 저해하는 역기능을 낳기도 한다.

(4) 오락(entertainment)

매스미디어, 특히 TV는 오락프로그램을 통해 미디어 수용자들에게 즐거움을 주고 스트레스를 잊게 하여 생활에 활기를 불어넣는다. 드라마나 코미디, 스포츠 경기, 영화, 음악공연 등의 프로그램을 통해 시청자들이 일상의 피로를 잊게 하고 즐겁게 한다. 신문이나 잡지도 문화면이나 스포츠면 기사를 통해 오락 기능을 수행한다. 그러나 오락물에만 지나치게 몰입하면 사회적으로 중요한 문제들에 대해 무관심해지게 되고 사회적 혹은 정치적 참여를 외면하게 될 수도 있다. 또한 매스미디어에 의존하는 오락은 문화적 순응주의를 야기하기도 한다. 과거 일부 독재국가들이 매스미디어의 오락기능을 통해 국민들을 우매화하기도 하고 독재자를 우상화하기도 한 사례가 대표적이다.

그림 1-2 미디어의 기능 사례

무면허 10대도 카셰어링 '위험한 질주'

허술한 본인확인 틈타 손쉽게 車빌려 난폭운전 일삼아

스마트폰 앱만 내려받으면
부모 면허로도 이용신청 가능
10대 운전자 사고 年 수천건

[환경감시기능]

사설

오늘 경제분야 토론서 대선 후보들이 유념해야 할 세 가지

성장의 방법, 어떻게 파이를 키울 것인가
경제는 선택, 편익과 비용을 함께 말하라
숫자가 중요, 공허한 수사만 늘어놓지 말라

[상관조정기능]

김건모 어머니 '예술가의 장한 어머니상'

故 권혁주 모친 등 7명 선정

이선미 씨 　 이춘영 씨

가수 김건모의 어머니 이선미 씨(73)와 요절한 바이올리니스트 고(故) 권혁주의 어머니 이춘영 씨(59)가 올해 '예술가의 장한 어머니상' 수상자로 선정됐다.

문화체육관광부는 27일 국립현대미술관 서울관에서 '2017 예술가의 장한 어머니상' 시상식을 개최했다.

수상자는 이선미 씨와 이춘영 씨 외에 시인 박성우의 어머니 김쌍자 씨, 설치미술가 김승영의 어머니 박홍순 씨, 국악인 방수미의 어머니 구현자 씨, 연극 연출가 김태수의 어머니 조용녀 씨, 발레 무용가 황혜민의 어머니 김순단 씨 7명이다.

이선미 씨는 아들이 어릴 때 남다른 음악적 성향을 알아보고 네 살 때부터 피아노 교육 등을 시키며 재능을 키워줬다. 가수의 길을 걷는 아들을 누구보다 응원하면서도 때로는 가차 없는 비판도 아끼지 않는 든든한 후원자라고 문화부는 수상자 선정 사유를 밝혔다. 이씨는 아들과 함께 TV 예능 프로그램에도 출연하고 있다.

지난해 10월 급성 심정지로 사망한 바이올리니스트 권혁주의 어머니 이춘영 씨는 3세 때 처음 바이올린을 접한 아들의 재능을 발견하고 적극 지원했다. 갑작스럽게 가정에 경제적 어려움이 닥친 상황에서도 아들이 음악의 꿈을 포기하지 않고 더 나은 환경에서 공부할 수 있도록 아홉 살 아들과 함께 러시아 모스크바로 이주해 음악 활동을 적극 지원했다.

'예술가의 장한 어머니상'은 매년 어버이날을 계기로 자녀를 훌륭한 예술가로 키운 어머니께 존경과 감사의 마음을 전달하기 위해 1991년 제정한 상으로 올해로 27회째를 맞았다.

시상 분야는 문학, 미술, 음악, 국악, 연극, 무용, 대중예술 등 7개다. 수상자들에게는 문화부 장관 명의의 감사패와 대나무 무늬로 장식된 금비녀 '죽절잠'이 수여된다.

이향휘 기자

[사회유산전수기능]

2017년 4월 28일 금요일
매일경제 A35

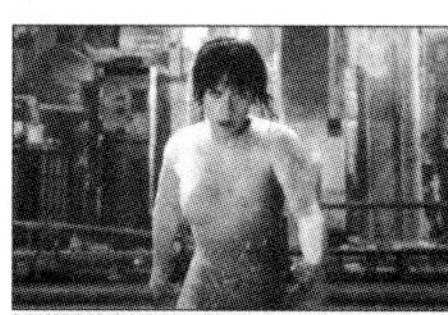

밝고 또렷한 화질…더 눈부신 스칼릿 조핸슨

'국내 최초' 듀얼 레이저 영사기 스크린 체험해보니

가로 34m 초대형 스크린 보유한
잠실 롯데 슈퍼플렉스G관 첫 도입
레이저 영사기 2대 동시에 쏴
눈 피로감 적고 밝기·색감 압도적

듀얼레이저 영사기

[오락기능]

자료: 매일경제신문(2017.4.17, 2017.4.28.)

〈표 1-2〉 매스커뮤니케이션의 기능

구분	유목	사회	개인	하부집단	문화
환경감시 기능	순기능 (현재적/잠재적)	경고기능 정보제공기능 규범강화기능	경고기능 정보제공기능 명성조장기능 지위부여기능	정보제공기능 여론관리기능 권력정당화기능	문화교류기능 문화촉진기능
	역기능 (현재적/잠재적)	안정위협기능 공황조장기능	불안조성기능 개인화조장기능 마취기능	권력위협기능	문화침식기능
상관조정 기능	순기능 (현재적/잠재적)	인구유동조장기능 사회안정화기능 공황억제기능	능률화촉진기능 부정요인억제기능	권력보조기능	문화침식방지기능 공동문화유지기능
	역기능 (현재적/잠재적)	획일화조장기능	비판력약화기능 기동성조장기능	책임주의조장기능	문화성장저해기능
사회유산전수 기능	순기능 (현재적/잠재적)	사회결합촉진기능 사회유지기능 아노미억제기능	총화감조성기능 개인화감소기능	권력확장기능	표준화기능 공동문화유지기능
	역기능 (현재적/잠재적)	대중사회화기능	비인간화조장기능	–	다양성감소기능
오락 기능	순기능 (현재적/잠재적)	여가선용화기능	여가선용화기능	권력확장기능	–
	역기능 (현재적/잠재적)	대중분산화기능	피동화조장기능 취향저속화기능 도피성조장기능	–	심기감약화기능

자료: 오택섭 외(2013). p.35. 재인용.

제2절 관광과 미디어

미디어는 ICT기술의 발달로 계속 진화하고 있으며, 다양한 미디어가 생산하는 콘텐츠들은 사람들의 일상생활은 물론, 정치, 경제, 사회 · 문화적 측면에서 많은 영향을 주고 있다. 더욱이 현대사회의 대표적 현상으로서 정보의존형 산업의 특성을 갖는 관광산업의 경우 미디어와는 매우 중요하면서도 밀접하게 관련되어 있다.[31]

미디어와 관광의 연결고리는 예술, 문학 등에 대한 로망이 관광의 주요 동기로 작용한 그랜드 투어(The Grand Tour)시대에서도 찾아볼 수 있으나,[32] 미디어와 관광의 융복합 현상은 1990년 미디어가 급격하게 발달한 이후 급속도로 발전하여 이제는 글로벌 현상으로 자리 잡았다. 본

저서에서도 논의되고 있는 영상미디어관광이 가장 대표적인 사례라고 할 수 있으며, 최근 다양한 연구들에서 사용되고 있는 미디어에 의해 유도된 관광(Media-induced tourism), 미디어화된 관광(Mediatized tourism) 등의 용어들은 관광과 미디어의 융복합적 특징을 잘 설명해주고 있다.

1. 관광에 대한 미디어 담론

미디어의 중요성과 역할이 증대됨에 따라 관광산업과 미디어의 관계에 대한 논의들은 다양하게 진행되어 왔다. 그중에서도 사회적 구성에 의한 관광담론 관점은 관광과 미디어의 관계를 이해하는 데 가장 기본적이면서도 필수적이다.

현대사회에서 사회구성원들은 미디어와 활발하게 상호작용한다. 그 상호작용의 기본은 담론(談論, discourse)으로, 담론은 사회구성원들의 행동에 영향을 미친다.[33] 담론은 일상생활에서 사용되는 언어적 산물로서 사회구성원간 상호작용에서 생겨난 모든 형태의 대화나 글을 의미한다.[34] 더 나아가 담론은 지식을 매개로 한 권력을 가진 힘이 있는 언어로, 제도적인 권력을 통해 사회구성원들의 행동이나 생각을 특정한 방향으로 유도하는 수단이 되고 있다.[35]

오늘날의 담론들은 미디어의 다양화와 기술 발달로 더 빠르게 생성되고 있으며 더 큰 파급력을 가지게 되었다. 즉 다양한 주체들은 다양한 미디어를 활용하여 새로운 담론을 생산해내며 이는 사람들의 의식에 영향을 미치고 다시 사람들에 의해 재생산된다.[36] 결국, 언어 등의 의미작용으로 이루어지는 담론은 특정한 실재와 존재에 대한 사회적 구성이라고 볼 수 있다.[37] 즉 미디어가 갖는 다양한 기능에 의해 미디어에 의해 다뤄지는 대상이 사람들에게 특정한 의미를 갖게 되는 것이라고 할 수 있다.

이러한 맥락에서 관광이라는 현상은 구성요소로서 주체인 관광객, 객체인 관광자원, 사업자 등 매체 간 의사소통을 통해 형성되며,[38] 우리가 관광하게 되는 공간으로서 관광지는 다양한 담론을 통해 특별한 의미를 갖는 사회적 구성의 결과물이다. 다시 말해, 관광활동이란 사회적 구성에 의해 만들어진 특정 공간에 대한 다양한 의미와 가치를 경험하고 소비하는 활동으로, 관광지는 단순히 지리적·물리적 속성만으로는 설명될 수 없다.[39]

그렇다면 관광객들의 관광에 대한 욕구는 어떻게 형성되는가? 특정 관광지에 대한 관광욕구는 관광객들이 일상생활 속에서 무의식적으로 접하게 되는 그 장소에 대한 정보와 이미지, 기억 등이 축적되는 과정 속에서 만들어지게 된다.[40] 이러한 정보와 이미지는 다양한 수단을 통해 접할 수 있지만 가장 대표적인 수단은 미디어인 셈이다. 이에 대해 야마시타 신지[41]는 자신의 저서 「관광인류학의 이해」에서 현대사회는 대중매체가 지속적이면서도 대규모로 생산하는 이미지가 새로운 현실이자 사회가 되며, 관광은 '진짜를 추구하는 것'과 사회적 구성에 의한 '모방된 이벤트' 사이를 오가는 것이라고 하였다.

이처럼 관광목적지로서의 이미지 형성은 관광객들에게 경험해보고 싶은 기대감을 갖게 하는 과정이며, 미디어를 통해 전달된 다양한 정보들은 관광목적지 이미지 형성에 핵심적 요소라고 할 수 있다.42) 이는 우리가 현재 하와이에 대해 갖고 있는 관광지로서의 이미지, 즉 '폴리네시아의 낙원'이라는 이미지가 초기 정부에 의해 철저하게 계산되어 영화, 라디오, 음악 등 미디어에 의해 형성된 이후, 형성된 이미지를 바탕으로 관광지로서의 낙원을 형성해 나간 사례를 통해서 확인할 수 있다.43)

그림 1-3 미디어를 통한 관광이미지 형성사례 - 하와이

[영화 훌라]
자료: http://silenthollywood.com/hula1927.html

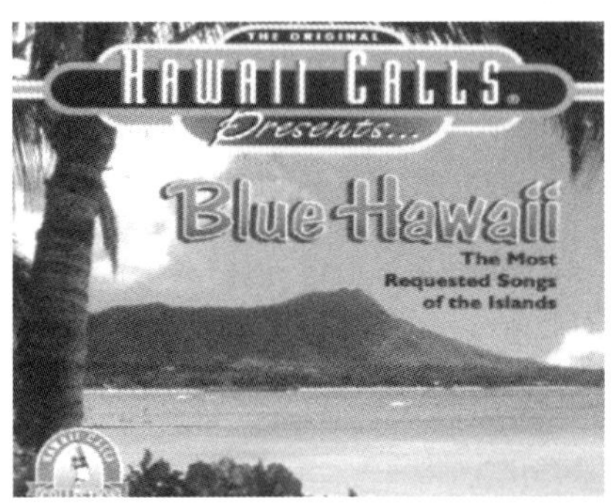

[라디오 및 음악 - 하와이콜스]
자료: http://www.digitiki.com/beachcombing/

이러한 과정에서 인터넷, 소셜미디어 등 미디어 기술의 발달은 매우 중요한 의미를 갖는다. 관광객은 미디어 담론의 소극적 수용자가 아닌 직접 담론을 주도하는 역할을 수행하며, 이러한 새로운 담론은 다시 관광객들에게 영향을 주는 순환관계를 형성하기 때문이다.

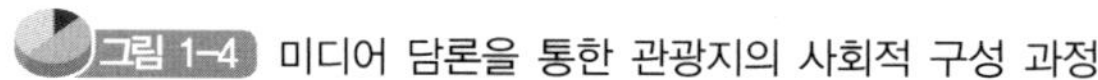
그림 1-4 미디어 담론을 통한 관광지의 사회적 구성 과정

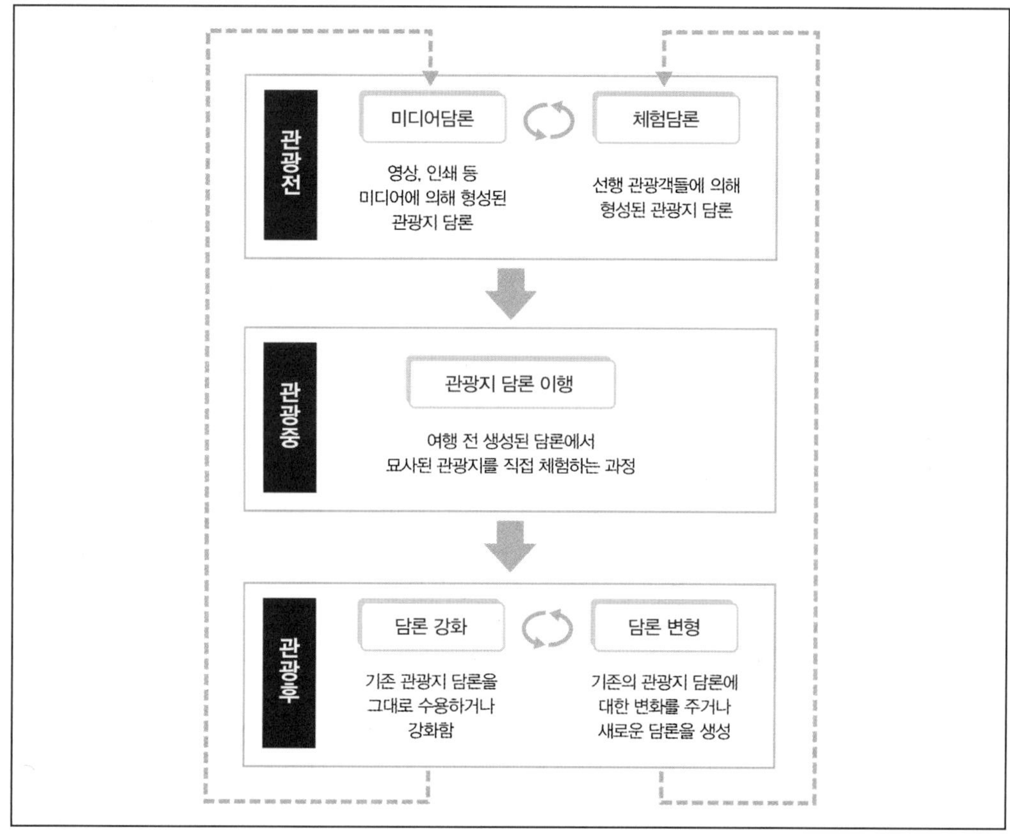

자료: 최인호(2005). 재인용.

2. 관광미디어의 종류와 특징

(1) 관광미디어의 종류

관광과 미디어의 밀접한 상호의존적 관계에도 불구하고 아직 관광미디어의 개념 및 종류에 대한 구체적인 정의는 성립되지 않았다. 그러나 관광에 영향을 미치는 미디어를 모두 관광미디어로 본다면, 관광미디어에는 다양한 종류의 미디어가 포함될 수 있다. 실제로, Nielsen[44]은 관광미디어는 신문, 잡지, 라디오, TV, 영화 등 우리가 일반적으로 말하는 미디어뿐만 아니라, 정부기관, 도시마케팅기구(DMO), 관광브로슈어, 여행가이드, 구전 등 관광객의 의사결정에 영향을 미치는 모든 커뮤니케이션 수단을 포함하는 포괄적 용어로 정의될 필요가 있다고 하였다.

〈표 1-3〉 관광미디어의 종류

연구자	관광미디어의 종류
Nielsen(2001)	신문, 잡지, 라디오, TV, 영화, 정부, 관광브로슈어, 가이드, 구전, 기타 관광동기적 요소 등
Mansson(2009)	문학, 그림 등 예술작품, 영화, 가이드북, 사진자료 등
Park(2015)	TV, 영화, 인쇄매체(책, 잡지, 신문, 브로슈어), 인터넷, 소셜미디어, 모바일
여영숙(2011)	드라마/영화, 기사/뉴스, 인터넷, 광고, 구전, 여행안내책자, 여행사 등
황인석(2014)	신문, TV, 라디오, 잡지, 홍보자료(배너, 포스터), 인터넷(PC), 구전, 모바일기기(스마트폰), 소셜미디어(블로그, 유튜브, 트위터, 페이스북 등) 등

자료: 선행연구를 바탕으로 저자 작성.

관광객들이 의사결정을 위해 활용하는 정보전달원천으로서 관광미디어는 관광객들의 행동을 이해하는 중요한 단서로서 조금 더 구체적으로 논의되어 왔다. 또한 미디어의 발달로 온라인플랫폼이 증가하면서 온라인정보원천을 중심으로 한 논의들이 활발하게 이루어지고 있다.

〈표 1-4〉 관광정보원천의 분류

연구자	관광정보원천의 종류	
Fodness & Murray(1997)	인적	- 상업적: 자동차클럽, 여행사 - 비상업적: 친구, 친지, 고속도로안내소, 개인경험
	비인적	- 상업적: 브로슈어, 관광안내소, 안내책자, 지역관광가이드 - 비상업적: 잡지 및 신문
Money & Crotts(2003)	마케터주도	- 광고, 여행사, 웹사이트
	비마케터주도	- 전문 여행가이드, 개인경험
Kim, Letho & Morrison(2006)	상업적	- 매스미디어, 브로슈어, 관광가이드북
	비상업적	- 친구/친척 등 대인정보, 개인경험
김수원 · 권문호 · 곽영대(2009)	인적	- 상업적: 여행사, 여행상담원, 여행박람회, 여행설명회 - 비상업적: 개인경험, 가족/친지/친구
	비인적	- 상업적: 광고매체, 인터넷광고, 여행사이트, 홍보책자 - 비상업적: 여행책자, 신문/잡지, 인터넷커뮤니티
Xiang & Gretzel(2010)	온라인	- 가상커뮤니티, 여행후기사이트, 개인블로그, SNS, 미디어공유사이트
김진섭(2008)		- 공급자중심: 포털 및 검색사이트, 여행사사이트, 항공사사이트, 호텔예약사이트 - 소비자중심: 개인블로그, 여행리뷰모음사이트, SNS - 중립적: 언론사이트, 여행정보전문서비스, 공공기관관광정보사이트
서정후 · 김철원(2012)		- 온라인커뮤니티, 블로그, SNS, 미디어공유사이트, 지식검색

자료: 선행연구를 바탕으로 저자 작성.

(2) 관광미디어의 특징

관광은 미디어에 의해 형성된 이미지가 관광과 연결되어 활동을 불러일으키는 현상으로 미디어는 첫째, 관광 이미지 형성, 관광객 방문의도에 중요한 영향을 미친다. 관광 촉진 수단이자 마케팅 수단으로 정부기관, 관광청, DMO, 관광사업자가 목적지 브랜딩 및 홍보를 위해 미디어를 대표적인 수단으로 활용하는 것도 바로 이 때문이다. 특히 미디어가 가지는 하나의 콘텐츠를 다양한 매체를 통해 활용하는 원 소스 멀티 유스(one-source multi-use)적 특징은 마케팅 효과에 대한 지속성을 부가시키기도 한다.

둘째, 미디어는 관광정보원천으로써 역할을 수행한다. 관광활동이 일어나기 위해서는 관광객은 관광의사결정을 위한 관광정보를 획득해야 하고, 정부기관 및 관광사업자는 관광객을 유치하기 위해 적절한 관광정보를 제공해야 한다.[45] 관광객들은 관광전/관광중/관광후 등 관광활동 전반에 걸친 의사결정과정에서 대부분 직접 경험해보지 못한 것에 대한 불확실성을 줄이고자 정보를 탐색하게 된다.[46] 따라서 미디어를 통해 관광정보가 효율적으로 제공될 필요가 있으며, 특히 오늘날과 같은 다매체시대에는 관광객들이 주로 이용하는 미디어를 파악하고 관광정보원천으로 잘 활용할 필요가 있다.

〈표 1-5〉 2015년 한국방문 주요 10개국 관광정보 취득경로 (단위: %, 다중응답)

구 분	인터넷	친지/친구/동료	여행사	보도	관광 안내 서적	항공사/호텔	한국 기관	기타	정보를 얻지 않았음
일본	66.9	46.4	22.8	22.4	14.5	7.2	1.4	1.3	15.1
중국	74.0	68.4	39.7	16.7	15.9	3.8	3.0	1.5	0.9
홍콩	82.1	66.6	29.6	26.1	37.5	7.9	11.2	1.4	2.0
싱가포르	75.9	54.8	12.5	27.1	24.4	9.8	14.1	2.9	5.7
대만	78.1	64.2	45.5	19.5	28.1	3.6	10.9	1.9	0.6
태국	79.9	55.6	46.8	23.8	28.7	5.7	7.2	0.9	1.3
말레이시아	86.3	58.8	30.5	36.7	26.2	7.4	10.5	3.2	0.6
호주	57.6	61.3	14.0	13.3	16.6	17.2	8.6	2.0	5.9
미국	63.4	62.0	11.2	13.2	18.2	11.9	6.6	4.6	7.6
캐나다	66.3	64.2	14.3	15.9	23.7	9.2	7.2	3.4	6.6

자료: 문화체육관광부(2016). 2015 외래관광객실태조사.

〈표 1-6〉 최근 3년간 국내관광객 관광정보취득경로 (단위: %)

구분	가족여행 시			개인여행 시		
	2015년	2014년	2013년	2015년	2014년	2013년
여행사	1.0	1.6	1.4	2.0	3.7	2.8
가족/친지	38.0	36.4	40.6	10.5	12.5	12.7
친구/동료	17.5	20.0	19.0	55.4	52.8	58.9
인터넷	7.9	10.0	8.7	4.0	5.5	4.1
관광안내서적	0.5	0.7	0.7	0.3	0.4	0.4
기사 및 방송프로그램	4.2	4.9	3.1	1.5	2.0	1.3
광고	1.1	1.6	1.3	0.4	1.1	1.1
과거방문경험	28.2	23.5	23.9	20.5	17.0	15.6
스마트폰 등 모바일앱	0.5	0.4	0.5	0.4	0.8	0.3
기타	1.1	0.9	0.8	4.9	4.5	2.8

자료: 문화체육관광부(2016). 2015 국민여행실태조사.

셋째, 미디어는 관광산업에 대한 여론 형성을 주도한다. 국내 관광의 발전 추세를 보면 관광에 대한 사회의 인식이 미디어의 영향에 따라 변화해 왔음을 알 수 있다.[47] 이는 주로 미디어의 보도에서 나타나는 태도가 관광산업에 대한 여론을 형성하는 데 영향을 주면서 관광정책, 관광개발, 메가이벤트 유치 등에 대한 이해관계자들의 지지 또는 반대를 이끌어내기 때문이다. 특히 대규모 관광개발사업은 공공부문에서 추진되는 경우가 많고 이는 사회적 여론의 영향에 의해 좌우될 수 있어,[48] 정책추진주체들은 미디어를 활용하여 관광객 및 지역주민의 인식제고 등에 힘쓰기도 한다.

넷째, 관광은 미디어를 통해 전달되는 사건 · 사고에 매우 취약하다. 관광은 자연재해, 테러, 전염병 등 재난과 같은 외부 환경요인에 영향을 많이 받는 산업으로 미디어를 통해 빠르게 확산되는 관광객을 위협하는 직 · 간접적인 사건에 대한 정보 노출은 관광산업에 지대한 영향을 미친다.[49] 실제로 2001년 미국의 9 · 11테러, 2002년 발리 테러, 2003년 SARS, 2011년 동일본 대지진, 2015년 메르스가 전 세계적으로 관광산업에 미친 영향은 심각하며, 위기 커뮤니케이션 관점에서 미디어의 활용 전략이 중요한 요소로 고려되고 있다.[50]

다섯째, 미디어는 관광경험을 공유하고 확산시키며 재생산을 가능하게 한다. 관광객들은 미디어를 통해 관광과 관련된 정보, 경험, 의견 등을 다른 사람과 나누거나 교환한다.[51] 특히, 소셜미디어를 비롯한 모바일 기반의 다양한 미디어의 발달은 관광단계의 제약 없이 실시간으로 관광에 관한 다양한 정보를 다양한 형식으로 공유하고 재생산할 수 있도록 하는 데 기여하였으며, 오히려 관광 공급자가 제공하는 정보보다 신뢰성이 높게 평가되고 있다.[52] 관광경험을 공유하고 재생산하는 특징은 관광객 스스로가 주체로서의 역할을 한다는 측면에서 다른 관광미디어 특징과는 차이가 있다.

제3절 미디어의 발전과 관광의 미래

ICT의 발달은 관광산업 환경은 물론 모든 산업 환경의 변화를 초래하고 있다. 그중에서도 정보플랫폼으로서 미디어 산업에서의 융합과 혁명에 더욱 관심이 쏟아지고 있다. 카이스트 이민화 교수는 "4차 산업혁명시대에서는 생산성이 높아지고, 업무시간이 단축되며 여가시간이 증가해 새로운 욕망이 생기지만 이는 개인화된 욕망으로, 융합지능에 의한 개개인의 맞춤 미디어가 욕망을 충족시켜 줄 수 있게 될 것"이라고 하였다.[53] 즉, '초연결성(hyper-Connected)', '초지능화(hyper-Intelligent)의 특성으로 대표되는 4차 산업혁명시대에는 개인 맞춤형 미디어 시대가 될 것이라는 전망이다.

꼭 앞으로의 전망이 아니더라도 모바일 환경과 스마트폰의 활용은 관광객들에게 언제 어디서나 쉽게 정보를 탐색할 수 있게 함으로써 정보욕구를 해소시켜주는 동시에, 동영상, 음성 등 멀티미디어 방식을 이용하여 보다 신뢰성 있는 정보를 제공하고 공유할 수 있게 만들었다.[54] 또한 관광지로의 이동 없이도 관광객들에게 관광자원에 대한 가상 경험(Virtual Experience)을 제공해 준다.[55] 관광미디어로서 기존 매체들의 역할은 여전히 크다고 할 수 있지만, 관광객은 시간과 장소에 구애받지 않고 다양한 관광정보에 접근 가능하게 되면서 관광활동 전반에 걸쳐 본인 상황에 맞는 가장 효과적인 미디어를 선택 활용할 수 있게 되었다.[56] 즉, 미디어를 활용한 관광정보의 확산구조가 디지털 구전 환경으로 변화되었음을 의미한다.

반면, 디지털 구전 환경으로의 변화는 관광객들이 수많은 정보를 비교한 후 관광에 대한 의사결정을 하게 하며, DIY(Do it yourself) 등 개개인에 따라 다양한 스타일의 관광을 가능하게 함에 따라 관광활동에 대한 예측은 보다 다양하고 복잡해질 것이다.[57] 따라서 관광과 미디어에 대한 관계는 미시적으로는 마케팅 전략 수립을 위해, 거시적으로는 미래 대응을 위한 관광정책 수립 등을 위해 지속적으로 고찰될 필요가 있다.

참고문헌

1) 황병배(2011). 미디어 선교를 통한 기독교 커뮤니케이션. 『선교신학』, 26, 309-333.
2) 황인석(2014). 관광객 특성에 따른 관광행동 단계별 미디어 레퍼토리에 관한 연구-메가 이벤트를 중심으로-. 경희대학교 대학원 박사학위논문.
3) 이미영・김담희・김성태(2010). 청소년 미디어 레퍼토리에 관한 연구. 『한국언론학보』, 54(1): 82-106.
4) 이창훈・김정기(2013). 다중미디어 이용자의 이용특성과 사회적, 개인적 효과에 관한 연구. 『한국언론학보』, 57(3): 13-14.
5) 한국잡지협회(2011). 2010 잡지총람.
6) 한균태・홍원식・이인희・이종혁・채영길・이기형・이두황・이양환・이정교・박종민・이상원・정낙원・홍지아・임병국(2006). 『현대사회와 미디어』. 커뮤니케이션북스.
7) 오택섭・강현두・최정호・안재현(2009). 『뉴미디어와 정보사회』. 도서출판 나남.
8) 현소은・황인호(1995). 인쇄광고의 내용적 특성에 관한 연구. 『광고연구』, 27: 189-214.
9) 오택섭・강현두・최정호・안재현(2009). 『뉴미디어와 정보사회』. 도서출판 나남.
10) 한국언론진흥재단(2017). 2016언론수용자의식조사.
11) 이호준・김정기(1997). 라디오 청취자들의 청취행태와 만족도. 『방송연구』, 여름호: 268-296.
12) 한국방송광고공사(2010). 2009 소비자행태조사보고서.
13) 데니스 맥퀘일(2006). 『매스 커뮤케니션 이론』. 양승찬・이강형 공역(2011). 도서출판 나남.
14) 오택섭・강현두・최정호・안재현(2009). 『뉴미디어와 정보사회』. 도서출판 나남.
15) 한국언론진흥재단(2017). 2016 언론수용자의식조사.
16) 한국인터넷진흥원(2010). 2010 인터넷이용실태조사.
17) 황영현・김성진(2006). 관광의사결정 종류에 따른 인터넷 선호의 영향요인. 『관광학연구』, 30(4): 171-178.
18) Vogt, C. A., & Stewart, S. I.(1998). Affective and cognitive effects of information use over the course of a vacation. *Journal of Leisure Research*, 30(4): 498-520.
19) Maignan, I., & Lukas, B. A.(1997). The nature and social uses of the Internet: A qualitative investigation. *The Journal of Consumer Affairs*, Dec. 1: 346-371.
20) 한국언론진흥재단(2011). 2010 언론수용자의식조사.
21) 배순한・백승익(2011). 사용자의 동기요인과 Flow 요인의 소셜미디어 사용의도에 미치는 영향에 관한 연구. 『한국지식경영학회 춘계학술대회 학술집』, 30-45.
22) Chan N. L., & Guilet, B. D.(2011). Investigation of Social Media Marketing: How Does the Hotel Industry in Hong Kong Perform in Marketing on Social Media Websites? *Journal of Travel & Tourism Marketing*, 28(4): 345-368.
23) Kaplan, A. M. & Haenlein M.(2010). Users of the world, unite! The challenges and opportunities of Social Media. *Business Horizons*, 53(1): 59-68.
24) 이희수(2009). Social Media의 진화와 Social Media Marketing. 『마케팅』, 43(12): 39-45.

25) 유호종(2010), 소셜미디어를 이용한 웹 홍보전략에 관한 연구: 충청관광 사례를 중심으로. 『e-비즈니스 연구』, 11(5): 97-116.

26) Lerman, K.(2007). Social Information Processing in News Aggregation. *Internet Computing*, IEEE, 11(6): 16-28.

27) 김정기(2010). 신문위기, 기회가 될 수 있다. 특집-신문의 위기 극복을 위한 대토론회. 『신문과 방송』, 2월호.

28) 정희진 · 이계희(2012). 소셜 미디어 정보가치와 관광정보 탐색행동에 관한 연구. 『관광학연구』, 36(5): 289-308.

29) Lasswell, H. D.(1948). *The structure and function of communication in society*. New York.

30) Wright, C. R.(1960). Functional analysis and mass communication. *The Public Opinion Quarterly*, 24(4): 605-620.

31) Godahewa. N.(2007). *The role of media in the development of regional tourism*. http://cf.cdn.unwto.org/sites/all/files/pdf/part_1_presentation_1_dr_nalaka_godahewa.pdf.

32) Månsson, M.(2011). Mediatized tourism. *Annals of Tourism Research*, 38(4): 1634-1652.

33) Foucault, M.(1979). Discipline and Punish: The Birth of the Prison. Trans. Alan Sheridan. NY: Random House. Orig. publ. as, Surveiller et Punir: Naissance de la Prison. Paris: Editions Gallimard(1975), 오생근 역(1994). 『감시와 처벌: 감옥의 탄생』. 서울: 도서출판 나남.

34) 임태섭(1993). 텔레비전 뉴스의 공정성에 대한 담론분석: 제14대 대선후보 선출을 위한 민자 민주양당 전당대회 보도의 거대구조를 중심으로. 『언론과 사회』, 9: 67-109.

35) 장덕현(2001). 문헌정보학에 있어서 담론분석의 응용. 『한국도서관 · 정보학회지』, 32(2): 269-288.

36) 박은경 · 송재호 · 최병길(2013). 사회적 구성과 담론으로 살펴본 관광의 소비문화에 관한 탐색적 연구. 『관광연구』, 28(2): 41-55.

37) Fairclough, N.(1995). Media Discourse. Bloomsbury Academic, 이원표 역(2004). 『대중매체 담화분석』. 서울: 한국문화사.

38) 조광익(2002). 근대 규율권력과 여가 관광: 푸코의 권력의 계보학. 『관광학연구』, 26(3): 255-278.

39) McCabe, S.(2001). The Problem of Motivation in Understanding the Demand for Leisure Day Visits. *Journal of Travel and Tourism Marketing*, 10: 107-113.

40) 최인호(2005). 미디어 담론을 통한 관광지의 사회적 구성. 『관광학연구』, 29(2): 487-505.

41) 야마시타 신지(2001). The Understanding of Tourism Anthropology. 황달기 역. 『관광인류학의 이해』. 서울: 일신사.

42) 심승희(2000). 문화관광의 대중화를 통한 공간의 사회적 구성에 관한 연구: 강진 · 해남지역을 사례로. 서울대학교 대학원 박사학위논문.

43) 이호영(2002). 미디어를 활용한 관광문화의 다양성과 이미지 변용에 관한 연구-하와이의 사례를 중심으로. 『관광경영연구』, 15(단일호): 149-166.

44) Nielsen, C.(2001). *Tourism and the media: Tourist decision-making, information, and communication*. Melbourne: Hospitality Press.

45) 서정호 · 김철원(2012). 국내관광 의사결정과 소셜미디어의 관계성 규명. 『관광학연구』, 36(10): 125-148.

46) Jeng, J., & Fesenmaier, D. R.(2002). Conceptualizing the travel decision-making hierarchy: A review of recent developments. *Tourism analysis*, 7(1): 15-32.

47) 민경익 · 김철원(2011). 미디어분석을 통한 한국관광 인식에 관한 연구. 『한국관광학회 학술대회 발표논문집』, 399-411.

48) 김보경 · 조광익(2011). 대규모 관광개발 사업에 대한 언론의 보도 태도. 『관광연구저널』, 25(5): 5-27.

49) Law, R.(2006). The perceived impact of risks on travel decisions. *International Journal of Tourism Research*, 8(4): 289-300.

50) UNWTO(2011). *Toolbox for Crisis Communications in Tourism*. available at: http://rcm.unwto.org/es/publication/toolbox-crisis-communications-tourism

51) 한진성 · 이예진 · 윤지환(2015). 소셜 미디어에 여행 정보를 공유하는 사람은 누구인가? -나르시시즘 성향에 따른 여행 정보 공유 행동 연구-. 『관광학연구』, 39(10): 201-216.

52) 김진우(2001). 이용자 관점에서 본 인터넷 관광정보시스템의 평가. 계명대학교 대학원 석사학위논문.

53) 사이언스타임즈(2017). "4차 산업혁명, 미디어는 천지개벽"(2017.4.16.) available at: *http://www.sciencetimes.co.kr/?news=4%EC%B0%A8-%EC%82%B0%EC%97%85%ED%98%81%EB%AA%85-%EB%AF%B8%EB%94%94%EC%96%B4%EB%8A%94-%EC%B2%9C%EC%A7%80%EA%B0%9C%EB%B2%BD-%EC%A7%84*

54) Pan, B., MacLaurin, T., & Crotts, J. C.(2007). Travel blogs and the implications for destination marketing. *Journal of Travel Research*, 46(1): 35-45.

55) Tussyadiah, I. P., & Fesenmaier, D. R.(2009). Mediating tourist experiences: Access to places via shared videos. *Annals of Tourism Research*, 36(1): 24-40.

56) Chung, N., & Koo, C.(2013). Tourism Industry Competitiveness of Korea via Social Media: A Comparative Analysis of Social Presence Type. *The Journal of Information System*, 22(1): 117-143.

57) 정명희(2007). 해외관광객의 관광경험단계별 정보탐색행동 모형. 한양대학교 대학원 박사학위논문.

제 2 장

관광과 엔터테인먼트의 신지평을 향하여

손 대 현

한양대학교 사회과학대학 관광학부 명예교수

마드리드국립관광대학 졸업, 고려대 대학원 경영학박사
한국관광학회장(1994-96), 한양대 사회대 학장(1999-2001), 한양대 국제관광대학원장(2000-2004), 현 한국슬로시티본부 이사장 〈한국엔터테인먼트산업과 한류분석〉(2007) 등 논문 136편과 『한국행복에 빠지다』(박영사) 2016 외 31권 저술이 있음.

sohndh@hanyang.ac.kr

박 희 정

신라대학교 국제관광학부 조교수

신라대학교 졸업, 한양대학교 대학원 관광학박사
현 한국슬로시티본부 연구위원, 슬로시티, 지역주민, 관광상품개발, 도시재생관광 관련 논문 30여 편과 『자연+Slow 관광학원론』(공저, 2014) 저술. 관광전문인력 양성을 위한 교육 프로그램 기획 및 국책사업 다수 수행, 보고서 20여 편 등이 있음

hjp@silla.ac.kr

제 2 장

관광과 엔터테인먼트의 신지평을 향하여

손 대 현 · 박 희 정

제1절 머리말: 열린 마음과 정락

철학자 칼 포퍼의 『열린 사회와 그 적들』에 의하면 사람이 금수와 다른 점은 닫힌 마음에서 열린 마음(open mind), 열린 세계(open world)에 사는 것이라 했는데 이 열린 세계의 가장 두드러진 특징 중 하나가 인간의 이동성(mobility)이다. 고도 산업사회에 살고 있는 현대인들은 뜨거운 이동 욕망에 사로잡혀 있으며 세계의 지구촌화 · 글로벌화는 상호이해 · 상호침투 · 상호발전을 맹렬히 촉발하고 있다. 심지어 21C는 삼류(三流)의 시대, 즉 인류(人流), 물류(物流), 신류(信流)가 크게 융성할 것으로 예측하고 있다. 오늘날 이 같은 신 방랑적 유목사회(new nomadic society)를 맞아 국민들은 해외에 나가 놀거리 + 먹거리 + 할거리 + 살거리 + 배울거리에서 많은 돈을 쓰고 돌아오지만 쓰는 돈 이상으로 많은 것을 배우고 두 눈이 열리면(開眼) 국부의 원동력(觀光國富論)이 된다는 것을 발견하였다. 본고에서는 놀이 | 레저 | 레크리에이션 | 여행 | 관광(PLRTG)과 엔터테인먼트(정락) 간 기본콘셉트의 통섭(consilience)이 콘텐츠와 창의성으로 유발된다는 신지평을 제안하고자 한다.

제2절 놀이 · 레저 · 레크리에이션 · 여행 · 관광에 대하여

실용주의란 신사고의 철학을 확립한 미국의 철학자 존 듀이는 사람이 동물과 분명히 다른 점 한 가지는 놀 줄(play) 안다는 능력이라 했다. 호이징하의 명저 『호모 루덴스』에서 사람은 놀기를 즐기는 본능을 통하여 비로소 문화예술을 소유하게 되었다고 한다.[1] 그는 철학, 정치, 법률,

예술, 축제, 과학과 학문, 경기 등의 기원이 놀이의 원시적 토양 속에 뿌리를 박고 있어 놀이의 자양에서 문화가 잉태하였다고 주장했다. 그 놀이의 본질은 재미이다. 그리스의 교육개념은 자유와 연결되어 있고 그들의 자유개념은 레저(leisure)와 맞물려 있다. 그리스어의 레저인 scholē는 영어의 school을 뜻하는 것으로 교육, 조용함, 평화 등을 의미하고 있다.[2)] 그리스어 아레테(ârétè)라는 말은 자유, 교육과 레저가 결합된 말로 이는 고상한 행동과 고상한 생각이 함께 있는 상태가 그리스인의 생활양식의 기초가 되었다. 관광도 레저의 한 형태로써 레저는 자신의 진정한 즐거움의 추구와 보람된 일을 할 수 있는 자유시간이란 뜻이다. 구미인들이 일하는 목적은 행복한 레저를 얻기 위해서라고 한다. 1일 3분법에서 즉 24시간 중 8시간은 노동시간, 8시간은 잠을 비롯한 생리시간이고 나머지 8시간은 레저의 시간이다. 이 시간이야말로 여유의 시간이요 사람의 시간이다. 레크리에이션(recreation)은 위락(慰樂)을 통한 재창조 · 재충전의 뜻을 강하게 내포하고 있으며 무릇 교육의 목적은 유익한 레크리에이션(재창조) 활동을 할 수 있는 사람을 만드는 데 있다.[3)]

15C는 르네상스 시대로 대항해가 시작되었고 16C에는 종교개혁의 시대, 17C는 과학혁명의 시대, 18C는 산업혁명과 인간해방의 시대, 19C는 민족해방의 시대, 20C는 빈곤해방의 시대요, 과학기술 문명시대라 한다면 21C는 대여행의 시대를 예견하고 있다. 인생은 나그네이다(homo viator). 영화계의 철학자 테오 앙겔로 플로스 감독의 「율리시스의 시선」에서 신이 만든 첫 번째 작품이 여행(travel)이다. 모든 여정의 끝은 새로운 여정의 시작이라는 말은 우리의 인생살이를 잘 압축하고 있다. 존 듀이의 실험을 통한 학습(learning by doing)이 있다면[4)] 여행을 통한 학습(learning by traveling)은 이미 화랑도의 산수유오사상에서도 잘 나타난다. 교육이 자신이 잘 모른다는 것을 깨달아 가는 과정이듯 깨달음을 찾아 떠나가는 순례자가 여행자의 참 모습이다. 그래서 가능한 여행은 자주 떠나 보는 게 좋고 많이 보는 자가 승리한다는 다시최량사상(多視最良思想)이란 술어가 일본에서 쓰이고 있다. 많은 지식은 여행을 통해서 얻게 되며 사람은 누구나 아는 것을 통해 관대해진다. 많이 알면 더 관대해진다. 사실 여행은 언제나 들어도 즐겁고 재미있고 설레며 건강한 사람치고 여행을 싫어하는 사람은 없다.

관광(GwanGwang)이란[*] 소박하게 말해서 어쨌든 보는 것이며 인간은 보아야 하는 무엇인가를 찾아서 여행을 떠나지 않고는 살 수 없다. 사람의 본질은 움직임(動物)이고 움직임(動)은 보

* 관광(觀光)이란 말을 한자 풀이 없이는 도저히 이해할 수 없다. 서양의 tourism 용어로서는 관광(GwanGwang)의 의미론(semantics)을 담아낼 수 없다. tourism이란 말은 17C에 웹스터 사전에 처음 등장되고 tour의 어원은 라틴어 tornus에서 나온 말로 영어의 turn에 해당, 즉 make a turn 하면 순회한다(패키지 투어의 성격)는 뜻이다. 고로 위에서 말한 관국지광의 관광이란 말을 tourism으로 쓰는 것은 매우 부적절한 표현이다. 서양의 것을 무조건 따라 하기보다 우리는 달리 써야 한다. 주역의 관광이란 술어의 home town은 동양이고 추종적으로 따르는 tourism보다 GwanGwang을 당당히 국제어로 사용하는 것이 바람직하다.

는 것(觀)이요, 보는 것은 변화이자(變) 즐거움(樂)이요, 즐거움은 자연(然), 즉 動·觀·變·樂·然인 것이다. 그리스어의 보는 것이 영어의 이론(theory)의 어원인데 이론이란 단순한 사변이 아니라 철저하게 봄으로써 얻어지는 것을 시사하고 있으니 보는 것은 참으로 의미심장한 일이다. 관광이란 말은 2500여 년 전에 쓰인 주역(周易)의 관국지광(觀國之光)에서 나온 말로[5] "타국의 문물(文物)을 보고 임금의 덕이 어떠한지를 꿰뚫어(觀徹) 보는 것"으로 이는 선비 정도의 안목이 있는 사람이라야 볼 수 있다고 했다. 관국지광 정신에 따르면 관광은 물리적인 햇빛을 보는 것이 아니라 한 국가의 정신문화적인 빛을 단순히 보는(見이나 視가 아님) 것이 아니고 식견이나 통찰력을 가지고 보아야 한다는 것이다. 보는 법, 즉 착안법(着眼法)은 정밀함과 거침, 짙음과 옅음이 양극을 이루고 있는데, '유람'은 놀면서 걷는 기분 정도로 보고 '소요'는 무목적으로 한가로이 보는 것이며 '관찰'은 사물을 자세히 보는 것이라면 '탐검(探檢)'은 손을 더듬어서 조사하는 수준이다.[6] 이렇듯 보는 법에도 대체로 유람·소요·관찰·탐검이 있다. 일반 곤충이나 나비도 여행(生存方式)은 하지만 관광은 사람(生活方式)만이 할 수 있다. 그래서 사람은 '관광하는 동물'이라 부를 수 있다. 관광행동에도 언뜻 보기에는 표층(유람과 소요)과 심층(관찰과 탐검)이 한 덩어리가 되어 상호작용하는 것인데 심층만 좋고 표층은 안 좋은 것이 아니라 양쪽 다 존재이유가 있다.

관광의 이념이 자유와 평화라면 관광의 본질은 문화행동과 문화접촉이라 할 수 있는데[7] 결국 관광의 탁월한 매력은 인간을 만나 이문화체험(cross-cultural experience)을 하는데 있다. 이렇듯 관광의 본래 뜻은 그냥 보는 것이 아니라 '관찰하며 보는 것'이다. 국민들이 해외에 나가 놀거리 + 먹거리 + 할거리 + 살거리 + 배울거리에서 많은 돈을 쓰고 돌아오지만 쓰는 돈 이상으로 두 눈이 열리면(開眼) 국부의 원동력(觀光國富論)이 되는 것이다. 관찰은 국력이다. 무릇 관찰력과 사고력은 같이 가는 법, 사물을 관찰하는 힘을 키우는 것이 국력이요 경쟁력이다. 따라서 관광은 관광 - 관심 - 관찰 - 창조로 이어지는 법이다. 또한 관광 = 체험산업 + 엔터테인먼트산업이기도 하다. 200년 전에 산업혁명이 일어났고 20년 전에 제조업에서 서비스업으로 10여 년 전에 서비스업에서 감성산업인 체험경제(experience economy)로 이동하였다.[8] 고도의 정서산업이요 고감성을 요하는 관광 비즈니스는 ⓔ요소 ⓢ요소와 ⓕ요소 없인 업의 존립이 어렵다. ⓔ요소인 entertainment element란 문화와 예술을 비즈니스화한 것이고 ⓢ요소인 showmanship element란 연출과 재미와 감동이다. 관광객의 2박 3일 체류는 마치 2시간 이내의 쇼 공연과 같이 드라마틱해야 한다. ⓕ요소인 funship element란 fun은 인간 행복의 core 요소요 21C 감성시대의 중요한 화두이다.[9]

사람은 일차적으로 의식주와 같은 요구(要求)충족적인 생의 본능을 추구하지만 거기에 그치지

않고 그 바탕 위에서 좀 더 좋은 삶의 추구와 빛의 발견, 즉 문화의 발견을 확보하는 것이 사람의 바람직한 삶의 경지이다. 그런 차원에서 보면 사람이란 자연적인 존재인 동시에 문화적인 존재이다. 이 사회적 상호작용(social interaction)의 촉발요인이 매력(콘텐츠)이고 만나고 상호작용하는 것이 인간의 본질이라면 바로 유기체 간 상호작용(interorganismal)이 곧 진정한 문화(文化)이다. 그래서 인(人)과 간(間) 사이에, 즉 인간은 문화라고 하는 공유된 생활경험으로 하여금 상호작용을 가능케 하는 것이다. 이 상호작용과 문화가 바로 관광의 으뜸 원리이다.

제3절 엔터테인먼트(정락)에 대하여

엔터테인먼트(entertainment, 이하 en)는 우리가 흔히 쓰는 오락·여흥이란 뜻의 어뮤즈먼트(amusement)보다는 한 차원 높은 것으로, en은 사람에게 즐거움(재미)과 감동(의미)을 주는 것이다. 그래서 엔터테인먼트의 키워드는 재미와 의미이다. 인간은 엔터테인(entertain)을 통해 생명을 유지(maintain)하고 삶을 지속(sustain)하여 결국 사람의 영역에 도달(attain)한다. 결국 엔터테인먼트는 사람이 사람의 자리에 도달케 하는 것이다.[10]

- Entertainment ≠ Amusement
- Entertainment + Maintainment + Sustainment = Attainment

우리나라의 en 연구는 아직 태동기에 있고 en 용어에 대한 우리말은 쾌락(快樂)이나 유락(遊樂)이란 말도 쓰이나 그다지 뉘앙스가 바람직하지 못해 하나의 조심스런 대안으로써 정락(情樂)이란 용어를 제안하고자 한다.[11] 정락이란 정(인간관계의 정)에 의한 즐거움, 정보에 대한 즐거움의 충족이란 뜻이다. IT의 핵심은 얼음인 ICE로 표현되는데 이 말은 Information + Communication + Entertainment의 머리글자로 얼음(ice)처럼 냉랭한 현대인에게 '사람냄새 나는 사회'를 지향하는 뜻을 담고 있다.

단적으로 말해서 en이란 사람의 심리가치인 喜·怒·哀·樂 중 기쁨(喜)과 즐거움(樂)이 en의 기본 개념인데 이 즐거움과 기쁨이란 재미가 문화가치와 경제가치란 엄청난 고부가가치(재창조)를 창출하기[12] 때문에 최근 현대인에게 각광을 받고 있다(해리포터의 소설과 쥬라기 파크의 영화 블록버스터 참조). 이 인간의 본원적 욕구의 결합인 en은 최근 정보 미디어의 발달로 en상품

(情樂商品), en산업(情樂産業)이 각광을 받고 있다. 인간이 지닌 능력 중 하나가 정보공간(사람과 사람 간의 커뮤니케이션)에서 놀 수 있는 능력을 가진 점이다. 영화, 드라마, 애니메이션과 게임 등은 인간에게 정보를 전달하여 인간으로 하여금 그 정보공간으로 유입되어 기쁨을 추구할 수 있게 하는 것이다. 이 같은 세계의 트렌드에 맞춰 기업이 존속하기 위한 패러다임으로써 엔터테이닝성(entetaining)이란 즐겁고 기쁜 사명감을 갖는 것이 곧 기업의 정체성이 된다는 발상의 전환이 필요하다. 그 이유는 유저에게 en의 재미는 바로 그 느낌을 통해 진가를 아는 진리(truth)이며, 감동은 엄청난 부를 창조하는 큰 힘을 가진 권력(power)이요 en은 정과 사랑이란 측면에서 밝고 즐거운 것이므로 마땅히 사람이 추구해야 되는 옳은 길인 정의(justice)이기 때문이다.[13] 단지 종래의 소비자 지향이나 소비자 만족을 넘어 아무튼 진정 소비자가 좋아하는 것을 발견해야 하는 en법칙을 터득해야 생존할 수 있을 것이다. 한류의 본류에도 en-factor, 즉 엔터테인먼트 팩터가 탑재되어 있기 때문에 그 파급효과가 세상에 편만(遍滿 ubiquitous)하였고 고환율의 여파를 타고 일본인의 급격한 방한 증가도 아직 한류의 영향이 미치고 있다는 증거이다.

en의 영역은 문화원형 + 예술 + 미디어 + 레저 · 관광 + 전산업으로 파급, 총체적 파이는 확대일로이고 콘텐츠 내용도 실로 광범위하다. 특히 인터넷과 디지털 혁명에 힘입어 en은 벌써 자이언트 산업의 반열에 들어섰고 다원 en의 초고속 네트워크와 콘텐츠의 링크로 en의 잠재력은 무한 확장이 가능하다. en의 주요 장르와 시장은 다음과 같다. 문화원형으로써 단군문화, 4국 시대 문화, 한마당 · 풍류도, 종교문화 등이며 예술에는 영화, 음악, 공연, 연주, 미술, 패션, 애니메이션, 캐릭터와 만화 등이며 미디어에서는 지상파와 케이블 TV, 신문과 잡지, 책, 인터넷, 모바일 등이며 레저 · 관광부문으로써는 스포츠, 게임, 관광, 항공, 테마파크, 리조트, 레스토랑, 카지노 등이며 전 산업으로 확대일로인데 예컨대 edutainment(교육 + 엔터테인먼트), shoppertainment (쇼핑), eatertainment(식도락), healthtainment(건강), sportainment(스포츠), politainment(정치) 등이다.

제4절 PLRTG와 en의 통섭에서 창의성 + 콘텐츠로

앞서 설명한 PLRTG와 엔터테인먼트 행동을 유발하고 또한 이들이 지향하는 핵심 목표는 즐거움과 기쁨, 재미와 의미, 체험 등이다. 이들 요소가 곧 콘텐츠이며(매력창출) 이 콘텐츠 요소가 바로 상상력과 창의력으로 연결되는데 그 이유는 창조는 우뇌 사용과 깊은 관계가 있기 때문이

다. 21C의 생존무기는 창의력이다. 지금은 독선과 독재의 시대는 이미 가고 독창의 시대가 꽃피었기 때문이다. 그 개화의 힘은 단순한 지식의 통합(integration)과 융합(convergence)에서 인문학과 자연과학의 다양한 접학과 연관성을 가지는 통섭(統攝, consilience)으로 발휘되며[14] 이것이 창의로 유도된다.

현대를 콘텐츠(contents)의 전쟁시대라 부른다. 콘텐츠란 각종 미디어에 들어간 정보내용을 일컫는데 그 정보란 디지털 방식으로 제작해 유통하는 각종 자료 또는 지식의 집합으로 정의된다. 관광과 en산업과 같은 고감성적 정서상품의 본질은 창의성 + 콘텐츠이다. 관광업은 관광자가 찾는 진정한 정보내용이 무엇인가를 꿰뚫어야 한다. '콘텐츠'는 HW와 SW를 빛나게 하는 실체인데 그 빛나게 하는 것이 무엇인가? 관광자에게 소구력이 있는 콘텐츠란 재미 + 스토리텔링(의미) + 체험 등의 '매력'이 그 본질이요 생명이다.[15] 이 매력이 바로 빛나게 하는 빛이다. 지금은 대박을 쳤던 블록버스트, 즉 대장금과 겨울연가와 같은 킬러콘텐츠(killer contents)를 대망하는 시대이다. 그리고 새롭고 신기한 콘텐츠의 '창의성'에 대해 대중들은 쉽게 싫증을 내는 변덕스러움이 가장 큰 숙제이다. 지금은 모든 것이 엔터테이닝성(entertaining)을 지녀야 하는데 그 이유는 재미있는 콘텐츠가 잘 팔리며 호황일 때 곧 닥칠 불황(변덕, 변화)에 대비하는 실리콘밸리 스타일인, 부정개념 반대개념인 안티테제(antithesis) 등을 미리 연구 고안해야 한다. 모든 산업에 대변혁을 몰고 온 멀티미디어를 '방아쇠'라고 한다면 콘텐츠는 마케팅 전쟁에서 '실탄'과도 같다. 현대 소비 경쟁 시대의 최대 관건을 압축적으로 표현하면 'contents war'라 할 수 있다. 관광콘텐츠는 고객을 끄는 힘 콘텐츠, 즉 문자, 음성, 영상 등의 미디어를 통하여 어떻게 하면 고객을 즐겁게 하고, 웃기게 하며, 고객의 흥미를 끌고, 고객에게 정보 제공 등이 재미, 스토리텔링, 체험(기방문자의)의 형태로써 경제적 가치, 문화예술 가치를 창출하는 모종의 실탄인 것이다. 과거가 콘텐츠의 빈곤시대라 한다면 지금은 창의적 콘텐츠의 빈곤시대라 할 수 있다.

앞에서 말한 바와 같이 관광은 새로움과 콘텐츠가 본질이요 생명인데 이 '새로움'에 대해 대중들은 쉽게 '싫증'을 내는 변덕스러움이 가장 큰 문제라고 했다. 몸 길이 2~3mm, 10일도 못 사는 '초파리'는 끊임없는 진화로 여태까지 도태되지 않고 생존하고 있다. 비즈니스는 세계의 발을 디뎌본 이라면 강한 자가 약한 자를 누른다는 정글의 법칙, 승자가 모든 이익을 취한다는 게임의 법칙, 생과 사의 운명이 갈린다는 전쟁의 법칙 등이 지배하고 있음을 잘 알 것이다. 제품의 기획 → 제조 → 마케팅 → 유통에 이르는 전 과정을 클락스피드(컴퓨터 용어로 처리속도 clock speed)로, 그리고 이 진행과정을 감독, 디자인하는 것을 '공급사슬망설계(SCD: supply chain design)'라 한다. 초파리같이 기업의 생존을 연장시켜 주는 것은 SCD에 달렸다.[16] 전 세계의 클락속도 · 진화속도가 매우 빨라짐에 따라 지배기간은 더욱 짧아지므로 기업의 초핵심역량의 해법은 SCD이고 관광콘텐츠의 프로바이더(providers)가 SCD이다. IBM의 잘못된 의사결정으로 인텔지배에 결정적인 단서를 제공하였다. '반지의 제왕'이 3년에 걸쳐 완성되어 3년 동안 관객에게 선보였지만 디지털 기술이 없었더라면 제작기간은 아마도 10년 이상 늘어날 수 있었을 것이다. 과거 10년의 클락속도를 가진 영화산업이 3년으로 줄어든 것이다.

이 같은 산업 진화속도의 단축은 관광, 자동차, 대학에서도 고속화가 일어나는데 이는 바로 현대 소비자의 싫증과 유관한 것이다. 자동차의 부품 수는 3만 점이다. 이 제품은 항상 품질 향상과 코스트 다운이 요구되며 자동차라는 플랫폼을 둘러싸고 부품 메이커끼리의 극심한 경쟁이 전개된다. 여기서도 오디션(audition)이란 공개 경쟁선발이 적용된다. 관광산업은 고도의 '감성상품'과 같은 감성경쟁력의 속성과 고변화를 요하므로 창의성+콘텐츠가 생명이다. 리빙투어리즘(living tourism)의 말대로 관광은 살아 있는 생명체이다. 왜냐하면 방한 관광객의 연령층을 보면 40세까지가 전체 방문객의 60%가 넘는 젊은 층 고객이며 이들은 늘 새로움(창의성)을 찾으며 쉽게 싫증을 내는 매우 변덕스러운 손님이라는 사실을 명심해야 한다. 그러므로 창의성과 콘텐츠의 무장이 급선무이며 관광산업계는 관광콘텐츠 마인드가 어떠하냐 따라 성패가 결정된다고 할 수 있다. 한국 관광제품에 대해 그들이 싫증을 느끼기 전에 우리는 새로운 콘텐츠 카드를 내놓아야 한다.

제5절 마무리: 한국문화 · 관광의 창조론

PLRTG와 엔터테인먼트 행동을 유발하고 또한 이들이 지향하는 핵심 목표는 즐거움과 기쁨, 재미와 의미, 체험 등의 사냥이다. 이들 요소가 콘텐츠(contents)이며 이 콘텐츠 요소가 곧 상상력과 창의력으로 꽃피는데 이 개화의 힘은 인문학과 자연과학의 통섭으로 발휘되는 것이다. 오늘날 기업과 정부, 또 어떤 조직을 막론하고 끊임없이 새로운 매력과 활력과 비전(飛展)을 주기 위해서 "스스로 재창조하지 않으면 안 된다." entertainment economy에서 가장 위대한 wild card는 창의성이다. 무릇 모든 아이디어와 상상력의 발창은 여유 · 재미 · 즐거움을 느낄 때 생겨난다. 글로벌 산업인 관광을 통해 세계인이 다 좋아하고 존경하도록 독특한 한국문화와 한국관광의 창조론이 필요하다. 전 세계가 클락속도로 진화속도가 빨라지고 지배기간이 짧을수록 새로운 콘텐츠를 송출하는 프로바이더가 돼야 할 것이다.

참고문헌

1) J. 호이징하(1984). 『호모 루덴스』. 김윤수 역. 까치.

2) Werner Jaeger(1943). Paedia.: *The Ideals of Greek Culture*. NY: Oxford University Press, Vol.1, P.5.

3) Jay B. Nash. Spectatoris. NY: Dodd, Mead and Co., 1932, p.65.

4) ① Jay S. Shivers. *Leisure and Recreation Concepts: A Critical Analysis*. MA: Boston, Allyn and Bacon, 1981), p.150.
② 손대현. 『한국문화의 매력과 관광이해』. 백산출판사, 2008, 56쪽.

5) 安岡正篤(1981). 『易學入門』 채수암 역. 서울: 일한문화출판사 한국지점, 133쪽.

6) ① 高井薫(1991). 『観光 の 構造』. 京都: 行路社, 77-167面.
② 손대현(1995). "사람은 관광하는 동물이다: 관광의미론". 「관광학연구」 제18권 제2호. 200-203쪽.

7) 손대현(2008). 위의 책. 107쪽.

8) 손대현 편저(2005). 『문화를 비즈니스로 승화시킨 엔터테인먼트산업』. 김영사, 56-100쪽.

9) 손대현(2009). 『재미』. 산호와 진주.

10) 손대현(2005). 위의 책. 10쪽.

11) 손대현(2007). "한국엔터테인먼트산업과 한류분석". 「관광 · 레저연구」 제19권 제2호(통권 제39호), 5, 344쪽.

12) 山根節(2001). 『エンタテインメント 發想 の 經營學』. 東京: ダイヤモンド社.

13) 손대현(2005). "엔터테인먼트 담론". 「관광과 엔터테인먼트연구」. Vol.4.

14) Edward O. Wilson(2008). The UB interview with Wilson, interviewed by 이나경 *Unitas Brand*. Vol.7, 41쪽.

15) ① 손대현. "손대현 관광이야기: 싫증과 contents war". www.korea.kr
② 손대현(2007). "한국관광산업 50년 연구". 「관광학연구」 제31권 제6호, 387쪽.

16) Malcom Gladwell(2005). 『첫 2초의 힘 블링크』. 21C북스.

제 3 장

영상미디어관광의 이해

이후석

한세대학교 국제관광학과 교수

동국대학교 및 同대학원 지리학과(관광지리학:문학박사)
광주대학교 경상대학 관광학과 교수역임
한세대학교 학생처장, 평생교육원장 역임
University of Utah 객원교수 역임
한국관광학회 부회장 · 한국관광연구학회 회장 역임
『관광자원의 이해』 외 15권의 저서와 "The Relationship between the Slow city Tourists' Experience Types and Rural Amenity(2015)" 외 80여 편의 논문이 있음

husuklee@hansei.ac.kr

오민재

관광 · 레저산업인적자원개발위원회 책임연구원

경희대학교 대학원 호텔관광학과 외래교수
경희대학교 대학원 호텔관광학과 졸업(관광학박사)
한국관광학회 회원, 한국관광연구학회 편집부위원장
『최신관광법규』 외 4권의 저서와 "확장된 계획행동이론을 적용한 부산국제영화제 방문객의 행동의도 분석(2016)" 등 50여 편의 논문이 있음

minjoh@empas.com

제 3 장

영상미디어관광의 이해

이 후 석 · 오 민 재

제1절 영상미디어관광의 개념과 유형

1. 영상미디어관광의 개념

(1) 영상과 영상미디어

영상이란 사전적인 의미로 "빛의 굴절이나 반사에 의하여 물체의 상(像)이 비추어진 것, 혹은 영화 · TV 등에 비추어진 상, 그리고 머릿속에 그려지는 모습이나 광경"으로 정의되고 있다. 그것은 물리적, 매체적, 이미지적 의미가 함축되어 있는 것이다. 본래 '영상'은 이미지(image)와 같이 추상적인 의미이지만 매체적, 물리적 차원의 개념은 '필름(film)'처럼 구체적이다. 영상물이란 필름처리로 가공되어 기계적 장치에 의해 전달되기 때문에 영상의 대표적 메커니즘의 산물이 카메라를 통해 이미지로 표현되는 것이다.[1)]

영상미디어는 작품을 영상으로 전달하는 매체를 뜻하며, 영화 · 비디오 · TV 등이 이에 속한다. 영상미디어는 특정 내용(contents)의 기계적인 수집, 제작, 처리를 통하여 생산된 콘텐츠를 다시 광학적, 전자적 장치로 재생하여 일정시간과 공간에서 불특정 다수의 수용자들이 이용할 수 있는 영역'을 말한다.[2)]

오늘날은 영상미디어가 확산되어 영상물의 활용이 일상화되고 매스미디어와 컴퓨터 테크놀로지의 화려한 결합을 통하여 그 어느 시대보다 대중문화 창달이 활발하다. 영상미디어는 '상징의 영역이라는 점에서 보면 "이미지의 영역"보다도 넓은 의미의 커뮤니케이션 수단이 되며, 영상의 생산과 해석은 문자보다 더 큰 영향력을 발휘할 수 있다. 영화 혹은 TV 드라마의 영상미디어에 나타난 아름다운 자연환경, 특징적인 시설뿐만 아니라 흥미로운 줄거리, 주제(theme), 주인공의

매력(attractions) 등이 상징적(symbolic)으로 인식되어 관광동기의 유인요소로써 작용한다.[3] 이와 같이 상징적 이미지에 크게 영향을 미치는 매스미디어는 대중문화와 관련되어 후기산업사회에서 수많은 일상생활 중 주요한 부분을 차지함으로써 레저 · 관광에서 그 위치를 확고히 하고 있다.[4]

(2) 영상미디어와 관광

대중매체를 통한 영상물은 시청자들을 감동시키고 학습시켜서 그것을 통해 형성된 관광이미지가 관광행동을 유발하기 때문에 영향력이 강한 관광매체로 부각되고 있다. 특히 근래에 드라마나 영화의 배경지로 사용된 장소가 관광명소로 발전되는 경우가 증가함에 따라 영상미디어를 통한 관광이미지 형성에 대한 관심이 커지고 있다. 더욱이, 문화경쟁시대인 21세기에는 대중문화가 급속도로 성장하여 영화, TV드라마 등의 대중매체의 영향으로 곳곳에 촬영지를 중심으로 하는 새로운 관광지가 형성되고 있다.[5]

미래에는 앞으로 보다 많은 사람들이 인쇄미디어 정보보다 시각적인 미디어를 통한 정보에 더 의존해갈 것이다. 이러한 추세는 관광객의 의사결정과정 측면에서 중요한 의미를 부여한다. 영화, TV, 비디오 등과 같은 영상물을 통하여 사람들은 대리경험(anticipation)을 한 결과로서 그 장소에 대한 관심과 친밀성을 형성, 지속시켜 주기 때문에 향후 관광목적지로 선택할 가능성이 높다.[6]

한편, 포스트모던 사회에서 관광은 소비되는 하나의 일용품이 되었으며, 항상 시각적이고 극적인 특성과 관련되는 경향이 있다. 포스트모더니즘 시대에는 지속적인 이미지 자료를 제공하는 영상미디어들의 구성된 이미지(framed image)를 통해서 포스트 관광객(post-tourist)들이 세상을 경험하게 된다. 포스트 투어리스트는 영화와 TV드라마 등을 통해 온갖 종류의 장소를 체험하며, 장시간에 걸쳐 반복적으로 그 장소를 체험한다.[7] 영화나 TV드라마에서 보여지는 장소는 잠재적 관광자가 될 수 있는 시청자들을 유인하는 요소(pull factor)들이 풍부하다. 관광지에 대한 이미지 형성과정에서 영화, TV프로그램 같은 영상미디어는 짧은 시간에 목적지에 대한 상당한 영향력을 미칠 수 있다. 게다가 사람들은 관광지 광고와 비교했을 때 비교적 편견이 없는 이러한 정보를 바탕으로 평가하는 것을 선호한다.[8]

(3) 영상미디어관광

영상미디어관광이라는 용어가 영어권에서는 'movie induced tourism' 또는 'film(induced) tourism', 'screen tourism' 등으로 주로 쓰고 있는데, 그 단어는 일반적으로 영화뿐만 아니라 TV 드라마나 비디오까지 포괄하는 넓은 의미로 사용되고 있다.

Beeton[9]은 영상미디어관광의 범위를 영화나 TV프로그램의 실내 및 야외촬영지의 방문 그리고 영상과 관련된 테마파크, 촬영 스튜디오의 방문까지도 포함시키고 있다. Connell과 Meyer[10]는 영상미디어관광이라는 용어를 영화, TV프로그램, 비디오, DVD 등 크고 작은 스크린 제작물에 의해 발생된 관광으로 정의한다. 영국관광청은 영상미디어관광(Film Tourism)이란 영화와 TV 드라마로 알려진 후 이에 영향을 받은 관광객들이 촬영지를 방문하는 경우를 의미한다. 스코틀랜드 관광청은 영화, TV드라마, 비디오 등의 촬영지에 대한 스토리를 통해서 관광객을 유치하는 것을 영상미디어관광이라고 하였다.[11]

최정수[12]는 일반적으로 영상미디어관광은 영화, TV드라마, 비디오, DVD, 광고 등 다양한 영상물 속에 나타난 장소로 관광객을 유인하는 것이라 말하고, 이의 대표적 사례로 한류관광을 들고 있다.

박양우[13]는 영상미디어관광이란 영화, TV드라마, 비디오, 광고 등 영상물 속에 나타난 장소, 매력물, 이야기 등을 활용하여 이와 연관되는 직간접의 장소에 관광객을 유치하기 위한 제반활동으로 정의한다.

따라서 영상미디어관광은 영화나 TV드라마, 비디오, DVD, 광고, 기타 영상물에 노출된 장소 및 매력물을 대상으로 하는 관광객의 관광활동을 통해서 형성되는 새로운 의미의 관광현상으로 그 개념을 정의할 수 있다.

2. 영상미디어관광의 유형

영상미디어관광은 다양한 방식으로 유형화할 수 있다.

〈표 3-1〉 영상미디어관광의 유형과 특징

유형		특징	예
야외 촬영지 관광	관광동기 부여자	영화촬영지는 관광동기가 될 수 있을 정도로 충분한 유인 매력물임	Mull 섬(영화 Balamory)
	휴양의 일부 활동	비교적 장기간 휴가기간 중 영화 촬영지나 스튜디오의 방문이 관광활동 중 하나로 포함됨	
	영화촬영지 순례	영화에 대한 경의를 표하기 위해 영화촬영지를 방문함	Doune 성(반지의 제왕 촬영지)

유형		특징	예
	명사 또는 명성지 영상관광	명사의 집이나 영화촬영지가 명성을 갖고 있던 곳 관광	할리우드 가정들
	향수적 영상관광	다른 시대를 대표하는 영화 속의 촬영지 방문	영화 방황의 도시(Heart Beat)의 1960년대 촬영지
상업적 관광	영상관광매력물의 건축	영화촬영 이후에도 관광객을 유인하기 위한 시설물 건축	영화 방황의 도시 촬영지 경험(영국 Whitby)
	영상촬영지 기획관광	다양한 영상물 촬영지 기획관광	촬영지 관광형태
	영상로케이션 세트장 안내관광	특정 촬영지(가끔 사유지) 방문	반지의 제왕의 호빗마을
스튜디오(테마파크) 관광	영화 스튜디오 관광	영화제작 스튜디오 관람하며, 실제 영화제작과정을 관광함	파라마운트 스튜디오
	테마파크로서 촬영 스튜디오	대개 스튜디오에 인접한 곳에 관광객을 위하여 시설을 만드나 실제로 영화가 촬영되지는 않음	유니버설스튜디오
무대 촬영지 또는 스토리 배경지 관광	영화스토리 배경지가 아닌 촬영지 관광	한 장소에서 촬영했으나 재정적 이유로 다른 장소, 가끔 다른 나라처럼 보이게 하는 영화나 TV시리즈	Deliverance, Clayburn Country (영화배경은 Appalachia였지만 실제로 촬영된 장소)
	촬영지가 아닌 영화스토리 배경지 관광	이야기의 배경이 되지만 실제로 촬영되지는 않은 특정한 국가, 지역 또는 장소에 대한 관심을 야기하는 영상물	Braveheart, 스코틀랜드 (실제로는 아일랜드에서 촬영)
영상 이벤트	영화초연 및 특별개봉	할리우드와 같은 전통적인 촬영지 외의 장소에서 개최	반지의 제왕: 왕의 귀환(뉴질랜드) 미션 임파서블(시드니)
	영화축제	다양한 도시에서 펼쳐지는 영화축제	칸영화 축제 베니스 영화제
간접 체험	텔레비전 여행 프로그램	여행 가이드북이나 여행영화의 후속 프로그램	Getaway, Pilot Guides
	음식기행 프로그램	세계 다양한 음식을 시청자에게 제공함	Cook's Tour 프로그램

자료: Beeton(2005). Film-Inducud Tourism. Clevedon. UK: Channel View Publications.
박양우(2006). 영상관광의 현황과 활성화 방안. 『한국관광정책』. 2006. 통권 제24호. 한국문화관광정책연구원.

Beeton은 영상미디어관광을 촬영장소로 이용된 곳뿐만 아니라 스토리 배경이 되는 장소, 촬영지를 이용한 투어프로그램, 타 지역 안내프로그램 등 보다 폭넓은 시각으로 바라보면서 야외촬영지 관광, 상업적 관광, 스튜디오(테마파크) 관광, 무대촬영지 또는 스토리 배경지 관광, 영상이벤트관광, 간접체험 관광 등 6개의 유형으로 분류하고 16개 세부유형으로 구분하고 있다(표

3-1〉 참조).

영상미디어관광의 유형은 그 분류기준에 따라 다양하게 구분할 수 있다. 그러나 영상미디어관광은 영상차원에서 관광자로 하여금 어떤 이미지와 동기를 부여했는가 하는 점이 관건이 될 것이다. 그러므로 그 유형 구분의 기준은 첫째로, 작품의 스토리와 관련하여 형성된 경관이미지에 유인된 것. 둘째로, 스토리와 관련되어 이미지화된 시설과 관련하여 방문하는 것. 셋째로, 한시적인 영상 관련행사에 이끌려 방문하는 것. 이와 같은 세 가지 차원에서 영상미디어관광의 유형은 ① 영상경관형, ② 영상시설형, ③ 영상이벤트형으로 분류할 수 있다(〈표 3-2〉 참조).

〈표 3-2〉 영상미디어관광의 유형

유형	세부 유형	작품명, 시설명	장소	지역
영상경관형	영상 자연경관	올인 모래시계 가을동화	섭지코지 정동진 예천	제주도 강원도 경상북도
	영상 인문경관	궁 친구 실미도 겨울연가 서편제	안압지 부산 실미도 역사현장 춘천 완도 청산도	경상북도 부산 인천 강원도 전라남도
영상시설형	영상 세트장	남양주종합촬영소 영상문화단지 완도청해포구촬영장 우르크태백부대세트장 KBS촬영소 MBC촬영소 SBS촬영소	남양주 파주 완도 태백 문경 양주 제천	경기도 경기도 전라남도 강원도 경상북도 경기도 충청북도
	영상 주제공원	암살 불멸의 이순신 대조영 주몽 태왕사신기	합천영상테마파크 부안영상테마파크 설악씨네마 나주영상테마파크 파크써던랜드	경상남도 전라북도 강원도 전라남도 제주도
영상이벤트형	영화제	부산국제영화제 부천국제판타스틱영화제 전주국제영화제 광주국제영화제	부산 부천 전주 광주	부산 경기도 전라북도 광주

자료: 한국관광공사 및 각 인터넷 홈페이지 검색을 통해 저자 작성.

제2절 영상미디어관광의 발달과 이미지

1. 영상미디어관광의 발달

(1) 영상미디어관광의 등장

오늘날 사람들의 레저활동 가운데 TV시청이 가장 높은 빈도로 나타나고 있다. 그것은 후기산업사회에서 대중의 일상생활에 매스미디어가 밀접하게 관련되고 있다는 점을 말해준다. TV드라마나 영화를 통해서 간접 경험된 그 영상촬영지에 대하여 시청자들의 관심이 집중되는 것을 계기로 영상미디어관광이라는 새로운 차원의 관광이 등장한다. 특히 2000년대 들어 한국 드라마와 영화의 경쟁력이 강화되면서 국내관광뿐만 아니라 인바운드 관광에서도 영상미디어관광의 중요성은 매우 증대되고 있다.

SBS에서 1995년에 방영된 모래시계 촬영지인 정동진이 관광명소화된 시점을 영상미디어관광의 시발점으로 볼 수 있다. '남이섬'을 주 무대로 2002년에 방영된 KBS드라마 '겨울연가'는 국내관광객뿐만 아니라 일본 중고령 여성을 중심으로 하는 외래객을 유치하여 드라마의 종영 후에도 지속적으로 관광객이 증가하였다.

최근에는 2014년 드라마 「별에서 온 그대」는 한국 대중문화와 경제 등 여러 분야에 그 영향을 끼쳤다. 한류 위기 및 침체 시장으로 거론되었던 중국에 다시 한류열풍을 불러일으켰으며, 주인공 대사 한마디가 중국에서 전에 없던 문화를 만들기도 하였다. 드라마 장면 중 여주인공(전지현)이 창밖에 내리는 눈을 바라보며 "첫눈이 오는 날에는 치맥(치킨과 맥주)이 땡긴다"라고 했던 대사 한마디가 중국을 치맥 열풍에 빠지게 했다. 웨이보(新浪微博, weibo.com)에 2014년 2월 13일 하루에만 치맥 관련 포스트가 286만 8,021건을 기록했으며, 이를 통해 인해 중국인들은 현지에서 치맥문화를 즐길 수 있게 되었다. 이러한 치맥에 대한 중국인들의 열기는 중국대륙을 벗어나 한국까지 이어져 우리나라 치킨매장의 매출신장에 큰 기여를 하기도 했다.[14)]

또한, 드라마 「별에서 온 그대」의 자취를 찾아 한국을 찾는 요우커가 증가했으며, 드라마의 인기에 힘입어 촬영지들이 새로운 관광코스로 부각되었다. 드라마 배경으로 나온 N서울타워 루프테라스를 비롯해 경기도 가평군 쁘띠프랑스, 인천시립박물관, 인천대 송도캠퍼스 등을 찾는 중국인 관광객 수가 크게 증가했으며, 드라마 속 도민준의 서재와 천송이의 침실이 새로운 웨딩촬영의 명소로 떠오르는 등 드라마 배경이 장소마케팅의 공간으로 자리 잡게 되었다.[15)]

그림 3-1 웨이보(weibo)의 「치맥」 검색량 추이와 중국인 관광객 인바운드 추이

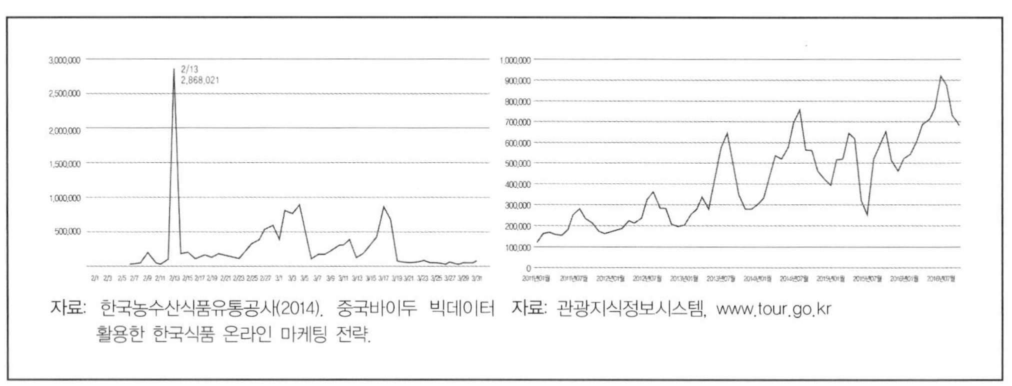

자료: 한국농수산식품유통공사(2014). 중국바이두 빅데이터 활용한 한국식품 온라인 마케팅 전략.

자료: 관광지식정보시스템, www.tour.go.kr

(2) 영상미디어관광의 발달

한국에서는 21세기를 맞이하면서 본격적으로 영상미디어관광이 활기를 띠게 된다. 예를 들면 KBS에서 계절 시리즈 드라마로 방영한 가을동화(2000년)는 아바이마을, 겨울연가(2002년)는 남이섬, 여름향기(2003년)는 보성 녹차밭과 무주리조트를, 봄의 왈츠(2006년)는 완도의 청산도를 관광명소로 만들었다. 또한, 최근 드라마 태양의 후예(2016년)는 평균 시청률 38.8%, 중국 온라인 조회수 30억 뷰[16]에 이르는 인기로 인해 우르크 태백부대 세트장(강원도 태백시)은 중국, 일본, 홍콩, 대만, 말레이시아 등 외국인 관광객뿐만 아니라 국내 관광객의 방문이 크게 늘어나면서 태백시의 관광명소가 되었다.

〈사진 1〉 드라마 '별에서 온 그대'와 '태양의 후예'

그림 3-2 태양의 후예 강원도 태백세트장의 주중 · 주말 평균관광객과 총관광객 추이

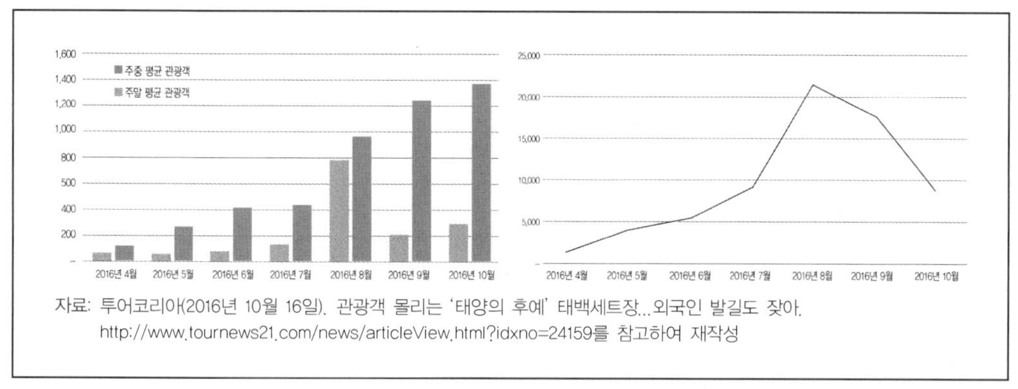

자료: 투어코리아(2016년 10월 16일). 관광객 몰리는 '태양의 후예' 태백세트장...외국인 발길도 잦아. http://www.tournews21.com/news/articleView.html?idxno=24159를 참고하여 재작성

외국의 영상 촬영지의 관광상품화는 경제적 파급효과뿐만 아니라 사회문화적 파급효과를 발생시키고, 타 산업과의 시너지 효과가 크다. '반지의 제왕', '호빗' 촬영지인 뉴질랜드에서는 '프로도 경제효과(Frodo Economy Effect)'라는 신조어가 나왔을 만큼 영화로 인한 경제적 효과는 높게 나타났으며, 관광산업에만 38억 달러의 수입을 안겨주고 매년 3.3%의 관광객 증가를 이끌어냈다.[17)]

〈사진 2〉 영화 '반지의 제왕'과 '호빗'

2. 영상미디어의 관광이미지

(1) 장소 이미지

관광자는 영상미디어를 통하여 나름대로 장소에 대한 시선을 형성하게 되고, 그 이미지가 축적되어 관광지 방문욕구가 발생하게 된다. 그것은 미디어의 표현을 통해 대중들의 상상 속에서

장소에 대한 이미지와 정체성이 형성되기 때문이다.[18)]

TV나 영화와 같은 영상미디어를 통해서 보여지는 장소는 잠재적 관광자로 하여금 관광지에 대한 긍정적인 기대를 형성케 하여 관광지로 그들이 실제로 유인되도록 한다. 장소 이미지가 영화나 TV로 인해 기존의 전통적인 관광 홍보활동보다 장기간 노출이 될 수 있고, 특별한 기술효과 그리고 유명한 배우와의 관련성, 매력적인 배경 등을 통해서 보는 사람의 기억 속에 오래 남게 되며, 스토리 역시 흥미진진하여 독특한 관광경험의 토대가 된다. 무엇보다도 영화 혹은 TV드라마의 스토리를 통해 관광객들이 그 장소에 대한 간접 경험을 할 수 있다.[19)] 영상물 속의 배경은 관광자의 관광욕구를 형성하기에 충분한 아름다운 자연환경, 음식, 호텔, 호스피탈리티, 편안하게 휴식을 취할 수 있는 장소로 인식된다.[20)] 다시 말해서 영상미디어가 사람들의 장소에 대한 이미지, 정보 그리고 인식을 통해 관광동기를 부여한다.

(2) 관광목적지 이미지

관광목적지 이미지란 장소를 중심으로 이루어진 하나의 연상체계로서 장소에 관한 감정을 포함하기 때문에 소비자들이 영상미디어를 통해 느낀 감정은 관광목적지 이미지에 영향을 미칠 수 있다.[21)] 영화나 TV 프로그램은 관광목적지의 지리학적 장소에 관한 정보만을 제공하는 것이 아니라, 관광목적지의 긍정적 이미지, 가보고 싶은 흥미와 친숙성까지 제공함으로써 관광자의 의사결정과정 측면에서 중요한 의미를 갖는다.[22)] 관광목적지로서의 하와이의 이미지는 1920년대부터 시작된 하와이에 대한 여러 가지 영화, TV 영상 등 다양한 영상미디어에 의해서 만들어진 이미지라는 점이다.

잠재 관광자들은 영상미디어라는 커뮤니케이션 수단을 통해 직접적인 방문에 앞서 미리 특정 장소를 체험하고 이미지를 형성하여 실제 방문계획을 세우게 된다.[23)] 관광목적지를 인식하는 관광자의 관점은 대중매체에 의해서 길들여진 결과로서, 자연적으로 완전한 관광지는 없으며, 관광지란 인간의 개입을 통해 사회 · 문화적으로 구성되는 것이다.[24)] 그러므로 영상미디어의 내용과 소재는 관광목적지 이미지를 형성하여 관광목적지에 대한 이미지를 긍정 또는 부정으로 바꿀 수 있으므로 관광목적지 이미지를 지속적으로 개발 · 발전시켜야 한다.[25)]

(3) 이미지의 국제화

한국의 TV드라마나 영화를 통한 영상미디어관광지에 대한 이미지의 국제화 산물이 이른바 한류현상으로 나타나고 있다. 1990년대 대만과 중국 지역에서 한국드라마의 진출과 더불어 생성되

기 시작한 한류열풍은 홍콩, 베트남, 싱가포르, 태국, 몽골 그리고 러시아 지역까지 확산되고 있으며 다양한 분야에 걸쳐 확대되고 있다. 한류현상은 한국을 방문하고자 하는 욕구를 높일 뿐만 아니라 한국에 대한 국가이미지를 제고시켜 한국제품에 대한 구매의욕을 높이고 나아가 국제문화교류는 물론 국가경제 발전에 큰 동력이 되고 있다. 따라서 한류현상은 해외관광마케팅 활동에 있어 대단히 효율적인 수단이 되고 있다. 한류를 활용한 관광홍보활동은 결과적으로 한류열풍이 심화, 지속화되는 순환작용을 통해 그 시너지 효과가 크게 나타나고 있다.

한류는 우리나라의 위상을 높여 역전된 문화 흐름 구조를 만들어내고 있다는 점에서 그 의의가 큰 것이다. 한류는 문화적 현상이지만 문화적 효과에 의해 산업적 효과로 연결된다. 문화는 사람들의 의식과 생활에 영향을 주며 문화 수출이 활성화되면 한국의 국가이미지와 신뢰도가 상승하게 된다. 영상미디어관광상품은 상품 그 자체뿐만 아니라 그것을 둘러싸고 있는 이미지의 파급효과가 크기 때문에 한국 상품의 국제경쟁력 향상을 도모할 수 있다.

한류의 파급효과는 국가이미지 제고를 통해 한국 상품수출 확산에 영향을 줄 뿐만 아니라 외래객 유치에 도움을 주고 있다. 한류의 영향력이 미치는 지역에서 한국에 대한 이미지 중 많은 부분이 한국에서 수출된 한류상품, 즉 영상미디어를 통해 형성되고 있다는 사실은 시사하는 바가 크다.

제3절 영상미디어관광의 영향과 과제

1. 영상미디어관광의 영향

(1) 관광매력물 창출

영상촬영지에서 가공적인 스토리와 상징적 의미는 중요한 관광매력물이 된다.[26] 영상미디어 특히 TV나 영화의 시청각적 특성은 현실감이나 현장감 표현에 있어서 강한 호소력이 있기 때문에 잠재적 관광자로 하여금 특정장소에 대한 친근감과 매력 등 긍정적인 기대를 형성케 하여 그들에게 영향을 미친다.[27] 영상물이 제작되는 TV드라마나 영화 촬영지는 작품이 대중에게 공개되면서 자연스럽게 작품 속의 배경이 되는 장소가 유명세를 얻게 되어 관광객이 증가한다. 영상미디어를 통한 관광은 다른 매체로 인한 광고보다 잠재적 관광객에게 더 큰 영향을 미칠 수 있는데, 영화를 비롯한 매스미디어에 의해 소개되는 잠재관광객시장에 기대 이상으로 큰 영향을 미칠 수 있다.[28] 특히 영화와 같은 영상미디어는 보는 사람으로 하여금 암묵적으로 등장인물과 자신을 동일시함으로써 그 지역에 대한 캐릭터를 통해 대리경험을 느끼게 한다.[29] 이러한 대리경험은 공감이라는 개념을 통해 이해될 수 있는데, 이는 영화 속 인물의 삶에 관객이 참여함으로써 얻어지는 본능적인 감각이라 할 수 있다.[30]

관광산업 분야에서는 관광목적지를 홍보하기 위하여 대중문화에서 추출한 이미지의 사용이 점차 확대되어 가고 있다. 관광객을 유도하기 위하여 활용되는 홍보매체로서 영상미디어는 현재의 글로벌화되고 미디어화된 사회에서 점점 더 관광의 촉진제 역할을 하고 있다.[31]

(2) 지역관광 진흥

미디어에 노출된 영상물은 사람들로 하여금 로케이션 장소에 대한 관심 및 흥미를 유발시켜 그 장소를 방문하게 함으로써 지역관광을 활성화시킨다. 즉, 관광목적지가 아니었던 곳을 관광목적지로 만들기도 하고 기존의 관광목적지가 가지고 있던 유무형의 자원과 결합하여 관광효과를 증대시킨다.

영상미디어가 관광객에 미치는 효과와 그 크기는 다양하다. 그리고 이들이 미치는 영향은 관광객의 수, 소비, 그리고 관광산업 등을 통해 나타난다. 관광객의 증가가 영상미디어관광지에 경제, 환경, 그리고 사회문화적 영향을 미치고 있다.[32] TV드라마나 영화 같은 영상미디어는 관광객 증대에 영향을 미치고 있기 때문에 지방자치단체들이 지역의 새로운 관광개발 전략으로써 그것을 활용하게 된다. 그것은 특정장소의 이미지를 매력적으로 보이게 해서 관광객을 유치하고자 하는 하나의 마케팅전략으로 볼 수 있다. 지방자치단체에서는 지역경제 활성화와 지역 정체성 및 이미지, 지역브랜드 마케팅과 지역주민의 자긍심 등 지역 진흥을 위해 영상촬영을 유치하여 지역 자산으로 활용하고자 하고 있다.

대중과 지방자치단체의 촬영지에 대한 관심과 지원은 촬영지의 관광명소화 가능성을 보여주는 것이며, 나아가 우리나라 관광산업의 새로운 성장동력으로써 역할을 기대할 수 있게 한다. 서울과 부산 그리고 전주 등지에서는 영상위원회(FC: film commission)*를 조직하여 각종 영화나 드라마 촬영에 필요한 지원을 하고 있다. 그 지원은 TV드라마(영화)가 흥행에 성공할 경우 지역경제에 크게 도움이 된다는 확신에서 비롯된다.

---

* FC(film commission)란 영상미디어의 촬영을 적극적으로 유치·지원하여 지역 이미지 제고를 통한 관광 및 연계산업의 진흥과 지역주민의 통합에 중요한 역할을 담당하는 비영리기관.

(3) 국제관광 진흥

우리나라에서 수출하고 있는 주요 문화상품 중에서 영화와 TV드라마는 아시아 최고 수준이다. 이 영향은 한류를 통한 한국의 외래객 수 증가에 공헌하고 있다. 한류는 직접, 간접적으로 국내 경제에 여러 영향을 미치게 되었다. 2014년 한류의 경제적 파급효과는 12조 5,598억 원으로 나타났으며, 이 중 한류의 수출효과는 6조 4,873억원(61.6억 달러)이며, 부가가치 유발효과는 4조 6,897억원, 취업유발효과는 10만 2,326명에 이르는 경제효과를 낳았으며,[33] 한국 드라마, 한국 방송 프로그램 수출의 증가와 그 인기가 높아지면서 한국의 미(美)에 대한 관심도 높아졌다. 한국 연예인들이 사용하는 상품에 대한 정보를 검색하고, 같은 제품을 사용하고자 하는 욕구도 증가하였는데, 이런 결과로 화장품 수출은 2014년 18억 882만 달러로 전년대비 48% 이상의 성장을 보였다.[34]

한류의 사회 · 문화적 효과는 우리나라가 문화 트렌드 리더(trend leader)로서 위상 제고와 함께 한국문화에 대한 동경심을 확대시키는 것이다. 한류는 또한 미래의 국제관광에서 주류를 이룰 것으로 전망되는 특수목적 관광객(SIT)을 유치하여 한국 인바운드 관광상품의 다양화 및 품질향상에도 기여할 수 있다. 특히 한류의 경제적 파급효과는 측정이 불가능할 정도이다. 영화, 드라마 등 TV 프로그램, 현지 콘서트, 영화, 게임 등 한류의 중심에 있는 장르의 직접적 효과 외에도 연관산업의 후방효과 같은 간접효과도 크기 때문이다(〈표 3-4〉 참조).

〈표 3-3〉 한류의 효과

	주요 내용
문화 · 사회적 효과	아시아 지역 문화트렌드 리더, 문화관광 이미지 형성에 따른 상품 다양화 특히, 한국문화 관심 확대(대중문화에서 전통문화)로 문화교류 · 홍보파급효과
경제적 효과	음반 · 드라마 · 영화 수출 등 직접 관련 산업의 후방연관효과 컴퓨터 · 가전제품 · 이동통신 · 패션 등 연관산업에 대한 경제효과
관광산업 발전 효과	특수 방한(訪韓) 목적에 따른 외래객(SIT)의 증가

자료: 심재권(2001), 한류(韓流): 신기원인가, 신기루인가-한류를 통해 진단해 본 우리 대중문화의 나아갈 바, 문화관광위원회 자료를 참고하여 저자 재작성.

2. 영상미디어관광의 과제

(1) 영상미디어관광마케팅

영상촬영지를 문화관광자원으로 개발하는 것은 관광산업의 성장 · 발전을 위한 전략적 차원에서 큰 의미를 갖는다. 따라서 영상미디어관광지에 대한 관광매력성을 지속적으로 증대시킬 수 있는 장기적인 활용방안 및 기존 관광상품과의 연계 등 새로운 관광마케팅 전략이 필요하다. 즉, 관광객들의 성수기, 비수기를 위한 프로그램, 주중, 주말 연계 프로그램, 상시 지역주민들이 활용할 수 있는 프로그램 등 다양한 마케팅을 통해 활용가치를 높일 때 영상미디어관광지의 가치가 유지될 수 있을 것이다. 지역 명소와 볼 만한 체험거리, 행사, 문화제, 먹거리, 즐길거리 등 다양한 관광 프로그램을 개발하여 단순히 세트장만 보고 가는 것이 아닌 여러 가지 지역관광을 통해 일회성이 아닌 체류형 관광이 되고 지속성 있는 관광이 되기 위한 사전계획이 필요하다.

2004년에는 한국관광공사가 '한류관광의 해'로 정하고 아시아권 국가를 대상으로 한국의 영상미디어관광의 해외마케팅을 본격적으로 시도하였다. 디즈니사의 미키마우스나 일본 산리오사의 '헬로키티', 아사히 방송국의 상징이 된 '도라에몽'과 같이 만화를 원작으로 한 캐릭터 산업은 시간이 지나도 변함없는 인기를 끌고 있다. 만약 지속적인 마케팅과 홍보에 소홀했다면, 드라마나 만화의 종영 이후 관광객들의 기억에 남아 있지 않을 수도 있다.

드라마 오픈세트 활용을 위해 시설적인 차원에서 로케이션 장소 또는 세트장과 함께 문화시설을 계획한다면 다양한 문화시설로서의 가치를 갖게 될 것이며 테마파크, 스포츠센터, 영화관 등과 함께 멀티 콤플렉스 복합시설이 될 수도 있다.

(2) 영상미디어관광의 국제화

영상미디어는 전 지구적 기호와 상징, 자료와 정보의 순환을 창조한다. 어디에서나 영상은 전자적 망 속으로 끊임없이 입력되고 전송된다. 네트워크 시대에서는 세계 어디서나 동시에 해독될 수 있는 동시대성을 지니고 있으며 새로운 시간지도에 의해 시간관계가 새롭게 형성되고 있다.[35)]

2000년대 들어 한국의 영상미디어 산업은 국내시장뿐만 아니라 국제시장에서도 비약적으로 발전하고 있다. 영상미디어 산업의 성장은 관광산업, 캐릭터산업, 문화상품 제조업 등 관련 산업의 성장을 이끌고 있다. 이러한 동반성장은 지방자치단체 및 일반 국민들로 하여금 영상미디어 산업에 대한 시각을 새롭게 하는 계기가 되었다. 특히 한국 영화와 드라마의 경쟁력이 강화되면

서 수출이 빠르게 증가하였고, 그 결과로서 나타나는 영상미디어관광에 대한 국제화의 중요성은 매우 증대되었다.[36)]

한류의 지속과 소멸에 대해 엇갈린 주장이 있지만 그 운명이 정해져 있다기보다는 가능성이 열려 있는 상태라고 보는 것이 바람직할 것이다. 한류의 지속여부는 영상미디어 작품에 대중문화와 더불어 전통문화콘텐츠를 투영하여 제공하고, 상호 간의 문화교류가 활성화될 때 지속 가능하다고 볼 수 있다.

(3) 영상미디어관광의 지속성

영상미디어관광은 영화나 TV드라마의 종영, 종방 이후에 관광객이 급감하여 그 지속성을 기대하기 어려운 측면이 있다.[37)] 영상미디어관광의 대상인 TV드라마, 영화 촬영지가 흔적도 없이 사라지거나 애물단지가 되고 급기야 흉물로 변하는 사례도 있다. 실제로 영상촬영지에 대한 관리문제와 그 지속성 부분에 대해 위험성도 드러나고 있다. 또한, 전국 곳곳에 비슷한 형식의 오픈세트 촬영장이 우후죽순처럼 늘어나는 데 대하여 중복 투자 논란도 일고 있다. 결과적으로 빈약한 볼거리와 부실시공, 드라마 종료 후 사후관리의 미흡으로 그 활용도가 점점 떨어져 흉물로 방치되는 사례도 빈번히 발생하고 있어 지속적인 관광객 유치에는 실패하는 곳들이 늘어나고 있다. 한편, 산림 훼손으로 인한 자연생태계 파괴나 각종 문화재 훼손, 주변 지가 상승 등의 부가적인 문제들이 발생하고 있어 이에 대한 대책 마련도 시급한 실정이다.

참고문헌

1) 김택환(1997). 『영상미디어론』. 커뮤니케이션북스.
2) 박치형(2003). 『텔레비전 영상과 커뮤니케이션』. 커뮤니케이션북스.
3) Hanefors, M. & Larsson, L.(1993). Video strategies used by tour operations; What is really communicated? *Tourism Management*. 14(1). 27-33.
4) 이후석 · 오민재(2005). 드라마촬영지 관광동기유형에 따른 시장세분화에 관한 연구. 『관광연구저널』. 19(1). 297-311.
5) 이후석 · 오민재 · 이승곤(2006). 드라마촬영지 관광객의 관광동기와 이미지간 관련성 연구. 『관광학연구』. 30(1). 271-293.
6) Connell, J. & Meyer, D.(2008). Balamory revisited: An evaluation of the screen tourism destination-tourist nexus. *Tourism Management*. 30. 1-14.
7) Pretes, M.(1995). Postmodern tourism: The Santa Claus industry. *Annals of Tourism Research*. 22(1). 1-15.
8) Kim, H. & Richardson, S. L.(2003). Motion picture impacts on destination images. *Annals of tourism Research*. 30(1). 216-237.
9) Beeton, S.(2005). *Film - induced tourism*. Clevedon. UK: Channel View Publications.
10) Connell, J. & Meyer, D.(2008). Balamory revisited: An evaluation of the screen tourism destination-tourist nexus. *Tourism Management*. 30. 1-14.
11) Scottish Tourist Board(1997). Film tourism: Business guidelines for the tourist industry. STB.
12) 최정수(2008). 경북 영상관광의 현황과 발전방안. 『한국경제지리학회지』. 11(2). 203-215.
13) 박양우(2008). 영상관광 정책네트워크 체계에 관한 연구. 『관광학연구』. 32(2). 295-317.
14) 한국농수산식품유통공사(2014). 중국바이두 빅데이터 활용한 한국식품 온라인 마케팅 전략.
15) 한국문화산업교류재단(2015). 2014 대한민국 한류백서.
16) 한국방송공사(2016년 4월 22일). 또 만나요 태양의 후예 에필로그.
17) 김상태 · 정광민(2015). 『지역자원을 활용한 예술관광 활성화 방안』. 한국문화관광연구원.
18) Urry, J.(1995). *Consuming places*. London: Routledge.
19) Tooke, N. & Baker, M.(1996). Seeing is believing: The effect of film on visitor numbers to screened locations. *Tourism Management*. 17(2).
20) Riley, R., Baker, D. & Doren, C. V.(1998). Movie induced tourism. *Annals of Tourism Research*. 25(4). 919-935.
21) 권유홍(2005). TV드라마가 관광목적지 이미지 형성에 미치는 영향: 드라마에 대한 감정반응 및 태도를 중심으로. 『관광학연구』. 28(4). 335-356.
22) Butler, R. W.(1990). The influence of the media in shaping international tourist pattern. *Tourism Recreation Research*, 15(2). 46-53.
23) Lee, S., Scott, D., Kim, H.(2008). Celebrity fan involvement and destination perceptions. *Annals of tourism Research*. 35(3). 809-832.

24) Iwashita(2003). Media construction of Britain as a destination for Japanese tourists: Social constructionism and tourism. *Tourism and Hospitality Researc*h. 4(4). 331-340.

25) Kim, H. & Richardson, S. L.(2003). Motion picture impacts on destination images. *Annals of tourism Research*. 30(1). 216-237.

26) Hanefors, M. & Larsson, L.(1993). Video strategies used by tour operators: What is really communicated? *Tourism Management*. 14(1). 27-33.

27) Lee, S., Scott, D., Kim, H.(2008). Celebrity fan involvement and destination perceptions. *Annals of tourism Research*. 35(3). 809-832.

28) Beeton, S.(2005). *Film - induced tourism*. Clevedon. UK :Channel View Publications Press.

29) Metz, C.(1982). *The Imagery Signifier: Psychoanalysis and the cinema*. Bloomington, IN: Indiana University Press.

30) Stern, B.(1994). Classical and vignette television advertising dramas: structural model, formal analysis and consumer effects. *Journal of Consumer Research*. 20. 601-615.

31) Iwashita(2003). Media construction of Britain as a destination for Japanese tourists: Social constructionism and tourism. *Tourism and Hospitality Research*. 4(4). 331-340.

32) Kim, S. S., Agrusa, J., Lee, H., Chon, K.(2007). Effects of Korean television dramas on the flow of Japanese tourists. *Tourism Management*. 28. 1340-1353.

33) 한국문화산업교류재단 · KOTRA(2015). 한류의 경제적 효과에 관한 연구.

34) 한국문화산업교류재단(2015). 2014 대한민국 한류백서.

35) 김택환(1997). 『영상미디어론』. 커뮤니케이션북스.

36) 고정민 · 김진혁 · 하송(2004). 『영화관광의 부상과 성공조건』. 삼성경제연구소.

37) 김광남(2006). 지역 활성화 수단으로서 스크린마케팅의 허와 실. Issue & Vision. 2006년 1월호.

08편 문화명사 담론

이정자 명예교수가 미래의 관광인들에게 들려주는

한국 관광경쟁력 강화전략

이정자

- 현재 강원대학교 명예교수, 중국 연변대 객좌교수
  한국호텔외식관광경영학회 고문
  한국여성관광문화인협회장, 강원연구원자문위원, 강원도지역개발조정위원
  (강대경영연구소장, 지방노동위원 역임)

수상경력

- 황조근정훈장, 대통령표장, 국무총리표창, 국민교육헌장기념포장 수상

학회활동

- TOSOK과 KHTA창립멤버로 회장 역임, 대한관광경영학회, 한국외식경영학회, 한국경영경제학회(부회장) 및 한국경영학회, 한국회계학회 등 다수 경영관련학회(이사) 참여

정책자문 및 사회활동

- 다양한 분야에서 중앙 및 지방정부 정책자문 활동참여
- 미국(NJ)Korean Festibal조직위원장, 동계아시안게임선수급식관리 및 IOC평가대비 평창동계올림픽용역수행, 동문활동 및 여성활동 참여

교환교수 및 연구실적

- 미국 Columbia University Business School(1988)과 Law School(1995) 방문교수, FDU교환교수, PATA국제순회연사(1981), 10여 권의 저술과 100여 편의 연구논문 및 기고문

이정자 명예교수가 미래의 관광인들에게 들려주는

한국 관광경쟁력 강화전략

1. 관광의 진화와 경제발전 패러다임

타국의 광화(光華)를 보려는(觀) 관광(周易)은 삶의 질 제고의 문화체험 여가활동으로 인류사와 더불어 축적된 자연 · 인문 포괄의 토착 문화환경을 기초자산으로 환경산업을 형성함으로써 창출될 다대한 효용과 성과기대로 세계적 각광 속에 발전을 거듭해왔다. 그러나 글로벌사회의 다양한 문화접촉과 체험이 정치 · 경제 · 외교 · 사회 · 문화에 미칠 역동적 영향은 환경보존 연계 자원개발과 운영에 변혁을 요하는 가치중심 명제(가령blessing or blight 등)들을 지속적으로 제기해 관광발전에 도전요인으로 작용되어 왔다. 이는 지속가능한 국제경쟁전략 수립과 시행을 요하는 한국관광의 현좌표로 변화 정시(正視)를 전제로 한다.

산업발전과 더불어 초기 관광은 주로 인간기본권 차원(Manila declaration)에서 경제적 급부 및 재생산력에 주목한 사회적 중재(social tourism), 때론 사회적 욕구 및 대중안정의 처방(최초 해외여행자유화 등)이었다. 그러나 고령화로 인한 연령구조의 역삼각형화(2030년 인구정점도달 이후 인구지형변화)에서 사회경제적 패러다임과 과학기술 변화는 경쟁과 환경위기를 심화하고 가치관과 라이프스타일(lifestyle)의 변화를 가속화하고 있다. 이런 산업환경은 관광(주체 · 객체 · 매체 포괄)경쟁전략 개발을 촉진하는 배경이 되고 있다. 예컨대 한류문화 확산에 따른 관광객 증가도 첨단 기술경쟁력 기반의 문물(光華) 혁신으로 차별화된 관광서비스의 체험기대와 달성성과로 창출된 관광수요 증대결과이다. 요컨대 관광산업의 성패는 보편화된 항노화웰빙 등 생활상 변혁파고(波高)로 변화하는 관광의 사회적 욕구와 세계적 신조류를 관광객 추구의 제 가치 구현에 여하히 반영해 체험만족을 제고할지의 관광전략과 실행여하에 의존된 개념이다.

2. 한국관광의 경쟁력과 변화대응

최근 글로벌사회의 정치적 포퓰리즘과 우경화 행보 및 개혁 · 보수의 대중적 지지는 변화를 키워드로 한 혁신수요이다. 예고된 자국민보호 일의적 행보는 상생의 국제정치, 경제, 외교 및 제도의 정세변화의 불확실성 때문에 관광발전에 위협요인이 되고 있다. 북핵사태 자체도 평화를 성장토대로 한 관광산업에 치명적인데, 세력균형 및 관계지향 정치외교전략으로 관련국들이 보여준 대응—요커 격감, 협상우위 선점 정지작업 차원의 미국의 전략적 행보(FTA, 10억불의 사드 비용부담 등)—은 불확실성으로 인한 위기를 가중시키고 있다. 특히 안보의 고비용구조(국제평균 GDP의 13.3%)에서 미국 견지의 군사력 대응(maximum pressure)과 대화가능성(engagement) 병행의 이원적 행보는 안보비부담과 경제안정의 상치성 차원이지만 한국관광이 당면위기를 타개하려면 다각적 조명과 전략대응이 시급하다. 통제가능 및 불능요소 혼재의 복잡한 국제환경은 한국 관광경쟁력 강화에 지속가능한 도전요인이다. 관광경쟁력과 성과는 확고한 전략적 시각(strategic window)하에 구조적으로 접근된 대안개발과 이행이 혁신전략으로 모색돼 시행착오를 최소화할 때 기대될 수 있다. 최선의 방어가 될 공격을 위한 환경변화 예측과 파생과제 정시(正視)는 필수과정이다. 한국의 지속가능한 관광경쟁력은 환경대응함수로 신 정부 수립의 관광정책과 문화전략 이행상의 제도혁신과 질적역량 여하에 의존될 문제이다.

3. 한국관광의 고원화 현상, 왜 잠자고 있는가?

(1) 한국 관광산업 경쟁력과 시스템 개혁

한국관광의 발전초석이 되었던 학습역량이 고원화 현상으로 정체된 건 아닐까? 문제제기(假定)는 혁신의 출발점이 될 수 있다. 관광정책결정의 가장 큰 염려(患)는 흔히 현안중심의 단기안목에 의한 우발적 계획수립 결과 정책의 단속성이 목표의 지속가능성과 미래지향성을 약화시키고 제어력 불비의 평가체계(시스템)로 초래될 사후책임 귀속의 모호성에서 찾을 수 있다. 동일조직과 인력의 중복적 참여로 수립 · 집행되는 관광정책(전략)은 통제력 결여에 따른 관리부실로 이어지므로 인사평가시스템의 구조적 혁신은 선결과제가 된다. 스태핑과 업무평가(고과)의 해법으로 비재무적 성과요소의 평가산입과 적용책 개발 등 제도혁신은 업무평가의 자검 · 자정력을 통하여 의사결정과 집행에 조직 내외부 비선의 개입여지를 조직적으로 제어해 효율적인 자원활용역량을 높여줄 것이다. 전략은 성과실현의 과정(rout)으로 능률지향의 시스템 편성이며 이행을 통해 달성되므로 이처럼 인력조직 및 시스템 혁신은 획기적인 경쟁력 제고의 기반으로 중요하다. 그러므로 한국관광의 경쟁력이라는 성공적인 전략은 정책수립과 집행의 비능률과 오류가 시스템적으로 추적 및 개선될 수 있는 자검(自檢) 및 제어(制御) 역량을 갖춘 제도확립을 전제로 기대되는 성과인 것이다.

(2) 위기의 기회전환과 경쟁대응 역량

북핵과 사드문제 파생의 정치외교적 갈등 속에 동반추락한 관광수요와 성과로 초래된 관광경기 침체가 한국관광에 주는 경쟁력 강화의 교훈은 준엄하다. 예측불허의 관광위기로 드러난 약체 한국관광의 민낯은 신속한 제도혁신과 시스템 확립 등 현안수용의 전열재정비를 요한다. 현대의 불투명한 경쟁환경과 불확실성에 따른 빈발성 경기변동은 경쟁생태계의 약화위험으로 작용돼 장기발전 지향의 상시 위기대응체제의 관광전략 환경을 조성한다. 변화요인 예측과 정책대안 강구의 전략역량 축적은 가상 시나리오나 과학적 기법 활용을 요한다. 가령 종교 · 문화 중심의 관광객을 겨냥한 신흥시장 및 시장다변화 전략은 제품과 서비스 혁신에 마케팅근시안(marketing myopia) 탈피의 다각적 대안모색이 된다. 장기적인 한국관광의 경쟁 잠재력은 비판과 비관론적 좌절을 딛고 실패를 교훈 삼아 위기를 혁신의 결정적 기회로 전환해 혁신전략 수립의 잠재력으로 활용하는 역량축적에서 추구되는 만큼 그 실천이 긴요한 때이다.

(3) 변화와 새로움의 도전과 불확실성 논의

파격적 혁신(disruptive innovation)은 본격성(all or nothing)을 요하지만 시간 및 제 자원의 제약여건에서 부분적이나마 단기대책의 활용여지도 고려할 만하다. 가령 1960년대부터 선진국형 산업구조에 시사된 고비율 서비스업에 대조된 저비율로 경시된 제조업도 관광산업의 불황타개 차원에서 조명여지가 크다. 불확실성 국제경제 및 거래환경에서 보호무역의 부활과 수출입 제한, 신생 또는 기존산업의 부침, 서비스업경쟁력 차원의 사업성 발굴 등 다각도의 대안모색의 파격행보도 가정해볼 수 있다. 우월한 협상지위에서 위협적이란 비판여지에도 트럼프행정부 추진의 미국 내 공장시설투자 등 일자리창출 중심 제조업 보호가 관광해법에 타산지석이 될 만하다. 동태적 환경과 시간의 산물로 긍 · 부정 현상수반의 변화는 자연스런 현상이나 변화무쌍한 도전 대응혁신책의 성패는 정확한 예측을 변수로 한다. 그러므로 전략수립과 시행 또한 전략목표와 기대성과 수준에 따라 달라진다. 예산, 조직 및 인력 등 보유 제자원의 최적배분은 생산성과 수익성 관련 장단기 자산의 활용성에 관계되므로 변화, 인적자원 개발과 혁신 등 계획의 환경적응성은 성과제고에 중요하다.

4. 관광의 4차산업화와 관광주기

(1) 시장변화와 단축되는 라이프사이클

관광의 본질적 기반이 문물 및 자연환경에 있으므로 관광의 지속가능한 경쟁력 또한 경제패러다임, 과학기술과 사회적 흐름을 담아낼 상품 및 서비스경쟁력에 근간을 두고 있다. 그러므로 관광산업의 발전도 흔히 통찰 · 융합 · 설계 등 네트워킹을 통한 인간과 기계의 초연결(hiperconnected) 첨단 과학기술로 대변될 4차산업혁명으로 초래된 제종 서비스 제공시간 단축과 사회변혁으로 인한 라이프 변화에의 적응 등 신경쟁력 개발 및 대응과 관련되고 있다.

이처럼 성과실현에 불가결한 제 변화 도입과 적용을 대상으로 추진 중인 관광산업의 제 혁신도 현재 스마트(smart) 등 이름으로 상당부분 관광사업과 접목추세이며 특히 호텔업에서의 도입이 선도적이다. 사회적으로 확산중인 운동, 음식, 건강, 즐거움 등 항노화 웰빙의 라이프스타일은 행복(hedonism) 추구와 텔로미어(telomere) 연구 등 질적 관심사를 부상시키고 있다. 미래보다 현재의 자기중심 삶을 생활철학으로 한 YOLO세대와 독자적인 라이프 선택과 행동의 홀로족의 점증세는 1인가구 고비율구조(2015년 현재 27.7%)를 시현하면서 결혼 및 출산의 선택관, 초혼과 초산연령의 제고현상으로 표출되고 있다. 행복추구에 허용된 시간 의식 때문일까? 라이프스타일 변화가 초래한 새로운 제품 및 서비스 선호추세는 상품라이프(life span) 단축을 촉진해 원가회수와 수익성 저하로 인한 사업의 경영성과를 위협하고 경쟁력 약화로 인한 부실경영의 악순환이 궁극적으론 직종소멸에 대한 위협이 될 수도 있다. 이런 환경에서 첨단과학기술을 활용한 재고율 0%의 Bomb Sheller 경영은 재무적 위험타개의 혁신책 강구차원에서 위기타개 전략으로 주목될 만하고 이것이 관광산업에 시사하는 바도 적지 않다.

(2) 서비스경쟁력과 관광의 4차산업화

스마트폰의 보급 등 시공초월의 신속한 정보제공 및 결제수단의 혁신은 과학적 접근에 의한 편리한 관광소비를 실현시키고 있다. 인간과 기계의 통합으로 거래의 중심이 사물에서 개인으로 이동되면서 촉진되는 개인자본주의는 고객편의성을 획기적으로 증진할 서비스와 거래제도의 경쟁력으로 부상되고 있다. 고객지각의 거래편의성이 지속적인 거래여부를 결정할 충성도 요인으로 작용돼 관광사업 경쟁력의 주요 변수가 됨으로써 사업성과를 좌우할 것이란 근거로 혁신대상이 되고 있다. 알리바바 마윈이 언급했던 관광객의 스마트폰(앱) 결제필요성이나 전통적인 현금거래 선호의 인도사회에서 신속히 보급되는 전자결재도 이를 뒷받침하고 있다. 이처럼 고객편의를 지향한 과학기술력이 새로운 관광경쟁력의 혁신과제로 주목되면서 관광의 수용태세 확립의 과학적 접근은 결정적인 경쟁요인이 되고 있다. 시장이 요구하는바, 시간, 노력, 비용 등 제 거래비용 절감과 편의성으로 증대될 관광활동시간 확보 여하는 향후 한국관광의 국제경쟁력 선도와 산업활성화의 관건이 될 것이다. 시장추세에 따라 소멸될 수 있는 직종, 점포 및 관광지(역)를 대체할 새로운 직종 및 자원개발은 또한 경제활성화와 일자리창출이란 세계 공통의 국정과제 혹은 대선공약 이행 의사결정에도 주효할 것이다. 위기상황에서 제종 관광투자의 규모, 시기, 방법 등 요인별 대안선택과 결정에는 안정기조가 중요하지만 차별성에서 추구되는 경쟁의 본질

(Porter, 1996)을 고려할 때 한국관광을 견인할 경쟁력도 관광의 4차산업화 조기실현의 세계적 경쟁조류 순응이 관광서비스 차별화의 강화책에서 모색돼야 할 전망이다.

5. 관광의 철학과 문화정체성

(1) 공리주의 철학과 헤도니즘*

관광은 문물을 매개로 개인과 사회의 정체성(social indentity theory) 시각에서 감정적, 가치적 의미를 수반한 체험만족에 따른 행복권 추구의 구체화된 행동이다. 관광은 또한 평화의 패스포트(DeKadt, E.)로 주로 공리주의(utilitarianism: 다수론의 Bentham과 윤리론의 Mill의 견해차이)철학적 입장을 견지한다. 특히 고령화사회에선 관광산업 발전도 개인 및 사회복지(wellbeing) 증진 및 활용차원에서 고려된다. 관광체험가치의 추구에서는 순수한 관광객과 문화 정체성이 중시돼 불순한 관광객, 문화적 변절(cultural prostitution), 신야만주의적(MacCannell, 1992)** 생태파괴 등 관광의 질 저하에 저항한다(DeKadt & Pfaflin, 1987). 이런 비판의 반면 상당부분 관광이 글로벌 차원의 신문화형성에 기초를 마련한다는 견해도 있다(MacCannell, ibid). 실무계에선 문화 및 가치의 재창출보다는 관광수요 지향의 보고 먹고 구매할 다양한 상품구비 차원에서 어느 정도 문화적 퓨전(fusion)을 용인한다. 문화적 진정성(authenticity)은 문화권역 구분을 구체화하고 권역 결속 문명대립과 충돌***을 막아줄 정체성(identity)의 주요한 설명과 경쟁 역량의 원천으로 보존 대상이 되면서 다양한 문화적 영향을 극복하게 해준다. 유네스코 문화유산지정 사례에도 문화적 진위(origin) 시비와 판정평가는 주요한 논의대상이 되고 있다.

(2) 문화계승 및 보존에 대한 사명

관광서비스인력은 내방객(guests)에 대한 문화(光華) 재창출과 알림의 주체(hosts)이며 서비스 접점(moment of truth) 최일선 조직이다. 이들은 한국의 전통문화정신과 이를 구현할 관광자원 개발과 문화보존 및 발전이라는 고유의 문화업무 수행을 통하여 관광산업 발전에도 다대하게 공헌한다. 성공적인 정책수립과 시행참여는 문화보존의 자부심에 기초한 품격과 실리의 두 마리 토끼를 실현목표로 함으로써 문화적 유실방지와 경제적 성과제고에 기여한다. 문화를 근(斤)으로 파는 관광 혹은 불순한 의도로 남발되는 호도된 가짜문화의 부도덕성(moral indignation)과

* 박선아 · 이정자(2015), 허브라이프, 백산출판사.
** MacCannell, D(1992), Empty Meeting Grounds, Routledge.
*** De Huntington, S.(1993), "Clash of Civilization", Foreign Affairs.

과도한 사업수익성 추구의 비판도 적지 않다. 그러므로 관광정책의 수립과 추진은 고유문화에 근간을 두고 역량 있는 다양한 관광전문인력 양성과 검증 및 활용의 인재관리시스템 확립을 요한다. 문명의 흥망을 주로 대내적 의지결속 결과로 조명했던 Toynbee(1934)의 통찰력은 관광의 발전과 경쟁력도 순수한 전통문화에 뿌리를 둔 민족자존과 자주적 결속에 의존돼왔음을 일찍부터 간파하고 있었다. 한국의 현대 관광산업은 민족의 고유문화 창달에 기여할 것이고 이를 근간으로 한 숭고한 역사적 사명수행과 성과달성은 인력중심의 가치로부터 찾을 만하다.☻

제 8 편

지속가능 · 푸드관광사업의 이해

제 1 장

지속가능관광의 이해

민 창 기

동서대학교 관광학과 교수

한양대학교에서 박사학위를 취득했다. 저자 민창기는 한국관광학회 편집위원을 역임하였으며 저서 「우리나라 우리문화 영어로 소개하기」, 역서 「현대관광정책」 등과 논문 〈생태관광을 통한 국제이해교육 활성화 방안〉 등을 통해 활발한 학술적 성과를 발표하고 있으며 후진양성과 학회의 발전에 힘쓰고 있다.

✉ ckmin@dongsoe.ac.kr

정 철

한양대학교 관광학부 부교수

University of Florida에서 관광학 박사학위를 취득했다. 현재 BK21+ 스마트관광 사업단 단장을 맡고 있으며, 저서로 「관광통계학」을 발간하였다. Destination Image Saturation을 Journal of Travel and Tourism Marketing에 게재하여 2014년 최우수논문상을 수상하였다.

✉ jeong72@empas.com

제 1 장

지속가능관광의 이해*

민 창 기 · 정 철

제1절 지속가능관광의 발생 배경

지속가능관광(sustainable tourism)이 무엇인지를 알기 위해서는 발생 배경을 이해하는 것이 중요하다. 지속가능관광은 과거의 경제성장 패러다임에 오류가 있었다는 깊은 반성으로부터 출발하여 등장하게 된 '지속가능한 발전(sustainable development)'의 개념과 밀접한 관련이 있다. 따라서 다음에서는 지속가능한 발전이 등장하게 된 배경으로서 경제성장주의 한계를 살펴본 후, 관광분야에서 지속가능한 발전이 주목을 받게 된 배경을 살펴보기로 한다.

1. 경제성장주의의 한계

2차 세계대전 이후 세계가 경험하였던 변화를 한마디로 요약하면 '개발과 성장'일 것이다. 전쟁에서 승전한 미국과 러시아, 유럽의 각국뿐 아니라 전쟁에서 패전한 국가, 개발도상국들도 경제성장에 최우선 목표를 두었다. 그 결과 세계 각국의 경제는 비약적인 발전을 하였다. 우리나라의 경우에도 1960년대 초반 100달러 미만이었던 일인당 국민소득이 2000년 초반에는 만 달러를 넘어섰다. 이러한 경제성장의 동력은 산업생산이었으며, 이러한 생산을 위해 자연자원을 최대한 활용하고 소비가 미덕시되는 사회가 도래하기도 하였다.

이러한 경제성장 제일주의는 세계적으로 많은 문제점을 낳았다. 국가 간 빈부의 격차뿐 아니라 한 국가 내에서도 사회계층의 격차가 심화되고, 물질주의의 팽배로 인간성이 점차 상실되어 가는 부작용을 낳았다. 그러나 무엇보다 가장 큰 문제점은 개발과 성장으로 인한 환경파괴와

* 본 장은 한국관광학회(2009). 관광학총론, pp.885-899 부분을 보완하여 작성하였음

자연자원의 고갈이었다. 자연은 시장의 원리가 잘 작용되지 않는 분야로 자연자원의 가격이 상승하여 소비가 줄더라도 상품처럼 원래의 상태를 회복하기 힘든 경우가 많다. 그것은 자연의 회복 속도가 매우 느리고, 한 번 파괴된 자연은 회복이 불가능한 경우가 많기 때문이다.

자연환경의 파괴에 대한 우려는 1960년대부터 일부 저작들을 통해 알려지기 시작하였고* 세계적인 차원에서 이러한 우려가 표출되기 시작하였다. 1972년 출간된 로마클럽의 보고서는 1970년대 초반까지의 경제성장 추세가 계속될 경우 인류는 자원의 고갈로 미래에 큰 재앙을 맞게 될 것이라고 경고하였다. '성장의 한계(The Limits To Growth)'라는 제목의 이 연구보고서는 인구, 산업화, 환경오염, 식량생산, 자원소비 등 다섯 개의 성장요소에 대한 미래의 우려를 밝히고 있는데, 특히 자원고갈의 문제와 관련해 향후 100년 이내에 재생불능한 자원은 완전히 고갈될 것임을 경고하였다.

환경보전에 대한 문제는 이후 범세계적인 관심사로 발전하였다. 특히 UN을 중심으로 1972년 스톡홀름에서 개최된 유엔인간환경회의에서는 자연자원의 보존과 경제개발이 양립할 수 있는 방안을 모색하기 위해 선·후진국이 함께 노력한다는 선언문을 채택하였다. 이로부터 환경과 개발의 조화가 중요한 국제이슈가 되었으며, 1987년 '환경과 개발에 관한 세계위원회(WCED)'는 3년의 연구기간을 거쳐 '우리 공동의 미래(Our Common Future)'라는 보고서를 통해 '환경적으로 건전하고 지속가능한 개발'을 그 대안으로서 제시하였다.

이후 지속가능한 개발은 구체적인 실천방안 모색을 위해 1992년 '리우선언'으로 발전되었으며, 이때 채택되었던 '의제21(Agenda 21)'은 현재 각국이 실천계획을 세우고 그 이행 성과를 유엔지속가능발전위원회에 보고하고 있다. 2002년 요하네스버그에서는 세계환경정상회의가 개최되었으며 리우회담 이후 10년의 성과와 향후 과제를 논의하였다. 이 회의에서는 지속가능한 발전의 실천적 과제를 주로 논의하였으며 각국의 지속가능한 발전에 대한 실천의지를 확인하였다.

특히, 2014년 문화체육관광부는 한국문화관광연구원과 공동으로 '지속가능한 관광개발포럼'을 구성하여 관광객, 관광기업, 지역사회, 제도적 기반 등을 대상으로 지속가능한 관광개발을 위한 핵심 정책과제를 선정한 바 있다.[1] 또한, 유엔은 '지속가능한 발전 목표(Sustainable development Goals: SDGs)'를 실천하는 사업으로 2017년을 '지속가능한 국제관광의 해(International year of sustainable tourism for development)'로 선언하고 지속가능한 발전을 실현하기 위한 수단으로서 관광의 중요성을 강조하고 있다.[2]

이러한 일련의 과정을 통해 인류는 성장제일주의 경제정책에 한계가 있으며, 환경에 대한 고

* 그 대표적인 예가 1962년 출간된 카슨(Carson)의 '침묵의 봄(Silent Spring)'과 1968년 하딘(Hardin)의 '공유지의 비극(The Tragedy of the Commons)'이다.

려 없이는 진정한 미래 발전이 어렵다는 인식을 공유하게 되었다. 그러나 자연자원을 활용해 빈곤 등 산적한 사회문제를 해결해야 하는 후진국의 입장과 환경보전을 우선시하려는 선진국의 입장이 대립하면서 구체적 실천방안에 대한 합의를 찾는 데 어려움을 겪고 있다. 환경문제는 인류생존 문제라는 인식이 확산되면서 이러한 문제는 점차 해결돼 나갈 것으로 예상되며, 향후 국제회의 및 협약 등을 통해 경제발전과 환경보전을 동시에 달성할 수 있는 방안이 계속 모색될 것이다.

2. 관광패러다임의 변화

(1) 대중관광의 폐해

제2차 세계대전 이후 1970년대까지 관광을 움직여온 기본 원리는 대중관광(mass tourism)이었다. 대중관광은 관광의 경제적 효과를 극대화하는 패러다임으로 관광현상을 지배하는 기본 틀로 작동하였다. 그러나 이러한 성장위주의 관광패러다임은 점차 한계에 부딪쳤다. 더 많은 관광객을 끌어들이려는 대중관광의 발전 방식은 오히려 관광객 수를 줄게 하는 원인이 되기도 하였으며, 관광으로 야기되는 문제점을 해결하는데 한계를 드러내기 시작하였다.

대중관광이 가져온 문제점 중 가장 심각한 것은 대중관광으로 인한 관광자원의 파괴였다. 대규모 관광객을 수용하기 위해 대규모 숙박시설 건립 등 막대한 시설투자가 불가피하였다. 이로 인해 관광지 자연환경은 훼손되는 경우가 많았다. 또한 지나친 관광상품화로 지역 문화가 그 본래의 의미를 상실하고 생명력을 잃게 되는 경우도 발생하였다. 이 밖에도 대규모 관광객의 방문은 사회적 교란을 야기하여 관광이 지역사회로부터 배척당하기도 하였다.

이러한 자연자원과 문화자원의 파괴는 '관광이 관광을 파괴한다(Tourism destroys tourism)'는 우려를 낳게 하였다.[3] 이러한 문제점은 대중관광이 급속히 확산되었던 1970년대 여러 관광개발 사례에서 나타났다. 이러한 배경에서 이 분야의 많은 학자와 관광산업 관련자들은 관광의 지속적 발전을 위해 새로운 패러다임을 모색할 필요성이 있음을 지속적으로 제기하여 왔다.

(2) 새로운 패러다임의 모색

관광 발전을 위해 대중관광이 야기한 여러 문제점을 해결해야 한다는 인식은 1980년 '세계관광에 대한 마닐라선언'을 통해 종합적으로 표출되었다. 세계관광기구(UNWTO)가 주도한 이 선언문은 과거의 관광이 오직 경제적 활동으로만 접근되었음을 인식하고 다양한 관점에서 관광의

본질을 밝힐 필요가 있으며, 관광발전을 위해 각국이 책임지고 노력할 것을 선언하였다. 이러한 맥락에서 선언문은 '조화롭고 지속적인 관광개발'을 강조하였으며, 관광개발이 환경, 자연자원 및 역사・문화관광자원에 해를 끼쳐서는 안 된다고 밝히고 있다.

이후 1987년 '우리 공동의 미래'라는 보고서를 통해 '지속가능한 개발(sustainable development)'의 개념이 UN을 통해 공식 도입되었으며, UNWTO는 이 개념을 관광분야에 적용하기 위한 방안을 모색하였다. 1989년 UNWTO는 세계국회연맹(IPU)과 공동으로 '관광에 대한 헤이그선언'을 채택하였다. 이 선언문은 관광개발이 자연, 문화, 인간환경을 오염시켜지 말아야 하며, 모든 관광개발계획이 지속가능한 개발에 기초하여 이루어져야 하고, 이 원칙을 준수하는 가운데 자연환경과 문화환경의 보호가 이루어져야 함을 강조하였다.

이러한 일련의 발전과정은 경제개발을 중심으로 구축된 관광패러다임이 새로운 변화를 수용할 필요성이 있음을 촉구하고 있다. 이것은 인류 생존을 위해 지속가능한 개발이 필요하다는 범세계적 성장패러다임의 변화와 흐름을 같이하는 것이다. 그렇지만 관광분야에서 새로운 패러다임이 더욱 요구되는 이유는 환경파괴가 미래세대뿐 아니라 현세대에도 영향을 미쳐 관광지 파괴로 인한 관광객 감소로 이어졌기 때문이다. 이러한 현상을 극복하기 위해 관광분야는 새로운 패러다임을 보다 절실히 요구하게 되었다.

관광패러다임의 변화 필요성은 관광객의 가치관 변화와도 밀접한 관련이 있다. 현대 관광객은 대중관광이 제공하는 패키지 형태의 규격화된 관광에서 탈피하여 보다 개별화된 여행을 추구하는 성향을 보이고 있다. 때문에 다양한 형태의 대안적 관광이 필요하게 되었다. 또한 현대 관광객은 환경에 대한 인식, 건강에 대한 관심, 전통문화에 대한 관심이 증대하고 있어 자연자원, 문화자원의 보존 및 보호가 그 어느 때보다 중요한 요소가 되고 있다. 과거의 대중관광으로 충족시킬 수 없는 이들 현대관광객의 다양한 관광욕구를 충족시키기 위해서도 관광분야에서는 새로운 성장패러다임이 요구되고 있다.

제2절 지속가능관광의 개념

인류의 생존을 보장하기 위한 새로운 패러다임은 '지속가능한 발전(sustainable development)'에서 찾을 수 있다. 다음에서는 지속가능한 발전의 개념을 먼저 살펴본 후 지속가능관광의 개념을 살펴보기로 한다.

1. 지속가능한 발전의 개념

경제성장 위주의 발전이 가져온 환경파괴와 자원고갈의 문제가 인식되면서 1970년대 이후 지속가능한 발전에 대한 논의가 꾸준히 이루어져 왔다. 그러나 무엇이 지속가능한 발전인지에 대해서는 분명한 개념적 정의를 내리지 못하였다. 그것은 지속가능한 발전이 경제발전과 환경보전을 함께 달성해야 하는데, 이 두 개의 목표는 서로 상충되는 것으로 이해됐기 때문이다.

지속가능한 발전에 대한 개념적 정의가 처음으로 공식 채택된 것은 '환경과 개발에 관한 세계위원회(WCED)가 UN총회에 보고한 '우리 공동의 미래'에서이다. 이 보고서는 지속가능한 발전을 '미래세대가 그들의 필요를 충족시킬 수 있는 가능성을 손상시키지 않는 범위에서 현세대의 필요를 충족시키는 개발(Sustainable development is development that meets the needs of the present without compromising the ability of future generation to meet their own needs.)'이라고 정의하고 있다.[4)]

이 정의는 미래세대의 발전을 위해 현세대가 자원을 제한적으로 사용해야 함을 강조하고 있다. 즉 현세대가 자원을 개발하되 미래세대에 대하여 충분한 배려를 해야 한다는 것이다. 이것은 현세대의 경제발전을 보다 중시한 개념으로 해석될 수 있다. 그러나 경제발전을 위한 전제조건으로서 자원의 지속가능성을 강조하고 있기 때문에 경제발전과 환경보전을 동등하게 강조한 개념으로 보는 것이 타당할 것이다. 따라서 '지속가능한 발전'은 보고서에 나타난 '환경적으로 건전하고 지속가능한 발전(environmentally sound and sustainable development)'이라는 비교적 긴 용어가 줄여져 사용된 것으로 보아야 할 것이다.

지속가능한 발전의 개념에서 경제성장과 환경보전 외에도 중요하게 강조되고 있는 또 하나의 구성요소는 형평성(equity)이다. 보고서는 지속가능한 발전이 빈곤과 불평등이 존재하는 곳에서는 실현될 수 없음을 강조하고 있다. 즉 사회 내에 경제권력과 정치권력의 불균형이 있는 곳에서는 자원고갈과 환경압박이 생겨 환경 파괴가 일어날 가능성이 높음을 지적하고 있다. 예를 들어 경제개발로 인해 환경 파괴가 발생하더라도 이로 인해 직접 피해를 보게 되는 지역의 가난한 사람들은 이를 저지할 만한 힘이 없는 경우가 많다. 이 형평성의 원리를 지속가능한 발전의 주요 개념에 포함시켜 지속가능한 발전의 개념적 구성을 살펴보면 다음 [그림 1-1]과 같다.

그림 1-1 지속가능한 발전의 개념

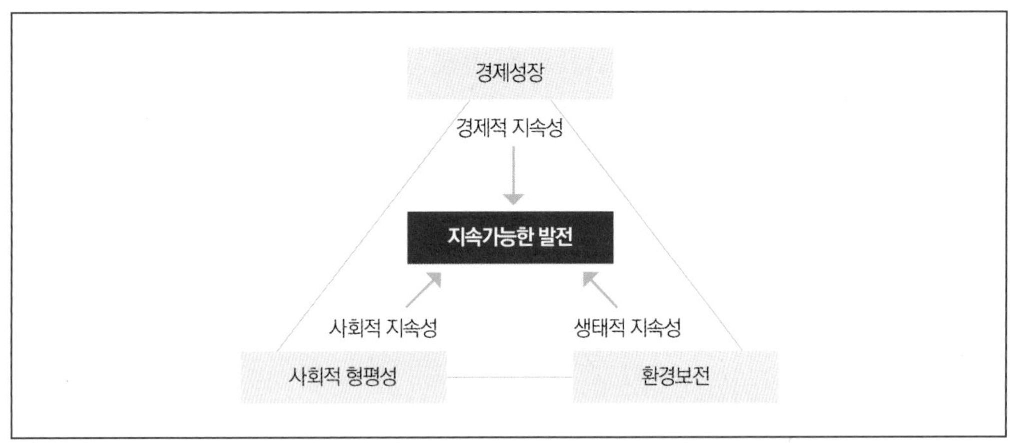

자료: Harry Coccosis, Sustainable Tourism? European Experiences, CAB International, 1995, p.10에서 필자 재구성

2. 지속가능관광의 개념

'우리 공동의 미래'에서 밝혀진 지속가능한 발전의 개념은 관광분야에 적극 도입되었다. 이로 인해 새롭게 등장한 용어가 지속가능관광(sustainable tourism)이다. 사실 관광의 지속가능성은 1970년대 이후 관광지 수용능력, 관광지 생명주기와 같은 개념을 통해 간접적으로 소개되어 왔다.5) 그러던 것이 UN을 중심으로 지속가능한 발전이 강조되고 이의 실천을 위해 리우선언이 채택되면서 1990년대 이후 지속가능관광에 대한 개념적 논의가 활발히 전개되었다.

지속가능관광의 개념적 정의는 '우리 공동의 미래'에 제시된 지속가능한 발전의 개념을 그대로 적용하여, "미래 관광발전의 기회를 보호하고 강화하는 가운데 현재 관광객과 관광지의 요구를 충족시키는 관광"이라고 간단히 정의할 수 있을 것이다.6) 그러나 지속가능관광에는 몇 가지 다른 요소들이 추가로 강조되고 있다. 즉 지속가능관광은 자연자원에 대한 보존뿐 아니라 전통문화를 포함한 문화자원에 대한 보존을 함께 강조하고 있으며, 관광객의 역할을 중요시하고 있다.

따라서 지속가능관광의 개념에는 지속가능한 발전에서 강조하고 있는 자연자원보존, 경제발전 및 지역주민의 참여와 함께 문화자원에 대한 보호, 관광객의 윤리의식이 함께 포함될 필요가 있다. 이러한 맥락에서 이들 요소 간의 조화로운 협력관계를 중심으로 지속가능관광을 정의하게 되면 "미래의 관광발전을 위해 자연자원과 문화자원을 보호하는 가운데 지역경제 발전을 도모하며, 지역주민의 참여와 관광자 윤리의식을 강조하는 관광"이라고 정의할 수 있을 것이다.

한편 UNWTO는 지속가능한 관광을 위해 필수적으로 고려해야 하는 요소들을 지속가능관광의 지표(指標)로 제시해 왔다. 따라서 다양한 특성을 갖는 개별 관광지의 지속가능성은 이들 중 해당 지표를 체크함으로써 그 지속가능성의 정도를 평가할 수 있을 것이다. 아래 〈표 1-1〉은 UNWTO가 지표가이드북(Indicators Guidebook)을 통해 밝힌 500여 개의 지표 중 일부 핵심적인 내용을 발췌하여 정리한 것이다.7)

〈표 1-1〉 지속가능관광의 주요 이슈 및 관련 지표

주요 이슈	관련 지표(Indicators)
지역주민 만족도	• 관광에 대한 지역주민 만족도
지역에 미친 관광영향	• 지역주민과 관광객의 비율 • 새로운 기반시설 및 서비스 도입 • 사회적 서비스 증가
관광객의 만족도	• 관광객의 만족도 • 소비한 돈의 가치에 대한 인식 • 재방문객 비율
관광의 계절성	• 월별, 분기별 관광객 수 • 성수기 월별, 분기별 객실 점유율 • 비수기 월별, 분기별 객실 점유율 • 1년간 지속적으로 영업을 한 사업체 수와 비율 • 임시직이 아닌 정규직의 수와 비율
관광의 경제적 편익	• 지역주민의 수와 남녀 비율 • 지역 총 수입에서 관광수입의 비율
에너지 관리	• 1인당 1일 에너지 소비량 • 에너지 보존프로그램에 참여한 업체의 비율 • 재생가능한 자원으로 생산된 에너지 비율
물 조달 및 관리	• 전체 물 사용량과 관광객 1인당 1일 물 사용량 • 물 절약(감소, 재사용 등)
식수의 질	• 국제 음수기준에 맞게 물 처리를 한 업체 비율 • 식수관련 질병의 발생 빈도
하수 처리(폐수 관리)	• 1차, 2차, 3차 오물의 비율 • 하수처리 시스템을 갖춘 관광시설의 비율
쓰레기 관리	• 관광지에서 배출된 쓰레기 양(월별, 톤) • 재활용된 쓰레기의 양(m^3) • 공공장소에 버려진 쓰레기의 양
개발 관리	• 토지사용, 개발계획 절차의 존재 여부 • 통제의 대상이 된 지역의 비율(밀도, 디자인 등)
과밀 관리	• 총 관광객 수(평균, 성수기, 월별) • m^2, km^2당 관광객 수(해변, 주요 관광지)

자료: Final Report, Seminar on Tourism Sustainability and Local Agenda 21 in Tourism Destinations and Workship on Sustainability Indicators for Tourism Destinations, UNWTO, 2006, pp.89-90.

제3절 지속가능관광의 유형

지속가능관광에는 다양한 유형이 있으며, 지속가능성을 염두에 둔 관광의 형태가 계속 확대되어가고 있다. 이 중 가장 잘 알려진 것으로 생태관광이 있고, 문화유산관광, 녹색관광, 해양과 섬 관광, 탐험관광, 야생관광 등이 있다. 최근 주목을 받고 있는 공정관광(fair tourism), 지오투어리즘(geotourism), 볼런투어리즘(voluntourism), 친빈곤층관광(pro-poor tourism), 에너지관광(energy tourism) 등도 지속가능관광의 한 유형이라고 할 수 있다. 다음에서는 지속가능관광의 대표적 유형으로 거론되고 있는, 생태관광, 녹색관광, 문화유산관광을 관광의 지속가능성에 초점을 맞추어 살펴보기로 한다.

1. 생태관광

지속가능관광을 표방하는 관광의 형태는 다양하지만 그중 가장 주목받고 있는 것이 생태관광(ecotourism)이다. 생태관광은 관광의 새로운 트렌드로 주목받고 있으며, 현대관광이 지향해야 할 관광 유형으로 간주되고 있다. 생태관광의 성장속도는 다른 형태의 관광보다 빠르며 인간의 환경에 대한 관심이 높아지면서 더욱 각광받게 될 것으로 예상된다.[8)]

생태관광은 넓은 의미에서 자연을 대상으로 한 모든 유형의 관광을 지칭한다. 이 경우 산악관광, 해변관광, 농촌관광, 리조트관광 등 자연을 기반으로 한 모든 관광이 생태관광에 포함되게 된다. 그러나 일반적으로 생태관광은 생태적으로 민감한 자원을 대상으로 한 관광을 일컫는다. 즉 갯벌, 산호초 등을 대상으로 한 해양관광, 희귀동물과 멸종위기 동식물을 관찰하는 야생관광, 원시림 등의 생태지역을 방문하는 탐험관광 등이 이 범주에 속하게 된다.

지속가능관광의 대표적 유형인 생태관광은 다음 세 가지 요소를 강조한다. 첫째, 생태관광은 생태적으로 민감한 자연자원을 대상으로 하며 이를 보존하기 위한 관리시스템이 작동하는 관광 유형이다. 둘째, 생태관광은 지역주민이 주도가 되어 그 이익이 지역에 환원됨으로써 지역발전에 기여하는 관광이다. 셋째, 생태관광은 생태지역을 방문한 관광객에게 생태계에 대한 이해를 높이고 생태계에 대한 태도 변화를 유도하는 관광이다. 이러한 생태관광은 생태자원의 민감성에 따라 관광객 수용규모가 커질 수도 있으나 지역 내 생태자원을 기반으로 한 비교적 소규모의 형태로 이루어지는 관광이라고 할 수 있다.

2. 녹색관광

녹색관광(green tourism)은 농촌, 어촌, 산촌 등 회색 도시를 벗어난 지방의 녹색지역을 대상으로 한 관광 형태이다. 따라서 녹색관광은 전원관광, 농촌관광(rural tourism), 농업관광(agritourism, farm tourism) 등의 용어로도 불린다. 최근에는 정부의 녹색성장정책이 강조되면서 저탄소녹색관광이라는 용어와 함께 기후변화에 적극 대응하는 관광으로 그 개념이 확대되고 있다. 녹색관광은 친환경적 관광으로서 지속가능한 발전에서 강조하는 여러 요소들이 융합되어 있다.

녹색관광이 지속가능관광의 한 유형으로서 갖는 가장 큰 특징은 녹색관광이 지방의 자연자원과 문화자원을 주요 관광대상으로 하며, 이의 활용과 보존을 강조하고 있다는 것이다. 녹색관광을 주도하고 있는 지역은 지역 내 관광자원을 활용하여 도시주민들에게 휴양과 농촌경험의 기회를 제공하며, 지역의 자원과 문화를 개발하고 보존하는데 노력을 기울이게 된다.

녹색관광은 또한 지역 발전에 기여하는 관광이라는 측면에서 지속가능관광으로서의 특징을 갖는다. 세계 각국의 정부 및 지방자치단체가 녹색관광에 주목하고 있는 이유는 녹색관광이 지역발전에 기여한다는 점이다. 많은 농촌들이 농업의 쇠퇴, 인구 유출 등으로 경제적 활로를 찾지 못하고 있는 상황 하에서 녹색관광은 지역자본의 투자를 촉진시켜 지역경제를 활성화시킬 수 있는 새로운 대안으로서 각광받고 있다.

선진국에는 이미 1960년대 이후부터 녹색관광이 시작되었으며, 프랑스, 독일, 이탈리아, 영국, 일본 등지에서는 이를 지원하는 공공, 민간기구가 확립되어 상당히 발전된 형태를 보이고 있다.[9] OECD는 유럽에서 이미 활성화된 농촌관광이 지속적으로 성장하기 위해서는 지역의 특수성에 기반을 두고 자원보존의 측면을 특히 강조하여야 할 것이라고 밝히고 있다.[10]

3. 문화유산관광

문화유산관광(heritage tourism)은 문화관광의 한 형태로 특정 지역 내에 존재하는 문화자원뿐 아니라 자연자원을 기반으로 한 관광을 말한다.[11] 한 지역의 자연유산은 그 지역의 문화 형성과 밀접한 관계가 있기 때문에 자연자원은 문화자원과 함께 문화유산관광의 주요 관광대상이 된다. 문화유산관광은 1990년대 이후 관광객이 꾸준히 증가하면서 대중관광시대의 틈새시장으로서 각광을 받고 있다.[12]

지속가능관광의 한 유형으로서 문화유산관광은 지역내 문화유산 및 자연유산의 보존을 강조한다. 문화유산자원은 과도하게 관광객에 노출되었을 경우 훼손될 우려가 있으며, 적절히 관리

되지 못할 경우 원형이 손상될 수 있기 때문에 자원의 보존이 특히 중요하다. 특히 전통문화와 같은 문화유산은 관광상품화 과정에서 진정성(authenticity)이 사라져 원래의 문화적 의미를 상실할 수 있기 때문에 전통문화의 보전을 위해 지나친 상품화는 지양하는 것이 필요하다.

문화유산관광이 지속가능관광의 한 유형으로 분류되는 또 다른 이유는 이 관광 형태가 지역경제 발전에 직접 기여를 한다는 것이다. 문화유산관광은 외부로부터 대규모 자본을 끌어들이지 않고서도 지역 내 소규모 자본만으로 운영이 가능하기 때문에 관광수입의 외부 유출이 최소화될 수 있다. 따라서 오랜 역사를 갖고 있는 지역이지만 경제적으로 낙후된 지역, 독특한 문화유산을 갖고 있는 소규모 지역에 적합한 관광형태로서 주목을 받고 있다.

제4절 지속가능관광의 주요 행위자

지속가능관광이 성공을 거두기 위해서는 이해당사자 간의 역할 분담과 역할의 전체적인 조화가 요구된다.[13] 특히 지속가능관광은 자원의 보존이 강조되고 자본, 기술력이 약한 소규모 지역을 기반으로 추진되는 사업이기 때문에 지역사회뿐 아니라 관광자, 관광사업자, 중앙 및 지방정부의 파트너십이 매우 중요하다. 이들 중 어느 한 분야의 역할이 미비할 경우 지속가능관광의 발전은 성공을 거두기 어렵게 된다.[14]

1. 관광자

지속가능관광에서 관광자의 역할은 매우 중요하다. 일반적으로 지속가능관광을 하는 관광자들은 환경에 대한 관심이 높으며, 지역의 문화를 존중하고, 지역에 미치는 영향에 대해 책임 있는 행동을 하는 것으로 알려져 있다. 이러한 관광객의 태도는 환경친화적이고 지속가능한 관광상품을 개발하는데 많은 영향을 미치게 된다.[15] 또한 이들은 지역주민과의 직접적인 접촉을 통해 자신을 새롭게 발견하려는 욕구도 높은 것으로 나타나 지역문화의 유지, 발전과 관광문화 발전에 기여하게 된다.

지속가능관광이 미래 관광의 유형으로 각광받는 주요 이유는 관광객이 다양한 관광상품을 원하며, 환경 및 지역주민 복지에 관심을 갖는 관광객들이 더욱 증가할 것이라는 예상에 기초하고 있다. Krippendorf는 이러한 관광객을 '후기산업사회형 관광객(post-industrial tourists)'이라고 명명하고 자신의 지평을 넓히고, 다른 사람과 함께 배우며, 보다 단순한 것과 자연으로 회귀하고,

창조성, 개방성, 실험성 등 삶의 모든 영역에서 자아실현을 추구하는 관광객이 향후 21세기에는 크게 증가할 것이라고 예측하였다.[16)]

그동안 지속가능관광의 주요 행위자로 관광기업과 지역사회, 정부가 주로 거론되었으나 관광객도 지속가능관광을 실현하는 중요한 주체로 부각되고 있다. Ryan은 지속가능관광에서 관광객의 핵심적 역할을 강조하며 이들의 추구하는 경험에 따라 관광지가 변모해가고 지역, 기업, 정부 등 다른 관광의 주체들도 많은 영향을 받는다고 밝히고 있다.[17)] UNWTO도 과거 대중관광의 폐혜가 대중관광객에서 비롯된 점을 인식하고 '관광권리장전과 관광객윤리강령'의 제정을 통해 관광객이 지역사회의 자연자원과 문화유산을 존중할 것을 촉구하고 있다.[18)]

2. 관광기업

지속가능관광이 실현되기 위해서는 관광기업의 개발 및 운영 방식이 중요한 역할을 한다. 과거 대중관광시대에 관광개발로 인한 관광자원의 훼손이 심각했던 이유는 기업이 이에 대한 배려 없이 오직 투자에 대한 이익금 환수와 더 높은 이윤 창출에 주력하여 가능한 모든 자원을 활용했기 때문이다. 이 과정에서 자연자원의 파괴는 물론 지나친 문화상품화로 지역의 전통문화가 왜곡되는 등 지역의 관광자원이 훼손된 경우가 많았다.

지속가능관광에서 관광기업은 이윤 창출과 함께 사회, 환경적 요인을 함께 고려해야 할 필요성이 증가하고 있다.[19)] 즉 새로운 상품개발에 있어 환경친화적인 상품과 서비스를 관광객에게 공급하고,[20)] 기업운영에 있어서도 환경적인 부담과 위험을 감수할 준비가 되어 있어야 한다. 또한 관광개발의 경우 지역사회에 대한 세심한 배려도 필요하다. 그렇지 못할 경우 지역사회와의 마찰로 사업이 난관에 부딪칠 가능성이 매우 높기 때문에 관광기업은 사회적, 환경적으로 지역사회에 책임을 지는 윤리경영을 할 필요가 있다.

지속가능관광에서 기업이 담당하게 될 역할의 중요성은 지속가능한 발전과 관련된 국제협약에서 여러 차례 강조되어 왔다. 지속가능한 발전의 모태가 된 리우선언의 'Agenda 21'은 책임있는 기업가정신이 자원 활용의 효율성을 높이고, 쓰레기를 최소화하며, 환경과 문화자원의 질을 보존하는데 주요한 역할을 한다고 밝히고 있다. 'Agenda 21'을 관광분야에 실현하기 위해 작성된 'Agenda 21 for Travel and Tourism'에서도 관광기업의 자원보존을 위한 실천적 측면을 강조하고 있다.[21)]

3. 지역사회

지속가능관광이 되기 위해서는 지역사회의 참여가 무엇보다 중요하다. 과거 대중관광시대의 대규모 관광개발이 실패로 돌아간 많은 사례는 개발과정에서 지역주민의 참여가 배제되었기 때문이었다. 지역의 참여가 배제될 경우 지역주민은 경제적 기회를 상실하고 물가상승 등으로 인한 어려움을 겪게 되며, 새로운 문화의 유입으로 전통문화가 파괴되고, 관광객과 갈등을 빚기도 한다. 이렇게 하여 지역의 관심으로부터 멀어진 관광은 지속가능관광을 불가능하게 한다.

따라서 지속가능관광이 되기 위해서는 개발과정에 주민의 의사가 반영되고, 관광사업에 지역자본이 최대한 참여하도록 유도하며, 상품개발, 친환경적 프로그램개발, 홍보 등에 있어서도 지역주민의 주도적 역할이 요구된다. 이 경우 지역주민은 관광을 통해 수익을 창출하며, 삶의 질을 향상시킬 수 있는 기회를 갖게 된다. 특히 지속가능관광은 지역의 독특한 자연자원과 문화자원을 활용한 것이기 때문에 관광의 활성화는 지역주민의 자긍심을 고취시켜 자연자원을 포함한 지역의 문화적 정체성을 유지, 발전시키는데 기여하게 된다.[22)]

지속가능관광에서 지역사회의 역할이 중요한 또 하나의 이유는 지속가능한 발전의 개념에서 핵심적 요소가 되는 지역 간 형평성을 달성할 수 있기 때문이다. 경제적으로 낙후된 지역이 지역내 관광자원을 활용하여 지역경제의 활성화를 도모하는 것은 지속가능한 발전의 핵심이 된다. 지속가능관광이 21세기를 전후하여 새로운 대안관광의 형태로서 주목을 받고, 세계 각국의 중앙정부 및 지방정부가 지속가능관광에 많은 관심을 갖게 된 것은 이 관광형태가 지역 발전을 가져올 수 있는 동력으로 인식되기 때문이다.

4. 정부 및 민간단체

지속가능관광에서 중앙정부와 지방정부의 역할은 매우 중요하다. 먼저 정부는 지속가능관광을 위해 필요한 기반시설을 제공하는데 핵심적인 역할을 한다. 도로의 정비와 상하수도 시스템 구축, 전기시설 공급 등 지역의 관광활성화를 위해서는 정부의 투자가 요구된다. 지속가능관광은 지역을 기반으로 소규모로 이루어지는 경우가 많기 때문에 막대한 비용이 드는 기반시설에 대한 투자는 정부에 의해 주도될 필요가 있다.

정부는 또한 지속가능관광이 지역에서 일어날 수 있도록 기업환경을 조성하는데 중요한 역할을 한다. 환경관련 각종 규제에 대한 적절한 가이드라인 설정, 지역주민의 투자를 촉진하기 위한 세제 혜택, 금융지원을 비롯한 각종 행정서비스 제공 등을 통해 지속가능관광이 지역에서 이루어질 수 있도록 하는 역할을 담당할 수 있다. 또한 지속가능관광에 대한 연구·개발에 투자하고 관련 시장에 대한 정보를 제공함으로써 환경친화적인 상품과 서비스 개발을 지원할 수 있다.

한편 신뢰 있는 공공기관 또는 민간단체을 통해 '녹색인증제(Green Certificate)' 등을 실시함으로써 지속가능관광의 질적 향상과 관광객 유치 제고를 도모할 수 있을 것이다. 이 인증제는 '에코라벨(eco-label)'과 같이 일정한 평가기준을 확립하여 인증마크를 부여하는 것으로써 관광객의 신뢰와 방문을 이끌어낼 수 있는 방법으로 호주 및 유럽의 일부 국가에서 시행되고 있다.[23] 그러나 이 제도는 인증기준에 대한 폭넓은 합의가 필요하고, 인증서 발급에 엄격성이 요구되는 등 운영상 많은 주의가 요구된다.

제5절 지속가능관광의 정책적 과제

우리가 살고 있는 세계는 가뭄, 홍수 등 이상 현상이 잦아지고 있으며 아열대기후의 확산으로 생태계 교란도 심각한 상황이다. 이러한 기후변화는 이미 단순한 환경문제 차원을 떠나 인류가 직면한 최대의 위기가 되어 있다. 이제 세계 각국은 탄소배출량에 있어 제한을 받게 될 것이며 다양한 측면에서 지구의 온난화 방지와 지구생태계 보존을 위한 국제적 노력이 계속될 것이다.

이러한 세계적 흐름 속에 우리나라 정부는 녹색성장이라는 정책목표를 설정하여 주요 정책과제로 추진하고 있다. 그동안 세계적으로 양적 성장모델은 많았으나 성장과 환경생활의 질을 동시에 높일 수 있는 질적 성장모델은 거의 없었다. 정부의 녹색성장정책은 이런 질적 성장모델을 추구하는 시도라 할 수 있으며, 지속가능관광의 발전에 긍정적 영향을 미칠 것으로 기대된다. 녹색성장정책의 일환으로 지속가능관광이 활성화되기 위해서는 다음과 같은 정책과제를 해결해 나가야 할 것이다.

첫째, 지속가능관광의 개발 및 관리 체계를 확립해야 한다. 이를 위해 지속가능관광을 정의하고 이에 맞는 지표를 개발하며, 이를 통해 과학적인 관리가 이루어지도록 해야 할 것이다. 또한 이러한 노력은 법제도화와 함께 추진되어야 한다. 관련법규의 정비 없이는 관광지 개발을 위한 예산 확보뿐 아니라 관광지 지정에서 운영, 평가에 이르기까지 확립된 기준이 없어 관광지의 체계적인 육성이 어렵게 된다. 현재 정부에 의해 시행되고 있는 문화자원 개발사업과 생태·녹색관광자원 개발사업은 법제도의 정비가 미비하여 효율적인 운영이 저해되고 있다.[24]

둘째, 지속가능관광을 주도할 전문인력 양성 방안을 마련해야 한다. 지속가능관광은 자연자원 및 문화자원을 보존하면서 이를 관광상품화할 수 있어야 하며, 운영상 난제가 많기 때문에 고도

의 전문성이 요구된다. 따라서 이러한 능력을 갖춘 전문인력을 양성할 프로그램 개발이 필요하다. 특히 지속가능관광은 교육적 효과가 성공에 중요한 요소이기 때문에 관광지 자연자원과 전통문화를 소개할 수 있는 교육프로그램의 개발과 함께 지역주민이 중심이 된 전문가이드 육성이 필요하다.

셋째, 지속가능관광의 추진체계 강화가 요구된다. 지속가능한 자원의 관리 및 운영은 환경부, 농림축산식품부, 국토교통부, 문화체육관광부, 행정안전부, 산림청, 문화재청과 관련이 있으며, 특정지역의 경우 국방부와 통일부가 관련되어 있다. 여러 부처가 사업을 추진하다 보면 효율성이 떨어지기 때문에 추진 주체를 명확히 정의하여 역량을 강화할 필요가 있다. 지속가능관광은 자원의 종합평가와 지원체계의 확립이라는 측면에서 환경부와 문화체육관광부가 주도적인 역할을 담당할 수 있을 것이다.

넷째, 다양한 정책 간의 유기적 연계를 강화해야 한다. 지속가능관광은 관광지 개발계획을 중심으로 운용되지만 이 개발계획은 다른 계획과 상충되어 문제점을 야기하거나 상호 조화를 이루지 못할 가능성이 있다. 따라서 관광개발계획이 도시계획이나 환경계획 등과 같은 다른 분야의 계획과 조화를 이룰 수 있도록 상호 검토 및 조율이 요구된다. 이런 관점에서 최근 문화체육관광부와 환경부가 생태관광협력에 관한 양해각서를 체결한 것은 매우 바람직한 현상이다.

다섯째, 중앙정부와 지방정부의 역량 강화가 필요하다. 중앙정부는 지속가능한 관광정책 매뉴얼을 제작하여 전체적인 가이드라인을 제시할 필요가 있으며, 지속가능한 관광마을 모델설정 등을 통해 사업지원체계를 확립할 필요가 있다. 또한 지방정부는 지역 사정에 맞게 이를 구체적으로 적용할 수 있는 다양한 방안을 강구해야 할 것이다. 특히 지방정부는 지속가능관광이 지역주도로 이루어지는 것이기 때문에 핵심적 역할을 담당해야 한다. 최대한 지역 참여를 유도하고 지역 특성에 맞게 지속가능관광 인증제를 도입하는 등 차별화된 관리운영계획을 수립해야 할 것이다.

참고문헌

1) 장병권(2014). 『지속가능한 관광개발 정책목표와 과제』. 지속가능한 관광개발포럼 공개세미나 발표자료.
2) 김철원(2016). 『지속가능한 발전목표(SDGs)에 대응하는 관광정책 방향 (한국관광정책, No. 66)』. 한국문화관광연구원.
3) Krippendorf, J.(1987). *Holiday Makers*. Oxford, UK: Heinemann Professional Publishing.
4) The World Commission on Environment and Development(1987). 『우리 공동의 미래』, Our Common Future(조형준 · 홍성태 역). 새물결.
5) Hardy, A., Beeton R. J. S., & Peason L.(2002). Sustainable Tourism: An Overview of the Concept and its Position in Relation to Conceptualisations of Tourism. *Journal of Sustainable Tourism*, 10(6), 475-496.
6) Inskeep, E.(1991). *Tourism Planning: An Integrated and Sustainable Development Approach*. New York: Van Nostrand Reinhold.
7) UN Department of Economic and Social Affairs, Division of Sustainable Development(2009). Strengthening the role of business and industry. *Agenda 21-Ch.30*. Internet web-site (http://www.un.org/esa/sustdev/documents/agenda21/english/agenda21chapter30.htm, accessed on 25 February, 2009).
8) 현대경제연구원(2009). 『VIP Report: 관광산업 5대 트렌드 변화와 육성을 위한 시사점』. 통권386호 (2009. 2. 10).
9) 야마자키 미쓰히로, 오야마 요시히코, 오오시마 준코(1993). 『녹색관광』, グリ-ン・ツ-リズム(강시겸 · 김정연 역). 일신사.
10) OECD(1994). *Tourism Strategies and Rural Development*. Paris.
11) Zeppel, H., & Hall, C. M.(1992). Arts and Heritage Tourism. In Weiler, B., & Hall, C. M.(Eds.), *Special Interest Tourism*. London, UK: Belhaven Press.
12) Nicholls, S., Vogt, C., & Jun, S. H.(2004). Heeding the Call For Heritage Tourism. *Park & Recreation*, 39(9), 38-47.
13) Vernon, J., Essex, S., Pinder, D., & Curry, K.(2005). Collaborative Policymaking: Local Sustainable Projects. *Annals of Tourism Research*, 32(2), 325-345.
14) Bjőrk, P.(2000). Ecotourism from a conceptual perspective, an extended definition of a unique tourism form. *International Journal of Tourism Research*, 2(3), 189-202.
15) Williams, P. W., & Ponsford, I. F.(2009). Confronting tourism's environmental paradox: Transitioning for sustainable tourism. *Futures*, article in press, 9 pages.
16) Krippendorf, J.(1987). Ecological approach to tourism marketing. Tourism Management, 8(2), 174-176.
17) Ryan, Chris(2001). Equity, management, power sharing and sustainability-issues of the 'new tourism' *Tourism Management*, 23(1), 17-26.
18) UNWTO(1985). *Tourism Bill of Rights and Tourist Code Adopted in Sofia*.
19) Lordkipanidze, M., Brezet, H., & Backman, M.(2005). The entrepreneurship factor in sustainable tourism development. *Journal of Cleaner Production*, 13, 787-798.

20) Sigala, M.(2008). A supply chain management approach for investigating the role of tour operators on sustainable tourism: the case of TUI. *Journal of Cleaner Production*, 16, 1589-1599.

21) WTTC, UNWTO, & Earth Council(1996). *Agenda 21 for Travel and Tourism*.

22) Hughes, G.(1995). The cultural construction of sustainable tourism. *Tourism Management*, 16(1), 49-59.

23) 김성진(2002). 『생태관광 진흥방안 연구』. 한국문화관광정책연구원.

24) 최승묵(2006). 『문화 및 생태·녹색 관광자원 개발사업 제도 개선 방안』. 한국문화관광정책연구원.

제 2 장
음식관광

한 경 수

경기대학교 외식조리학과 교수
(현 한국관광학회 학술대회조직위원장)

연세대학교 공과대학 식품공학과 학사를 졸업하고 연세대학교에서 외식경영으로 박사를 취득하였으며 Saint John's University 교환교수를 역임하였다.
서울특별시 식품위생정책자문위원회 위원, 부산 아시안게임 식음위원회 자문위원, 한식재단의 한식정책 자문단 및 해외한식당 협의체 자문위원, 평창동계스페셜 올림픽 식음위원회 위원을 역임하였다. APACHRIE에서 director of marketing, director of Internal affairs를 역임하였고 현재 한국 country representative로 활동 중이다. 한국식생활문화학회 학술이사 및 재무이사와 한국관광학회 호텔외식경영분과학회 회장을 역임하였고 한국식생활문화학회 홍보이사와 한국관광학회 부회장 및 학술대회조직위원장으로 활동하고 있다.
현재 경기대학교 관광문화대학 외식조리학과 교수이고 2006년부터 현재까지 한국외식연감의 편찬위원이며 주요 저서는 외식경영학과 단체급식이다.

kshan@kyonggi.ac.kr

조 미 나

수원대학교 호텔관광학부 교수
(현 한국관광학회 학술대회협력이사)

연세대학교 생활과학대학 식품영양학과 학사
연세대학교 대학원 식품영양학과 식품학 전공 석사
연세대학교 대학원 식품영양학과 급식외식경영 전공 박사
샘표식품연구소 연구원 역임
CJ제일제당 식품연구소 수석연구원 역임
전주대학교 문화관광대학 외식산업학과 조교수 역임
현 연세대학교 심바이오틱라이프텍연구원 객원연구원
현 수원대학교 경상대학 호텔관광학부 외식경영전공 조교수
현 한국관광학회 학술진흥협력이사
현 한국관광학회 호텔외식경영분과학회 홍보위원장
현 한국관광레저학회 편집이사
현 한국식품조리과학회 이사
현 한국식생활문화학회 이사
현 MBC 생방송 오늘 저녁 "출동! 가성비헌터" 코너 출연 중

jomina@suwon.ac.kr

제 2 장

음식관광

한 경 수 · 조 미 나

제1절 음식관광의 이해

1. 음식관광의 개념

음식관광은 방문 지역에서의 특별하고 기억할 만한 식도락 경험으로 정의한다. 음식관광은 관광지에서 음식을 먹거나 구입하고, 특정 지역에 방문하여 음식을 만들거나, 혹은 그 과정을 관찰하는 등의 관광지 내의 음식과 관련된 모든 활동을 말한다.[1)]

반면, 지역 음식 축제에 참여하거나, 음식 생산지를 방문하거나, 지역 특산음식을 시식하는 등의 음식과 관련된 활동이 협의의 의미에 해당된다.

음식관광은 음식이 그 주 목적이 되어 특정 지역에서 생산되거나 판매되는 식재료나 먹거리를 시식 및 경험함으로써 그 지역의 문화를 체험할 수 있는 활동이다. 이는 음식과 관련된 체험활동이 여행의 주 동기인 특수목적관광(Special Interest tourism)의 형태로 이와 관련된 다양한 문화체험이 가능한 문화관광(cultural tourism)이라고 할 수 있다.

관광활동 중 음식에 대한 관심도에 따라 저관심은 농촌/도시관광(rural/urban tourism), 중간정도의 관심은 요리관광(culinary tourism)이며 고관심은 미식관광(gourmet tourism, gastronomic tourism), 식도락관광(Gourmet Tourism), 퀴진관광(Cuisine Tourism)으로 나눌 수 있다.[2)]

그림 2-1 관심도에 따른 음식관광의 분류

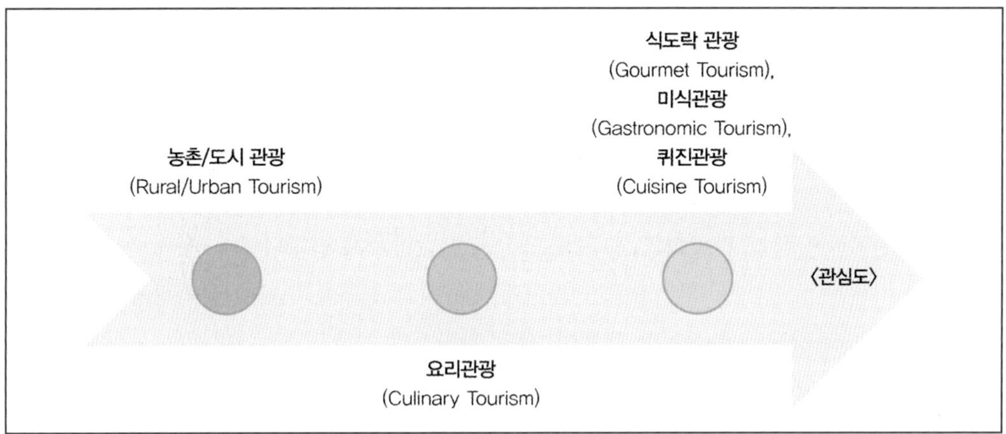

자료: 부산발전연구원(2009), 부산 음식관광 활성화 방안 연구.

미식관광(Gastronomic tourism)은 음식에 관심이 높은 관광객으로 지역시장이나 양조장을 방문하거나 특정 음식점을 방문하는 관광형태이다. 한편 요리관광은 여행 동기로서의 음식에 대한 관심도가 중간 정도인 것으로 관광객들은 관광활동의 하나로 관광지에서 전통시장, 지역 축제, 양조장 또는 레스토랑을 방문하며 보다 다양한 경험을 한다. 농촌/도시 관광은 다른 형태에 비해 음식에 대한 관심도가 낮은 관광객들로 지역의 음식축제, 시장, 양조장 또는 레스토랑을 방문하는 체험을 하며 그 수가 미식관광이나 요리관광을 하는 관광객의 수보다 많다.

음식관광을 두 가지 관점에서 보면 첫 번째는, 이국적인 음식을 통해 색다른 여행 경험을 얻는 것이고 두 번째로는 낯선 곳에서의 편안함을 얻을 수 있는 음식을 찾는 것이다. 여행자는 고급스러움과 차별성을 추구하며 늘 먹던 음식과는 달리 음식을 먹으면서 색다른 여행 경험을 느끼는 것이다. 익숙하지 않은 외국 환경에서의 여행 시 자국의 음식을 먹기 원하는 것은 흔히 한국사람들이 해외여행 시 한국식당을 선호하거나 한국에 여행 온 중국인들이 중국식 가정식 음식점을 찾는 것을 예로 들 수 있다.[3)]

음식은 다른 지역 방문 시 그 지역의 문화를 쉽고 빠르게 접할 수 있는 관광 요소 중 하나로 그 지역의 역사와 문화의 영향을 받는 다는 점에서 타 관광 상품과는 확실히 차별화 되는 관광 자원이다.[4)]

최근 관광 트렌드를 살펴보면 각종 관광 명소를 구경하는 식의 과거의 여행보다, 특화된 분야를 새롭게 경험하고 느끼고 배울 수 있는 '체험관광'이나 '테마관광' 등의 여행이 개발되고 있다. 또한 오늘날 음식에 대한 관광객의 관심과 소비가 증가하면서 글로벌 시장에서의 음식은 관광 상품으로서의 역할뿐만 아니라 그 국가나 지역의 이미지를 대표하는 것으로도 인식될 만큼 그

중요성이 커지고 있다.[5)]

2. 음식관광의 등장배경

음식은 관광객들이 관광지를 선정한 후 고려하는 요인이었지만 최근에는 음식이 직접적인 관광의 동기가 되고 있다. 음식관광의 확산에는 관광경험에 대한 수요 다양화, 여가 시간의 확대 등 환경이 변화함에 따라 관광객의 요구(Needs) 또한 다양하게 변화되었다. 특히 관광지에서의 깊이 있고 차별적인 경험에 대한 요구가 높아지면서 미식 경험을 비롯한 음식관광의 중요성이 부각되고 있다. 관광객의 음식문화 경험이 해당 관광지의 브랜드 및 이미지를 구성하는 주요 요소가 된다.[6)]

오늘날의 관광객들은 전 세계의 친구들 및 낯선 이들과 서로의 음식 경험을 공유할 수 있는 디지털 환경에 있다. 소셜 미디어에서 특별한 식사 경험을 나누고 있다. 트위터, 페이스북, 인스타그램, 플리커 등의 소셜 플랫폼을 통해 음식 사진이 수많은 여행자들에게 공유된다. 색다른 음식과 문화에 대한 여행자들의 관심을 증가시키며 관광지를 찾게 되는 동기가 된다.[7)]

지역축제를 통해 음식관광이 더 주목받고 있다. 즉, 지역의 음악·예술 축제에서 미술, 음악, 책, 강연 등에 더불어 지역의 음식을 접할 수 있다. 가장 대중적인 방식은 푸드 트럭(Food Truck)을 통한 접근이며, 지역 내 유명한 셰프의 팝업 스토어(Pop-up Store)나 축제 중 열리는 일일 장터는 모두 여행객들에게 지역의 음식 문화를 알리는 창구가 된다.[7)]

음식관광의 동기는 즐거움과 여가는 일상으로부터의 탈출이나 가족과의 휴식, 사회적 상호작용, 탐험, 감정적 결합 등 관광객이 미식 관광지를 여행하도록 이끈다.

실용적 측면의 자연 및 문화적 명소, 관광지에서의 음식과 관련된 경험, 행사 및 축제, 여가·유흥과 같은 기회, 가치, 지역 주민의 친절, 미식적 다양함, 접근성 등 관광지의 특성이 해당된다.

음식관광의 질은 관광객의 음식과 서비스 질에 대한 평가로 이루어지며, 이는 관광지 재방문으로 이어진다. 2016년 미쉐린 가이드 서울 레스토랑이 24곳 선정되었고 미쉐린 가이드 3스타 레스토랑이 2곳 선정되었다. 한국을 찾는 외국인 관광객들이 음식점 선택시 미쉐린 가이드를 참고하고 실제로 미쉐린 스타 레스토랑의 매출 증대로 이어지고 있다.

미쉐린 가이드는 레스토랑의 맛, 음식의 질을 전문교육을 받은 평가단이 레스토랑을 평가하여 발간한 여행안내 책자로 별3개를 받은 레스토랑은 여행의 목적지로서 가치 있는 레스토랑, 별2개는 거리가 멀어도 방문할 만한 가치가 있는 레스토랑, 별1개는 음식이 훌륭한 레스토랑을 의미한다.[8)]

제2절 음식관광의 특징과 분류

1. 음식관광의 특징

(1) 음식관광객의 특징

음식 관광객은 음식의 원산지를 고려하고 식사시간을 타인과의 경험을 교류할 수 있는 사교의 장으로 여기며 다른 사람에 비해 여행에서 사용하는 비용이 높으며 어떠한 제품이나 음식에 대한 충성도가 높으며 미식을 목적으로 관광지에 재방문할 의사가 높은 특징을 갖고 있다.[9)]

OECD(2012)에서 음식관광객을 분류한 결과 '미식가(Gastronomes)'는 새로운 음식을 좋아하고 높은 관심과 관여도가 있지만 '친숙한 식도락가(Familiar Foodies)'는 새로운 음식도 싫어하고 적은 관심과 관여도가 있는 것으로 나타났다.[10)]

〈표 2-1〉 음식관광객의 특징

1	음식의 원산지를 고려함
2	식사시간을 타인과 사교하고 경험을 교류하는 장으로 여김
3	여행 시 평균 이상으로 소비함
4	충성도가 높음
5	미식을 이유로 해당 관광지에 재방문

자료: UNWTO(2012), Global Report on Food Tourism.

〈표 2-2〉 음식관광객의 4가지 분류

분류	관심도와 관여도	연속성
미식가(Gastronomes)	높은 관심/관여도	새로운 것을 좋아함
내재적인 식도락가 (Indigenous Foodies)	높거나 적당한 수준의 관심/관여도	
관광형 식도락가 (Tourist Foodies)	적당하거나 낮은 수준의 관심/관여도	
친숙형 식도락가 (Familiar Foodies)	적은 관심/관여도	새로운 것을 싫어함

자료: OECD(2012), Studies on Tourism-Food and the Tourism Experience.

이처럼 음식관광객은 음식을 통하여 지역의 고유 속성(authenticity)을 추구하고 상품의 기원에 관심을 가지며 사회화 및 타인과 인생 또는 경험을 공유하는 수단으로서 음식의 중요성과 가치를 인식한다. 한편 음식관광객은 평균보다 높은 수준의 지출을 하고 까다로우며 감상을 즐기고 획일화된 것을 선호하지 않는다. 또 이들은 대개 소셜 미디어의 선도자이며 최고의 대접과 진실된 경험을 바라는 경향이 있다.[7)]

(2) 음식관광의 특징

음식관광은 공간 제약이 없이 음식에 관한 모든 주제를 다루며 농어촌 음식에서부터 도시의 레스토랑까지 포함되어 다채로운 체험 상품 개발이 가능하다.[4)]

훌륭한 식재료와 좋은 음식은 '장소를 방문하는 관광'과는 다르게 계절이나 지역, 만드는 사람에 따라 항상 새롭게 변화하는 특성이 있어 지속가능한 관광자원이라 볼 수 있다.

음식은 지역문화를 쉽고 빠르고 친숙하게 접할 수 있는 대표적인 문화상품이므로 국가, 도시 및 지역브랜드 마케팅에 중요한 역할을 담당하여 결과적으로 국가 및 지역 경제 활성화에도 기여할 수 있다.

다른 관광 상품과는 달리 음식은 만족도와 재방문 비율이 높아 매력적인 관광자원이기도 하다. 관광 과정에서 지역의 음식을 먹고 마시며 체험하는 것은 관광객들에게 오래 기억에 남을 만한 경험을 제공하기 때문이다.[4)]

2. 음식관광의 분류

음식관광은 레스토랑 방문에서부터 와이너리 투어까지 모두 포함하는 광범위한 개념이다.

(1) 음식관광

음식관광은 관광객을 위해서 개발된 다양한 식음료 뿐 아니라 그 지역의 음식문화와 관련된 활동으로 레스토랑이나 특정한 장소에서 음식을 시식하거나 음식과 관련된 주요 생산지를 찾아가고 음식축제에 참여하며 음식 생산지역의 특성관광지내 레스토랑에서의 식사을 체험해보는 것 등이 포함된다.[11)]

음식관광의 범위에 관광지내에서의 레스토랑에서의 식사, 전통음식체험, 요리교실 농촌관광 활동인 주말농장, 과수원체험, 지역 농산물 구매와 음식축제 등을 포함한다.

유명 레스토랑의 셰프나 오너를 찾아가고 관련된 행사 및 요리 경연대회에 참가하거나 새로

오픈하는 음식점의 특별 행사에 방문하여 음식을 맛보는 것 등이 있다. 또 현지인들이 즐겨 찾는 음식점에서 식사하기, 요리교실참여와 재래시장 혹은 직거래 장터에 방문하거나 농장에 가서 농산물을 직접 수확하고 요리에 쓰이는 식재료를 찾아다니는 과정이 해당한다.

음식관광의 참여자는 전문가와 쉐프에서 개별여행객, 단체 관광객까지의 다양한 대상으로 음식문화에 대해 배우는 문화 교류의 장(場)이다.

음식관광의 구성요소로 음식과 음료, 관광과 환대산업, 관련기관, 소비자가 있는데 음식과 음료는 외식, 생산, 제조, 쿠킹클래스, 컬리너리 이벤트, 식료품점 등이 포함되며 관광 및 환대산업에는 컬리너리 투어가 해당된다. 관련기관으로는 학생, 연구원, 미디어, 기술적 플랫폼, 전문적인 서비스가 포함된다.[12)]

그림 2-2 음식 관광산업의 구성요소(World Food Travel Association)

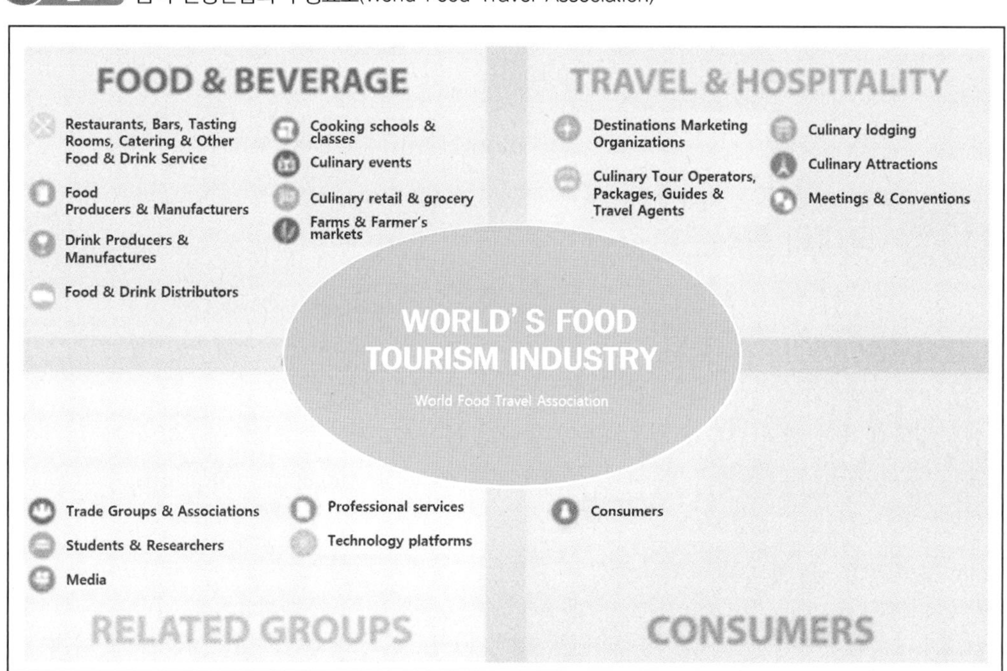

(2) 와인관광 및 차관광

가장 보편적인 음식관광의 개발 사례는 와인관광(Wine Tourism)이다. 와인관광은 포도원과 양조장, 레스토랑 및 포도와 관련된 관광자원 등이 함께 진행되는 경우가 많으며 유럽이나 미국,

호주 등에서 각광받고 있다. 최근 빠르게 발전하고 있는 미국 뉴욕의 와인 지역인 이리호(Lake Erie)에서 롱아일랜드(Long Island)까지의 212개의 와인 양조장 지역이 그 예인데, 관광객들로 인해 상당수의 고급 레스토랑, B&B, 골동품 및 선물 가게, 축제 등이 생성되었고, 통, 병, 코르크, 라벨 등 모든 것을 생산해야 하기 때문에 와인산업의 성장이 관광뿐만 아니라 제조업에까지 영향을 미쳤다.[13)]

차 관광(Tea Tourism)도 관심을 받고 있다. 차가 요리의 주재료나 향신료로 쓰이기 시작하면서 이를 먹어보기 위해 여행하는 관광객도 늘어나고 있다. 영국 레스터셔의 한 농장에서는 촌락의 목가적인 성격을 살려 7개의 다실(tea room)을 운영하고 있으며, 일본의 차 아이스크림, 대만의 튀긴 찻잎 요리 등이 대표적이다. 차 관광과 관련된 가장 전형적인 매력물은 박물관이다. 차 가공 · 제조 · 수입 지역 주위에 입지한 세계적인 차 박물관들은 관광객을 위한 매력도 증진뿐만 아니라 차 역사를 보존하기 위하여 운영되고 있다. 중국 항저우의 중국차박물관, 대만 핑린의 차박물관, 일본 시즈오카의 16세기 형 차박물관, 영국 런던의 커피와 차박물관 등이 있는데, 이러한 차 박물관 방문은 주변의 작은 다원이나 차 공장 방문을 유도하기도 한다.[13)]

제3절 국내외 음식문화관광

1. 국내 음식관광

한국음식에 대한 해외 언론과 전문가들의 관심이 높아지고 있으며 우리 국민들의 관심도 지속적으로 높아지고 있는 추세이다. 한식은 매우 독특한 맛과 식문화를 가지고 있다.

(1) 국가주도 음식관광

농림수산식품부에서는 2017년 평창올림픽 대비 내외국인 음식관광기반조성을 통해 우리나라와 강원도 평창을 방문하는 내 · 외국인 관광객들을 위해 K-Food Plaza를 조성하여 한식 및 지역특산품, 수출농식품 등을 홍보하고 있다. 한식재단에서는 2017년 음식관광 사업 투어상품 보급을 위한 팸투어 진행 중이며, 음식관광상품 활성화방안을 모색하고 음식관광투어 상품 조사를 실시하고 있다. 농촌진흥청에서는 외국인이 선호 한식 발굴과 외국관광객 유치방안 모색을 위해 지난 5월 '외국인셰프의 농가맛집 팸투어'를 진행하였다.

음식관광 상품화를 위한 '궁중 음식 메뉴복원과 시연', '사찰음식 시범 운영 대상 사찰 선정', '농가 맛집 및 찾아가는 양조장'을 선정하는 등 다양한 정책을 실시했다. 또 음식관광 인프라 개선을 위해 향토 맛집 등의 안내서를 제작 · 배포하였고 대표적 200여 개의 한식 메뉴의 영 · 중 · 일 표기법을 표준화하였다. 브라질 월드컵 연계 김치 홍보, 해외 유수의 미식 전문 웹사이트에 한식 테마 소개 등 정부 차원에서음식관광의 중요성을 인지하고 다양한 대책을 마련하여 추진하고 있다.

(2) 지자체주도 음식관광

각 지역을 대표하는 음식 전시관과 여러 가지 건강음식을 시식해 볼 수 있는 행사는 물론 음식경연대회 및 시연, 농 · 특산물 장터와 식자재 전시관, 음식판매장터, 문화 예술공연 등 다양한 즐길 거리와 먹거리를 제공하고 있다.

- **경기도 안산**: 외국인 인구가 많은 점을 이용하여 다문화 음식거리를 조성하고 먹거리 특화지구로 선정되었다. 경기도에서 추진 중인 음식문화 시범거리 사업의 일환으로 진행되었으며 다국적 상권이 형성되어 있는 지역적 특성을 기반으로 다양한 음식문화를 제공한다.[14)]
- **광주광역시**: 남도 음식의 관광자원화를 위해 광주시에 소재한 일반 음식점을 대상으로 광주 맛집 신청을 받아 선정된 음식점에 대해 메뉴와 테마별로 홍보를 진행하고, 궁극적으로 '미향 광주 도시'의 브랜드 가치를 높여 미식관광의 활성화를 도모하였다.[15)]
- **대구광역시**: 대구 · 경북 지역에서는 반가 음식을 주제로 다큐멘터리 '양반의 맛'을 제작, 방영하였다. 더불어 2009년 경북 민속 문화의 해 특별 기획으로 제작한 '위대한 유산' 내 프로그램에서 지역의 반가음식을 발굴하고 한식 세계화의 가능성을 점쳐보았다.[16)]

2. 국외 음식관광

(1) 미국

- **미국 뉴올리언스 음식역사투어**: 미국 뉴올리언스(New Orleans)는 프렌치 쿼터(French Quarter)를 기반으로 음식과 역사를 동시에 경험할 수 있는 음식역사투어가 유명하다. 이곳의 음식역사투어에는 남북전쟁 시절 레스토랑에서 제공하던 음식들을 맛보며 해당 시기의 역사와 전설 등에 대하여 들을 수 있는 재미가 있다. 또 여러 가지 종류의 현지 음식을 맛볼 수 있다

는 장점과 함께 지역의 역사와 음식을 연계하여 즐길 수 있다는 매력이 있어 2009년 약 750만 명이 방문하여 4억 2천만 달러의 관광수익을 창출하기도 하였다.17)

- **캘리포니아 나파밸리**: 미국 와인 관광지로 유명한 나파밸리(Napa Valley)는 대표적인 캘리포니아 포도 재배지이자 고급 와인 생산지로서 '와인 트레인(Wine Train)'과 '열기구 투어'를 운영하여 연간 300만 명이 넘는 관광객을 유치하고 있다.

(2) 영국

- **콘월주 패드스토우**: 영국의 패드스토우(Padstow)는 작은 어촌 마을로, 유명 요리사 릭 슈타인이 해산물 식당을 오픈한 후 방송 매체를 통해 레스토랑을 소개하면서 대표적인 영국의 음식 관광지가 되었다. 사람들은 이 요리사의 명성만으로 패드스토우에 방문하였고, 관광객이 늘어나다 보니 주변에 다양한 음식점들이 생겨나고, 운송 및 여행업, 숙박업, 소매업 등이 함께 발전해 현재는 영국에서 가장 풍요로운 어촌 마을이 되었다.
- **런던 Borough Market**: Borough Market은 매년 많은 관광객이 방문하는 음식관광명소로, 음식관광해설사가 평범한 전통시장에 스토리를 입혀 시장에 대한 설명을 해주고, 식재료 생산자와 현장에서 만나봄으로써 신선한 식재료를 경험하는 등 기억에 오래 남을 만한 체험관광을 통해 인기를 얻고 있다.

(3) 프랑스

- **프랑스 와인관광**: 와인관광은 와이너리와 와인박물관, 와인저장고 등 주요 와인 관광지를 방문하고, 시음회를 포함한 다양한 체험활동을 통해 프랑스의 와인문화를 이해할 수 있는 프로그램들을 포함한 프랑스의 차별화된 관광형태다. 프랑스의 외무장관 로랑 파비우스(Laurent Fabious)는 2016년 프랑스의 와인관광을 소개하는 웹사이트 오픈을 공식적으로 알리는 기자간담회에서 프랑스의 와인 수출액은 (1140억 유로) 프랑스산 전투기인 라팔 114대를 수출한 것과 맞먹는 액수임을 강조하며 프랑스 와인산업에 대한 자부심을 나타냈다. 프랑스 와인관광에 참여하는 외국인 관광객 수는 2010년에 이미 3백만 명을 달성하였으며 2020년까지 4백만 명을 목표로 보고 있다고 언급했다. 현재 프랑스의 와인관광을 이용하는 주요 외국인 관광객은 아시아인과 미국인으로 매년 10%의 성장률을 보이고 있다(프랑스관광청).18)

(4) 싱가포르

- **세계 미식가 모임**: 싱가포르의 '세계 미식가 모임(World Gourmet Summit)'은 싱가포르 관광청이 1997년부터 싱가포르를 '미식의 천국'이라는 이미지로 브랜딩하기 위해 개최한 축제이다. 이 축제에서는 세계적인 음식 안내책자 미슐랭(Michelin)에 소개된 유명 요리사들의 요리 등 많은 고급 요리들을 시식할 수 있고, 요리 강의를 듣거나 와인 제조업자들이 준비한 고급 와인을 다양하게 경험할 수 있어 연간 1만 7000여 명에 달하는 방문객이 찾고 있다.[19]

(5) 태국

- **쿠킹클래스 Thank Cooking Holiday**: 태국은 최근 들어 미식을 즐기는 사람들을 위한 음식관광 패키지 상품을 보유한 세계적인 관광지로 각광받고 있다. 캐나다의 한 여행사는 태국의 요리 휴가상품(Thank Cooking Holiday)을 개발하였는데, 이는 치앙마이에서 진행되는 태국식 음식강의를 주제로 한다. 음식 강좌는 5일간의 일정으로 실용성이 높은 실습을 포함하며, 참가자들은 요리 외에도 현지 시장을 돌아보는 기회도 갖는다. 여행은 난초 재배소, 코끼리 캠프, 원주민 마을 방문, 현지식 저녁 식사 등의 관광도 포함한다.

제4절 음식관광의 미래

1. 음식관광의 트렌드

음식관광은 지역의 문화와 생활을 알 수 있는 중요한 요소이다. 음식문화는 각 나라마다 다르며 한 국가의 음식에는 그 나라의 역사와 전통, 그리고 문화가 깃들어 있다. 따라서 음식은 상대방의 문화를 이해하고 커뮤니케이션하는 데 좋은 수단이 될 수 있다. 이처럼 음식관광은 모든 전통적 가치를 새로운 여행 트렌드에 접목시킨다. 문화와 전통에 대한 존중, 건강한 라이프 스타일, 진실성, 지속 가능성, 체험 등. 이처럼 음식문화관광은 관광 분야를 다양화하고, 지역 경제를 활성화시키며 다양한 전문분야(생산자, 셰프, 음식 시장 등)를 연계시킨다.

세계관광기구(UNWTO)에서 제시하는 음식관광의 7가지 성공요인을 살펴보면, 첫째, 음식관광은 관광 시장 중에 가장 역동적으로 성장하고 있는 분야(Growing market)로, 지역(Territory)을 기반으로 한다. 지역은 가치, 역사, 문화, 전통, 주변 환경 등을 통해 고유의 음식 문화를 만들어

내는 것이다. 음식관광지로서 지역의 보존은 어려운 문제 중 하나이다. 또한 음식관광의 활성화를 위해 어떤 문화적/자연적 자원을 사용하여 지역을 차별화하는 음식을 만들 수 있는지 결정하는 것은 중요하다.

음식관광은 그 지역의 독특한 문화적 특성(Cultural Heritage)을 드러낸다. 음식관광은 관광객으로 하여금 미식, 경험, 구매를 통해 관광지의 문화적, 역사적 경험을 가능하게 한다.

음식관광은 경제적 수지를 맞추는 데 있어 문화적, 환경적 우려를 불러일으킨다. 최근의 세계적 관광 추세는 지속 가능성(Sustainability)을 지향한다. 음식관광도 지속 가능한 음식문화인지를 고려해야 한다.

음식관광을 개발하고자 하는 지역은 지역 음식의 보호와 인식, 인적자원관리 등의 품질 관리(Quality)를 해야 한다. 음식관광 목적지는 신뢰할 수 있고 진실된 이야기를 보여주어야 한다(Communicators). 음식관광경험은 실제 여행 기간뿐만 아니라 여행 시작 전 준비단계부터 시작하며, 여행자가 자신의 음식관광경험을 평가하고 소셜 미디어를 통해 공유된다. 음식관광지는 음식관광과정을 공개하는 것이 바람직하다.

음식관광 운영에 참여하는 모든 사람들(생산자, 농부, 어부, 레스토랑 운영자, 행정 담당자 등)이 '음식관광상품의 제공'이라는 명확한 정의와 관리하에 협력(cooperation)해야 한다.[9)]

그림 2-3 Food Tourism Global Trend

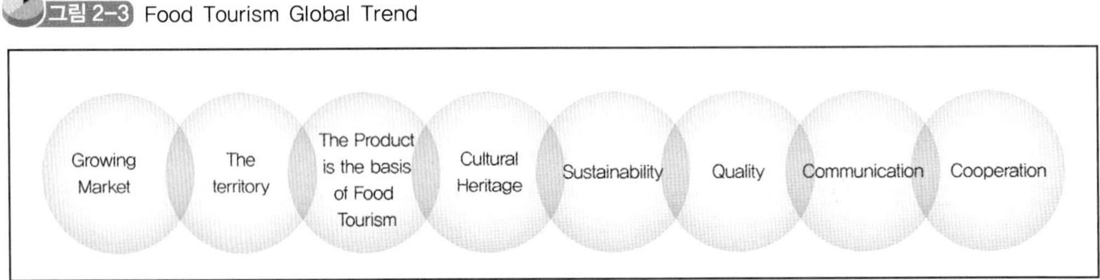

자료: UNWTO(2012), Global Report on Food Tourism.

2. 우리나라 음식관광의 발전방향

한국의 농산물, 시골, 전통시장, 길거리음식, 향토음식, 요리사, 미식레스토랑 등이 한국의 대표적인 관광자원이 되어 미래 인바운드 관광산업 발전을 견인할 수도 있다. 우리의 음식문화자원이 외국인 관광객을 유인할 만한 매력을 충분히 가지고 있으며, 대한민국이 음식관광목적지로 성장할 가능성이 높으므로 훌륭한 음식관광자원을 전략적으로 활용하고 부가가치를 창출할 것인지 깊은 고민을 해야 할 때다.

한식의 세계화를 위해 국외에 직접 나가 한식을 알리는 홍보위주의 사업을 발전시켜 한식의 관광 상품화를 통해 외국인에게 한국을 방문할 수 있는 직접적인 계기를 마련해 준다면 관광산업과 농식품산업에 미치는 경제적 파급효과는 더욱더 커질 것이다.

한국 관광공사에 따르면 2016년 우리나라를 방문한 외국인 관광객 수가 전년 대비 30.3% 증가한 1,724만 1,823명에 이르렀고, 이들로 인한 관광수입은 170억달러에 이르며, 1인당 평균 991달러를 소비하는 것으로 나타났다.[20)]

한국의 음식과 식문화에 관심을 갖는 관광객들의 비율은 점점 늘어날 것이다. 한국의 재래시장, 레스토랑, 전국에 산재한 농촌관광 상품을 활용해 음식관광 및 관광업, 농업 등 관련 산업을 전체적으로 발전시켜야 할 필요가 있다. 한국의 음식관광의 발전방향을 4가지로 구분하여 제시하였다.

(1) 정부 차원의 음식관광산업 육성 전략 구축

한국만이 가진 음식상품의 차별성을 규명하고 음식관광의 비전과 발전전략을 수립해야 한다. 이를 위해 FLOSS(fresh, local, organic, sustainable, seasonal)형 음식자원은 물론 농촌에서 생산되는 지역농산물 및 가공식품, 농가, 농장, 조리학교, 레스토랑, 지역 음식축제 등이 포함되며 분야별로 각 지역에 어떤 자원이 있는지 데이터베이스화해야한다.

(2) 체류형 음식관광상품 개발

고부가가치의 음식관광산업으로 발전시키기 위해서는 체류형 음식관광상품을 전략적으로 개발해야 한다. 이를 위해서 지역별 관광객의 수용태세를 개선해야 한다. 음식관광자원의 매력도가 높은 지역을 중심으로 관광지 및 음식점 서비스의 질적 개선, 숙박시설 확충 및 언어소통 해소 등이 되어야 한다.

(3) 음식관광에 대한 전문교육 개발

음식관광상품의 개발은 그 음식이 가지는 독특한 특성 때문에 기존의 상품개발 담당자나 문화해설사만으로는 특별한 상품개발이나 해설을 하기 어렵다. 음식에 대한 전문적 해설은 지역 농촌 및 향토음식의 역사와 식문화사, 식재료의 특성, 음식조리법, 요리사의 철학, 식사예절, 음식점의 서비스 품질, 주방 내 이야기, 외국어, 시사상식 등 다양한 분야를 배우고 이해함으로써 오랫동안 기억에 남을 음식관광 해설사(푸드큐레이터)를 기획하고 실천해야 한다.

(4) 이해관계자들의 공감대 형성

성공적인 음식관광 정책 수립을 위해서는 이해관계자를 위한 정보교류 및 교육 훈련 프로그램이 필요하다. 전국 지역의 맛집과 특산물을 즐길 수 있도록 음식과 아울러 교통의 편리함이나 숙박시설의 쾌적함, 합리적 가격대 설정 등이 요구된다.

참고문헌

1) 한국문화관광정책연구원(2006). 음식관광산업화 촉진방안.
2) 부산발전연구원(2009). 부산 음식관광 활성화 방안연구.
3) 강원발전 연구원(2005). 도시관광 개발 사례연구.
4) 김태희(2012). K-food 마케팅의 새로운 접근-음식관광, 한국문화관광연구원 웹진 문화관광.
5) 최지아(2013). 컬리너리 투어리즘(음식문화관광), 한식한류의 바람을 일으키다!, 한국문화관광연구원 웹진 문화관광.
6) 박광무(2013). 음식관광 활성화방안, 문화체육관광부.
7) Ontario Culinary Tourism Alliance & Skift Present(2015). The Rise of Food Tourism.
8) 미쉐린 트래블 파트너(2016). 미쉐린가이드(The Michelin Guide): 서울(Seooul), 미쉐린.
9) UNWTO(2012). Global Report on Food Tourism－AM Reports: Volume four.
10) OECD(2012). OECD Studies on Tourism－Food and the Tourism Experience; The OECD-Korea Workshop.
11) 인천발전연구원(2011). 로컬푸드 시스템을 기반으로 한 인천시 음식관광 활성화 방안.
12) Eric Wolf, What is the future of the worlds food and drink rating system?, Hotel Business Review. http://hotelexecutive.com/business_review/3510/what-is-the-future-of-the-worlds-food-and-drink-rating-systems
13) 이영주(2006). 와인도 관광이요, 차도 관광; 음식관광 개발 해외 사례와 시사점, 한국문화관광연구원 너울.
14) 안산시 홈페이지, http://tour.iansan.net/tour/travel/01_2.jsp
15) 광주광역시 홈페이지, http://search.gwangju.go.kr/
16) 대구방송, 특집다큐 '양반의 맛' 방송, 연합뉴스, 2009.9.22.
17) 이수진(2010). 신한류콘텐츠 음식관광 활성화 방안, 경기개발연구원.
18) 프랑스 관광청, 프랑스 와인관광 소개하는 공식 웹사이트 개설, 2016.2.25, 월간 호텔&레스토랑. http://www.hotelrestaurant.co.kr/news/article.html?no=1922
19) 연구기획조정실 정책정보통계센터(2013), 음식관광을 통한 국내관광 활성화 방안.
20) 한국관광통계_연도별통계(2016), 한국관광공사.

제 3 장

푸드관광 · 와인관광의 이해

고 재 윤

경희대학교 호텔관광대학 외식경영학과 교수
(사단법인 한국국제소믈리에협회 회장)

한국와인 · 전통주산업에 중추적인 역할과 관심분야를 가지고 있으며, 최근에는 워터, 티 학문까지 영역을 넓히고 있음
1997년부터 프랑스, 독일, 이탈리아, 남아공, 호주 등 단기과정 와인소믈리에과정을 수료하고, 전 세계 20개국(프랑스, 독일, 스페인, 포르투갈, 오스트리아, 헝가리, 그루지아, 불가리아, 몰도바, 우즈베키스탄, 미국, 오스트레일리아, 남아프리카공화국, 칠레, 아르헨티나, 중국, 일본 등)을 음식관광, 와인관광을 기획하여 직접 다녀왔으며, 워터관광, 차(茶)관광을 기획하여 먹는 샘물 수원지, 차산을 직접 방문하여 연구를 하고 있음
국제소믈리에협회(ASI)의 세계 소믈리에 올림픽 대회에 한국대표 선발을 위한 국가대표 소믈리에경기대회를 비롯하여, 한국와인 소믈리에경기대회, 대학생 소믈리에경기대회, 전통주소믈리에경기대회, 워터소믈리에경기대회, 티소믈리에경기대회를 주관하고 대회위원장으로 활동하고 있음
외식 · 와인 · 워터 · 차(茶)관련 논문 130여편 발표, 식음료, 와인전문서적 10여편을 저술하여 외식 · 와인학문을 구축하였으며, 최근 먹는 샘물, 차에 관한 학문적 연구를 체 계화하고, 국내 최초로 대학에 와인, 먹는 샘물, 차를 교과과정에 도입하였으며, 신문, 잡지 등에 칼럼니스토로도 활동

✉ jayounko@hanmail.net

차새미나

우송대학교 글로벌 호텔경영학과 강사

2009년 스위스 SHMS(Swiss Hotel Management School) 호텔경영학과 졸업
2011년 University of Derby, 호텔경영학과 졸업
2014년 경희대학교 관광대학원 와인소믈리에학과 석사
2017년 경희대학교 대학원 조리외식경영학과 박사 수료
2006-2007년 밀레니엄 힐튼호텔 세일즈
2013-2014년 와인 365 프리미엄 아울렛, 와인 세일즈
2014-현재 한남대학교, 배재대학교, 백석예술대학교, 강동대학교 등에서 강사
2013-2016년 유럽지역, 미주지역, 중국 와인투어
2012-2014년 대전 푸드 앤 와인 페스티벌 사무국
2013년 2월 베를린 와인 트로피 심사위원

논문: 와인 페스티벌 방문객의 동기 및 세분시장화 연구: 대전 국제 푸드 앤 와인 페스티벌을 중심으로, 『호텔관광연구』 외 5편

✉ chasae0523@hanmail.net

제 3 장

푸드관광 · 와인관광의 이해

고 재 윤 · 차 새 미 나

제1절 푸드관광 · 와인관광의 등장배경과 의의

1. 푸드관광의 등장배경과 의의

인류 역사상 가장 역사가 오래된 음식문화는 인간이 지구상에 존재한 이래 시작되었으며, 음식은 언어 소통보다 훨씬 더 강한 소구력을 갖고 있어 문화를 이해하는 데 국가, 지역의 문화를 대변하고 관광객들이 쉽게 접근하는 수단이 된다.[1)]

식음(食飮)문화로서 그리스 · 로마시대까지 거슬러 올라가 폼페이 벽화 속에서 발견할 수 있다. 음식문화는 다양한 종족의 생활문화양식 중에 실제적이고 의미 있는 행동으로서 국가, 지역, 인종별로 고유의 문화 속에서 전승되고 계승되어 온 것으로서 환경적 변화로 새로운 요구에 조상들의 고유 전통이 혼합되어 형성된 역사적인 산물이다. 세계 각국의 여러 민족이 제각기 독특하게 발달시켜온 식음의 종류와 만드는 방법, 식사의 풍습과 예절 등은 각 민족의 역사적 · 문화적 유산물이 되었으며, 현대에 와서는 관광하는 사람들에게 음식에 대한 관심은 가장 소중한 상품이 되면서 특수목적관광(SIT; Special Interest Tourism; 특별한 관심을 갖거나 목적을 갖고 어떤 장소를 찾은 개인 혹은 단체 관광)으로 발전하면서 푸드관광의 새로운 패러다임을 열었다.

인류가 이 세상에 모습을 드러낸 350만년 이래로 음식문화는 단순한 생명을 연장하는 수단으로 지루하게 발전해 왔으나[2)] 기원전 2000년부터 그리스 · 로마를 중심으로 귀족들이 파티를 개최하여 부를 상징하는 음식문화로 발전하였고, 나아가 국가나 지역 간의 식음료를 즐기기 위해 이동을 하면서 음식관광이 시작되었다. 서기 322년 이후에는 기독교식 식사에 포크와 나이프가 등장하면서 식사 예법이 탄생하였고, 각국의 사절단에게는 식사의 향연이 권력을 과시하는 것으로 인식되었다. 중세 말에는 은(銀)접시가 선보였고, 코스별 요리가 개발되어 나오면서 요리는 예술이사 과학으로 승화되면서 요리책이 탄생하는 계기가 되었으며 품질 좋은 와인도 소개되었다.[3] 르네상스 시대에는 한층 고급화된 음식과 함께 와인은 풍족함과 사치를 과시하는 새로운 왕정시대에서 권력과 지위를 나타내는 격식 있는 음식문화로 발전하였으며, 후에 황실의 황제들이 즐기는 신비롭고 은밀한 음식문화로 바뀌게 되었다. 17세기에는 고급 레스토랑에서는 프랑스식 서비스 방법이 탄생되었고, 러시아식 서비스방법도 선보이면서 음식문화는 시간과 공간의 예술을 표현하는 동경의 장소가 되었다. 19세기 프랑스가 왕정에서 공화정으로 바뀌면서 음식문화는 사교와 미식의 대명사로 대중화되기 시작하면서 음식문화에 대한 동경이 귀족사회에서 평민사회로 이동하면서 음식문화는 단순하게 먹고 마시는 것이 아닌 새로운 관광상품으로 인식하게 되었다.[4] 또한 종래에는 말, 낙타, 범선에 의해 의지하던 교통수단이 18세기 후반에 산업혁명이 일어나면서 증기 기관차의 발명으로 이동이 자유로워지고, 20세기에 접어들면서 고속제트항공기, 고속철도 등으로 전 세계가 1일 생활권이 되었고, TV, 유튜브, 페이스북, 스마트폰과 인터넷 정보로 SNS의 발달과 함께 국민소득이 높아지면서 음식관광은 급속도로 성장하게 되었다. 이제는 현지의 전통적이고 토속적인 음식을 찾아 해외로 떠나는 관광 자체가 상품화되고 현실화되었다.

〈사진 1〉 프랑스 미쉐린 가이드 2스타 레스토랑

최근 세계가 글로벌화되면서 푸드관광에 대한 필요성과 가치를 인정하게 되었고, 유럽, 미국 그리고 싱가포르, 홍콩, 일본 등의 국가에서는 전략적인 관광육성정책과 함께 미쉐린 가이드 책의 영향으로 세계 각국의 관광객들이 자신의 취향과 입맛에 맞는 레스토랑을 찾아다니면서 많은 돈을 소비하자, 대도시, 관광지 등에서는 전통음식, 음료 등을 개발하고 푸드관광을 산업화하였다.[5]

사례로 일본은 1964년 동경 올림픽 개최 이후에 일본문화와 일본의 음식문화를 알리는 무대로 적극 활용하여 일본 음식문화의 세계화에 크게 기여함으로써 세계 5대 음식으로 부상시켰다. 일본은 일식 세계화를 위해 해외 주재 일본상사에 근무하는 주재원들에게 일본 음식 민간 외교관 역할을 부여하여 일본 기업인들이 최고의 접대 장소로 현지 내 일본식당을 이용하게 함으로써 일본 푸드관광에 크게 기여하였다. 특히 지역의 미식가 여행프로그램, 삿포로라면, 도시락

천국, 소바선수권대회 등을 개최하여 음식문화발전은 물론 푸드관광 활성화에 초석을 다졌다. 홍콩은 당 · 송 · 청의 전통음식과 5월에는 세계적인 홍콩음식축제와 거리음식축제를 개최하고 있으며, 싱가포르는 퓨전을 가미한 싱가포르 음식축제 등을 개최하여 음식문화관광산업이 새로운 성장 동력으로 떠오르고 있다. 또한 유럽에서는 독일의 감자축제와 뮌헨 맥주축제 등이 대표적인 음식관련 관광 축제로 손꼽히고 있다. 우리나라도 하루 세 끼를 풍요롭게 먹은 것으로도 행복한 시절이 불과 1970년대 후반의 일이었다. 1988년 서울 올림픽 이후에 1990년대 해외여행이 자유화되고 국민들이 해외로 자유롭게 여행을 하면서 전혀 다른 세계 각국의 음식문화를 접하게 되었고, 비로소 푸드관광을 인식하면서 세계 각국의 푸드관광의 중요성을 터득하게 되었다.[6]

우리나라는 1986년 아시아 올림픽, 1988년 서울올림픽 그리고 2002년 한일 월드컵 대회를 치르면서 김치, 전주비빔밥이 관광상품화가 되어 외국인들에게 한식문화를 알리는 계기가 되었다. 그리고 한류와 더불어 2007년도에 '대장금'이라는 드라마가 아시아 지역에 방영되고,[7] 2010년 한식재단이 공식 출범하여 한식 세계화의 발판을 마련하여 Korean-Food는 세계무대로 나가게 되었고, 대한항공, 아시아나항공의 국적기에 비빔밥을 기내식으로 제공하여 많은 외국인들에게 한국음식에 더욱 관심을 갖게 되는 동기를 만들었고, 우리나라로 푸드관광을 체험하기 위해 재방문하는 관광객이 늘어났다.

푸드관광의 의의는 음식과 관광이 결합한 형태로 복합적 기능을 갖고 있으며, 목적 관광지에서 음식축제, 레스토랑 등에서 음식을 먹거나 체험하는 것이 관광의 동기를 자극하는 것으로 다양한 방면에서 찾을 수 있는데 관광지에서 맛보는 음식은 관광경험의 만족도를 극대화시켜 주고,[8] 생리적 욕구를 넘어 사회적 욕구는 물론 자아존중 욕구를 충족시켜 주는 데 의의가 있다.[9]

푸드관광의 의의를 고찰해 보면 첫째, 음식관광은 국가를 대표할 수 있는 민족 고유의 식문화를 역사성뿐만 아니라 국가의 이미지와 브랜드 파워로 지역의 정체성을 확립하고, 둘째, 푸드관광은 지역별로 차별화하는 다양한 음식과 전통주로서 지역을 대표하는 음식문화이면서 관광객들에게 먹는 즐거움의 차원을 떠나 지역 주민들의 정서와 참 모습을 지속적으로 느낄 수 있도록 해주며,[10] 셋째, 지역의 향토음식과 전통주를 보존, 계승, 발전시키면서 향토애가 높아지고 식자재, 식기류 등 관련 산업의 동반 성장발전으로 고용창출, 경제적 효과를 가져오며, 넷째, 국가 혹은 지역별 독특한 음식문화 브랜드는 지역이 브랜드가 되면서 장소마케팅이 가능해졌고 고부가가치형 관광산업이 되었다.

2. 와인관광의 등장배경과 의의

〈사진 2〉 프랑스 부르고뉴 로마네 꽁티 포도밭

와인은 인류 역사상 맥주 다음으로 오랜된 7000년의 역사를 갖고 있으며, 고대 그리스 · 로마시대 이전부터 시작하여 유럽인들의 기독교 종교에 영향을 받은 문화를 통합하는 역할을 하였다. 역사적인 와이너리가 관광의 매력물이 되었지만 와인관광에 대한 인식과 개발은 1980년에 시작되었다.[11] 와인관광이 뒤늦게 인식하게 된 배경에는 와이너리가 개인의 소유로 양조기술의 비밀이 경쟁자나 대중들에게 노출되는 것이 두려웠기 때문이다.

와인관광은 와인생산지의 지역주민들에 의해 소극적인 면을 보였으나 19세기 중반 철도교통수단의 발달과 함께 품질 높은 와인 맛을 찾아 유럽을 여행하는 소수 귀족들이 주를 이루었지만[12] 본격적인 와인관광은 프랑스 보르도에서 와인생산업자들이 와인 판매부진을 타개하고자 자신들의 와인을 판매하기 위한 마케팅수단으로 등장하였다.

프랑스는 1860년경부터 와인관광이 시작되었으나 부진하였고, 1980년 이후 경기가 침체되면서 와인 거래량이 크게 감소되자 소비자들에게 직접 판매하기 위해 와이너리를 개방하면서 활성화되었으며, 1970년에 270개 와인관광루트가 개발되었다.[13] 와인관광객을 위해 역사적인 와인생산시설과 건물에 투자를 하고, 숙박, 레스토랑, 시음장의 시설을 건축하고, 와인 투어 프로그램을 개발하였다. 특히 1951년에 보졸레 지역에서는 보졸레누보 와인관광이 개발되었고, 부르고뉴 지역에서는 와인경매, 음식과 와인의 조화라는 와인관광 프로그램을 만들었으며, 알자스 지역에서는 185개의 와이너리와 12개 와인 박물관을 상품화하여 와인관광 활성화에 성공하면서 와인관광의 대명사가 되었다.[14] 특히 알자스는 프랑스 와인관광의 선두주자로써 50년의 역사를 가지고 있으며, 현재도 와인관광 인프라 구축, 서비스 품질 그리고 와인의 품질 등에 지속가능한 서비스 개선을 위해 노력하고 있다.

스페인은 1990년에 리오하 지역에서 하몽 · 애저 음식과 템프라니요 와인을 상품화하여 미식가 관광 프로그램을 개발하여 성공하였고, 이어 쉐리지방 등으로 확산되었다.

포르투갈은 1996년에 도우르 지역의 와인생산업자가 포트와인 생산 공정과정을 관광상품화하였고, 그 후 신비의 섬으로 알려진 마데이라섬을 풍광관광지에서 와인 관광지로 변화시키는 프로젝트를 진행하여 성공하였다.15)

독일은 1990년에 『독일의 와인』이라는 책을 발간하여 와인관광객들에게 자세한 와인정보를 제공해주면서 와인관광의 성장을 가속화시켰다. 그러나 이미 1955년부터 팔츠 지역 와인관광 루트에는 13개 와인 타운과 와인 생산 마을을 연결하였고, 27개의 전통호텔에서 전통 음식과 와인을 제공하였다.16)

미국은 1990년에 1,000개 이상의 소규모 연회 와이너리를 설립하였으며, 특히 몬다비 와이너리가 나파밸리의 와인관광상품화에 성공한 이후, 2001년에는 와인, 음식, 예술, 세미나, 전시 등을 할 수 있는 다목적 시설을 개관하였다.17) 또한 텍사스의 크레이트빈 축제가 성공하였고, 오리건 와인관광도 새로운 국면을 맞게 되었다. 캐나다는 1989년부터 나이아가라 지역에 와이너리를 확장하면서 와인과 향토 음식을 접목시키는 와인관광 루트를 개발하면서 미국 캘리포니아의 나파밸리와 경쟁을 하였다.18)

호주는 1980년 중반부터 1990년까지 국가의 전략적인 차원에서 와인관광을 도입하면서 호주 정부가 해외 관광객들에게 와인관광상품의 다양화를 통해 국가의 이미지를 개선하는데 집중하였다. 1998년 10월에 호주 정부는 와인관광개발전략을 중요한 국가과제로 공표함으로써 와인관광의 중요성을 인식하게 하는 계기를 만들었고, 마가렛리버의 루윈 콘서트, 멜버른의 와인 축제, 머지 와인 · 음식축제 등이 성공하면서 세계 와인관광의 선두주자로 입지를 구축하였다.19)

그리고 최근 남아프리카공화국도 와인관광상품을 활성화하는 데 성공하였으며, 일본도 야마나시, 고베, 삿포로 지역을 중심으로 와인관광이 활발하게 움직이고 있으며, 중국은 산둥성의 연태 지역을 중심으로 한 와인관광이 닝샤지역으로 확대되면서 서서히 자리를 잡아가고 있다.

우리나라는 2006년 충북 영동 지역의 와인관광열차 개통과 경북 영천 지역의 와인투어 패키지, 전북 무주의 동굴 와인 패키지, 경기도 안산시 대부도 지역이 와인관광으로 지역경제 활성화를 가져왔다.

오늘날 와인관광은 유럽의 와인 종주국인 구세계국가뿐만 아니라 신세계국가에서도 많은 관광객을 유치하는 중요한 매력요인으로 자리를 잡아가고 있다.20)

와인관광의 의의는 첫째, 해를 거듭할수록 늘어나는 와인관광 방문객들에게 와인 생산지역의 이미지와 명성 그리고 방문지역의 명품와인을 판매함으로써 경제적인 부가가치를 창출하며, 둘째, 미래의 잠재적 와인소비자들에게 와인교육을 통해 유인하여 와인 상품의 신뢰성을 높일 수 있고, 셋째, 와인의 직접 판매와 레스토랑과 협력관계를 구축하여 환대산업(hospitality industry)

의 유통채널을 확대하며, 넷째, 와인이 생산되는 지역의 자연 풍광, 음식, 생활 문화 풍습과 함께 함으로써 지역 브랜드가치를 높여주며, 다섯째, 와인관광객이 와인생산지역을 방문하면서 호텔 숙박, 레스토랑 이용, 와인구입, 기념품 구매를 통해 지역경제 활성화에 도움을 주며, 새로운 와인관광 관련 시설 투자를 유도하며, 여섯째, 와인생산 지역주민들과 와인생산업자들의 적극적인 참여로 지역 내 새로운 관광상품 개발을 창출할 수 있다.[21]

제2절 푸드관광 · 와인관광의 개념과 정의

1. 푸드관광의 개념과 정의

각 국가별 문화의 특징을 나타낼 수 있는 지역만의 매력이 있으며, 각국의 지역별 문화를 대변할 수 있는 여러 관광자원 중에 가장 쉽게 접할 수 있고, 생리적 현상 때문에 피해 갈 수 없는 것이 음식이며, 또한 그 지역의 고유한 문화를 체험할 수 있는 것 역시 음식이다.[22]

푸드관광은 관광과 주된 목적이 음식과 주류에 관련된 활동을 말한다. 이것은 전통음식과 전통주가 생산되는 지역을 방문하고, 음식축제에 참여하여 특산물 생산지역의 특성을 체험해보는 것이 여행 동기를 자극하는 중요한 요소로 작용하는 것으로 정의할 수 있다.[23] 다시 말하면 푸드관광은 1차적 혹은 2차적 음식생산자 방문, 음식 축제, 유명한 전통 레스토랑, 미쉐린 가이드북의 스타 레스토랑, 식자재가 생산되는 특정한 장소 등 고유한 음식과 특정한 지역의 생산에 대한 문화 체험을 하고 싶은 열망이 여행의 주요 동기가 된다.[23]

푸드관광은 식재료를 조리하고 가공하는 체계와 식사행동의 체계를 통합하는 의미로 식재료의 획득과정과 종류, 조리 또는 가공하는 방법, 식기류의 모양과 재료, 상차림과 음식을 먹는 방법 등에 대한 정보를 체험하며, 각 국가별 현지 주민들의 음식문화를 통해 역사, 풍습, 관습, 전통문화, 종교, 국민성 등을 보다 쉽게 이해한다.[24] 최근 푸드관광의 중요성이 대두되고 있는데, 이것은 세계화로 지구촌이 1일 생활권이 되었고, 인터넷의 발달로 세계의 정보를 실시간으로 접할 수 있으며, 영어가 국제적인 언어로 의사소통이 되면서 개인이나 국가 간의 상호 우호적인 관계의 틀을 유지한 노력의 산물이다. 또한 각국은 자국 내의 전통 음식문화를 관광객들에게 적극적으로 소개하여 호기심을 유발하도록 관광상품화를 추진한 정부의 노력도 한몫을 하였다. 그러므로 많은 사람들이 음식의 본고장에서 직접 체험하고자 하는 여행 욕구가 더욱 발생하면서 푸드관

〈사진 3〉 스페인 전통음식 하몽

광은 계속 늘어나고 있는 추세이다.

각국은 자국의 고유한 음식문화를 수천 년 동안 다듬어 전수시켜온 것을 상품화하였고, 관광객들은 여행의 즐거움을 낯선 음식을 먹으면서 호기심을 푸는 동시에 관광을 하는 것이 보편화되었다. 푸드관광을 하는 사람들에게는 여행의 즐거움이 되고, 여행목적이 된다. 음식과 전통주는 그 나라 사람들의 과거와 현재의 이야기가 될 수 있으며, 민족성과 풍습이 고스란히 담겨 있기 때문이다.[25] 푸드관광을 목적으로 여행하는 사람들은 맛으로 꼽은 세계의 유명한 음식, 즉 송로버섯, 철갑상어 알, 거위 간, 식용 달팽이 요리, 훈제 연어, 파르마 햄, 상어지느러미 요리, 제비집 요리를 찾아 나서며, 가까운 나라이면서 이웃 나라인 아시아의 미각 여행으로 싱가포르의 논야 요리, 인도의 커리 요리, 베트남의 포와 라이스 페퍼 요리, 인도네시아의 나시고랭 요리, 일본의 사시미, 스시, 우동, 태국의 톰 얌 쿵요리, 중국의 베이징 오리구이, 동파육, 딤섬 요리 등이 있다. 낯선 음식에 대한 호기심으로 출발하는 지중해식 부야베스, 서양김치 슈크루트, 이탈리아의 리조트, 송아지 넓적다리 요리인 오소부코, 영국의 피시 앤드 칩스, 알프스지방의 치즈 퐁뒤, 아르헨티나의 목동들이 즐기는 아사도 등의 음식도 있으며, 식탁에서 누리는 작은 즐거움에는 각국의 와인, 전통주, 차(茶), 커피, 맥주 등이 있다.

2. 와인관광의 개념과 정의

최근 와인관광에 대한 정의는 관광의 개념 속에서 학문적으로 접근하고 있으며, 와인관광은 푸드관광과 마찬가지로 특수목적관광(SIT: special-interest tourism)의 한 분야로써 인정받게 되었다.[26]

와인과 와인 생산지 방문은 관광상품으로써 오랫동안 알려져 왔으나, 와인 마케팅이나 겸용관광에 거의 영향을 미치지 못하였다. 그러나 최근에 와인관광은 현장학습, 와인 테이스팅 그리고 저렴한 가격으로 와인을 구입할 수 있는 다양한 이점으로 이미 신세계 와인 생산국들에서는 주요 마케팅 도구로 사용되고 있으며, 구세계 와인 생산국들도 새로운 관광산업으로써 인식하기 시작하여 정부차원에서 관심을 보이며 정책을 실행하고 있다.[27]

〈사진 4〉 프랑스 보르도 샤토 라투르 포도밭과 건축물

와인관광은 그 경제적 효용과 함께 와인 생산국을 중심으로 전 세계적으로 매우 중요한 이슈로 떠오르고 있다.[28] 와인관광은 여행을 좋아하고, 세계 여러 국가의 와인 생산지를 직접 방문하거나 와인 축제나 이벤트에 참여하여, 그 나라의 문화가 살아 숨쉬는 고풍스럽고 전통적인 역사가 있는 와이너리를 찾아가는 일련의 활동을 말한다. 즉, 와인관광은 와인이라는 특수한 동기로 표현되는 여행 혹은 방문의 목적이며, 일상생활인 거주지를 떠나 와인관광 목적지에서 체재하며, 와인에 대한 역사, 와인 품종, 토양, 기후, 양조자의 철학, 양조기법, 와이너리 건축물과 역사성, 시음, 와인축제 참여, 와인박물관 관람 등을 수행하는 것이다.[29] 와인관광은 와인을 시음하거나 와인지역의 특성을 경험하기 위하여 포도밭, 와이너리, 와인 축제, 와인 박람회 등을 방문하게 하는 것이 관광객을 유치하기 위한 주된 동기 요인이라고 하였으며,[26] 또한 레크리에이션을 목적으로 와이너리와 와인 양조장, 와인 축제와 와인 박람회 등을 방문하는 것이 관광객의 관광 동기와 체험에 초점을 맞추고 있는 것이다.[30]

와인관광은 여행을 사랑하고 세계의 여러 와인 생산지역을 방문하는 것을 좋아하는 와인 소믈리에, 미식가, 와인애호가, 와인 수집가, 와인 양조업자 등이 와인을 생산하는 지역의 떼루아, 양조시설, 와인셀러, 와이너리 건축양식 등을 직접 보고 경험하는 것으로서 특히 그 지역의 향토음식과 진귀한 와인을 시음하는 데 있다. 또한 와인관광은 시각적인 것 외에도 후각과 미각을 경험하는 독특하고 차별화된 관광이 된다.[31] 다음의 그림처럼 와인관광은 관광지와 활동이 오직 와인으로 국한되는 특징이 있다.

그림 3-1

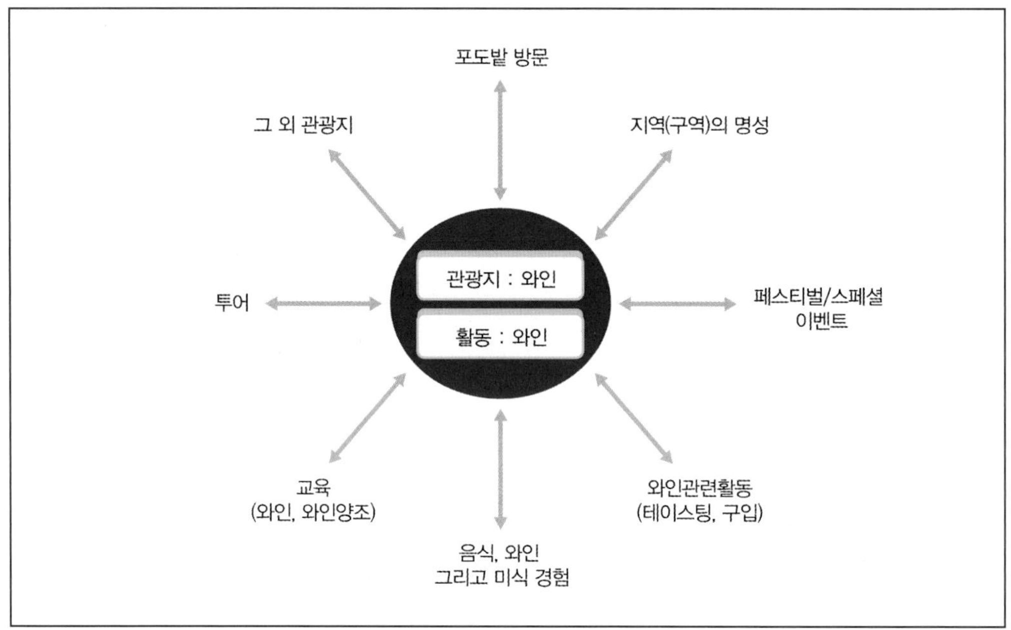

자료: Butler R., Hall M.C., Jenkins John, 1997, p.199.

와인관광은 프랑스의 보르도, 부르고뉴, 론, 알자스, 루아르 등 지역, 이탈리아의 피에몬테, 투수카니, 베네토, 시칠리아 등 지역, 독일의 라인가우, 모젤, 팔츠 등 지역, 스페인의 리오하, 페네데스, 라만차 등 지역, 포르투갈의 마데이라, 가이야 지역, 헝가리의 토가이 등 유럽지역의 구세계 와인과 미국의 나파밸리, 오리건, 호주의 헌터 밸리, 바로사 밸리, 야라 밸리 등 지역, 남아공화국의 스텔렌보쉬, 파알 등 지역, 남미 칠레의 센트럴 밸리, 마이포 밸리 등 지역, 아르헨티나의 멘도사 등 국가의 신세계 와인, 그리고 일본, 중국 등 아세아 지역 와인 등에서 행해지고 있다.

제3절 푸드관광 · 와인관광의 분류와 특징

1. 푸드관광의 분류와 특징

푸드관광은 관광객 방문 동기와 관련하여 음식문화에 접근하는 방식을 여섯 가지로 요약할 수 있다. 첫 번째 접근은 "관광명소의 음식문화"로서 관광지로 잘 발달된 서구지역의 관광장소로

의 서구 관광에 초점을 맞추고 있다.[32] 두 번째 접근은 "매력물과 방해물로서 관광지의 음식"으로 낯선 장소에서의 지역요리에 대해 관광객이 체험하는 어려움과 장애를 강조하고 있다.[33] 세 번째의 접근은 "관광상품으로서의 관광식품"으로서 식품의 양과 소비 구조에 영향을 미치는 다양한 요소들이 있다.[34] 네 번째 접근법은 "관광 안에서의 음식문화 경험"으로 관광객의 아침, 점심, 저녁을 먹은 영양학적인 측면과 미식가들의 입맛을 만족시켜 주는 경험에 관련된 것이다.[35] 다섯 번째 접근법은 "문화 안에서의 음식의 역할"로 음식 섭취를 관광지 마케팅에서 가장 중요한 요소 중 하나로 여기는 것으로서 토속적인 음식, 음식 축제가 있다.[36] 여섯 번째 접근법은 "관광과 음식 생산의 연결"로서, 각국은 다양한 음식문화를 갖고 있으며, 많은 사람들은 다양한 음식문화를 경험하기 위해 푸드관광상품을 찾게 된다.

〈사진 5〉 프랑스 전통음식 달팽이요리, 소시지 바비큐

푸드관광의 분류는 크게 주식(主食)에 따른 음식관광, 먹는 방법에 따른 푸드관광, 종교에 따른 푸드관광으로 나누며,[37] 대륙별(아시아, 오세아니아, 서유럽, 동유럽, 중남미, 북미, 미국, 중동, 아프리카) 그리고 국가별로 음식관광을 구분하며 각각의 특징을 갖고 있다.

첫째, 주식에 따른 푸드관광은 밀을 주식으로 하는 음식문화권인 인도 북부, 파키스탄, 중동 북부, 북아프리카, 유럽, 북아메리카 등이며, 건조한 지역적인 특성 때문에 목축을 하므로 동물성 식품을 상대적으로 많이 선호한다.

쌀을 주식으로 하는 음식문화권인 인도 남부, 동북아시아, 동남아시아, 한국, 일본이며, 주로 밥을 선호한다. 옥수수를 주식으로 하는 음식문화권인 미국 남부, 멕시코, 페루, 칠레, 아프리카로 수프 또는 죽을 선호한다. 서류 즉, 콩을 주식으로 하는 음식문화권인 동남아시아, 태평양 남부의 섬에서는 감자, 고구마, 토란, 마 등을 선호한다.

둘째, 먹는 방법에 따른 푸드관광은 수식(手食) 문화권인 동남아시아, 서아시아, 아프리카, 오세아니아의 일부로 전 세계 40%인 24억의 인구가 있으며, 주로 이슬람교와 힌두교가 주종을 이룬다. 저식(箸食)문화권은 한국, 일본, 중국, 대만, 베트남 국가이며, 전 세계 30%인 18억의 인구가 있다. 나이프 · 포크 문화권인 유럽, 러시아, 북아메리카, 남아메리카 등은 전 세계 30%인 18억의 인구가 있다.

셋째, 종교에 따른 푸드관광은 신의 초인간적인 행동이 신화로써 전해지고, 숭배의 일정한 형식인 의례가 행하여지면서 신앙적 공동체를 가지고 있으며, 금기된 음식들이 나타나고 있다. 즉, 불교의 채식인 사찰음식, 이슬람교의 사원에서 기도를 드린 할랄미트(halal meat)요리, 힌두교의 채식요리 등이 있다.

넷째, 대륙별 푸드관광은 아시아, 오세아니아, 서유럽, 동유럽, 중남미, 북미, 미국, 중동, 아프리카 등으로 구분하며, 대륙별 내 공통점이 있지만 국가별로 음식관광이 발달하였다.

2. 국가별 푸드관광

'지구는 하나'란 사실은 각국마다 자국의 전통 음식 외에 다양한 음식들을 판매하고 있다. 전 세계에 한식당 없는 곳이 없을 정도로 한국의 음식문화도 세계화에 앞장서고 있다. 음식에는 국경이 없어졌다는 것을 피부로 느낄 수가 있다. 그렇지만 각국의 음식문화를 모두 접할 수 있는 기회는 매우 드물며, 현지에서의 전통적인 맛과 문화를 체험하는 데는 한계가 있기 때문에 현지의 음식문화를 찾아 나서며 관광의 욕망을 채우게 된다. 대표적인 국가를 중심으로 미지의 푸드관광의 여정을 떠나보자.[38)]

(1) 아시아

① 중국

대륙의 자존심으로 황제가 먹던 음식이 대표적인 것이 많으며, 불로장수 사상과 오미팔진(五味八珍)에 의해 세계적인 맛을 창조하고 있으며, 크게 북경요리, 상해요리, 사천요리, 광둥요리를 중국의 4대 요리라고 한다. 중국의 7대 명물 요리로 제비집 요리, 상어지느러미 요리, 뱀 요리, 곰발바닥 요리, 거북이 요리, 누에 탕수육, 개구리 탕수육이 있으며, 그 외 북경 베이징 덕, 양고기 샤브샤브, 동파육 등이 있지만 술로는 지역별 백주, 마오타이, 수정방, 오량에 등의 고량주가 유명하다. 특히 홍콩은 쇼핑과 식도락의 천국에서 광둥요리의 진수를 맛볼 수 있으며, 딤섬이 유명하다.

② 인도

세계 4대문명 발상지의 하나지만 카스트제도와 힌두교 등의 종교에 많은 영향을 받아 향신료인 마살라 채식문화를 형성하였다. 대표적인 음식으로 차파티, 난 등이 있으며, 커리 라이스, 탄두리 치킨, 비리야니, 탈리, 파니르, 짜이, 라시 음식도 유명하다.

③ 일본

〈사진 6〉 일본의 전통음식 스시

가깝고도 먼 두 얼굴의 나라이며, 섬 국가로 생선요리가 유명하다. 일본음식은 혼젠 요리, 가이세끼 요리, 쇼징요리가 있으며, 대표적인 음식이 스시 초밥, 돈부리, 우동, 지루소바, 야키모노, 니모노, 덴뿌라, 나베모노, 오니기리 등이 있으며, 대중술집 이자카야도 있지만 세계적인 술로는 사케, 고슈 화이트 와인이 유명하다.

④ 인도네시아

300종족의 수백 개 언어와 수많은 섬으로 이루어진 다양한 문화에도 흔들림이 없이 일체감을 형성하고 있으며, 열대작물과 다양한 향신료, 그리고 이슬람교의 음식문화를 형성하였다. 대표적인 음식은 볶음밥의 일종인 나시고랭을 비롯한 나시 우둑, 나시 쿠닝, 나시 람스, 박소, 사태, 미고랭, 아얌, 아얌 고렝, 가도 가도 등이 있다.

⑤ 말레이시아

다원사회이며, 복합민족국가로 다양한 종교가 있는 국가로 식문화도 독특한 종교적 철학과 토착문화가 함께 어우러져 있다. 특히 중국, 인도의 영향을 받은 음식과 말레이시아의 토속음식도 있다. 대표적인 음식은 나시 다강, 락사, 로티 니우르, 로티 차나이, 뿔룻 인띠, 사테, 나시 르막, 나시짬뿌르, 캄벨, 론당, 코르마 등이 유명하다.

⑥ 몽골

한민족을 닮은 징기즈칸의 후예로 초원의 유목생활 속에서 음식문화가 꽃피워 음식 종류도 풍부하고 유제품, 육류제품이 유명하며, 양고기 음식이 유명하다. 대표적인 음식으로 보도크, 초이완, 허르헉, 골리야쉬, 보르츠, 만토, 탈흐, 부즈, 호쇼르, 사마르, 타락, 등이 있다.

⑦ 필리핀

축제, 가무를 좋아하는 국민들로 140개의 다양한 언어와 수많은 섬으로 이루어져 다양한 문화를 공유하면서 스페인 식민지 시대에 붙여진 스페인풍의 음식명과 중국인의 이민으로 중국요리가 접목되었다. 대표적인 음식은 아도보, 시식, 아도봉 푸싯, 룸삐아, 시니강이며, 레촌, 팬싯 등이 유명하다.

⑧ 싱가포르

녹색 그리고 청결의 정원도시로 다양한 종교와 다양한 민족이 함께 살면서 다국적 음식이 유명하다. 또한 1998년부터 6월에 개최되는 싱가포르 음식 페스티벌이 열리며, 중국요리, 인도요리, 말레이시아 요리, 프랑스 요리, 이탈리아 요리도 있으며, 특히 해물요리가 유명하다. 대표적인 음식은 포피아, 차퀘띠아우, 락사, 아이스 카창 등이 있다.

⑨ 태국

성스러운 아침과 야한 밤의 문화가 공존하고 불교문화의 영향을 받아 불교 공양음식이 있으며, 인도, 포르투갈, 중국의 영향을 받아 독특한 음식문화를 발달시켰다. 대표적인 음식은 톰얌꿍, 솜땀, 팟타이, 암운센, 남, 카오팟, 쌀국수, 커리 등이 있다.

⑩ 베트남

오랜 전쟁을 이긴 은근과 끈기의 나라이며, 불교의 영향을 받은 음식문화로 세계적으로 쌀국수 포가 유명하다. 대표적인 음식은 포, 고아 꾸온, 고이두두, 반쎄오, 반미, 라우제, 짜조, 티트초 등이 있다.

(2) 오세아니아

① 호주

끝없는 산호해변과 다양한 이민자들이 유입되면서 다양한 민족의 고유 음식을 맛볼 수 있으며, 부취터커(원주민 음식)의 뿌리가 있는 음식문화가 있으며, 풍부한 쇠고기와 해산물 요리가 발달하였다. 대표적인 음식은 미트 파이, 키드니 파이, 배지마이트, 캥거루 스테이크, 악어 크림 파이, 에뮤 스테이크, 래밍톤 등이 있으며, 특히 시라즈 와인이 유명하다.

② 뉴질랜드

신의 선물인 천혜의 풍광이 있으며, 호주처럼 다양한 이민자들이 유입되면서 다양한 민족의 고유 음식을 맛볼 수 있으며, 낙농국가이기 때문에 육류음식문화가 발달하였다. 대표적인 음식은 사슴고기 요리, 양고기 요리, 미트파이, 파블로바, 마오리족의 항기요리 등이 있으며, 특히 소비뇽 블랑 화이트 와인이 유명하다.

(3) 유럽

① 프랑스

문화 예술 그리고 음식의 나라로 불리며, 지방별 요리의 특색뿐만 아니라 오감을 만족시키는 독특한 음식문화를 가지고 있고, 이탈리아 문화를 수용하여 소스와 향신료로 음식문화를 꽃 피웠다. 대표적인 음식은 거위 간, 캐비아, 달팽이 요리, 코코뱅, 라타투이, 송로버섯 요리 등이 있으며, 세계적인 명품와인으로 유명한 지역으로는 보르도, 부르고뉴, 론, 루시옹, 랑그독, 샹파뉴 등이 있다.

② 영국

전통과 첨단이 공존하는 나라이면서 귀족적인 음식문화와 함께 생선요리, 감자 요리가 발달하였으며, 영국식 아침식사 그리고 홍차 티타임으로 유명하다. 대표적인 음식은 로스트비프, 피시 · 칩스, 스테이크 · 키드니 파이, 도버 솔, 샌드위치, 요크셔 푸딩 등이 있으며, 특히 스카치 위스키가 유명하다.

③ 이탈리아

나라 전체가 역사박물관이며, 고대 그리스 · 로마시대의 음식문화와 기독교문화가 접목된 음식문화를 통해 서민들의 음식이 꽃을 피웠다. 대표적인 음식으로 파스타, 피자, 리소토, 치즈, 젤라토 등이 있으며, 특히 전통적인 양조방법의 피에몬테 지방을 중심으로 하는 네비올로 포도품종으로 만든 레드 와인과 투스카니 지방의 산지오베제 포도품종으로 만든 레드 와인이 유명하다.

④ 독일

뿌리 깊은 장인정신이 깃든 나라로 소시지를 이용한 음식과 감자를 주식으로 한 다양한 음식이 있으며, 독특한 돼지요리 문화를 가지고 있다. 대표적인 음식은 사우어크라우트, 학센, 아이스바인, 슈니첼, 아인토프 등이 있으며, 특히 뮌헨의 맥주 축제가 전 세계적인 축제로 유명하지만 리슬링 포도 품종으로 만든 화이트 와인과 아이스바인으로도 유명하다.

〈사진 7〉 독일의 학센 요리

⑤ 스페인

투우와 정열의 나라로 로마인과 아랍인들의 영향을 받은 음식문화는 새롭고 신선한 음식으로 승화되었다. 대표적인 음식은 파에야, 타파스, 가스초바, 하몽하몽, 추로스, 파바다, 사르수엘라 등이 있으며, 스페인 전통 양조방식의 템프라니요 포도품종으로 만든 리오하 레드 와인이 유명하다.

⑥ 포르투갈

천혜의 휴양지이지만 로마, 아랍 등 외세의 침입으로 영향을 받아 다양한 식재료를 통해 새로운 음식문화를 형성하고, 해산물을 사용한 음식이 유명하며, 대표적인 음식은 정어리구이, 바칼라, 카타플라나, 칼두베르데, 훈제 소시지, 염소구이 등이 있으며, 포르투갈의 정통적인 주정강화와인 포트와인, 마데이라 와인이 유명하다.

⑦ 네덜란드

강인함이 내재된 풍차의 나라로 소박하지만 영양가가 많은 음식뿐만 아니라 빈곤과 풍요함이 함께하는 음식문화를 형성하였다. 대표적인 음식은 올리볼, 고다치즈, 더치헤링, 에르텐 수프, 프리츠, 팬케이크, 훈제 장어요리 등이 있으며, 또한 노간주 열매로 양조한 드라이 진이 유명하다.

⑧ 러시아

국토면적이 가장 큰 나라이며, 코카서스의 독특한 음식문화가 있으며, 귀족들의 우아한 음식과 분위기가 있지만 서민들의 고유한 음식이 전해오고 있다. 대표적인 음식은 시치, 불리니, 갸샤, 자꾸 스캬, 샤실릭, 보르스치, 피로그, 펠메니, 훈제연어, 철갑 상어알 요리 등이 있으며, 무색무취의 보드가가 유명하다.

⑨ 핀란드

설국의 나라, 호수에 사는 사람들이라는 이름에서 나타나듯이 생선요리가 유명하며, 순록고기 등의 스테이크도 유명하다. 대표적인 음식은 시카, 실락카, 라프, 칼라쿠코, 카레리안 피라카, 카렐리아식 스테이크 등이 있으며, 수오미, 낀꾸, 무이꾸, 시벨리우스, 사우나, 시수, 사미 등이 있다.

⑩ 체코

동유럽의 역사를 간직하고 있는 나라이며, 다양한 축제 음식이 있고, 내륙국가로서 고기 중심의 음식문화와 민물고기요리가 유명하다. 대표적인 음식은 빨라친끼, 콜라흐, 크네들리키, 스비츠꼬바, 베프조비지젝, 굴라쉬, 베프로 크네들로 젤로 등이 있으며, 세계 최초의 라거 맥주인 필

스너가 유명하다.

(4) 아메리카

① 미국

거대한 부와 다양성이 혼재한 기회의 나라이며, 통조림 등의 가공식품과 햄버거, 핫도그 등의 패스트푸드가 발달하고, 미국 내 소수민족들의 고유한 전통음식문화와 접목하여 독특한 미국음식문화를 만들고 있다. 대표적인 음식은 크램차우더, 바비큐, 허쉬퍼피, 팬케이크, 베이글, 오트밀, 샌드위치, 비프스테이크 등이 있으며, 캘리포니아의 진판델 포도품종으로 만든 로제 와인이 유명하다.

② 멕시코

중남미 고대문명의 발상지로 스페인 음식문화의 영향을 받았으며, 자연의 식재료를 이용한 음식문화를 형성하였고, 요리의 중심에는 옥수수와 콩이 있다. 대표적인 음식은 타코, 부리토, 엔칠라다, 치미창가, 타코 샐러드, 파이타, 토르티야, 케사디야 등이 있으며, 용설란으로 양조한 데킬라가 유명하다.

③ 브라질

광대한 땅에 낙천주의가 가득하며, 인디오의 음식문화가 살아 숨 쉬고 있으며, 포르투갈인의 지배를 받았고 흑인을 노예로 데려오면서 유럽, 아프리카, 인디오의 음식문화가 어우러져 있다. 대표적인 음식은 페이주아다, 슈하스코, 엠파다, 모케카, 바헤아두, 쿠스쿠스, 바타파 등이 있으며, 사탕수수로 양조한 카사와 가리파가 유명하다.

④ 아르헨티나

라틴아메리카 내의 유럽으로 쇠고기, 양고기, 파스타 등의 요리가 유명하며, 대표적인 음식은 아사도, 쵸리조, 모르칠야, 엠빠나다, 뿌체로, 빠리야다, 둘세 데 레체, 추라스코 아 라 파리야 등이 있으며, 전통차인 마테차가 유명하며, 최근에 말벡 포도품종의 레드 와인이 부상하고 있다.

(5) 중동 아프리카

① 이집트

피라미드의 나라로 홍해와 지중해의 영향으로 생선요리가 발달하였고, 향신료를 넣은 샐러드를 좋아하지만 육류는 사치로 생각하는 식문화를 가지고 있다. 대표적인 음식은 물루키야, 타메야, 타히니, 살라타카드라, 코나파 등이 있다.

② 터키

유럽과 아시아의 징검다리로 프랑스, 중국요리와 함께 세계 3대 요리로 선정될 만큼 맛과 다양한 음식을 자랑한다. 대표적인 음식은 케밥, 괴프테, 시미트, 괴즐레메, 라흐마준, 초르바, 요구르트 등이 있으며, 커피와 차가 유명하고, 토속주인 라키도 있다.

③ 남아프리카공화국

천혜의 자연과 신이 축복을 주는 나라로 독특한 기후와 역사로 에스닉한 흑인 아프리카 요리와 유럽 그리고 아메리카의 음식이 혼합한 새로운 음식문화를 형성하였다. 대표적인 음식은 빌통, 브레디, 쿡크시스터, 보보티, 브라이, 보어워스, 포체스코, 라이피시, 스모스누크, 피클드 피시 등이 있으며, 남아프리카공화국이 독자적으로 개발하여 유명해진 피노따주 포도품종으로 만든 레드 와인은 여자의 혀와 사자의 심장이라는 의미를 가지고 있다.

3. 와인관광의 분류와 특징

와인관광은 관광객 방문 동기와 관련하여 와인문화에 접근하는 방식을 다섯 가지로 요약할 수 있다. 첫 번째 접근은 "와이너리 관광명소의 샤토"로서 와이너리의 역사성, 건축의 매력물, 끝없이 펼쳐지는 포도밭, 와인저장고가 있지만 명품와인으로 잘 발달된 유럽지역의 와인 생산지인 샤토 관광에 초점을 맞추고 있다.[39] 두 번째 접근은 "와인과 음식의 조화"로 와인 생산지의 전통음식과 와인의 절묘한 궁합을 맛보고 체험하는데 있다. 예를 들면 프랑스의 거위간 요리와 소테른 와인, 달팽이요리와 샤블리 와인, 스페인의 하몽요리와 리오하 와인, 독일의 학센요리와 리슬링 와인 등이 있다.[40] 세 번째의 접근은 "이벤트 상품으로서의 와인관광"으로 프랑스 보르도의 와인 축제, 보졸레의 보졸레누보 축제, 부르고뉴의 오스피스 드 본 축제, 와인 엑스포, 스페인의 리오하 하

〈사진 8〉 음식과 와인의 조화 마리아주

로 와인 전투 축제, 독일의 모젤강 와인 축제, 비스바덴 와인 축제, 이탈리아의 비니탈리, 호주의 멜버른 음식과 와인 페스티벌, 머지 와인 음식 페스티벌 등이 있다. 네 번째 접근법은 "와인지식의 학습동기"로 자국에 수입되지 않은 특별한 와인 시음과 함께 와인에 대한 다양한 전문지식을 넓히기 위한 것으로서 현지의 와인 교육기관과 연계된 와이너리 체험이다.41) 다섯 번째 접근법은 "비즈니스 안에서의 와인관광"으로 수입하고자 하는 와이너리의 방문을 통해 와인 정보 입수, 와인 시음 그리고 와인 메이커와의 회의이다.42)

와인관광의 분류는 크게 구세계 와인과 신세계 와인지역 관광으로 구분하며, 세분화하면 국가별, 지역별로 나누어진다. 국가와 지역별 특색은 지역의 토양, 지형, 기후, 포도품종에 따라 와인의 맛과 품질이 모두 다르기 때문이다. 또한 주제별로 분류하면 레드와인, 화이트와인, 로제와인, 스파클링 와인, 스위트 와인으로 구분할 수 있으며, 와인의 색과 맛의 차이를 느낄 수 있다.

4. 국가별 와인관광

전 세계에서 와인을 생산하지 않는 지역은 거의 없을 정도로 와인은 생활의 일부가 되었지만 국가와 지역별로 와인의 맛과 향은 모두 다르다. 와인에는 국경이 없어졌다는 것을 피부로 느낄 수가 있으며, 각국의 문화 그리고 음식과 어우러져 다양한 지역적 특성을 함축해내고 있기 때문에 와인관광이 성장 발전하고 있다. 대표적인 국가별로 미지의 와인관광 여정을 떠나기 전에 최대 관광기업 'Trip Advisor'가 선정한 세계 10대 와인관광 성지를 살펴보면 세계에서 가장 맛있는 명품 와인뿐만 아니라 관광객들에게 가장 좋은 시설의 호텔, 고급 레스토랑, 와인관광루트가 잘 개발된 지역이다. 10대 와인 관광지는 프랑스의 보르도, 상파뉴-아르덴, 미국의 나파 밸리, 소노마 밸리, 이탈리아의 토스카나, 호주의 바로사 밸리, 스페인의 리오하, 칠레의 센트럴 밸리, 남아프리카공화국의 스텔렌보쉬, 뉴질랜드의 말보로 지역이다.43)

(1) 구세계 와인

① 프랑스

프랑스는 카베르네 소비뇽, 메를로, 시라, 피노누아, 가메, 샤르도네 등의 포도품종이 유명하며 와인 관광지로 보르도, 부르고뉴, 루아르, 알자스, 랑그독, 프로방스, 론, 남프랑스, 샹파뉴, 보졸레 등이 있다. 보르도는 샤토 오브리옹, 샤토 라투르, 샤토 라피트, 샤토 무통 로칠드, 샤토 마고, 패트뤼스, 샤토 디켐이 유명하며, 부르고뉴는 로마네 꽁띠, 코르통, 샹베르탱, 포마르, 몽라쉐와인 등이 유명하다. 2개 지역(보르도, 부르고뉴)은 세계에서 가장 유명한 와인의 성지로 이곳에서 생산되는 와인은 세계에서 고품격와인으로 가장 비싸고 가장 맛있는 와인으로 알려져 있다.

② 이탈리아

와인의 땅인 이탈리아는 네비올로, 산지오베제 포도품종이 유명하며, 로마유적과 함께 피에몬테, 토스카나, 에밀리아 로마냐, 베네토, 시칠리아 등이 명성 있는 와인 관광지이다. 특히 토스카나에서 생산되는 키안티 레드와인과 브루넬로 몬탈치노 레드와인을 모르는 사람이 없을 정도로 유명하다. 특히 토스카나 지역은 음식과 자연풍경, 유명하고 다양한 유적지들이 눈길을 끌기 때문에 관광객들이 붐비고 있다. 명품와인으로 안젤로 가야, 산귀도 사시까이아, 바바 와인이 있다.

③ 독일

〈사진 9〉 독일 모젤강 주변의 포도밭

독일은 리슬링 화이트 와인 산지로 모젤, 라인가우, 나헤, 팔츠, 라인헤센, 바덴 등이 유명하다. 라인강과 모젤강변에 이어지는 환상적인 포도밭과 함께 고대 로마, 중세문화가 고스란히 남아 있는 전형적인 와인 마을이 인상적이다. 특히 독일만이 갖고 있는 아이스바인은 와인관광의 특별한 경험을 준다. 명품와인으로 에곤뮐러, 바인굿 닥터 루잰, 바인굿 프드리히 빌헬름 김나지움, 바인굿 율리우스쉬피탈, SMW 와인이 있다.

④ 스페인

스페인은 세계에서 가장 많은 포도나무 재배 면적을 갖고 있으며, 세계 생산량의 3위로 템프라니요의 포도 품종으로 유명하며, 리오하, 까탈루나, 레반토 메세타, 라만차 등이 명성 있는 와인 관광지이다. 특히 스파클링 와인을 대표하는 까탈루나의 카바 와인, 그리고 리오하는 프랑스 보르도 지역의 레드와인과 어깨를 견줄 수 있는 와인뿐만 아니라 와인 관광지로도 유명하다. 명품 와인으로 무가, 베가 시실리아 우니코 와인 등이 있다.

⑤ 포르투갈

포르투갈은 과거 영국, 스페인과 더불어 세계 강국에 속하면서 다양한 문화를 갖고 있는데 북부의 비뉴 베르데, 다웅, 베이라다, 남부의 리바떼쥬, 알렌떼쥬 등의 명성 있는 와인 관광지가 많다. 특히 도오루 지역에서 생산되는 포트와인의 유명세에 힘입어 1996년에 개발한 포트와인관광루트는 와인관광의 표준이 되고 있으며, 최근에 마데이라 섬의 마데이라 와인과 섬의 풍광 때문에 와인 관광지로 각광을 받고 있으며, 유명한 와인으로는 테일러스, 폰쎄카, 샌드맨 등이 있다.

〈사진 10〉 마데이라 섬의 포도밭

⑥ 헝가리

기원전 4세기의 역사를 가진 헝가리는 푸르민트, 하르쉬레벨루 포도품종이 유명하며, 토카이, 에게르, 솜로 등의 명성 있는 와인 관광지로 유명하다. 특히 명품 로얄 토카이 와인은 프랑스, 러시아 황제들이 즐겨 마셨던 황제 와인이며, 특히 여름철에도 16℃를 유지하고 있는 지하 와인 저장고의 끝없는 미로 체험은 평생 잊을 수 없는 기억으로 간직될 만큼 가치가 있다. 로얄 토카이 와인 외에 오레무스 토카이 와인도 유명하다.

(2) 신세계 와인

① 미국

신세계 와인의 대명사로 진판델 포도품종으로 유명하며, 캘리포니아의 나파 밸리, 소노마 밸리와 오레곤의 윌러메트 밸리 등이 명성 있는 와인 관광지로 손꼽히고 있다. 특히 로버트 몬다비 와인은 와인 관광지의 메카로 불리고 있으며, 스크리밍 이글, 쉐이퍼, 브라이언트 패밀리, 오퍼스 원, 할란 등의 명품 와인도 크게 한몫을 하고 있다. 특히 캘리포니아는 비행선 등을 이용한 와인관광도 성행하고 있다.

② 호주

와인관광의 선도적인 국가로서 시라즈 포도품종이 유명하며, 애들레이드의 바로사 밸리, 멜버른의 야라밸리, 시드니의 헌터밸리 등 대도시에 근접한 덕분에 청정 자연환경과 더불어 와인관광은 지역주민들이 생활 그 자체가 되었다. 특히 펜폴드 그랜지 명품와인도 와인관광에 한몫을 하고 있다.

〈사진 11〉 칠레 몬테스 알파 와이너리와 포도밭

③ 칠레

칠레는 품질 좋은 와인을 생산할 수 있는 천혜의 떼루아 장점과 프랑스 보르도 스타일로 카베르네 소비뇽, 메를로 와인이 유명하다. 센트럴 밸리, 마이포 밸리, 카사블랑카 밸리, 라펠 밸리, 쿠리코 밸리 등이 명성 있는 관광지이며, 특히 명품와인인 콘차 이 토로, 몬테스 알파 엠, 알마비바, 세냐 와인 등이 유명하다.

④ 뉴질랜드

뉴질랜드는 소비뇽 블랑 포도품종이 유명하며, 말보로, 오클랜드, 마틴버러, 기즈번 등의 지역이 와인 관광지이다. 뉴질랜드는 특히 휴일에 지방의 토속적인 음식과 와인을 테이스팅하면서 와인 마을을 관광하는 것이 생활화되어 있다. 명품와인으로 세인트 헬레나, 바비치, 몬타나 말보로 마투아 와인 등이 있다.

⑤ 남아프리카공화국

남아프리카공화국은 피노따주 포도품종이 유명하며, 스텔렌보쉬, 콘스탄티아, 파알, 워커베이 등이 유명한 와인 관광지이다. 특히 테이블산 아래 포도밭이 위치하여 장관을 이루며, 청정기후, 명품와인, 다이아몬드 보석, 사파리 등을 즐길 수 있는 와인관광 천국이다. 명품와인으로 페어뷰, 해밀톤 러셀, 워익와인 등이 있다.

〈사진 12〉 중국 연태지역의 장유 카스텔 장원 와이너리

⑥ 중국

중국은 카베르네 게르니쉬트, 벨슈리슬링 포도품종이 유명하며, 1892년에 장유와인이 설립되면서 와인역사가 시작되었다. 산둥성의 연태 지역은 400개의 와이너리가 있으며, 나바 밸리가 와인 관광지의 메카이다. 와인관광 루트는 장유 와인 박물관, 장유 카스텔 와이너리, 장성 와이너리 등이 있으며, 특히 장성 군정 와이너리는

리조트를 겸한 미래지향적인 와인 관광지이다. 명품와인으로 120년 역사와 품질을 자랑하는 장유와인, 2008년 북경 올림픽 공식와인으로 선정된 장성 군정와인 등이 있으며, 최근에 닝샤 지역은 이슬람교 문화가 있는 지역이지만 와인메카로 부각하면서 와인 관광지로 유명세를 타고 있다.

⑦ 일본

일본은 고슈 포도품종이 유명하며, 1874년에 와인양조가 시작되었고 홋카이도, 규슈, 야마나시현, 나가노현, 야마가타현, 홋카이도가 대표적인 와인 관광지이다. 후지산 자락에 위치한 야마나시현과 설국으로 유명한 홋카이도, 와규 쇠고기로 유명한 고베와인 지역이 주 와인 관광지이다. 명품와인으로 가츠누마 메르시앙, 사카오리, 산토리 와인 등이 있다.

제4절 푸드관광 · 와인관광의 새로운 접근과 발전방향

1. 푸드관광의 새로운 접근과 발전방향

푸드관광은 국민소득이 높아지고, 세계의 경제 · 문화 · 정치가 글로벌해지면서 일상생활 속에서 서로를 이해하는 음식문화로 발전하면서 각국은 푸드관광에 대한 필요성과 가치를 더욱더 인정하게 되었다.

어떤 관광 형태이든지 관광객들은 음식을 생리적인 욕구를 충족시키는 수단으로 인식하지 않고, 한 끼의 식사라도 이색적인 음식, 평소에 먹고 싶었던 에스닉 음식을 찾게 되면서 유럽, 미국 그리고 아시아 국가에서도 전략적인 관광 육성과 함께 세계 각국의 관광객들의 취향과 입맛에 맞는 식음료 상품을 개발하고, 음식문화를 관광산업화로 추진하여 성공하고 있다.

특히 푸드관광은 타 관광상품과 달리 지역의 특성을 대변해주고, 새로운 관광상품으로서의 가치를 더해 준다. 관광객들이 해외로 여행을 가면 세계의 진미가 있는 음식, 이야기가 있는 음식, 낯선 음식

〈사진 13〉 프랑스 샹파뉴의 샴페인

에 대한 호기심과 음식문화의 매너 등에 많은 관심을 갖게 되므로 푸드관광을 위한 문제점과 새로운 접근법과 방향을 제시하고자 한다.

푸드관광의 문제점은 첫째, 각국은 푸드관광 본연의 상품에 충실하지 못하고 너무 상업적으로 치우쳐 정통성과 다양성이 부족하며, 특색이 없는 음식문화로 어디에서나 맛볼 수 있는 음식, 국가 · 지역별로 전통적인 의상을 갖춘 유니폼의 부재 등으로 관광객을 실망시키고 있다. 둘째, 음식과 관련된 박물관, 음식, 전통주, 와인에 얽힌 스토리텔링이 부족하여 음식 외에는 다른 것을 기대하기 힘들다. 셋째, 푸드관광의 핵심인 음식과 지역 와인의 조화, 음식과 전통주 조화 등에 대한 패키지와 식문화 교육 프로그램이 부족하여 음식관광객이 선택할 수 있는 상품이 제한적이다. 넷째, 푸드관광 목적으로 온 관광객들에게 음식에 대한 설명을 할 수 있는 외국어를 구사할 수 있는 종사원이 부족하며, 음식과 와인, 음식과 전통주의 조화에 대해 설명할 수 있는 소믈리에의 채용도 제한적이어서 다른 관광상품에 비해 상대적으로 만족도가 떨어진다.

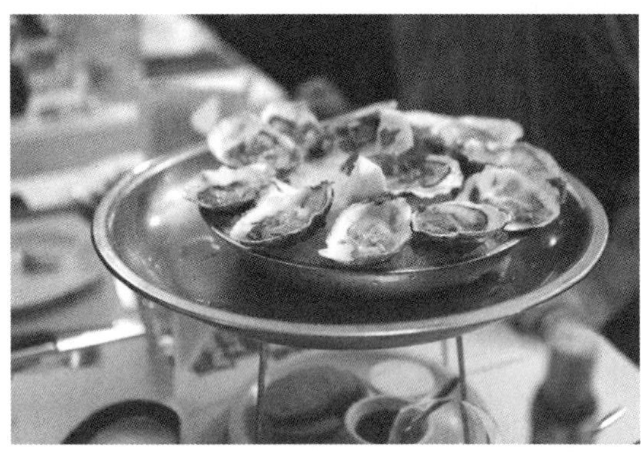

〈사진 14〉 프랑스 루시옹 지역의 전통적인 생굴요리

푸드관광에의 새로운 접근법과 방향을 제시하면, 첫째, 각국은 지역별 특성 있는 전통 조리법과 고유한 맛을 지속적으로 계승 발전 · 유지시켜 지역 음식문화인 명절음식, 통과의례음식, 향토음식축제 등과 접목된 상품개발을 해야 한다. 둘째, 각국은 지역의 전통 있는 음식과 특산물이 관광객들에게 주는 편익, 즉 건강, 미용, 식사예절 등이 접목되어 체험할 수 있고 참여할 수 있는 부문까지 확대하고, 정부, 지방자치단체, 음식업협회, 관광협회 등이 공동으로 지속가능한 푸드관광상품개발과 홍보를 해야 한다. 셋째, 푸드관광을 위해서는 지역의 명소를 브랜드화해야 하므로 음식과 관련된 다양한 축제, 그리고 숙박시설, 레저시설도 함께 개발되고 특히 위생관리와 서비스를 차별화하는 것도 바람직하다. 넷째, 푸드관광의 질적 수준을 높이기 위해 소프트웨어 중 하나인 인적자원에 투자하여, 음식 해설사, 소믈리에를 양성하고, 외국어를 구사할 수 있는 종사원을 채용하는 지원도 필요하다.

끝으로 관광학문도 순수관광에서 겸용관광으로 전환되고 있다. 최근에는 주제별 관광으로 세분화되어 연구영역이 발전해 감에 따라 새로운 푸드관광상품에 대한 외식산업계와 연계된 관광학 연구도 필요하다.

2. 와인관광의 새로운 접근과 발전방향

와인관광은 와인생산국가에 있어서 지역의 경제적인 효과뿐만 아니라 사회 · 문화적인 영향에 크게 기여하고 있다. 특히 유럽과 미주 지역에서는 와인관광이 관심분야 관광에서 벗어나 독자적인 영역으로 구축되고 있는 시점에서 활발하게 심층적으로 연구되고 있다. 와인생산국들은 더 많은 관광객들이 자국을 방문하도록 홍보를 강화하고, 관광산업의 경제적 부가가치를 창출하는 외에 농촌지역의 지속 가능한 청정관광지로 활성화하면서 새롭게 와인관광상품이 부상하고 있다.

음식관광은 한 지역에 국한되어 지역을 방문하는 사람들이 즐길 수 있는 현지 관광상품의 한계점을 갖고 있지만 와인은 전 세계로 수출되어 새로운 시장을 형성하고, 전 세계 와인 마니아들에게 호기심을 유발시키는 독특한 매력이 있다. 와이너리를 찾은 국내외 관광객들에게 역사가 오래된 와이너리만으로도 관광 매력물이 되지만 여기에 아주 신선하고 개성 있는 와인 시음을 통해 더욱 환상적인 체험을 할 수 있는 즐거움을 주고 있다. 또한 와인을 주제로 하는 축제는 많은 관광객들에게 관심의 대상이 되고 있으며, 국가별 · 지역별로 좋은 이미지를 형성하고, 지역 마케팅과 더불어 지역명을 브랜드화하는 데 크게 기여하고 있다.

특히 와인관광은 방문지역의 역사문화적인 관광 매력물을 접하는 것 외에도 와인을 통해 와인생산지역의 특성을 대변해주면서 새로운 와인정보, 와인교육, 와인시음을 경험할 수 있기 때문에 블루 관광시장으로 떠오르고 있다. 또한 관광객들이 해외에서 여행가면서 그 지역에 생산된 맥주, 위스키, 사케, 고량주, 보드카, 럼주 등을 단순하게 마시면서 즐기는 술로 인식하지만 와인은 음식과의 조화를 통해 매력을 더해주고, 와인마다 다양한 역사와 맛을 느끼게 해주기 때문에 더욱더 가치 있는 술로 받아들이고 있다.

〈사진 15〉 프랑스 샤토 마고 와인 셀러 오크통

그러면 와인관광을 위한 문제점과 새로운 접근법과 방향을 제시하고자 한다.

문제점은 첫째, 각국의 와인투어는 와인에 관심이 없는 관광객을 유인하는 매력물이 부족하며, 와인의 평가에 대한 전문적 지식이 부족할 경우 만족도가 떨어지는 단점이 있다. 둘째, 와인을 양조하는 샤토를 중심으로 하는 와인 투어는 와인과 관련된 박물관, 호텔, 레스토랑 등과 협력한 공통적인 관심과 목적이 부족하여 와인관광의 즐거움을 배가시키지 못하고 있다. 셋째, 각국의 지역, 샤토의 와인투어 프로그램이 너무 상업적이면서 단순하여 쉽게 지루한 느낌을 줄 수 있으며, 특히 유명한 와이너리일 경우는 고객지향적인 서비스가 부재하여 와인관광객들에게 실망을 주는 경우도 종종 발생한다. 넷째, 와인관광을 위한 와이너리 방문 때 진입 도로가 좁아 접근성이 문제가 되는데 즉, 관광버스가 진입할 수 없는 경우, 겨울이나 여름철에는 와인관광을 하는 관광객들에게 불편한 점이 많으며, 짜증스러운 경우도 발생한다.

와인관광에 새로운 접근법과 방향을 제시하면, 첫째, 각국은 지역별 특성 있는 와인양조법과 유기농 포도재배 환경으로 와인의 개성적이고 고유한 맛을 지속적으로 계승 발전 유지시켜 지역 음식과 조화를 이루는 전통적이고 차별화된 음식도 함께 개발해야 경제적 파급효과가 크다. 둘째, 각국은 지역의 역사적인 와이너리를 상품화하면서 박물관, 와인저장고 속의 레스토랑, 샤토의 고급 숙박시설, 와인 스파, 와인화장품 등의 상품 개발, 와이너리의 접근성을 고려한 도로 확충 등은 와인관광객들에게 다양한 편익을 주므로 정부, 지방자치단체, 와인생산협회, 관광협회 등이 공동으로 지속가능할 때 지역 경제적 효과는 증대된다. 셋째, 와인관광을 위해서는 지역의 와인 명소를 브랜드화해야 하므로 와인과 관련된 다양한 축제를 계절별로 실행해야 하는데, 포도 따기, 포도 아가씨 선발대회, 자신의 와인양조 체험하기, 올드 빈티지 와인 시음하기, 와이너리에서의 결혼식, 와인기사작위 수여식, 와인교육 등 자연친화적인 관광상품화를 해야 한다. 넷째, 와인관광의 핵심은 문화와 접목시켜 와이너리에 갤러리 운영, 포도밭에서의 음악 페스티벌, 와인 셀러에서의 댄스, 포도밭 주변의 자연보호 등이 매력적인 요소이므로 전략적으로 개발할 필요성이 있다.

끝으로 국내에서는 생소한 와인관광학문이지만 이미 호주와 미국을 중심으로 학문적 연구가 많이 수행되었으므로 와인관광에 대한 새로운 관광학문영역으로 정착시켜 많은 학자적 연구가 필요한 시점에 와 있다.

3. 결론

푸드관광과 와인관광은 상호 보완적인 관계에 있으므로 푸드관광과 와인관광을 통섭하는 전통음식과 지역의 역사적인 와이너리를 중심으로 관광루트를 개발하는 것이 바람직하다. 특히 푸드관광과 와인관광은 서로 뗄 수가 없는 관광상품으로 서로 보완관계가 있다. 관광하는 목적지의

음식과 와인의 페어링은 매우 중요하며, 음식과 와인의 조화는 신토불이 원칙을 적용하는 것도 관광객의 여행가치를 높여준다.

또한 국내에서는 생소한 푸드관광과 와인관광은 관광학문분야에 새롭게 접근하여 국가 경제적인 영향과 더불어 국가 이미지를 창출할 수 있는 영역으로 인식해야 하고, 새로운 성장 동력 관광산업으로 육성해야 한다. 음식관광과 와인관광을 축으로 하는 관광객 유치는 관광객들에게 관심을 끌 수 있으며, 지역 경제 활성화와 더불어 고용 창출이 가능해진다. 숙박, 레저, 스파, 미용, 웰빙 음식, 와인 교육 등과 연계되므로 국내관광객들에게도 새로운 체험의 장이 될 수 있다.

〈사진 16〉 독일 모젤 지역의 리슬링 와인들

이미 미국, 호주, 프랑스, 이탈리아 등 선진국들은 이미 푸드관광과 와인관광에 관심을 갖고 관광상품을 구축하여 세계적인 관광상품으로 각광받고 있다는 사실도 인지해야 한다. 글로벌 환경에서 정보통신의 발달과 함께 국민소득이 높아질수록 새로운 푸드관광과 와인관광에 호기심을 갖게 된다.

우리나라도 이제 눈을 뜬 푸드관광과 와인관광이 통섭적인 관광상품으로서 새로운 패러다임이 도래하였으므로 세계적인 푸드관광, 와인관광 대국으로 성장발전해야 할 것이다.

참고문헌

1) 이영주(2007). 강원도 음식관광 활성화 방안연구, 강원발전연구원.
장지원 · 김태희 · 이인옥(2014). Kano모델을 이용한 음식관광지 선택속성 분류에 관한 연구, 『호텔경영학연구』 23(3), pp. 225-244.
2) 박금순 · 한재숙 · 정외숙 외 7인(2004), 『세계의 음식문화』, 도서출판 효일.
3) 로이스토롱 저, 김주현 역(2005). 『권력자들의 만찬』. 넥서스Books.
4) 로이스토롱 저, 김주현 역(2005). 상게서.
5) 문두현(2008), 글로벌 경쟁력 이젠 음식관광이다. 관광행정.
http//blog.dawm.net/moontsts
6) 문두현(2008), 전게서.
7) 문두현(2008), 전게서.
8) Quan, S. & Wang, N.(2004). Towards a Structural Model of the Tourist Experience: The Modified Theory of Reasonable Action, *Journal of Hospitality and Tourism Research*, 30(4): 507-516.
9) Tikkanen, I.(2007). Maslow's Hierarchy and Tourism in Finland: Five Cases, *British Food Journal*, 109(9), 721-734.
10) 장해진 · 양일선 외 2인(2004). 국내외 전통음식관련 관광상품의 현황분석, 『한국식생활문화학회지』 Vol.19. (4) pp.392-398.
11) Donald Getz(2000). Explore Wine Tourism, Cognizant Communication Corporation.
12) Hall. C. M, Sharples. L, Cambourne. B., and Macionis. N.(Eds.)(2000), Wine Tourism.
13) 고재윤(2011). 『와인커뮤니케이션』. 세경출판사.
14) Gilbert. D(1990). Touristic Development of a Vinicultural Region of Spain, *International Journal of Wine Marketing*, Vol.4(2), pp.25-32.
15) Donald Getz(2000). op. cit.
16) Donald Getz(2000). op. cit.
17) Chidley. J.(1998). Grape White North: Canada is Now a Producer of Exquisite, Prize-Winning Wine, Macleans: Canada's Weekly Newsmagazine, pp.42-43.
18) Donald Getz(2000), op. cit.
19) 고재윤 · 정미란 · 박성수(2006). 와인관광동기와 관광지 선택행동에 관한 연구. 『관광학연구』, 30(4), pp.109-129.
전혜진 · 이희승(2009). 특수목적관광상품 시장세분화에 관한 연구. 『관광연구』, 24(2), pp.239-258.
성연(2015). 웰니스 시대의 음식관광 글로벌화 방안. 『관광연구』 30(1), pp.141-162.
20) Donald Getz(2000). op. cit.
21) 원융희(1999). 관광과 문화, 학문사.
22) 문두현(2008). 전게서.
23) Hall. M. C. and Michell. R.(2001). Wine and Food Tourism, in Douglas, N., Douglas, N and Derret,R (Eds), Special Interest Tourism, Sydney: Wiley.

24) 우문호 · 엄원대 외 4인(2006). 『글로벌 시대의 음식과 문화』. 학문사.

25) 한복진 · 황건중(2000). 『해외여행가서 꼭 먹어야 할 음식 130가지』. 시공사.

26) Yuan, J., Cai, L., Morrison, A. & Linton, S.(2004). An Analysis of Wine Festival Attendees' Motivations: a Synergy of Wine, Travel and Special Events?, *Journal of Vacation Marketing*, Vol. 11(1): pp.41-58.

Bruwer, J.(2002). The Role and Importance of the Winery Cellar Door in Australian Wine Industry: some Perspectives, Australian and New Zealand Grape Grower and Winemaker, 463: pp.96-99.

27) Delphine Waller(2006). Wine Tourism, The Case of Alsace, France, Bournemouth University, UK

28) Ravenscroft, N. & Westering, J.(2001). Wine Tourism, Culture and the Everyday: A Theoretical Note. Vol. 3(2): pp.149-162.

29) Donald Getz(2000). op. cit.

30) Hall. M and Macionis. N(1998). Wine Tourism in Australia and New Zealand. Tourism And Recreation, Wiley.

31) 고재윤(2011). 전게서.

32) Johson, G(1998). Wine Tourism in New Zealand- a National Survey of Wineries Unpublished dip, Tour, Dissertation, Dunedin: University of Otago.

33) Hjalager A. and Richards, G.(Eds.)(2002). *Tourism and Gastronomy*, London: Routledge.

34) Cohen, E. and Avieli, N.(2004). Food in Tourism, Attraction and impediment, *Annals of Tourism and Research*, Vol. 31(4) pp.755-78.

35) Meler. M. and Cerović, Z.(2003). Food Marketing in the Function of Tourist Product Development, *British Food Journal*, Vol. 105(3), pp.175-92.

36) Cohen, E. and Avieli, N.(2004). Food in Tourism, Attraction and impediment, *Annals of Tourism and Research*, Vol. 31(4) pp.755-78.

37) Quan, S. and Wang, N.(2004). Toward a Structural Model of the Tourist Experience: an Illustration from Food Experience in the Tourism, *Tourism Management*, Vol.25. pp.297-305.

38) 우문호 · 엄원대 외 4인(2006). 상게서.

39) 원융희(2001). 『지구촌 음식문화기행』. 신광출판사.

박금순 · 한재숙 외 8명(2004). 『세계의 음식문화』. 도서출판 효일.

40) 고재윤 · 정미란 · 박성수(2006). 전게서.

41) 고재윤(2008). 음식과 와인의 절묘한 조화. 경희대학교 관광대학원 와인소믈리에 특별과정 교재.

42) 고재윤 · 정미란 · 이영남(2006). 와인 관광지의 교육적체험이 관광만족에 미치는 영향. 『와인소믈리에 연구』, Vol.2(2): pp.5-19.

이덕순(2013). 음식관광 관여도와 동기가 참여활동과 만족도에 미치는 영향. 『관광연구』, 28(5): pp, 325-342.

43) 고재윤 · 정미란 · 박성수(2006). 전게서.

44) 고재윤 외 8명(2007). 『세계의 명품레드와인』. 세경출판사.

고재윤 외 8명(2008). 『세계의 명품화이트와인』. 세경출판사.

문화와 함께하는
관광학 이해

09편 문화명사 담론

황인경 작가가 미래의 관광인들에게 들려주는

미래의 관광대국 주역들에게 전하는 전언

황인경

- 84년 "입춘 길목에서" 월간문학 신인상 수상
- 89년 "집게벌레" 방송작가협회 우수상
- 90년 KBS드라마 "대추나무 사랑걸렸네" 집필
- 90년 소설 "떠오르는 섬" 출간
- 92년 "소설 목민심서" 5권 출간 후 2년간 베스트셀러 1위 기록 후 현재까지 650만부 판매기록중
- 96년 소설 "돈황의 불빛" 3권 출간
- 2007년 "소설 목민심서" 개정판 3권 출간
- 2013년 봉사단체 컴투게더 설립(국내외 다문화 및 불우청소년 후원단체)
- 2014년 "소설 목민심서" 완결판 출간
- 2015년 4월 "소설 독도" 출간
- (현) (주)아이넴 회장
- (현) 컴투게더 이사장
- (현) (사)다산연구소〈중앙일보사 내〉 이사, 운영위원장
- (현) (주)아이케이에코텍 대표이사
- (현) (사)다문화근로자복지협회 이사장(고용노동부 등록법인)

황인경 작가가 미래의 관광인들에게 들려주는

미래의 관광대국 주역들에게 전하는 전언

역사소설을 쓰는 소설가로서 소설을 쓰기 위한 나의 작업은
가장 먼저 주인공을 정하는 것으로 시작된다.
그리고 주인공의 주변 인물들을 도표를 그려 정리한 후
그가 살았던 시대의 정사는 물론이고
야사와 민담까지 다 구해 읽고 머릿속에 담는 것으로
준비 작업을 마친 다음,
그 시대의 역사학을 전공한 전문가들을 만나 고증을 받고
현지답사를 수도 없이 해야 한다.
소설을 읽는 독자들에게 현지에 가지 않고도 소설 속의
모든 장면들이 마치 그 시대의 역사 속 현장에 서 있는 것 같은
현실감을 안겨주어 실감나게 소설 속에 빠져들 수 있게 하기 위함이다.
내 첫 소설인 '소설 목민심서'를 십 년이 넘게 걸려
쓰게 된 이유도 바로 그런 이유에서다.
헌데 이 책이 나온 지 25년이 지난 지금에도
간간이 듣게 되는 말이 있다.
그 소설을 읽고 현장에 꼭 가보고 싶어서 주인공 다산 어른이
18년의 유배생활을 하며 지냈던 강진의 다산초당과
그의 생가와 묘지가 있는 경기도 남양주시에 있는
여유당에 가보게 되었다는 말이다.
92년에 처음 소설 목민심서가 출판되자마자 베스트셀러가 되었을 때엔
여행사에서 여행상품으로 소설 속의 현지답사 프로그램을 만들어
작가인 나와 동반여행을 하자는 제안이 여럿 있었다.
그때 당시 나는 신문에 소설을 연재하던 중이어서 사양을 했었는데,
시간이 많이 흐른 지금, 이제 와 생각해보니
독자들이 소설을 쓴 작가와 소설 속에 그려진 역사적 현장에서
어떤 생각으로 소설 속 장면들을 써내려갔는지를
직접 듣고 싶었겠구나 하는 생각이 든다.
소설가의 길로 나를 들어서게 해준 첫 작품인

소설 목민심서를 쓸 때만 해도 주부인 나로서는
천주학에 묻어 서양학문이 막 우리나라에 들어오던 때인 영정조시대의 역사를
그려낸다는 것은 너무나 힘들고 버거운 일이었다.
당시의 시대를 다룬 이백여 권의 책을 머릿속에 다 집어넣은 후
알기 쉽고 질서 있게 녹여내는 작업이 워낙 방대하고 힘든 작업이었기 때문에
이 작품 하나만을 쓰고 다시는 소설을 쓰지 않겠다고 수도 없이 다짐을 하곤 했었다.
92년 소설 목민심서 초판 머리말에도 아래와 같이 언급했던 적이 있다.
'바람과 함께 사라지다를 쓴 마가렛 미첼은 그 책 한 권을 쓰고
절필했지만 퓰리처상을 수상했다. 나도 그런 비장한 각오로 이 책을 썼다.'
위와 같이 적을 정도로 소설을, 그것도 역사소설을 쓰는 일은
참으로 버겁고 힘든 작업인 것이 사실이다.
그러나 내 생각과 의지와는 상관없이,
소설 목민심서가 베스트셀러가 되다 보니
그 책을 읽은 독자들은 다음 책을 간절히 가다린다는 것을 알게 되었고,
그분들에게 후속 작품을 써서 읽게 해드리는 것이
애독자에 대한 작가의 도리이고 책임이라는 것을 알게 되었다.
작년에 내놓은 소설 독도는 십 수년 전부터 자료를
모으고 연구를 하면서 내심 나 아닌 다른 누군가가
독도를 주제로 한 소설로 써주길 바라는 마음이 있었다.
그러나 누구도 소설로 쓰지 않는 것을 보고 나는 더는 미룰 수가 없었고,
일본이 교과서에 독도를 일본 땅이라고 실어 의무적으로
학생들에게 가르치게 된 이때에, 이제는 문학적으로
독도에 대한 이슈에 접근하는 방법의 하나로
독도를 주제로 한 소설을 써야한다는 의무감을 갖게 되었다.
소설독도의 주인공인 안용복이 숙종시대에 왜로 건너가
독도가 조선 땅이라고 당당하게 외치고 돌아온 이후
200여 년 동안 왜에서는 독도를 근접하지 않았고
혹여 그것을 어기고 어업을 다녀간 자는 왜에서 스스로
참수를 시키기도 했었다.
능로군으로 참여했던 일개 어부였던 그가 해낸 엄청난 성과가 아닐 수 없다.

소설 독도에 가장 비중이 있는 장소 중 한 곳이 부산왜관이다.
지금은 표시물 정도만 있는 정도로 당시의 역사적 건축물은
거의 남아 있지 않은 것이 참으로 아쉽다.
현재 영화작업을 진행 중이니 당시 왜관 모습을 그때 그 모습
그대로 재현해내어 영화촬영을 후 그곳을 부산국제영화제를 매년 주최하는
부산시에서 역사적 명소로 전 세계의 영화인들이 모이는 부산의
하나의 관광자원으로 만들어 또 하나의 관광명소로 활용하였으면 하는 바람을 가져본다.
지금 내가 쓰고 있는 소설은 오래전에 신문연재를 했던
고선지 장군을 주인공으로 한 소설이다.
언젠가는 세계에서 유일한 분단국가인 우리나라도
통일이 될 것이라는 염원을 담아 쓰고 있다.
20여 년 전에 썼던 소설이지만 그 당시에는 우리나라도
일본과 중국에서도 그에 대한 역사적 사료를 찾기가 쉽지 않았다.
고구려 유민으로 당나라에 건너가서 유럽의 72개국을 정벌해낸
고선지 장군이 유럽에서는 나폴레옹보다 더 높이 평가받는 장군이다.
비록 억울한 누명을 쓰고 죽음을 피하진 못했지만 분명 그는
우리나라의 자랑스러운 장군이었고, 우리 청소년들이 본받아야 할
호연지기의 표본이라고 할 수 있다.
처음 내가 소설로 그려냈던 그때보다 시간이 많이 흐른 지금은
중국과 한국의 역사학자들이 그에 대해 많은 연구를 진행하여
사료들을 잘 정리해 놓아서 새로 쓰는 소설에 담아낼 만한
사료들을 많이 수집할 수 있었다.
내가 90년대 초에 고구려 시대를 소설로 쓸 예정이라고
할 때만 해도 주위의 많은 지인들이 극구 말렸었다.
드라마나 소설을 통해 조선시대에 익숙해져 있는
시청자나 독자들이 그 앞 시대에는 익숙하지 않아
거의 외면당하거나 실패할 확률이 백프로라는 것이었다.
그러나 나는 독자나 시청자들이 머지않아 우려먹기 식으로
계속 되풀이되는 조선 시대에 식상할 것이고,
그 이전 시대에 관심과 이해를 촉발시킬 수 있을 것이라는

나름대로의 확신이 있었다.
내 생각이 맞았다.
요즘 보면 흔하게 그런 작품들이 다뤄지고 있고
그 시대의 문화나 시대상들을 낯설게 느끼지 않게 되었으니 참으로 다행스런 일이다.
한때 역사교육을 소홀히 하던 시대가 있었지만
이제는 청소년들과 젊은이들이 즐겨보는 TV프로에서도
자주 역사적 인물들과 함께 사적지를 잘 정리해
다뤄주곤 하는 것을 보고 퍽이나 바람직한 현상이고 변화라고 생각한다.
역사는 현재와 미래의 거울이라고 흔히 얘기한다.
나도 그 말에 무척 공감한다.
역사는 나와는 상관없는 대단한 사람들 몇 사람만의 것이 아닌
바로 나의 이야기가 시간이 흐른 후엔 가장 정확한 역사가
되는 것이라는 인식이 필요하다.
현재 자신이 처해 있는 상황 속에서
누구 때문에 라는 회피성 사고를 버리고
내가 이 시대의 주인공이라고 생각하고
각자 맡고 있는 일에 최선을 다하고
나라도, 나부터, 우리 모두 주어진 환경을 아끼고 잘 보존하고
가꾸고 알리기를 힘쓴다면 우리의 금수강산은
분명 세계적인 명소가 될 수 있다고 생각한다.
휴가 때나 연휴 때 공항은 발 디딜 틈이 없이 외국으로 여행을
떠나는 인구가 점점 더 늘어나고 있다. 물론 외국의 많은 것들을
보고 배우고 오는 것도 중요할 것이다.
그러나 가장 한국적인 것이 가장 세계적인 것이라고 했다.
중국의 성들이나 유명한 산들의 규모를 보고 온 사람들의
공통적인 얘기가 그 규모가 우선 어마어마하다고들 한다.
허지만 나는 생각이 다르다. 각 나라마다 특색과 고유문화가
있는 것이고, 우리가 자칫 흘려보고 지나친,
우리 선조들이 물려주고 간 유적들을 현재의 시각으로 분석해보면,
얼마나 정교하고 과학적 사고를 토대로 만들어놓았는지

입이 다물어지지 않는다.
석굴암, 측우기, 팔만대장경, 고려청자, 이조백자 등 현장에 가서
그냥 휙 보고 지나치게 할 것이 아니라
현장을 가기 전에 미리 사료적 가치와 지극히 과학적으로
접근해 만들어 놓은 것들을 공부한 후 현장에 가서
그것들을 되짚어볼 수 있게 한다면,
우리 선조들이 얼마나 뛰어난 유산을 남겨주셨는지 알게 될 것이고
자라나는 학생들은 학생들대로, 외국인들은 그들 나름대로
우리 대한민국의 역사적 가치와 우수한 정체성에 대해
다시 한 번 깨닫게 되는 소중한 시간이 될 수 있을 것이다.
간간이 TV의 특집다큐를 보다 보면 우리나라 곳곳에 너무나 아름답고
아기자기하고 멋진 곳들이 많이 있다는 것을 알게 될 때가 있다.
그럴 때마다 참으로 경이롭기도 하고 뿌듯한 마음이 들곤 한다.
사람들의 발길이 많아질수록 자연이 훼손되지 않고 잘 보존될 수 있도록
여러 가지의 안전수칙을 만들고 애써 지켜나가려는 노력도 중요하겠지만
우리가 우리 역사를 제대로 알고 그 역사적 자료와 현장들을 스스로
자랑스러워함은 물론이고, 각자의 꿈을 가지고 그 꿈을 위해 노력
한다면 우리 한 사람 한 사람이 대한민국을 대표하는 인재들이자 홍보
대사가 될 것이며 우리 대한민국도 진정한 강대국이자 관광대국이 될 수
있다는 확신을 가져본다.☺

제 9 편

문학과 해양관광의 이해

제 1 장

문학관광의 이해

최영기

전주대학교 문화관광대학 교수

한양대학교와 경기대학교에서 박사학위를 취득했다. 저자 최영기는 한국관광학회 자원개발분과학회 부회장을 역임했으며, 저서 「세계문화체험」, 「문화와 관광」 등과 논문 〈기호학적 분석에 의한 지역축제특성연구〉, 〈관광목적지 브랜드이미지가 브랜드인지와 행동의도 연구〉, 〈SIT 체험요인이 즐거움과 만족 및 행동의도에 미치는 영향: 전주 한옥마을 방문객을 중심으로〉, 〈조직공정성이 직무만족, 조직몰입, 조직시민행동에 미치는 영향 관계 연구〉 등을 통해 활발한 학술적 성과를 발표하고 있으며 신문 칼럼니스트와 방송사 객원해설위원으로 후진양성과 지역관광발전에 발전에 힘쓰고 있다.

tourism@jj.ac.kr

김판영

백석대학교 관광학부 교수

경기대학교 대학원에서 관광학박사 학위를 취득했다. 지역축제 및 이벤트, 여행서비스 품질관리 등의 관련 분야에 대한 학술연구를 진행하고 있으며, 지역특화관광상품 개발 등의 실무 연구를 통해 지역의 관광개발 증진에 도움을 주고 있다.

touriservice@bu.ac.kr

제 1 장

문학관광의 이해

최 영 기 · 김 판 영

제1절 문학관광의 개요

문학은 개인뿐만 아니라 우리가 살아가는 사회에도 여러 영향을 끼친다. 개인적인 측면에서는 앎의 기쁨을 기반으로 하는 지식을 함양하는 수단으로 작용하게 되며, 대리 체험을 통해 삶의 풍성함, 카타르시스의 경험을 충족시켜 주는 등 삶의 윤활유적인 역할을 하게 된다. 또한 사회적 측면에서 문학 작품은 작품의 배경이 되는 시대나 당시의 사회상을 내포함으로써 관련된 시대를 이해할 수 있는 자료가 될 수도 있다. 이렇듯 문학은 우리의 삶과 직간접적으로 연관되어 있다.

문학을 통하여 특정 지역이나 문화를 보다 상세하게 이해하고, 작가의 작품세계를 세밀히 들여다보기 위한 욕구에서 이루어지는 여행을 문학관광이라 한다.

1. 문학관광의 개념

문학관광을 이해하기 위해서 먼저 문학을 알아보자. 문학이란 "행동보다는 현실과 추상적인 언어를 매개로 하여 지구상에서 일어날 수 있을 것 같은 유 · 무형의 체계적이고 가치 있는 인간의 생활 모습을 구체적으로 형상화한 예술"을 의미한다. 문학은 언어를 표현수단으로 하는 예술이며, 인간의 다양한 삶을 언어를 통해서 형상화하는 예술의 한 영역이다. 음악은 청각을 주로 자극하고 미술은 시각을 직접적으로 자극하는 형태의 예술이라면 문학은 언어를 사용하여 인간의 오감(五感)을 직 · 간접적으로 자극하는 예술이다. 문학은 포괄적 의미에서 사상이나 감정을 언어로 표현한 예술 또는 작품으로써 시, 소설, 희곡, 수필, 평론 등의 형태가 있다.

문학의 개념과 연계하여 문학관광(Literary Tourism)이란 '작가나 예술가의 태어나거나 살았던

집, 작품의 배경이 되는 장소나 지역, 작가의 작품이나 유물이 전시되어 있는 곳을 방문하는 여행으로 작품을 접하고 문학적인 지식을 충족시켜줄 수 있는 일련의 여행형태를 포괄하는 관광' 이다.[1] 문학관광은 작품과 연관된 지역을 방문함으로써 작품의 무대가 되는 지역에 동화되는 것은 말한다. 작가의 상상력과의 교감을 통하여 허구(Fiction)와 실존(Non-fiction)을 재현시키며 과거와 현재, 가상과 현실 등을 연결시켜주기도 하고, 작품과 관련된 특정 시설물 등을 관람할 수 있는 매개체적인 역할을 수행하는 여행을 의미한다.

문학관광은 일반적으로 작가나 그의 작품이 유명해질 때 발생하게 된다. 여행자들은 유명한 작가의 출생지, 고향, 무덤, 작품을 썼던 장소 등과 같이 작가와 관련된 장소를 방문하고자 한다. 작가와 직접적으로 관련된 것뿐만 아니라 작품의 배경이 되었던 지역이나 장소, 등장인물이 활동했던 장소 등도 여행하게 된다. 작가의 작품이 드라마나 영화로 재현될 경우에는 관련 배경 장소 또한 관광자원으로써의 매력을 발산하게 된다.

문학관광은 문학에 관광이, 관광에 문학이 융합되어지는 여정이다. 문학관광은 허구의 작품세계나 작가와 관련된 장소, 지역을 방문하는 형태를 보여준다. 여행자가 수행하게 되는 문학관광의 형태는 ① 문학이라는 소재를 중심으로 여행, ② 여행지에서의 문학적 경험을 체험하게 되는 여행형태로 구분되어진다.

문학 소재 중심의 여행은 작품 속으로의 문학여행 형태를 의미한다. 예를 들어 이효석의 『메밀꽃 필 무렵』 속 배경이 되었던 강원도 봉평으로 여행을 떠나고, 제임스 조이스의 『더블린 사람들』의 소설 속 배경을 따라 더블린을 여행하는 방식이다. 고전문학을 여행 주제로 하는 문학관광의 경우 여행자의 일방적인 상상을 기반으로 작가의 작품세계나 작가의 자취를 찾는 여행 방식이라면, 동시대를 함께 살아가고 있는 생존하는 작가가 직접 동행하여 책 속 문장과 작품에 관해 상세하게 이야기하고 교류하는 여행 방식은 쌍방향 소통형식의 문학관광이다.

> "작가들과 함께 여행을 하다 보면 제 마음이 감성적으로 바뀌는 것 같아 좋아요. 잔잔해지는 것 같고, 착해지는 것 같은 느낌이 들거든요. 작가들은 어떻게 그렇듯 눈부신 언어를 생각해낼 수 있는지 놀라울 뿐이에요. 혼자 여행을 했더라면 무심코 지나칠 수 있는 풍경, 숨결에 관해서도 자세히 설명해 주시니 이 또한 좋은 공부가 되는 것 같아요. 평소 김주영 선생을 좋아해서 그런지 처음 그분과 문학 기행을 떠날 때 얼마나 설레고 흥분되던지요."

반면에 여행지에서 작품세계나 작가의 자취를 우연히 경험하게 되는 형태가 여행지에서의 문화적 경험을 체험하는 형태이다. 우연히 들른 선술집에서 작가의 작품을 감상할 수도 있으며,

작가의 문학관이나 작가와의 조우를 경험하는 형태의 문학관광은 여행지에서 문학적 경험이 결합되는 방식이다.

국내의 경우 유홍준의 「나의 문화유산 답사기」가 유행하게 되면서 '답사', '답사여행', '문학답사', '문학기행', '테마여행' 등의 형태로 문화, 문학, 관광이 접목된 방식의 문학관광이 성행하였다. 이는 문화를 기반으로는 하는 문학관광의 지평을 열게 되는 계기가 되었다.[2] 현대 문학관광의 형태는 고전작품을 기반으로 하는 여행에서부터 현대작품이나 판타지소설, 애니메이션 등에 이르기까지 다양한 소재를 이용하여 확장되고 있다.

2. 문학관광의 구성요소

문학관광을 구성하는 요소로는 주체(문화관광자), 객체(문학관광의 대상), 매체(여행코스 및 여행사)로 구분될 수 있다.

(1) 문학관광의 주체

문학관광자는 문학여행을 직접 참여하고 수행하는 주체로 ① 문학에 관심도 높은 여행자, ② 단순 참가자, ③ 이들 중간층에 속하는 여행자 등의 3가지 형태로 구분되어 질 수 있다.

문학에 대한 관심도가 높은 관광자는 작가나 작품에 대한 이해도가 높은 여행자로서 문학이라는 여행주제를 설정하고 소기의 목적을 달성하기 위해 여행을 하는 사람들이다. 이들은 일상의 탈출이나 오락적 욕구를 추구하는 일반 여행자들에 비하여 작가나 작품에 대한 이해를 통해 즐거움을 얻고자 하는 경향이 상대적으로 높은 편이다.[3] 주로 취미 활동으로써 문학을 즐기는 계층이 될 수도 있으며 작가로서 활동 중이거나 작가 지망생 등이 이러한 부류에 속한다. 이들은 문학 순례자(Literary Pilgrim)로 불리기도 한다. 문학 순례자는 작가 또는 작품과 관련된 장소에서 문학적 경험과 감동을 얻기 위한 준비가 되어 있는 여행자를 의미한다. 또한 문화순례자는 일반적으로 문학여행을 수행할 수 있는 충분한 문화적 경제력(Cultural Capital)을 갖추고 있으며, 기꺼이 장거리 여행을 감행하기도 한다.[4] 이들은 일반 여행자에 비하여 교육수준이 높은 편이며, 문화유산과 문예에 대한 개인적 취향이 강한 편에 속하는 집단이다.[5]

반면에 단순 문학관광 참가자는 여행 중에 우연히 작가 또는 작품과 관련된 장소를 방문하게 되는 사람을 의미한다. 이들은 여행 중에 얻었던 감동의 정도에 따라 향후 문학관광자로서의 발전 가능성을 갖는다.

마지막으로 중간층 문학관광자는 문학 순례자와 단순 문학관광 참가자의 중간적 성격을 가진

집단으로 자신 스스로의 문학적 관심도는 낮지만 자녀교육의 목적 등 특정한 이유로 문학적 가치가 있는 지역을 여행하는 경우를 의미한다.

(2) 문학관광의 객체

문학관광의 객체 즉, 대상(Attraction)은 일반적으로 장소(Place)에 관련된다. 여기에서의 장소는 작가 또는 작품과 관련된 장소로서 창작실, 고향, 생가, 기념관, 순례길, 작가의 무덤, 작품을 파는 서점 등을 의미하며 이는 문학관광의 주된 대상이 된다. 장소는 여행자에게 가시성(Tangibility)을 제공하며 여행의 유인요소로써 작용하게 된다. 작가의 생애를 돌아볼 수 있는 장소는 작가가 자주 찾았던 장소, 작가의 휴식 공간 또는 여행지, 즐겨 찾았던 술집이나 특정 장소 등을 포함한다. 또는 문학관광의 장소로 발현될 수 있는 형태로써 문학을 소재로 하는 축제나 이벤트 등이 행해지는 장소나 지역을 될 수 있다.

일본인들은 무라카미 하루키가 저술한 『노르웨이의 숲』에 나오는 그리스의 미코노스섬을 여행한다. 이는 자국민이 존경하는 작가의 작품 속 배경이 되는 지역을 둘러보려는 욕구가 반영된 현상이다. 헤밍웨이의 작품을 좋아하는 독자의 경우 작가(헤밍웨이)가 즐겨 찾았던 장소(낚시터, 술집 등)가 있는 쿠바로 여행한다. 작가의 자취를 여행하는 중에 작가와 동일한 감정을 얻고자 하는 심리가 존재한다.

(3) 문학관광의 매체

문학관광의 매체는 직접적 매체와 간접적 매체로 구분된다. 직접적인 매체로는 문학관광상품을 생산하고 판매하는 여행사나 관련 기관, 작가나 작품과 관련된 지역에서 여행일정을 구성하고 제시하는 지자체 등을 의미한다. 반면에 간적접인 매체는 문학을 기반으로 하는 영화, 드라마 등의 영상매체를 들 수 있다. 영상 속 무대가 되는 지역을 간접적으로 홍보하는 역할을 수행하기 때문이다.

3. 문학관광의 특성

문학관광은 문화유산관광, 문화관광 등과 유사한 특성을 갖는다. 하지만 문학관광은 문학이라는 특수한 주제(Special Theme or Interest)를 바탕으로 행해진다는 점에서 문학관광만의 특성을 나타나게 된다.

첫째, 문학관광은 여행의 주제가 문학으로 특정되어진다는 점이다. 문학관광은 특정의 주제를 바탕으로 한다는 점에서 특정분야관심관광(SIT: Special Interest Tourism)의 한 분야에 속한다. 문학관광은 SIT 중에서 작가, 작품과 연관되는 특정의 장소 방문 등의 문학적 주제를 통해 여행 목적을 달성하는 형태를 의미한다.

둘째, 문학관광은 사회성과 역사성을 내포하기도 한다. 문학 자체가 사회성을 내포하고 있다는 점에서 다른 장르의 관광에 비해 문화적 경험의 스펙트럼이 넓어 질 수 있다. 즉 문학관광은 인간의 내면적인 생활상을 시대적으로 형상화한 작품을 이해하고 이와 관련한 작가의 삶, 장소, 작품 세계를 여행하면서 관광객 스스로가 다양한 사회적 · 역사적 형태의 직 · 간적 경험을 할 수 있도록 도와준다.

셋째, 문학관광은 언어를 중심으로 구성되지만 관광객 스스로가 상상력을 극대화할 수 있도록 도와준다. 문학은 문자(Text)를 중심으로 구성된 소설이나 시 등을 통해서 감성을 발휘하게 된다. 작가가 구성한 언어를 토대로 여행자가 자신만의 상상력을 가미함으로써 동일한 자연에 대해서도 각자의 해석이 가능하게 된다.

넷째, 문학관광은 심리적 교훈을 주는 예술관광이다. 문학관광은 교육적 효과가 상대적으로 높은 편이다. 비록 대중적인 관광형태가 되지 못할 수도 있지만 개인적인 자아실현의 도구로 활용될 수 있는 것이 문학관광이다.

다섯째, 문학관광의 중심에는 삶의 도덕과 윤리적인 모습이 담겨 있다. 국내외 순수문학 대부분은 인간의 애환 즉 삶의 희로애락을 담고 있다. 따라서 문학을 이해하게 되면 배경이 되는 지역에서 살아가는 또는 과거에 살았던 사람들의 삶을 이해하는 데 많은 도움이 된다.

여섯째, 문학관광은 자연자원 중심형 관광지를 새로운 관광대상으로 탈바꿈시켜 주는 역할을 수행할 수 있다. 자연이라는 단일 요소로 구성된 관광지에 문학이 가미될 경우에는 새로운 관광지로써의 이미지를 창출해낼 수 있다.

제2절 문학관광의 범주

1. 문학관광의 위치

문학관광은 관점에 따라 그 범주가 달라질 수 있다. 문학관광은 문화관광(Cultural Tourism)의 한 유형으로 분류될 수도 있으며, 문화유산관광(Heritage Tourism)의 한 유형으로도 분류될 수

있다.[6] 문화관광, 문화유산관광, 문학관광은 서로 간에 유사성이 많이 존재하기 때문에 이들의 경계를 명확히 구분하기는 매우 어렵다. 문화, 문학작품을 포함하는 문화유산, 인물 등을 기반으로 하는 관광이라는 점에서는 여러 요소가 겹치게 된다.

문학관광과 문화유산관광 간의 차이점으로는 첫째, 문화유산관광은 '장소 또는 공간을 중심으로 이루어지는 장소 지향적(Place-based) 관광'의 형태인 반면에 문화관광은 관광지에서의 '문화적 경험에 초점을 둔 경험 지향적(Experience-based) 관광'의 형태로 구분될 수 있다. 문화유산관광은 방문하는 지역의 특징을 내포하고 있는 풍광, 건축물, 역사적 인물, 예술품, 전통, 설화나 전설 등의 이야기와 연관된 그림 등을 관람하는 것을 의미한다. 전시관 등에서 위대한 작가의 작품을 보는 것은 문화유산관광의 형태이다. 반면에 세계 순회 전시회에서 동일한 작가의 작품을 보는 행위는 문화관광이 된다.

둘째, 문화유산관광은 관광자가 직접 대상 지역을 방문해야 한다는 점을 강조하는 반면에 문학관광은 그 지역을 방문하지 않아도 가능하다는 점이다. 문학관광은 문학작품을 세계 각지에서 접할 수 있기 때문이다. 하지만 문학관광도 때로는 장소적 의미성이 부각되기도 한다. 작가의 작품은 어느 곳에서도 접할 수 있지만 작가의 생가, 활동 장소, 작업장 및 무덤 등은 특정의 공간에서만 체험할 수 있다

그림 1-1 문학관광의 위치[7]

결과적으로 문학관광은 문화유산관광의 한 형태이면서 문화관광의 한 형태이기도 하다. 문학관광은 작가의 출생지(生家), 작품을 창작했던 장소, 작가의 무덤, 소설 등의 배경이 되는 공간 등과 같이 장소적 의미가 강한 점을 고려할 때 문화유산관광의 형태와 유사하며, 문학적 체험을 통한 자신만의 관광가치를 창출한다는 점에서는 문화관광에 유사하다.

문자를 기반으로 하는 문학관광과 유사한 이미지를 기반으로 하는 여행의 종류가 바로 영상관광(Film-induced Literary Tourism or Film Tourism)이다. 이는 문학관광과 밀접한 관련성을 갖는다. 특정 작가의 작품을 기반으로 하는 영화나 드라마, 연극 등을 관람한 이후에 문학과 관련한 지역을 방문하는 여행을 의미한다.

물론 문학작품을 기반으로 하지 않은 영화나 드라마도 존재한다. 하지만 영화나 드라마가 문학에 기반을 두고 창작되고 대중적 인기를 얻게 되면 문학관광을 자극하는 요소로 작용하게 된다. 문학을 소재로 하는 영상작품은 문학관광의 대량화를 이끌 수 있고 문학이나 영상의 무대를 유명한 관광지로 탈바꿈시킬 수 있다. '반지의 제왕'은 소설이 영화가 되었고, 이후에 촬영의 주무대가 되었던 뉴질랜드를 방문한 주된 목적이 '영화 때문'이라는 응답이 6%까지 상승하는 결과를 보여주었다.8)

2. 문학관광의 유형

문학을 대상으로 하는 관광객들은 집필 장소나 출생지와 같은 작가의 삶과 관련된 장소를 방문함으로써 향수를 느끼거나 경의를 표출한다. 작가는 작품의 배경이 되는 장소에 특별한 의미를 부여하고 생명력을 가미함으로써 그 지역을 방문하는 여행자들이 스스로 상상력을 발휘하도록 한다. 여행자들은 특정한 작가나 작품보다는 특별한 장소를 통해 작가의 감정을 이해하고, 경험하기를 원하는 경우도 있다. 문학작품 자체보다는 작가가 살아가면서 어떤 극적인 사건을 경험한 곳을 둘러보고 싶기 때문에 특별한 장소를 방문하게 된다.9)

(1) 작가와 연관된 문학관광

작가와 연관된 문학관광은 작가의 무덤, 출생지, 작품을 구상하거나 창작한 장소 등과 연관된다. 이러한 장소들은 가시적인 관광자원으로써의 역할을 수행하게 된다. 예로써 작가가 문학작품을 구상하였던 방, 작가가 사용했던 책상, 의자, 연필, 종이, 붓 등은 과거와 현실을 연계하는 중요한 단서가 된다.10)

이러한 작가와 관련된 문학관광은 관광형태 중에서 종교성지순례와 유사한 형태를 갖는다. 여

행자는 작가와 관련된 지역을 방문함으로써 작가의 영감, 심적인 상태, 성장 배경 등을 인식하고 작가의 감정과 여행자의 감정이 동일화되는 감정이입의 단계를 경험하고자 한다. '문학성지순례' 여행형태를 보여준다.

작가의 출생지, 무덤, 기념관 등을 방문하는 것은 가시적인 존재(Tangible Signature)를 기반으로 하는 것으로, 작가에 대한 존재를 상기시키는 역할을 수행하게 된다. 여행자은 작고한 작가의 출생지, 창작 장소, 무덤 등을 방문하여, 관련 작가의 여러 모습을 현실세계로 소환하는 상상을 통하여 작가의 고뇌와 작품의 세계를 보다 깊게 이해하려는 노력을 하게 된다.

대부분의 문학관광이 작가의 사후에 발생하는 경향을 보여주지만, 국내의 경우에는 현존하는 작가를 대상으로 하는 문학관광의 형태도 나름의 자리매김을 하고 있다. 이들은 현존하는 유명인사와의 실제 만남을 통해서 감정을 극대화하고자 한다.

(2) 작품과 연관된 문학관광

작품은 작가가 수행한 예술 창작 활동의 결과물을 의미한다. 작품과 연관된 문학관광은 작품 속의 주인공이나 장소 등과 연관된 대상을 여행하는 것을 의미한다. 여행자들은 작품 속에 있는 장소를 찾고자 하면 그러한 장소에서 작품 속의 주인공으로서의 역할을 따라 하거나 상상을 하게 된다. 작품의 소재인 인물(Characters)과 장소(Places)는 크게 두 가지 형식으로 구분될 수 있으며, 이는 다시 실존(Real or Nonfiction)과 허구(Fiction)로 구분될 수 있다.[11)]

문학관광에서 장소는 작가의 삶과 연관되어 실존하는 장소(Real-life Place)와 상상의 장소(Imagined Place)로 구분된다. 실존하는 장소는 작가의 출생지, 거주지, 작업실, 무덤 등을 있으며, 상상의 장소로는 작품과 연관되는 배경이 되는 장소 등을 의미한다. 이러한 장소는 영상산업 즉 영화, 드라마 등과 결합되면서 현실성을 극대화하여 관광유인요소로 작용하게 된다.

실존과 허구를 바탕으로 구분하면 '실존하는 인물 vs 허구의 인물', '실존하는 장소 vs 허구의 장소'로 나누게 된다. 보다 세부적으로 구분하면 ① 실존 인물과 실존 장소, ② 실존 인물과 허구의 장소, ③ 허구 인물과 실존하는 장소, ④ 허구 인물과 허구의 장소로 구분된다.

첫째, 실존하는 인물과 실존하는 장소는 역사적 사실을 기반으로 작가의 상상력으로 탄생되는 지역을 의미한다. 김훈 작가의 '칼의 노래'는 이순신과 노량해전을 바탕으로 한 작품이며 이러한 작품을 토대로 관련 지역을 방문하는 것을 의미한다.

둘째, 실존인물과 허구의 장소는 실존 인물을 기반으로 하면서도 장소는 작가의 상상력으로 인해서 창조되는 공간을 의미한다.

셋째, 허구 인물과 실존하는 장소는 실제 존재하는 장소를 기반으로 허구의 인물이 창출되고 이를 기반으로 이루어지는 것을 의미한다. 대표적으로 '심청전의 광한루', '로미오와 줄리엣의 집[12)]', '타이타닉' 등이 이에 해당된다. 셰익스피어의 희곡 '로미오와 줄리엣'에 나오는 여주인공인 줄리엣의 집(La Casa Di Giulietta)은 이탈리아 베로나에 위치하고 있다. 하지만 실제로는 로미오와 줄리엣이 살았다고 여겨지는 시대보다 몇 세기 뒤에 증축된 부분이 바로 줄리엣이 서 있었던 발코니이며, 20세기에 제작된 줄리엣의 청동상도 유명한 관광자원이 되고 있다. 이는 작품의 상상력을 배가시켜줄 수 있는 가시성을 극대화한 사례이다.

〈사진 1〉 줄리엣의 집 외부와 내부 모습

넷째, 허구의 인물과 허구의 장소를 이용하는 경우이다. 톨킨의 소설작품인 '반지의 제왕'이 이에 해당된다. 작품 '반지의 제왕'의 경우에는 영화로 제작되었고 영화 촬영의 배경지가 뉴질랜드였다는 사실이 알려지면서 이 지역에 많은 방문객이 찾게 되었다. 작품의 내용도 작가의 상상 속에서 기인된 인물과 주인공이며, 장소 또한 지구상에는 존재하지 않는 곳임에도 불구하고 관광객들은 이를 보기 위해서 뉴질랜드로 여행하게 된다.

(3) 문학축제

문학축제(Literary Festival)는 현존하는 작가와의 만남, 기존 작품과의 만남 및 작가에 대한 기념 형식 등의 다양한 주제로 구성될 수 있다. 문학축제는 문학적 소재를 기반으로 이루어지는 이벤트를 의미한다.[13)] 문학적 소재로는 소설, 시 등의 문학과 작가가 일반적인 형태이다. 최근에는 문학, 예술, 미디어, 과학 등의 접목을 통한 다양한 문화예술공연 등의 축제 형식으로 발현되고 있다. 문학축제는 일시에 많은 방문객이 유입할 수 있는 기회를 제공하기도 하며 해당 지역의 경제적 효과 및 관광유발 효과 등의 파급 효과를 유발할 수 있다.

문학축제는 방문객에게는 작가와의 개인적 만남의 기회를 제공할 수 있으며 작가에게는 자신

의 작품을 상세히 소개할 수 있는 기회 등을 제공하기도 한다. 이러한 문학축제는 전통적인 문학만을 대상으로 하는 경우도 있지만 최근에는 영화, 엔터테인먼트, 음악, 춤 등의 다양한 예술 장르와의 결합을 통하여 보다 대중성을 확보할 수 있다는 장점을 갖기도 한다.

대표적인 문학축제인 헤이 페스티벌은 1988년 영국 웨일즈(Wales)의 책 마을 헤이온와이(Hay-on-Wye)에서 시작된 축제이다. 이후 1990년대부터는 세계 각국으로 헤이 페스티벌이 전파되기 시작해 전 세계인의 사랑을 받는 문학축제로 성장하였고, 현재는 세계 각국에서 헤이 페스티벌이 개최되고 있다. 국내의 경우에도 옥천 지용제가 개최되고 있다. 현대시의 선구자인 정지용을 추모하고 그의 문학 정신을 기리기 위한 축제로 옥천군 일원에서 매년 5월에 개최되고 있다.

〈사진 2〉 헤이 페스티벌(Hay Festival)[14]

〈사진 3〉 옥천 지용제[15]

(4) 서점여행

서점여행자란 "특정의 지역을 여행하는 도중에 자신이 방문하는 지역의 서점에서 방문하고 있는 지역과 관련된 책자(여행안내책자, 문학관광 지도, 문학여행코스 등)를 찾는 것을 의미하기도 하며, 방문하고 있는 지역의 작가가 쓴 책 등을 찾거나 구매하려는 사람"이라고 정의하였다.[16] 이러한 관점에서 볼 때 서점여행(Book Store Tourism or Book Tourism)이란 "여행하는 지역의 서점을 방문하여 문학여행에 필요한 서적을 구매하거나 해당 지역 출신의 작가가 쓴 작품을 구매하는 행위 등을 포함하는 여행"이라고 정의할 수 있다.

서점 또는 책 여행이 발전하기 위해서는 책을 읽을 수 있는 공간의 조성과 분위기 연출이 필요하다. 편하게 책을 관람하고 있을 수 있는 서점의 존재는 지역을 방문하는 문학관광객에게는 더할 나위 없는 행복한 장소가 될 것이다. 또한 지역만의 특성을 살린 서점도 필요하다. 획일화된 서점 형태가 아닌 방문 지역의 특성을 오롯이 나타낼 수 있는 서점 분위기가 연출되어야 한다. 청계천의 헌책방 골목, 인천 배다리 헌책방 거리, 부산의 보수동 책방 골목 등은 헌책만이 간직하는 서향(書香)을 간직하고 있으면서 지역적인 정서를 간직하고 있기에 매력물을 발산할 수 있다.

대형 오페라 극장의 원형을 살리면서 문화공간으로 변신을 시도한 엘 아테네오(El Ateneo) 서점은 서점 그 자체가 관광명소로 자리매김하게 된다. 엘 아테네오서점은 하루 평균 방문객이 약 3천명에 이르며, 보유하고 있는 서적 12만 여종에 달한다. 본래는 100년의 역사를 가진 오페라 극장이었던 공간을 대형 서점으로 변환시키면서 복합 문화공간으로 변환시켰으며, 문학관광의 메카로 자리매김하였다.

〈사진 4〉 청계천 헌책방 거리[17]

〈사진 5〉 엘 아테네오 서점[18]

제3절 문학관광의 현황과 과제

1. 문학관광의 현황

최근 여행은 자연을 즐기는 데서 한 걸음 더 나아가 우리 땅 구석구석을 깊이 있게 느끼는 차원으로 확산되는 추세를 보이고 있다. 이러한 추세와 더불어 특정분야 관심관광으로의 형태로써 문학관광에 대한 관심도 높아지고 있다. 지역이 낳은 작가와 작품의 자취에 대한 관심도가 높아지면서 지자체들도 문학관 건립이나 문학테마파크 조성에 경쟁적으로 뛰어들고 있는 상태이다.

한국관광공사에서도 관광객들에게 홈페이지를 통해 테마관광의 한 유형으로 문학작품의 무대(배경 지역)와 문학관광지에 대한 정보를 제공하고 있다[19].

그림 1-2 한국관광공사 홈페이지에 소개된 문학관광지

(1) 명소 마케팅적 문학관광

각 지역이 자신들의 상징이 되는 대표 작가와 대표 작품을 발굴하여 이를 문학적 관광명소로 만들어내고 있다.

2000년대에 들어서면서 지방자치단체들이 해당지역에서 태어났거나 인연을 맺은 작가, 해당 지역을 배경으로 쓰여진 작품을 이용하여 지역의 상징으로 삼으려는 한 시도가 지속적으로 이루어지고 있다. 문화 콘텐츠의 상업적 가치를 인식하게 된 지자체들이 작가와 문학작품을 활용하여 지역의 대표 이미지로 부각시키고 이를 지역관광자원과 연계시킴으로써 경제 · 문화 · 사회 · 관광효과를 획득하려는 시도를 하하고 있다. 특히 1997년도에 문학관 건립사업을 위한 국고 지원이 이루어지면서 문학인을 기리는 문학관 건립이 활발하게 진행되었다.

문학관광은 주변자원과 주요 문학 내용의 중심지역을 명소화할 수 있는 주요한 수단이 된다. 국내 몇몇 대표적인 지역으로는 강원도 원주시에 소재한 박경리 문학공원, 태백산맥 문학관, 김유정 마을 등이 있다.

박경리 문학관은 박경리 작가의 옛 집터에 기반을 두고 있으며, 공원 일대가 문화 및 관광명소로 자리매김하면서 관광객들에게 인기를 끌고 있다. 경상북도 영양군에서는 문학자원을 지역의 전통마을, 고가, 유적지, 휴양지와 연계하여 소설가 이문열의 고향인 두들마을에 광산문학연구소를 열어 이문열과 관광객이 함께 체험할 수 있는 "소설교실"을 운영하고 있다.

전남 보성군은 조정래의 대하소설 '태백산맥'이 시작되는 벌교읍, 무당 소화네 집 부근에 태백산맥 문학관을 만들었고, 제석산을 '태백산맥' 등산로로 조성하는 등의 테마파크형으로 발전을 도모하고 있다. 태백산맥 문학관에는 평일 400~500명, 주말에는 1,500명이 넘는 문학관광객이 방문하고 있다.

이 같은 문학관은 작가의 유품 등을 정리, 전시하는 공간을 마련했다는 점에서 하드웨어 중심의 시도로 볼 수 있는데, 지역과 작가가 함께 떠오르면서 전국적 명소로 자리 잡은 곳으로는 박경리의 토지문화관(원주), 김유정의 김유정 마을(춘천), 이외수의 감성마을(화천) 정도가 꼽힌다.

토지문화관은 소설가 박경리가 생전에 후배 작가들을 위한 집필공간을 내주며 베푼 작가의 힘으로 명성을 얻었고, 소설가 전상국이 촌장으로 있는 김유정 마을은 다양한 문학행사와 이벤트로 전국적인 명소로 자리 잡았다. 2006년 강원 화천군이 작가 이외수에게 집필실을 제공하면서 조성된 화천 감성마을은 이외수 작가가 대중적 인지도가 높아지면서 문학관광지로써 인기도 높아졌다.

이효석의 대표적 작품인 『메밀꽃 필 무렵』은 문학사적 가치를 지니고 있으며, 지역문학으로 높이 평가받은 작품이다. 특히 작가의 문학 활동공간과 작품 속 배경공간을 함께 체험할 수 있고, 강원도 평창에 이효석 문화마을이 조성되어 있어 관광객들의 관심과 흥미를 유발시키고 있다. 『메밀꽃 필 무렵』의 소설 속 주 무대가 된 강원도 평창군에서는 봉평면에 가산공원(10,489m^2)을 조성하고 작가 이효석의 흉상, 문학비를 세우고 벤치, 화장실, 음수대 등 편의시설을 갖추었으며 소설 속에 등장하는 충주댁 집, 물레방앗간 등을 건립하였다. 또한 작가 이효석의 생가 복원과 기념관을 건립하였으며, 작품의 배경이 된 메밀밭과 지역 특산물 메밀을 연결한 향토자료관 등을 건립하였다. 또한 작가와 작품을 활용한 축제로써 효석문화제는 문학과 지역특산물 메밀을 소재로 활용하여 개최되고 있다.

양평군은 114억 원의 예산을 들여 '황순원문학촌- 소나기마을'을 조성하였다. 『메밀꽃 필 무렵』에 못지않게 대중적인 황순원의 『소나기』를 활용해 또 하나의 문학관광 명소로 자리매김하였다. 두물머리에서 멀지 않은 서종면 수능1리에 징검다리, 섶다리 개울, 수숫단 오솔길 등 소설 『소나기』 속 주요 배경이 재현되었다. '업고 건너는 길'에서는 인공 소나기가 뿌려지는 가운데 남자가 여자를 업고 지나는 소설 속 체험을 할 수 있다.

조정래의 대하소설 『태백산맥』의 무대인 전남 보성 벌교에는 '태백산맥 문학관'과 문학공원이 조성되었으며, 경남 하동에도 '이명산 문학예술촌-이병주문학관'이 들어선다. 이 밖에도 김승옥

문학관(전남 순천), 신동엽문학관(충남 부여), 이문구문학관(충남 보령) 등이 계획되어 있다. 바야흐로 작가와 문학작품이 관광자원으로 각광받는 시대라고 할 수 있다.

지자체의 문학관광상품화 전력과 더불어 문화체육관광부에서도 박경리의 토지길 등 7개 지역을 '스토리가 있는 문화생태 탐방로'로 선정하였으며, 선정된 사업지 가운데 경북 영주와 충북 단양 지역을 잇는 소백산 자락길(34km)은 고려가요와 함께하는 '문화생태 탐방길'과 1000년 역사가 숨쉬는 '죽령 명승길'로 정비 · 운영하기로 하였으며, 전남강진 · 영암 지역의 삼남대로를 따라가는 '정약용의 남도 유배길(55km)'은 역사문화형 테마 길로 강진군 다산수련원에서 출발해 월출산자락 웰빙기(氣)도로를 거쳐 구림마을로 이어진다. 경남 하동 지역의 섬진강을 따라가는 '박경리의 토지 길'은 화개길과 연계해 총 31km에 이른다. 이 구간은 예술문화형 탐방로로 소설 토지의 배경이 된 최참판댁과 섬진강변, 화개장터 등 도보로 5시간이 소요되는 코스로 조성될 예정이다. 아울러 하동 지역의 축제인 '야생차 문화축제' '벚꽃축제' '메밀꽃 축제' 등과 연계한 다채로운 이벤트를 기획하였다[20].

(2) 테마파크형 문학관광

가사문학의 효시 기봉 백광홍선생의 "관서별곡"이 세상에 빛을 발하고 가사문학관광의 모태가 되기 시작한 것은 불과 10여 년 전이다. 전라남도 장흥군의 천관산문학테마파크를 조성하여 운영하였다. 국내에 주5일 근무제가 실시되면서 각종 교통수단의 발달, 소득증대, 휴양, 웰빙, 건강레저 등에 대한 일반인들의 관심이 높아지면서 여행의 형태도 다채롭게 나타났다. 수백 년의 전통과 그 속에서 감추어졌던 오랜 역사속의 문학관광은 현대사회에서 설화나 이야기 등을 구성하여 만든 스토리 기반 여행에서 체험과 휴양을 겸한 스토리텔링 관광형태의 테마파크형 문학관광을 탄생시켰다.

테마파크형 문학관광은 이미 유럽 등의 국가에서는 많은 관광객들이 선호하고 있으나 국내에서는 이제 시작에 불과하다고 할 수 있다. 관광에서 말하는 "테마파크"는 일정한 주제에 맞는 전체 환경과 환상을 유발시키는 분위기를 만들기 위하여 오락과 편익시설, 공연과 이벤트, 식음료 및 상품 등의 소재를 이용하여 주제에 따른 공통의 스토리를 연출함으로서 방문객에게 흥미와 즐거움을 제공할 수 있는 비일상적인 "종합문화공원"으로 분류되는데, 이제는 문학이 중심이 되는 테마파크가 국내에서도 관심의 대상이 되고 있다[21]. 지자체의 문학을 주제로 한 테마파크 형태는 문학의 확장성에 주목해 작가와 작품의 이야기를 다양한 체험, 놀이로 풀어냄으로써 일종의 커다란 문학적 체험 공간으로 만들고 있다.

평창은 소설 「메밀꽃 필 무렵」의 작가 이효석 덕분에 연간 200만 명의 관광객을 유치하여 100

억 원에 가까운 부가가치를 얻고 있다. 강원도 춘천의 김유정문학촌은 『동백꽃』과 『봄봄』의 소설과 소설의 작가인 김유정을 활용한 문학관광 프로그램을 운영함으로써 관광객을 유인하고 있다.

황순원의 소설 『소나기』를 주제로 한 소나기마을은 문학관뿐 아니라 소나기 애니메이션이 상영되는 옛날 교실 스타일의 영상실, 소나기 광장, 소설 속 소녀와 소년이 만났던 징검다리, 돌다리, 오두막, 수숫단 등이 재현되어 있다. 관광객들이 수숫단 속에 들어가면 소나기가 쏟아지는 경험을 할 수 있다.

〈사진 6〉 강원 평창의 이효석 문학관22)

〈사진 7〉 경기 양평의 소나기마을23)

〈사진 8〉 전남 보성의 태백산맥 문학관24)

〈사진 9〉 강원 춘천의 김유정 문학촌25)

경북 청송군의 객주문학관은 폐교된 고등학교 건물을 증·개축한 4,640m^2 규모의 3층 건물로 『객주』를 중심으로 작가의 문학 세계를 담은 전시관과 소설도서관, 스페이스 객주, 영상 교육실, 창작 스튜디오, 세미나실, 연수 시설 그리고 작가 김주영의 집필실인 여송헌(與松軒) 등으로 구성되어 있다. 이외에 체험 풍물 공간, 이벤트 광장, 체험놀이 마당, 옛날 장터, 영상관, 문학의 숲, 문학학교 등을 구비해 관광객들이 몸으로 소설을 즐길 수 있도록 했다.

문학관광기행특구로 지정된 장흥군은 소설가 이청준, 한승원, 송기숙, 이승우 씨 등의 고향이

고, 이청준의 소설 30여 편의 무대가 된 곳이다. 문학적 가치를 살려낸 특구 안에는 문학공원, 문학테마파크, 작가 집필실 등이 설립된다. 장흥군의 천관산문학테마파크는 한국문학공원, 문학식물원 조성과 함께 이 지역에서 많은 문인들이 배출되었다는 점을 강조하고 있다. 관광객들을 위한 숙박시설, 콘도미니엄, 담수호보트장, 해수탕 등의 편의시설은 물론 다목적운동장, 자연체험장, 관람장, 축제광장 등 가족단위 관광객들의 휴식과 배움을 함께할 수 있는 공간으로 조성된다.

2. 문학관광의 과제

향후 우리나라도 문학과 예술테마가 관광시장의 중요한 상품화 대상이 될 것으로 예상된다. 이러한 시대적 변화를 감지하여 지역출신 유명 작가의 출생지나 문학관 또는 그들의 작품 속에 등장했던 지역의 명소를 인근 관광자원과 연계한 패키지 상품으로의 개발 등 문학테마관광상품을 집중 육성할 필요성이 있다.

문학작품 속에 나타난 공간과 관광 공간은 서로 별개의 요소가 아니다. 문학과 관광이 만나 진정한 문학관광상품이 되려면 문학정신을 훼손하지 않으면서도 관광이 지녀야 할 가치를 잘 결합시켜 나가야 한다.

첫째, 기존 관광자원과의 결합을 통한 시너지 효과를 발휘할 수 있도록 상품화를 전개해야 한다. 문학관, 기념관, 자각의 생가 및 무대, 작품의 무대가 되는 장소 등 기존 자원의 차별화를 부각시킬 요소가 필요하다. 이를 통하여 문학 및 작가 관련 사업이 지역문화의 중심으로서의 기능을 수행할 수 있도록 정책의 수립과 집행이 이루어져야 한다. 국내에는 지역마다 다양한 문학자원이 분포되어 있다. 김유정문학촌(봄봄, 동백꽃 등), 황순원 문학촌 소나기 마을, 이효석 문학관 등이 조성되어 있으며, 채만식 문학관(탁류), 미당 시문학관, 조정래 아리랑 문학관, 최명희 문학관, 혼불문학관 등이 운영되고 있다. 문학자원 관련 시설은 지역의 이미지 개선 효과를 얻고 있으며, 관광객 유입을 통한 경제적 효과를 달성하고 있다. 지역 곳곳에 산재해 있는 문학자원의 지속적인 발굴을 시행하고, 관련 시설 및 유적지와의 연계 상품을 개발함으로써 해당지역의 이미지 개선, 독창적인 관광자원의 확보가 필요하다.[26] 체험거리, 볼거리, 놀거리 등 다양한 문학관광 콘텐츠의 개발을 통해 관광객의 유인함으로써 지역에 경제적 · 사회적 · 문화적으로 긍정적인 파급효과를 가져와 지역발전에 기여할 수 있다.

둘째, 공간 활용을 통한 관광지의 변화를 꾀해야 한다. 정적인 관광지에서 동적이면서도 문화관광지로서의 탈바꿈을 가져올 수 있도록 작품 속 주인공 등을 활용한 관광상품 개발이 필요하며, 연계 스토리 발굴 등을 통한 체험형 관광상품을 개발하는 전략이 필요하다.[27] 또한 문학의 스토리 영역 확대를 통한 상품개발을 통하여 다양한 계층의 관광객을 공략할 수 있는 방안이 필요하다. 문학관광 자원과 지역의 전설 및 설화 등을 중심으로 스토리텔링 개발 및 다양한 문학관광코스의 개발이 필요하다. 문학관광자원과 지역관광자원과의 연계 관광코스를 개발하고, 각 코스별 스토리의 개발을 통하여 관광 콘텐츠를 확장함으로써 관광객의 만족도를 제고할 수 있을 것이다. 문학 순례자와 같은 마니아층도 중요하지만 문학적 전문성이나 관여도가 낮은 관광객을 주요 표적으로 하는 문학체험 공간이 개발되고 이를 중심으로 각종 체험프로그램의 개발도 필요하다.

셋째, 지역 브랜드 이미지 형성을 위한 노력이 필요하다. 국내 사례로는 화천군의 이외수문학관의 들 수 있는데, 지형적으로 고립된 지역의 특성을 역이용하여 유명 작가에게 작업 공간 및 전시 공간을 제공함으로써 지역 브랜드 이미지를 강화하고 관광명소화하는 전략을 구사하고 있다. 국외의 경우에는 캐나다 극동에 위치한 PEI(Prince Edward Island)는 상대적으로 주변 지역들에 비해서 지역브랜드 이미지가 약하다는 평가를 받아왔다. 이러한 약점을 극복하고 지역의 관광산업을 진흥하기 위해 빨강머리 앤과 작가인 몽고메리 여사를 활용한 지역브랜드 이미지 형성 전략을 시도하였다. 아시아 관광객을 대상으로 하는 공격적 마케팅 전략을 수행하여 연평균 6천여 명의 관광객이 지역을 방문하고 있다. 또한 문학관광상품 한계를 극복하기 위해 해산물 축제를 개최하였고, 연방제 근원지와 관련된 다양한 여행상품을 개발하여 관광객에게 선택의 폭을 넓혀주는 등의 상품 확장 전략을 구사하여 성과를 극대화하였다. 이러한 사례를 통해 볼 때 국내 문학관광지에서도 작가, 작품, 지역 연계 상품의 지속적인 개발을 통하여 사계절형 상품, 지역맞춤형 문학관광상품 등의 상품개발이 필요하다. 이를 위해 문학관광 일정 개발, 문학관광 기반 기념품 개발, 문학관광과 연계된 지역관광 코스 개발이 이루어져야 하며, 이와 더불어 명확한 목표시장의 설정을 통한 공격적 마케팅 전략의 수행이 진행되어야 할 것이다.

넷째, 문학관광자원을 통합 관리할 수 있는 민·관·학 협력체계 중심의 관리·운영 방안이 필요하다. 우선적으로 문학, 문인, 관광에 대한 이해관계를 가지고 있는 민간조직을 중심으로 네트워크 구축이 필요하며, 지방자치단체는 민간조직이 원활하게 활동할 수 있도록 지원체계를 갖추고, 해당 지역주민과의 협력을 통해 시너지를 창출할 수 있는 네트워크 운영이 필요하다. 관리 체계와 조직은 관광과 문학 등 다양한 분야의 전문가 중심으로 조직을 구성할 필요가 있으며, 공무원 및 민간단체 간의 협력 채널을 구축하여 체계적이고 실효성 있는 전담 기구를 구성하는 것이 적절하다.

참고문헌

1) 장병권(2012). 혼불문학관광자원 네트워크사업 연구. 전라북도.

2) 심승희(2000). 문화관광의 대중화를 통한 공간의 사회적 구성에 관한 연구. 서울대학교 대학원 박사학위 논문.

3) Herbert, D.(2001). Literary Places, Tourism and the Heritage Experience. *Annals of Tourism Research*, 28(2): 312-333.

4) Prentice, R.(1993). *Tourism and Heritage Places*. London: Routledge.

5) Bourdieu, P.(1984). *Distinction: A Social Critique of the Judgement of Social Taste*. London: Routledge.

6) Carson, S., Hawkes, L., Gislason, K. and Martin, S.(2013). Practices of Literary Tourism: An Australian Case Study, *International Journal of Culture, Tourism and Hospitality Research*, 7(1): 42-50.

7) Hoppen, A., Brown, L., and Fyall, A.(2014). Literary Tourism: Opportunities and Challenges for the Marketing and Branding of Destinations?. *Journal of Destination Marketing & Management*, 3: 37-47.

8) Tourism New Zealand(2013). Fast Facts. Available from, http://www.tourismnew zealand.com/sector-marketing/film-tourism/fast-facts/

9) 이진형(2004). 문학기행객의 사회・인구학적 특성과 참여동기에 따른 마케팅적 함의. 『관광학연구』, 28(3): 103-122.

10) Herbert, D.(2001). Literary Places, Tourism and The Heritage Experience, *Annals of Tourism Research*, 28(2): 312-333.

11) Smith, Y.(2012). *Literary Tourism as a Developing Genre: South Africa's Potential*, Dissertation of University of Pretoria.

12) 로미오와 줄리엣의 집 http://www.aliceinwonderland5.it/la-casa-di-giulietta

13) Hoppen, A.(2011). *A Study of Visitors' Motivations at the Daphne Du Maurier Festival of Arts & Literature*, Dissertation of Bournemouth University.

14) 헤이 페스티벌 http://www.borongaja.com/618464-hay-festival-literature-festival-in-wales.html

15) 옥전 지용제 현장 http://djh333.co.kr/br/?c=3_play/3_3&uid=1320

16) Mintel(2011). Literary Tourism - International. London: http://academic.mintel. com/sinatra/oxygen_academic /search_results/show&/display/id=550492.

17) 청계천 헌책방 거리. http://blog.naver.com/arex_blog/220839907797

18) 엘 아테네오(El Ateneo) 서점 http://www.geekstyleguide.com/a-100-year-old-theatre-is-turned-into-the-most-spectacular-bookstore

19) 한국관광공사. http://korean.visitkorea.or.kr/

20) 문화체육관광부, 이야기가 있는 문화생태탐방로 7곳 선정 http://mcst.korea.kr/gonews

21) 김창수(2007). 『테마파크의 이해』, 대왕사.

22) 이효석문학관 http://www.hyoseok.org/
23) 황순원문학촌 소나기마을. http://www.sonagi.go.kr/
24) 태백산맥문학관. http://tbsm.boseong.go.kr/
25) 김유정문학촌. http://www.kimyoujeong.org/
26) 문보영 · 이정원 · 이상미(2010). 문학관광객의 방문동기가 만족 및 재방문에 미치는 영향, 『한국관광학회』, 34(6), 171-190.
27) 송은정(2009). 한국근현대문학 관광벨트 구축 방안, 대구경북연구원.

제 2 장

해양과 섬 관광

이 정 열
(Timothy Lee)

일본 아시아태평양대학(APU) 관광학과 교수

국립서울대학교에서 심림환경학 학사학위를 받고, 그 후 미국 뉴욕의 Long Island University 에서 MBA 과정을 졸업한 후, 7년 간 맨해튼의 다양한 관광/호텔산업 분야에 종사했다. 그 후 영국 런던근교 써리대학교 (University of Surrey) 에서 국제호텔경영학 석사와 관광개발학 박사학위 (Ph.D)를 취득했으며, 현재 사단법인 한국관광학회 부회장과 동 학회의 영문학술지인 International Journal of Tourism Sciences의 편집장을 역임하고 있다. 그는 50여 편의 SSCI 저널을 포함해 총 170여편의 영어논문을 해외 학술지, 학술서적, 그리고 학회지에 게재했고, 현재도 매년 10개 가량의 논문을 SSCI 저널에 게재하고 있다. 전세계 17개국의 40개 대학에서 초대받아 특강을 실시했고, 4개의 SSCI 저널 포함 총 10개의 국제학술지의 편집위원으로 활동 중이다. 또한 2015년부터 Asia Pacific Research Institute for Health-Oriented Tourism(APRI-HOT, 아태 건강지향 관광연구소)를 설립, 운영하고 있고, 2017년 Global Congress for Special Interest Tourism & Hospitality(GLOSITH)를 창설하여 창립의장을 역임하고 있다.

timothylee728@gmail.com

서 용 건

제주대학교 경상대학 관광경영학과 교수

민간과 공공부문의 관광경영전략, 국제관광분야를 연구하고 있으며 문화관광부 산하 한국관광연구원 책임연구원, APEC Tourism Working Group 컨설턴트, Brain Korea 제주국제자유도시 연구인력양성사업단 단장, 미국 San Jose State University 객원교수를 역임하였다. 한국은행 제주본부 자문위원, 제주특별자치도 관광정책자문위원, 중소기업청 시장경영지원센터 자문위원 등으 활동하고 있으며 교육사항으로는 한양대학교 경영학사, 미국 캘리포니아주립대학교 관광경영학석사, 미네소타대학교에서 여가 및 관광분야로 박사학위를 취득하였다. 관광분야 녹색경영지표 개발에 관한 연구 - 섬지역과 일반지역 비교를 중심으로, 고령사회와 여가의 중요성에 대한 고찰, Preferences and trip expenditures: A conjoint analysis of visitors to Seoul, Korea, Multi-method research on destination image perception: Jeju standing stones, Perceptions in international urban tourism: An analysis of travelers to Seoul, Korea 등 다수의 국내외 논문과 보고서 및 저서가 있다.

yong@jejunu.ac.kr

제 2 장

해양과 섬 관광

이 정 열 · 서 용 건

제1절 해양과 섬 관광의 등장배경

1. 해양관광의 등장배경

해양은 지구표면의 70%를 점유하며 인류의 경제, 사회, 문화 활동에 있어서 미치는 영향력이 매우 크다. 바다는 그동안 주로 어업의 대상이었으나, 여가와 관광의 기능이 활성화되면서 그 영역이 내륙 중심에서 해양으로 점차 확장되고 있다. 그중에서도 해양자원의 관광산업화는 오늘날 해양관광자원의 확충이라는 측면에서 그 중요성이 크다.

해양관광지의 발전과정은 휴양의 발전과정을 중심으로 파악해 볼 수 있다. 휴양성인 해양관광 활동은 먼저 유럽의 관광활동에서 시작되었다. 먼저 16세기 이전에는 기독교 순례자들이 순례도중 온천장이 숙박으로 이용되었고, 18세기 이전에는 독일의 바데바덴(Baden Baden)과 영국의 배스(Bath) 등이 상류계층의 휴양지로 이용되었다. 특히 18세기에는 영국이 최초로 체육보건향상에 효과가 큰 수영을 일반화시키고 대상지를 바다로 강조하면서 해수욕을 중심으로 해양관광이 본격화되었다.[1] 해양관광 활동은 초기의 상류계급 전용에서 철도의 발달 및 산업화와 함께 중산계급, 노동계급으로까지 대규모로 발전되기 시작하였다. 특히 1950년대 후반부터는 소득증대, 자유시간 증가, 교통망의 정비 등에 의하여 수요가 증대되고, 최근에는 단순 휴식, 휴양형에서 보다 적극적이고 모험적인 활동형, 체험형 등으로 진화되고 있다.[2]

해양관광은 넓은 개념의 일반적인 관광산업과 공통점이 있지만 또한 다른 면도 동시에 존재한다.[3] 일반적인 관광산업의 관점에서 볼 때, 바다를 기반으로 둔 관광의 인기는 급격한 상승세를 보이고 있다. 이러한 급격한 성장은 지역 및 국가에 큰 영향을 주고 있다. 하지만 해양관광은

인간과는 다른 환경에서 발생한다는 것이 일반적인 관광과 다른 점이라고 할 수 있다. 이러한 점은 해양관광 활동의 특징에 중대한 영향을 미친다. 대부분의 활동들은 보트 같은 장비에 의존하고 안전 문제를 중요하게 여기기 때문이다. 스쿠버 다이빙과 서핑, 낚시, 요트, 수상 스키, 바다카약 그리고 윈드서핑 같은 해양관광 활동을 볼 때, 해양관광은 자연관광이라고 주장할 수도 있다. 그러나 몇몇의 해양관광 활동들만을 빗대어 해양관광을 자연관광이라고 정의하는 것은 분명하지 않다. 예를 들면, 수천 명의 승객들이 크루즈에서 휴가를 즐기는 크루즈 관광은 자연과의 접촉이 매우 적다. 따라서 해양관광은 '해양과 도서, 어촌, 해변 등을 포함하는 공간에 부존 하는 자원을 활용하여 일어나는 관광목적의 모든 활동'이라고 정의할 수 있다.4)

해양관광은 일상생활을 벗어나 스포츠와 휴양 및 오락을 통해 정신적, 육체적 변화를 추구하는 레크리에이션적 요소, 직간접적으로 해양공간에 의존하거나 연관된 활동으로써의 해양공간적 요소, 그리고 연안해변은 바다와 육지가 만나는 생태적인 점이지대로서 많은 생물종이 서식하고 파괴되기 쉬운 생태환경을 가지므로, 환경친화적인 개발과 활동이 필요한 생태관광적 요소로 이루어진 해역과 연간에 접한 단위지역 사회에서 일어나는 관광목적 활동이다.

해양관광자원은 크게 자연자원과 인문자원으로 구분되며 이 중 자연자원은 백사장, 천연적인 바다낚시터, 철새도래지, 해안 경관지, 갯벌 등이 있다. 인문 자원에 포함되는 해양관광자원으로는 지역의 해양관련 생활양식이나 가치관, 문화 등을 반영하는 해양박물관, 해양관련 지역 축제, 지역 고유의 바다음식 등이 있고 산업자원으로는 어항, 어장, 항만, 수산시장 등을 들 수 있다.5)

2. 섬 관광의 등장배경

일반적으로 섬은 대륙과 분리되어 있어 독특한 물리적 환경과 문화적 특성을 띠게 되며 이러한 점이 섬 관광지로서 주요한 매력 요소가 된다고 할 수 있다. 섬이 육지와 다르다는 것으로 인해 관광객들은 섬에 대한 기대감을 증대하게 되며 섬에서 추구하는 관광활동에 대한 욕구, 육지와 다른 기회, 물리적 환경과 문화 차이라는 섬이 가지는 다양한 매력성을 더욱 증대시켜 수천년에 걸쳐 섬은 주요 관광목적지로서 지위를 누리고 있다.6)

특히 기술혁명, 항공교통의 등장과 혁신적 발달로 19세기 중반 이후 대륙에서 보다 먼 거리에 위치한 도서들이 독특한 매력성과 더불어 관광개발 대상의 목적지로 등장하게 되었다. 이러한 상황하에서 태양, 바다, 모래사장의 이미지로 대변되는 섬은 관광객들에게 가장 매력 있는 관광지 중 하나로 부상하였다.6) 전 세계에는 수십만 개의 섬이 있고, 세계 총인구의 9~10%가량이 섬에 거주하고 있다.7) 섬은 모든 바다, 그리고 거의 모든 국가에서 내륙과는 다른 크기와 특성을 지니며 위치하고 있다. 특히 섬이 지니고 있는 지리적 고립성, 독특한 문화, 매력적인 기후와 환경 등은 휴양객들이 섬을 방문하게 하는 주요 요인들로 작용하고 있고, 섬 특유의 자연생태계와 독특한 생활문화로 인해 상이함, 소규모성, 고유문화, 야생생태계, 삶의 여유, 원시적인 환경들은 곧 도서의 특징으로 나타난다.[8] 특히 지리적인 격리로 인한 고립성에서 섬 관광의 본원적인 매력이 시작된다.[9] 그러므로 섬 관광은 공간적으로는 내륙으로부터 완전히 벗어나 해양의 전초기지나 어업 생산기지인 도서 지역에서 도서만이 지니고 있는 격절성(隔絶性)을 최대한 이용하여 기존 생활공간 및 방식과는 완전히 다른 도서 자원을 활용한 다양한 체험활동을 함으로써 새로운 관광욕구를 충족해가는 것으로 정의할 수 있다.[10]

지금까지 섬이라고 하면 우리나라의 경우는 경제나 생활수준 등 모든 면에서 육지보다는 뒤떨어져 있다는 이미지가 강하고,[11] 각종 영화나 드라마에서 그려지는 이미지 역시 가난하고 시대의 흐름에 뒤처져 있으며 옛 추억이나 향수 정도를 나타내는 듯한 이미지가 일반적이었다. 사실 오랜 역사를 통해 보더라도 섬은 유배, 귀향, 격리, 수용, 고통, 한(恨) 등의 의미로 많이 그려졌으며, 바다는 거친 자연, 태풍, 위험, 외국의 침략창구라는 이미지가 강했던 것이 사실이다. 이에 비해 외국의 도서는 일상적인 삶에서의 도피, 파라다이스, 낙원, 레저, 스포츠와 공간, 해양생산기지, 광활한 영토의 이미지가 강하여 우리나라에서의 섬의 이미지와는 큰 차이를 보이고 있다.[12]

제2절 해양관광 개요

1. 해양관광의 현황

3면이 바다로 둘러싸여 있는 우리나라는 육지면적의 3배가 넘는 345,000km^{2}에 달하는 대륙붕과 3,200여 개의 부속도서를 지니고, 약 12,800km에 이르는 해안선과 수심 20m 내외의 해역만도 국토의 1/3에 해당되는 풍부한 해양자원을 보유하고 있어 많은 개발가능성을 내포하고 있다[13]. 이에 따라 우리나라에서 해양관광이 전체관광에서 차지하는 비중은 2001년 약 35%에서 2011년에는 39%, 2013년에는 40%로 증가할 것으로 전망된다.[14] 〈표 2-1〉과 〈표 2-2〉는 우리나라의 풍부한 해양관광 자원의 현황, 그리고 국내 해안별 개발여건을 보여주고 있다.

〈표 2-1〉 국내 해양관광 자원의 분류 및 현황

분류		자원	내용	비고
자연자원		해수욕장	총 356개소(서해 110, 남해 97, 동해 147)	
		철새도래지	국제적으로 중요한 철새 3종 이상 연안 도래지 20개소	생태관광
		갯벌	2,815km^2(세계 5대 갯벌의 하나)	생태관광
		해안경관지	해상(안) 국립공원 2648.54km^2, 일출/일몰지, 도서(3,200여 개), 기암괴석 등	
		바다낚시터	전국 연안	
		기타	바다길 갈라짐(전국 13개소), 고래관광	
인문자원	사회문화자원	수족관해양전시관	수족관 3(완공 2), 해양수산과학관 3(완공 2), 어촌 민속관 3(준비 중), 목포해양유물전시관 등	
		지역축제	각 연안지역별 72개	해양축제, 영등제, 풍어제 등
		바다음식	각 연안지역별 소재 다양	
		어구/어법	각 연안지역별 소재 다양	
		어촌 사적지	각 연안지역별 소재 다양	해양문화 지표조사 중
	산업자원	어촌	4,000여 개의 자연부락 어촌	
		어항	지정 어항 415개소, 소규모어항 2,000여 개	
		어장	각 연안지선(수산자원보호구역, 양식산란장, 회유로 등)	
		유어선	2,800여 척	어선총계 77,000여 척

자료: 해양관광진흥을 위한 종합계획 수립연구(해양수산부, 2000.4)의 내용을 중심으로 정리.

〈표 2-2〉 국내 해안별 개발여건 비교

구분	동해안	남해안	서해안
해변	이용 가능한 평탄지가 비교적 협소하고 파도, 파랑의 영향이 다소 큼	평탄한 배후지가 지역에 따라 다소 협소하고 태풍의 영향권에 있는 지역이 많음	평탄한 배후지가 넓어 개발과 이용에 유리 갯벌이 발달하여 체험 학습장 개발에 유리
해상	수심여건은 양호하나 파도, 파랑의 영향으로 방파제 등 구조물 설치에 비용이 많이 소요	적절한 수심과 도서, 만이 발달하여 개발에 유리	낮은 수심이 제약이 되는 경우도 있으나 상대적으로 파고, 파람이 작아 유리
해중 해저	수심이 깊고 급경사로 다소 개발이 어려우나 수질이 양호하고 시야 확보가 용이	특히 양식장이 발달하여 활동에 따른 지역주민과의 마찰이 우려	낮은 탁도로 인하여 해중, 해저 활동은 다소 어려운 경우도 있음

자료: 해양관광진흥을 위한 종합계획 수립연구(해양수산부, 2000.4)의 내용을 중심으로 정리.

그러나 우리나라는 3면이 바다로 둘러싸여 있고 천혜의 해양관광자원을 보유하고 있음에도 불구하고 지금까지 우리나라 국민들의 관광은 육지중심의 관광에 치우쳐 왔으며[15], 해양관광을 위한 공간 및 기반시설이 부족할 뿐만 아니라, 해양관광자원의 개발이 해수욕, 바다낚시, 갯벌체험 등 단순관광과 해양레저형 관광위주의 단편적인 상품개발에 치중되어 왔다. 또한 최근 다양한 여가수요의 증가와 함께 해양관광의 중요성이 커지고 있으나 해양관광자원에 대한 체계적 조사와 평가, 해양관광시설의 확충, 해양레포츠의 저변확대 및 차별성 있는 해양관광상품의 부족으로 인해 국민의 해양관광 욕구에 부응하지 못하고 있는 실정이다.[16]

2. 해양관광의 여건변화

국제 해양관광산업의 경우 메가요트(80피트 이상)의 증가는 1996년에 2,800척에서 2000년 5,500척으로 2배가량 늘어났다. 또한 미국의 경우 1999년에 전국의 1,000여 개 워터파크에서 6,800만 명의 입장객이 방문하여 7년 연속 증가치를 나타냈다. 2000년에 크루즈 산업은 전년대비 52%의 성장률을 보여 17,500개 이상의 새로운 선석(berth)을 추가하였다. 또한 WTO 체제하의 국가 간 교역증가로 꾸준한 경제성장이 예상되고, 21세기 주도산업으로서 관광산업이 부상되어, 해양관광산업이 전략적으로 육성될 경우 해양관광분야의 수요가 급증할 것으로 예상된다. 2010년경 1인당 국민소득이 15,000불을 넘어서면 본격적인 'My Yacht'시대가 도래하게 되고, 20,000불을 넘어서면 해양레포츠가 대중화될 것으로 전망하고 있다. 이로 인해 해양레저 참여인구가 다변화되고 고도화되며, 해양스포츠 보유장비도 확대되어 계속 증가할 것이다. 또한 장기 체류형 휴가패턴이 정착화되고, 노령층을 대상으로 하는 크루즈 등의 시장이 형성되며, 환경생태관광에 대한 관심이 대두된다. 크루즈가 본격화될 경우, 2010년 이후 연간 20만 명 이상의 관광수요가 발생할 것으로 예상되고 있다.[17]

우리나라는 국민소득의 지속적인 증가로 인해 골프 등 고급 레포츠를 즐기는 인구는 더욱 늘어나고 새로운 모험적이고 활동적인 레포츠를 즐기는 문화가 정착되고 있는데, 이의 중심에 해양스포츠가 있다고 볼 수 있다.[18] 특히 고급차를 가지는 것이 부의 상징이던 시대에서 앞으로는 소득 증대로 고급 요트를 가지는 것이 부의 상징이 되는 시대가 도래하고 있고, 바다를 이용한 윈드서핑, 요트타기, 고급 해상유람 등에 대한 수요가 크게 늘어날 전망이다. 이러한 수요 증대에 대비하여 해양관광 수요증대에 대비하기 위한 각종 인프라의 정비가 요망된다. 특히 선진국에서는 마리나 등의 시설이 해양관광의 중심이 되고, 일본만 해도 전국에 50여 개의 마리나가 있는 데 반해 우리나라는 현재 10개 정도만 존재한다.[19] 앞으로 이러한 해양관광 중심 인프라는 정부, 지자체, 민간을 중심으로 체계적으로 준비해 나가야 할 것으로 생각된다. <표 2-3>은 세계 수상스포츠 패키지 관광 종류의 시장 점유율을 나타낸다. 5가지의 수상 스포츠 활동 중 해안에서의 활동과 다이빙 해양관광은 두드러진 성장을 나타냈다.

<표 2-3> 세계 조직화된 수상스포츠 관련 관광 변화 1994-2000

	1994	1996	1998	2000
총 수상스포츠 관련 관광 수(백만 명)	0.75-1	1-1.5	1.5-2.5	2.5-5
수상 스포츠 활동의 시장 점유율(%)				
나용선(Bareboat)	40	33	30	25
소함대(Flotilla)	9	10	10	10
Crewed	3	4	5	5
다이빙	14	20	25	30
해안에서의 활동(Shore based)	34	33	30	30

자료: Smith & Kenner, 1994.

우리나라의 경우, 1997년 해양관광 참여인구는 약 7천4백만 명으로 우리나라 총 관광참여 인구 3억 2천만여 명 중 약 23%를 점하여 참여구조의 패턴이 단순하여 대부분 해수욕이 차지하는 형편이었다. 주 5일 근무로 인한 여가시간의 증가, 건강 중시 경향 및 교통망의 개선 등으로 해양관광자원에 대한 접근성이 높아짐으로써 해양관광상품도 지금까지의 단순한 패턴에서 점차 다양화될 것으로 예상된다. 우리나라의 해양관광이 전체 관광수요에서 차지하는 비중은 2001년 약 35%에서 2011년에는 39%, 2013년에는 40%로 증가하여 선진국형 체제로 변화할 것으로 전망되며 레저 참여구조도 보다 다변화되고 고도화될 것으로 판단된다.

<표 2-4> 국내 해양관광 참여인구 전망과 해양레저기구 변화 추이

	1997	2000	2003	2010
인구(천인)	45,991	47,280	48,430	50,620
1인당 연평균 관광참여 횟수	6.9	6.9	7.1	7.3
총 관광참여 횟수(천 명. 회)	317,337	326,232	343,853	369,526
해양관광 총 참여횟수(천 명. 회)	74,143	84,404	92,060	116,431
백분율(%)	23.4	25.9	26.8	31.4
해양레저기구. 보유척수(대/천인)	0.07	0.1	0.2	0.45
해수욕	56,579	63,643	68,741	83,080
바다낚시	5,200	5,849	6,578	8,658
해양스포츠	1,034	1,574	2,394	6,368
해양 연관형(어촌 관광 등)	11,330	13,338	14,347	18,325

자료: 해양관광진흥을 위한 종합계획 수립연구(해양수산부, 2000.4)의 내용을 중심으로 정리한 것임.

〈표 2-5〉 해양관광 형태의 변화

구분	1980년대 이전	1990년대 이후
여행거리	근거리	장거리화(벽지, 도서, 해외까지 연장)
활동성	정적 행동(관광, 휴식, 감상)	동적 행동(레포츠, 모험)
여행수단	대중교통 수단(기차, 버스)	고가 교통수단(항공기, 고급 열차), 승용차, 여객선(크루저관광)
내구성 도구 이용	내수면 낚시, 등반, 뱃놀이 등에 도구와 장비 이용 도입	수상, 해상, 공중, 레포츠 도구 발달 및 이용 대중화
자연활용	자연 감상형	자연 이용형
활동공간	평면적 공간(해변)	입체적 관광(해상, 해중, 해저)

자료: 신동주, 손재영, 2007.

3. 해양관광의 분류

〈표 2-6〉은 해양 분야에서 사용할 수 있는 레크리에이션 활동의 다양한 범위와 설정을 자연환경의 물리적 특성, 레크리에이션 경험 그리고 인간의 영향의 정도로 나누어 나타내었다. 육지에서의 거리는 활동가능한 경험과 환경의 유형에 가장 강하게 영향을 미치는 요인이므로 해양 레크리에이션의 분류는 육지에서의 거리에 따라 분류되었다. 해변과 가까운 환경에서는 관광객들이 해변을 이용하여 접근하기 쉬운 다양한 활동들을 할 수 있고, 그러한 환경은 대부분 인조건물의 영향을 받는다. 한편, 해변에서 멀리 떨어진 바다에서는 바다로 가는 배 또는 선박을 이용하는 활동들을 한다. 이러한 활동들은 흔히 고요하고 자연과 더 가까이 할 수 있으며 타인과의 접촉이 적다. 이 해변과의 거리에 따른 두 가지 종류의 활동들 사이에 있는 다양한 특징들은 사회적 접촉의 감소와 인간의 영향력 감소, 그리고 해안에서 점점 더 가까워지는 일반적인 패턴을 보여주고 있다.[20]

〈표 2-6〉 해양 레크리에이션 기회의 범위/스펙트럼

특징	Class I 접근성이 매우 높은 지역	Class II 접근성이 용이한 지역	Class III 접근성이 쉽지 않은 지역	Class IV 육지에서 접근하기 먼 지역	Class V 소외되고 멀리 떨어진 지역
경험	많은 타인과의 사회적 접촉 높은 수준의 서비스 및 지원 항상 붐빔	타인과의 잦은 접촉	약간의 타인과의 접촉	평화롭고 조용함. 자연에 가까움/ 안전구조 가능 가끔의 타인과의 접촉	한적한 곳, 외딴 곳 고요함 자연과 가까움 자급자족
환경	많은 인공구조물과 영향을 미치는 요인들 낮은 품질의 자연 환경	인공구조물/ 유형물들의 영향과 근접함	약간의 주변의 인공구조물 - 약간의 유형물	다른 사람의 활동 증거, 해안의 조명, 계류 부이(mooring buoys)	고립됨 높은 품질 약간의 인간 구조물과 영향
위치	주변이나 도시지역 해안과 조수간만 (intertidal) 영역	조수간만 영역 100미터 거리	해안으로부터 100미터~1km 거리	고립된 해안 해안으로부터 1km~50km 거리	무인 해안 지역 해안으로부터 50km 이상 떨어진 지역
예	일광욕, 사람들 구경, 수영, 게임, 식사, 스킴보드 타기, 구경	수영, 스노클링, 낚시, 제트스키, 보트, 서핑, 페러세일 비행, 윈드서핑	보통 보트 형태 세일링, 낚시 스노클링/스쿠버 다이빙	일부 스쿠버 다이빙, 잠수, 모터보트, 큰 요트 세일링	앞바다 항해 근해 보트 낚시 원격 해안 카약

자료: 사용의 정도와 인간의 영향(Orams, 1999).

4. 해양관광의 성장

해양관광산업의 성장은 해양 레크리에이션의 기회를 증가시킬 뿐 아니라 일반적인 해양 환경에 관한 관심을 증가시킨다. 바다의 관광 명소로서의 중요성과 해양관광의 지역 경제에 끼치는 영향들은 몇 개의 사례로 설명할 수 있다. 인도양 북부에 자리하고 있는 작은 섬나라 Seychelles에서는 외화 수입의 약 70%가 관광수입이고, 이러한 관광수입은 전적으로 해양관광에 의해 벌어지고 있다.[21] 버뮤다(Bermuda)의 공공매출의 약 40%가 관광산업에서 생성되고, 관광사업은 12억 2천2백만 달러가 넘는 이익을 창출해내고 있다.[22] 미국의 해변의 가치에 대한 연구[23]에서는 해변은 미국의 관광산업에서 가장 중요하며, 유적지나 공원, 그리고 다른 관광 목적지보다도 상대적으로 매우 중요한 관광 목적지라고 서술하였다. 해변을 가지고 있는 주(coastal states)들은 해변의 엄청난 인기 때문에 미국에서의 관광 관련 이익에 85%를 벌어들이고 있다. 예를 들어, 마이애미에 위치한 비치 하나가 옐로스톤공원(Yellowstone Park), 그랜드캐년(the Grand Canyon)이나 요세미티국립공원(Yosemite National Parks)보다도 연간 방문자 수가 높았다.

한편, 근래 들어와 해양관광의 개발에 있어서 관광지 주민의 경제적 이익뿐만 아니라 환경까지도 고려하는 지속 가능한 개발을 중시하는 경향을 보이고 있다. 특히 1998년에 세계관광기구는 지속 가능한 해양관광개발의 중요성을 제시하였다. 그 후 유엔지속가능개발위원회 (UNCSD)는 환경과 조화된 지속 가능한 관광을 적극 추진하기로 하였고, 각국 정부에 2002년까지 이에 대한 지침을 마련하여 총회의 승인을 받도록 권고하였다.[24]

해안선을 가지고 있는 많은 나라들은 잘 개발되지 않은 관광산업과 관광산업을 지원하는 약간의 인프라를 가지고 있다. 그러나 이러한 많은 나라들은 관광을 국가의 경제와 사회 발전을 위한 촉매제로 보고 있다.[25] 특히 몇몇의 섬나라들은 그들 고유의 미개발되고 손상되지 않은 자연환경과 그것에 대한 막대한 가치와 관심을 기반으로 그들의 관광산업을 발전시키고자 노력하고 있다.[26] 해초와 해양동물은 해양관광에서도 특히 여행객의 주요 관심을 받고 있다. 즉, 섬나라의 관광 성장은 자연환경의 특징과 관련된 것으로 보인다. 해양관광의 큰 성장과 범위에도 불구하고, 해양관광산업은 아직도 일반적인 육지 활동보다 더 많이 날씨의 영향을 받고 있지만,[27] 해양관광에 대한 잠재력은 세계적으로 엄청나다.

5. 해양관광의 문제점

해양관광 진흥을 위해서는 다음과 같은 문제점을 지적할 수 있다. 첫째, 해양관광의 개발체계 및 해양관광시설의 미비를 들 수 있다. 또한 육지 중심적인 관광개발로 해양관광분야에 대한 국가적인 관심소홀로 인해, 아름다운 해안과 도서 등 해양관광자원을 보유하고 있으나, 내륙역사, 문화 중심의 관광개발로 해양생태 및 경관의 관광자원화에는 미흡한 실정이다. 그리고 국민레저공간으로서 해양이 담당해야 할 기능분담에 대한 광역적 시각이나 계획이 수립되지 못한 것도 문제점으로 지적된다. 둘째, 해양관광 시설에 대한 등록이나 관리 기준 등 법률, 제도상 지원체계가 미흡하다고 할 수 있다. 셋째, 연안에 각종 산업시설 및 어업시설의 산재로 해양레저, 스포츠 활동이 제약되고, 해양관광지에 대한 접근체계와 인프라가 부족하다. 넷째, 최근 바다와 관련된 다양한 유형의 레저관광 수요가 급증하고 있으나, 이에 부응할 해양관광상품 및 프로그램개발은 여전히 부진한 실정이다. 다섯째, 자연발생적 해수욕장의 재정비와 유입되는 수질개선, 계절적 편중성을 극복할 프로그램의 개발이 필요하다.[28]

6. 국내의 해양관광 활성화 방안

향후의 해양관광 활성화를 위하여 국민의 해양의식 고취, 새로운 테마의 발굴, 연안 환경을 고려한 지속 가능한 개발, 주민의 적극적 참여, 기본적인 법제도 개선이 요망되고 있다 일본에서도 해양관광진흥과 홍보에 의해 진흥이 이루어지는데 몇 십 년이 소요되었음을 인식하여 해양관연 문화, 유적 발굴, 케이블 TV, 관련축제 등 이벤트 유치, 각종 해양연수시설의 강화로 다양한 해양체험기회 부여, 해양교육 기회 및 시설 강화, 관련 교재 및 교보재의 편찬 강화 등의 정부의 지속적인 진흥정책 추진이 필요하다. 그뿐만 아니라 최근 연안 및 어촌에서 갯벌 및 어촌체험관광, 해수탕/해수요법 등의 해수건강욕, 해돋이 관광 등의 새로운 관광이 진흥되고 있어 이를 적극 활용해야 한다.

프랑스 그랑독 루시옹 해양관광 단지 조성, 워터프런트의 재개발 성공사례 등 선진국의 각종 선례에서 보듯이 향후 우리나라의 해양관광 사업에서도 정부나 지자체의 역할이 보다 증대되어야 할 것이다. 우리나라의 해양관광은 바다 특유의 기상 및 해상의 영향과 계절성이 강하여 해수욕 등 한여름에 집중되어 이용일수가 짧아 영업 수지상의 문제와 교통, 환경 등 각종 문제가 야기된다. 한여름의 해수욕철에 이용자가 집중되는 반면 연중시설 이용도는 떨어지므로 수익성의 제고가 어려우므로 이를 극복하기 위해 계절에 관계없이 지속적으로 관광객을 유치할 수 있는 해양간접 체험시설이나 미국의 Seaworld와 같은 해양 테마시설 등의 다계절 이용 가능한 시설의 도입이 필요하다. 또한 IMF 이후 위축된 민간투자를 확대하기 위한 각종 시책이 요망된다. 해양과 육지가 만나는 연안공간은 군사적 · 환경적으로 상당히 취약한 지역뿐 아니라 연안의 개발은 지역민의 생활과 소득에 밀접하게 연관되어 있으므로 지역주민의 역동적 참여하에, 지속가능한 개발과 관리가 체계적으로 이루어지도록 해야 할 것이다.

A water skier in Kuwait(Fahad Al Nusf, 2008)

Surfers(Héctor Castañón, 2007)

제3절 섬 관광 개요

1. 섬 관광 현황

섬(island)은 육지와 떨어져 있는 땅으로 그 개념은 어느 정도 명확하다고 할 수 있다. 그러나 어느 정도의 크기를 기준으로 섬과 대륙을 구분할지에 대한 국제적인 기준은 마련되어 있지 않다. 다만 다음과 같이 그린란드와 호주를 비교해 볼 때 섬과 대륙을 상대적으로 구분할 수 있는 상대적인 인식은 가질 수 있겠다. 크기가 2.1million km²인 그린란드(Greenland)는 세계에서 가장 큰 섬으로 알려져 있으며 7.6million km²인 호주는 가장 작은 대륙으로 구분되는 것이 그 예이다. 결국 정확히 대륙과 섬을 구분하는 표준 크기는 없으나 일반적으로 그린란드보다 작은 규모의 육지로서 물에 둘러싸여 있을 경우 섬이라 할 수 있다.29)

관광측면에서는 이러한 섬 크기뿐만 아니라 섬 거주민 수 및 방문객 수 등 복합적인 요소들을 함께 고려하여 섬 관광에 대한 현상을 분석하는 것이 바람직할 것으로 판단된다. 따라서 본 원고에서는 섬을 크게 두 종류로 구분해 보았는데 첫째는 방문객 수 중 국제관광객 수를 기준으로 하여 그 수가 100만 명 이상인 섬 국가 또는 지역이다. 둘째는 Small Island의 Tourism Penetration Index(TPI)를 연구한 McElroy(2006)*30)가 제시한 기준인 거주민 1백만 명 이하, 섬 크기 5,000km² 이하의 섬으로 대부분 국제관광객 수가 100만 명 미만인 섬 국가 또는 지역이다. 이 둘 중의 어떤 기준에도 포함시키기 어려운 섬들도 있는데 대표적으로 제주도는 2016년 현재 상주인구는 66만여 명, 섬 크기는 1,848km²로 두 번째 분류에 해당하나 국제관광객 수가 300만 명이 넘기 때문에(2014년 332만 명, 2015년은 메르스 때문에 262만 명 기록) 첫 번째 분류에 해당하기도 한다. 본 고에서 제주도는 첫 번째 분류에 넣기로 한다.

〈표 2-7〉은 섬 크기와 관계없이 국제 관광객 수(2015년)가 100만 명 이상인 섬 국가 및 지역을 정리한 것이다. 영국은 2015년 국제 관광객 수가 3,443만 명으로 가장 많이 방문했으며 일본은 1,973만 명이 방문한 것으로 나타났다. 100만 명 이상 국제 관광객이 방문한 섬들이 가장 많이 분포한 지역은 도미니카공화국, 푸에르토리코, 쿠바, 자메이카, 바하마, 아루바 등이 위치한 카리브해(Caribbean) 지역으로 나타났다. 눈여겨볼 점은 스리랑카의 경우 2010년 국제 관광객 수가 65만 4천 명에 그친 반면, 2015년 179만여 명으로 약 175%의 높은 증가율을 보이고 있다는 점이다.

---

* Bahrain은 McElroy의 2006년 연구에는 인구 64만 5천 명으로 Small Island로 분류되었으나, 2016년 7월 거주인구가 1,378,904명인 것으로 나타나 인구 100만 명을 초과하여 본 연구의 Small Island에서는 제외시킴.

〈표 2-7〉 국제 관광객 수 기준 100만 명 이상 섬 국가 또는 지역

구분	섬 국가	2010년	2015년
		수 (천명)	수 (천명)
Northern Europe	영국(United Kingdom)	28,296	34,436
	아일랜드(Ireland)	7,134	8,813(2014년)
	아이슬란드(Iceland)	489	1,289
Southern/Medit. Europe	사이프러스(Cyprus)	2,173	2,659
	말타(Malta)	1,339	1,791
Caribbean	도미니카공화국(Dominican Rep.)	4,125	5,600
	푸에르토리코(Puerto Rico)	3,186	3,542
	쿠바(Cuba)	2,507	3,491
	자메이카(Jamaica)	1,922	2,123
	바하마(Bahamas)	1,370	1,472
	아루바(Aruba)	825	1,225
Pacific	하와이(Hawaii), 미국(USA)	1,959	2,812
Oceania	괌(Guam), 미국령(US territory)	1,197	1,409
South Asia	몰디브(Maldives)	792	1,234
	스리랑카(Sri Lanka)	654	1,798
North-East Asia	일본(Japan)	8,611	19,737
	대만(Taiwan)	5,567	10,440
	제주도(Jeju), 대한민국(Korea)	777	2,624
South-East Asia	싱가포르(Singapore)	9,161	12,052
	인도네시아(Indonesia)	7,003	10,408
	필리핀(Philippines)	3,520	5,361
Subsaharan Africa	모리셔스(Mauritius)	935	1,152

자료: WTO(2016)31). UNWTO Tourism Highlights. 연구자 정리.

〈표 2-8〉은 McElroy(2006)*가 제시한 기준인 거주민 1백만 명 이하, 섬 크기 5,000km^2 이하의 섬으로 대부분 연간 국제관광객 수가 100만 명 이하에 해당되는 섬을 포함한다.** 세계관광기구(UNWTO) 발표 자료를 바탕으로 살펴보면 이러한 섬들 가운데 말타, 괌, 몰디브, 아루바(사실상 제주도와 하와이의 오하우섬도 거주민과 섬 크기는 이에 해당하나 국제관광객 수는 100만 명 이상으로 첫 번째 구분으로 편의상 분류함)는 연간 국제관광객 수가 100만 명 이상으로 이들을

* Bahrain은 McElroy의 2006년 연구에는 인구 64만 5천 명으로 Small Island로 분류되었으나, 2016년 7월 거주인구가 1,378,904명인 것으로 나타나 인구 100만 명을 초과하여 본 연구의 Small Island에서는 제외시킴.

** Small Island의 또 다른 기준들로는 Deama(1965)는 거주민 5백만 명과 30,000km^2, Brookfield(1990)는 거주민 10만 명과 1,000km^{2}를 기준으로 구분하였음(McElory, 2006, pp.62-63에서 재인용).

제외하면 나머지는 McElroy가 제시한 작은 섬(Small island)기준에 부합한다고 할 수 있다.

이 분류 내의 섬 중 가장 많은 국제 관광객이 방문한 섬은 말타(Malta)로 2015년 179만 1천 명의 국제 관광객이 방문하였으며, 다음으로 괌(Guam) 140만 9천 명, 몰디브(Maldives) 123만 4천 명, 아루바(Aruba)에 122만 5천 명의 국제 관광객이 방문하였다. 이들 4개의 섬(말타, 괌, 몰디브, 아루바)은 크기(5,000km^2)와 인구(백만 명)는 작지만 국제 관광객 수가 100만 명 이상으로 두 번째 분류에서 사실 예외적인 경우라 할 수 있다.

이러한 작은 섬(Small island) 지역의 국제 관광 수입을 살펴보면, 몰디브(Maldives)가 25억 6천 7백만 달러로 Small Island 가운데 가장 높았으며, 아루바(Aruba)가 16억5천2백만 달러, 말타(Malta)가 13억6천8백만 달러의 순으로 나타났다. 국제 관광객 수와 국제 관광 수입 모두 감소한 섬을 살펴보면, 카리브해에 위치한 Bermuda가 2010년 국제 관광객 수 23만 2천 명에서 2015년 22만 명으로 약 1만 2천 명 감소하였고, 국제 관광 수입 또한 2010년 4억 4천 2백만 달러에서 2015년 3억 8천 6백만 달러로 감소한 것으로 나타났다. 그러나 2015년 대비 2010년 국제 관광객 수와 국제 관광 수입이 모두 감소한 섬은 Bermuda 한 섬뿐인 것으로 나타나, 이는 섬 관광의 인기를 반증하는 것이라 할 수 있다.

〈표 2-8〉 국제 관광객 수 기준 100만 명 이하 섬 국가 또는 지역*

Island(지역)	Land area† (km^2)	International Tourists arrivals†† (천 명)		International tourism receipts†† (US$ millions)	
		2010	2015	2010	2015
Anguilla (Caribbean)	91	62	73	99	127
Antigua & Barbuda(Caribbean)	440	230	250	298	333
Aruba (Caribbean)	193	825	1,225	1,251	1,652
Barbados(Caribbean)	430	532	592	1,038	922
Bermuda(Caribbean)	50	232	220	442	386
Bonaire (Caribbean)	311	50†	–	75†	–
UK Virgins Islands(Caribbean)	150	330	393	389	484
Cape Verde(Subsaharan Africa)	4,030	336	520	278	351
Cayman Islands(Caribbean)	260	288	385	485	565(2014년)
Comoros(Subsaharan Africa)	2170	15	–	35	51(2014년)
Cook Islands(Oceania)	240	104	125	111	175(2014년)
Curacao(Caribbean)	544	342	468	385	609
Dominica(Caribbean)	750	77	74	94	128

* 말타, 괌, 몰디브, 아루바는 연간 국제관광객 수 기준으로는 100만 명 이상인 섬임.

Island(지역)	Land area† (km²)	International Tourists arrivals†† (천 명)		International tourism receipts†† (US$ millions)	
		2010	2015	2010	2015
Grenada(Caribbean)	340	110	141	112	137
Guadeloupe(Caribbean)	1,706	392	486(2014년)	510	671(2013년)
Guam(Oceania)	541	1,197	1,409	–	–
Kiribati(Oceania)	717	5	6(2013년)	4	3(2014년)
Maldives(Oceania)	300	792	1,234	1,713	2,567
Malta(Southern/Medit. Europe)	320	1,339	1,791	1,079	1,368
Marshall Islands(Oceania)	181	5	5(2013년)	4	5(2014년)
Martinique(Caribbean)	1,060	476	487	472	483(2014년)
Montserrat(Caribbean)	100	6	9	6	6
Mariana Islands(Oceania)	477	379	479	–	–
Polynesia(Oceania)	3,660	–	–	–	–
Reunion(Subsaharan Africa)	2,500	421	426	392	339
St.Kitts(Caribbean)	269	98	118	90	109
St.Lucia(Caribbean)	610	306	345	309	373
St.Maarten(Caribbean)	41	443	505	674	936
St.Vincent(Caribbean)	340	72	75	86	104
Samoa(Oceania)	2,850	122	134	123	137
Seychelles(Subsaharan Africa)	455	175	276	343	392
Tonga(Oceania)	718	47	54	27	45(2013년)
Turks & Caicos(Caribbean)	430	281	386	–	–
Tuvalu(Oceania)	26	2	1(2014년)	2	2(2013년)
US Virgin Islands(Caribbean)	349	590	602(2014년)	1,013	1,232(2013년)

자료: † McElroy, J. L.(2006). Small island tourist economies across the life cycle. *Asia Pacific Viewpoint*, 47(1), p.64.
†† WTO(2016). *UNWTO Tourism Highlights*. 연구자 정리.

2. 섬 관광의 과제

(1) 지속가능한 섬 관광

섬 지역은 지리적으로 고립된 장소이면서 동시에 고유한 문화 · 역사 · 생태 · 경관 등의 매력을 갖는 관광목적지이다. 본토와의 접근성 제약은 오히려 어떤 측면에서 섬에 대한 동경과 매력요소로 작용할 수 있으며 생태관광, 해양관광, 레저스포츠관광 등 다양한 관광활동을 중심으로 진화하고 있는 섬 지역들은 대륙의 특정지역이 관광지로 인식되는 것과는 달리 섬 전체가 하나의 관광지로 인식되는 측면이 있으며 경제구조가 취약한 대부분의 섬 지역의 경우 관광이 주요

산업이 되는 경우가 많다.[32] 한편으로 관광을 통한 섬 지역의 경제성장은 그 이면에 지역경제에 대한 외부 대자본의 지배, 개발의 지역주민 소외, 개발이익의 외부누출과 같은 부정적 결과를 초래하면서, 이를 최소화하기 위한 방안으로 지속가능한 관광이 대두되기 시작하였다(Sautter and Leisen, 1999).

지속가능한 관광은 어떤 지역의 관광활동이 환경과 문화적 자원의 보전과 함께 경제적 성장도 이루어지는 것으로서 보전과 경제성장의 균형을 추구하는 것이 핵심이라고 할 수 있다. 서용건 · 조정인(2015)[33]은 섬지역과 일반지역의 지속가능성 지표의 중요도 비교연구를 통해 섬의 경우는 환경적, 사회문화적, 경제적 지속가능성 순으로, 일반지역은 경제적, 사회문화적, 환경적 지속가능성 순으로 나타났으며 우선순위에서 섬 지역은 환경적 지속가능성이 압도적으로 중요한 요소로 평가된 것으로 나타났다(〈표 2-9〉).

〈표 2-9〉 지속가능한 관광 3대 요소의 상대적 중요도

구분	섬 지역			일반지역		
	평균	중요도	우선순위	평균	중요도	우선순위
환경적 지속가능성	5.55	.365	1	4.21	.317	3
경제적 지속가능성	4.58	.301	3	4.55	.343	1
사회 · 문화적 지속가능성	5.07	.334	2	4.51	.340	2

〈표 2-10〉은 지속가능한 관광의 환경적, 경제적, 사회문화적 세 가지 요소별 구체적인 세부지표별로 섬 지역과 일반지역을 비교해 본 것으로서 섬 지역은 일반지역에 비해 환경적, 사회문화적 지속가능성의 중요성(가중평균)이 경제적 지속가능성보다 높다는 것을 나타냈다.

〈표 2-10〉 지속가능한 관광 세부지표별 상대적 중요도와 우선순위

부문	핵심과제	세부지표	섬지역		일반지역	
			가중평균	우선순위	가중평균	우선순위
환경적 지속가능성	생태계 보전	자연보호구역 지정	2.04	5	1.35	11
		동식물 다양성	2.02	7	1.39	9
		쓰레기 관리 및 재활용	2.05	4	1.52	1
		생태관광 해설프로그램	1.92	10	1.30	13
	제도 및 모니터	탄소저감 시스템 구축	1.87	13	1.43	7
		친환경 경영제도 도입	1.92	10	1.49	3
		친환경 교통수단 시스템 구축	1.94	9	1.50	2

부문	핵심과제	세부지표	섬지역		일반지역	
			가중평균	우선순위	가중평균	우선순위
		기후변화 대응체계 구축	1.90	11	1.42	8
		경관 심의 및 청결유지	2.10	2	1.47	4
		관광객 수용력 관리체계 구축	2.14	1	1.38	10
	적절한 자원활용	수자원 관리	2.03	6	1.44	6
		신재생 에너지 활용	1.89	12	1.39	9
		자연 휴식년제 시행	2.06	3	1.33	12
		토지이용 계획 수립 및 실행	1.99	8	1.46	5
경제적 지속가능성	경제적 편익	관광객 수	1.36	10	1.50	10
		관광객 1인당 지출, 관광수입	1.59	4	1.58	7
		관광객 체류 일수	1.57	5	1.30	12
		투자 대비 수익 달성 가능성	1.41	9	1.60	5
		실제적 지역경제 파급효과	1.65	2	1.63	3
	지역 고용	지역주민 고용 비율	1.66	1	1.51	9
		관광업체 종사원 수와 정규직 수	1.45	8	1.54	8
		관광종사원 교육 및 복지 수준	1.49	7	1.59	6
	연관산업 파급효과	항공, 선박 접근 편의성	1.63	3	1.39	11
		대중교통 이용 편의성	1.43	9	1.67	1
		관광상품 및 관광지 다양성	1.45	8	1.64	2
		관광 인프라 및 사회서비스	1.50	6	1.62	4
사회문화적 지속가능성	주민 생활	치안 및 안전 수준	1.75	6	1.70	1
		인구 유입/유출 정도	1.60	10	1.45	10
		사회적 약자 이용 편의성	1.67	9	1.62	4
		사회적 약자 고용 수준	1.55	11	1.57	7
	주민 참여	지역주민 삶의 질	1.76	4	1.69	2
		관광객 주민 간 이해 수준	1.72	8	1.45	10
		관광 개발 시 지역주민 참여도	1.76	4	1.49	9
		관광개발에 따른 갈등 관리	1.78	2	1.61	5
	문화 전통 유지	지역문화 및 자원 보존	1.88	1	1.64	3
		지역 문화 체험 및 만족도	1.77	3	1.60	6
		지역문화 해설 프로그램	1.74	7	1.52	8

(2) 제주도 사례

과거 조선시대 문헌부터 제주도의 아름다운 풍광을 기록한 내용이 전해져 오고는 있었지만 1960년대까지 한국의 미약한 경제수준에 제주도는 풍부하고 다양한 관광자원을 보유하고 있었음에도 불구하고 개발이 안 된 고립된 섬에 불과했다. 1970년대부터 한국의 눈부신 경제성장과 함께 부분적인 관광개발과 인프라 구축이 이루어지면서 제주도는 1980년대의 대표적인 신혼여행지로 각광받기 시작했으며 1990년대는 가족단위 관광지로, 2000년대는 레저스포츠관광지로 변모하였고 2010년대는 그야말로 동아시아의 대표적인 국제휴양관광지로 발돋움하게 되었다.

다음 표와 같이 2010년 이후 제주방문 관광객 수는 평균 두 자릿수 대의 성장률을 보이며 매우 빠르게 증가했음을 알 수 있다. 다른 국가의 대표적인 섬 관광지와 비교해 보면 하와이 7,998,815명(2012년), 오키나와 5,528,000명(2011년)보다 월등히 많은 수준이다. 중국 해남도의 경우 3,320만 명(2012년)이 방문한 것으로 발표했는데 만약 이 통계수치가 맞다면 국가가 아닌 지역단위의 섬으로 제주는 세계에서 관광객 수가 많은 top 3 안에 확실히 명단을 올린 섬이 될 것으로 예상된다.

〈표 2-11〉 제주방문 관광객 수(2010-2015)

연도	2010년	2011년	2012년	2013년	2014년	2015년
총 관광객 수 (성장률)	7,578,301 (16.2%)	8,740,976 (15.3%)	9,691,703 (10.9%)	10,851,265 (12%)	12,273,917 (13.1%)	13,664,395 (11.3%)
내국인 (성장률) (구성비)	6,801,301 (15.4%) (89.7%)	7,695,339 (13.1%) (88%)	8,010,304 (4.1%) (82.7%)	8,517,417 (6.3%) (78.5%)	8,945,601 (5%) (73%)	11,040,135 (23.4%) (81%)
외국인 (성장률) (구성비)	777,000 (22.9%) (10.3%)	1,045,637 (34.6%) (12%)	1,681,399 (60.8%) (17.3%)	2,333,848 (38.8%) (21.5%)	3,328,316 (43%) (27%)	2,624,260 (−21%) (19%)

이러한 제주 방문 관광객 수 증가는 과거 수년간 경제적, 정책적, 사회문화적 측면의 복합적인 요인들이 작용한 것으로 추측되는데 주요한 몇 가지를 제시하면 다음과 같다.

① 한국 및 중국의 경제적 변화(소득 증가 등)
② 제주국제자유도시 정책(2002년) 추진(2010년 투자이민제도 도입 등)
③ 저비용 항공사 출현에 따른 접근성 개선
④ 인구구조의 변화(한국 베이비부머 세대의 은퇴 시작 등)
⑤ 가치관과 라이프 스타일의 변화
⑥ UNESCO 세계자연유산 지정, 올레길 등 제주 인지도 제고

최근 5년 동안 제주도는 이러한 관광객 증가에 따른 체류인구뿐만이 아니라 이주민 증가세가

뚜렷해 상주인구도 매년 평균 12,000명씩 증가해 2016년 650,000명을 넘어섰다. 이러한 추세대로 간다면 향후 수십 년 내에 상주인구와 체류인구를 합쳐 100만 명 시대가 열릴 수도 있을 것으로 예상된다. 제주의 지역 경제가 인구 유입과 함께 활성화되고 명실상부한 동북아시아의 국제적인 휴양관광지로 자리매김하게 된 긍정적인 측면과 함께 이러한 단기간의 급속한 성장은 동시에 환경적, 사회문화적 측면에서 많은 문제점을 낳고 있는데 상존하는 긍정적 측면과 부정적 측면들을 요약하면 다음과 같다.

- **관광객 및 상주인구 증가에 따른 긍정적 측면**

① 지역 경제 활성화(2012년 이후 연평균 5%대 경제성장)
② 지역 내 사회기반시설 확충
③ 인구 유입에 따른 사회문화적 다양성 제고
④ 세수 확대에 따른 지자체 역량 강화

- **관광객 및 상주인구 증가에 따른 부정적 측면**

① 대규모 관광개발 및 도시개발에 따른 환경문제(예: 쓰레기, 상하수도, 지하수 관리 등)
② 교통체증, 주차난 및 범죄증가
③ 경제적 편익의 편중, 자본 유출 및 부동산 가격의 급속한 상승
④ 지역주민 갈등 증가/삶의 질 하락 체감

긍정적 측면과 부정적 측면은 동전의 앞뒷면과 같이 상존하는 경향이 있는데 특히 부정적 측면의 주요 요인은 대부분 빠른 인구 및 관광객 유입 추세를 지역사회가 수용하지 못하는 데 있는 것으로 분석된다. 따라서 제주도의 경우는 환경적, 사회문화적, 경제적 지속가능성 차원에서 균형점을 찾아 나가는 성장관리정책(growth management policy)이 무엇보다도 필요한 시점이다. 즉 섬 전체를 하나의 유기체로 보고 지역사회, 생태환경, 경제적 지속성, 방문객의 만족 등을 통합적/장기적/체계적으로 관리해 나갈 필요가 있다. 아울러 지속가능한 관광을 실천하는데 장애요인으로는 지속가능성에 대한 근본적인 낮은 이해/다른 인식, 체계적/장기적/통합적인 계획의 부재 및 협업의 부족/부재 등을 들 수 있다. 따라서 이러한 장애요인을 극복하는 것이 큰 과제라고 할 수 있다.

참고문헌

1) 김성귀 · 홍장원(2006). 다기능어항에서의 마리나 조성 방안 연구, 한국해양수산개발원.

2) 김성귀 · 홍장원(2006). 다기능어항에서의 마리나 조성 방안 연구, 한국해양수산개발원.

3) Orams, M.(1999). Marinetourism: Development, impacts and management. London: Routledge.

4) 김성귀 · 홍장원(2006). 다기능어항에서의 마리나 조성 방안 연구, 한국해양수산개발원.

5) 김성귀 · 홍장원(2006). 다기능어항에서의 마리나 조성 방안 연구, 한국해양수산개발원.

6) Butler, Richard W.(1993). *Tourism Development in Small Islands*. In Lockhart et al(eds), The Development Process in Small Island States. Routledge, London.

7) Lockhart, D. G., & Drakakis-Smith, D.(1997). *Island Tourism: Trends and prospects*. London: Pan.

8) Royle, S. A.(2001). *Ageography of islands: Small is land in sularity*. New York: Routledge.

8) Baum, T.(1997). The fascination of islands: A touristic prospective. In D. G. Lockhart & D. Drakakis-Smith (Eds.), Island Tourism: Trends and prospects(pp.21-36). London: Pan.

10) 송재호(2002). 『제주관광의 이해』. 제주: 도서출판 각.

11) 송재호.(2002). 국내관광시장의 유형별 마케팅 전략 수립. 제주발전연구원.

12) 손대현 · 장희정 · 김민철. (2004). 우리나라의 해양관광 활성화를 위한 도서관광개발정책 개선방안-백령도와 사량도의 개발사례를 중심으로, 『관광연구논총』, 16, 3-24.

13) 조재기(2006). 한일 해양관광산업의 비교 연구: 스포츠관광산업을 중심으로, 『한국스포츠리서치』, 17(1), 735-745.

14) 신동주 · 손재영(2007) 해양관광 발전을 위한 여건분석과 정책과제, 『해양정책연구』, 22(2), 1-27.

15) 최도석 · 심미숙(2004). 부산의 해양관광 실태분석 및 발전방안에 관한 연구, 부산발전연구원.

16) 해양수산부(2006). 해양관광 기반시설조성 연구용역, 41.

17) 해양수산개발원(2000). 해양관광진흥을 위한 종합계획 수립연구, 14-16.

18) 김성귀 · 홍장원(2006). 다기능어항에서의 마리나 조성 방안 연구, 한국해양수산개발원.

19) 김성귀 · 홍장원(2006). 다기능어항에서의 마리나 조성 방안 연구, 한국해양수산개발원.

20) Orams, M.(1999). Marine tourism: Development, impacts and management. London: Routledge.

21) Gabbay, R.(1986). Tourism in the Indian Ocean Island States of Mauritius, Seychelles, Maldives and Comoros. Perth: University of Western Australia and National Centre for Development Studies.

22) Archer, B. H.(1989). Tourism and small island economies. In C. P. Cooper(Ed.), Progress in Tourism, Recreation and Hospitality Management. Vol.1. London: Belhaven Press.

23) Houston, J. R.(1996). The economic value of U.S. beaches. In J. Auyong(Ed.), Abstracts of the 1996 World Congresson Coastal and Marine Tourism. Oregon Sea Grant, Coravllis: Oregon State University.

24) 문화관광부(2001). 관광동향에 관한 연차보고서.

25) Pattullo, P.(1996). *Last Resorts: The Cost of Tourism in the Caribbean*. London: Cassell.

26) Lockhart, D. G., & Drakakis-Smith, D.(1997). *Island Tourism: Trends and prospects*. London: Pan.

27) Orams, M.(1999). *Marine tourism: Development, impacts and management*. London: Routledge.

28) 양위주. (2003). 경쟁력 제고를 위한 부산의 해양관광 진흥 방안에 관한 연구: OC21 계획을 중심으로, 신라대학교론문집, 52, 145-155.

29) https://en.wikipedia.org/wiki/Island

30) McElroy, J. L.(2006). Small island tourist economies across the life cycle. *Asia Pacific Viewpoint*, 47(1), 61-77.

31) WTO(2016). *UNWTO Tourism Highlights*.

32) 송재호(2002). 『제주관광의 이해』. 도서출판 각.

33) 서용건 · 조정인(2015). 관광분야 녹색경영지표 개발에 관한 연구 - 섬지역과 일반지역 비교를 중심으로. 『지역사회연구』, 23(3): 91-110.

이 책을 만든 이들

발 간 인

변 우 희
회장, 경주대학교

편 집 위 원 회

김 윤 희
한국관광학회 연구원
경주대학교

김 보 경
한국관광학회 연구원
대구가톨릭대학교

김 혜 련
재무이사
한국관광정보정책연구원

박 은 경
총무이사
대구대학교

김 미 라
자원개발분과 이사
순천향대학교

출 판 위 원 회

김 남 조 (수석부회장, 한양대학교)
정 유 경 (호텔외식분과학회장, 세종대학교)
박 대 환 (신진연구진흥위원장, 영산대학교)
이 충 기 (시니어연구위원장, 경희대학교)
이 훈 (교육 · 취업위원장, 한양대학교)
장 인 식 (대학 · 대학원생위원장, 우송정보대학)
한 경 수 (학술대회조직위원장, 경기대학교)
한 상 현 (사무차장, 동의대학교)
김 재 호 (산학협력이사, 인하공업전문대)
최 현 식 (국내관계협력이사, 서라벌대학교)
박 근 영 (언론출판협력이사, ㈜두두리출판사)
김 병 국 (대학 · 대학원생위원, 대구대학교)
김 재 원 (장학 · 학술출판위원, 신라대학교)
변 성 희 (정책포럼위원, 동의대학교)
전 약 표 (언론홍보위원, 수원과학대학교)
정 병 웅 (자원개발분과회장, 순천향대학교)
고 승 익 (장학 · 학술출판위원장, 제주관광대학교)
이 봉 구 (편집위원장, 동의대학교)
이 정 열 (영문편집위원장, 일본아시아태평양대학)
임 상 택 (지자체협력위원장, 동아대학교)
전 병 길 (정책포럼위원장, 동국대학교)
박 종 구 (사무국장, 동국대학교)
심 창 섭 (기획이사, 가천대학교)
조 미 나 (학술진흥협력이사, 수원대학교)
이 규 민 (국제관계협력이사, 경희대학교)
김 규 영 (수석선임이사 통합미디어홍보위원, 경남정보대학교)
김 재 석 (신진연구진흥위원, 동명대학교)
류 인 평 (교육 · 취업위원, 전주대학교)
이 병 철 (학술대회조직위원, 경기대학교)
한 승 훈 (영문편집위원, 호남대학교)

저자와의
합의하에
인지첩부
생략

관광사업론

2017년 8월 15일 초판 1쇄 인쇄
2017년 8월 20일 초판 1쇄 발행

지은이 한국관광학회
펴낸이 진욱상
발간인 변우희
펴낸곳 백산출판사
교　정 편집부
본문디자인 박채린
표지디자인 오정은

등　록 1974년 1월 9일 제406-1974-000001호
주　소 경기도 파주시 회동길 370(백산빌딩 3층)
전　화 02-914-1621(代)
팩　스 031-955-9911
이메일 edit@ibaeksan.kr
홈페이지 www.ibaeksan.kr

ISBN 979-11-5763-392-0
값 35,000원